Geologia do Quaternário
  e mudanças ambientais

oficina de textos

Geologia do Quaternário
e mudanças ambientais

Kenitiro Suguio

©Copyright 2010 – Oficina de Textos
1ª reimpressão – 2012 | 2ª reimpressão – 2018

Grafia atualizada conforme o Acordo Ortográfico da Língua Portuguesa de 1990, em vigor no Brasil desde 2009.

Conselho editorial Cylon Gonçalves da Silva; Doris C. C. K. Kowaltowski; José Galizia Tundisi; Luis Enrique Sánchez; Paulo Helene; Rozely Ferreira dos Santos; Teresa Gallotti Florenzano

CAPA Malu Vallim
FOTO DA CAPA Parque Nacional Serra da Capivara – Piauí
PREPARAÇÃO DE FIGURAS Mauro Gregolin
PREPARAÇÃO DE TEXTOS Gerson Silva
PROJETO GRÁFICO E DIAGRAMAÇÃO Douglas da Rocha Yoshida
REVISÃO DE TEXTOS Carol Mangione

Dados Internacionais de Catalogação na Publicação (CIP)
(Câmara Brasileira do Livro, SP, Brasil)

Suguio, Kenitiro
   Geologia do quaternário e mudanças ambientais / Kenitiro Suguio. -- São Paulo : Oficina de Textos, 2010.

   ISBN 978-85-7975-000-7

   1. Geologia estratigráfica - Quaternário 2. Mudanças ambientais globais I. Título.

10-01888   CDD-551.79

Índices para catálogo sistemático:
1. Período quaternário : Geologia histórica
    551.79
2. Quaternário : Período : Geologia histórica
    551.79

O presente trabalho foi realizado com apoio do CNPq, Conselho Nacional de Desenvolvimento Científico e Tecnológico – Brasil.

Todos os direitos reservados à **Editora Oficina de Textos**
Rua Cubatão, 798
CEP 04013-003 São Paulo SP
tel. (11) 3085 7933
www.ofitexto.com.br   e-mail: atend@ofitexto.com.br

Sobre o autor

Kenitiro Suguio é bacharel em Geologia pela Universidade de São Paulo (USP), na qual obteve os títulos de doutor em Ciências (1968) e livre-docente (1973). Foi professor titular do Instituto de Geociências da USP até 1996, quando se aposentou. Sua produção científica conta com mais de 400 títulos, entre os quais dez são livros. É membro da Sociedade Brasileira de Geologia (SBG) desde 1963, sócio fundador e honorário da Associação Brasileira de Estudos do Quaternário (Abequa), membro da Academia de Ciências do Estado de São Paulo (Aciesp) desde 1980, e da Academia Brasileira de Ciências (ABC) desde 1990.

Foi premiado e condecorado diversas vezes e recebeu a Comenda da Ordem Nacional de Mérito Científico do Ministério de Ciência e Tecnologia (MCT) em 1998. Foi homenageado com o título de Professor Emérito do Instituto de Geociências da USP, em 2003, e com a Medalha de Mérito Científico da SBG, em 2006.

É professor titular do mestrado de Análise Geoambiental da Universidade de Guarulhos e pesquisador sênior do Conselho Nacional de Desenvolvimento Científico e Tecnológico (CNPq).

Prefácio

Esta é a segunda edição do livro intitulado *Geologia do Quaternário e Mudanças Ambientais*, publicado em 1999 pela Paulo's Comunicações e Artes Gráficas, com reimpressão em 2001. Agora, vem a lume por meio da Editora Oficina de Textos (São Paulo). O conteúdo foi ampliado, para torná-lo mais condizente com o título, e a redação foi inteiramente revisada.

A obra é composta de 12 capítulos, dos quais o primeiro é excepcionalmente longo e inicia-se com discussões conceituais sobre o Período Quaternário, que estiveram particularmente acirradas nos últimos cinco anos. Seguem-se os capítulos revistos do livro anterior, que tiveram a sequência mais bem sistematizada. O último deles aborda "As pesquisas aplicadas do Quaternário", que visam justificar a importância da prática desses estudos.

Nas últimas décadas, surgiram diversos cursos universitários dedicados ao ensino da Gestão Ambiental e da Engenharia Ambiental. Além disso, nos últimos cinco anos, na cidade de São Paulo, teria ocorrido a duplicação do número de cursos de pós-graduação *lato sensu* (especialização) e *stricto sensu* (mestrado e doutorado), dos quais muitos versam sobre questões ambientais. Uma das falhas na maioria desses cursos é a completa ausência de disciplinas dedicadas ao ensino de assuntos tratados neste compêndio, quando se sabe que a Geologia do Quaternário pode ser considerada praticamente como equivalente à Geologia Ambiental.

Este livro visa fornecer os subsídios necessários à melhor compreensão dos processos e produtos envolvidos nas mudanças ambientais naturais e antrópicas da Terra durante o Quaternário. Desse modo, pretende-se que ele seja um manual introdutório de grande utilidade não somente aos geocientistas (geólogos, geofísicos, geógrafos e meteorologistas), mas a todos os pesquisadores envolvidos com problemas ambientais (agrônomos, biólogos, engenheiros ambientais, civis e florestais).

Não há dúvida de que os conhecimentos aqui contidos são imprescindíveis ao equacionamento e à minimização dos impactos ambientais causadores de deterioração das condições ambientais, bem como ao enfrentamento dos gravíssimos problemas de recursos naturais renováveis e não renováveis da Terra.

Finalmente, acreditamos ser cabível enfatizar que, contrariamente à maioria dos livros-texto, que são baseados essencialmente em compilação bibliográfica, a presente obra contém muitas ideias originais do autor e de colaboradores. Destes, tomamos a liberdade de destacar o Doutor Louis Martin, da França, na ocasião integrante do quadro de pesquisadores do atual Institut de Recherche pour le Développement (IRD), do Ministério de Relações Exteriores da França, com o qual tive o grande prazer de realizar pesquisas no litoral brasileiro durante 25 anos (1974-1999).

São Paulo, 31 de março de 2010
Kenitiro Suguio

Sumário

1 GEOLOGIA DO QUATERNÁRIO 13
    1.1 As peculiaridades do período Quaternário 13
    1.2 Os estudos do Quaternário 20
    1.3 Geologia do Quaternário no Brasil 24
    1.4 Quaternário: "Quo vadis"? 27
    1.5 Unidades estratigráficas 31

2 AS GRANDES GLACIAÇÕES, SEUS DEPÓSITOS E SUAS CAUSAS 103
    2.1 O que é uma geleira? 103
    2.2 Os estádios glaciais e interglaciais 109

3 AS MUDANÇAS PALEOCLIMÁTICAS QUATERNÁRIAS E OS SEUS REGISTROS 119
    3.1 Algumas características das mudanças paleoambientais 119
    3.2 As pesquisas biológicas do Quaternário 124
    3.3 Os indicadores paleoclimáticos do Quaternário 134
    3.4 O futuro: aquecimento ou resfriamento global? 137

4 A RECONSTITUIÇÃO DE CENÁRIOS DO QUATERNÁRIO 139
    4.1 Os registros de fundos submarinos de águas profundas 139
    4.2 A estratigrafia do *loess* e as variações paleoclimáticas 144
    4.3 O Projeto Climap 148
    4.4 O panorama das pesquisas paleoambientais pós-CLIMAP 156

5 AS MUDANÇAS PALEOCLIMÁTICAS DURANTE O QUATERNÁRIO
TARDIO NO BRASIL 159
    5.1 Importância dos estudos paleoclimáticos 159
    5.2 Estudos palinológicos 162
    5.3 Outros tipos de estudos paleoclimáticos 164
    5.4 Exemplo de estudo paleoclimático do Quaternário tardio
        no Brasil: serra dos Carajás (PA) 167

6 AS MUDANÇAS DO NÍVEL DO MAR NO QUATERNÁRIO E OS SEUS REGISTROS 181
    6.1 As glaciações e o nível do mar 181

 6.2 Os recifes de coral e as variações do nível do mar 186
 6.3 As variações de níveis do mar pós-glaciais 189
 6.4 As variações do nível do mar no Pleistoceno 192
 6.5 Os terraços marinhos e os movimentos crustais 194
 6.6 Os indicadores de paleoníveis relativos do mar do Quaternário 197

7 As mudanças do nível relativo do mar durante o Quaternário tardio no Brasil 201
 7.1 As causas das variações dos níveis relativos do mar 201
 7.2 Reconstruções das antigas posições dos níveis relativos do mar 203
 7.3 Evidências de níveis relativos do mar abaixo do atual 204
 7.4 Evidências de níveis relativos do mar acima do atual 207
 7.5 Antigos níveis do mar acima do atual na costa brasileira 211
 7.6 Consequências das flutuações dos níveis relativos do mar na sedimentação costeira 216
 7.7 Papel do transporte longitudinal de areia na sedimentação costeira 219
 7.8 Principais estágios de construção das planícies da costa brasileira 222
 7.9 Considerações finais 225

8 A neotectônica e a tectônica quaternária 229
 8.1 Generalidades 229
 8.2 Tectônica e cinturões móveis 229
 8.3 Movimentos crustais de cinturões móveis recentes 232
 8.4 Os movimentos crustais glacioisostáticos 234
 8.5 Os movimentos crustais quaternários em faixas móveis 238
 8.6 A sismotectônica 242
 8.7 As peculiaridades dos movimentos crustais quaternários 244
 8.8 As fontes de dados para estudos de neotectônica e tectônica do Quaternário 248
 8.9 Métodos de datação neotectônica 255

9 A neotectônica e a tectônica quaternária no Brasil 257
 9.1 A neotectônica na Amazônia 258
 9.2 A neotectônica na região Sudeste 262
 9.3 A neotectônica e a evolução geológica da costa brasileira 267
 9.4 Considerações finais 276

10 O RELEVO CÁRSTICO E A GEOESPELEOLOGIA 277
   10.1 Relevo cárstico 278
   10.2 As cavernas 283
   10.3 A geoespeleologia no Brasil 290

11 DATAÇÃO E ESTRATIGRAFIA DO QUATERNÁRIO 293
   11.1 Técnicas de datação relativa 293
   11.2 Técnicas de datação absoluta 300
   11.3 Tefrocronologia 322
   11.4 Pedoestratigrafia 322
   11.5 Bioestratigrafia baseada em microrganismos 324
   11.6 Estratigrafia isotópica 329
   11.7 Os problemas dos limites estratigráficos do Quaternário 334

12 AS PESQUISAS APLICADAS DO QUATERNÁRIO 341
   12.1 Geologia do Quaternário e os ambientes naturais 345
   12.2 Alguns tópicos de pesquisas aplicadas da
         Geologia do Quaternário 349

REFERÊNCIAS BIBLIOGRÁFICAS 373

Geologia do Quaternário 1

1.1 AS PECULIARIDADES DO PERÍODO QUATERNÁRIO

1.1.1 O que é Quaternário?

A origem desse termo remonta ao ano de 1669 (século XVII), da revolução da ciência, quando o pesquisador dinamarquês N. Steno (1638-1687) estabeleceu a lei da superposição de camadas. Ele imaginou que as camadas sedimentares são depositadas horizontalmente e, portanto, a sua sucessão possui um significado cronológico (ou temporal). Ele próprio teve a oportunidade, em trabalhos de campo, de descrever as propriedades e as relações de topo e base de camadas sedimentares, e estabeleceu uma classificação estratigráfica em rochas sedimentares primárias e secundárias. Desse modo, foram lançados os alicerces da atual classificação litoestratigráfica. Coube a W. Smith (1769-1839) propor, em 1816, a sua lei de correlação de camadas baseada em fósseis, durante os trabalhos de campo do mapeamento geológico da Inglaterra. A descoberta dessa lei tornou factível o estabelecimento preciso da sucessão vertical de camadas sedimentares, em qualquer ponto da Terra, através de vários tipos de rochas, associados aos seus conteúdos fossilíferos.

Portanto, o emprego simultâneo da lei de superposição de camadas e da lei de correlação de camadas baseada em fósseis levou ao estabelecimento da atual classificação bioestratigráfica e dos sistemas carbonífero, cretáceo etc., com significados temporais bem definidos, da atual classificação cronoestratigráfica.

Em 1760, G. Arduíno (1714-1795), professor da Universidade de Pádova (Itália), ao classificar litoestratigraficamente as rochas da região montanhosa do norte da Itália, utilizou o termo Primário para as rochas mais antigas, seguidas pelas rochas do Secundário, e atribuiu os sedimentos cascalhosos, arenosos e argilosos, muito fossilíferos e em forma de baixas colinas, ao Terciário. Em 1810, o termo Terciário seria oficializado na nomenclatura cronoestratigráfica, quando G. Cuvier (1769-1832) empregou a palavra no estudo estratigráfico da Bacia de Paris (França). Finalmente, em 1829, J. Desnoyers introduziu o termo Quaternário, referindo-se aos depósitos marinhos superpostos aos sedimentos terciários da Bacia de Paris. Coube a H. Reboul, em 1833, oficializar a palavra Quaternário, referindo-se aos depósitos sedimentares com associações de restos animais e vegetais predominantemente hoje viventes. Essa denominação veio completar a escala ou tabela do tempo geológico proposta por Arduíno, cujos termos Primário, Secundário e Terciário seriam, posteriormente, substituídos por Paleozoico, Mesozoico e Cenozoico, respectivamente, com base em seus conteúdos fossilíferos faunísticos.

Vários anos foram necessários até que o significado do termo Quaternário se tornasse mais claro, pois, ainda em 1833, o geólogo britânico C. Lyell (1797-1875), sem tomar conhecimento da proposta de Desnoyers (1829), empregou a palavra Recente para se referir ao tempo pós-Terciário (Fairbridge, 1968).

Posteriormente, em 1839, Lyell introduziu a palavra Pleistoceno, com critério também paleontológico, ao designar os depósitos pós-pliocênicos, cujos estratos contêm mais de 70% dos fósseis de moluscos, correspondentes às espécies viventes. Desse modo, o intervalo de tempo caracterizado por depósitos que abrigam somente espécies viventes foi designado, ainda por esse autor, de Holoceno. Segundo Campy e Chaline (1987), essa subdivisão bipartida do Quaternário ainda subsiste, apesar das desproporções cronológicas em termos de suas durações.

1.1.2 Diversos significados do Quaternário
Teoria do Dilúvio

Na Europa dominada pelo Cristianismo, mesmo nos séculos mais recentes, havia várias tentativas para harmonizar a Bíblia com as geociências. Os fósseis eram geralmente atribuídos a seres que não conseguiram escapar do dilúvio relatado no Velho Testamento, advindo daí a teoria do dilúvio. Em 1812, com a descoberta da discordância por G. Cuvier, foi também sugerida a teoria do catastrofismo, segundo a qual o dilúvio, relacionado à Arca de Noé, correspondia à última das catástrofes que se repetiram na Terra, através dos tempos.

Não obstante o surgimento da teoria do uniformitarismo ou uniformismo, apresentada em 1795 por J. Hutton (1726-1797), em toda a Europa Ocidental, inclusive na Inglaterra, prevaleceu por muito tempo a teoria do dilúvio. Por ela, G. A. Mantell explicava, em 1822, as areias e os cascalhos situados acima do nível topográfico de alcance dos rios atuais, chamando-os de diluvião, e os sedimentos relacionados às drenagens modernas foram denominados aluvião, proposta aceita em 1823 por W. Buckland, um dos simpatizantes da versão bíblica.

Com o advento do conceito de Idade do Gelo, de C. Lyell, as denominações diluvião e aluvião caíram em desuso na Inglaterra, mas foram empregados até meados do século XIX na Alemanha, com sentidos cronoestratigráficos. Atualmente, a palavra diluvião foi definitivamente abandonada, e os termos aluvião e depósito aluvial são mais utilizados como sinônimos de sedimentos fluviais, sem qualquer conotação cronoestratigráfica.

Na defesa da teoria do uniformitarismo (o presente é a chave do passado), de J. Hutton, Lyell refutaria incisivamente a teoria do dilúvio e a teoria do catastrofismo, no seu livro *Princípios de Geologia*, escrito entre 1830 e 1833.

Baseado na representatividade porcentual em relação às formas viventes de moluscos fósseis, de depósitos marinhos terciários da França e Itália, Lyell subdividiu, em 1835, o período Terciário em épocas Eoceno (3,5%), Mioceno (18%), Plioceno mais velho (35% a 50%) e Plioceno mais novo (90% a 95%). Ele propôs também o período Recente, subsequente ao Terciário, como o intervalo de tempo em que a Terra passou a ser dominada pelo homem, mas não estabeleceu qualquer relação com o termo Quaternário, proposto em 1829 por Desnoyers.

Em 1839, na edição francesa do livro *Elementos de Geologia*, Lyell propôs modificar a denominação Plioceno mais novo por Pleistoceno (o mais novo), passando o limite inferior para mais de 70%, porém ainda pertencente ao período Terciário. Por outro lado, em 1885, o período Recente proposto por Lyell foi substituído, durante o 3º Congresso Geológico Internacional, por Holoceno, cuja malacofauna seria representada por 100% de formas viventes. Até hoje, o termo Recente é bastante usado como sinônimo de Holoceno.

A descoberta da grande Idade do Gelo
A popularização do montanhismo, desde o século XVIII, fez com que os Alpes Suíços fossem visitados também por alguns pesquisadores. Um deles, H. B. de Saussure (1740-1799), geólogo suíço, encontrou depósitos glaciais a jusante das porções terminais das geleiras, que foram atribuídos a fases de avanço glacial pretérito. Essas ideias também influenciaram J. Hutton.

Nas planícies ao norte da Europa, haviam sido descobertos blocos erráticos, cuja procedência era desconhecida.

Em 1795, J. Hutton atribuiu esses blocos rochosos ao transporte glacial por geleiras do passado. Alguns outros pesquisadores também os interpretaram dessa maneira, mas a repercussão dessa ideia no meio científico da época foi muito pequena, pois ainda prevalecia a ideia de que os blocos teriam sido transportados pelo mar por meio de *icebergs* provenientes do Norte.

Baseado nas informações de J. P. Perraudin, um leigo suíço que residia em Val de Bagnes, I. Venetz, engenheiro civil de mesma nacionalidade, apresentou, em 1821, na Sociedade de Ciências Naturais daquele país, a sua teoria glacial. Na continuidade de suas pesquisas, anunciou, em 1829, que não somente os Alpes, mas grande parte da Europa teria sido submetida à atividade glacial. Por sua vez, L. Agassiz (1807-1873), discípulo de G. Cuvier, propôs, em conferência proferida em 1837, o termo Idade do Gelo. Em 1840, ele escreveu o livro *Estudos de Geleiras*, que descrevia os fenômenos associados às geleiras atuais e cujos dois últimos capítulos referiam-se aos processos e evidências relacionados às geleiras pretéritas. O meio científico europeu, inicialmente refratário à ideia de idade do gelo, teve de sucumbir perante as inúmeras evidências e aceitar o conceito formulado por L. Agassiz.

Em 1846, o glaciologista E. Forbes passou a sustentar que o termo Pleistoceno deveria ser usado como sinônimo de Idade do Gelo e desmembrar-se do período Terciário. Posteriormente, essa ideia seria acatada até por Lyell.

A Idade do Homem

O Quaternário, além de ser definido bioestratigraficamente pelos conteúdos faunísticos e florísticos de formas predominantemente viventes, pode ser caracterizado também como Idade do Homem.

Somente em 1818, após sugestão de C. J. Thomsen (1788-1865), que subdividiu a época pré-histórica em Idade da Pedra, do Bronze e do Ferro, a Europa passou a acreditar que os instrumentos fabricados com aqueles materiais teriam sido deixados por civilizações antigas. Em 1836, com a publicação do livro *Introdução à Pré-História da Europa Setentrional*, da autoria de Thomsen, foram estabelecidas as bases da atual Arqueologia Pré-histórica. Desse modo, o período Quaternário passou a ser um tempo geológico caracterizado pela intensificação das atividades antrópicas ou pela "hominização". Esta seria definida pelo surgimento do homem sobre a Terra, que, de acordo com as descobertas feitas no Estreito de Olduvai, na Tanzânia (África), teria ocorrido entre dois a pouco mais de três milhões de anos (Ma), mas a sua migração para a Europa, muito depois. Baseado nesse fato, J. Le Conte propôs, em 1877, a designação de Era Psicozoica, que seria correspondente aos termos Antropógeno ou Antropozoico, usados na Rússia e em alguns países do antigo bloco soviético.

1.1.3 A subdivisão e a duração do Quaternário

A subdivisão do Quaternário

Já foram explicadas as razões da grande subdivisão do período Quaternário em épocas Pleistoceno e Holoceno, frequentemente também subdivididas (Quadro 1.1).

O Pleistoceno teve uma duração correspondente a cerca de 180 vezes a do Holoceno, que seria de aproximadamente 10.000 anos. Além disso, seria possível reconhecer, no mínimo, três subdivisões no Pleistoceno, cujos limites variam conforme os autores e os respectivos países de origem.

Um dos aspectos mais discutidos do Pleistoceno era relacionado ao seu limite inferior, isto é, à transição Plioceno-Pleistoceno (Ager; White; Matthews Jr., 1994). Segundo Van Couvering (1997), cerca de 40 anos de esforço internacional para uma melhor definição desse importante limite do tempo geológico – representativo do começo dos paleoclimas glaciais que moldaram a fisiografia de grandes extensões da Terra, o ambiente biológico em geral e a própria espécie humana – teriam sido coroados de êxito. Esse momento foi datado de 1,81 Ma e coincidiria com a implantação das mais importantes fases glaciais do Quaternário e com o surgimento do *Homo erectus* na África. O estratótipo-limite, composto por camadas marinhas de águas profundas, estaria situado em Vrica, na Calábria (Itália). Essa seção estratigráfica foi apresentada por Pasini e Colalongo (1997) e, além disso, caracterizada em detalhe por estratígrafos de vários países, em termos sedimentológicos, paleoecológicos, bioestratigráficos, biocronológicos e magnetoestratigráficos. Seu nível situa-se próximo à subzona de polaridade normal Olduvai e corresponde apro-

Quadro 1.1 TENTATIVA DE CORRELAÇÃO ENTRE O PERÍODO QUATERNÁRIO E OS EPISÓDIOS GLACIAIS E INTERGLACIAIS DO HEMISFÉRIO NORTE (GRUPO DE PESQUISAS DE GEOCIÊNCIAS DO JAPÃO, 1996)

Período	Época	Class. Magneto-Estr.	Idade x 10³ anos	Estágio Isotópico	Glaciação Alpina (andar)	Glaciação Laurenciana (andar)	Glaciação Inglesa (andar)	Glaciação Escandinava (andar)	Zona palinológica do Norte da Europa	Glaciação Italiana And. Suban.
Quaternário	Holoceno	Brunhes		1	Flandriano	Recente	Flandriano	Flandriano	Recente / Subatlântico / Sub-boreal / Atlântico / Transição / Boreal	Versiliano
	Pleistoceno Superior	Brunhes	10 – 20 – 50 – 100	2 / 3 / 4 / 5a / 5c / 5e	Glacial Würm (Superior / Médio / Inferior)	Glacial Wisconsiniano	Devensiano (Superior / Médio / Inferior)	Weichseliano (Denekamp / Hengelo / Moershoofd / Odderade / Brorup / Anlersfoort)	Dryas + novo / Alleröd / Dryas + velho / Bölling / O+Velho Dryas	
					Ig. Riss-Würm	Ig. Sangamoniano	Ipswichiano	Eemiano		Tirreniano
	Pleistoceno Médio		200	7	Glacial Riss	Glacial Illinoiano	Wolstoniano	Saaliano		Crotoniano
			300	9	Ig. Mindel-Riss	Ig. Yarmouthiano	Hoxniano	Holsteiniano		
			400	11	Glac. Mindel	Gl. Kansaniano	Angliano	Elsteriano		
			500	13			Cromeriano	Noordber. / Rosmalen	"Cromeriano"	
			600 – 700 – 800	15 / 17 / 19	Interglacial Günz-Mindel	Interglacial Aftoniano	Beestoniano / Pastoniano	Westerhov. / Waardenb.		
	Pleistoceno Inferior	Jaramillo / Matuyama / Olduvaiano	900 – 1.000		Glacial Günz / Ig. Danúbio-Günz	Ig. Nebraskaniano	Baventiano / Antiano	Leedam / Bavel / Menopiano / Waaliano	Selinuntiano	Siciliano / Emiliano
			1.500		Glacial Danúbio		Thurniano	Eburoniano		Santerniano

ximadamente ao início do paleoclima mais frio do Quaternário, caracterizado pela maior dispersão do molusco *Arctica islandica*, em geral restrito às águas boreais dos estádios interglaciais.

A duração do Holoceno, até o momento, é admitida como de cerca de 10.000 anos, e a sua subdivisão, tanto em termos culturais como em ciências naturais, não é muito fácil. No norte da Europa (Escandinávia) foram estabelecidas várias fases de paleoclimas baseadas em zonações palinológicas, com durações variáveis de centenas a milhares de anos (Quadro 1.1).

A cronologia do Quaternário

Os depósitos sedimentares do Quaternário distribuem-se amplamente sobre os continentes e fundos oceânicos, com espessuras geralmente delgadas e várias evidências cronológicas.

Embora se considere, hoje em dia, que o conteúdo biológico (restos de fauna e flora) do Quaternário não seja um bom indicador cronológico, uma das primeiras tentativas nesse sentido foi feita em 1833 por C.Lyell, com o uso de assembleia de malacofauna marinha. Em depósitos continentais com restos fósseis de mamíferos extintos, estabeleceu-se uma cronologia baseada na evolução desses animais.

Em regiões afetadas pelas glaciações quaternárias das calotas alpina, escandinava e norte-americana (laurenciana) têm sido executados estudos cronológicos baseados na sedimentologia e palinologia dos depósitos glaciais e interglaciais.

Em países com vulcões ativos do Quaternário, como o Japão e a Islândia, executam-se pesquisas tefrocronológicas (cinzas vulcânicas). Existem ainda, como métodos cronológicos úteis nas correlações mundiais quaternárias, os que empregam o paleomagnetismo e as variações das razões $^{18}O/^{16}O$. Em termos de cronologia absoluta, além da dendrocronologia e da varvecronologia, têm sido utilizados vários métodos radiocronológicos (radiocarbono etc.).

O Quaternário representa o período de grande intensificação das atividades antrópicas e, além disso, os tempos mais próximos ao presente dispõem de informações bem mais abundantes que os períodos geológicos mais antigos. Desse modo, para se pensar em tempos futuros com base no passado e no presente, Kaizuka (1987) usou a escala logarítmica – exceto entre 100 anos A.P. (Antes do Presente) e D.P. (Depois do Presente) –, como na Fig. 1.1, que pode ser considerada mais adequada que o Quadro 1.1. Por outro lado, as designações futuro atual, futuro próximo, futuro médio e futuro remoto não são usuais em geociências, e representam tentativas de tradução de termos em japonês sugeridos por Umezao (1967).

Finalmente, quando terá início o Quinário? A adoção de um novo tempo geológico chamado Quinário ainda parece prematura, pois o termo Quaternário continua adequado. O início do Quinário dependerá do modo de ser do próprio homem na Terra. Chemekov (1982) descreveu os depósitos tecnogênicos, originados pela atividade humana, mas representou-os em mapa do Quaternário.

O homem e o Quaternário

Em geral, pensa-se que os primeiros homens tenham surgido na Terra no fim do período Neógeno, porém não se sabe exatamente quando foram introduzidos os primeiros instrumentos líticos. Não há dúvida de que, bem antes de tais ins-

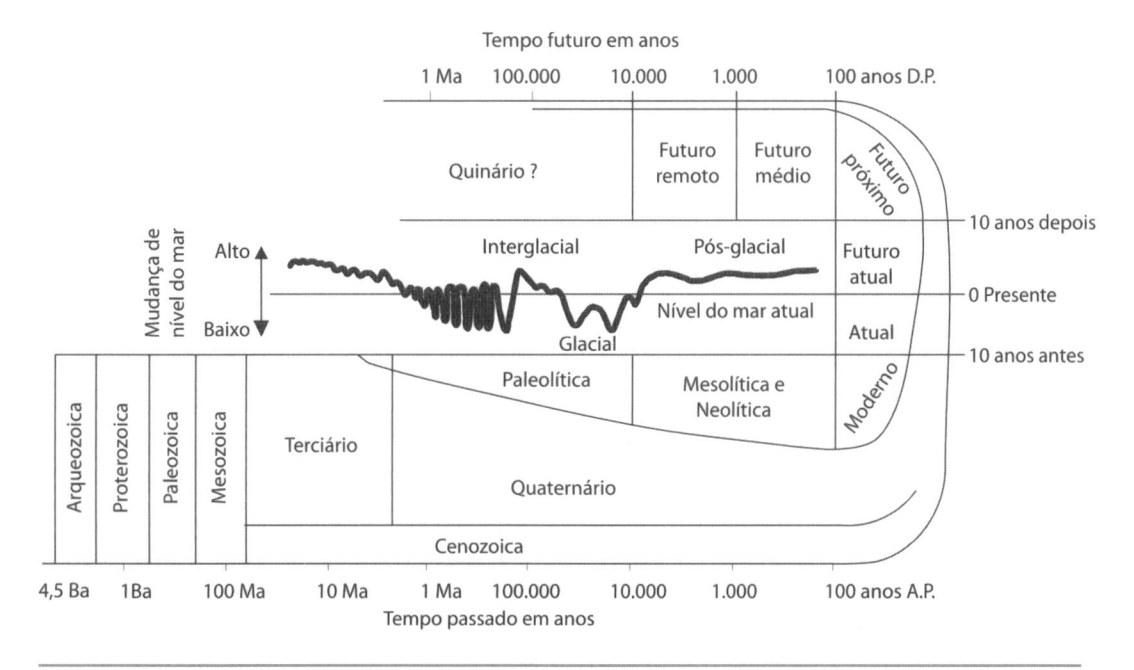

Fig. 1.1 Subdivisão dos tempos geológicos passados, presentes e futuros (Kaizuka, 1987), com ênfase para o período Quaternário

trumentos, os seres humanos primitivos chegaram a usar fragmentos naturais de rochas ou madeira. Seixos e calhaus com reafeiçoamento incipiente, certamente utilizados pelos *Australopithecus*, foram encontrados em Olduvai, no noroeste da Tanzânia (África Oriental).

Essa é a época da cultura protopaleolítica (Quadro 1.2) do Pleistoceno inferior.

A seguir, na época do *Homo erectus*, durante o Pleistoceno médio, foram difundidos os usos do machado e do martelo de pedra, esta, em geral, referida à cultura paleolítica inferior.

Quadro 1.2 CRONOLOGIA SIMPLIFICADA DA CULTURA HUMANA NO MUNDO (modificado de Yamaguchi, 1978)

Idades (anos A.P.)	Tempos geológicos			Culturas	Espécie humanas
$\times 10^3$			Holoceno	Neolítica	Homo sapiens sapiens
10	Quaternário	Pleistoceno	Superior	Mesolítica	
50				Paleolítica sup.	
100				Paleolítica méd.	Homo sapiens neanderthalensis
500			Médio	Paleolítica inf.	Homo erectus
1.000			Inferior	Protopaleolítica	Autralopithecus
1.800		Neógeno			

Com o advento do *Homo sapiens neanderthalensis*, durante o Pleistoceno superior, desenvolveu-se a cultura paleolítica média. Há cerca de 50.000 anos teria ocorrido o aparecimento do *Homo sapiens sapiens*, ao qual pode-se associar inicialmente a cultura paleolítica superior, seguida da cultura mesolítica, na transição Pleistoceno-Holoceno e, finalmente, a cultura neolítica, no Holoceno. Provavelmente, nos derradeiros 5.000 a 6.000 anos, passou rapidamente pela cultura dos metais e chegou à cultura das máquinas. Como um agente geológico muito ativo, o homem tende a deixar, com frequência crescente, vestígios de sua presença em sedimentos, na geomorfologia e nos ambientes em geral.

1.2 Os estudos do Quaternário
1.2.1 Características e objetivos
As características dos estudos do Quaternário
O período Quaternário, que representa cerca de 1,81 Ma, corresponde a menos de 1/2.550 da história da Terra (Quadro 1.1 e Fig. 1.1). Talvez pela sua curta duração, os livros-texto clássicos de geologia raramente dedicam mais que uma ou duas páginas a esse capítulo.

O aparecimento, a vida e a evolução da espécie humana possuem vínculos inalienáveis com a história natural, pois a sua sobrevivência dependeu e deverá continuar bastante subordinada à da natureza. Mas o que é, afinal, a natureza? Nos dias atuais, quando o formidável avanço tecnológico humano chega praticamente a obliterar o importante papel desempenhado pela natureza, esse tipo de indagação, embora pareça banal, é perfeitamente cabível e oportuno.

A compreensão da natureza só pode ser atingida pelo conhecimento da sua estrutura anatômica e da sua fisiologia (ou funcionamento). A estrutura da natureza é extremamente complexa; inúmeros seres animados e inanimados coexistem e relacionam-se mutuamente por meio de fenômenos muito diversificados. Ela constitui um sistema muito dinâmico, de modo que qualquer mudança parcial afeta todo o conjunto. Portanto, tornam-se necessárias informações em diferentes escalas espaciais e temporais, passíveis de ser obtidas por enfoques multi e, principalmente, interdisciplinares.

Na natureza, as transformações processam-se em diferentes escalas temporais e, dessa maneira, muitas mudanças ocorridas em dezenas, centenas ou milhares de anos não podem ser percebidas a olho nu, razão pela qual é necessário, muitas vezes, recorrer ao auxílio de equipamentos de precisão. Não é fácil correlacionar essas modificações com as que ocorrem em milhões ou bilhões de anos. Somente os estudos do Quaternário são capazes de estabelecer o elo entre o passado geologicamente pouco remoto e o presente, e levar, em situações extremamente favoráveis, ao estabelecimento de alguns prognósticos futuros, embora essa tarefa ainda seja extremamente complicada.

Se, por um lado, segundo a teoria do uniformitarismo (ou atualismo), o presente é a chave do passado, talvez seja lícito extrapolar que o passado geologicamente pouco remoto (milhares a poucos milhões de anos) e o presente são as chaves do futuro. A natureza das informações necessárias depende dos alcances espacial e temporal dos fenômenos a serem prognosticados. Em geral, dados locais do passado recente são suficientes para o prognóstico de fenômenos locais, mas dados espacial e temporalmente abrangentes (talvez em escala mundial) tornam-se imprescindíveis ao prognóstico de fenômenos globais.

Os cenários do Quaternário, que servem de pano de fundo ao presente, podem ser estudados sob múltiplos aspectos, em confronto com a natureza presente, bastante modificada pela presença do homem, especialmente nos últimos 100 anos. Disso resulta o caráter multidisciplinar dos estudos do Quaternário, que deve necessariamente alcançar a interdisciplinaridade indispensável ao aumento da eficiência desses estudos.

Os objetivos dos estudos do Quaternário

A primeira grande meta dos estudos da geologia do Quaternário reside na sua aplicação à geologia ambiental (Suguio; Sallun, 2004). Os conhecimentos cada vez mais aprimorados do presente e do passado geologicamente pouco remoto, acerca da natureza, devem fornecer os subsídios indispensáveis ao relacionamento progressivamente mais harmonioso do homem com a natureza. Muitos dos graves problemas ambientais surgidos até o momento representam uma mera consequência de soluções simples e mecânicas – e, por isso, extremamente agressivas – adotadas indevidamente pelo homem. Os estudos de geologia do Quaternário, que adotam técnicas de abrangência global na tentativa de compreender as dinâmicas naturais pretéritas e presentes, certamente fornecem os subsídios necessários ao desenvolvimento sustentável, isento de maiores problemas ambientais futuros (Suguio; Martin; Flexor, 1997; Suguio; Turcq; Martin, 1997).

O segundo objetivo dos estudos do Quaternário consiste em tentar prever a deflagração de alguns fenômenos naturais, induzidos ou não pelo homem. A reconstituição de eventos do passado geologicamente pouco remoto e o caráter frequentemente cíclico desses fenômenos devem fornecer os elementos necessários ao prognóstico da ocorrência futura desses eventos, muitas vezes de consequências catastróficas ao homem, como os grandes deslizamentos.

O terceiro e último objetivo dos estudos do Quaternário, mas não menos importante, está relacionado a atividades econômicas produtivas da indústria e da agricultura, que são exercidas predominantemente em planícies costeiras ou fluviais, especialmente em países como a Holanda e o Japão. Nesses casos, o substrato é essencialmente de origem quaternária, e o entendimento da sua história evolutiva deve orientar a utilização e o desenvolvimento mais adequados dessas áreas, em termos agrícolas, geotécnicos, minerais (extração de argila, areia e cascalho) e de geologia urbana.

1.2.2 As técnicas e os métodos de estudos do Quaternário

O presente é a chave do passado

Embora o período Quaternário represente parte extremamente limitada da história da Terra, continua sendo um tempo infinitamente grande, em relação à duração efêmera da vida humana. Então, como se pode tentar reconstituir cenários de passados tão longínquos? O caminho foi mostrado por J. Hutton, um dos fundadores da geologia moderna, e pelo consagrado pesquisador C. Lyell, por meio da teoria do uniformitarismo ou uniformismo. O método consiste em tentar entender os fatos e fenômenos naturais do passado pelo conhecimento de como eles ocorrem no presente. Quando se utilizam os elementos radioativos para medir as idades geológicas, por exemplo, esse princípio está sendo aplicado.

Nos estudos do Quaternário, como os eventos desse período representam uma continuação até o presente, pode-se estender os conhecimentos dos tempos históricos para o passado até alcançar tempos geologicamente significativos. Entretanto, não se pode inferir que fatos ou fenômenos não observáveis no presente não tenham acontecido no passado ou não ocorrerão no futuro.

Esse princípio, com os devidos cuidados, pode ser empregado na reconstituição de fenômenos geológicos que ocorreram em tempos muito mais antigos que o Quaternário.

O método de pesquisa integrada

Devido ao tempo geológico relativamente curto, as evidências indicativas das condições naturais do Quaternário costumam ser mais numerosas e mais bem preservadas, fato que enseja a realização de pesquisas multidisciplinares. Além disso, os dados obtidos podem ser prontamente comparados com informações de mesma natureza, ligadas aos processos atuais, conduzindo à realização de pesquisas interdisciplinares, fato que foi enfatizado por diversos pesquisadores.

Nos estudos de períodos mais antigos que o Quaternário, a escala temporal é muito maior, o que dificulta bastante as correlações. Em estudo do Quaternário, cada disciplina pode conduzir de forma independente as pesquisas, por meio de métodos próprios. Depois, o confronto dos resultados é mais imediato e possibilita pesquisas interdisciplinares com resultados muito mais interessantes que o das pesquisas executadas isoladamente. Desse modo, o Quaternário tem funcionado como um profícuo campo de pesquisas, que serve como fonte de inspiração para diversas teorias sobre a evolução dos fenômenos naturais da Terra.

Os fenômenos geológicos ocorridos no Quaternário estão, em geral, mais ou menos claramente evidenciados no relevo. Isso significa que, do mesmo modo que não se pode estudar a geologia ignorando a geomorfologia, não se pode tratar da geomorfologia desprezando a geologia. Essa relação biunívoca entre a fisiografia e a geologia tem gerado estudos morfoestratigráficos e morfotectônicos, além de morfoclimáticos.

O aprofundamento cada vez maior dos conhecimentos científicos sobre os comportamentos das partes constituintes da Terra – atmosfera, biosfera, geosfera, criosfera e hidrosfera –, através do tempo, demonstra a crescente necessidade de melhor conhecimento das múltiplas interações entre esses componentes. O ponto de vista moderno vê a Terra como um cenário de constantes transformações e o homem como um agente geológico cada vez mais ousado, poderoso e capaz de interferir no curso dessas mudanças, como as climáticas, por exemplo. Por meio do efeito estufa, criado artificialmente pelo lançamento de vários gases poluentes na atmosfera, que vem exacerbando o fenômeno do aquecimento global, o homem contribui decisivamente para as transformações dos ambientes terrestres (Suguio; Suzuki, 2003; Suguio, 2006).

1.2.3 Os campos de estudo da geologia do Quaternário

Estudos pioneiros do Quaternário

Há um século, Penck e Brückner (1909) publicaram um importante trabalho sobre glaciações quaternárias nos Alpes, no qual descreveram e interpretaram aspectos geomorfológicos, faciológicos e estratigráficos dos sedimentos glaciais e dos paleossolos intercalados.

Também no início do século XX, vários pesquisadores da Escandinávia – como G. de Geer e L. Von Post, da Suécia, além de W. Ramsay, M. Sauramo e V. Auer, da Finlândia – realizaram estudos do Quaternário. Aspectos sedimentológicos, palinológicos e diatomológicos foram aplicados nas pesquisas sobre flutuações dos paleoclimas e dos paleoníveis marinhos, que impulsionaram os estudos do Quaternário na região.

Nos Estados Unidos, destaca-se, entre outros, G. K. Gilbert, que investigou vários tópicos do Quaternário e, em 1890, estudou deltas lacustres, os quais, em sua homenagem, são denominados também deltas tipo Gilbert.

No Brasil, destaca-se o trabalho de Branner (1904), que publicou o estudo pioneiro – e, até hoje, um dos mais completos – sobre as rochas praiais (*beachrocks*) do litoral do Nordeste brasileiro.

Abrangência dos estudos do Quaternário

Como se trata de uma área de estudo relativamente recente das geociências, a geologia do Quaternário ainda não atingiu completa maturidade, e a sistematização mais completa desses estudos ainda não foi estabelecida.

Segundo Fairbridge (1968), as áreas de conhecimento do Quaternário consideradas essenciais pela Associação Internacional para Pesquisa do Quaternário (INQUA – *International Union for Quaternary Research*) são: arqueologia, climatologia, ecologia, geomorfologia, geologia, glaciologia, limnologia, paleontologia, palinologia, oceanografia, pedologia e vulcanologia. As pesquisas do Quaternário mais executadas dependem, em cada país, das suas características físicas (como as fisiografias) e das suas posições geográficas. Portanto, glaciações e processos periglaciais são estudados em países do Hemisfério Norte; aspectos tefrocronológicos e neotectônicos são mais tratados em países com vulcanismo ativo no Quaternário, como o Japão; e as flutuações dos níveis relativos do mar são mais estudadas, por exemplo, na Holanda.

No campo das geociências, as mudanças globais vêm sendo enfocadas pelo Programa Internacional de Correlação Geológica (IGCP – *Internacional Geological Correlation Programme*), um esforço de integração científica supranacional de pesquisas, com apoio da Unesco e da União Internacional de Ciências Geológicas (IUGS – *International Union of Geological Sciences*). Por sua vez, o Programa de Geologia Sedimentar Global (GSGP – *Global Sedimentary Geology Programme*) tratou de temas como: a) os ritmos globais e eventos; b) o registro sedimentológico da evolução global; c) análise global das litofácies sedimentares. Finalmente, o Programa Internacional Geosfera-Biosfera (IGBP – *International Geosphere-Biosphere Programme*: A Study of Global Change), instituído oficialmente durante a 21ª Assembleia Internacional do Conselho International das Uniões Científicas (ICSU – *International Council of Scientific Unions*), em Berna (Suíça), em setembro de 1986, representa um dos passos mais ambiciosos dos estudos sobre mudanças globais. Atualmente, vários projetos desse programa estão em andamento, ao lado de muitos outros programas e projetos internacionais.

1.3 Geologia do Quaternário no Brasil
1.3.1 O histórico das pesquisas

Se, em termos internacionais, os estudos do Quaternário são relativamente recentes e acham-se mal-estruturados, a situação no Brasil não é diferente. A literatura produzida no País sobre o tema não é muito numerosa, e recentemente veio a lume um livro de Souza et al. (2005), que permite vislumbrar o estado da arte dos conhecimentos sobre o assunto.

O histórico das pesquisas da geologia do Quaternário no Brasil comporta, no mínimo, três fases distintas.

Primeira fase (da descoberta até as primeiras décadas do século XX)

As contribuições científicas sobre o tema são pouco numerosas e atribuíveis praticamente só a pesquisadores estrangeiros. Inexistiam cursos superiores relacionados às geociências no País, muito menos os vinculados, de algum modo, às pesquisas do Quaternário. Alguns pesquisadores com cursos superiores concluídos no exterior geralmente não se interessavam pelo tema.

Uma das raras contribuições no período veio de C. R. Darwin (1809-1882), que mencionou a ocorrência de rochas praiais em Recife (PE). Na ocasião, o pesquisador considerou-as evidências de prováveis variações do nível do mar na região, fato comprovado por Branner (1904) algumas décadas depois.

Na época, começavam a despontar, ao lado de pesquisadores estrangeiros, estudiosos brasileiros que, aparentemente, já vislumbravam a importância da Era Cenozoica, mas o termo Quaternário era praticamente ignorado.

Segunda fase (das primeiras décadas do século XX até 1970)

A implantação de cursos de História Natural e Geografia fez com que surgissem alguns estudos relacionados ao Quaternário. No fim da década de 1960, os cursos de História Natural foram desmembrados em cursos de Biologia e de Geologia, quando essas pesquisas tornaram-se mais comuns. Entretanto, esses estudos eram relacionados à geomorfologia, à paleontologia e à arqueologia, sem menção ao Quaternário. Entre os estudos paleontológicos, destacaram-se as pesquisas de Carlos de Paula-Couto sobre a paleofauna de mamíferos extintos.

Os estudos geomorfológicos, sob o ponto de vista do Quaternário, foram realizados principalmente por pesquisadores de geografia física, que receberam forte influência da escola francesa, liderada por Jean Tricart, da Universidade de Estrasburgo. Entre os pesquisadores brasileiros, destacam-se Aziz N. Ab'Saber e João J. Bigarella. As pesquisas arqueológicas tiveram como palco sítios interioranos e litorâneos, representados em particular pelos sambaquis, um patrimônio cultural cuja preservação foi bastante defendida pelo pesquisador Paulo Duarte.

Mesmo nessa fase, quando surgiram pesquisadores brasileiros de destaque, eram raros os trabalhos de cunho multi e, principalmente, interdisciplinar.

Terceira fase (de 1971 até hoje)

A realização do I Simpósio do Quaternário no Brasil, durante o XXV Congresso Brasileiro de Geologia, representou um marco muito importante. Na ocasião, foi criada a Comissão Técnico-Científica do Quaternário da SBG, extinta no segundo semestre de 1984 com a fundação da ABEQUA (Associação Brasileira de Estudos do Quaternário). Sob a égide da Comissão Técnico-Científica do Quaternário da SBG ocorreram mais três simpósios, até o IV Simpósio, realizado no Rio de Janeiro em 1981. A ABEQUA, que é afiliada à SBGeo (sigla atual da Sociedade Brasileira de Geologia), realizou o X Congresso em outubro de 2005, quando completou 21 anos de fundação, comemorada com a edição do livro *Quaternário do Brasil*, de Souza et al. (2005)

Outro fato alvissareiro aconteceu no início da década de 1970, quando a Petrobras firmou convênios para a execução de estudos integrados em alguns deltas quaternários brasileiros, por meio do CENPES (Centro de Pesquisas). Realizaram-se, assim, estudos em deltas dos rios Doce (ES) e Paraíba do Sul (RJ), além da planície costeira de Jacarepaguá (RJ).

Nessa fase, o Brasil filiou-se à INQUA, filiação que permanece até hoje. Além dos eventos anteriormente citados, foram organizadas outras reuniões internacionais, como: 1975 *International Symposium on the Quaternary*, 1978 *International Symposium on Coastal Evolution in the Quaternary*, 1986 *International Symposium on Coastal Evolution and Quaternary Shorelines*, 1989 *International Symposium on Global Changes in South America during the Quaternary* e, finalmente, a *Regional Conference on Global Change*, em 1995, todas realizadas em São Paulo, excetuando-se a de 1975.

Também nessa fase, o Brasil participou como membro ativo de vários projetos internacionais (61, 200, 201, 237 e 376) do Programa Internacional de Correlação Geológica (IGCP – *International Geological Correlation Programme*), ligado à Unesco e à IUGS (*International Union of Geological Sciences*). A participação brasileira deu-se também no Projeto Interação Continente-Oceano na Zona Costeira (LOICZ – *Land-Ocean Interactions in the Coastal Zone*), do Programa Internacional Geosfera-Biosfera (IGBP – *International Geosphere-Biosphere Programme*) e da INQUA. Deve-se registrar que muitos desses eventos e projetos, todos de interesse para os estudos do Quaternário, contaram com importantes participações de vários pesquisadores estrangeiros da antiga ORSTOM (*Institut Français pour le Développement Scientifique en Coopération*), atual IRD (*Institut de Recherche pour le Développement*), com destaque para o Dr. Louis Martin.

Pesquisas sobre o Quaternário em geral e sobre a geologia do Quaternário em particular tornaram-se mais numerosas nos últimos 30 anos, acompanhadas de melhoria de qualidade, fato que pode ser constatado pela publicação do livro de Souza et al. (2005).

1.3.2 Instituições e grupos de pesquisas

Atualmente, não há dúvida de que não somente professores e estudantes de pós-graduação dos cursos de Geologia e Geografia, mas também de Biologia, Oceanografia, Agronomia, Ecologia, Engenharia Florestal e Engenharia Ambiental contribuem para aumentar o conhecimento sobre o Quaternário.

Diversas instituições públicas (Universidade Estadual de Maringá, Universidade Estadual Paulista, Universidade Estadual do Rio de Janeiro, Universidade Federal da Bahia, Universidade Federal do Rio Grande do Norte, Universidade Federal de Pernambuco, Universidade Federal Fluminense, Universidade Federal do Rio de Janeiro, Universidade de São Paulo etc.) e até particulares (Universidade de Guarulhos) contam com centros ou núcleos de pesquisas ligados ao estudo de alguns aspectos do Quaternário. Além disso, até algumas instituições não universitárias, frequentemente ligadas às secretarias estaduais do meio ambiente, como o Instituto Geológico da Secretaria do Meio Ambiente do Estado de São Paulo e a CPRM - Serviço Geológico do Brasil, têm demonstrado interesse pelos estudos do Quaternário.

1.4 Quaternário: "Quo vadis"?

Conforme Phillips (1840), a atual Era Cenozoica era subdividida em esquemas baseados em relações de campo e/ou na evolução biológica, sujeitos a muitas discussões até pelo menos a primeira metade do século XIX. Em 1760, G. Arduíno, professor da Universidade de Pádova (Itália), ao classificar litoestratigraficamente as rochas de uma região montanhosa do norte da Itália, usou o termo Primário para as rochas mais antigas, que eram seguidas pelas rochas do Secundário. As colinas mais baixas, compostas de sedimentos cascalhosos, arenosos e argilosos, foram atribuídas ao Terciário. Por outro lado, o termo Quaternário, empregado inicialmente por Desnoyers (1829), foi aplicado a sedimentos fluviais e marinhos da Bacia de Paris, superpostos ao Terciário. Esses depósitos continham associações de restos de animais e vegetais atualmente viventes.

O emprego do termo Quaternário, mesmo sem uma definição cronológica mais precisa, difundiu-se muito rápido, principalmente no mapeamento de depósitos superficiais menos consolidados. Em mapas geológicos mais antigos, são muito vagas as idades atribuídas às unidades quaternárias.

Com base nas semelhanças relativas entre assembleias fossilíferas associadas à fauna moderna, Lyell (1833) subdividiu o período Terciário em épocas Eoceno, Mioceno e Plioceno. Aparentemente ignorando a proposta anterior de Desnoyers (1829), Lyell usou o termo Recente para o tempo pós-Terciário (Fairbridge, 1968). A época Recente foi posteriormente renomeada para época Holoceno, por Gervais (1867). Lyell nunca empregou o termo Quaternário, mas admitiu que o conceito de Desnoyers (1829) era equivalente ao intervalo temporal entre o Plioceno Mais Novo do período Terciário e o Recente.

As denominações de Andares Neógeno e Paleógeno foram introduzidas por Hörnes (1853), na subdivisão dos depósitos cenozoicos, e adotadas pela Comissão Internacional de Estratigrafia (ICS em inglês). O Paleógeno de Hörnes (1853) abrangia as épocas Paleoceno, Eoceno e Oligoceno, e o Neógeno, as épocas Mioceno, Plioceno e Pleistoceno.

Quando a ICS e a INQUA resolveram padronizar o limite Plioceno-Pleistoceno, na década de 1950, havia três propostas para a definição formal:
a) Plioceno Mais Novo, de Lyell (1833), há aproximadamente 1 Ma;
b) topo da subzona paleomagnética Olduvai, situado há cerca de 2 Ma;
c) próximo à reversão de polaridade paleomagnética Gauss-Matuyama, há cerca de 2 Ma.

A opção (b) foi escolhida durante o XI Congresso da INQUA em 1982 (Moscou), pela Comissão de Estratigrafia da INQUA, no papel de Subcomissão da Comissão Internacional de Estratigrafia (ICS), e formalmente aprovada por essa comissão em 1983. Segundo tal decisão, a base do Pleistoceno (estratótipo limite), composta de depósitos marinhos de águas profundas, situar-se-ia em Vrica, Sicília (Itália), próximo ao topo da subzona paleomagnética de polaridade normal Olduvai, há cerca de 1,8 Ma. Ele caracteriza o momento de maior dispersão do molusco *Arctica islandica*, que, em geral, está restrito às águas boreais dos estádios interglaciais. De acordo com Aguirre e Pasini (1985), esse estratótipo limite não atentaria para outras questões mais ou menos relacionadas, como a situação do Quaternário na escala cronoestratigráfica. A seção foi apresentada por Pasini e Colalongo (1997) e caracterizada em pormenores por estratígrafos de diversos países, em termos sedimentológicos, paleoecológicos, bioestratigráficos, biocronológicos e magnetoestratigráficos.

O termo Quaternário, mesmo sem uma definição formal, tornou-se de uso corrente e, entre outras peculiaridades, tem sido correlacionado aos episódios glaciais do Hemisfério Norte (Quadro 1.1). Porém, evidências cronológicas, baseadas em registros isotópicos marinhos e em detritos transportados por geleiras do oceano Atlântico Norte, mostram que os aumentos mais acentuados nos volumes das geleiras continentais iniciaram-se há 2,6 Ma. Em razão disso, essa idade foi reavaliada, em 1998, pelas Comissões de Estratigrafia do Neógeno (da ICS) e de Estratigrafia do Quaternário (ICS-INQUA), que optaram por mudar o limite Plioceno-Pleistoceno para a base do Estágio Gelasiano. Entretanto, a maioria dos pesquisadores relacionados decidiu pela manutenção do estratótipo limite em Vrica, na Sicília. Portanto, caso o Quaternário seja definido pelas oscilações mais importantes nos volumes das geleiras do Hemisfério Norte, ele teria início 800.000 anos antes da base da época Pleistoceno (Quadro 1.3).

Quadro 1.3 ABRANGÊNCIA ATUAL DO QUATERNÁRIO, SEM DEFINIÇÃO FORMAL, BASEADA NOS INTERVALOS DAS PRINCIPAIS OSCILAÇÕES NOS VOLUMES DAS GELEIRAS DO HEMISFÉRIO NORTE (OGG, 2004)

Idade (Ma)	Período	Época	Período	Idade (Ma)	
0	Neógeno	Holoceno			Quaternário
		Pleistoceno	Superior		
			Médio		
			Inferior	1,8	
		Plioceno L	Gelasiano	2,6	
5			Piacenziano	3,6	
		E	Zancliano	5,3	
		Mioceno	Messiniano	7,3	

1.4.1 Algumas propostas de formalização do Quaternário

Subdivisão da Comissão Internacional de Estratigrafia (ICS), da União Internacional de Ciências Geológicas (IUGS)

A Era Cenozoica, com duração total de cerca de 65 Ma, seria subdividida nos períodos Paleógeno (42 Ma) e Neógeno (23 Ma), compreendendo intervalos temporais relativamente comparáveis (Quadro 1.4). Com isso, seriam eliminados os períodos Terciário (cerca de 63 Ma ou mais de 95% do Cenozoico) e Quaternário (cerca de 2 Ma ou menos de 5% da Era Cenozoica).

Quadro 1.4 Proposta da Comissão Internacional de Estratigrafia (ICS em inglês), da União Internacional de Ciências Geológicas (IUGS em inglês), publicada por Gradstein et al. (2004)

Eon	Era	Período	Época	Idade	Idade (Ma)
Fanerozoico	Cenozoico	Neógeno	Holoceno		0,0115
			Pleistoceno	Superior	0,126
				Médio	0,781
				Inferior	1,806
			Plioceno	Gelasiano	2,588
				Piacenziano	3,600
				Zancliano	6,332
			Mioceno	Messiniano	7,246
				Toroniano	11,608
				Serravaliano	13,65
				Langhiano	15,97
				Burdigaliano	20,43
				Aquitaniano	23,03
		Paleógeno	Oligoceno	Chattiano	28,4±0,1
				Rupeliano	33,9±0,1
			Eoceno	Priaboniano	37,2±0,1
				Bartoniano	40,4±0,2
				Lutetiano	48,6±0,2
				Ypresiano	55,8±0,2
			Paleoceno	Thanetiano	58,7±0,2
				Selandiano	61,7±0,2
				Daniano	65,5±0,3

A decisão de abandonar o termo Terciário seguiu a mesma tendência que conduziu ao desuso de Primário e Secundário, pois são palavras muito ambíguas. Nessa subdivisão, proposta por Gradstein et al. (2004), o Quaternário também deixaria de existir, mas permaneceriam Pleistoceno e Holoceno. Além disso, o limite Plioceno-Pleistoceno seria mantido em 1,8 Ma, e o limite Pleistoceno-Holoceno, em 0,0115 Ma.

Subdivisão da Associação Internacional para Pesquisa do Quaternário (INQUA)

Pillans (2004) propôs que o Quaternário seja redefinido como um subperíodo (ou subsistema) do período (ou sistema) Neógeno (Quadro 1.5) e que a sua base seja definida pelo início do estágio Gelasiano, há 2,6 Ma (Rio et al., 1998). Segundo esse autor, o Quaternário representa um termo muito importante para que seja simplesmente suprimido da Escala de Tempo Geológico, como aconteceu no passado com os termos Primário e Secundário, e, depois, com o Terciário. Como uma das justificativas, Pillans alega que o Quaternário representa um elo entre os seres humanos e a geologia. Além disso, forneceria o abrigo necessário a outras importantes disciplinas correlatas das ciências geológicas, como Arqueologia, Paleopedologia, Paleoclimatologia etc.

Como principais argumentos que fundamentariam essa proposta, Pillans (2004) considera que:

i) há forte apoio dos membros da INQUA, que responderam afirmativamente à proposta de permanência do Quaternário como unidade estratigráfica formal;

ii) já existe precedência no estabelecimento de subperíodo (ou subsistema) na Escala de Tempo Geológico, como nos subperíodos Mississippiano e Pennsylvaniano do período Carbonífero;

Quadro 1.5 SITUAÇÃO ATUAL DO QUATERNÁRIO E A PROPOSTA DE PILLANS (2004)

Presente				Proposto				
Era cenozoica	Sistema quaternário	Série Pleistoceno	Série Holoceno	Era cenozoica	Sistema neógeno	Subsistema quaternário	Série Pleistoceno	Série Holoceno
			Subsérie Superior					Subsérie Superior
			Subsérie Média					Subsérie Média
			Subsérie Inferior					Subsérie Inferior
	Sistema neógeno	Série Pleistoceno	Estágio Gelasiano			Série Plioceno		Estágio Gelasiano
			Estágio Piacenziano					Estágio Piacenziano
			Estágio Zancliano					Estágio Zancliano
	Série Mioceno				Série Mioceno			
	Sistema Paleógeno				Sistema Paleógeno			

iii) a desvinculação do Quaternário do limite Plioceno-Pleistoceno (1,8 Ma) poderia cessar as discussões sobre as posições desse limite;

iv) a maioria dos países-membros da INQUA parece ser mais favorável ao Quaternário "mais longo" (2,6 Ma) do que ao Quaternário "mais curto" (1,8 Ma), preferência que parece refletir a percepção da importância da continuidade das propriedades através do tempo. Por exemplo, a deposição de *loess*, na China, tornou-se mais intensa e mais extensa ao redor de 2,6 Ma, com características bem diferentes da "argila vermelha" sotoposta (Ding; Rutter; Liu, 1997);

v) há cerca de 2,6 Ma, os registros de isótopos de oxigênio dos mares profundos mostram culminações de uma série de ciclos de intensidades glaciais crescentes, que também estão associados aos primeiros eventos de suprimento mais abundante de detritos glaciais do oceano Atlântico Norte. Para muitos pesquisadores, isso corresponderia ao advento das idades do gelo do Quaternário. Esse limite também corresponde à transição de forçantes paleoclimáticas dominadas pela precessão dos equinócios para obliquidade da eclíptica (Milankovitch, 1920).

Proposta deste livro

Sugere-se aqui, em consonância com a proposta anterior, de Suguio et al. (2005), pelas mesmas razões de abandono do Primário, Secundário e Terciário, também suprimir o Quaternário da Escala do Tempo Geológico, em razão da extrema ambiguidade do termo. A palavra Holoceno, usada comumente como sinônimo de Pós-glacial ou Recente, igualmente poderia ser eliminada (Quadro 1.6).

Quadro 1.6 NOVA PROPOSTA PARA A SUBDIVISÃO DO PERÍODO NEÓGENO, COMPOSTO DAS ÉPOCAS MIOCENO, PLIOCENO E PLEISTOCENO, SEM O PERÍODO QUATERNÁRIO, QUE PASSARIA A SER UMA DESIGNAÇÃO INFORMAL, COMO O PRÉ-CAMBRIANO, E COM O PALEÓGENO COMPOSTO DAS ÉPOCAS PALEOCENO, EOCENO E OLIGOCENO

Eon	Era	Período	Época	Estágio	Idade (Ma)	
Fanerozoico	Cenozoico	Neógeno	Pleistoceno	Superior	0,126	Quaternário
				Médio	0,781	
				Inferior	1,806	
			Plioceno	Gelasiano	2,588	
				Piacenziano	3,600	
				Zancliano	6,332	
			Mioceno	Messiniano	7,246	
				Toroniano	11,608	
				Serravaliano	13,65	
				Langhiano	15,97	
				Burdigaliano	20,43	
				Aquitaniano	23,03	
		Paleógeno	Oligoceno	Chattiano	28,4±0,1	
				Rupeliano	33,9±0,1	
			Eoceno	Priaboniano	37,2±0,1	
				Bartoniano	40,4±0,2	
				Lutetiano	48,6±0,2	
				Ypresiano	55,8±0,2	
			Paleoceno	Thanetiano	58,7±0,2	
				Selandiano	61,7±0,2	
				Daniano	65,5±0,3	

Para endossar a última proposta citada, pode-se apresentar as seguintes indagações:

i) Por que Pós-glacial, se não foram diagnosticadas, até o momento, provas irrefutáveis de que as "recentes" glaciações iniciadas há 2,6 Ma terminaram?

ii) Sabe-se que o Holoceno (ou Pós--glacial), apesar das flutuações, exibe clima ameno. Não representaria ele, portanto, um estádio interglacial, e não Pós-glacial, conforme acreditam muitos paleoclimatólogos?

iii) Caso a hipótese anterior seja factível, não seria possível admitir a possibilidade de uma "iminente" deflagração de novo estádio glacial em algumas centenas ou poucos milhares de anos?

Desse modo, a época Pleistoceno se estenderia até hoje, e o Holoceno, como um possível estádio interglacial do Pleistoceno, não mereceria designação formal de época do período Neógeno (Suguio; Soares, 2004). Por outro lado, as indagações levantadas não invalidam a possibilidade de que o Quaternário seja uma unidade cronoestratigráfica informal, cujo início poderia ter ocorrido há cerca de 2,6 Ma. Essa solução salvaguardaria a continuidade de existência da INQUA e das associações congêneres nacionais, como a ABEQUA, bem como dos seus estudos multi e interdisciplinares.

1.5 UNIDADES ESTRATIGRÁFICAS

Os mais importantes eventos geológicos do Quaternário Brasileiro, principalmente os registrados na parte continental do País, são representados somente por depósitos sedimentares, de composição mormente siliciclástica, embora sejam comuns os de natureza ferruginosa e, mais raramente, calcária. Em função da área primordial de interesse (geologia, geomorfologia, pedologia e mecânica dos solos) dos pesquisadores envolvidos, os materiais componentes são chamados de solos, coberturas pedológicas ou formações superficiais. Para a maioria dos geólogos e engenheiros civis seriam simplesmente solos; para os geógrafos físicos (geomorfólogos) e engenheiros agrônomos (pedólogos), coberturas pedológicas; e para alguns geólogos e geomorfólogos, formações superficiais. Quaisquer que sejam as denominações adotadas, não há dúvida de que os depósitos sedimentares resultam de processos essencialmente pedogenéticos, que refletem condições paleoclimáticas e comportamentos neotectônicos regionais relativamente calmos e, além disso, representam importante papel como substrato para várias atividades do ser humano na ocupação do meio físico.

Entre os continentais, quanto à origem, sobressaem os depósitos colúvio-eluviais, que se distribuem pelas superfícies de cimeira e de vertentes em áreas planálticas, tanto sobre rochas cristalinas (magmáticas e metamórficas) em áreas cratônicas como sobre rochas sedimentares em bacias intracratônicas. Aparentemente os depósitos coluviais predominam sobre os eluviais, embora a distinção entre ambos nem sempre seja fácil e, portanto, aqui são referidos como depósitos colúvio-eluviais. As espessuras desses depósitos são variáveis e, em geral, inferiores a 10 m, e não chega a formar bacias sedimentares.

Os depósitos eluviais genuínos são originados *in situ* e constituem comumente as chamadas coberturas residuais compostas – por exemplo, de ferricretes (óxidos e hidróxidos de ferro), alcretes (hidróxidos de alumínio) e manganesicretes (óxidos de manganês) –, recobrindo extensas áreas de rochas cristalinas e/ou sedimentares, em geral relativamente peneplanizadas e dispostas em vários níveis topográficos. Nesses casos, as idades das superfícies de peneplanização, quanto aos depósitos eluviais de cobertura, podem ser em parte pré-quaternárias e até paleogênicas. Localmente, podem formar jazidas minerais residuais de importância econômica, como as de bauxita (minério de alumínio) e de garnierita (minério de níquel).

Os depósitos aluviais, por sua vez, representam sedimentos de canais fluviais e de subambientes associados, e estendem-se pelas planícies fluviais e vertentes ao longo dos rios constituintes das principais bacias hidrográficas. Entre as mais importantes, destacam-se as bacias dos rios Amazonas, Paraná e São Francisco. Geralmente esses depósitos são também pouco espessos, como os depósitos colúvio-eluviais, e alcançam no máximo pouco mais de uma dezena de metros. Entretanto, em raros sítios com subsidência tectônica mais conspícua, como no Pantanal Mato-grossense (MT e MS) ou na Ilha do Bananal (TO), exibem algumas centenas de metros de espessura e formam bacias sedimentares ainda ativas. Esses depósitos são certamente neogênicos, embora só a porção superior seja, de fato, de idade quaternária.

Depósitos de dunas eólicas interioranas do Quaternário são citados na literatura geológica na Amazônia, no Nordeste e no Pantanal Mato-grossense. Os mais estudados situam-se na margem esquerda do médio rio São Francisco (BA), entre as cidades de Barra e Pilão Arcado.

Em terrenos constituídos por rochas solúveis, principalmente calcários, ocorrem depósitos carbonáticos em topografia cárstica, entre os quais se destacam os espeleotemas (estalactites, estalagmites e pérolas de caverna) no interior de cavernas calcárias quaternárias, afeiçoadas em calcários proterozoicos. Nessas regiões são encontrados depósitos de tufos calcários, em processo de formação, como em Bonito (MS), ou submetidos à destruição, como na Chapada Diamantina (BA), em leitos de drenagens superficiais.

Configurando-se como costa essencialmente progradacional no Quaternário tardio os depósitos de terraços marinhos, formados por cordões litorâneos sucessivos, destacam-se entre os depósitos costeiros. Localmente, os depósitos de dunas eólicas litorâneas também assumem importância. Os depósitos de terraços marinhos são de idades pleistocênicas e holocênicas, e registram paleoníveis do mar acima do atual. Eles estendem-se, no mínimo, do Rio Grande do Sul ao Ceará, inclusive em trechos ocupados por deltas marinhos. Entre os principais deltas marinhos, que se desenvolvem nas adjacências de desembocaduras dos principais rios que deságuam no oceano Atlântico, estão os dos rios Paraíba do Sul (RJ), Doce (ES) e São Francisco (SE-AL). Os depósitos de dunas eólicas litorâneas desenvolvem-se mais conspicuamente nos estados nordestinos do Rio Grande do Norte, Ceará, Maranhão e Bahia, além dos estados sulinos do Rio Grande do Sul e Santa Catarina, onde foram pesquisados mais detalhadamente.

Entre os depósitos costeiros, existem os depósitos estuarinos (paleolagunas, paleobaías e paleomangues), além dos recifes coralinos (corais e algas calcárias) e recifes rochosos (arenitos e conglomerados praiais). Os depósitos estuarinos são particularmente desenvolvidos nas regiões litorâneas do norte do Brasil, como no Pará, mas ainda são pouco estudados. Os recifes coralinos são encontrados entre o Ceará e o sul da Bahia, na região de Caravelas (arquipélago de Abrolhos), ao passo que os recifes rochosos ocorrem do norte de São Paulo (Ubatuba) ao Ceará, embora sejam mais conspícuos no Nordeste.

Entre as sequências sedimentares quaternárias submarinas, aqui são descritas somente as que formam os depósitos da plataforma continental, os únicos sistematicamente estudados, até agora, no Brasil. O mais abrangente desses estudos foi realizado na década de 1970 pelo Projeto REMAC (Reconhecimento Global da Margem Continental Brasileira).

Finalmente, entre as unidades estratigráficas quaternárias do Brasil, não podem ser ignoradas as rochas magmáticas das ilhas oceânicas, que constituem os arquipélagos de Fernando de Noronha e Abrolhos, além dos rochedos de São Pedro e São Paulo.

1.5.1 Aspectos da estratigrafia do Quaternário

Parte preponderante da atual paisagem da superfície terrestre foi formada durante o Quaternário, com participação efetiva de fatores paleoclimáticos (Bigarella; Becker; Santos, 1994) e/ou neotectônicos (Saadi et al., 2005). Esses fatores, segundo Lowe e Walker (1997), propiciaram mudanças ambientais conspícuas de extensões espaciais e durações temporais muito diversificadas, representadas por um complexo mosaico de paisagens e de sequências sedimentares, que contém vestígios de fauna e de flora, acompanhados ou não por artefatos humanos.

Morfoestratigrafia
Conceitos fundamentais
Para reconstituir a evolução geomorfológica de uma área, envolvendo as unidades morfoestratigráficas (superfícies e materiais componentes), é necessário estabelecer as relações de antiguidade entre elas e definir os critérios para correlacioná-las por áreas suficientemente amplas, isto é, mapeáveis em escala de, no mínimo, 1:25.000. Segundo o conceito original de Frye e Willman (1962), uma unidade morfoestratigráfica é um "corpo sedimentar identificável, antes de tudo, pela forma exibida em superfície, e distinguível ou não, pela litologia e/ou idade, das unidades adjacentes". Em geral, segundo Kaizuka (1978), são válidas as seguintes relações geomorfológicas:

- uma superfície geomorfológica contínua denota simultaneidade ou sincronicidade (contemporaneidade);
- uma superfície de erosão é mais recente que a superfície geomorfológica anterior à erosão;
- uma superfície geomorfológica soterrada (inumada) é mais antiga que a superfície de sedimentação do material de cobertura (ou de preenchimento).

A continuidade de uma superfície geomorfológica pode ser facilmente visualizada na ausência de vales que a dissequem. Entretanto, quando terraços fluviais ou marinhos são separados por vales, é necessário encontrar evidências de continuidade pretérita, uma vez que, quando ocorrem vales muito amplos ou em superfícies geomorfológicas separadas por grandes distâncias, a correlação pode tornar-se mais difícil.

Os terraços de altitudes cada vez mais baixas são originados por dissecações sucessivas e, desse modo, pode-se concluir que os mais baixos são de idades mais recentes. Por outro lado, se na vertente de uma montanha aparecer uma superfície mais suave, dissecada pela atual, aquela superfície representa um evento anterior.

Depois de diagnosticadas as relações de antiguidade entre as superfícies geomorfológicas, as idades relativas dos depósitos sedimentares componentes ficam imediatamente estabelecidas. Em geral, depósitos glaciais e de terraços fluviais exibem semelhanças faciológicas; porém, a pobreza desses sedimentos em materiais datáveis, além da falta de superposição das camadas, dificulta, muitas vezes, o estabelecimento de suas relações estratigráficas. Nesses casos, as relações entre as superfícies geomorfológicas de sedimentação podem constituir o único critério aplicável na classificação morfoestratigráfica.

Esse método, quando empregado na reconstituição da história da evolução geomorfológica dos últimos 300.000 anos, por exemplo, pode tornar-se uma "ferramenta" mais poderosa que as classificações litoestratigráficas e bioestratigráficas, baseadas respectivamente em composições litológicas e paleontológicas dos depósitos sedimentares. Portanto, a classificação morfoestratigráfica é uma metodologia muito importante nos estudos estratigráficos do Quaternário. Quando Penck e Brückner (1909) reconheceram as morenas terminais (ou finais) e, em sequência, os depósitos de planícies de lavagem glacial, e identificaram os conjuntos de depósitos relacionados a cada um dos eventos glaciais dos Alpes, empregaram o método morfoestratigráfico.

Meis e Moura (1984) enfatizaram a necessidade do reconhecimento de superfícies deposicionais e da realização de análises estratigráficas detalhadas, uma vez que, se a classificação morfoestratigráfica não for devidamente acompanhada por dados fornecidos por camadas-chave (*key beds*) ou camadas-guia e dados geocronológicos, pode-se esboçar um quadro completamente equivocado da história da evolução geomorfológica de uma área.

Cronologia e correlação de superfícies geomorfológicas

Como critérios básicos de morfoestratigrafia, na correlação das superfícies geomorfológicas podem ser considerados, no mínimo, três métodos.

O primeiro consiste na comparação direta das superfícies geomorfológicas pelas suas características (extensão em área, planura, declividade etc.), além das altitudes acima do nível do mar e as suas alturas relativas. No caso de superfícies geomorfológicas marinhas, quando formadas na mesma época, devem exibir a mesma altitude, a não ser que tenha ocorrido erosão ou tectonismo pós-deposicional, constituindo-se em importante critério de correlação. Além disso, uma superfície geomorfológica passará a sofrer dissecação progressiva com o decorrer do tempo, de modo que a intensidade ou o grau de dissecação (ou afeiçoamento) representa também um critério de correlação. Entretanto, as altitudes de uma superfície geomorfológica podem variar, e as intensidades de dissecação, diminuir rumo ao interior de um continente e sofrer influência dos graus de litificação e dos tipos de materiais (rochas) componentes. Portanto, a correlação geomorfológica torna-se rigorosamente válida quando essas condições forem homogêneas.

A área abrangida por um terraço será influenciada pelo tipo de material que o compõe e pela litologia do seu embasamento, e será mais extensamente desenvolvida quando formada durante uma época de estabilização do nível de base. Portanto, uma superfície geomorfológica especialmente ampla de um conjunto de terraços pode ser útil na correlação espacial de superfícies.

No caso de superfícies geomorfológicas marinhas, as suas declividades em relação ao nível de base são importantes. Tais superfícies, originadas durante o ultimo estádio glacial do Quaternário, por exemplo, quando o nível de base era baixo (> 100 m do atual), exibem declividades mais acentuadas, e nos baixos cursos fluviais podem mergulhar sob superfícies aluviais (Fig. 1.2). Esse tipo de correlação só é possível em rios que desembocam diretamente nos oceanos e, portanto, receberam influência das flutuações do nível de base final (*end base level*) de natureza glacioeustática.

O segundo método consiste na comparação das propriedades de paleossolos ou de sítios e restos arqueológicos contidos em materiais que recobrem mais ou menos discordantemente as superfícies geomorfológicas. Os mate-

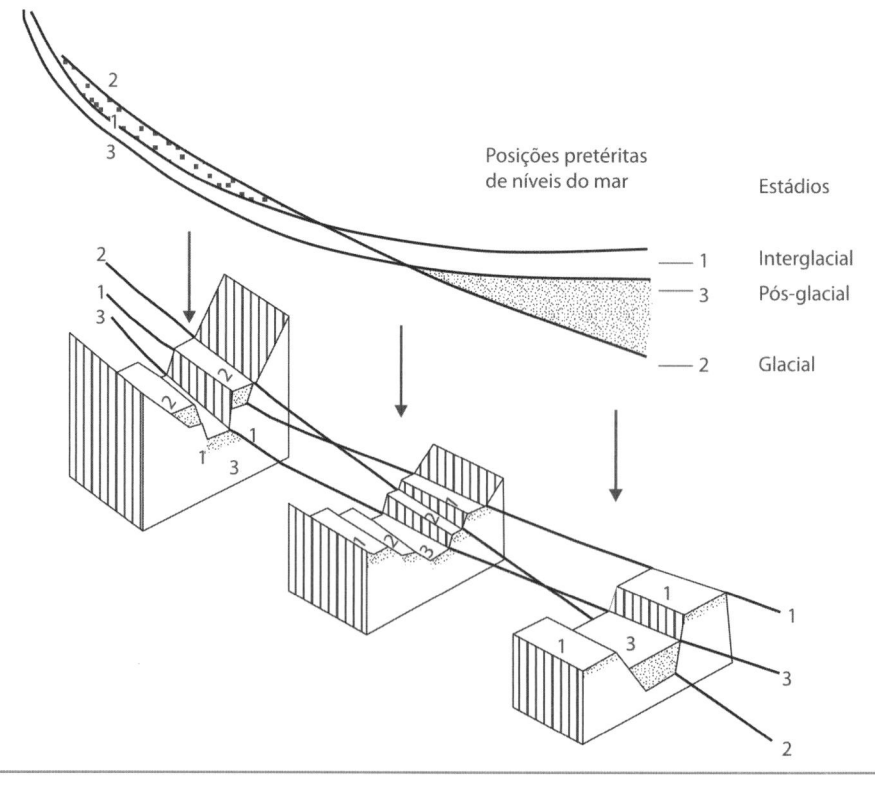

Fig. 1.2 Modelos de terraços fluviais resultantes de erosão ou sedimentação relacionados às épocas interglacial (1), glacial (2) e pós-glacial (3) (Kaizuka; Naruse; Matsuda, 1977)

riais ligados às erupções vulcânicas (cinzas vulcânicas e depósitos piroclásticos), em especial, caracterizam-se por recobrir amplas superfícies em pouco tempo e, assim, constituem ótimas camadas-guia (*key beds*) para correlações estratigráficas. Portanto, as superfícies geomorfológicas recobertas por esses materiais, como terraços fluviais ou marinhos, podem ser correlacionadas e, além disso, a sua composição mineralógica específica ou restos orgânicos carbonosos podem permitir determinações de idades absolutas. Em geral, as superfícies geomorfológicas acham-se também recobertas por camadas de paleossolos, cuja natureza reflete as condições paleoambientais, especialmente as paleoclimáticas. Dessa forma, frequentemente pode-se considerar que os paleossolos com determinadas propriedades tenham sido formados sob condições paleoambientais semelhantes, eventualmente na mesma época. Por outro lado, muitas vezes as superfícies dos terraços foram ocupadas pelo homem e, assim, são relativamente comuns os restos arqueológicos, cujas idades pré-históricas ou mesmo radiométricas indicam idades posteriores a sua emersão, tanto por levantamento do continente como por abaixamento do nível do mar.

O terceiro método é baseado na comparação das propriedades dos materiais componentes das superfícies geomorfológicas originadas por sedimentação. Nesse caso, são feitas comparações entre os tipos de restos faunísticos e/ou florísticos ou entre os tipos litológicos dos materiais. Além disso, quando ocorrem intercalações de camadas carbonosas, como de turfas, podem ser obtidas idades por radiocarbono dessas superfícies.

Pelos métodos descritos, é possível sistematizar temporal e espacialmente as relações entre as superfícies geomorfológicas de determinada área, na reconstrução da história da sua evolução geomorfológica.

Distribuições espacial e temporal das superfícies geomorfológicas

As idades das superfícies geomorfológicas, referidas anteriormente, indicam as épocas em que os processos fluviais e marinhos estiveram ativos, e os seus términos correspondem aos momentos de início dos fenômenos de emersão desses terraços. Mesmo as superfícies com aparente continuidade podem exibir discrepâncias ligadas às diferenças de estabilidade dos seus substratos e aos momentos de suas emersões acima do nível de água.

Ao subdividir-se amplamente as superfícies geomorfológicas, em termos de suas histórias evolutivas, podem ser reconhecidos no mínimo três segmentos. O primeiro é composto por uma superfície erosiva intermontana situada a maior altitude; o segundo, por uma superfície erosiva piemontana caracterizada por altitude intermediária; o último, por uma planície com terraços de sedimentação fluvial e oceânica. Esses segmentos, além de diferenciarem-se em altitudes, apresentam discrepâncias nas intensidades de dissecação, idades e naturezas dos materiais componentes. Grosso modo, no entanto, possuem como núcleo a região montanhosa adjacente e resultam da acreção (ou acrescentamento) lateral gradual rumo às áreas periféricas. A superfície geomorfológica intermontana resulta da ação da água corrente, muitas vezes sob regime de enchente-relâmpago (*flash flood*), quase sempre controlado por algum nível de base local (*local base level*). Além disso, a sua distribuição em altitude pode estar relacionada indiretamente ao nível do mar da época de sua formação (Yoshikawa et al., 1973). Em geral, diferentemente de uma superfície geomorfológica de sedimentação, é mais difícil determinar a idade de uma superfície geomorfológica de erosão. Mais comumente, a sua idade mínima é estimada com base na cifra obtida para o material de cobertura eventualmente existente. Há ocasiões em que se infere a idade máxima com base na idade do substrato.

Quando representa claramente uma superfície de terraço dissecada, a superfície geomorfológica piemontana pode ser tida como um terraço fluvial.

Aloestratigrafia

Como ferramenta de classificação estratigráfica, a aloestratigrafia foi introduzida pelo Código Estratigráfico Norte-Americano (NACSN, 1983) e destinada especialmente à análise estratigráfica de depósitos sedimentares cenozoicos, sobretudo quaternários. Entretanto, a validade do seu emprego em sequências sedimentares mais antigas, isto é, em depósitos mesozoicos e paleozoicos ou mesmo proterozoicos, é também inquestionável.

Essa classificação parece ser especialmente válida em depósitos quaternários, uma vez que as abordagens tradicionais usadas em depósitos sedimentares mais antigos apresentam sérias limitações, quando aplicadas na análise estratigráfica dos depósitos quaternários. Essas restrições são devidas ao nível de detalhamento exigido, à natureza descontínua e pouco espessa desses depósitos (frequentemente de alguns metros), a frequentes similaridades e recorrências (ou repetições) de fácies, ao registro paleontológico inadequado a análises estratigráficas (frequentemente composto de restos de animais viventes) e à reduzida disponibilidade de dados geocronológicos mais precisos.

Uma unidade aloestratigráfica é representada por um corpo sedimentar estratiforme, delineado por descontinuidades limitantes como, por exemplo, discordâncias erosivas regionais, e não diastemas, pois estes são de caráter local. Permite discernir depósitos de litologias semelhantes superpostos, contíguos ou geograficamente separados, limitados por descontinuidades; ou, ainda, considerar como pertencentes a uma única unidade depósitos caracterizados por heterogeneidades litológicas ou que ocorram em níveis topográficos diferentes e exibam idades distintas (Figs. 1.3, 1.4 e 1.5).

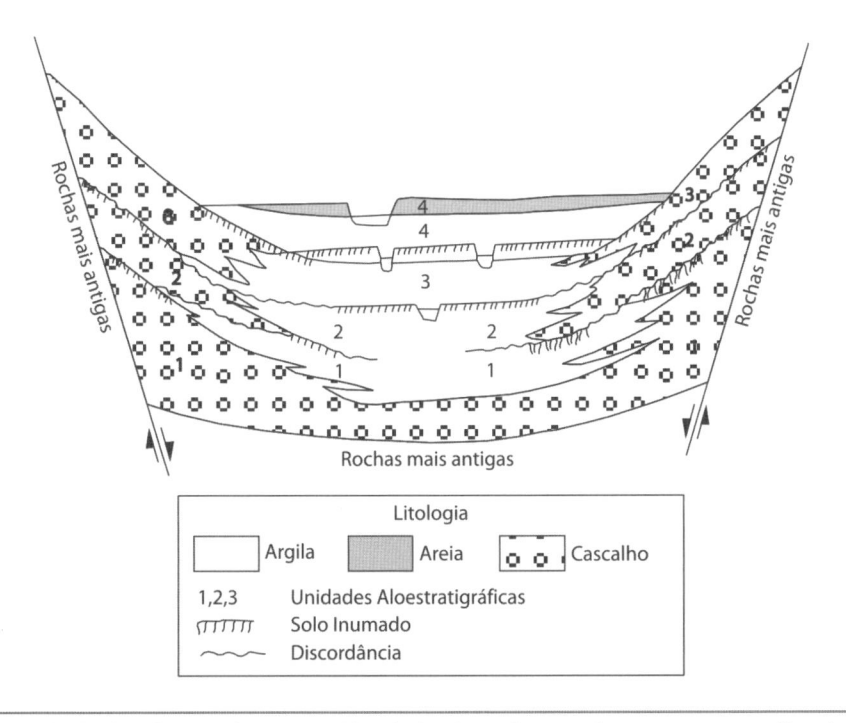

Fig. 1.3 Exemplo de classificação aloestratigráfica de depósitos fluviais e lacustres em um gráben (modificado de NACSN, 1983). Este esquema mostra uma possível relação entre as classificações alo e litoestratigráficas, onde quatro unidades aloestratigráficas encontram-se superpostas e delimitadas por descontinuidades lateralmente traçáveis (discordâncias e solos inumados), que abrangem três litologias principais, classificáveis em uma ou duas unidades litoestratigráficas

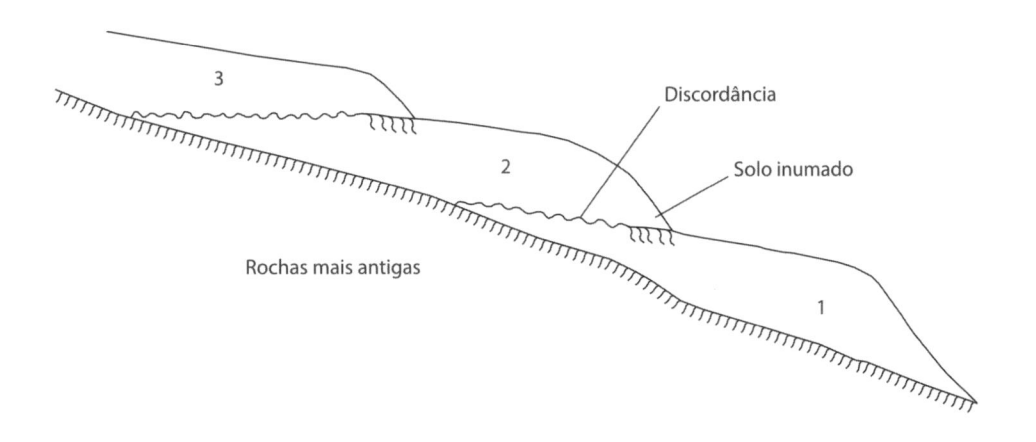

Fig. 1.4 Exemplo de classificação aloestratigráfica de depósitos contíguos e litologicamente semelhantes, que registram três episódios de glaciação (modificado de NACSN, 1983). As unidades aloestratigráficas 1, 2 e 3 (alomembros?) poderiam constituir uma unidade aloestratigráfica maior (aloformação?)

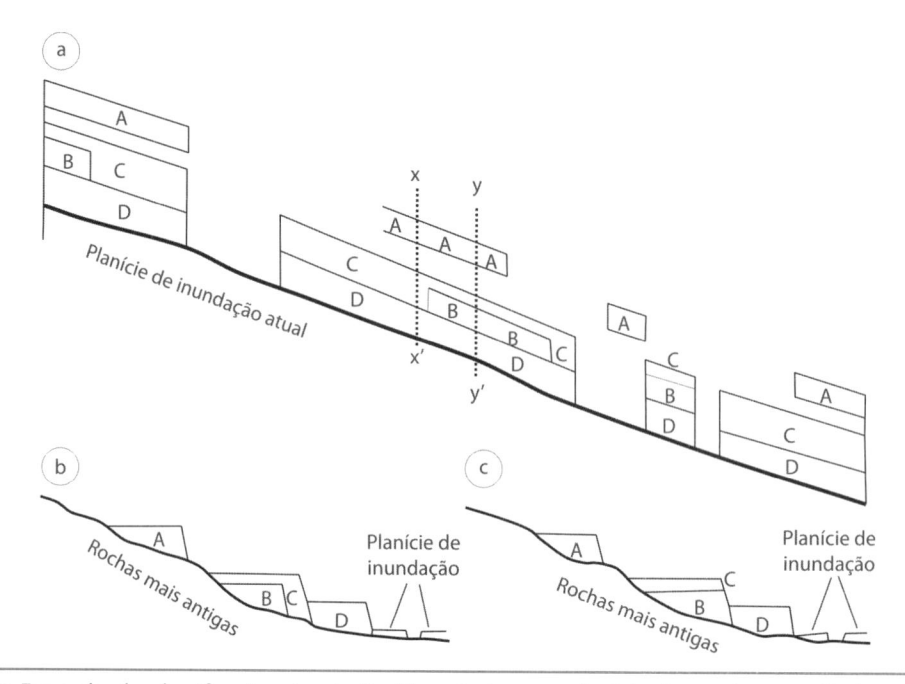

Fig. 1.5 Exemplo de classificação aloestratigráfica de terraços fluviais descontínuos e litologicamente semelhantes (modificado de NACSN, 1983). A, B, C e D representam depósitos com litologias semelhantes em diferentes posições topográficas ao longo de um vale. Um único nível de terraço pode ser constituído por mais de uma unidade aloestratigráfica. (a) representa o perfil longitudinal do vale; (b) e (c) representam os perfis transversais do vale, assinalados por x – x' e y – y', respectivamente

Como as descontinuidades representam planos de tempo (isócronas), as unidades aloestratigráficas definidas cortam esses planos e, portanto, são essencialmente diacrônicas. Desse modo, constituem também uma importante base para a classificação cronoestratigráfica. Por outro lado, as unidades aloestratigráficas podem exibir grandes variações faciológicas temporais e espaciais, constituindo, à luz do conceito de sistemas deposicionais, um instrumento mais apropriado às análises paleoambientais do que as formações, que são, essencialmente, unidades litoestratigráficas. Entretanto, analogamente às unidades litoestratigráficas, a unidade fundamental é a aloformação, que, por sua vez, pode ser subdividida em alomembros ou, com outra ou mais aloformações, constituir um alogrupo.

Segundo Walker (1990), a aloestratigrafia integra as "novas estratigrafias" que, com a sismoestratigrafia (Vail; Mitchum Jr., 1977), a estratigrafia de sequências (Van Wagoner et al., 1988) e a sequência estratigráfica genética (Galloway, 1989), são aplicáveis a quaisquer sequências sedimentares, independentemente das idades ou dos contextos geológicos.

No Brasil, a relevância da abordagem aloestratigráfica na identificação e classificação de depósitos quaternários tem sido enfatizada em trabalhos de Moura e Meis (1986), Moura e Mello (1991) e Etchebehere (2002).

Pedoestratigrafia

A estratigrafia dos solos, preocupada com a reconstituição dos principais episódios pedogenéticos, representa também importante "ferramenta" no estudo da sequência evolutiva de solos e perfis de intemperismo em geologia do Quaternário, pelo menos em escala regional (Morrison, 1961).

Unidades pedoestratigráficas foram, pela primeira vez, propostas como unidades formais no Código Estratigráfico Norte-Americano de 1961 (ACSN, 1961), diferenciadas das demais unidades estratigráficas. Porém, a necessidade de um termo estratigráfico específico para evitar confusões em nomenclaturas usadas em classificações pedológicas e geotécnicas conduziu à proliferação de diversos tipos de unidades, muitos informais e outros formais. Os critérios usados nas definições das unidades pedoestratigráficas são variáveis, mas todos enfatizam a necessidade de distinção entre essas unidades e as unidades litoestratigráficas.

Entre as unidades pedoestratigráficas, tem-se o pedoderma, proposto como unidade estratigráfica formal no Código Estratigráfico Australiano e adotado pela INQUA (Commission on Pedology, 1979). O pedoderma foi definido como "cobertura do solo mapeável, parcialmente truncada ou inteira, situada em superfície ou enterrada total ou parcialmente, que possui características físicas e estratigráficas suficientes para reconhecimento e mapeamento consistentes".

O Código Estratigráfico Norte-Americano de 1983 (NACSN, 1983) propôs o termo geossolo, que corresponderia a "corpos rochosos constituídos por um ou mais horizontes pedológicos desenvolvidos em uma ou mais unidades aloestratigráficas, litoestratigráficas ou litodêmicas e que estejam recobertos por uma ou mais unidades alo ou litoestratigráficas formalmente definidas". Essa seria a unidade fundamental e única da pedoestratigrafia, acompanhada de toponímia.

Parece haver necessidade de maior abrangência do termo geossolo, que permita incluir solos exumados por erosão que tenham estado enterrados, além de solos-relíquia preservados como couraças de materiais mais resistentes. Segundo Birkeland (1984), o pedoderma supera o geossolo, pois incluiria solos exumados e solos-relíquia, e permitiria a formalização pedoestratigráfica de solos associados a depósitos superficiais de diversas idades.

1.5.2 Aspectos da paleontologia do Quaternário

Desde que William Smith descobriu, em 1816, que as camadas sedimentares poderiam ser diferenciadas entre si por seus conteúdos fossilíferos, o estudo paleontológico transformou-se em importante critério cronoestratigráfico. As observações feitas por aquele autor permitiram estabelecer o princípio da sucessão faunística, isto é, quando os organismos fósseis são dispostos, de acordo com as suas idades, mostram mudanças progressivas, desde os mais simples até os mais complexos, revelando uma evolução biológica (ou orgânica).

Os paleontólogos, por sua vez, estão particularmente atentos aos fósseis-índice (*index fossils*) ou fósseis-guia (*guide fossils*), mais apropriados para a correlação de rochas sedimentares da mesma faixa de idade, encontradas em regiões diferentes. Entretanto, para uma adequada aplicação desse método, é necessário que os espécimes fossilíferos sejam:

a) amplamente representados na superfície terrestre, como acontece particularmente com os fósseis marinhos. Isso limita a sua aplicabilidade ao período Quaternário, já que a maioria dos depósitos desse período é de origem continental e quase sempre pobre ou estéril em fósseis;

b) muito abundantes, fato que implica um tamanho reduzido, razão por que a micropaleontologia (estudos de foraminíferos, ostracodes, diatomáceas e palinomorfos) assume importância fundamental, em detrimento da macropaleontologia (estudos de moluscos e vertebrados);

c) representantes de seres vivos submetidos a rápida evolução biológica, que permitiriam caracterizar curtos intervalos de tempo, e o Quaternário, pela sua curta duração (cerca de 2 Ma) limita bastante o emprego da paleontologia.

Desse modo, o método indireto de datação pela paleontologia é raramente aplicado ao Quaternário; excepcionalmente, porém, os fósseis de mamíferos que evoluíram mais ou menos rapidamente, tanto por extinção como por surgimento de novas formas, têm sido utilizados com algum sucesso. Fairbridge (1968) subdividiu o Pleistoceno, com base em fósseis de mamíferos extintos, do seguinte modo:

i) Pleistoceno superior (10.000 a 82.800 anos) – corresponde ao estádio glacial Würm, inclusive várias épocas interestadiais, representado por fósseis de *Elephas primigenius, Rhinoceros tichorhinus* e *Rangifer tarandus*;

ii) Pleistoceno médio (82.800 a 355.000 anos) – abrange os estádios glaciais Riss e Mindel, além dos estádios interglaciais Günz-Mindel, Mindel-Riss e Riss-Würm, e é caracterizado pelos fósseis de *Elephas antiquus, Elephas trogontherii, Rhinoceros etruscus, Rhinoceros mercki* e *Equus caballus*;

iii) Pleistoceno inferior (355.000 a 1,81 Ma) – compreende o estádio glacial Günz e os anteriores, além dos estádios interglaciais e pré-glaciais, e seria caracterizado por *Elephas meridionalis, Mastodon spp., Rhinoceros etruscus, Rhinoceros mercki, Rhino-*

ceros spp., *Hippopotamus major*, *Trogontherium cuvieri*, *Equus stenonis* e *Leptobos* spp.

Entre os microfósseis do Quaternário mais estudados, têm-se os palinomorfos (polens + esporos), os foraminíferos e os ostracodes, em geral destinados à obtenção de características paleoambientais, e não de idade relativa, normalmente obtida por meio de fósseis.

Mudanças florísticas paleoambientais
Além dos chamados macrorrestos vegetais, representados por sementes, frutos, folhas e caules, há os microrrestos, que são muito úteis na interpretação dos paleoambientes do Quaternário.

Se, por um lado, os macrorrestos vegetais de fanerógamas, por exemplo, são mais facilmente identificados, a sua ocorrência é geralmente escassa, o que dificulta ou até mesmo impossibilita o tratamento estatístico dos seus resultados. Ademais, comumente representa uma associação fortuita de restos vegetais de diversas proveniências, transportados e depositados por água corrente, o que complica bastante a interpretação do seu significado paleoambiental. Nesse caso, pode haver a necessidade de interpretar essa associação em confronto com as condições de sedimentação dos depósitos que a contêm, como em sedimentos fluviais tipicamente depositados por água corrente em bacia hidrográfica mais ou menos delimitada (Holz; Simões, 2002).

Por outro lado, os microrrestos florísticos exibem dimensões comumente microscópicas e são bastante numerosos, quando encontram condições propícias à preservação. Entre eles encontram-se os palinomorfos (polens e esporos), células epidérmicas e silicofitólitos, além de carapaças de diatomáceas e de silicoflagelados. Em geral, os palinomorfos são abundantes em sedimentos argilosos e/ou sílticos e até em areias e cascalhos com abundante matriz pelítica, quando exibem cores cinza-escura a preta. A alta frequência de ocorrência permite realizar tratamentos estatísticos. Porém, enquanto os grãos de polens e esporos são fornecidos por vegetais do meio circundante, as frequências podem variar não somente com o tipo de planta, mas também com a distância e o meio de transporte (água, vento etc.). Na água, o carreamento pode ocorrer pela superfície e, quando caem sobre o solo, podem ser levados pelas enxurradas. Além disso, muitos palinomorfos podem ser destruídos durante o transporte ou mesmo após a sedimentação. Desse modo, na interpretação da associação de palinomorfos, em termos de representatividade da comunidade vegetal local e/ou regional, é necessário considerar todas as vicissitudes pelas quais passaram os materiais analisados até chegar ao momento do estudo.

Nos sedimentos marinhos ocorrem nanofósseis (minúsculos fósseis vegetais com carapaças calcárias) e diatomáceas (algas com carapaças silicosas denominadas frústulas). Na planície de Kantô (Japão), Kosugi et al. (1989) conseguiram reconstruir, pelo estudo de populações de diatomáceas, as paleossalinidades e paleobatimetrias do ambiente estuarino da paleobaía de Tóquio. Isso ocorreu durante a culminação holocênica do nível relativo do mar no período Jômon (Neolítico da pré-história do Japão), há cerca de 5.500 anos. Constatou-se que, durante aquela época, as paleossalinidades variavam entre 5‰ e 12‰, e a paleobaía atingia até mais de 50 km para interior da atual linha de costa.

Mudanças faunísticas paleoambientais
Os animais que viveram sobre os continentes mostram íntima correlação com as condições paleoambientais, tais como pedológicas, paleoclimáticas e vegetacionais, locais ou regionais. Os conhecimentos sobre as mudanças faunísticas são, em geral, obtidos pelos estudos de fósseis de mamíferos, aves, moluscos, insetos e crustáceos, isto é, animais dotados de partes duras, mais facilmente fossilizáveis.

A Era Cenozoica, que presentemente é subdividida em períodos Paleógeno e Neógeno, caracteriza-se pelo surgimento de mamíferos modernos, como os bovídeos (*Leptobos*), os equídeos (*Equus*), os proboscídeos (*Elephas*) e, por fim, os hominídeos (*Homo*). Na época Pleistoceno, além desses animais surgidos recentemente e que se tornaram abundantes só no Pleistoceno médio e superior, viviam também muitos animais surgidos ainda no Paleógeno. Isso significa que apenas no Pleistoceno médio os animais tipicamente adaptados às condições de baixa temperatura e grande altitude encontraram ambientes mais propícios a uma rápida expansão. Por outro lado, desde o fim do Pleistoceno até o Holoceno inferior houve extinção quase completa dos mamíferos maiores, como os rinocerontes e elefantes, fato que, em parte, deve ser atribuído à ação antrópica de predação pelo uso do fogo.

A sequência evolutiva dos mamíferos do Quaternário, como elefantes, cervos e ursos, é bem conhecida, fato que está ocorrendo também com os roedores. Fósseis desses animais são abundantes e permitem a realização de estudos estatísticos, para o estabelecimento das relações entre as associações de fósseis e as respectivas mudanças paleoambientais. Por exemplo, o incremento da frequência de ocorrência de roedores, como dos gêneros fósseis Promimomys e Mimomys, que eram extremamente bem adaptados à dieta baseada em gramíneas, sugere que tenha ocorrido mudança paleoambiental, provavelmente paleoclimática, que levou à transformação de florestas fechadas em campos abertos.

Os moluscos, por sua vez, estão adaptados à vida em vários ambientes e são, portanto, úteis na reconstituição paleoambiental. Os gastrópodes terrestres, em particular, caracterizam-se pela grande sensibilidade às mudanças climáticas. A ecologia de bivalves, por outro lado, ainda é imperfeitamente conhecida, e isso dificulta o seu emprego em estudos paleoecológicos. No entanto, as condições de profundidade, temperatura e salinidade favoráveis à vida de alguns moluscos marinhos são bem conhecidas e, portanto, eles são úteis em estudos de transgressões e regressões marinhas.

Os insetos são também bons indicadores de temperaturas e outros parâmetros ambientais, especialmente os coleópteros (besouros), que são mais facilmente preservados como fósseis em turfas e sedimentos paludiais (de pântanos). Além disso, muitos insetos vivem em íntima associação com alguns vegetais e, com base nos fósseis desses animais, pode-se inferir a existência pretérita de uma determinada associação florística. Desse modo, alguns besouros são bons indicadores paleoclimáticos.

Os crustáceos, como os ostracodes, podem ser encontrados como fósseis em sedimentos lacustres e eventualmente fornecem informações sobre as qualidades das águas, bem como suprem dados sobre o grau de eutrofização e produtividade da água.

Em sedimentos marinhos ocorrem, por exemplo, os protozoários denominados foraminíferos, que comumente produzem carapaças carbonáticas. Quando carapaças de foraminíferos planctônicos são recuperadas, em testemunhos de perfurações submarinas profundas, podem fornecer paleotemperaturas das águas superficiais oceânicas, que correspondem aproximadamente às da atmosfera sobrejacente, quando eles viviam. Por outro lado, em águas salobras de estuários ou em águas profundas e/ou frias, com o aumento de acidez pode ocorrer predominância de foraminíferos aglutinados sobre carbonáticos. Esses fatos poderiam indicar mudanças paleoambientais.

Recifes coralinos fósseis

A seleção de um tipo adequado de organismo, como os corais, pode conduzir a uma reconstituição paleoambiental – principalmente paleoclimática – suficientemente precisa. Entre os corais, os hermatípicos (construtores de recifes), em especial, só conseguem sobreviver em condições ambientais muito específicas, com a temperatura máxima da água entre 25°C e 29°C no verão, não inferior a 18°C no inverno e com salinidades entre 34‰ e 36‰. Além disso, a vida em simbiose com algas unicelulares exige ambientes bem iluminados, com menos de 30 a 90 m de profundidade de água até o nível de maré baixa. Essas condições também podem ser comprovadas pela distribuição atual da formas viventes em faixas de latitudes inferiores a 30°C nos dois hemisférios. Desse modo, com base na distribuição de recifes coralinos fósseis do Quaternário podem ser conhecidas as paleotemperaturas e os paleoníveis do mar nas épocas em que eles viveram.

Os esqueletos de corais são compostos por bandas (ou faixas) de crescimento anual com ± 1 cm de espessura de aragonita ($CaCO_3$). Determinações de idade mostraram que alguns podem ultrapassar 500 anos. Como são compostos de carbonato de cálcio, podem ser medidas razões isotópicas $^{18}O/^{16}O$ e $^{13}C/^{12}C$, respectivamente de oxigênio e de carbono, além dos teores de alguns elementos-traço, que permitem reconstruir paleotemperaturas das águas e precipitações pretéritas correspondentes aos últimos séculos, com precisão de uma semana a um mês. Analogamente, por meio do estudo de corais fósseis que viveram há dezenas de milhares de anos em estádios glaciais ou há várias centenas de milhares de anos em estádios interglaciais, pode-se reconstruir os parâmetros citados. A precisão das determinações de paleotemperaturas pode chegar a ± 0,5°C.

Portanto, espera-se que reconstituições paleoclimáticas de algumas dezenas ou algumas centenas de milhares de anos permitam aperfeiçoar os modelos de sistema de interação atmosfera-oceano e tornem mais precisos os prognósticos climáticos.

Mamíferos terrestres fósseis
A fauna de mamíferos terrestres sofreu grandes transformações ao longo do Quaternário por mudanças paleoclimáticas. Como consequência, houve modificações nas paleovegetações e nos hábitats. Quando essas mudanças foram muito rápidas, ocorreram algumas extinções e, em outros casos, surgiram novas espécies.

No fim do Neógeno, com a deterioração paleoclimática do Gelasiano, a fauna Rusciniana da Europa foi substituída pela fauna Vilafranquiana, composta de elefantes (*Elephas*), rinocerontes (*Dicerorhinus*), hipopótamos (*Hippopotamus*), cavalos (*Equus*), bovídeos (*Leptobus*) e ursos (*Ursus*), que são adaptados tanto à vida em campo de gramíneas como em florestas quentes e úmidas. Esses animais viviam amplamente distribuídos desde a costa do Mar do Norte até a Europa Central e a China. Essa fauna viveu desde 3,5 a 4 Ma, isto é, do fim do Neógeno até a primeira metade do Quaternário. Se o intervalo de tempo de exigência dessa fauna fosse dividido em três, a extinção das formas do Paleógeno teria ocorrido nas porções inferior e média, ao passo que a parte superior teria sido dominada por faunas típicas do Quaternário. Na Europa, a decadência da fauna Vilafranquiana foi marcada pelo surgimento da fauna Bihariana, caracterizada por mamíferos menores e mais adaptados à vida em clima mais frio, representada por mamutes (*Mammuthus primigenius*), cervos (*Megaloceros*) e bovinos selvagens (*Bison*).Com o advento do Pleistoceno glacial, correspondente à segunda metade dessa época, houve grande expansão das calotas glaciais continentais pelo norte da Eurásia e da América do Norte, e os paleoclimas e as paleovegetações transformaram-se conspicuamente em função da alternância entre os estádios glaciais e interglaciais. Em consequência disso, os alimentos e os hábitats modificaram-se, e houve substituição dos tipos de mamíferos do Pleistoceno médio da Europa, que constituem formas ainda viventes.

Os animais que viveram nos estádios glaciais da Europa eram adaptados à vida em regiões frias de tundras e estepes, que circundavam as geleiras. Eram representados por mamutes (*Mammu-*

thus), alces (*Rangifer tarandus*), roedores (*Dicrostonyx*), rinocerontes peludos (*Coelodonta antiquitatus*) e raposas boreais (*Alopex logopus*). No último estádio glacial, quando teria ocorrido a emersão do Estreito de Behring, esses animais migraram para a América do Norte.

Por outro lado, durante os estádios interglaciais, como já foi constatado por meio dos estudos de palinomorfos, houve o desenvolvimento de florestas temperadas subárticas. Nessa época, os mamíferos eram representados por macacos (*Macaca*), hipopótamos (*Hippopotamus amphibius*) e elefantes (*Paleoloxodon antiquus*). Alguns desses animais expandiram as suas áreas de distribuição, após resistirem à fase de deterioração climática do estádio glacial subsequente, como aconteceu com o leão (*Panthera leo*), o urso-cinzento (*Ursus apelaeus*), o cavalo (*Equus caballus*) etc. Porém, entre o Pleniglacial (60.000 a 14.000 anos A.P.) e o Tadiglacial (14.000 a 10.000 anos A.P.) do último estádio glacial, a maioria dos mamíferos do Pleistoceno se extinguiu, e poucos sobreviveram até o Holoceno. Essa extinção deve ser atribuída, pelo menos parcialmente, às atividades antrópicas.

Fauna marinha paleoambiental

Enquanto nas porções norte e central da Europa ocorrem depósitos continentais, na costa do Mar Mediterrâneo verifica-se a distribuição contínua de sedimentos marinhos. Desde a época de C. Lyell (1797-1875) essa região vem sendo considerada como localidade-tipo mundial do Sistema Quaternário. Em Riviera foram reconhecidos quatro terraços de construção marinha (*wave-built terraces*), designados pelos seguintes nomes: Siciliano, Milazziano, Tirreniano e Monasteriano, correlacionáveis a quatro diferentes paleoníveis marinhos do Quaternário. Estudos posteriores da paleofauna de conchas desses terraços mostraram que houve mudanças acentuadas nas paleotemperaturas das águas do Mar Mediterrâneo. No terraço Siciliano ocorrem conchas de *Mya truncata* e *Buccinum undatum*, que representam moluscos de águas boreais, além de ostracode *Cyprina islandica*. Essa fauna não vive hoje na região e foi interpretada como correlacionável a um estádio glacial. Por outro lado, dos terraços Tirreniano e Monasteriano foram coletadas conchas de *Strombus bubonius* e *Mytilus senegalensis*, que foram considerados moluscos de águas correspondentes a um estádio interglacial.

Ocupando até cerca de 100 m de profundidade das águas superficiais oceânicas, que recobrem atualmente 70% da superfície terrestre, ocorrem vários tipos de organismos planctônicos, como foraminíferos, radiolários e cocólitos, que exibem carapaças de natureza calcária ($CaCO_3$) ou silicosa (SiO_2). Diversas espécies desses organismos distribuem-se em temperaturas desde 0°C a 30°C e salinidade de 33‰ a 36‰. Os estudos de distribuição das diferentes espécies desses organismos, nas colunas de sedimentos amostrados por testemunhos de fundos submarinos de águas profundas, permitem reconstituir as variações de paleotemperaturas das águas marinhas superficiais durante o Quaternário, que refletem as mudanças paleoclimáticas ocorridas no período.

1.5.3 Sequências sedimentares
Depósitos colúvio-eluviais

Esta é uma denominação genérica atribuída a depósitos incoerentes com aspecto terroso, comumente maciços e de composição em geral arenoargilosa, embora possam conter fragmentos rochosos de tamanhos diversos e mais ou menos intemperizados. O mecanismo de sua formação está relacionado à lenta movimentação viscosa do regolito (ou manto de intemperismo) mais ou menos umedecido com água. Em contraste com os depósitos aluviais, que são transportados por água corrente, nos depósitos colúvio-eluviais o transporte é predominantemente gravitacional. Em sentido amplo, os depósitos de tálus e os detritos de escarpa, que também são principalmente gravitacionais, poderiam, em "sentido amplo", ser incluídos aqui.

A formação de depósitos colúvio-eluviais inicia-se com o processo de eluviação, quando o intemperismo afeta os materiais de solo do horizonte superior, deslocando-os em solução ou suspensão para os níveis inferiores. A eluviação atinge primeiramente os sais mais solúveis, mas, com o passar do tempo, ocorre dissolução até de substâncias menos solúveis, como sílica (SiO_2) em lateritos e argilominerais. Os horizontes que perderam materiais por eluviação formam os eluviões, depósitos eluviais ou horizontes eluviais, e os que receberam materiais constituem os iluviões, depósitos iluviais ou horizontes iluviais que, em conjunto, compõem o regolito (ou manto de intemperismo). Em geral, o limite entre o regolito e a rocha-matriz (*source rock*) não é brusco, mas transicional (ou gradual). Além disso, embora o elúvio seja quimicamente muito intemperizado, ainda pode exibir as estruturas originais das rochas, como acamamento, xistosidade ou gnaissificação. Conforme a natureza da rocha-matriz que deu origem ao elúvio, Polynov (1937) atribuiu as seguintes denominações: ortoelúvião (*orthoeluvium*), quando derivado de rochas ígneas (ou magmáticas); paraelúvião (*paraeluvium*), quando formado de rochas metamórficas; e eoelúvião (*eoeluvium*), quando originário de rochas sedimentares.

A maioria dos pesquisadores acredita que os depósitos colúvio-eluviais resultem dos deslocamentos por rastejo de solo (*soil creeping*) e/ou rastejo de rocha (*rock creeping*) de depósitos eluviais, através de encostas mais ou menos suaves, por distâncias curtas (Bloom, 1978). Os depósitos colúvio-eluviais apresentam-se mais espessos nas depressões dos paleorrelevos ou em áreas onde os fenômenos de solifluxão (*solifluction phenomena*) tenham sido particularmente intensos no passado (Fig. 1.6).

Observações em colinas de vertentes convexas mostram que, em relevos íngremes, as coberturas colúvio-eluviais decrescem em espessura. Esse fato,

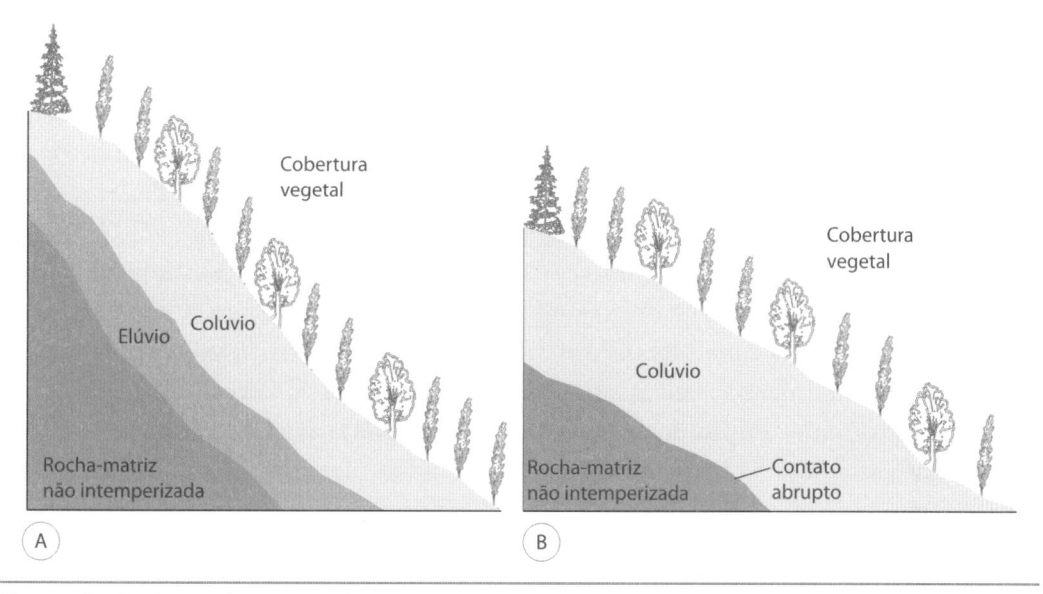

Fig. 1.6 Perfis típicos de mantos de intemperismo recobertos por vegetação florestal densa: (A) sobre rocha-matriz não alterada superpõem-se elúvios seguidos de colúvios com contatos transicionais entre si; (B) sobre rocha-matriz não alterada superpõem-se colúvios com contato abrupto. Essa situação ocorre em regiões montanhosas de clima úmido, onde os elúvios podem ter sido eliminados durante uma crise climática prévia (Bigarella; Becker; Santos, 1994)

segundo Heimsath et al. (2003), sugere que rastejo envolva processo de difusão de partículas, com intensidade de fluxo sedimentar linearmente proporcional à inclinação da vertente. Este é um dos processos menos conhecidos da erosão de vertentes recobertas por depósitos colúvio-eluviais, mas os movimentos dos grãos individuais certamente são favorecidos pelas atividades de organismos escavadores (minhocas, formigas e cupins) por raízes de árvores e pelo escoamento concentrado de águas superficiais. Porém, tanto observações de campo quanto estudos de laboratório mostraram que processos não difusivos, inclusive os fluxos viscosos dependentes da profundidade e do cisalhamento (Fleming; Johnson, 1975; Selby, 1993) também devem atuar. Além disso, as relações observadas entre as profundidades dos depósitos colúvio-eluviais e as curvaturas das declividades de encostas lineares e compostas são incompatíveis com uma relação simplesmente linear entre os fluxos de sedimentos e as declividades das encostas (Braun; Heimsath, Chappell, 2001).

As coberturas pedológicas vêm sendo sistematicamente mapeadas no Brasil desde 1958, como, por exemplo, pelo RADAMBRASIL, pela Embrapa e outras instituições. Esses trabalhos contribuíram decisivamente para o conhecimento da natureza e da distribuição dos principais tipos de solo. Os resultados desses estudos foram parcialmente resumidos pela FAO-UNES-

CO (1975) na escala 1:5.000.000, mas as classificações e/ou legendas usadas seguiram critérios predominantemente morfológicos. Portanto, segundo Melfi, Pedro e Volkoff (1983), a evolução geoquímica do substrato geológico jamais foi claramente compreendida. Por essa razão, esses pesquisadores analisaram as coberturas pedológicas do Brasil sob enfoque essencialmente pedogeoquímico, com base na evolução dos constituintes mineralógicos. O trabalho versa sobre a natureza e a distribuição de compostos secundários de ferro, resultantes dos comportamentos geoquímico e cristaloquímico de três elementos principais desses depósitos: silício, alumínio e ferro.

Segundo Pedro (1966), a hidrólise é o mecanismo principal de alteração superficial das rochas, por intemperismo químico, em zonas intertropicais e subtropicais da Terra. A natureza dos produtos neoformados (ou autigênicos) dependerá da intensidade da hidrólise, e esta, por sua vez, reflete as condições hídricas e térmicas do meio. Existiriam, assim, várias possibilidades:

a) quando há hidrólise total, a dessilicificação e a desalcalinização são completas, e tem-se a alitização, que é caracterizada pelo mineral gibbsita;

b) se ocorre hidrólise parcial, a desalcalinização é completa, mas a dessilicificação é parcial, e tem-se a monossialitização, com o desenvolvimento de argilominerais do tipo 1:1 (caulinita);

c) no caso de hidrólise fraca, ocorre a eliminação parcial da sílica (SiO_2) e das bases, e tem-se a bissialitização, com formação de argilominerais 2:1, do tipo beidellita-montmorilonita.

Essas diferenciações mineralógicas compreendem somente o sistema Si-Al. Entretanto, o ferro, que é um componente comum na maioria dos silicatos de rochas cristalinas da litosfera, também participa nos processos de hidrólise. Ele permanece no meio dos produtos de alteração e acumula-se como compostos ferruginosos neoformados, do seguinte modo:

a) quando ocorre hidrólise total, o ferro será individualizado como óxido ou hidróxido pelo processo de ferruginização, independentemente de outros componentes secundários;

b) no caso de hidrólise parcial, parte da sílica liberada pode combinar-se com o ferro e, pelo processo de bissiferritização, originariam hidrossilicatos ferríferos do tipo 2:1 (nontronita).

O Quadro 1.7 apresenta os vários processos decorrentes da hidrólise em sistemas Si-Al e Si-Fe, e mostra a existência de dois membros extremos em coberturas pedológicas, que são dependentes do processo de hidrólise: cobertura ferralítica, em que o ferro apresenta-se como óxido ou hidróxido associado à caulinita ou à gibbsita (Ki ≤ 2), e cobertura sialférrica, caracterizada pela presença de silicatos argilosos 2:1 (Ki > 2).

Quadro 1.7 Comportamentos do silício (Si), ferro (Fe) e alumínio (Al) no decorrer da hidrólise de rochas sialférricas (Si + Fe + Al) (Melfi; Pedro; Volkoff, 1983)

Condições de alteração	← Grau de intemperismo (Alteração) Concentração em SiO_2 nas águas de alteração →			
Sistema Si-Al	Gibbsita		Caulinita	Esmectita
	Alitização		Monossialitização	Bissialitização
Sistema Si-Fe^{3+}	Hidróxidos férricos		Nontronita	Esmectita
	Ferruginização		Bissiferritização	Esmectitas aluminoferríferas
Paragênese	Gibbsita + Hidróxido férrico	Caulinita + Hidróxido férrico	Caulinita + Nontronita	Esmectitas aluminoferrífera e aluminosa
Geoquímica	Desalcalinização total		Desalcalinização parcial	
Processo	Ferralitização		Sialferritização	
Relação SiO_2/Al_2O_3 = Ki	Ki ≤ 2		Ki > 2	

Ao relacionarem os dados do Quadro 1.7, Melfi, Pedro e Volkoff (1983) teriam reconhecido três tipos principais de coberturas pedológicas no Brasil:

a) cobertura ferralítica – caracterizada pela paragênese caulinita-gibbsita-hidróxido férrico, com quantidade variável de gibbsita. A natureza do hidróxido férrico permite, ainda, diferenciar as coberturas ferralíticas hematítica e goethítica;

b) cobertura sialítica mista – caracterizada pela existência de fração argilosa de caulinita com alteração incompleta e pela ausência de esmectita;

c) cobertura sialférrica – caracterizada pela ocorrência de esmectita (ferrífera, aluminosa e aluminoferrífera), em fase única ou misturada (com vermiculita e/ou illita).

Segundo Melfi, Pedro e Volkoff (1983), os mapas apresentados por eles constituem apenas esboços esquemáticos, mas seriam suficientes para exprimir as grandes tendências da evolução pedogeoquímica no território brasileiro. Em relação aos processos pedogenéticos, a ferralitização desenvolve-se em 65% e a hidrólise atua em 97% do território brasileiro, onde 83% dos solos são ácidos e fortemente dessaturados (Fig. 1.7).

Essas coberturas pedológicas são comumente designadas formações superficiais (Queiroz Neto; Journaux, 1983) ou simplesmente solos (Dematte, 2000); porém, independentemente das denominações ou das interpretações, como foi enfatizado por Queiroz Neto e Journaux (1983), são muito importantes os seus significados geológicos, geomorfológicos, pedológicos e ambientais, além de constituírem o substrato em uso e ocupação para diversas atividades antrópicas. Até

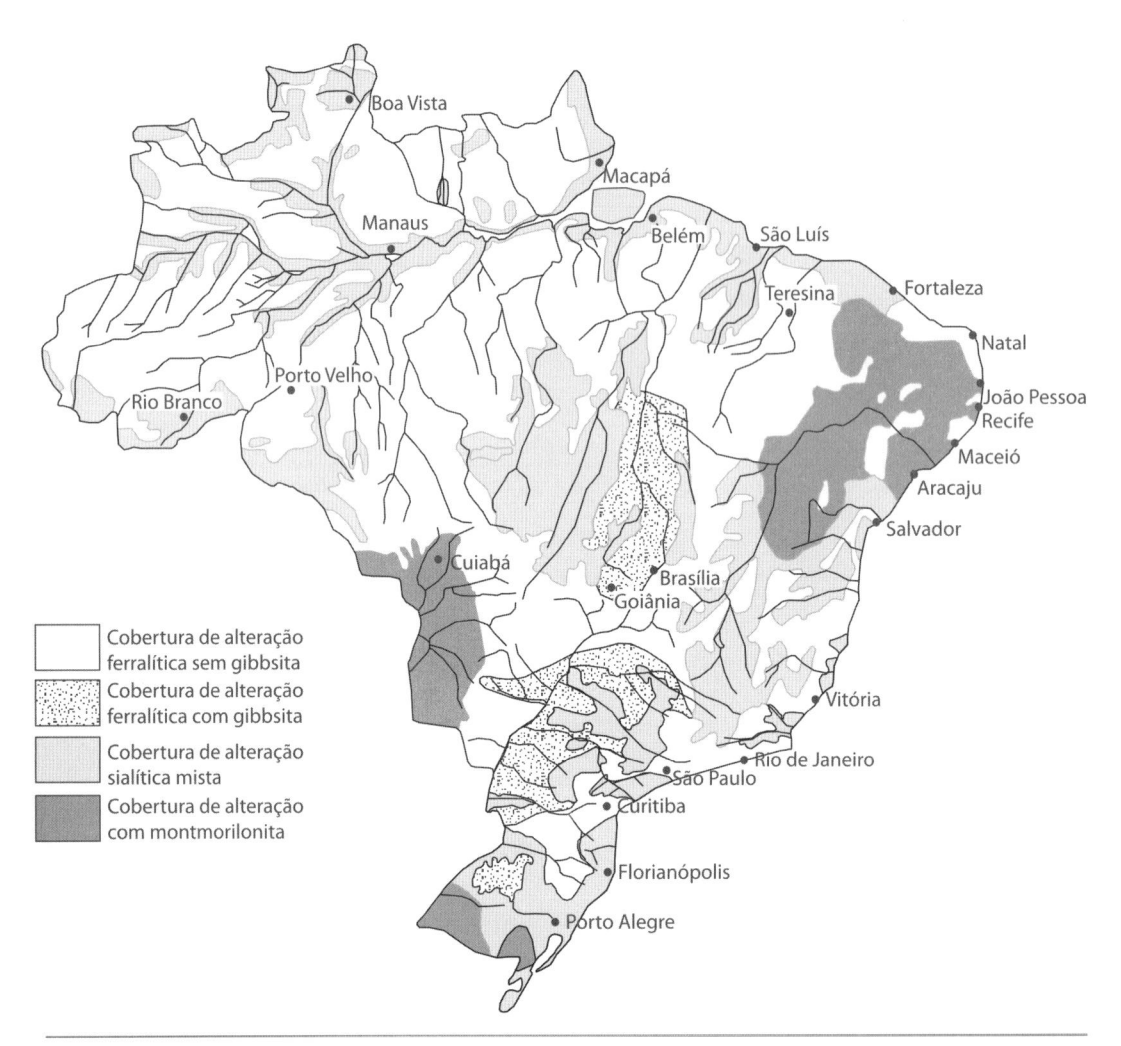

Fig. 1.7 Extensões de distribuição das principais coberturas pedológicas (Melfi; Pedro; Volkoff, 1983)

Legenda:
- Cobertura de alteração ferralítica sem gibbsita
- Cobertura de alteração ferralítica com gibbsita
- Cobertura de alteração sialítica mista
- Cobertura de alteração com montmorilonita

o momento, todavia, são raros os trabalhos geológicos que tenham levado ao reconhecimento e muito menos à proposição de unidades geológicas formais.

Depósitos colúvio-eluviais da bacia hidrográfica do alto rio Paraná (PR, MS e SP)

A existência de depósitos cenozoicos na região de Paranavaí (PR) foi citada, segundo Popp e Bigarella (1975), por Kavaleridze (1963), mas sem qualquer pesquisa de detalhe que conduzisse à sua caracterização. A área de ocorrência desses depósitos foi estendida por Popp e Bigarella (1975) não somente ao noroeste do Paraná, mas ao sudoeste de Mato Grosso do Sul e a oeste de São Paulo, com área de distribuição semelhante à da Formação Caiuá do Grupo Bauru, de idade cretácica. No Planalto Ocidental Paulista, foram referidos como depósitos cenozoicos por Fúlfaro e Suguio (1974) e por Melo e Ponçano (1983), ou como formações superficiais por Queiroz Neto et al. (1977), sempre sem qualquer definição mais precisa de sua estratigrafia ou de sua idade.

Com base em descrições de afloramentos de voçoroca da Rua Piauí, em Paranavaí (PR), Popp e Bigarella (1975) atribuíram a designação "Formação Paranavaí". No extremo oeste do Estado de São Paulo, Suarez (1976, 1991) denominou depósitos correlacionáveis – porém considerados independentes da "Formação Paranavaí" pelo autor – de "Formação Piquerobi", que também não foi datada nem proposta formalmente como unidade litoestratigráfica, segundo Petri et al. (1986). Na verdade, os nomes litoestratigráficos citados são inaceitáveis por se tratar de unidade pedoestratigráfica, e não litoestratigráfica.

Estudos mais recentes de Sallun (2003) mostraram também que, mesmo no Estado de São Paulo, o substrato desses depósitos colúvio-eluviais não se restringe à Formação Caiuá, mas abrange também as formações Adamantina e Marília, do Grupo Bauru, e a Formação Serra Geral, do Grupo São Bento. Esse trabalho teve início na região entre Marília e Presidente Prudente, no Estado de São Paulo, onde foram realizados estudos sedimentológicos (granulometria e minerais pesados) e geocronológicos (termoluminescência e luminescência opticamente estimulada). Os depósitos são caracterizados pela predominância de areia e areia argilosa, e as partes mais espessas exibem principalmente areia fina.

Datações por termoluminescência (TL) e luminescência opticamente estimulada (LOE) de algumas dezenas de amostras forneceram idades predominantemente pleistocênicas para os depósitos colúvio-eluviais, variáveis de 9.000 ± 1.000 a 980.000 ± 100.000 anos A.P. Esses depósitos acham-se instalados sobre superfícies peneplanizadas e afeiçoadas no Quaternário: I (1.000.000 a 400.000 anos A.P.), II (400.000 a 120.000 anos A.P.), III (120.000 a 10.000 anos A.P.) e IV (10.000 anos A.P. até hoje), das mais altas para as mais baixas. Essas idades sugerem que, não somente na região acima mas em toda a bacia hidrográfica do alto rio Paraná, abrangendo os estados de Paraná, Mato Grosso do Sul e São Paulo, tenham ocorrido pulsações de erosão e sedimentação de depósitos colúvio-eluviais, intercaladas por fases de pedogênese afetando rochas cretácicas. O estudo desses depósitos está sendo estendido para os três estados, onde a sua ocorrência já foi verificada. Os eventos relacionados poderiam ser atribuídos aos controles paleoclimáticos e/ou neotectônicos (soerguimento e/ou subsidência), que teriam causado mudanças nos níveis de base, com consequente reafeiçoamento do relevo (Fig. 1.8).

Conforme a Fig. 1.8, a eustasia desempenha um importante papel nos ambientes submarinos; nos ambientes continentais, porém, mais do que a influência eustática, prevalecem os controles climáticos e/ou tectônicos

Depósitos colúvio-eluviais superpostos às rochas cristalinas pré-cambrianas

Até meados do século XX, as interpretações da evolução das paisagens recober-

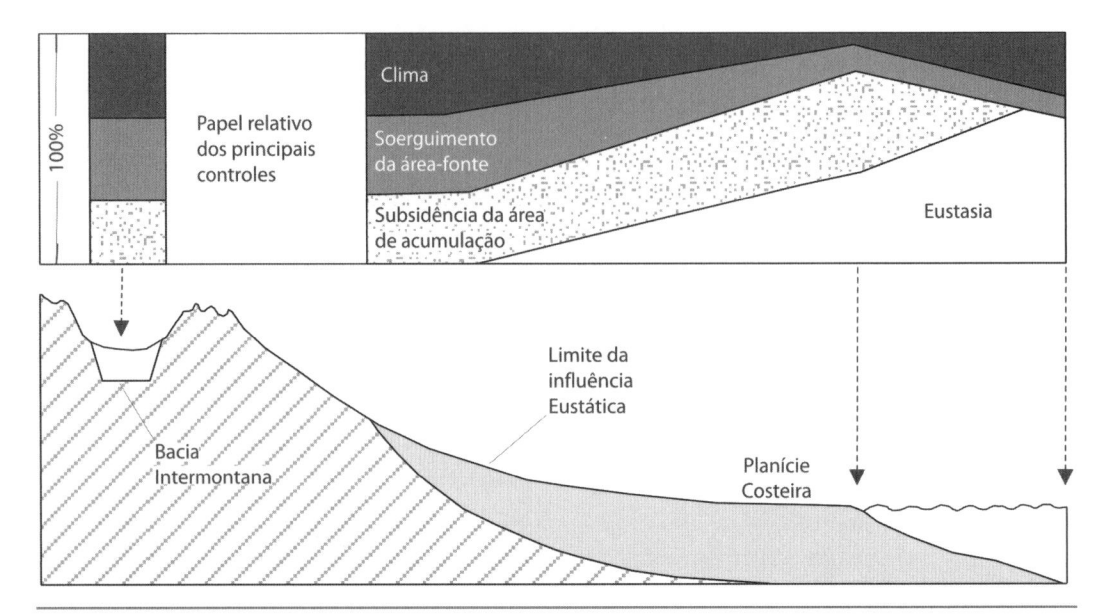

Fig. 1.8 Importâncias relativas dos principais agentes de controle (clima, tectônica e eustasia) que comandam os fenômenos de erosão e/ou sedimentação (Shanley; McCabe, 1994)

tas por esses depósitos, principalmente em áreas de substratos pré-cambrianos no Sudeste do Brasil, eram baseadas nas teorias geomorfológicas clássicas de Davis (1889) e Penck (1953), o que se pode constatar, por exemplo, em King (1956). Outros autores atribuíram a evolução morfogenética a controles essencialmente morfoclimáticos (Tricart, 1959; Ab'Saber, 1967).

Somente no final da década de 1970 e início da década de 1980, baseados em Frye e Willman (1962), tiveram início os estudos morfoestratigráficos, que relacionam geneticamente as naturezas dos depósitos às formas topográficas (Meis, 1977; Meis; Moura; Silva, 1981).

Esses estudos levaram Moura e Mello (1991) a individualizar diferentes episódios de erosão e de sedimentação durante a evolução da sequência do Quaternário tardio da região de Bananal (SP), e, com isso, a reconhecerem, nas cabeceiras de drenagem em anfiteatro, unidades fundamentais de evolução geomorfológica, deposicional e pedogenética. Essas unidades seriam capazes de reproduzir, por meio da configuração geométrica subsuperficial e da estruturação subsuperficial, os processos que atuaram na evolução da paisagem (Fig. 1.9).

Os registros pleistocênicos representativos da evolução deposicional regional (aloformações Santa Vitória e Rio do Bananal) corresponderiam a espessos pacotes de sedimentos argiloarenosos maciços, com níveis de cascalho intercalados, de coloração amarelada, que indicariam deposição controlada por fluxos de detritos (*debris flows*) e em lençol (*sheet flows*) que, em geral, ocorrem como preenchimentos de depressões paleotopográficas. Esses registros representariam eventos de intensa remobilização de regolitos no Pleistoceno, provavelmente sob clima seco (semiárido e árido), provenientes de grandes volumes estocados. Nesses depósitos foram reconhecidos paleossolos intermediários entre latossólicos e podzólicos, cujo paleohorizonte "A" foi datado regionalmente em torno de 9.800 anos A.P. A umidificação paleoclimática do fim do Pleistoceno é documentada por depósitos argilosos e orgânicos fluviolacustres, datados de 9.500 anos A.P. e representados pela Aloformação Rio das Três Barras, deposita-

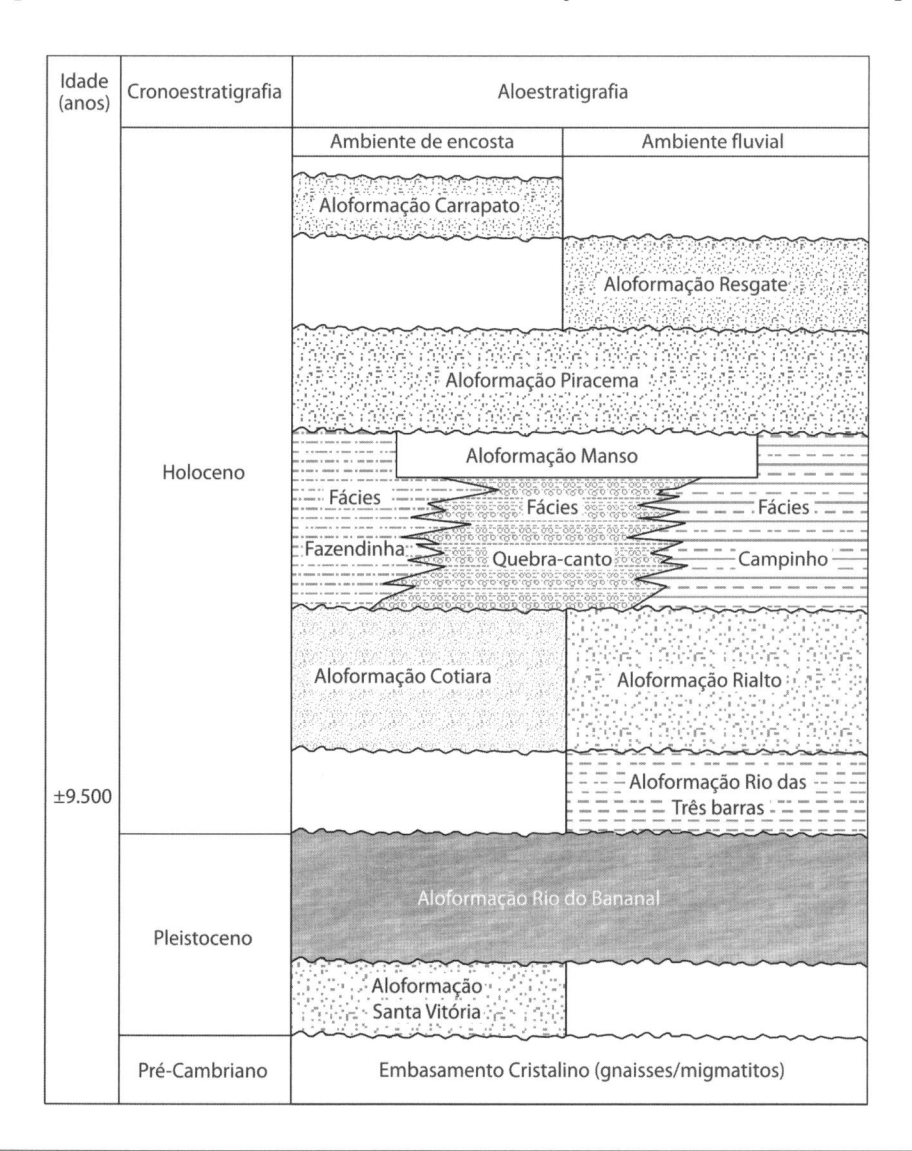

Fig. 1.9 Proposta de classificação aloestratigráfica para os depósitos colúvio-eluviais e aluviais do Quaternário tardio da região de Bananal (SP) (Moura; Mello, 1991)

da em ambiente fluvial. A subsequente Aloformação Manso representaria o resultado de acentuada dissecação de encostas e de entulhamento generalizado de vales fluviais, ainda hoje preservada nas bacias de drenagem regionais. A seguir, tem-se a Aloformação Piracema, de representatividade regional. A Aloformação Resgate é composta de depósitos fluviais mais recentes, preservados em baixos terraços fluviais, e indicaria sedimentação fluvial em paleocanais meandrantes sob condições paleoclimáticas úmidas. A última fase de reajustamento topográfico é representada pela Aloformação Carrapato, formada por depósitos coluviais ricos em matéria orgânica, sedimentados após a retirada da cobertura vegetal em tempos históricos (provavelmente nos últimos 240 anos).

O quadro estratigráfico da região de Bananal (SP), no médio vale do rio Paraíba do Sul, é aproximadamente correlacionável aos depósitos estudados posteriormente por Mello (1997), no que refere ao Quaternário (Fig. 1.10).

Também nesse caso, Mello (1997) conseguiu sistematizar os depósitos com apoio de datações por radiocarbono e interpretar a história evolutiva da paisagem neocenozoica regional. Como se vê na Fig. 1.10, a Aloformação Macuco, de idade supostamente pliocênica, poderia abranger alguns milhões de anos, ao passo que as aloformações subsequentes representariam intervalos temporais cada vez menores, chegando a poucos séculos na Aloformação Ribeirão Mombaça.

Depósitos aluviais

São conhecidos sob esta designação os depósitos detríticos (ou clásticos) resultantes das atividades dinâmicas de rios modernos. Os depósitos aluviais compreendem os sedimentos depositados em leitos fluviais, em planícies de inundação (ou de várzeas) e em lagos associados, além dos relacionados a leques aluviais situados ao sopé de regiões montanhosas, todos praticamente sem litificação (Suguio, 2003a). Os aluviões antigos resultam de processos de aluviação, isto é, de fenômenos físicos pretéritos de deposição de sedimentos detríticos ao longo de um curso fluvial. Estes podem ser incipientemente litificados por meio de processos diagenéticos precoces, como os promovidos pela compactação e/ou ressecação de suas matrizes pelíticas ou pela cimentação por diferentes substâncias químicas, como hidróxidos de ferro ($Fe_2O_3.nH_2O$), carbonato de cálcio ($CaCO_3$) etc.

Apesar de existirem no Brasil várias bacias hidrográficas incluídas entre as maiores do mundo em extensão (comprimento e/ou área) e em vazão (descarga líquida), como se pode ver na Tab. 1.1, estudos sistemáticos sobre os depósitos quaternários desses rios são ainda relativamente escassos.

Os estudos mais sistemáticos, embora em trecho reduzido (cerca de 200 km de extensão), provavelmente foram executados no rio Paraná, durante as últimas décadas, por pesquisadores da UEM (Universidade Estadual de Maringá), no

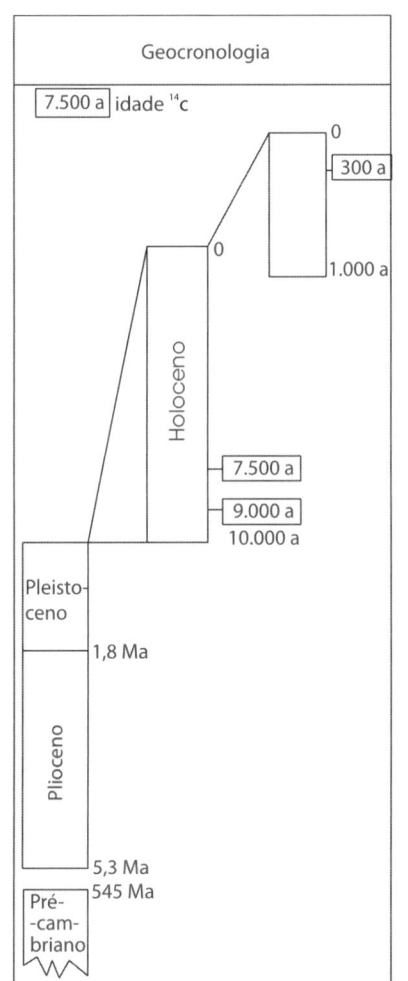

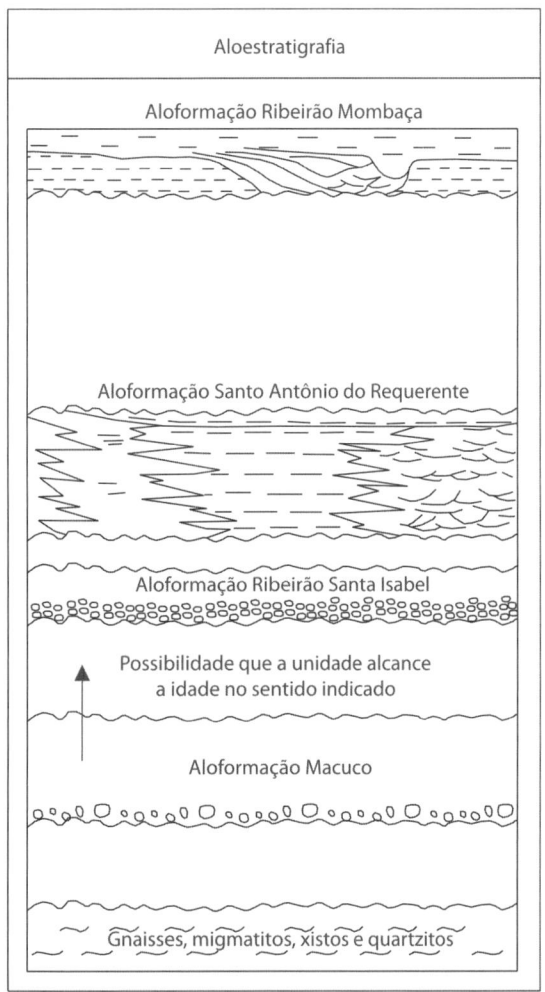

Fig. 1.10 Proposta de classificação aloestratigráfica para os depósitos neocenozoicos colúvio-eluviais e eluviais da região do médio vale do rio Doce (MG) (Mello, 1997)

Tab. 1.1 Informações gerais sobre as principais bacias hidrográficas brasileiras (ANEEL, 2000)

Rio/Bacia hidrográfica	Área da bacia hidrográfica		Descarga média $(m^3 \cdot s^{-1} \cdot a^{-1})$	Carga média $(\times 10^6 \text{ ton} \cdot a^{-1})$
	Total (km²)	No Brasil (km²)		
Amazonas (AM)	6.000.000	3.900.000	209.000	1.200
Paraná (PR)	2.600.000	877.000	18.000	158
Paraguai (PG)	1.095.000	336.000	3.734	63
Tocantins (T-A)	757.000	757.000	12.000	18
São Francisco (SF)	634.000	634.000	3.800	6
Uruguai (UG)	385.000	178.000	3.600	8

AM – Bacia do Amazonas; PR – Bacia do Paraná; PG – Bacia do Paraguai; T-A – Bacia do Tocantins-Araguaia; SF – Bacia do São Francisco; UG – Bacia do Uruguai

Estado do Paraná (Thomaz; Agostinho; Hahn, 2004). As pesquisas de depósitos aluviais da região amazônica, apesar do esforço de alguns pesquisadores (Latrubesse; Franzinelli, 2002; Latrubesse; Stevaux, 2002), são pouco expressivas em relação à enorme extensão desses depósitos. Os depósitos aluviais quaternários do Pantanal Mato-grossense, principalmente do leque aluvial do rio Taquari, foram estudados por Assine e Soares (2004) somente em superfície. Sotoposta, ocorre a Formação Pantanal, cuja espessura ultrapassaria 500 m.

Recentemente, Latrubesse et al. (2005) sumariaram os conhecimentos geológicos, geomorfológicos e paleoidrológicos sobre os grandes sistemas fluviais brasileiros, que são importantes mas ainda pouco estudados.

Depósitos aluviais do rio Paraná

As primeiras ideias sobre unidades geomorfológicas e depósitos sedimentares do rio Paraná, na área conhecida como Pontal do Paranapanema, foram sumariadas por Suguio et al. (1984b) e, posteriormente, por Nogueira Jr. (1988) na proposta pioneira de um modelo de sedimentação.

Posteriormente, Stevaux (1993) e Stevaux et al. (2004) pesquisaram o alto vale do rio Paraná, não somente no Pontal do Paranapanema, mas até a montante do trecho de influência da Usina Hidrelétrica Itaipu, e propuseram as seguintes unidades geomorfológicas (Fig. 1.11):

- Unidade Geomorfológica Porto Rico: composta por depósitos colúvio-eluviais em forma de colinas baixas (cerca de 280 m de altitude), que se estendem ao longo das margens fluviais.

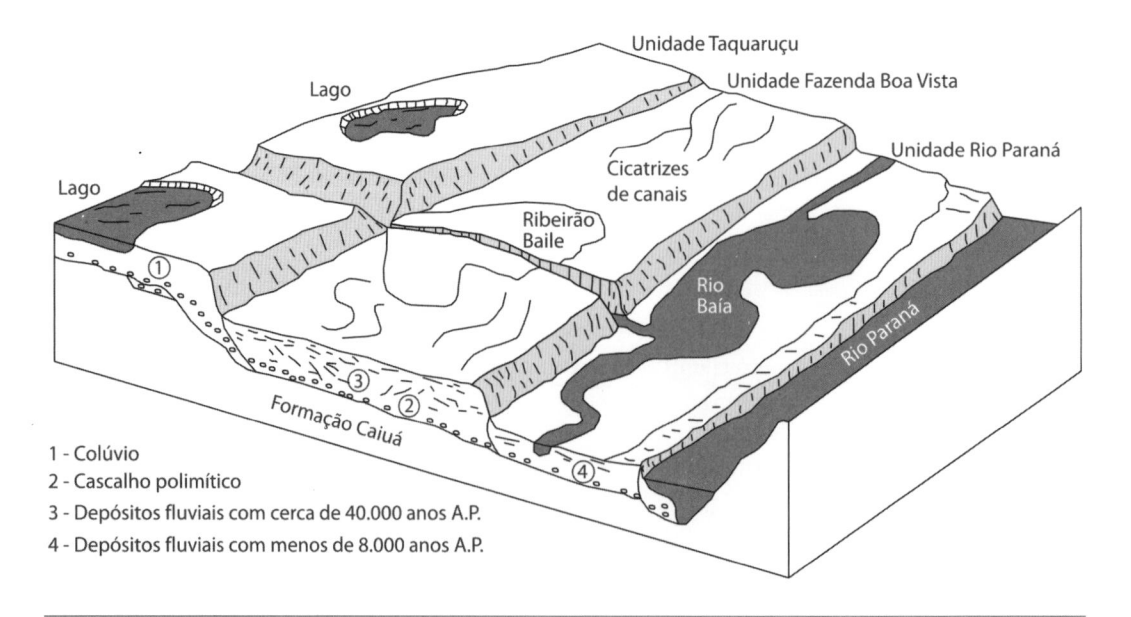

1 - Colúvio
2 - Cascalho polimítico
3 - Depósitos fluviais com cerca de 40.000 anos A.P.
4 - Depósitos fluviais com menos de 8.000 anos A.P.

Fig. 1.11 Bloco-diagrama esquemático com as principais unidades geomorfológicas e os depósitos constituintes do rio Paraná na região do Pontal do Paranapanema (SP) e a jusante (Stevaux et al., 2004)

☐ **Unidade Geomorfológica Taquaruçu:** superfície coberta por depósitos colúvio-eluviais, com altitudes variáveis entre 280 e 245 m, onde é bastante característica a presença de lagoas mais ou menos circulares, com diâmetros variáveis entre 500 e 6.000 m.

☐ **Unidade Geomorfológica Fazenda Boa Vista:** forma um terraço composto de depósitos aluviais, embutido em depósitos mais antigos e situados 8 a 10 m acima do nível médio atual das águas fluviais. Entre outras peculiaridades, essa unidade acha-se parcialmente ocupada por pequenos leques aluviais inativos.

☐ **Unidade Geomorfológica Rio Paraná:** representa a planície aluvial atual desse rio.

Na Unidade Geomorfológica Taquaruçu, Stevaux et al. (2004) pesquisaram mais detalhadamente os depósitos lacustres, por sua maior potencialidade como fonte de informações paleoambientais mais contínuas, em comparação com depósitos fluviais, geralmente sujeitos a interrupções mais frequentes devidas a diastemas (ou discordâncias locais). Para isso, foram coletados testemunhos de sondagem com o vibrotestemunhador, com comprimento médio de 2 m, em três lagoas selecionadas, que acusaram a presença de quatro fácies sedimentares da base ao topo (Fig. 1.12), datadas pelo método da termoluminescência (TL):

☐ Fácies de lama arenosa maciça (40.000 a 20.000 anos A.P.): composta de lama cinza-clara (5Y5/2) a cinza-oliva (5Y6/2),

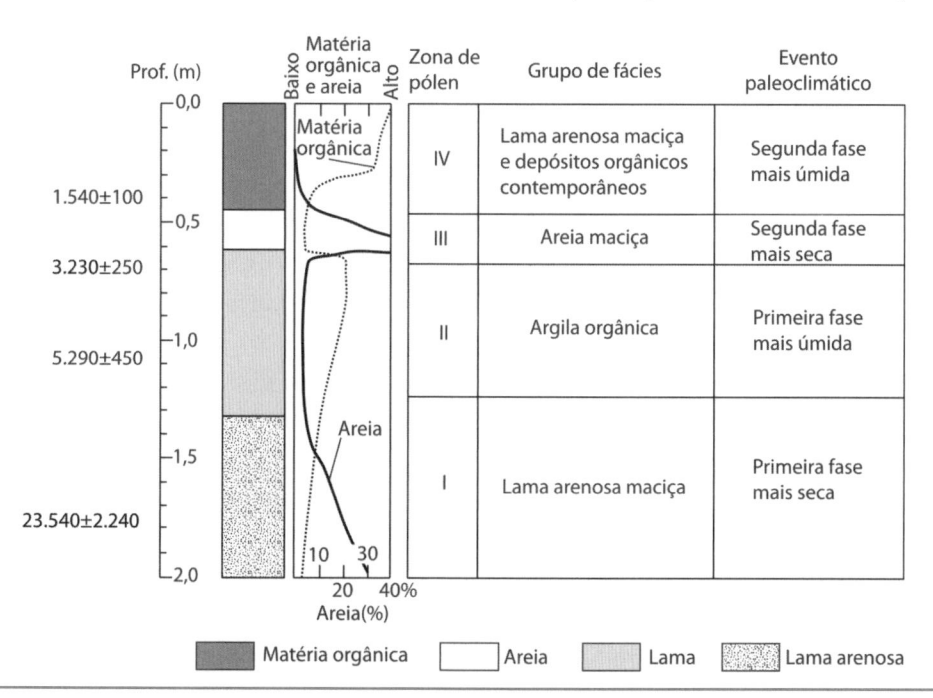

Fig. 1.12 Seção colunar representativa dos sedimentos lacustres de lagoas situadas sobre a Unidade Geomorfológica Taquaruçu (Stevaux, 2000), datados pelo método da termoluminescência (TL)

com mais de 20% de areia fina e arredondada, dispersa em matriz pelítica. O sedimento é mosqueado pela presença de tubos de organismos perfuradores com 0,5 a 2 mm de diâmetro preenchidos de argila. Os grãos de areia tornam-se mais escassos e a coloração passa a cinza-escura rumo ao topo. Essa fácies é interpretada como representativa de ambiente lacustre, onde os grãos arenosos dispersos poderiam ser evidência de ação eólica. O paleoclima da época teria sido mais seco que o atual e corresponderia ao Último Máximo Glacial (UMG) do Hemisfério Norte. O baixo conteúdo de matéria orgânica, a tonalidade predominantemente avermelhada do sedimento, a preponderância de polens de plantas herbáceas e o alto teor de areia provavelmente eólica corroboram a ideia de paleoclima mais seco que o atual.

- Fácies de argila orgânica (8.000 a 3.500 anos A.P.): essa fácies caracteriza-se pela cor negra a cinza muito escuro (5Y2,5/1), é maciça, com alto conteúdo de restos vegetais, palinomorfos e espículas de esponjas. Os grãos arenosos são muito escassos. Representa também um ambiente ainda lacustre, mas com atividade orgânica mais conspícua e com ação eólica mais reduzida. O paleoclima poderia ter sido tão úmido quanto o atual, e talvez mais quente que hoje, correspondente à Idade Hipsitérmica (ou de Ótimo Climático). O alto conteúdo de matéria orgânica, o baixo teor de areia eólica e o incremento de palinomorfos de plantas arbóreas sugerem o predomínio de paleoclima úmido.

- Fácies de areia maciça (3.500 a 1.500 anos A.P.): composta de areia maciça e quartzosa, fina a muito fina, de cor cinza-clara (5Y 7/1 a 7/2), formando lentes de 0,2 a 0,5 m de espessura. A ausência de lama sugere o desaparecimento momentâneo da lagoa, com predomínio da sedimentação eólica com eventuais fluxos torrenciais gravitacionais. Possivelmente o paleoclima teria sido mais seco que o atual, e a temperatura, semelhante à do U.M.G. A diminuição do conteúdo de matéria orgânica, o predomínio de palinomorfos de elementos florísticos típicos de savana e o incremento da fração areia nos sedimentos sugerem o retorno de curto período de paleoclima, mais seco.

- Fácies orgânica atual: lama negra com abundantes restos vegetais, além de palinomorfos típicos de plantas arbóreas e espículas de esponjas. Essa fácies representaria um paleoclima semelhante ao atual, talvez tão úmido quanto durante a deposição da argila orgânica sotoposta, mas possivelmente menos quente.

O leque aluvial do rio Taquari (MS)
Este leque aluvial foi referido como tal, pela primeira vez, por Braun (1977) e, depois, por Tricart (1982). Mais recentemente, foi pesquisado por Assine (2003) e Assine e Soares (2004).

O leque aluvial do rio Taquari constitui a mais extensa e a mais conspícua entre as feições geomorfológicas desse tipo no Brasil, facilmente visualizada em imagens de satélite. Segundo Latrubesse et al. (2005), são reconhecíveis padrões de paleocanais distributários, que caracterizam paleoidrologia marcada por frequentes migrações de cursos fluviais (Fig. 1.13), que continuam ocorrendo até hoje (2010).

Informações paleoclimáticas sobre o Pantanal Mato-grossense, como as de Bezerra (1999), versam quase somente sobre os últimos 10.000 anos e, além disso, ainda são muito escassas. No entanto, vários autores, como Braun (1977), Tricart (1982) e Klammer (1982), sugerem que o leque aluvial do rio Taquari seria, na realidade, composto por inúmeros leques aluviais coalescentes e teria se formado principalmente no final do Pleistoceno sob paleoclima semiárido. A seguir, teria sido reafeiçoado nos últimos 10.000 anos sob paleoclimas mais úmidos. Segundo Ab'Saber (1988), as depressões atribuídas à deflação de prováveis paleodunas eólicas na região de Nhecolândia (MS), ao sul do leque aluvial do rio Taquari, evidenciariam os paleoclimas semiáridos do Pleistoceno superior. De acordo com Clapperton (1993), essas condições paleoclimáticas poderiam ter prevalecido na região durante o U.M.G. Porém, estudos de Auler (1999) mostraram que, durante o U.M.G. do Hemisfério Norte, o paleoclima poderia ter sido até úmido nos vales dos rios Jacaré e Salitre, afluentes do rio São Francisco, no Estado da Bahia. Como esta é uma ideia oposta à de semiaridez generalizada no Brasil, durante o U.M.G. do Hemisfério Norte (Damuth; Fairbridge, 1970), talvez haja necessidade de reavaliar a questão com base em novos dados paleoclimáticos mais detalhados.

De acordo com Latrubesse et al. (2005), a sedimentação atual, a montante do leque aluvial do rio Taquari, exibe padrão meandrante encaixado em sedimentos mais antigos, mas as porções média e inferior apresentam distributários com lobos ativos de sedimentação.

Depósitos aluviais de outras bacias hidrográficas
Além dos rios Amazonas e Paraná, com vazões médias anuais situadas entre as maiores do mundo e drenagens menores somente em território brasileiro, têm-se os rios Tocantins-Araguaia e São Francisco, ou parcialmente fora do Brasil, os rios Paraguai e Uruguai, que ainda figuram entre os 20 maiores do mundo. Eles ocupam uma área de 6.346.000 km^2, correspondente a 75% da área total do País.

Grande parte dos rios Tocantins-Araguaia e São Francisco drena áreas de rochas cristalinas pré-cambrianas, mas situa-se parcialmente sobre rochas

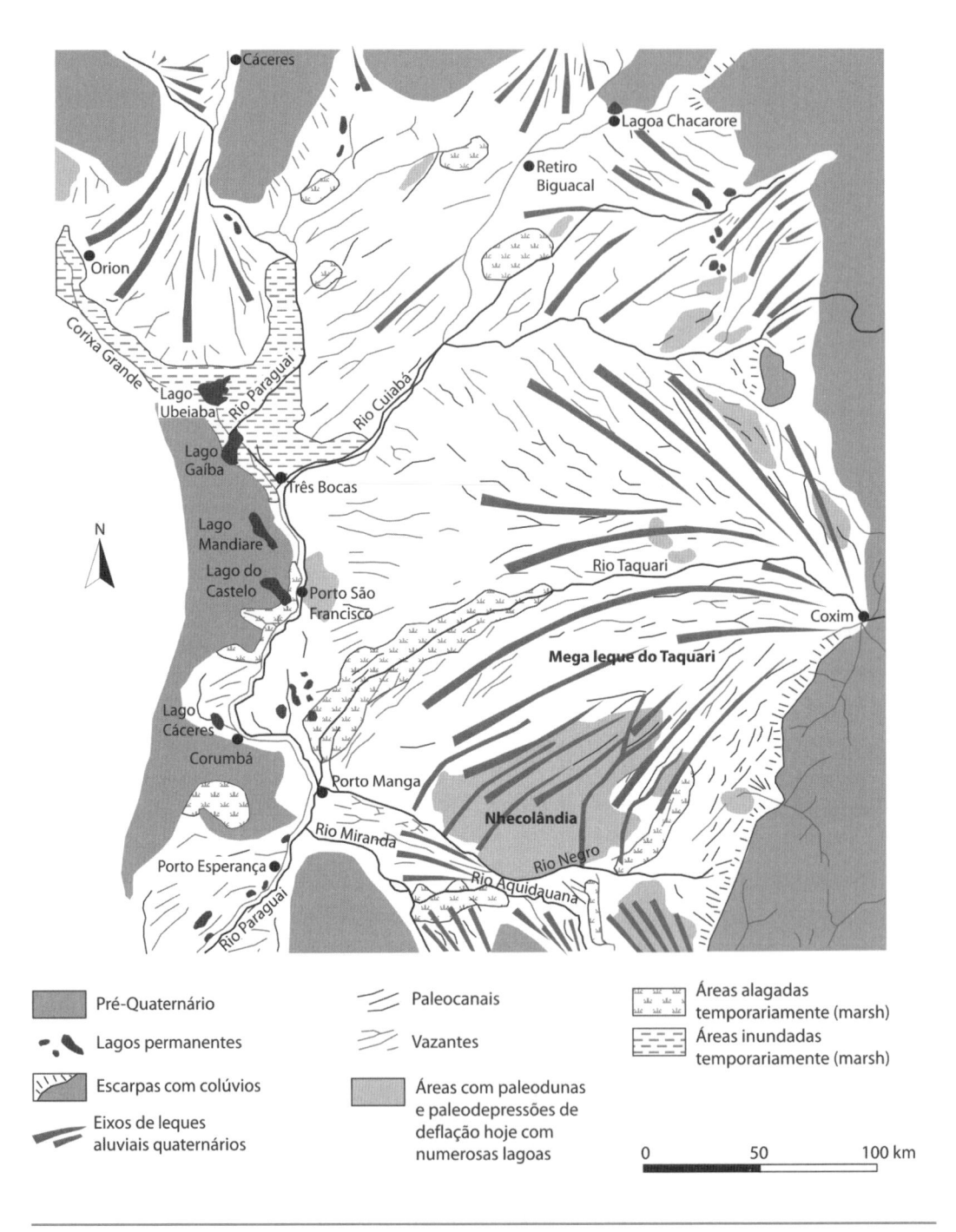

Fig. 1.13 Leques aluviais do Pantanal Mato-grossense, cujo padrão distributário é ressaltado pelas cicatrizes de paleocanais fluviais. As áreas hoje ocupadas por lagoas constituem paisagem reliquiar produzida provavelmente por deflação eólica em leques inativos ou lobos abandonados. A principal área de ocorrência provável de paleodunas é a da Nhecolândia, na parte sul do megaleque do Taquari (modificado de Tricart, 1982 por Assine, 2003)

sedimentares paleozoicas e mesozoicas das bacias sedimentares do Paraná e do São Francisco, respectivamente. Desenvolvem também extensas áreas de depósitos aluviais, como a Ilha do Bananal, no rio Araguaia, a qual ocupa uma área de cerca de 90.000 km², formando uma bacia com 170 a 320 m de espessura de sedimentos quaternários, que se estendem continuamente por mais de 700 km (Araújo; Carneiro, 1977). A principal unidade sedimentar é a Formação Bananal, essencialmente arenosa, que foi caracterizada e proposta informalmente por Barbosa, Ribeiro e Schimitz (1990), de acordo com dados obtidos por meio de perfurações rasas, trincheiras e raros afloramentos.

Em geral, as informações disponíveis sobre os depósitos aluviais quaternários de rios brasileiros são escassas e pouco detalhadas, não obstante as suas potencialidades como fontes de importantes subsídios para compreender as mudanças paleoambientais e bióticas ocorridas no Quaternário.

Paleodunas eólicas interiores

Campos de paleodunas eólicas interiores evidenciaram a existência de paleoclimas mais secos que os vigentes na região. Normalmente as formas originais das paleodunas ainda são reconhecíveis, mas encontram-se mais ou menos reafeiçoadas por atividades pluviais e/ou fluviais, além das mudanças de cor decorrentes do intemperismo químico.

As paleodunas eólicas interiores podem ser encontradas em diferentes partes do mundo, muitas vezes em desertos atuais ou nas suas adjacências, e até em regiões de climas atuais muito úmidos, como na região amazônica. Segundo Lowe e Walker (1997), elas podem fornecer dados sobre paleoventos e paleoclimas, que podem ser completamente discrepantes dos ventos e climas vigentes na mesma área.

No Brasil, segundo Giannini et al. (2005), existiriam três áreas geográficas caracterizadas pela ocorrência de paleodunas eólicas interiores: médio vale do Rio São Francisco (BA), baixo vale do rio Negro (AM) e Pantanal Mato-grossense (MS e MT) (Fig. 1.14).

Paleodunas eólicas do médio rio São Francisco (BA)

A área de ocorrência dessas paleodunas foi referida por Williams (1925) como um "pequeno Saara ao longo do São Francisco", denominação que pode sugerir a ideia errônea de que "desertos" e "dunas eólicas" possuam relações biunívocas, embora muitos desertos não exibam dunas eólicas. Na unidade estratigráfica proposta informalmente, Moraes-Rego (1926) incluiu essas paleodunas na Formação Vazantes, juntamente com depósitos aluviais desses rios.

A maior concentração dessas paleodunas ocorre entre os municípios de Barra e Pilão Areado, na Bahia, perfazendo uma área contínua de cerca de 7.000 km², com espessuras máximas que atingem 100 m (Barreto, 1996; Barreto et al., 2002c). Campos de dunas parabólicas menores, ligados ao mesmo contexto geo-

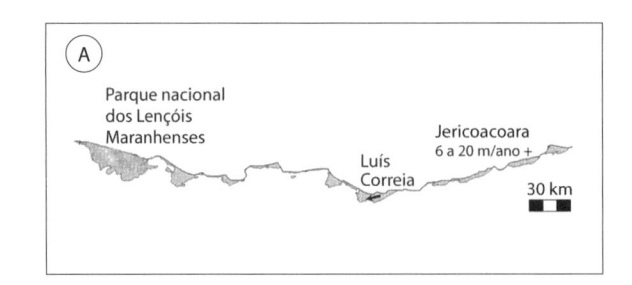

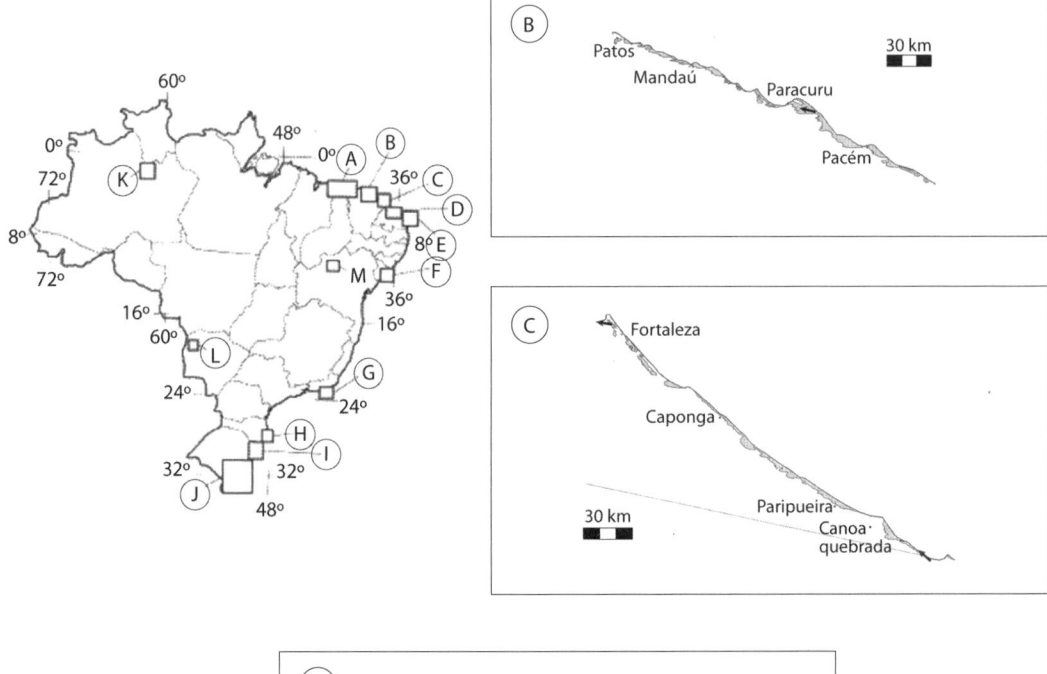

Fig. 1.14 Distribuição dos principais campos de dunas transgressivos (em cinza) e campos de dunas interiores estabilizados (áreas K, L e M) do Brasil. As setas pretas indicam rumos de migração de dunas obtidos por medidas de estratificações cruzadas. A seta cinza (área F) refere-se ao rumo observado por Barbosa (1997). Velocidades de migração de dunas baseiam-se em medida direta no terreno (+) ou na comparação entre fotografias aéreas (*), realizadas por Maia (1998), Jimenez et al. (1999) e Carvalho (2003), no Ceará; Barbosa (1997) em Sergipe e na Bahia; Castro et al. (2002) no Rio de Janeiro; Giannini (1993) em Santa Catarina e Tomazelli (1990, 1993) no Rio Grande do Sul (Fonte: Giannini et al., 2005)

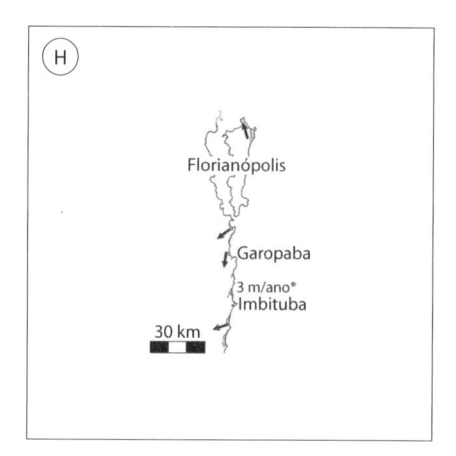

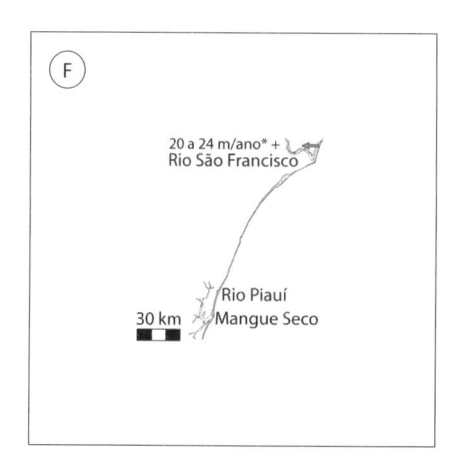

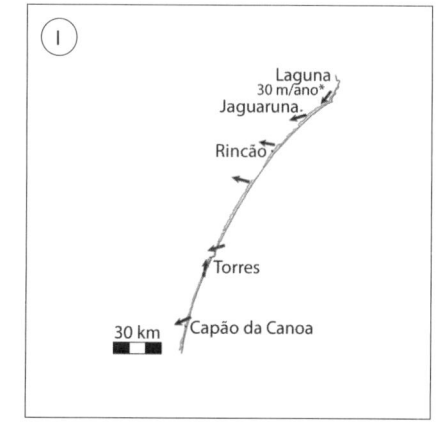

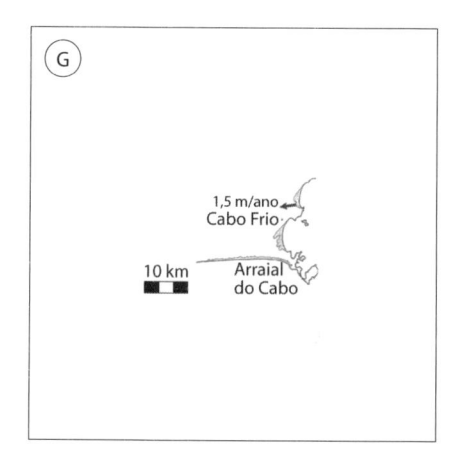

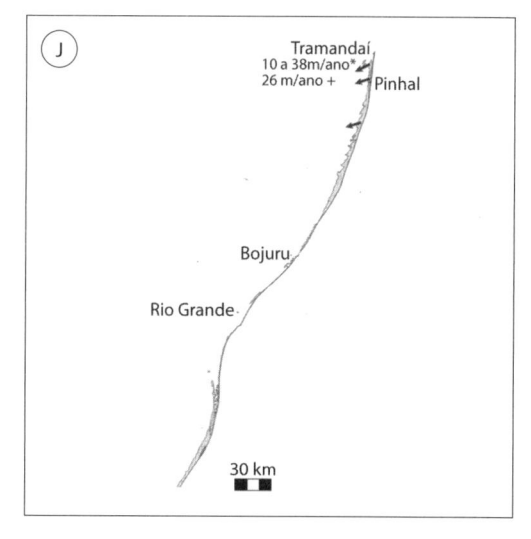

1 Geologia do Quaternário   **65**

E
Touros
Caraúbas
Genipabu
Natal
30 km

H
Florianópolis
Garopaba
3 m/ano*
Imbituba
30 km

F
20 a 24 m/ano* +
Rio São Francisco
Rio Piauí
Mangue Seco
30 km

I
Laguna
30 m/ano*
Jaguaruna
Rincão
Torres
Capão da Canoa
30 km

G
1,5 m/ano
Cabo Frio
Arraial do Cabo
10 km

J
Tramandaí
10 a 38 m/ano*
26 m/ano +
Pinhal
Bojuru
Rio Grande
30 km

lógico, podem ser vistos em Xique-Xique (Lagoa de Itaparica, BA) e Alagoado (BA).

Domingues (1948) externou as primeiras considerações paleoclimáticas sobre a área e atribuiu as paleodunas à fase seca associada ao U.M.G. do Hemisfério Norte, que também foram endossadas por Tricart (1977).

Estudos sedimentológicos (granulométricos, morfoscópicos e mineralógicos) das paleodunas indicaram altas maturidades textural e mineralógica, e subsidiaram a delimitação de três diferentes domínios eólicos. Datações pelo método da termoluminescência (TL), em amostras coletadas em poços rasos (até 4 m de profundidade), indicaram que, pelo menos desde 28.000 anos A.P., houve condições para fixação de dunas. Entretanto, dado que a espessura total do pacote de areia eólica ultrapassa 100 m, o advento da atividade eólica na área poderia ser bem anterior. A história holocênica, principalmente paleoclimática, do campo de paleodunas eólicas do médio rio São Francisco acha-se relativamente bem estabelecida (Oliveira; Barreto; Suguio, 1999). Porém, ainda faltam estudos que possam conduzir à compreensão da evolução paleogeográfica durante o Pleistoceno e sobre a provável ocorrência da fase de drenagem endorreica sugerida por pesquisadores pioneiros como Moraes-Rego (1926) e Domingues (1948), ou seja, se ela realmente existiu.

Paleodunas eólicas do baixo rio Negro (AM)

As paleodunas do baixo rio Negro abrangem uma área estimada em 300 km², entre as latitudes 1° e 3°S, e longitudes 61° e 63°W (Tatumi et al., 2002), com orientação regional ENE-WSW (Carneiro Filho et al., 2002). Entre vários outros, destaca-se o campo situado entre os rios Catrimani e Água Boa, com 40 km de extensão e 25 km de largura. As dunas dessa área seriam parabólicas simples e compostas, e exibem cristas bem demarcadas que, segundo Santos, Nelson e Giovaninni (1993), exibiriam 6 km de comprimento e até 20 m de altura. Conforme esses autores, existiriam dois outros campos de dunas gigantes em Anauá (RR) e Araçá (AM), bem como outros campos de dunas menores, dunas isoladas e áreas de prováveis lençóis de areias eólicas (Fig. 1.15).

Idades obtidas pelos métodos da termoluminescência (TL) e luminescência opticamente estimulada (LOE) em 14 amostras de terraços marginais do baixo rio Negro, atribuídos a paleodunas eólicas, forneceram idades variáveis entre 7.800 e 32.600 anos A.P. Com base nessas idades, Tatumi et al. (2002) e Carneiro Filho et al. (2002) admitiram que, durante o Pleniglacial (75.000 a 13.000 anos A.P.) e parte do Holoceno (últimos 8.000 anos), a região noroeste da Amazônia teria sido submetida a condições paleoclimáticas mais secas e com sazonalidades mais bem definidas que as atuais.

Paleodunas eólicas do Pantanal Mato-grossense (MS-MT)

Em Nhecolândia, Almeida (1945) encontrou uma lagoa que foi interpretada como resultante de vale fluvial barrado por paleoduna eólica. Resultados de

Fig. 1.15 Imagem do satélite Landsat-TM5 que indica, próximo ao rio Aracá, áreas de floresta (em cinza-claro), áreas de savana sobre cordões de dunas (em cinza-escuro e cinza médio) e áreas alagáveis nas depressões entre as dunas (em preto) (Carneiro Filho et al., 2003)

análises granulométricas de material da barragem, executadas pelo autor, teriam mostrado predomínio de areia limpa, de diâmetros finos a médios e bimodais, sugestiva de origem eólica. A existência de paleodunas eólicas no Pantanal Matogrossense passou a ser considerada como verdadeira a partir do referido trabalho, apesar de trabalhos adicionais mais detalhados nunca terem sido executados.

A partir disso, as condições paleoclimáticas semiáridas que, segundo vários autores (Braun, 1977; Tricart, 1982; Klammer, 1982; Ab'Saber, 1988), poderiam ter prevalecido no final do Pleistoceno por ocasião da deposição do megaleque aluvial do rio Taquari, viriam corroborar a ideia preliminar de Almeida (1945).

Além disso, considerações como as de Klammer (1982), de que "o relevo do Pantanal é como um deserto colocado sob influência de clima úmido", levaram Clapperton (1993) a admitir que o Anticiclone do Atlântico Sul poderia ter estado em posição mais austral durante a formação do referido campo de paleodunas. Nota-se a urgente necessidade de realização de estudos paleoclimáticos mais bem fundamentados, que remontem pelo menos ao U.M.G. do Hemisfério Norte, pois, segundo Assine e Soares (2004), a paisagem do Pantanal Mato-grossense teria evoluído por meio da superposição de efeitos de diversos eventos geológicos durante os últimos 120.000 anos, quando teria ocorrido a culminação do Estádio Interglacial Sangamoniano da América do Norte.

Classificação da região litorânea do Brasil

Com relação ao litoral brasileiro, Raja Gabaglia (1916) foi, talvez, o primeiro autor que distinguiu os seguintes setores:
- Costa de mangues – do Cabo Orange ao Cabo Norte;
- Costa de estuário – região do baixo Amazonas;
- Costa mista – da Ponta da Tijoca à foz do rio Parnaíba;
- Costa dunosa – da foz do rio Parnaíba ao Cabo de Santo Antônio;
- Costa concordante – do Cabo de Santo Antônio à foz do rio Araranguá;
- Costa arenosa – da foz do rio Araranguá à desembocadura do Arroio Chuí.

Segundo Silveira (1964), posteriormente Raja Gabaglia passou a distinguir duas porções, designadas Litoral do Nordeste (do Cabo Orange à Ponta do Calcanhar) e Litoral do Sudeste (da Ponta do Calcanhar ao Arroio Chuí).

Delgado de Carvalho (1927) reviu a classificação de Raja Gabaglia (1916) e enfatizou outros aspectos, como as idades (terciária ou quaternária) e as origens, reconhecendo quatro trechos diferenciados no litoral brasileiro:
- Costa quaternária do norte – do Amapá ao Maranhão;
- Costa terciária – do Piauí a Cabo Frio (RJ);
- Costa eruptiva – de Cabo Frio (RJ) a Laguna (SC);
- Costa quaternária do sul – de Laguna (SC) ao Arroio Chuí (RS).

A seguir, apresenta-se uma descrição sucinta da costa brasileira, baseada em Silveira (1964, modificada por Cruz et al., 1985), que reconheceu cinco trechos com algumas subdivisões (Fig. 1.16).

Costa Norte

Ela representa o trecho mais setentrional, também designado Litoral Amazônico ou Litoral Equatorial. Estende-se do Cabo Orange (foz do rio Oiapoque, AP) à Baía de São Marcos (Maranhão oriental), onde são reconhecíveis três subdivisões.

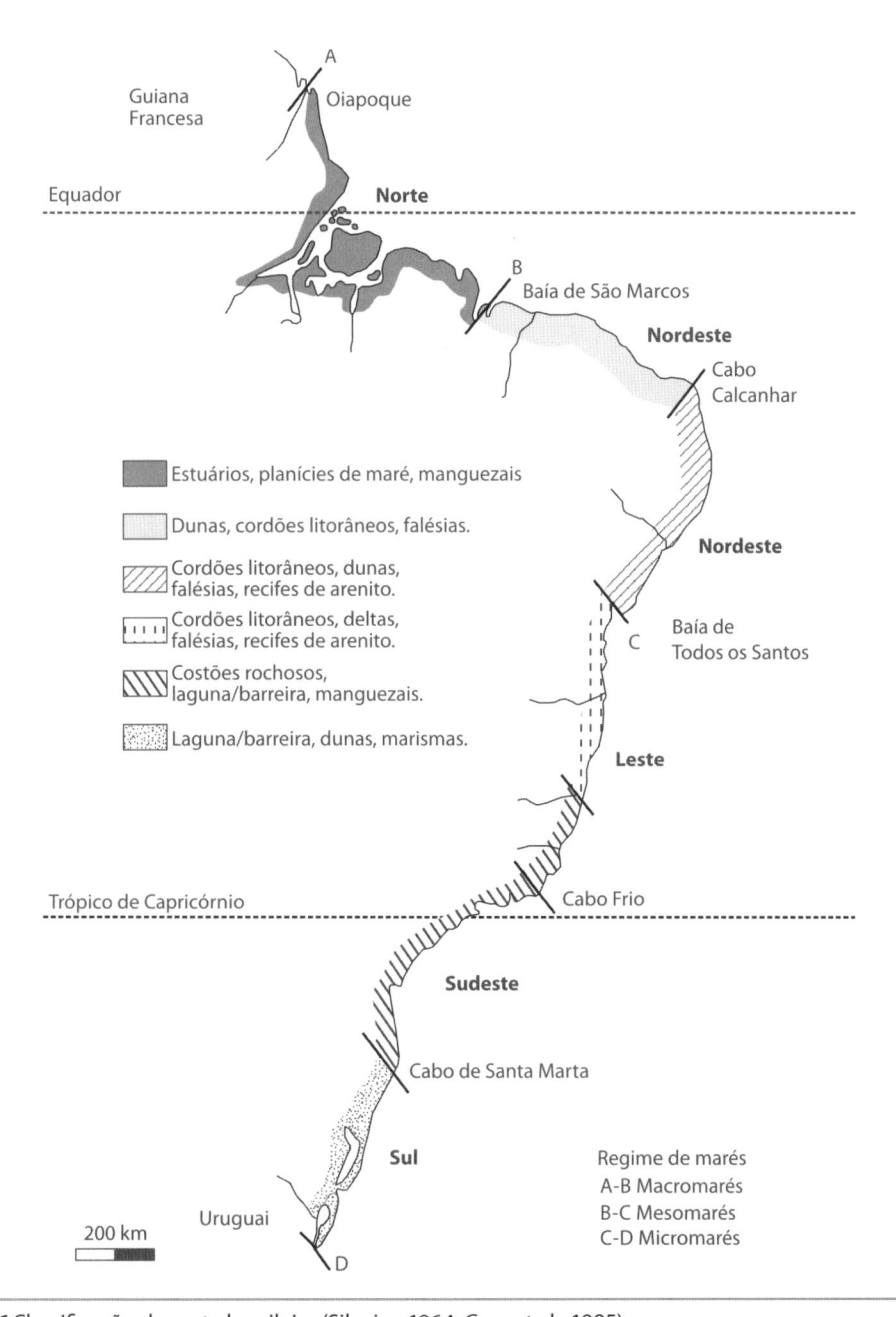

Fig. 1.16 Classificação da costa brasileira (Silveira, 1964; Cruz et al., 1985)

O Litoral Guianense, que vai do rio Oiapoque (AP) ao Cabo Norte (AP), caracteriza-se por depósitos neogênicos da Formação Barreiras (Suguio; Nogueira, 1999), superpostos ao embasamento cristalino pré-cambriano. É um trecho de costas baixas, com extensas planícies lamosas, recobertas por vegetação de manguezal de grande porte (Schaeffer-Novelli et al., 1990), que gradativamente passa ao interior para pântanos costeiros. Cordões litorâneos do tipo *chenier* (Franzinelli, 1982) sugerem uma atuação eventual de grandes tempestades, que erodem as partes internas das planícies de maré e formam praias arenosas que, logo após, são recobertas por depósitos lamosos. Esse trecho da costa é tipicamente deposicional e submetido à ação das macromarés (amplitude maior que 4 m), que distribuem a lama amazônica que, a seguir, é transportada para norte pela Corrente Equatorial Brasileira.

O Golfão Amazônico corresponde ao gigantesco sistema estuarino de costas muito baixas, submetido também à ação de processos fluviais e marinhos. Esses processos causam erosão com formação de falésias baixas e sedimentação, que origina planícies alagadas, feições muito típicas de inúmeras ilhas desse trecho (ilhas de Marajó, Caviana, Mexiana etc.).

O Litoral Amazônico Oriental estende-se até a Baía de São Marcos (MA), que se distingue pela presença de depósitos neogênicos da Formação Barreiras. Esses depósitos são intensamente recortados e formam verdadeiras "rias", ocupadas por ambientes estuarinos dominados por macromarés. Esses estuários são caracterizados por amplas planícies arenosas e lamosas, em geral colonizadas por exuberantes manguezais.

Costa Nordeste

Estende-se da Baía de São Marcos (MA) à Baía de Todos os Santos (BA), que apresenta como características comuns a presença de sedimentos da Formação Barreiras, os recifes de rochas praiais (*beach rocks*) e de corais e algas. Esses depósitos repousam sobre rochas cristalinas pré-cambrianas ou sobre rochas sedimentares mais antigas. A Formação Barreiras origina um relevo popularmente conhecido como "tabuleiro", que se caracteriza por um topo plano e suavemente inclinado para o oceano Atlântico e, além disso, mais ou menos dissecado por vales fluviais de vertentes relativamente íngremes. Em locais onde a sedimentação litorânea torna-se escassa ou inexiste, a linha de costa é formada por escarpas ou falésias marinhas da Formação Barreiras. Essa paisagem é bastante comum não somente no litoral nordestino, mas até nos litorais oriental e sudeste (Martin; Bittencourt; Dominguez, 1999).

A palavra *recife* é de origem náutica e refere-se a quaisquer obstáculos situados em águas rasas, que atrapalham a navegação. Nesse contexto, o litoral nordestino apresenta recifes de ferricretes (duricrostas), isto é, crostas ferruginosas da Formação Barreiras, rochas praiais (arenitos e conglomerados) e corais hermatípicos (construtores de recifes). As rochas praiais são compostas de grãos de areia ou seixos cimentados naturalmente por carbonato de cálcio ($CaCO_3$) fornecido pelas águas do mar, formando rochas muito duras (litificadas), descritas em detalhe por Branner (1904) e cuja idade é praticamente restrita à época holocênica, segundo datações executadas por Flexor e Martin (1979). Os corais são estruturas biogenéticas construídas por animais invertebrados tipicamente marinhos e coloniais denominados celenterados, que vivem em simbiose com certos tipos de algas. Além de corais, desenvolvem-se também algas secretoras de $CaCO_3$, como *Lithothamnium* e *Halimeda*. Essa associação forma os chamados recifes de corais, de composição essencialmente carbonática, incrustados sobre a superfície dura de recifes ferruginosos e/ou de rochas praiais.

Nessa costa podem ser reconhecidos dois setores: Costa Nordeste Semiárida e Costa Nordeste Oriental. A primeira, que vai da Baía de São Marcos (MA) ao Cabo de Calcanhar (RN), caracteriza-se por clima semiárido, rios e sistemas de lagunas que desenvolvem manguezais nas suas margens, e por cordões litorâneos que exibem retrabalhamentos eólicos por ventos alísios de NE, os quais, por vezes, desenvolvem grandes campos de dunas, como os chamados "Lençóis Maranhenses". A segunda estende-se do Cabo de Calcanhar (RN) à Baía de Todos os Santos (BA). As franjas de rochas praiais, que frequentemente sustentam construções recifais organógenas (com abundantes algas calcárias, briozoários e corais), começam a ocorrer no setor anterior (Costa Nordeste Semiárida), mas tornam-se mais conspícuas nesse setor. As lagunas e os estuários, aqui dominados por mesomarés (amplitudes de 2 a 4 m), são colonizados por manguezais, e os cordões litorâneos são também superficialmente retrabalhados pelos ventos. Nesse setor destacam-se as planícies costeiras que formam os complexos deltaicos do rio São Francisco (SE-AL) e do rio Jaguaribe (CE).

Costa Leste ou Oriental

Esse trecho da costa brasileira estende-se da Baía de Todos os Santos (BA) até Cabo Frio (RJ). Algumas das características da Costa Nordeste, como a presença da Formação Barreiras e as rochas praiais, persistem ao norte da cidade de Vitória (ES), mas daí começam a ficar também frequentes os costões de rochas cristalinas pré-cambrianas, que chegam até a praia. Destacam-se nesse trecho as planícies costeiras dos complexos deltaicos dos rios Jequitinhonha (BA), Doce (ES) e Paraíba do Sul (RJ).

Alguns sistemas de lagunas-barreira, como o de Araruama (RJ), são bem desenvolvidos. As margens estuarinas dessas lagunas acham-se colonizadas por manguezais. Cordões litorâneos regressivos, de composição essencialmente arenosa (pleistocênicos e holocênicos), formam planícies especialmente desenvolvidas nas adjacências das desembocaduras fluviais mais importantes. Nesse trecho da costa brasileira, o Arquipélago de Abrolhos (BA), próximo a Caravelas, representa o extremo meridional da ocorrência de corais hermatípicos viventes (Leão, 1982).

Costa Sudeste

Esse trecho da costa brasileira estende-se entre Cabo Frio (RJ) e Cabo de Santa Marta (SC), onde a feição fisiográfica mais notável é a Serra do Mar, que forma promotórios de costões rochosos, com saliências e reentrâncias frequentemente controladas por tectônica. Ocorrem algumas planícies costeiras relativamente desenvolvidas entre promotórios, como em Iguape-Cananeia (SP), Paranaguá (PR) e São Francisco (SC), mas também são frequentes planícies de pequeno porte com "praias de bolso" em enseadas.

A região de Laguna, no extremo meridional desse setor, corresponde ao limite sul de ocorrência atual de manguezais da costa brasileira. Nessa área, o rio Tubarão desenvolve um delta intralagunar, que ainda é muito pouco conhecido.

Costa Sul

Esse trecho estende-se desde o Cabo de Santa Marta (SC) até o Arroio Chuí (RS). Caracteriza-se pela existência de uma ampla planície costeira, com cerca de 700 km de comprimento e largura máxima de 120 km. Desenvolvem-se sistemas de barreiras arenosas múltiplas, que aprisionam gigantesco conjunto de lagunas (Patos e Mirim), além de outras menores.

Na porção norte, desde o Cabo de Santa Marta (SC) até Tramandaí (RS), a planície costeira é mais estreita e, em Torres (RS), rochas basálticas da Bacia do Paraná constituem o único promotório rochoso desse trecho da costa sul do Brasil.

Planícies costeiras

As planícies costeiras ou baixadas litorâneas são superfícies deposicionais de baixo gradiente, formadas por sedimentação predominantemente subaquosa. Elas margeiam corpos de água de grandes dimensões, como o mar ou oceano, e são comumente representadas por faixas de terrenos emersos, geologicamente muito recentes e compostos por sedimentos marinhos, continentais, fluviomarinhos, lagunares, paludiais etc., em geral de idade quaternária.

As planícies costeiras compostas por séries de cristas praiais (cordões litorâneos ou cordões arenosos), mais ou menos paralelas entre si e formadas predominantemente por areias (Fig. 1.17), representam uma costa de progradação ou costa de avanço por sedimentação (Valentin, 1952). As séries paralelas de cristas praiais são, em geral, separadas entre si por superfícies de truncamento, possivelmente correspondentes a fases de mudanças nos sentidos de incidência dos "trens de ondas", pois essas feições são essencialmente ligadas às ondas marinhas. Esse tipo de planície costeira, onde se verifica predominância de cristas praiais, é relativamente comum no litoral brasileiro e muitas vezes conhecido pela designação imprecisa de "planícies de restinga". Como exemplos, têm-se as desembocaduras dos rios Doce (ES) e Paraíba do Sul (RJ), estudadas respectivamente por Suguio, Martin e Dominguez (1982) e Martin et al. (1984c), que constituem casos particulares de planícies costeiras situadas em desembocaduras de importantes cursos fluviais. A cidade de Santos (SP), que não se encontra nessa situação, foi

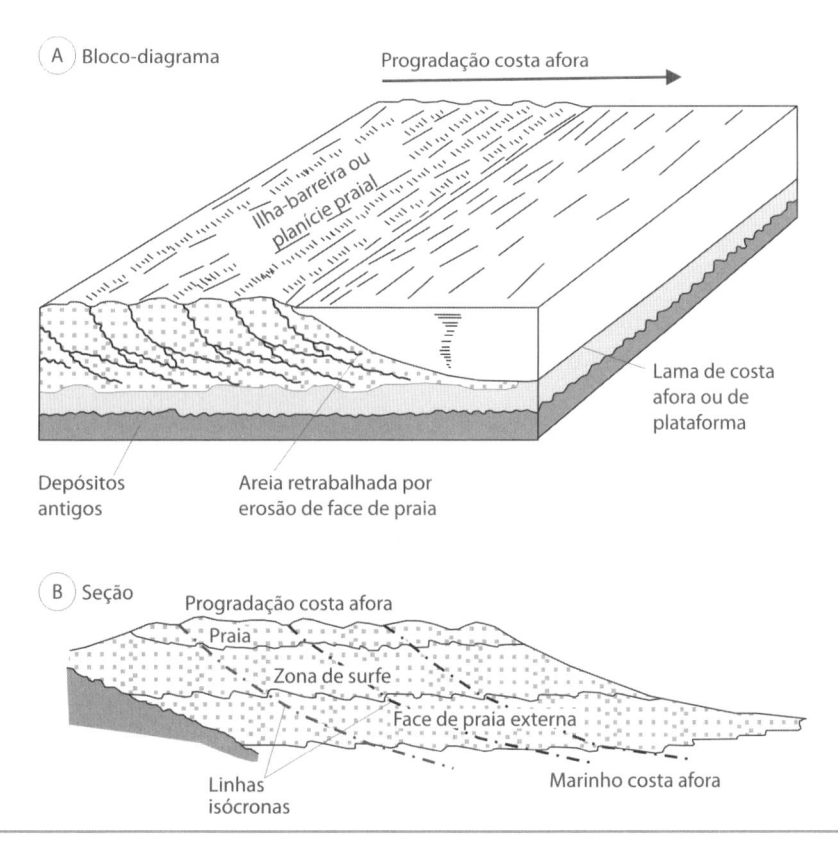

Fig. 1.17 Vistas tridimensional (A - bloco-diagrama) e em perfil (B - seção) de uma costa de progradação, através de sucessivos alinhamentos de cristas praiais (cordões litorâneos ou cordões arenosos) em linha costeira regressiva (Suguio, 2003b)

quase inteiramente construída sobre planícies costeiras holocênicas (últimos 10.000 anos), comumente sotopostas por depósitos pleistocênicos.

Um outro tipo de planície costeira desenvolve-se, por exemplo, a sudoeste de Lousiana (Estados Unidos), que é constituído por uma sucessão de cristas praiais arenosas de 50 a 500 m de largura, algumas dezenas de quilômetros de comprimento e 5 a 10 m de espessura, separadas entre si por sedimentos argilosos e/ou orgânicos (Hoyt, 1969). A designação planície de *chenier* para esse tipo de planície costeira deve-se a Price (1955) na Lousiana, onde a sua largura total chega a 35 km e estende-se por 180 km ao longo do litoral. Porém, as planícies desse tipo mais extensas do mundo, com 1.600 km, ocorrem nas Guianas, que recebem volumes fantásticos de carga sólida lamosa do rio Amazonas (Gibbs, 1976). O desenvolvimento desse tipo de planície é característico de litoral que recebe grande suprimento de lama e pouca areia, e que é submetido a fases erosivas periódicas associadas a fortes tempestades.

Além das planícies costeiras de cristas praiais e de *chenier*, principalmente onde os níveis do mar apresentaram tendência à descensão durante, no mínimo, mais de 1.500 anos, podem ocorrer depósitos lagunares, lacustres e paludiais pretéritos. Por outro lado, trechos de costa com abundante suprimento de areias finas, submetidas a constante retrabalhamento eólico sob condições áridas a semiáridas, podem exibir um excepcional desenvolvimento de campos de dunas eólicas costeiras, como acontece nos chamados "Lençóis Maranhenses". Nas baixadas costeiras extensas com climas quentes e áridos, como no Golfo Pérsico, podem surgir planícies salinas ou *sabkhas* costeiras, com crostas evaporíticas e faixas de tapetes algálicos.

Paleoníveis do mar acima do atual no Brasil
Registros anteriores a 120.000 anos A.P.
Quatro gerações de terraços marinhos, indicativas de paleoníveis do mar acima do atual, foram identificadas como sistemas de ilhas-barreira/lagunas I, II, III e IV, da mais antiga e mais alta para a mais recente e mais baixa, embora suas idades absolutas não tenham sido medidas por Villwock et al. (1986) e Tomazelli e Villwock (2000). Desses registros, pelo menos os sistemas de ilhas-barreira/lagunas I e II, quando correlacionadas à curva isotópica de oxigênio de Imbrie et al. (1984 apud Tomazelli e Villwock, 2000), foram interpretados como anteriores a 120.000 anos A.P. (Fig. 1.18).

Bittencourt et al. (1979) reconheceram falésias inativas (ou mortas), esculpidas em sedimentos da Formação Barreiras, que tentativamente poderiam ser correlacionadas ao sistema ilha-barreira/laguna II de Villwock et al. (1986), caso tenham origem marinha, e denominaram esse provável nível do mar mais alto, anterior a 123.000 anos A.P., de Transgressão Antiga.

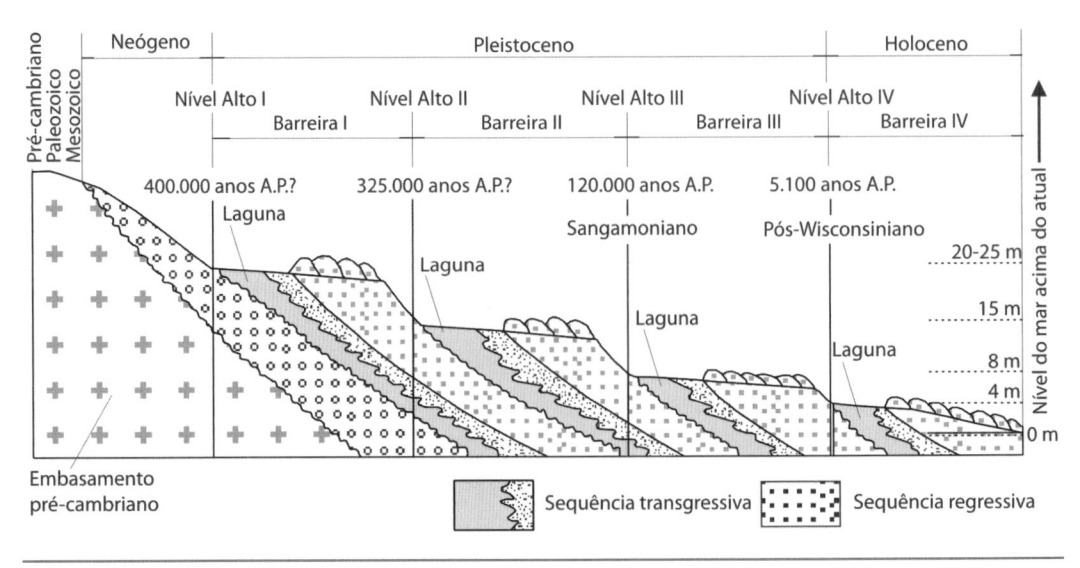

Fig. 1.18 Quatro sistemas de ilhas-barreira/lagunas registrados na planície costeira do Rio Grande do Sul testemunham fases de ascensão do nível relativo do mar acima do atual, no Quaternário (Villwock et al., 1986)

No litoral do Rio Grande do Norte, no trecho orientado predominantemente na direção N-S, ao sul de Natal, ocorrem terraços marinhos situados entre 1,3 e 7,5 m acima do nível atual do mar, que Lucena (1997) denominou informalmente de Unidade Barra de Tabatinga. Esse autor reconheceu foraminíferos dos gêneros *Globigerina* e *Quinqueloculina* na base da unidade, e, em vista de cotas relativamente modestas, correlacionou-a com os terraços marinhos holocênicos de Suguio et al. (1985a). Porém, seis idades TL (Termoluminescência) e três idades LOE (Luminescência Opticamente Estimulada), desses depósitos, forneceram idades variáveis entre 220.000 ± 2.000 anos A.P. e 206.000 ± 5.000 anos A.P. (Barreto et al., 2002a). Além disso, idades TL e LOE de depósitos eólicos superpostos, determinadas por Yee et al. (2000) em 189.000 ± 11.000 anos A.P. a 186.000 ± 10.000 anos A.P., parecem ser coerentes com as idades dos depósitos marinhos sotopostos. A comparação com curvas de flutuações eustáticas positivas de nível do mar, obtidas por Haddad (1994) e Hearty (1998), indica boa correlação com as idades obtidas para essa unidade, que Suguio, Barreto e Bezerra (2001) designaram oficialmente de Formação Barra de Tabatinga. As altitudes relativamente baixas desses terraços marinhos poderiam ser explicadas pela subsidência e/ou erosão pós-deposicionais.

Estudos recentemente concluídos por Suguio et al. (2005) mostraram que terraços marinhos representativos de nível do mar acima do atual, há cerca de 210.000 anos (subestágio isotópico de oxigênio 7c), também estariam representados em Pernambuco e na Paraíba. Nada se sabe, porém, acerca da eventual possibilidade de correlação entre os depósitos da Formação Barra de Tabatinga e o sistema de ilha-barreira/laguna II da planície costeira do Rio Grande do Sul.

Finalmente, no litoral de Pernambuco e da Paraíba foram também obtidas idades de provável nível do mar acima do atual, de 346.000 ± 31.000 anos A.P. por LOE, e de 351.000 ± 31.000 anos A.P. por TL, possivelmente correspondentes ao estágio isotópico de oxigênio 9c.

Registros de 120.000 anos A.P.
A Transgressão Antiga, citada anteriormente, foi seguida por um novo evento transgressivo mundialmente conhecido, que teria ocorrido durante o Estádio Interglacial Sangamoniano da América do Norte. Em grande parte da costa brasileira (nordeste, oriental, sudeste e sul), o nível relativo do mar situava-se 8 ± 2 m acima do atual. Esse episódio é conhecido no Estado de São Paulo como Transgressão Cananeiense (Suguio; Martin, 1978), ou como Penúltima Transgressão nas costas da Bahia, Sergipe, Alagoas e Pernambuco (Bittencourt et al. 1979; Suguio; Sallun; Soares, 2005).

Os registros desse nível do mar mais alto são compostos de terraços essencialmente arenosos, que ocorrem pelo menos desde o Rio Grande do Sul (Tomazelli; Villwock, 2000) ao Rio Grande do

Norte (Suguio; Barreto; Bezerra, 2001). Acham-se situados em posições mais internas que os terraços holocênicos nas planícies costeiras. São frequentemente representados por areias finas, localmente grossas, mais ou menos lixiviadas, que podem, horizontal e verticalmente, de modo gradual, passar de acastanhadas a pretas, impregnadas por ácidos orgânicos (húmicos e/ou fúlvicos) e, eventualmente, por algum hidróxido de ferro, em geral proveniente dos horizontes superiores. As estruturas sedimentares hidrodinâmicas acham-se, muitas vezes, obliteradas por processos pedogenéticos. Entretanto, tubos fósseis de *Callichirus* (crustáceo) estão associados a estratificações plano-paralelas horizontais e cruzadas desses terraços, o que permite reconstituir as posições pretéritas dos níveis relativos do mar no espaço, pois esses animais viviam na zona intermarés, no nível de maré baixa. Os alinhamentos das antigas cristas praiais acham-se mais ou menos obliterados pela ação das águas pluviais e por processo intempéricos.

Embora estejam relativamente preservados nas costas sul e sudeste do Brasil, são escassos os materiais para datações geocronológicas. Fragmentos de madeira carbonizada, quando presentes, acusam somente o tempo mínimo, pois as suas idades não podem ser alcançadas pelo método do radiocarbono. Na Formação Touros (Suguio; Barreto; Bezerra, 2001), no Rio Grande do Norte, estão presentes conchas de moluscos e fragmentos de corais, que também forneceram a idade mínima por radiocarbono. Todavia, no Brasil, a idade dessa transgressão foi estabelecida pela primeira vez em fragmentos de corais do gênero *Siderastrea*, provenientes da porção basal desse terraço marinho no Estado da Bahia (Martin; Bittencourt; Villas-Boas, 1982). Utilizou-se o método do Io/U (Bernat et al., 1983), obtendo-se uma idade média de 123.500 ± 5.700 anos A.P. Assim, esses terraços são correlacionáveis ao nível do mar mais alto do Estádio Interglacial Sangamoniano (América do Norte) ou Eemiano (Escandinávia) do Pleistoceno superior (Bloom et al., 1974; Chappell, 1983), ao sistema de ilha-barreira/laguna III do Rio Grande do Sul (Villwock et al., 1986) e ao subestágio isotópico de oxigênio 5c.

Duas amostras provenientes da Formação Touros (RN) forneceram idades variáveis entre 110.000 e 117.000 anos A.P. pelos métodos TL e LOE. Amostras de areias quartzosas de terraços nos estados de Pernambuco e da Paraíba forneceram idades correlacionáveis, também pelos métodos TL e LOE (Suguio et al., 2004).

O confronto com curvas de flutuações eustáticas positivas de nível do mar, obtidas por Haddad (1994) e por Hearty (1998), sugere boa correlação com as idades obtidas para essa unidade, que Suguio, Barreto e Bezerra (2001) denominaram oficialmente de Formação Touros.

Registros do Holoceno

A última fase transgressiva, conhecida como Transgressão Santista

(Suguio; Martin, 1978), iniciou-se há cerca de 17.500 anos, no auge do U.M.G. Até o momento, poucas datações estão disponíveis entre 6.500 e 7.000 anos A.P. Entretanto, os últimos 6.500 anos dessa transgressão são mais bem conhecidos, por meio de várias evidências geológicas, biológicas e pré-históricas nas costas nordeste, leste e sudeste do Brasil (Suguio et al., 1985a; Martin et al., 1996; Bezerra; Barreto; Suguio, 2003). Essa transgressão tem sido, muitas vezes, referida na literatura geológica como Transgressão Flandriana, denominação que deve ser considerada errônea, pois nos chamados Países Baixos, como a Holanda, o nível do mar teve comportamento bem diferente do verificado no Brasil nesse intervalo de tempo, uma vez que permaneceu sempre abaixo do atual. No Rio Grande do Sul, poderia ser correlacionada ao sistema ilha-barreira/laguna IV (Fig. 1.18).

Constituem terraços de construção marinha situados nas porções externas dos de idades pleistocênicas, separados destes por depressões alongadas ocupadas por lamas paleolagunares, que são superpostas por depósitos paludiais, em muitos locais. Nas suas porções internas, os terraços holocênicos encontram-se alçados até 4 a 5 m acima do nível atual do mar e exibem suave declividade rumo ao oceano, sugerindo que a sua construção se processou durante a descensão progressiva do nível do mar. Na superfície desses terraços são encontradas cristas praiais bem preservadas, em contraste com o que ocorre em terraços pleistocênicos. As estruturas sedimentares são bem conservadas e representadas por estratificações cruzadas de ângulo baixo características das faces praiais.

Os depósitos paleolagunares consistem em lamas ricas em matéria orgânica, com frequentes restos de madeiras e conchas de moluscos, alguns dos quais em posição de vida. Em amostras coletadas de afloramentos de terraços de construção marinha, as idades obtidas pelo método do radiocarbono foram inferiores a cerca de 7.000 anos A.P., exceto algumas amostras de depósitos paleolagunares obtidas por sondagens, que forneceram idades um pouco mais antigas, quando os níveis relativos do mar eram inferiores ao atual.

Deltas marinhos (ou oceânicos)
Introdução

Associadas às desembocaduras dos principais rios que despejam suas águas no oceano Atlântico, ao longo da costa brasileira, existem zonas de progradação, as quais Bacoccoli (1971) interpretou como deltas, fundamentado na definição de Scott e Fisher (1969). Alguns deltas, como o do rio Amazonas, seriam do tipo altamente destrutivo dominado por marés, enquanto outros, como os dos rios Parnaíba, Jaguaribe, São Francisco, Jequitinhonha, Doce e Paraíba do Sul (Fig. 1.19), do tipo altamente destrutivo dominado por ondas. Além disso, Bacoccoli (1971) atribuiu idade holocênica a todos esses deltas, ao mesmo tempo que propôs um esquema evolutivo, segundo

Fig. 1.19 Posições geográficas dos deltas quaternários brasileiros segundo Bacoccoli (1971) e a situação da planície costeira de Caravelas (BA)

o qual essas planícies costeiras teriam se formado a partir do máximo da Transgressão Flandriana (denominação inadequada para o Brasil), passando, em alguns casos, por uma fase estuarina intermediária, até formarem deltas típicos, cuja construção resultaria em avanço generalizado da linha de costa.

Ao longo do litoral brasileiro, existem também zonas de progradação sem qualquer ligação com desembocaduras fluviais importantes, atuais ou pretéritas. Uma das mais destacadas situa-se em Caravelas (BA), onde, com exceção das fácies fluviais, ocorrem todos os demais tipos de depósitos existentes em outros deltas quaternários brasileiros. Por essa razão, Bacoccoli (1971) chegou a sugerir que a acumulação de sedimentos poderia representar um possível delta do rio Mucuri, um inexpressivo curso fluvial situado ao sul da área. É curioso o fato de ter sido possível a formação dessa zona de progradação sem aporte fluvial importante, e, nesse caso, a fonte de sedimentos arenosos, que serviram para progradação, deve ser marinha, o que invalida a ideia de ser um delta.

Além disso, os diferentes autores que têm estudado os deltas marinhos ignoraram completamente o papel das flutuações do nível relativo do mar (Martin; Suguio; Flexor, 1993). Pesquisas realizadas na porção central (nordeste, leste e sudeste) do litoral brasileiro mostraram que este passou, nos últimos 5.000 a 6.000 anos, por uma fase de emersão de 4 a 5 m. Porém, na costa atlântica e do Golfo do México, nos Estados Unidos, o nível relativo do mar elevou-se progressivamente até atingir a sua posição de hoje. Portanto, pode-se dizer que nos últimos 5.000 a 6.000 anos, o litoral brasileiro caracterizou-se por um processo de emersão, ao passo que o litoral oriental dos Estados Unidos esteve submetido ao processo de submersão. Naturalmente, os modelos de sedimentação deltaica idealizados a partir de exemplos de costa em submersão (como o delta do rio Mississippi) não podem ser aplicados diretamente à costa em emersão (como os deltas dos rios Doce e Paraíba do Sul) no Brasil. Além do estudo de Bacoccoli (1971), em pesquisas anteriores, realizadas nas planícies costeiras do rio Doce (ES) por Bandeira Jr., Petri e Suguio (1975), e do rio Paraíba do Sul (RJ) por Lamego (1955) e Araújo et al. (1975), foi também ignorado, por falta de informações na época, o papel desempenhado pelas variações do nível relativo do mar no Quaternário.

Definição de delta

A palavra *delta* é muito antiga, pois há cerca de 400 anos a.C., Heródoto empregou-a na designação da planície aluvial da foz do rio Nilo, que exibia grande semelhança com a quarta letra do alfabeto grego (delta) na sua porção emersa.

Em 1832, Lyell (apud Moore, 1966) introduziu o termo na literatura geológica, definindo-o em 1853 como "um terreno aluvial formado por um rio em sua desembocadura, sem contudo possuir uma forma definida".

Barrel (1912 apud Le Blanc, 1975) usou a palavra delta para denominar "um depósito parcialmente subaéreo construído por um rio, ao encontro de um corpo permanente de água".

À medida que novos depósitos foram descritos e estudados, a exemplo dos deltas dos rios Niger (Allen, 1965), Orenoco (Van Andel, 1968), Colorado (Thompson, 1968) e Ródano (Oomkens, 1970), o conceito prévio sofreu adaptações para acomodar novas observações. Fisher (1969) adotou uma definição mais genérica, segundo a qual "delta seria um sistema deposicional alimentado por um rio e que resulta na progradação irregular da linha de costa". Wright (1978) enfatiza ainda mais esse caráter genérico ao definir que "delta seria formado por acumulações costeiras subaquosas e subaéreas construídas a partir de sedimentos carreados por um rio, adjacentes ou em estreita proximidade com ele, incluindo depósitos modelados secundariamente por diversos agentes da bacia receptora, tais como ondas, correntes e marés". Portanto, o conceito de delta é, atualmente, muito amplo e serve para denominar um conjunto de fácies que possuem em comum apenas o fato de constituírem zonas de progradação associadas a um curso fluvial, originalmente construídas a partir de sedimentos carreados por esse rio.

Fatores de deltação

Para que um delta seja formado, é necessário que uma corrente aquosa, carregada de sedimentos, flua rumo a um corpo permanente de água em relativo repouso. Além disso, para que os sedimentos se acumulem na sua desembocadura e resultem na formação de um delta, é necessário que a energia do meio receptor não atinja intensidade suficiente para retrabalhá-los e dispersá-los ao longo da costa. Segundo Morgan (1970), são quatro os fatores fundamentais que influem na sedimentação deltaica: (a) regime fluvial, (b) processos costeiros, (c) fatores climáticos e (d) comportamento tectônico.

- Regime fluvial: Em rios sujeitos a intensas flutuações sazonais de descarga, os canais são incapazes, por falta de tempo, de se ajustarem a um canal único mais estável, e exibem canais entrelaçados. Entretanto, quando há pequenas variações de descarga, os canais dispõem de tempo suficiente para se adaptar ao regime e, desse modo, resultam canais meandrantes. Além disso, descargas erráticas tendem a transportar e depositar sedimentos mais grossos e menos selecionados, e descargas uniformes originam sedimentos mais finos e mais selecionadas. No primeiro caso, a taxa de progradação seria mais alta que no segundo.
- Processos costeiros: Compreendem os efeitos das ondas e marés. O principal efeito das ondas é selecionar e redistribuir os sedimentos fluviais, cujo grau de influência depende da energia das ondas. Quando elas são muito fortes, pode ocorrer aumento do teor de quartzo, em detrimento de minerais menos estáveis, como os feldspatos. Em costas com baixa energia, as areias são essencialmente produtos de processos fluviais e, em geral, apresentam baixa seleção e altos teores de argilominerais e mica. Em ambientes de macromarés, os corpos arenosos deltaicos são afeiçoados de acordo com correntes de maré predominantes, frequentemente bidirecionais (Off, 1963; Wright; Coleman; Erickson, 1975). As correntes de deriva litorânea (ou longitudinais) são também importantes entre os processos costeiros e levam à formação de corpos arenosos orientados paralela ou subparalelamente às correntes litorâneas. Entre as diversas causas geradoras de correntes litorâneas, citam-se propagação de marés (ondas e ventos), gradientes de densidade das águas por diferenças de temperatura e/ou salinidade, e, mais frequentemente, incidência oblíqua das ondas em relação à orientação das praias.
- Fatores climáticos: O tipo de clima determina as intensidades de atuação de processos físicos, químicos e biológicos que agem em um sistema fluvial. Em bacias hidrográficas situadas em região de clima tropical, o intemperismo químico é acentuado e leva à formação de espesso manto de intemperismo. A sua erosão é evitada por densa cobertura vegetal, e

os rios transportarão principalmente materiais solúveis, partículas finas como carga de suspensão e pouco sedimento grosso. Quando o clima da bacia de drenagem é seco (árido ou semiárido), o regime fluvial será irregular e a vegetação é pouco desenvolvida. Nesse caso, pode ocorrer excesso de carga de fundo em relação à de suspensão.

☐ Comportamento tectônico: As geometrias dos litossomas em sequências deltaicas são amplamente controladas pelo comportamento tectônico, principalmente do sítio deposicional. Rápida subsidência origina pacotes espessos, ao passo que lenta subsidência ou relativa estabilidade resultam em delgadas sequências deltaicas.

Classificação de deltas

Com base na natureza da bacia receptora, Lyell (1832) reconheceu deltas continentais e marinhos (ou oceânicos). A partir da configuração em planta das planícies deltaicas emersas, Fisher (1969) estabeleceu os tipos alongado, lobado, em cúspide e em franja. Bates (1953) baseou-se nos contrastes de densidades entre o afluente fluvial principal e o corpo líquido receptor e estabeleceu três tipos principais: homopicnais, hiperpicnais e hipopicnais. Como exemplo do primeiro tipo, tem-se o delta lacustre ou do tipo Gilbert (Gilbert, 1890), muito comum em áreas de glaciação quaternária.

Moore (1966) baseou-se nos critérios de Lyell (1832) e de Bates (1953), e diferenciou quatro tipos principais de deltas: (a) delta de canhão submarino (fluxo hiperpicnal com jato plano), (b) delta lacustre (fluxo homopicnal com jato axial), (c) delta mediterrâneo (fluxo homopicnal com jato plano) e (d) delta oceânico (construído em ambiente de macromaré).

Scott e Fisher (1969) adotaram, especificamente para os deltas marinhos, uma classificação baseada em conceitos genéticos (natureza e intensidade dos agentes oceânicos) e na distribuição das fácies nas porções subaéreas do delta (Fig. 1.20). Estabeleceram, assim, duas subdivisões: deltas construtivos (predominância de fácies fluviais) e deltas destrutivos (predominância de fácies marinhas). Entre os primeiros foram reconhecidos os subtipos lobados e alongados, e entre os últimos, os subtipos em cúspide (dominado por ondas) e em franja (dominado por marés).

Galloway (1975) apresentou uma classificação modificada a partir de Scott e Fisher (1969), baseada na ação recíproca de processos marinhos e fluviais, e no papel desempenhado por esses processos na construção deltaica. Assim, propôs uma grande variedade de tipos, que podem ser agrupados em um diagrama triangular (Fig. 1.21), segundo três membros extremos: (a) deltas dominados por rios, (b) deltas dominados por ondas e (c) deltas dominados por marés.

Em suma, o processo de deltação é essencialmente controlado por atividades fluviais (velocidade da cor-

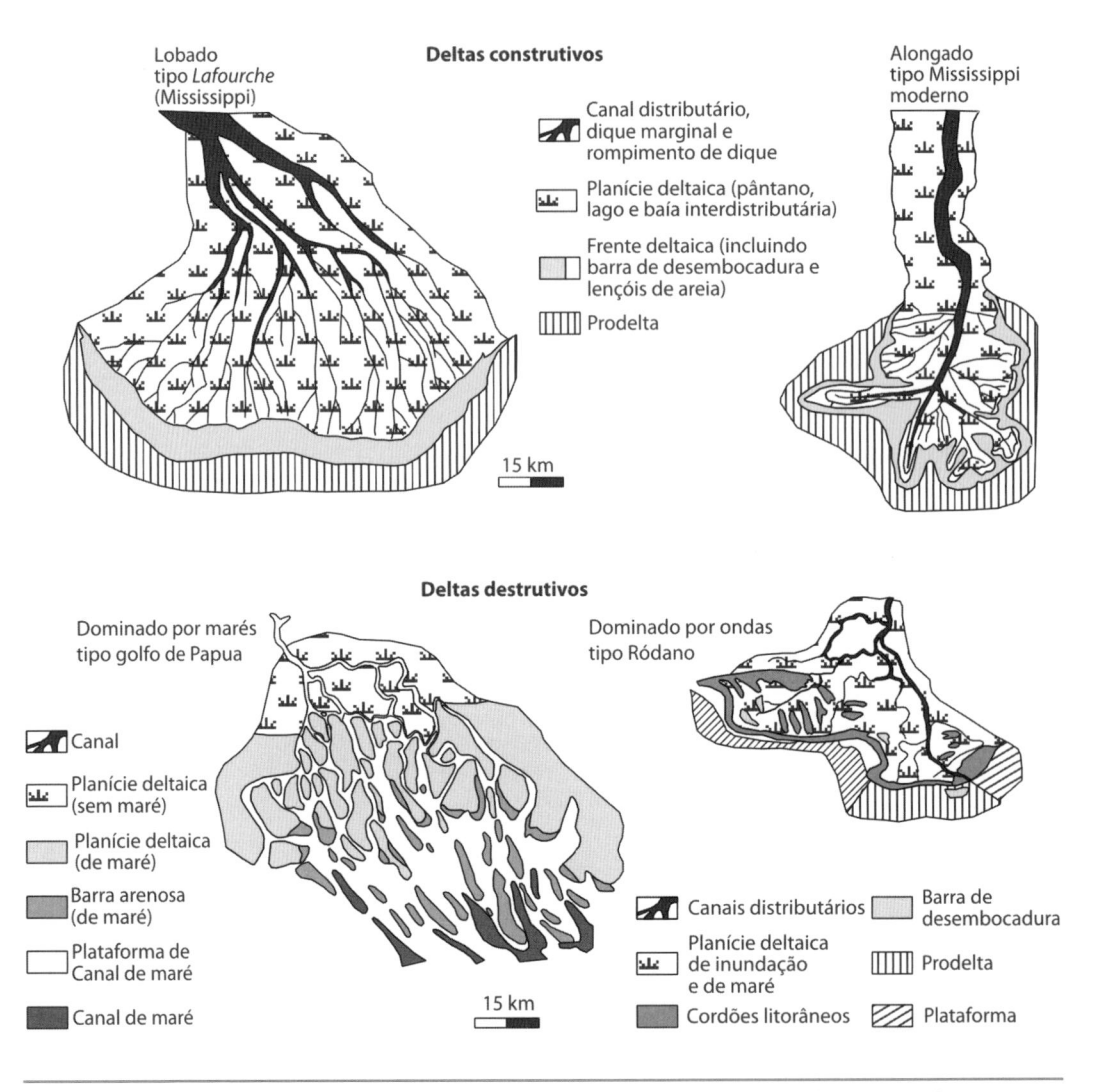

Fig. 1.20 Classificação genética de deltas marinhos (ou oceânicos), segundo a predominância dos processos fluviais (deltas construtivos) e marinhos (deltas destrutivos), cada um comportando subdivisão em dois subtipos (Scott; Fisher, 1969)

rente, densidade do afluente, carga sedimentar etc.) somente quando a bacia receptora se caracteriza por baixas energias de ondas e marés. Quando os níveis de energia da bacia receptora são altos, a sedimentação deltaica passa a ser essencialmente marinha, após intenso retrabalhamento de sedimentos fluviais.

Ambientes e fácies de sedimentação deltaica

Os deltas marinhos exibem, indistintamente, uma porção subaérea e outra subaquosa. A porção subaérea abrange a parte situada acima do nível de maré baixa, onde podem ser reconhecidas uma superior e outra inferior, separadas pelo limite de influência das marés. A porção sempre submersa constitui o substrato

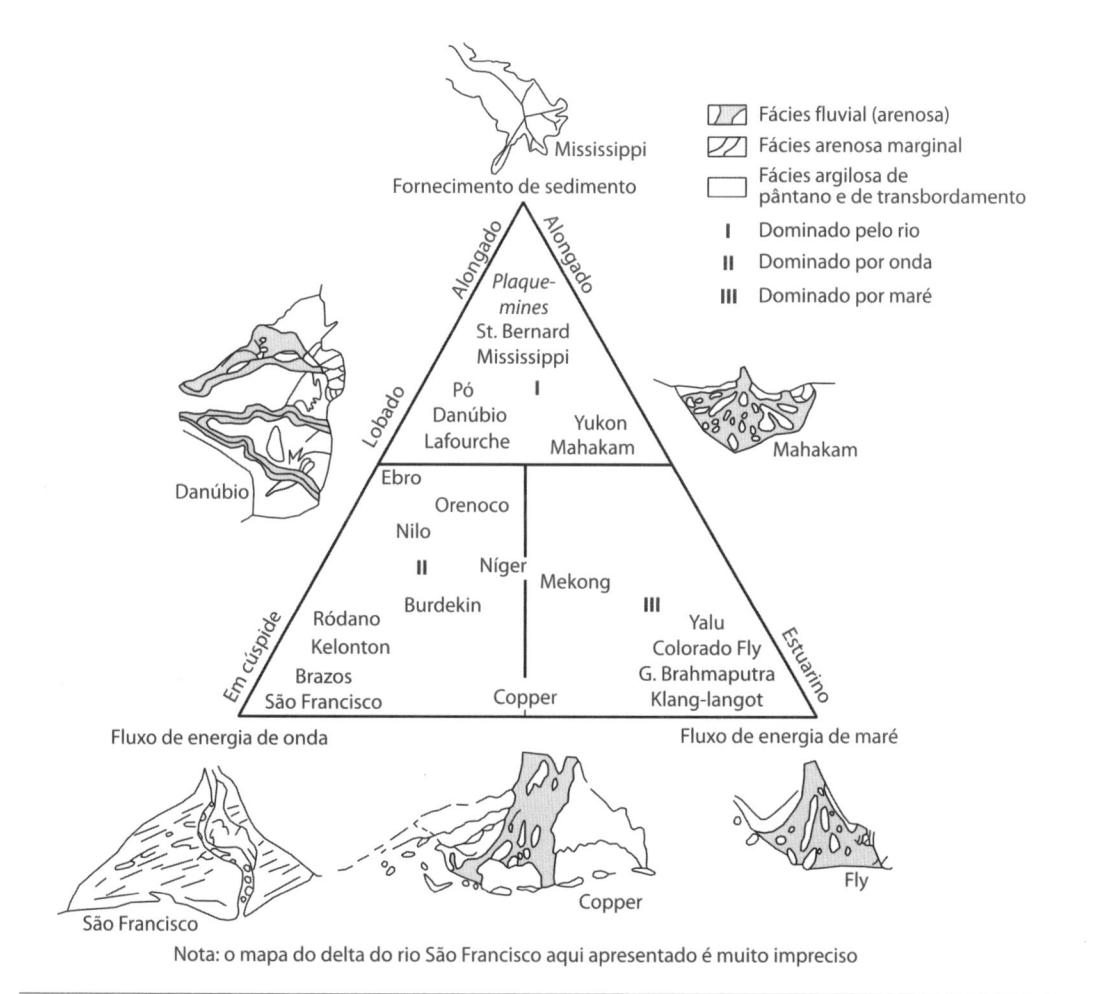

Fig. 1.21 Classificação genética de deltas marinhos (ou oceânicos), análoga à anterior, baseada nas intensidades de suprimento de sedimento e nos fluxos de energia das ondas e marés (Galloway, 1975)

sobre o qual se processa a progradação da porção subaérea.

Segundo Reading (1979), os deltas compreendem duas províncias básicas: planície deltaica e frente deltaica.

☐ Planície deltaica: Constitui uma área relativamente plana, sobre a qual ocorrem canais distributários fluviais ativos ou abandonados, separados entre si por ambientes de águas rasas e por superfícies subaéreas ou parcialmente submersas. A carga total da bacia de drenagem é subdividida por numerosos canais distributários, que carream sedimentos para a frente deltaica.

Entre os distributários ocorrem diversos ambientes de águas rasas, como baías, planícies de maré, pântanos salinos e manguezais, que são extremamente sensíveis ao clima dominante na área. Se o clima for quente e úmido, as planícies deltaicas podem exibir luxuriante manguezal, mas em condições de clima quente e seco (árido e semiárido), a vegetação torna-se rarefeita e pode haver formação de depósitos de calcretes (calcários pedogenéticos) e de evaporitos (halita, gipsita etc.).

Como tipos extremos de planícies deltaicas, têm-se: (a) o dominado por processos fluviais e (b) o dominado por marés. O primeiro é caracterizado pela presença de cristas praiais, que podem passar gradualmente, a jusante, para planícies de maré, ou diretamente para frentes deltaicas. O segundo tipo ocorre só em regiões cujas amplitudes de maré são variáveis de moderadas a altas.

❐ Frente deltaica: É constituída pela área da bacia receptora que recebe os distributários deltaicos mais ou menos carregados de sedimentos, os quais são dispersados após interagirem com os processos dinâmicos (ondas, marés e correntes litorâneas) atuantes no local. Reconheceram-se cinco tipos de frentes deltaicas, conforme os processos dominantes: (a) dominada por processos fluviais, (b) dominada por ondas, (c) dominada por processos fluviais e ondas, (d) dominada por marés e (e) dominada por processos fluviais, ondas e marés.

Estágios evolutivos das planícies costeiras

As flutuações dos níveis relativos do mar e o transporte longitudinal de areia por correntes de deriva litorânea, associados com mudanças paleoclimáticas, controlaram a evolução das planícies da costa central brasileira. O modelo evolutivo mais completo foi estabelecido para a costa do Estado da Bahia, que permanece válido para o trecho do litoral brasileiro entre Macaé (RJ) e Recife (PE), conforme Dominguez, Bittencourt e Martin (1981). A característica fundamental desse trecho de costa é a presença de "tabuleiros" da Formação Barreiras, entre planícies costeiras quaternárias a leste e as serras de rochas cristalinas pré-cambrianas a oeste (Martin; Suguio; Flexor, 1987).

No referido trecho do litoral brasileiro identificaram-se os seguintes estágios (Fig. 1.22):

❐ Estágio 1 (deposição da Formação Barreiras): após um longo período de clima quente e úmido do Neógeno, formou-se um espesso manto de intemperismo (ou regolito). A seguir, o clima tornou-se mais seco (talvez até semiárido), com chuvas torrenciais e maldistribuídas, quando a vegetação se tornou rarefeita e o regolito foi exposto à erosão (Suguio; Nogueira, 1999). Os produtos de erosão foram transportados predominantemente por movimentos gravitacionais, depositando-se nos sopés das montanhas na forma de leques aluviais coalescentes (Fig. 1.22A).

A) Sedimentação da Formação Barreiras

B) Máximo da antiga transgressão

C) Sedimentação de depósitos continentais pós-Barreiras

D) Máximo da penúltima transgressão

E) Deposição de terraços marinhos pleistocênicos

F) Máximo da transgressão holocênica

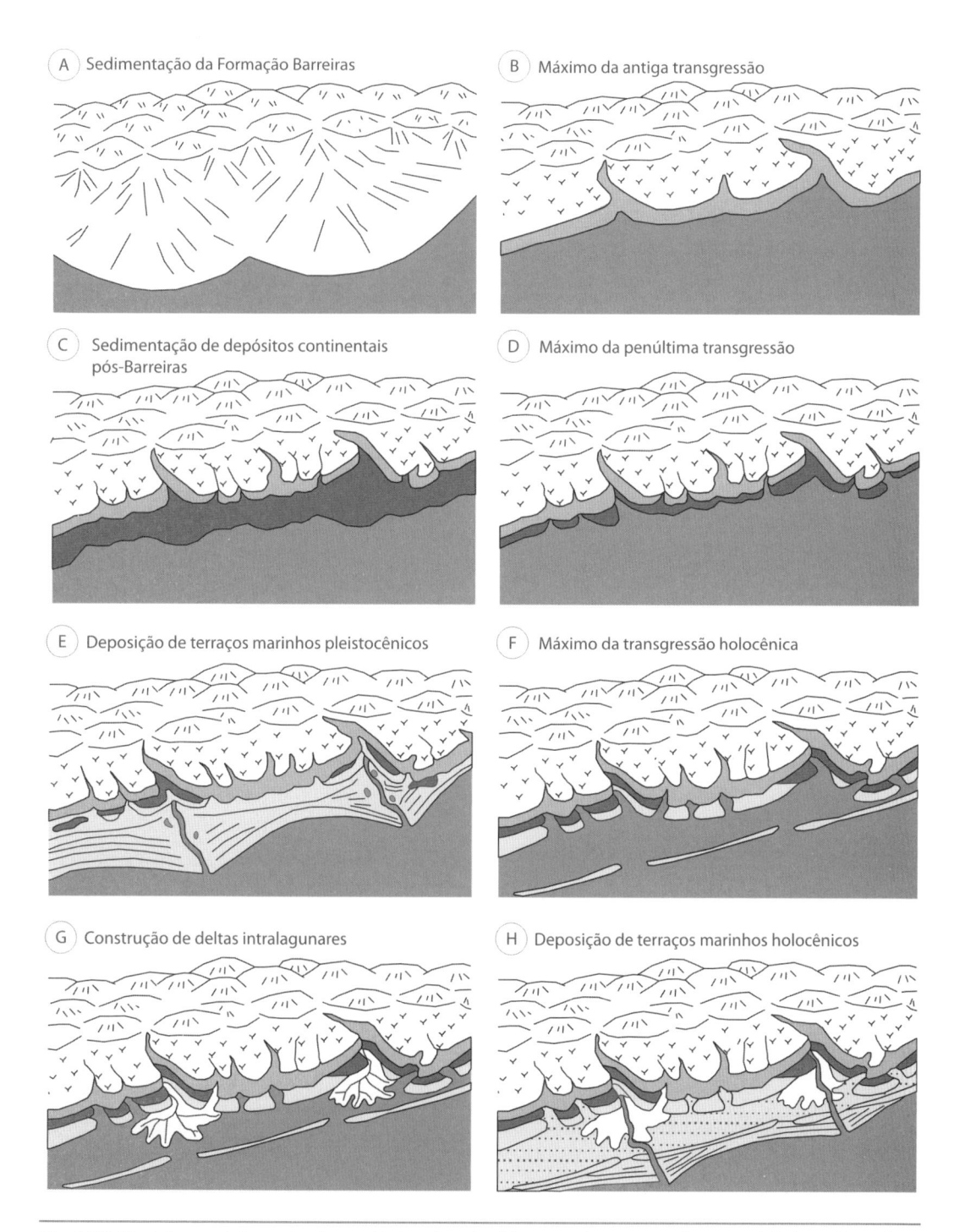

G) Construção de deltas intralagunares

H) Deposição de terraços marinhos holocênicos

Fig. 1.22 Modelo geral de evolução geológica das planícies costeiras da porção central do litoral brasileiro durante o Quaternário, válido para o trecho entre Macaé (RJ) e Recife (PE) (Dominguez; Bittencourt; Martin, 1981)

Segundo Bigarella e Andrade (1964), o nível relativo do mar estaria abaixo do atual, permitindo que parte da plataforma continental fosse coberta por esses depósitos.

☐ Estágio 2 (máximo da Transgressão Antiga): o limite provável do máximo dessa transgressão seria representado por uma linha de falésias mortas (ou escarpas inativas), esculpidas em sedimentos da Formação Barreiras (Fig. 1.22B), quando o paleoclima teria sido supostamente mais úmido que no estágio anterior. No momento, não se dispõe de argumentos que permitam correlacionar esse estágio ao sistema ilha-barreira/laguna II do Rio Grande do Sul ou à Formação Barra de Tabatinga, datada em cerca de 210.000 anos A.P. (Barreto et al., 2002a).

☐ Estágio 3 (deposição de sedimentos pós-Barreiras): após o máximo da Transgressão Antiga e durante a regressão subsequente, o paleoclima readquiriu as características semiáridas. Essa situação propiciou a sedimentação de novos leques aluviais coalescentes, que foram depositados nos sopés das escarpas esculpidas na Formação Barreiras durante o estágio 2 (Fig. 1.22C). Esses depósitos foram encontrados nos estados da Bahia e Alagoas, e, como parecem ter sido parcialmente erodidos durante o máximo da Penúltima Transgressão, devem ter idade mais antiga que cerca de 120.000 anos.

☐ Estágio 4 (máximo da Penúltima Transgressão): há cerca de 120.000 anos, o nível relativo do mar situava-se 8 ± 2 m acima do atual. Durante esse episódio, os sedimentos continentais pós-Barreiras foram parcialmente erodidos, e os baixos cursos dos rios foram afogados e transformados em estuários e lagunas. Com certeza esse estágio é correlacionável ao sistema ilha-barreira/laguna III do Rio Grande do Sul e à Formação Touros (RN), conforme Fig. 1.22D.

☐ Estágio 5 (construção de terraços marinhos pleistocênicos): teve início uma nova fase regressiva, quando se originaram terraços arenosos cobertos por cristas praiais, formando-se extensas planícies costeiras (Fig. 1.22E). Durante essa descensão do nível relativo do mar, a plataforma continental atual ficou quase completamente exposta, estabelecendo-se uma rede de drenagem que erodiu parte dos terraços marinhos construtivos, embora a superfície original de sedimentação tenha sido preservada nas áreas de interflúvios.

☐ Estágio 6 (máximo da Última Transgressão): entre cerca de 6.500 e 7.000 anos A.P., o nível relativo do mar chegou ao atual e, a seguir, passou por um máximo situado 4 a 5 m acima do atual, há cerca de 5.500 anos. Durante essa transgressão, os terraços pleistocênicos foram total ou parcialmente erodidos. Uma paisagem comum nessa fase foi a formação de sistemas de ilhas-barreira/lagunas (Fig. 1.22F), principalmente nas desembocaduras dos rios Doce (ES), Paraíba do Sul (RJ) etc.

☐ Estágio 7 (construção de deltas intralagunares): quando os rios desembocaram nessas lagunas e despejaram suas águas e sedimentos, formaram-se deltas intralagunares ou intraestuarinos, cujas dimensões dependem dos tamanhos das lagunas e dos rios (Fig. 1.22G). Atualmente a foz do rio Tubarão (SC) está construindo esse tipo de delta.

☐ Estágio 8 (construção de terraços marinhos holocênicos): após cerca de 5.500 anos A.P., o nível relativo do mar sofreu descensão progressiva até a posição atual, não sem antes passar por duas rápidas fases de flutuações, entre 4.100 e 3.600 anos A.P., e entre 3.000 e 2.500 anos A.P. Durante os episódios de emersão ocorreu acreção de cristas praias nas porções externas das ilhas-barreira (Fig. 1.22H), como nos últimos 2.500 anos. Concomitantemente à construção de terraços marinhos, a descensão do nível relativo do mar causou uma transformação gradual de lagunas em lagoas, seguidas de pântanos, e só depois os rios passaram a fluir diretamente aos oceanos.

Casos de planícies costeiras ligadas a grandes rios

Associadas às desembocaduras dos mais importantes rios brasileiros (Paraíba do Sul, Doce, São Francisco e Jequitinhonha), existem zonas de progradação que foram classificadas por Bacoccoli (1971) como "deltas altamente destrutivos dominados por ondas". Esse autor admitiu que todos esses deltas seriam holocênicos e propôs um esquema evolutivo em que eles teriam sido formados após o máximo da "Trangressão Flandriana" (melhor seria "Última Transgressão"), passando, em alguns casos, por um estágio intermediário estuarino, para finalmente construir deltas típicos, que implicam a progradação generalizada da costa.

A maioria dos modelos de sedimentação costeira até então existentes e considerados como clássicos não avaliaram adequadamente o papel fundamental desempenhado pelas flutuações do nível relativo do mar no desenvolvimento das atuais planícies costeiras. O interessante trabalho de Coleman e Wright (1975), embora tenha analisado as interferências de inúmeros parâmetros que influem na geometria dos corpos arenosos deltaicos, praticamente não considerou os efeitos das oscilações de nível relativo do mar no Holoceno. Os modelos de sedimentação costeira existentes, quase todos baseados em casos estudados no Hemisfério Norte, enfatizavam as amplitudes de marés, energia de ondas e as descargas e cargas fluviais, como controles mais decisivos na definição do arcabouço geral dos ambientes costeiros de sedimentação (Fisher, 1969; Galloway, 1975; Hayes, 1979). Embora esses fatores também sejam importantes, em geral influem apenas na morfologia costeira local. Na realidade, é a história das flutuações dos níveis relativos do mar que determina o arcabouço fundamental sobre o qual atuarão todos os outros fatores mencionados.

Novos estudos detalhados, realizados nas planícies costeiras dos rios Paraíba do Sul (Martin et al., 1984); Doce (Suguio et al., 1982); Jequitinhonha (Dominguez, 1982; Dominguez et al., 1987); São Francisco (Bittencourt et al., 1982), sumariados por Martin et al. (1993), mostraram que as histórias holocênicas e pleistocênicas foram fortemente influenciadas pelas variações dos níveis relativos do mar. Finalmente, com base em uma definição *stricto sensu* de delta, essas zonas de progradação nem seriam verdadeiros deltas, pois os seus sedimentos foram apenas parcialmente supridos pelos rios, sendo o restante de origem marinha. Entretanto, com base em uma definição *lato sensu* de delta e na superposição de distintas fases de deltação, poderiam ser encaradas como verdadeiros complexos deltaicos.

Casos de planícies costeiras ainda pouco conhecidas

As planícies da Costa Norte (Cabo Orange à Baía de São Marcos) em especial, e parte da Costa Nordeste, são ainda relativamente pouco pesquisadas (Souza Filho, 1995; Souza Filho; El-Robrini, 1997). Há controvérsias, por exemplo, se o Golfão Amazônico da Costa Norte deveria ser classificado como estuário ou se, segundo Bacoccoli (1971), constituiria um delta altamente destrutivo dominado por marés. Nesse particular, há um interessante trabalho de Nittrouer et al. (1986), que caracterizaram a sedimentação da plataforma continental amazônica como de "natureza deltaica", exibindo frente progradante. Porém, ela difeririria dos "deltas clássicos" e poderia ser denominada apenas como estuário ou como um "delta submerso", pela insignificância da sua expressão subaérea. Esse fato poderia ser explicado, talvez, porque o rio Amazonas é um grande rio submetido ao regime de macromaré e caracterizado por fantástica carga sedimentar. Porém, ao desaguar em oceano aberto de alta energia, ligada às ondas e às correntes longitudinais de SE para NW, grande parte da carga sedimentar é carreada para longe de sua desembocadura, sem originar um verdadeiro delta.

Recifes inorgânicos e orgânicos
Introdução
A palavra *recife* possui originalmente um significado náutico, referindo-se a qualquer obstáculo à navegação, que

poderia ser de natureza orgânica ou inorgânica. Geralmente é representado por uma estrutura rochosa construída por organismos sedentários (ou sésseis) e coloniais, como corais, briozoários e algas, frequentemente incorporados no meio de outras rochas, nas proximidades do nível do mar.

Os recifes inorgânicos são compostos de rochas inorgânicas e, portanto, conhecidos também como recifes rochosos (*stone reefs*) ou rochas praiais (*beach rocks*). Constituem-se principalmente de arenitos (*sandstones*) e conglomerados (*conglomerates*). Essas rochas são frequentemente quartzosas e cimentadas por calcita ($CaCO_3$), e contêm, além disso, concentrações locais de conchas de moluscos inteiras e/ou fragmentadas. Elas representam um estágio de evolução costeira em que, após a sua formação na praia ativa, teria ocorrido um recuo da linha costeira. O recife rochoso (ou inorgânico) restringe-se, em geral, às zonas intermarés (*intertidal zones*) de regiões tropicais e equatoriais, onde se dispõem em várias faixas paralelas, cada uma representando uma paleolinha praial, em camadas com mergulhos inferiores a 15°, rumo ao mar.

Os recifes orgânicos, conforme o organismo construtor predominante, podem ser denominados algálicos e/ou coralinos, isto é, compostos sobretudo por algas e/ou corais; podem também ser encontrados recifes de ostras e de vermetídeos, que são moluscos.

O recife algálico é uma estrutura rígida e resistente ao embate de ondas, formada *in situ* por atividades vitais de algas, que secretam esqueleto de carbonato de cálcio ($CaCO_3$). Esse tipo de recife deve ser diferenciado de duas outras espécies de depósitos algálicos não esqueletais, como os estromatólitos (*stromatolites*) e os tufos calcários (*calc tufas*), que frequentemente são chamados de recifes, de maneira incorreta. O recife algálico pode ter mais de 10 m de altura e mais de 15 m de diâmetro.

O recife coralino é uma estrutura rochosa composta principalmente de corais (animais coloniais), contendo, em geral, muita alga. Admite-se que as condições ambientais ideais para o seu desenvolvimento sejam encontradas em mares de profundidades inferiores a 40 a 50 m, com temperatura mínima superior a 20°C, de águas limpas (com pouco material em suspensão) e com salinidade relativamente constante. Quando ocorre uma mistura de colônias de organismos vivos e mortos, como algas, corais, crinoides e briozoários, denomina-se genericamente de recife orgânico.

O recife de ostras é uma variedade de recife orgânico composto predominantemente de conchas de ostras, mas também contém restos fragmentados de algas e outros moluscos. Às vezes é denominado banco de ostras.

O recife de vermetídeo é um recife orgânico de pequenas dimensões, composto de conchas calcárias tubuliformes de gastrópodes vermetídeos (semelhantes a vermes) encontrados, por exemplo, em Bermuda e no Brasil.

Classificações de recifes coralinos

Em seu livro *A estrutura e distribuição de recifes de corais* (*The structure and distribution of coral reefs*), Charles R. Darwin (1809-1883) reconheceu os seguintes tipos de recife (Fig. 1.23):

a) Recife de franja: é um recife coralino paralelo e em contato direto com a linha costeira (*coastline*), separados apenas por um estreito canal de águas rasas. Forma barreira com declividade suave para o continente e brusca queda para o mar. A largura de um recife em franja pode chegar a 100 m e sua extensão a dezenas de quilômetros.

b) Recife de barreira: recife coralino alongado, de disposição paralela à linha costeira de um continente ou ilha, deles separado por uma laguna (*lagoon*) com água demasiadamente profunda para o desenvolvimento de recifes. Ele é interrompido a intervalos irregulares por pequenos canais. O exemplo mais espetacular de recife de barreira ocorre a nordeste da Austrália e estende-se por cerca de 1.000 km, separado do continente por uma laguna que chega a apresentar mais de 80 km de largura.

c) Recife de atol: trata-se de um recife coralino composto por uma série de ilhas dispostas em forma de anel, que circunda uma laguna (*lagoon*) rasa. É formado por algas calcárias e/ou corais.

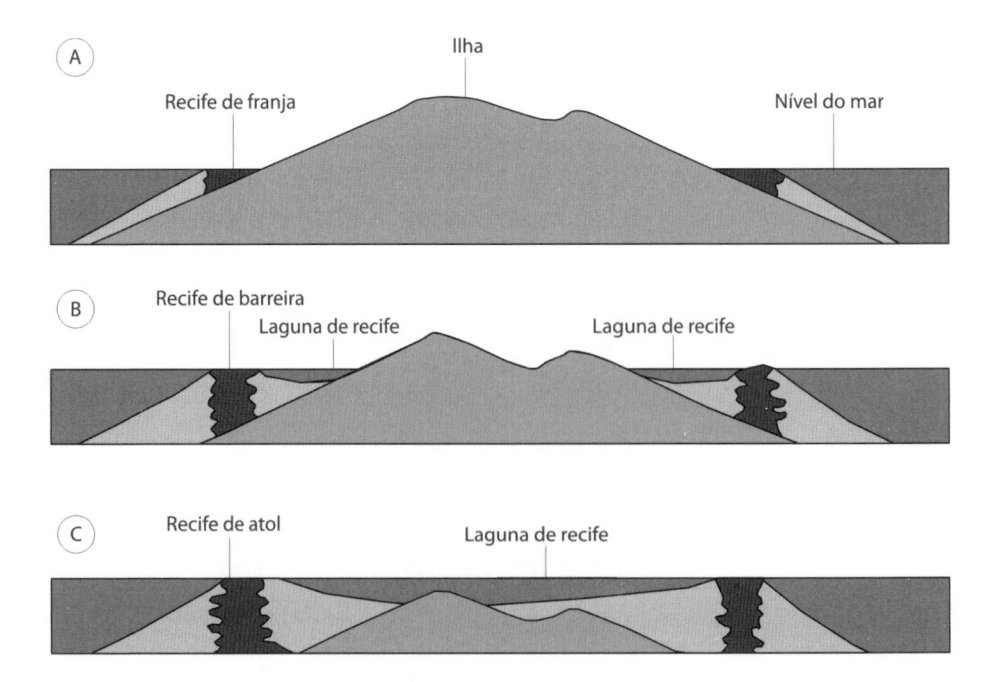

Fig. 1.23 Três tipos de recifes coralinos na "hipótese de ilha em submersão" ou "teoria de subsidência gradual" de (A) até (C), segundo Darwin (1841)

De acordo com os estágios evolutivos dos recifes de coral, (a) representaria a situação inicial, quando sobre uma ilha vulcânica tem início o desenvolvimento de um recife de franja que, a seguir, desenvolve-se para a porção externa, formando o talude recifal (*reef flat*). Quando o substrato sofre subsidência, dependendo das condições de desenvolvimento dos corais hermatípicos (construtores de recifes), acompanhando a subida do nível d'água, desenvolver-se-ia para cima. Nessa fase, na porção externa do flanco recifal processa-se o desenvolvimento acelerado, favorecido pelas águas límpidas, crescendo então para cima; na parte interna, porém, com águas mais turvas, o crescimento é menor e, por estar submersa, transforma-se em laguna recifal, dando origem ao recife de barreira. Com o progresso de subsidência do substrato, a ilha situada no interior da laguna recifal submerge completamente, e a laguna recebe sedimentação, mas mantém a condição de mar raso, enquanto a parte externa do recife de barreira prossegue a sua evolução e atinge a condição de recife de atol. Essa é a "hipótese de ilha em submersão" de Darwin, também sustentada por outros pesquisadores e que se transformou em importante teoria da época.

Recifes coralinos e paleoníveis do mar
Desde os estudos pioneiros de Belt (1874) até as pesquisas mais modernas de Bloom et al. (1974), o interesse primordial por recifes coralinos esteve relacionado às mudanças do nível relativo do mar no Quaternário. Apesar da íntima relação entre os níveis relativos do mar e o crescimento dos recifes coralinos, o seu uso no estabelecimento dos paleoníveis do mar apresenta inúmeras dificuldades, conforme Hopley (1986).

Parte dessa dificuldade resulta do fato de o recife coralino ser uma estrutura orgânica complexa, formada por grande variedade de animais e plantas secretores de carbonato de cálcio ($CaCO_3$), cada um dos quais com exigências ambientais contrastantes. Essa realidade geralmente envolve uma ampla faixa de profundidades de água, que alcança, em média, 40 m, até onde as espécies componentes se desenvolvem. O limite superior, no entanto, é claramente determinado pelo nível de emersão, que se situa próximo à média de maré baixa de sizígia.

Morfologia colonial, zonação e paleoníveis do mar
Apesar da aparência rígida e maciça dos recifes coralinos, sabe-se que os organismos construtores de recifes são "suficientemente plásticos" para se adaptarem a espaços de formas diversas. No Mar do Caribe (América Central), onde provavelmente o número de espécies é inferior a 70, pode-se estabelecer zonações de espécies, que permitem reconhecer relações entre os antigos recifes coralinos e os paleoníveis do mar (Mesolella; Sealy; Matthews, 1970). Na região Indo-Pacífica, porém, com mais de 500 espécies distribuídas por cerca de 80 gêneros (Wells, 1955), e no Grande

Recife de Barreira (Austrália), com mais de 350 espécies atribuíveis a 60 gêneros (Wells, 1955), essas relações ainda não estão efetivamente demonstradas.

Na ilha de Barbados (Mar do Caribe) estão presentes, até 300 m de altitude, sedimentos dobrados do Cenozoico com desenvolvimento de, no mínimo, 18 terraços marinhos, com as superfícies recobertas por recifes coralinos. Imagina-se que esses recifes coralinos soerguidos originaram-se em certos intervalos de tempo do Pleistoceno, tendo sido submetidos a levantamentos intermitentes da ilha, ao mesmo tempo que eram retrabalhados pelas ondas, transformando-se em terraços marinhos. Com o progresso dos conhecimentos sobre os recifes coralinos do Mar do Caribe, tornou-se possível realizar uma zonação ecológica, que levou ao reconhecimento da crista recifal, situada externamente, até o declive anterrecifal. Um novo exame de recifes fósseis da ilha de Barbados, por meio dos conhecimentos citados, permitiu concluir que em cada terraço é possível encontrar as mesmas zonas (Fig. 1.24) e que cada superfície corresponde a um diferente nível marinho.

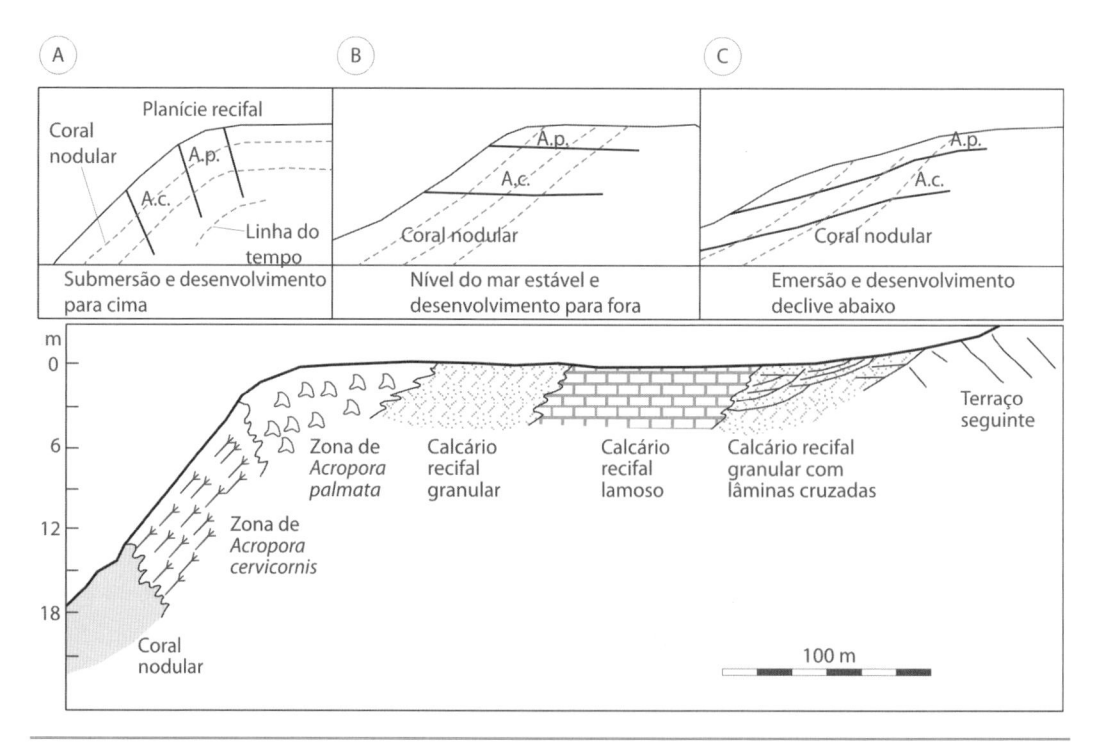

Fig. 1.24 As três situações (A-C) mostram as relações entre as variações dos paleoníveis do mar e o desenvolvimento das fácies recifais (Matthews, 1972). A figura inferior mostra uma seção representativa do terraço recifal da ilha de Barbados (Matthews, 1974)
A. p. = Zona de *Acropora palmata* e A. c. = Zona de *Acropora cervicornis*.
Confrontando-se as situações A, B e C com o terraço recifal da ilha de Barbados, percebe-se que ela é uma feição originada principalmente pela subida de nível do mar.

Além disso, Mesolella et al. (1969) conseguiram discernir na arquitetura (arranjo espacial) de zonas de corais, porções do recife correlacionáveis às fases de submersão (subida do nível do mar), de estabilização e de emersão (descida do nível do mar). Ao aplicar esse conhecimento aos terraços de Barbados, os autores concluíram que eram feições originadas durante uma fase de submersão ou de subida de nível do mar (Mesolella; Sealy; Matthews, 1970). Na ilha de Barbados foram também obtidas numerosas idades do intervalo entre 60.000 e 66.000 anos, e, segundo Mesolella et al. (1969), vários terraços marinhos mais antigos (até cerca de 120.000 anos A.P.) que o atual interglacial foram datados pelos métodos da série do urânio ($^{230}Th/^{234}U$ e $^{4}He/U$). Assim, esses estudos transformaram-se em um paradigma de pesquisas paleoclimáticas e de paleoníveis do mar entre os Pleistocenos médio e superior.

No litoral da península de Huon (Nova Guiné) também foi realizada uma pesquisa acerca da complexa história das variações de paleoníveis do mar durante os últimos 120.000 anos, baseada em idades e faciologias de recifes coralinos (Fig. 1.25).

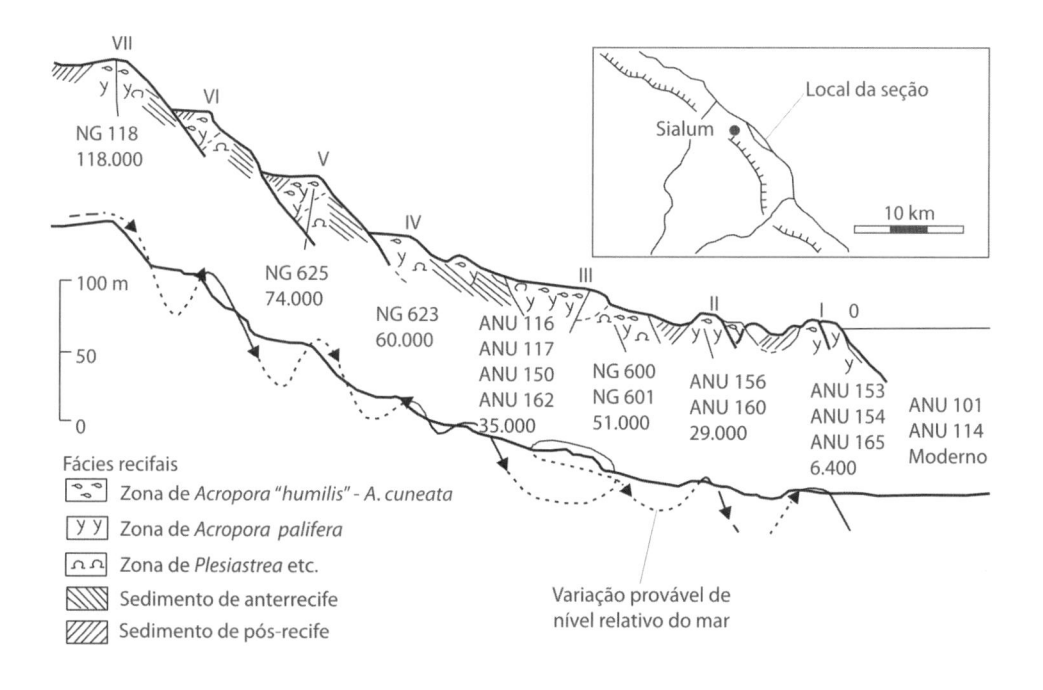

Fig. 1.25 Seção transversal de terraços de recifes coralinos suspensos (sobrelevados) da península de Huon (Nova Guiné) e a curva hipotética de flutuações de paleoníveis relativos do mar, baseada na topografia e na faciologia dos recifes coralinos. Os algarismos romanos correspondem aos terraços, numerados dos mais recentes aos mais antigos; NG118 etc. são as numerações das amostras e, abaixo delas, têm-se as respectivas idades determinadas por ^{14}C ou $^{230}Th/^{234}U$ (Chappell, 1975 apud Naruse, 1982)

Problemas de paleoníveis do mar e recifes coralinos

Os corais hermatípicos (construtores de recifes) são sésseis; infelizmente, porém, poucos permanecem *in situ* após a morte. Como as regiões com recifes coralinos mais bem desenvolvidos coincidem com as de maior incidência dos ciclones tropicais (tufões e furacões), eles são, em grande parte, removidos pelas ondas e acumulados em zonas de sedimentação. Segundo estudos de Hopley (1986), ao norte de Queensland (Austrália), menos de 5% correspondem à estrutura recifal em posição de vida. Durante eventos de alta energia, a maioria dos corais ramificantes das frentes recifais é erodida e depositada. Em recifes coralinos expostos, o discernimento desse fato é simples, mas em núcleos recifais é mais difícil, se bem que algumas características, como direções de ramificação, podem ajudar.

Idealmente, em indicadores orgânicos de paleoníveis do mar, como em recifes coralinos, as amplitudes de profundidades de vida devem ser pequenas e com limites (superior e inferior) bem conhecidos. Tanto em corais como em outros animais e plantas associados, todavia, os limites superiores são bem conhecidos, mas os inferiores variáveis. Entre os organismos indicadores da zona intermarés, preserváveis em registros geológicos, acham-se, por exemplo, moluscos perfurantes (*Tridacna crocea*) e incrustantes (*Crassostrea amasa*). Outros organismos, como os bioerodentes, podem fornecer indicações pelas perfurações de diferentes formas e, eventualmente, deixar preservadas partes duras de seus esqueletos.

Mudanças diagenéticas, especialmente a transformação de corais aragoníticos e de calcita rica em Mg de algas coralinas, em calcita pobre em Mg, ocorrem pela exposição subaérea devida à descida progressiva de nível do mar. Outras mudanças que acompanham essa transformação incluem: redução de porosidade primária e aumento da secundária pela dissolução, acompanhada de maculação ferruginosa e redução do teor de estrôncio no carbonato (Hopley et al., 1978).

Recifes coralinos do Brasil

Ainda durante o século XIX, foram realizadas diversas observações sobre a fauna marinha litorânea das costas tropicais do Brasil, porém não passaram de relatos fragmentários de expedições de reconhecimento. Aparentemente, Hartt (1870) foi o primeiro autor a publicar algo mais detalhado sobre os recifes coralinos do Brasil. Apesar de trabalhos ainda não sistemáticos, porém mais frequentes, executados após a criação do Instituto Oceanográfico de Recife, em 1958, Laborel (1969) foi o primeiro pesquisador a apresentar dados mais pormenorizados sobre os recifes coralinos do Brasil, após um interregno de praticamente 100 anos.

Segundo Laborel (1969), os primeiros recifes coralinos mais conspícuos na costa brasileira aparecem em Cabo de São Roque (RN) e seguem para Caiçara do Norte até Natal, no mesmo Estado.

Eles constituem o "Grupo de Recifes do Cabo de São Roque" (Fig. 1.26). Ao sul de Natal (RN), tem-se o "Grupo de Recifes do Nordeste"; ao sul do Estado da Bahia, o "Grupo de Recifes do Arquipélago de Abrolhos", principal ocorrência de recifes coralinos da costa brasileira; a noroeste do Cabo de São Roque (RN) até São Luís (MA), e a sudoeste da foz do rio Doce (ES) até a ilha de São Sebastião (SP),

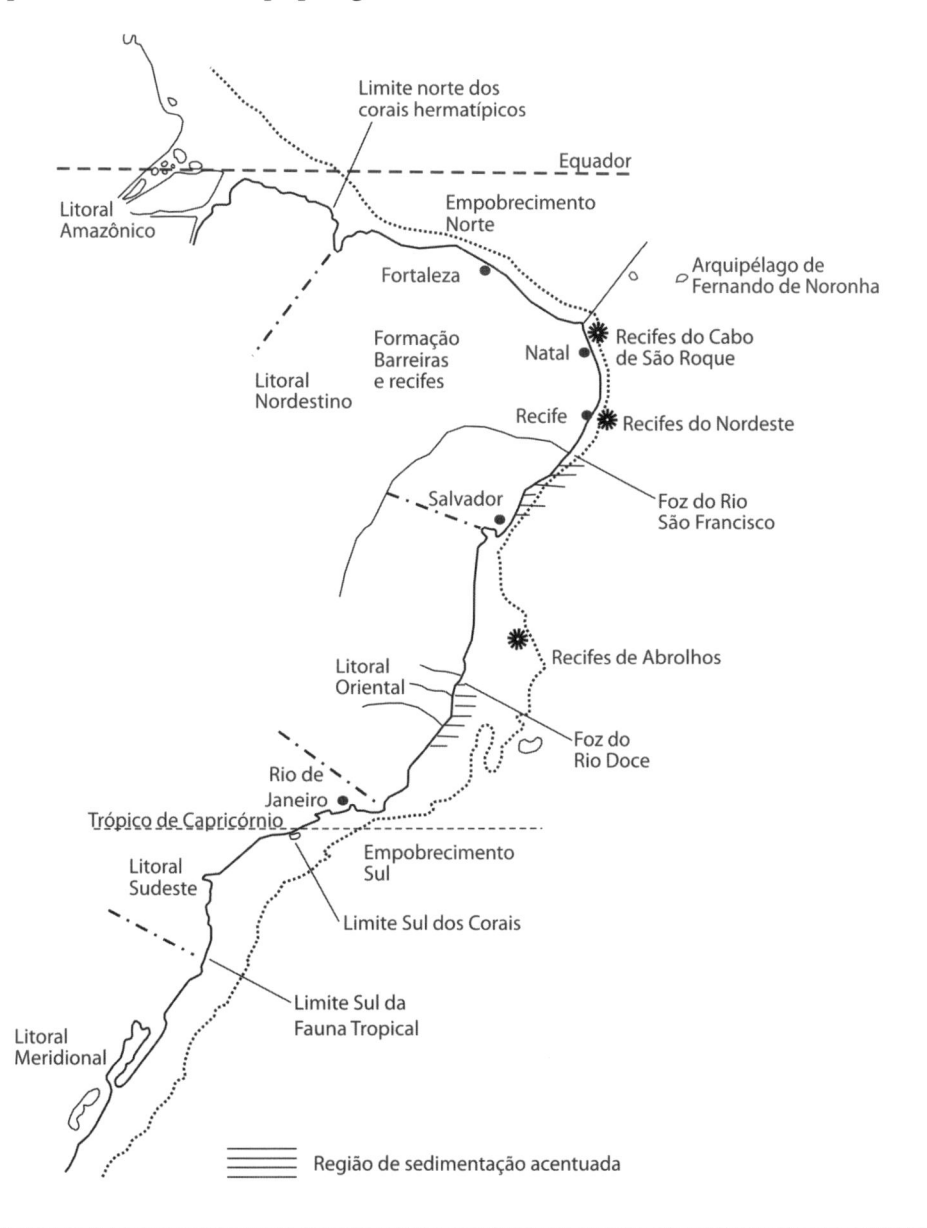

Fig. 1.26 Limites de ocorrências mais importantes de recifes coralinos, formando os recifes do Cabo de São Roque, do Nordeste e de Abrolhos, bem como as zonas intermediárias de interrupção e as extremidades de empobrecimento (Laborel, 1969)

foram reconhecidas, respectivamente, as "regiões de empobrecimento" em recifes coralinos setentrional e meridional. Finalmente, do norte da foz do rio São Francisco (AL-SE) até o norte do arquipélago de Abrolhos (BA) ocorrem zonas de sedimentação arenosa, com poucos recifes coralinos, mas com abundantes recifes inorgânicos, que controlam a evolução da linha costeira.

Desde o início da década de 1980 (Leão, 1982) têm sido realizadas diversas pesquisas sobre os recifes coralinos, especialmente no Estado da Bahia (Leão, 1996, 1998; Leão; Kikuchi, 1999), com destaque para os estudos de evolução dos recifes coralinos durante as oscilações holocênicas de paleoníveis do mar, quando o impacto ambiental antrópico ainda era desprezível.

Evolução pré-Cabral dos recifes coralinos (7.000 anos A.P. até 1.500 anos A.D.)

A evolução geológica desses recifes, no intervalo de tempo considerado, acha-se registrada sob três aspectos: história local das variações do nível do mar; diferentes estágios de crescimento dos recifes coralinos; composição da estrutura recifal.

A fase transgressiva da curva de variação de nível relativo do mar em Salvador (BA) é representada por estágio de culminação há cerca de 5.600 anos (Martin et al., 1996). A presença de topos recifais fósseis contendo colônias de corais, com idades calibradas ao radiocarbono, variáveis entre 1.540 anos A.P. e 7.210 anos A.P., e de cristas disseminadas de algas calcárias erodidas, margeando o barlavento de muitos recifes costeiros, corrobora com momentos de culminação da curva dos autores citados.

Os diferentes estágios de crescimento são caracterizados pela fase de desenvolvimento para cima, acompanhando a subida de nível relativo do mar até 5.600 anos A.P. Após essa fase de culminação, a descida subsequente do nível relativo do mar parece ter sido acompanhada pela diminuição na velocidade de crescimento, até sua completa interrupção, quando o nível relativo do mar chegou ao atual.

Evolução pós-Cabral dos recifes coralinos (1.500 anos A.D. até 2.000 anos A.D.)

Nesse particular, Leão e Kikuchi (1999) teriam reconhecido diferentes tipos morfológicos de recifes coralinos, como bancos recifais "ancorados" (*attached bank reefs*), bancos recifais isolados (*isolated bank reefs*), recifes submersos (*submerged reefs*), recifes de franja (*fringing reefs*), pináculos coralinos isolados de mar aberto (*isolated open-sea coral pinnacles*) e recifes superficiais (*superficial reefs*).

Finalmente, a fauna de corais hermatípicos (construtores de recifes) da Bahia caracteriza-se pela baixa diversidade específica, quando comparada aos recifes coralinos do Atlântico Norte ou do Indo-Pacífico, pelo caráter endêmico dos principais organismos coralinos construtores de recifes e pela completa ausência de formas ramificadas das 18 espécies de corais identificadas nos recifes brasileiros, 17 das quais encontradas em recifes de Abrolhos (BA).

Recifes rochosos e paleoníveis do mar

A designação rocha praial (*beach rock*), *lato sensu*, compreende uma grande variedade de materiais litificados de origem natural encontrados na zona litorânea, razão pela qual têm sido descritas até rochas praiais com cimentos ferruginosos e silicosos. *Stricto sensu*, porém, essa denominação é válida para sedimentos praiais litificados por cimentação calcítica ($CaCO_3$), encontrados nas zonas intermarés. A localização das rochas praiais atuais, entre os níveis de marés alta e baixa, tem induzido muitos pesquisadores a utilizá-las como indicadores de paleoníveis do mar, principalmente quando a zona de cimentação atinge além dos limites atuais das marés (Hopley, 1971; Flexor; Martin, 1979).

A maioria dos autores acredita que as rochas praiais se formam nas praias ou entre as cristas praiais atrás das praias atuais e que tenham sido expostas na praia atual por retrogradação da linha costeira. Muitos afloramentos exibem estruturas sedimentares singenéticas típicas de ambiente praial. A espessura da camada cimentada depende da amplitude local da maré, e o topo situa-se geralmente no nível médio de maré alta de sizígia, ao passo que a base localiza-se no nível médio de maré baixa de sizígia. As explicações relacionadas às origens das rochas praiais têm conduzido a três possíveis hipóteses: (a) orgânica, (b) inorgânica a partir de água doce e (c) inorgânica a partir da água do mar, das quais a última parece ser a mais aceita pela maioria dos autores, pelo menos na formação do cimento primário. Ele é geralmente formado de calcita acicular ou fibrosa e pode conter aragonita criptocristalina, cujos detalhes podem ser estudados com o uso de M.E.V. (microscópio eletrônico de varredura).

O uso de rochas praiais como indicadores de paleoníveis do mar pode suscitar no mínimo três problemas: (a) altura relativa do paleonível do mar, (b) datação absoluta e (c) confusão com outros materiais cimentados existentes nas zonas intermarés. Em afloramentos soerguidos de rochas praiais, nem sempre é fácil determinar o nível superior de cimentação, principalmente em zonas de macromarés (amplitudes > 4 m). O reconhecimento de estruturas primárias hidrodinâmicas nas rochas praiais e a sua possível correlação com níveis homólogos nas praias atuais pode constituir um critério interessante. Deve-se ter em mente que apenas o nível mais alto de cimentação de uma verdadeira rocha praial constitui um indicador seguro de paleonível do mar. A datação precisa de uma rocha praial pode ser dos componentes orgânicos (conchas de moluscos ou fragmentos de corais não recristalizados), contanto que a morte desses organismos tenha ocorrido mais ou menos contemporaneamente à incorporação no sedimento. Na ausência de componentes orgânicos, pode-se tentar datar o cimento de carbonato de cálcio ($CaCO_3$) que, em termos cronológicos, pode representar diversas fases de cimentações. Entre os materiais cimentados, que eventualmente podem coexistir com verdadeiras rochas praiais, mas com outros significados ou sem nenhuma relação com os paleoníveis do mar, pode-se relacionar os recifes coralinos emersos, eolianitos ou calcarenitos eólicos, areias impregnadas de compostos húmicos e silcretes (precipitados silicosos), ou ferruginosos.

Recifes rochosos do Brasil

Ao longo do litoral brasileiro, os recifes rochosos (*stone reefs*) ou rochas praiais (*beach rocks*) são relativamente comuns do norte do Estado do Rio de Janeiro (Complexo Deltaico do Rio Paraíba do Sul) e daí seguindo para a direção Norte, especialmente nas costas nordestinas. Embora não tenham sido estudados em qualquer detalhe, alguns recifes rochosos submersos foram mencionados nos estados de São Paulo e Rio de Janeiro, onde representariam as ocorrências mais meridionais do Brasil, como a encontrada por Suguio e Martin (1978) em praia ao lado do Morro de São Lourenço, ao norte de Bertioga (SP).

Apesar do trabalho de Darwin (1841), que considerou rochas praiais como testemunhos de paleoníveis do mar diferentes do atual, durante muito tempo permaneceram ignoradas. Somente mais de seis décadas depois Branner (1904) publicou os resultados de uma das pesquisas mais abrangentes sobre o tema. Novamente por seis décadas as rochas praiais mantiveram-se desprezadas, até o surgimento dos trabalhos de Mabesoone (1964) e Ferreira (1969). Seguiram-se as pesquisas de Bigarella (1975) e Campos (1976). Em pesquisas mais recentes, nota-se uma tendência à execução de estudos mais especializados (estruturas sedimentares, características petrográficas e razões de isótopos estáveis) em trechos geograficamente mais restritos. Essa tendência, principalmente do emprego de técnicas mais sofisticadas, acentuou-se nas últimas décadas (Assis, 1990; Chaves, 1996, 2000).

Segundo Suguio (2001), estão atualmente disponíveis várias dezenas de idades de rochas praiais emersas, obtidas pelo método do radiocarbono. Elas são muito variáveis, desde mais de 7.000 anos até menos de 500 anos A.P. Esse autor comparou as curvas de variações do nível relativo do mar propostas por Suguio et al. (1985a) e Martin et al. (1996), com as durações dos eventos paleoclimáticos mundiais ("Idade Hipsitérmica" = 9.000 a 2.500 anos A.P. e "Neoglaciação" = últimos 2.500 anos) e as frequências de idades de rochas praiais, incrustações de vermetídeos e sambaquis (Fig. 1.27). Como conclusão, sugeriu que:

a) os níveis relativos do mar acima do atual, entre 6.500 e 7.000 anos A.P. até cerca de 2.500 anos A.P., poderiam corresponder ao aquecimento global, que teria promovido

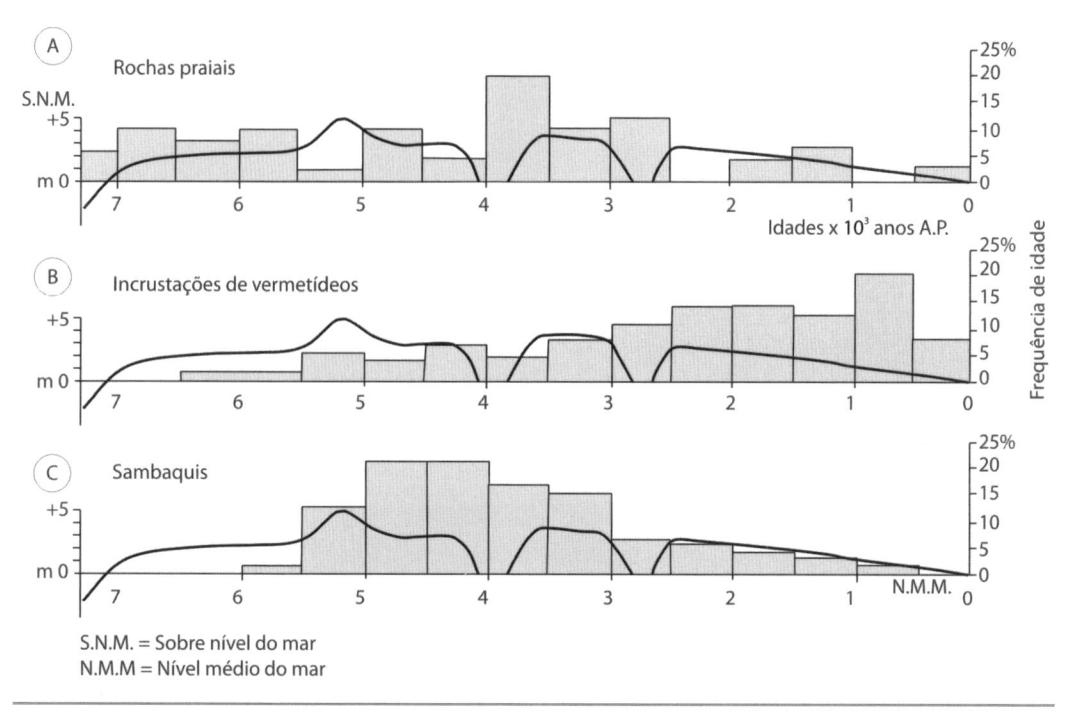

Fig. 1.27 Curva de variação do nível relativo do mar de Salvador (BA) para os últimos 7.000 anos superimposta pelas frequências de idades de rochas praiais, incrustações de vermetídeos e sambaquis

o degelo e a consequente subida glacioeustática do nível do mar;

b) a descida gradual do nível relativo do mar nos últimos 2.500 anos refletiria o efeito da expansão das geleiras por resfriamento global subsequente.

Suguio (2001) não encontrou coincidência entre os três estágios de culminação do nível relativo do mar, acima do atual, e as modas das frequências de idades, fato atribuível à diacronicidade entre as causas e as consequências. Entretanto, ocorreu decréscimo gradual das frequências de idades inferiores a cerca de 4.000 anos A.P., que se acentua nos últimos 2.500 anos. O conhecimento das rochas praiais emersas do Holoceno (Fig. 1.28) ainda é insuficiente, e bem menos se conhece sobre rochas praiais submersas.

Finalmente, as únicas ocorrências de prováveis rochas praiais emersas, de idade pleistocênica (cerca de 120.000 anos A.P.), são encontradas entre as localidades de Zumbi e São Bento, no litoral do Rio Grande do Norte. Suguio, Barreto e Bezerra (2001) propuseram a designação Formação Touros (Fig. 1.29), pois ela aflora mais conspicuamente na localidade homônima do litoral potiguar.

A Formação Touros representaria uma das evidências geológicas do momento de culminação da Transgressão Cananeia (Suguio; Martin, 1978), ou Penúltima Transgressão (Bittencourt et al., 1979), identificadas anteriormente nas costas paulista e baiana, respec-

Fig. 1.28 Vista aérea oblíqua de alinhamento de rochas praiais representativo de linha praial antiga, cujas descontinuidades originam enseadas nas praias atuais. Localidade de Nísia Floresta, praias de Camurupim e Tabatinga, ao sul de Natal (RN) (Foto de Ronaldo F. Diniz, 2001)

Fig. 1.29 Vista aérea oblíqua do afloramento da Formação Touros (metade esquerda da foto), na localidade homônima, a oeste de Natal (RN) (Foto de Ronaldo F. Diniz, 2001)

tivamente. As únicas idades absolutas anteriormente conhecidas desse evento foram determinadas pelo método de Th/U em fragmentos de corais provenientes de Olivença (BA), por Bernat et al. (1983).

Essa formação exibe abundantes estruturas hidrodinâmicas, como estratificações cruzadas (acanaladas, espinhas-de-peixe, tabulares e truncadas por ondas), além de abundantes estruturas biogênicas (icnofósseis do tipo domícnia), descritas por Barreto et al. (2002a). Ocorrem também abundantes fragmentos de conchas de moluscos e corais, cuja idade medida por radiocarbono indicou só a cifra mínima (Testa; Bosence, 1998). O método do U/Th não pôde ser aplicado aos fragmentos de corais, pois se apresentam completamente recristalizados de aragonita (mineral primário) para calcita (mineral secundário). Desse modo, esses depósitos foram datados por meio dos métodos da luminescência (Termoluminescência – TL e Luminescência Opticamente Estimulada – LOE) por Barreto et al. (2002a). Outro fato interessante da Formação Touros é que alguns de seus afloramentos, dispersos em meio às dunas eólicas costeiras, apresentam altitudes superiores a 20 m, mais que o dobro do momento de culminação da Transgressão Cananeia, que teria sido de 8 ± 2 m acima do nível atual (Martin et al., 1988), principalmente devido à glacioeustasia. O paleonível do mar da Transgressão Cananeia, representado pela Formação Touros, estaria exacerbado pela tectonoeustasia, devida à movimentação de blocos de falha da bacia Potiguar durante o Quaternário tardio (Barreto et al., 2002a).

As grandes glaciações, seus depósitos e suas causas 2

2.1 O QUE É UMA GELEIRA?

2.1.1 A formação de uma geleira e o seu fluxo

Como já foi mencionado no Cap. 1, a descoberta da idade do gelo do Quaternário iniciou-se com a observação das geleiras atuais nos Alpes suíços. A ocorrência de gigantescos caudais de material tão sólido como o gelo, escoando como verdadeiros rios entre os vales alpinos, não poderia deixar de intrigar os geocientistas e físicos que conheceram o fenômeno.

O mecanismo de fluxo plástico da geleira em função da gravidade, descoberto por H. B. de Saussure (1740-1799), seria, no início do século XIX, comprovado por medidas de velocidades de fluxo na superfície das geleiras por L. Agassiz (1807-1873). Hoje em dia, acredita-se que a movimentação da geleira ocorra, no fundo, pela repetição dos fenômenos de congelamento e degelo, e, na superfície, pela deformação dos cristais de gelo (Wakahama, 1978).

A neve que cai na região montanhosa possui densidade em torno de 0,1, mas, pela superposição de camadas sucessivas, depois de cerca de um ano chega a 0,5, quando passa a chamar-se nevado (*firn*). Pela união dos pontos que representam o limite topográfico inferior, até onde ocorre o nevado, define-se a linha de neve perene, onde a temperatura média do ar é de cerca de 0°C. Em locais de altitudes e latitudes altas, acima da linha de neve perene, podem ser acumuladas camadas sucessivas que, ao aumentar a densidade acima de 0,8, transformam-se em gelo de geleira pela repetição dos fenômenos de fusão e congelamento. Enquanto a montante se processa o empilhamento de camadas sucessivas de neve na chamada zona de acumulação, a jusante ocorre o consumo da geleira por fusão, originando a zona de ablação (Fig. 2.1). O limite entre essas zonas coincide com a linha de neve perene mencionada. Quando o suprimento supera o consumo durante um tempo suficientemente longo, essa linha desce para menores altitudes, isto é, a geleira avança. Quando acontece o contrário, ela sobe, e a geleira recua. Entretanto, as observações realizadas por várias décadas, sobre as relações entre a dinâmica glacial e as oscilações climáticas, têm mostrado que elas não são tão simples como parecem à primeira vista.

As pesquisas sobre o fluxo das geleiras, realizadas por testemunhagens e trincheiras, têm mostrado que na zona de acumulação os vetores de velocidade apontam para baixo, e na zona de ablação, para cima; além disso, as máximas velocidades são encontradas nas vizinhanças da linha de neve perene.

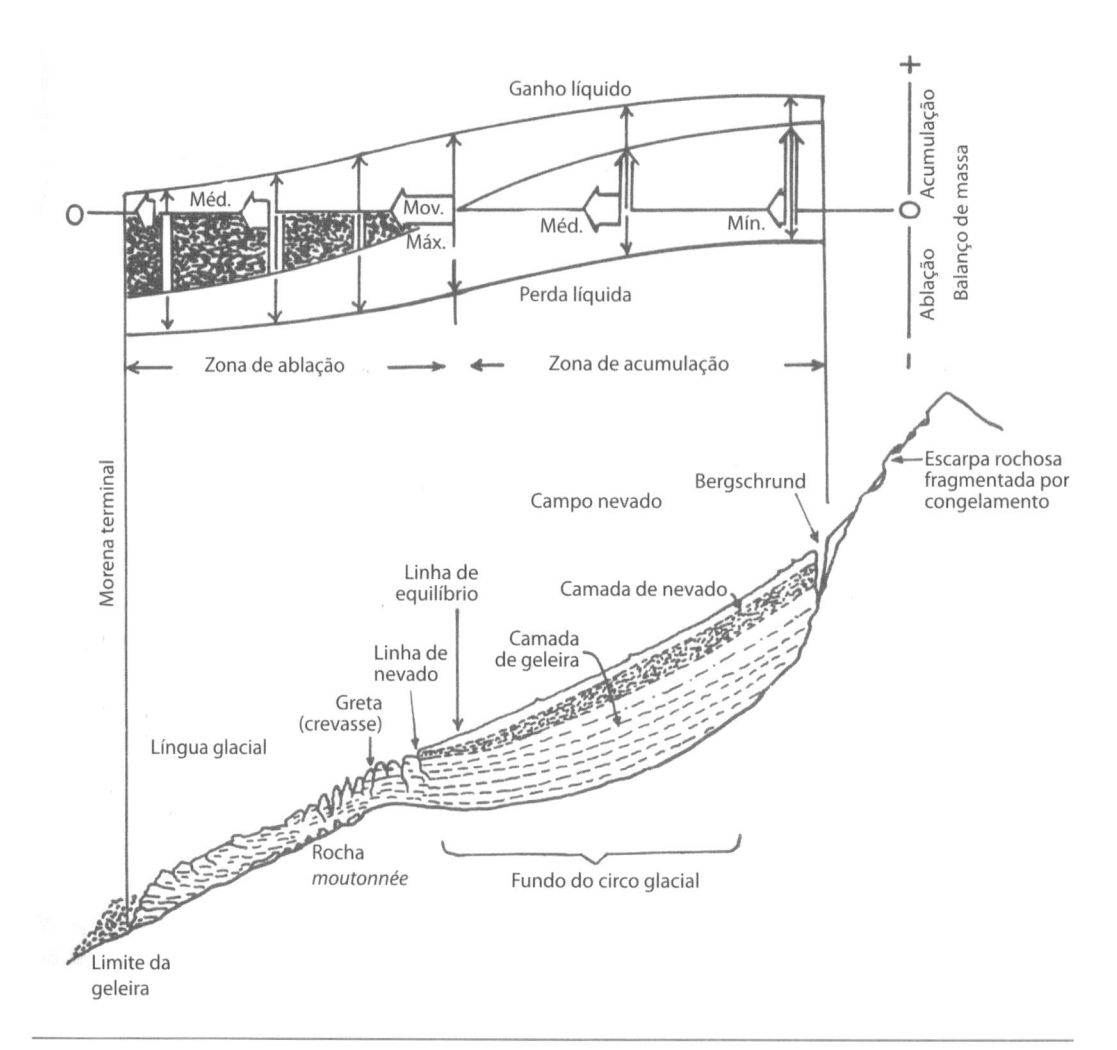

Fig. 2.1 Representação esquemática, em corte longitudinal, de uma geleira tipo alpino. Indicam-se as zonas de acumulação e de ablação, bem como alguns dos nomes atribuídos às feições deposicionais e erosivas devidas às geleiras

2.1.2 A topografia glacial e os depósitos sedimentares

Apesar da velocidade de fluxo bastante lenta, de aproximadamente 100 m/ano, a capacidade de transformação da fisiografia da superfície terrestre pelas geleiras é amplamente reconhecida (Fig. 2.2).

Desse modo, o grande volume de fragmentos rochosos transportado no interior da geleira, através do vale glacial com típica seção transversal em "U", promove a formação dos circos glaciais (anfiteatros de erosão glacial), de estrias glaciais (*glacial striations*) e calhas glaciais (*glacial grooves*) etc. (Fig. 2.3)

Diversos outros termos relacionados à topografia ou aos depósitos sedimentares de geleiras têm sido sugeridos, e há até alguma confusão no seu uso. O termo morena (*moraine*), por

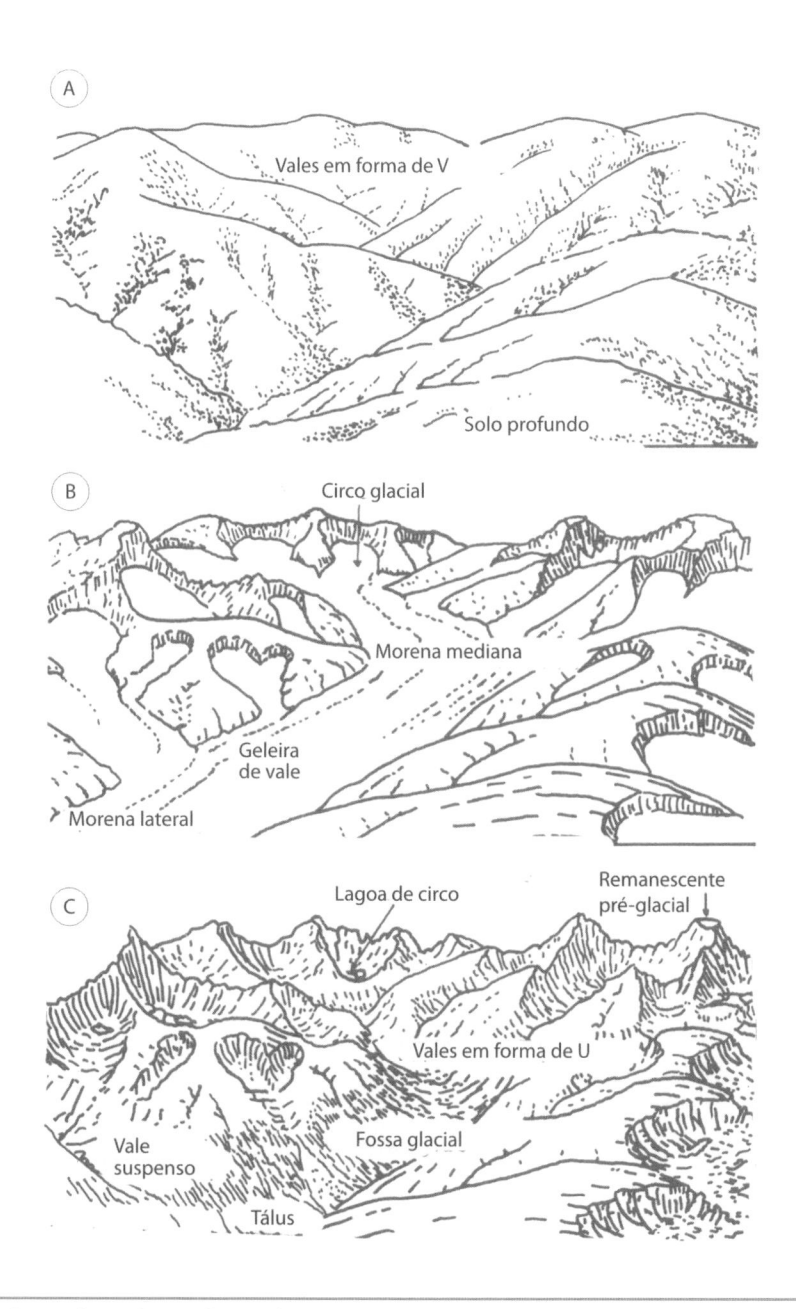

Fig. 2.2 Sequências de mudanças fisiográficas em um cenário de região montanhosa afetado por geleiras antes (A), durante (B) e depois (C) da atuação de processos glaciais, principalmente de natureza erosiva

exemplo, já foi empregado para designar depósito ou topografia de origem glacial, e Bloom (1978) e alguns outros autores têm tentado estabelecer uma padronização no seu uso (Quadro 2.1).

No início do século XIX, o termo sedimento transportado (*drift*) foi amplamente usado na Europa, referindo-se a areias e cascalhos malselecionados e inconsolidados. Na época, acreditava-se

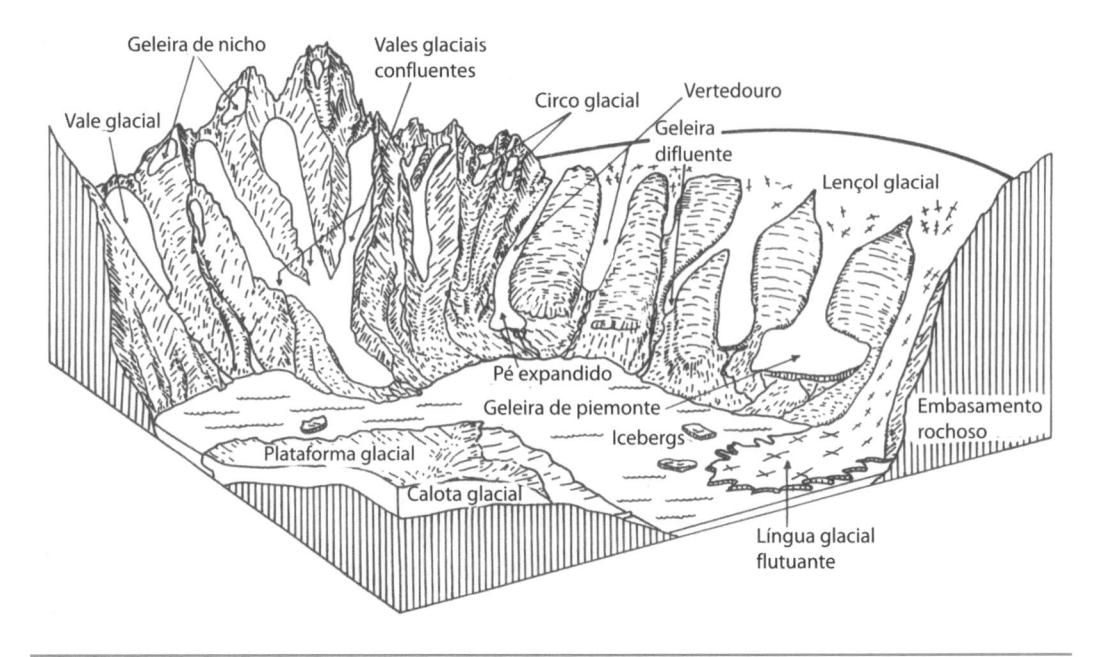

Fig. 2.3 Alguns tipos principais de geleiras, do tipo alpino (ou de altitude) ao tipo polar (ou de latitude), com indicação de algumas terminologias comumente usadas

que teriam sido originados pelo grande dilúvio relatado no Velho Testamento; mais tarde, porém, descobriu-se que a maioria desses depósitos era de origem glacial, e o nome foi mudado para sedimento de transporte glacial (*glacial drift*).

O *till* (quando consolidado é tilito) é um sedimento muito malselecionado e sem estratificação, que contém desde argila até matacão que, ao acumular-se nas partes terminais, basais ou laterais das geleiras, origina a morena (*moraine*). Muitos depósitos de *till* que sofrem

Quadro 2.1 CLASSIFICAÇÃO DOS DEPÓSITOS SEDIMENTARES E DAS TOPOGRAFIAS GLACIAIS DE ACORDO COM A PADRONIZAÇÃO PROPOSTA POR BLOOM (1978)

Subambientes		Depósitos glaciais	Morfologias glaciais	
	Glacial	Till	Morenas	Morena final (ou terminal)
				Morena lateral
				Morena de fundo
			Planície de *till*	
			Drumlin	
	Periglacial	Depósito de lavagem glacial (água de degelo)	Esker	
			Kame	
		Varve (laminito glacial)	Planície de lavagem glacial	

a ação das águas de degelo ficam melhor selecionados e podem ser até estratificados. As feições topográficas glaciais formadas por depósitos sedimentares, acumulados no fundo das geleiras e orientados no mesmo sentido de fluxo, podem originar os *drumlins* e os *eskers*. Os primeiros caracterizam-se por serem fusiformes e levemente assimétricos nas extremidades, e os segundos são lineares e meandrantes, registrando a direção e o sentido de fluxo da água de degelo (Fig. 2.4).

Os sedimentos transportados pela água de degelo (*meltwater*), após o desaparecimento da geleira, formam os depósitos de lavagem (*outwash deposits*), com forma típica de leque, recortados

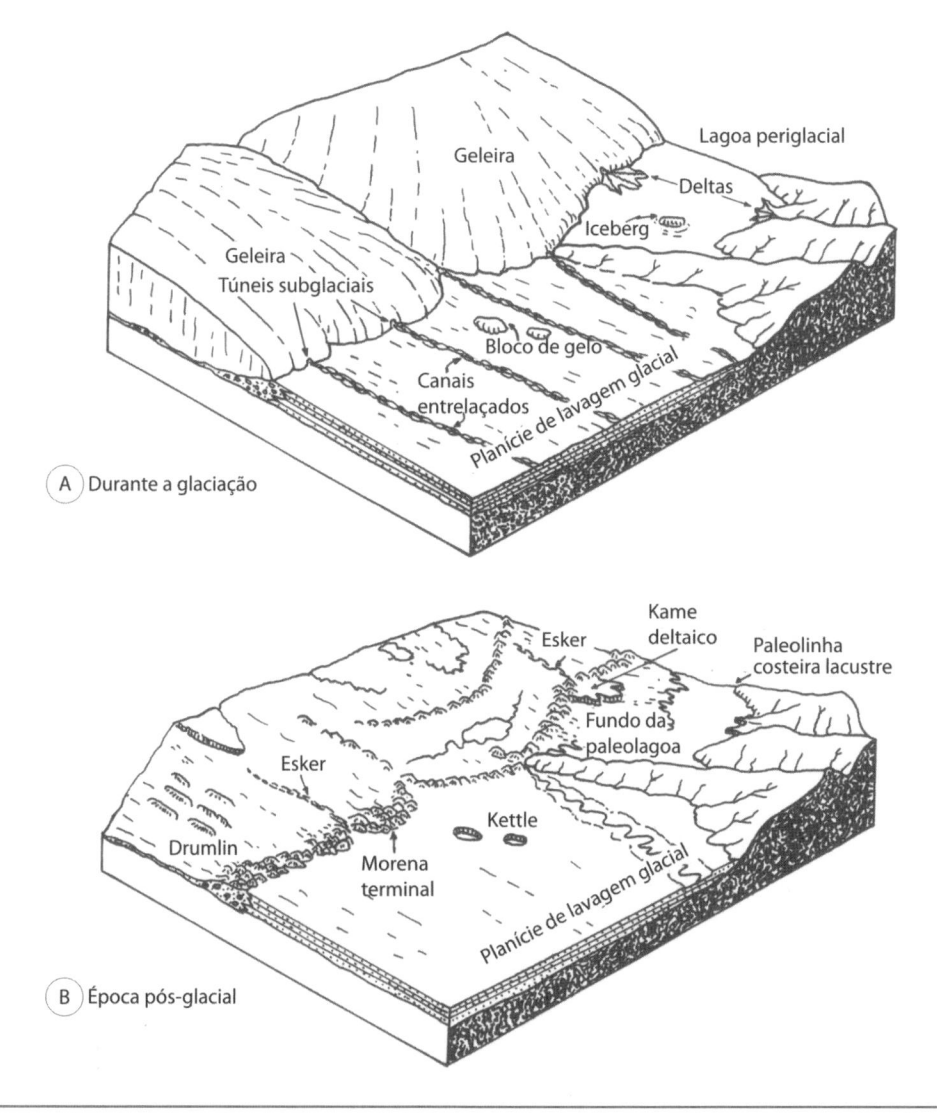

Fig. 2.4 Principais tipos de depósitos sedimentares e algumas outras feições associadas às geleiras continentais, durante a glaciação (A) e em época pós-glacial (B)

superficialmente por canais entrelaçados e situados após a morena terminal (*end moraine*).

A água turva de degelo, contendo argila, silte e areia fina em suspensão, pode ser represada em uma lagoa, formada em depressão escavada pela geleira e barrada pela morena terminal. No fundo dessa lagoa pode-se originar um sedimento finamente laminado chamado de varve (quando consolidado é o varvito). A varve é composta pela alternância de lâminas milimétricas de cor cinza-clara (areia fina e silte), de clima mais ameno (primavera e verão), e cinza-escura (argila e matéria orgânica), de clima mais frio (outono e inverno). O conjunto representa um ano e a sua contagem pode permitir a determinação da idade de uma lagoa periglacial.

2.1.3 As distribuições das geleiras no presente e no passado

Segundo estimativas de Flint (1971), as geleiras distribuem-se hoje por 10% (1,5 x 10^6 km²) das áreas emersas dos continentes e contêm cerca de 1,7% (24 x 10^6 km³) do volume total de água da Terra. A maior parte dessas geleiras acha-se concentrada na Antártica e na Groenlândia (Tab. 2.1). Descontadas essas duas áreas, tem-se menos de 1% da área total glaciada dos continentes, uma vez que as geleiras da Antártica e da Groenlândia apresentam 1.500 e 2.500 m de espessura, respectivamente. Dados mais recentes sugerem que, localmente, a espessura pode ser superior a 4.000 m na Antártica.

A identificação de áreas afetadas por geleiras no passado geológico tem

Tab. 2.1 Distribuições das geleiras sobre a Terra no presente e no passado, considerando-se a máxima expansão glacial do Quaternário, em termos de áreas, espessuras e volumes (Flint, 1971)

Regiões glaciadas	Época	Área (x 10^6 km²)	Espessura (km)	Volume (x 10^6 km³)	
				Gelo	Água
Antártica	H	12,53	1,88	23,45	21,50
	P	13,81	–	26,00	23,84
Groenlândia	H	1,73	1,52	2,60	2,38
	P	2,30	1,52	3,50	4,01
Laurenciana	P	13,39	2,20	29,46	27,01
Cordilheirana	H	desp.	–	–	–
	P	2,37	1,50	3,55	3,25
Escandinávia	H	desp.	–	–	–
	P	6,66	2,00	13,32	12,21
Outras	H	0,64	–	0,20	0,18
	P	5,20	–	1,14	1,04
Somas totais	H	14,90	–	26,25	24,06
	P	43,73	–	76,97	71,36

H = hoje; P = passado; Desp. = desprezível

sido feita pelo reconhecimento, descrição e interpretação dos depósitos e das topografias glaciais (ver seção 2.1.2). Com exceção da Europa e da América do Norte, não se conhecem muito bem as diferenças entre as extensões das geleiras na última e nas glaciações anteriores do Quaternário. Sabe-se, porém, que a área máxima afetada pelas glaciações desse período perfaz cerca de 30% da área atual dos continentes. Por outro lado, não tendo ocorrido grandes mudanças na Antártica e na Groenlândia, entre o passado e o presente, pode-se deduzir que a expansão da área ocupada pelas geleiras no passado deveu-se principalmente às geleiras Escandinava, Cordilheirana, Laurenciana e Alpina. Portanto, as principais diferenças entre os estádios glaciais e interglaciais, relatadas a seguir, podem ser atribuídas sobretudo ao aparecimento, expansão, retração ou desaparecimento dessas geleiras do Hemisfério Norte (Fig. 2.5).

2.2 Os estádios glaciais e interglaciais
2.2.1 A origem do conceito

Quando a grande idade do gelo foi descoberta na primeira metade do século XIX, imaginava-se uma imensa geleira que, por uma única vez, teria coberto toda a Europa. Portanto, pensava-se que todos os blocos erráticos e os sedimentos de transporte glacial (*drifts*) espalhados pela Europa tivessem a mesma idade. Porém, o progresso dos estudos estratigráficos desses depósitos mostrou que, entre as diferentes camadas de *till*, existiam diferentes níveis de turfa e de fragmentos vegetais, indicativos de fases de melhorias climáticas, sugerindo que as geleiras tivessem apresentado fases de avanço e de recuo.

Foi assim que as fases de expansão (ou de avanço) das geleiras foram designadas estádios glaciais e os interva-

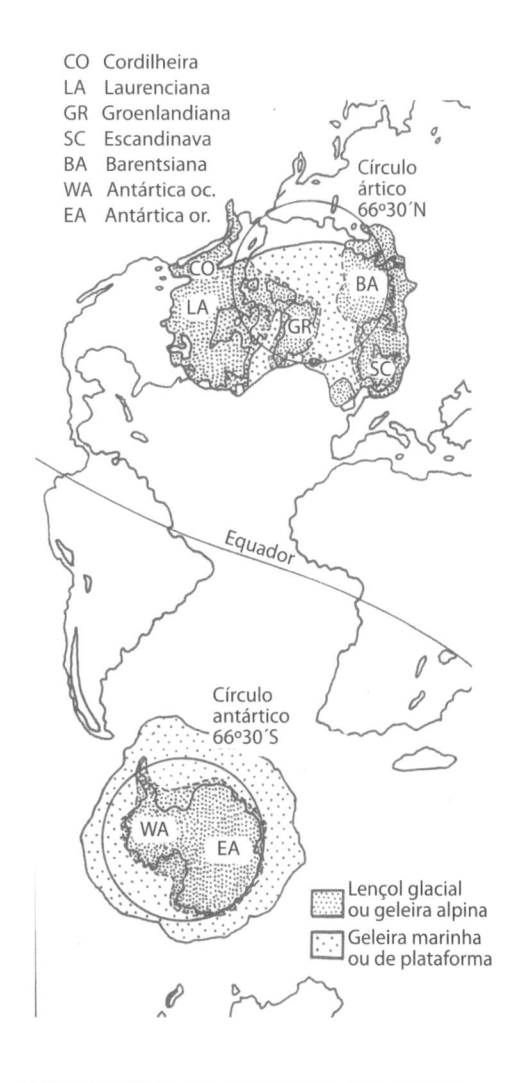

CO Cordilheira
LA Laurenciana
GR Groenlandiana
SC Escandinava
BA Barentsiana
WA Antártica oc.
EA Antártica or.

Lençol glacial ou geleira alpina
Geleira marinha ou de plataforma

Fig. 2.5 Extensões máximas das geleiras durante as glaciações quaternárias (Denton; Hughes, 1981). As geleiras marinhas ou de plataforma cobriram o oceano Ártico e grande parte da calota Antártica

los de retração (ou de recuo), estádios interglaciais. Posteriormente, com o detalhamento estratigráfico dos depósitos glaciais, foi possível perceber que, na verdade, a grande idade do gelo era composta de vários estádios glaciais e interglaciais, aos quais poderiam ser atribuídas diferentes idades.

Depois, descobriu-se que o estádio glacial era, por sua vez, intercalado por fases mais curtas de melhoria climática, quando a vegetação não chegava a recuperar-se plenamente, e esses intervalos receberam a designação genérica de interestadiais. Porém, essas variações de menor escala apresentam influências regionais ou somente locais, de modo que a correlação desses eventos em escala mundial torna-se assaz complicada (Fig. 2.6).

2.2.2 A classificação de Penck e Brückner

A. Penck foi um pesquisador alemão que, baseado nos conceitos de estádios glaciais e interglaciais, estabeleceu a estratigrafia da grande idade do gelo na região dos Alpes. O livro que esse autor publicou com E. Brückner em 1909 constitui uma obra monumental que, até hoje, representa uma fonte de consulta em pesquisas sobre o tema.

Como consequência de pesquisas pormenorizadas, realizadas a sudoeste de Munique, os autores conseguiram caracterizar quatro terraços de cascalhos de lavagem glacial e seguiram a extensão para nordeste. Depois, acompanhando esses terraços a montante, perceberam que passavam lateralmente para morenas terminais, ao passo que os cascalhos de lavagem glacial passa-

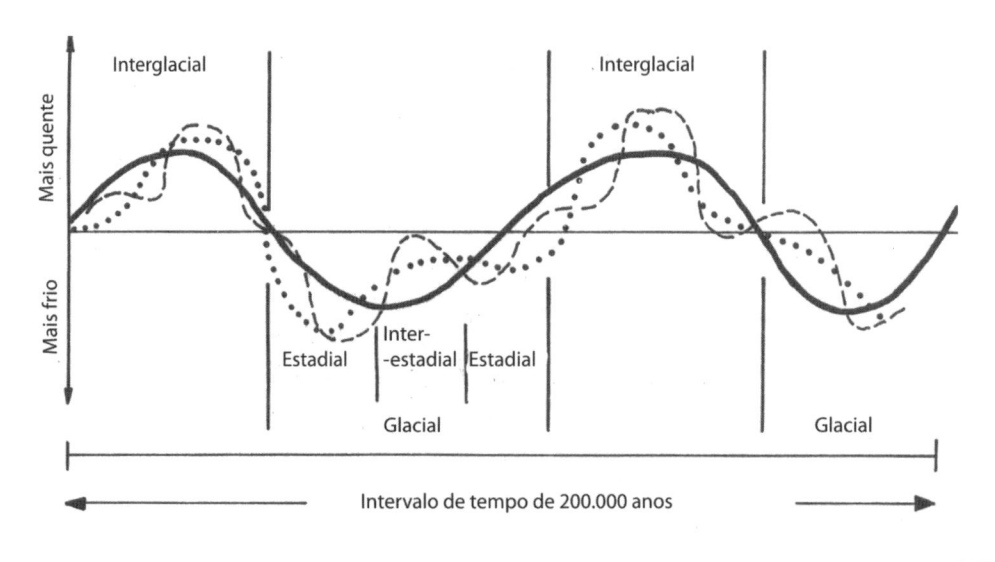

Fig. 2.6 Intervalo de tempo de cerca de 200.000 anos, que compreende dois estádios glaciais e dois interglaciais, com detalhamento das flutuações climáticas no estádio glacial, que define dois intervalos estadiais (clima mais frio) e um intervalo interestadial (clima mais quente), segundo Lowe e Walker (1997)

vam para *tills*. Desse modo, eles agruparam essas feições geomorfológicas e faciológicas, considerando-as como relacionadas a um estádio glacial. Além disso, o terraço imediatamente inferior e os cascalhos de lavagem glacial que o constituem distribuem-se dentro do vale escavado no terraço precedente e, a montante, exibe continuidade com depósitos de *till*. Assim, Penck imaginou que a erosão que originou esse vale devia ser atribuída à reativação erosiva por recuo glacial, correspondente a um estádio interglacial. O modelo idealizado por Penck seguia as seguintes sequências:

a) Estádio glacial – avanço glacial acompanhado pela formação da morena terminal, seguida pela formação da planície de lavagem glacial;

b) Estádio interglacial – recuo glacial acompanhado pela incisão da planície de lavagem glacial precedente, seguida pela formação de um terraço.

Utilizando esse modelo, os autores reconheceram, na área estudada, quatro estádios glaciais intercalados por três estádios interglaciais. Os estádios glaciais foram denominados Günz, Mindel, Riss e Würm, nomes emprestados de afluentes do alto rio Danúbio, onde esses depósitos foram descritos (Quadros 1.1 e 2.2).

2.2.3 A classificação após Penck e Brückner

Embora o esquema clássico de Penck e Brückner (1909) seja utilizado até hoje,

Quadro 2.2 CLASSIFICAÇÃO DOS ESTÁDIOS GLACIAIS E INTERGLACIAIS DA CALOTA ALPINA, SEGUNDO PENCK E BRÜCKNER (1909), COM INDICAÇÃO DOS SEDIMENTOS E DAS MORFOLOGIAS ASSOCIADOS

Cronologia relativa	Sedimentos	Morfologia
Estádio glacial Würm	Cascalho de baixo terraço	Baixo terraço
Est. intergl. Riss/Würm	Erosão	
Estádio glacial Riss	Cascalho de alto terraço	Alto terraço
Est. intergl. Mindel/Riss	Erosão	
Estádio glacial Mindel	Cascalho em lençol recente	Superfície levemente soerguida
Est. intergl. Günz/Mindel	Erosão	
Estádio glacial Günz	Cascalho em lençol antigo	

algumas modificações foram introduzidas (Quadro 1.1). Em 1930, Eberl pesquisou mais detalhadamente o cascalho em lençol mais antigo, representando a glaciação Günz de Penck e Brückner (1909), e encontrou uma camada de cascalho mais antiga que a descrita por esses autores. Embora não conseguisse encontrar a camada correspondente de *till*, atribuiu-a à glaciação Danúbio, anterior à Günz.

Em 1953, Schaefer descobriu, na mesma região, uma camada anterior à descrita por Eberl (1930), e atribuiu-a à glaciação de Bíber.

2.2.4 Os estádios glaciais do norte da Europa e da América do Norte

Durante as investigações feitas no norte da Alemanha, Polônia, Dinamarca e Holanda, correspondente à porção frontal da calota Escandinava, foram caracterizados três estádios glaciais, com base nas relações estratigráficas e nos graus de intemperismo dos *tills*. De maneira análoga à região alpina, os estádios glaciais receberam nomes de rios em cujos vales os depósitos se acham mais conspicuamente representados. Assim, têm-se os estádios glaciais Elsteriano, Saaliano, Weichseliano etc., e os estádios interglaciais Holsteiniano, Eemiano etc. (Quadro 1.1). Apesar das tentativas de correlação com as glaciações alpinas, ainda permanecem muitas dúvidas (Kukla, 1975; Bowen, 1978).

Desde o fim do século XIX, investigadores como Chamberlin (1894) e outros estudaram os depósitos de *tills*, além dos paleossolos associados à glaciação laurenciana, e estabeleceram quatro estádios glaciais: Nebraskaniano, Kansaniano, Illinoiano e Wisconsiniano, intercalados pelos estádios interglaciais Aftoniano, Yarmouthiano e Sangamoniano. As correlações cronológicas desses estádios glaciais e interglaciais com os eventos alpino ou do norte da Europa, porém, ainda não estão completamente esclarecidas. É possível que estudos mais detalhados permitam reconhecer um maior número de estádios glaciais (Quadro 1.1).

2.2.5 As possíveis causas das grandes glaciações

As idades do gelo não são exclusivas do período Quaternário, pois, segundo Hambrey e Harland (1981), glaciações continentais ocorreram, por exemplo, no Proterozoico inferior (África, América do Norte e Austrália Ocidental), no Proterozoico superior (todos os continentes, exceto Antártica), no Cambriano (África, Bolívia e Europa), no Ordoviciano superior - Siluriano inferior (América do Norte, América do Sul, África e Europa) e no Permocarbonífero (Gondwana: América do Sul, África, Arábia, Austrália, Antártica, Índia e Nova Zelândia), conforme a Fig. 2.7. No Brasil, as evidências de glaciações pré-quaternárias acham-se presentes principalmente nas seguintes unidades geológicas: Grupo Macaúbas (Proterozoico), Grupo Trombetas (Siluriano inferior), Formações Itararé, Aquidauana e Batinga (Permocarbonífero), e Formação Cabeças (Devoniano), esta de caráter duvidoso (Hambrey; Harland, 1981).

Sobre as possíveis causas diretas do aparecimento de enormes calotas glaciais no Quaternário, pode-se pensar no rebaixamento da linha de neve perene, por alguma razão, e na existência de condições topográficas favoráveis ao acúmulo de sucessivas camadas de neve acima daquela linha. A provável causa de rebaixamento da linha de neve perene pode ser atribuída ao aumento da precipitação de neve ou à diminuição da temperatura na fase de degelo, ou ambos. Uma vez estabelecida a calota glacial, ela própria desenvolverá um processo retroativo, levando ao decréscimo mais rápido da temperatura. A seguir, esse cenário de mudança climática global se completará com as modificações da circulação atmosférica e da cobertura vegetal.

Qual teria sido a causa primordial que desencadeou o advento das glaciações? Numerosas teorias têm sido propostas para tentar explicar as causas desses períodos glaciais e das mudanças cíclicas glaciais/interglaciais que se produziram no decorrer do período Quaternário. As palavras-chave são complexidade e interação, e parece absurdo procurar um único mecanismo. As varia-

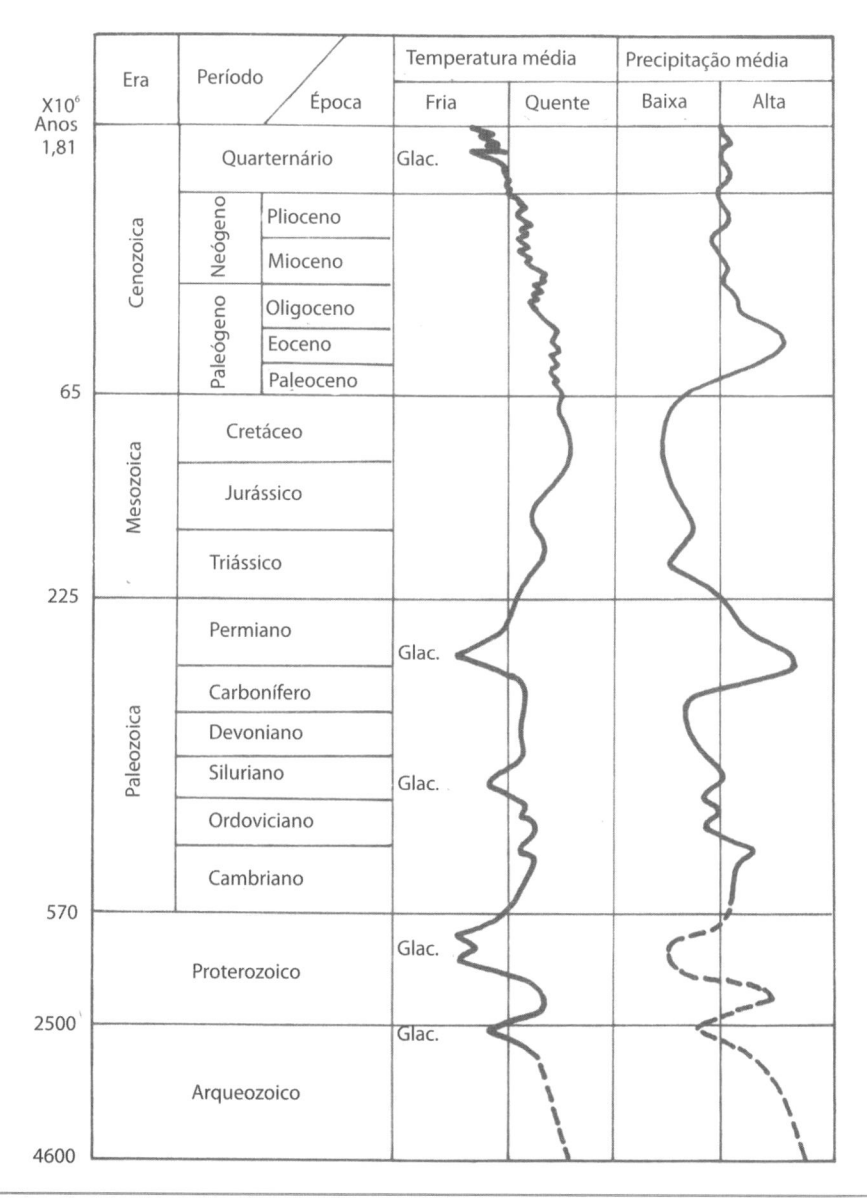

Fig. 2.7 Curvas de variação das temperaturas médias e das precipitações médias, através da história da Terra, em relação às condições atualmente vigentes (modificadas de Frakes, 1979), mostrando também as principais fases glaciais. Tempo em milhões de anos (Ma) com mudanças de escala nos limites das diferentes eras geológicas

ções climáticas podem ser de curta ou de longa duração e, com certeza, estão relacionadas a diferentes causas (Fig. 2.8A). As mudanças paleoclimáticas abrangem tanto variações cíclicas quanto escalonadas e, simultaneamente, ocorrem oscilações das intensidades e das frequências através dos tempos. Portanto, extrapolações de supostos ciclos podem conduzir a resultados completamente ilusórios. As diversas causas aventadas para explicar as mudanças paleoclimáticas mostram, em geral, íntimas correlações entre si, mas os seus resultados podem diferir, conforme exibam reação em cadeia ou em desenvolvimento paralelo (Fig. 2.8B).

A origem das variações paleoclimáticas é complexa e resulta da interação de diversos fenômenos astronômicos, geofísicos e geológicos. Portanto, não existe uma única causa, mas a interação de diversas causas atuando em diferentes escalas temporais e espaciais. Alguns dos fenômenos capazes de provocar variações paleoclimáticas são:

a) Atividade solar: a atividade solar varia com o ciclo de manchas

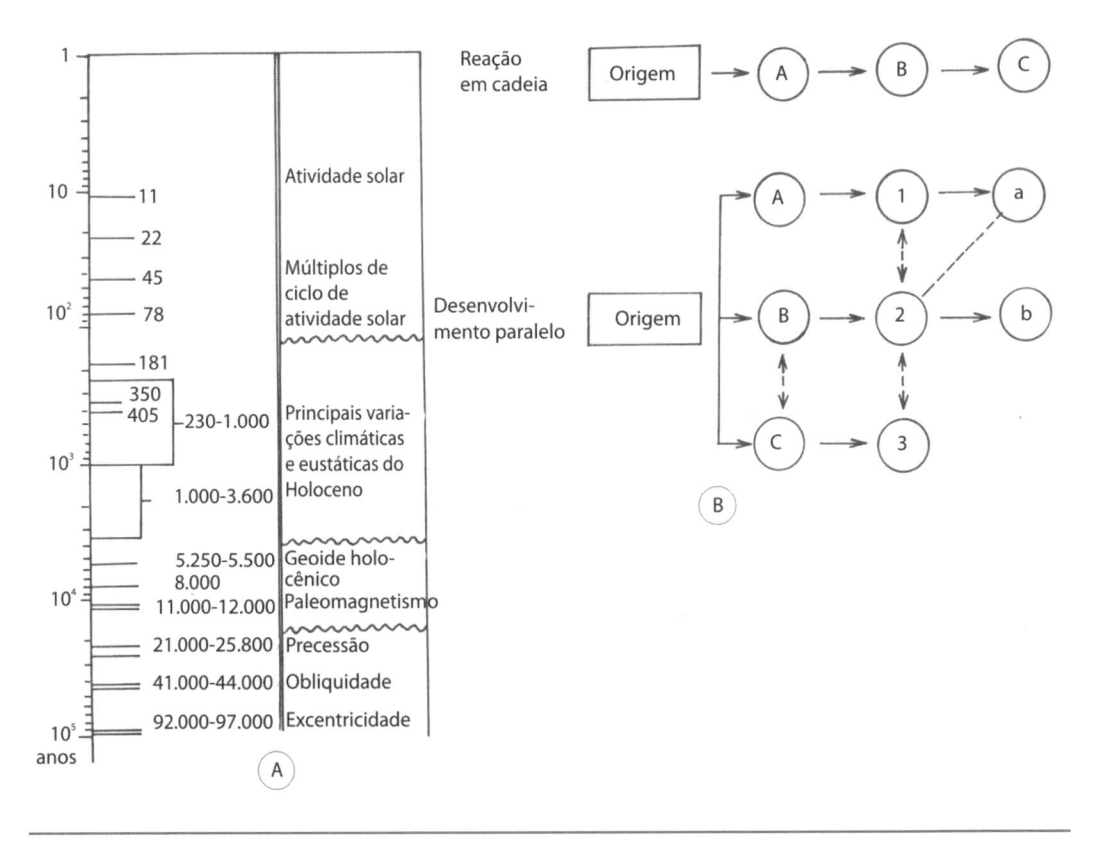

Fig. 2.8 (A) Algumas ciclicidades reconhecidas em pesquisas paleoclimáticas (coluna da esquerda) e as suas prováveis causas (coluna da direita), com a escala de tempo logarítmica em número de anos; (B) As correlações podem representar uma reação causal em cadeia ou em desenvolvimento paralelo, de origem comum (Martin et al., 1986b)

solares (de aproximadamente 11 anos em média, ou seus múltiplos), que constituem variações de curto período. Alguns processos de períodos mais longos estão associados com os ciclos astronômicos de 567 e 1.134 anos, quando a atividade solar seria estimulada por um efeito de maré, devido à conjunção da maioria dos planetas do sistema solar (Fairbridge; Hillaire-Marcel, 1977). Além disso, durante o movimento do Sol no interior da galáxia, ocorreriam períodos de maior ou menor acresção de matéria interestelar. A primeira situação corresponde à passagem por regiões com nuvens de poeira de densidades variadas, tornando o Sol mais luminoso à medida que a energia potencial gravitacional é liberada sob forma de calor.

Com a variação da atividade solar ocorre aumento ou diminuição na quantidade de calor irradiada sobre a superfície terrestre, causando mudanças no clima. Além da mudança de intensidade luminosa, é preciso considerar modificações no espectro da radiação solar que, por sua vez, introduzem variações nas abundâncias relativas dos gases atmosféricos, em particular de CO_2 e O_3. Por outro lado, diferenças na redistribuição da energia solar recebida pela superfície terrestre modificam os gradientes de temperatura, que vão das regiões tropicais aos polos, mudando as dinâmicas de circulações atmosféricas e oceânicas, e as precipitações atmosféricas.

b) Teoria astronômica de Milankovitch: esta teoria vem sendo pesquisada desde o fim do século XIX, mas tornou-se muito conhecida a partir da proposta de Milankovitch (1920), que apresentou uma curva de variações da insolação durante os últimos 500.000 anos e, posteriormente, de 1 milhão de anos.

Segundo essa teoria, a insolação ou radiação solar efetiva que incide sobre a superfície terrestre dependeria dos seguintes parâmetros planetários (Fig. 2.9):

❐ Excentricidade da órbita terrestre (0 a 0,067), que varia com um ciclo de 92.000 a 100.000 anos, e quanto maior o seu valor, maiores as diferenças de duração e intensidade da insolação entre o verão e o inverno.

❐ Obliquidade da eclíptica (21,5° a 24,5°), que corresponde ao grau de adernamento do eixo terrestre em relação ao plano da órbita, e varia com um ciclo de 40.000 a 41.000 anos. Quando esse valor é pequeno, as diferenças sazonais tornam-se mais confusas, porém as zonas climáticas ficam mais bem definidas.

❐ Precessão dos equinócios (das estações), que corresponde à

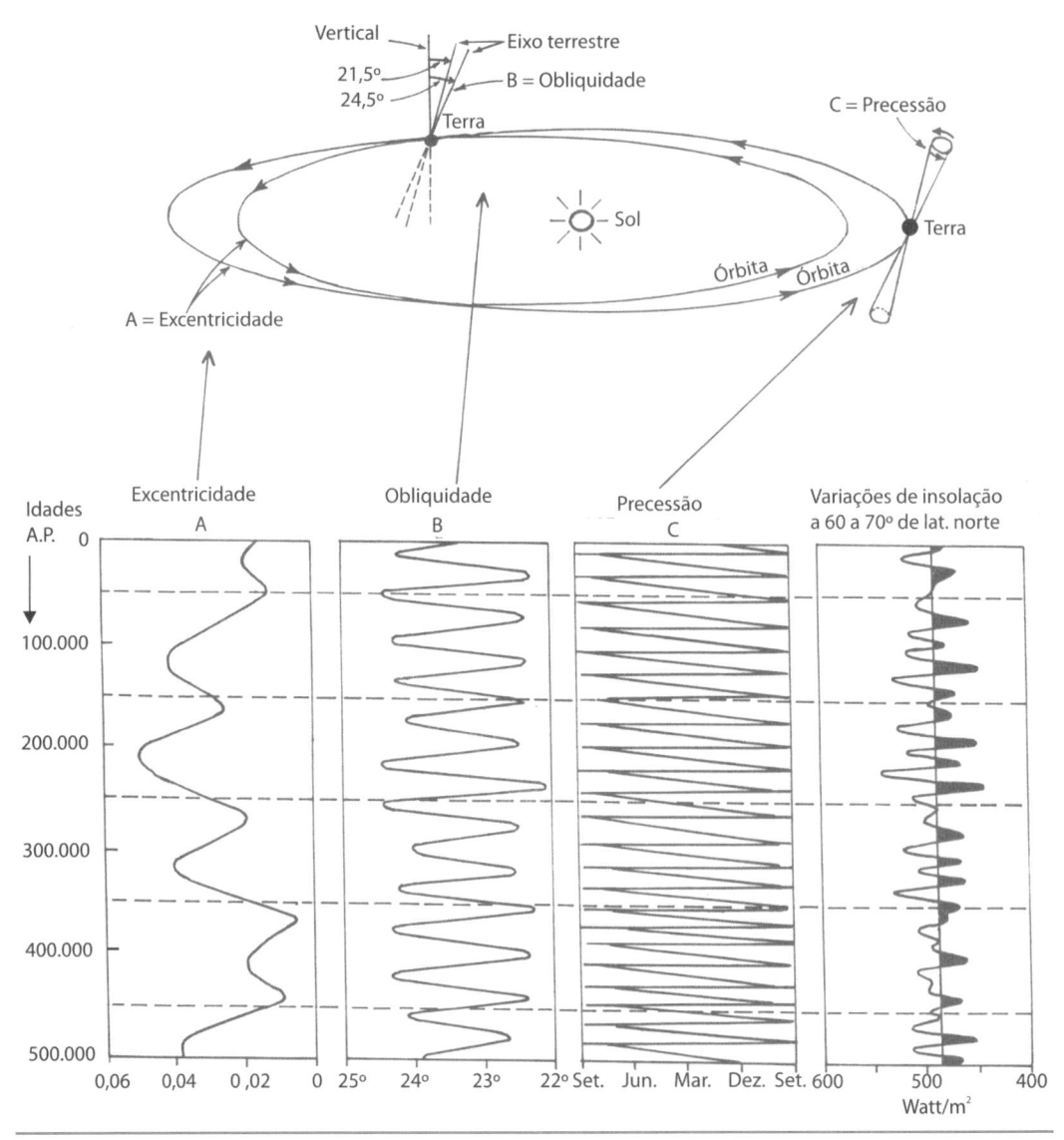

Fig. 2.9 Flutuações das variáveis astronômicas calculadas por Milankovitch para os últimos 500.000 anos e as oscilações na insolação sobre a Terra em latitude norte 60° a 70°, durante o mês de julho. A = excentricidade da órbita terrestre; B = obliquidade da elíptica e C = precessão de equinócios durante o periélio, quando a Terra está mais próxima do Sol. Variações de insolação: branco = períodos quentes e preto = períodos frios (modificado de Covey, 1984 por Andersen e Borns Jr., 1994)

nutação (oscilação do eixo da Terra em torno da posição média de sua órbita, afastando-se ou aproximando-se do plano da eclíptica). Esse movimento processa-se com uma periodicidade de 19.000 a 23.000 anos. Atualmente, o inverno no Hemisfério Norte ocorre no periélio (ponto da órbita em que a distância do Sol é a mínima possível), ao passo que o verão se verifica no afélio (ponto mais longínquo). Em cerca de 10.500 anos a situação estará invertida e, em cerca de 21.000 anos, o ciclo estará completo.

Segundo essa teoria, o início da glaciação Günz teria ocorrido há cerca de 600.000 anos. Broecker (1965) recalculou e retificou a curva de Milankovitch (1920); contudo, em linhas gerais, ela permanece como originalmente proposta. Os dados de fases mais quentes e de maior insolação no verão, obtidos de recifes de corais da ilha dos Barbados (Mesolella et al., 1969), e a curva de oscilações de $^{18}O/^{16}O$ obtida de foraminíferos planctônicos de testemunhos submarinos de águas profundas (Hays; Imbrie; Schackleton, 1976) mostram boa correlação com a curva de Milankovitch.

Embora a teoria astronômica ofereça uma explicação coerente para a sequência das principais flutuações paleoclimáticas, inclusive para as glaciações do Quaternário, não há dúvida de que outros fatores também influíram nas mudanças globais do clima durante esse período.

c) Modificações na composição da atmosfera terrestre: além das mudanças no espectro da radiação solar, que introduzem modificações na composição da atmosfera terrestre – por exemplo, nos teores de ozônio –, mudanças nas superfícies ocupadas pelos oceanos são responsáveis por variações nos teores de CO_2 e de vapor d'água, considerados dois importantes agentes causadores do chamado efeito estufa (*greenhouse effect*). Do mesmo modo, as atividades vulcânicas, ao introduzirem materiais em suspensão na alta atmosfera, provocam variações na transmissividade da radiação solar efetiva, ocasionando alterações na temperatura. Por outro lado, variações no campo geomagnético reduzem ou aumentam o efeito de blindagem à ação dos raios cósmicos (Fig. 2.10).

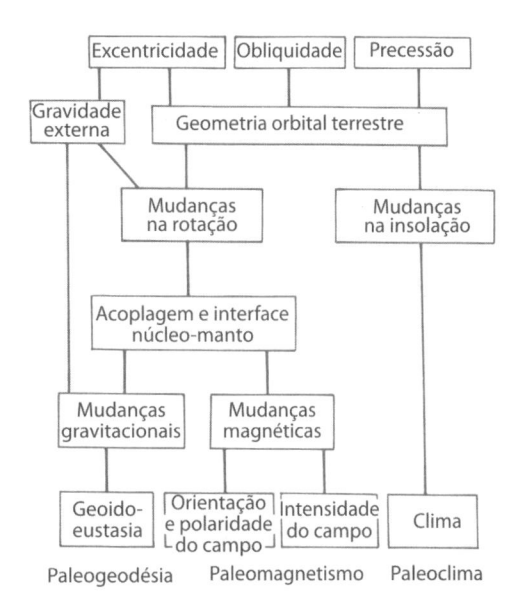

Fig. 2.10 Efeitos múltiplos das variáveis de Milankovitch sobre a Terra (Mörner, 1994), que, além do paleoclima, devem ter afetado a paleogeodésia e o paleomagnetismo, os quais, por sua vez, interferem indiretamente no paleoclima

As mudanças paleoclimáticas quaternárias e os seus registros 3

3.1 Algumas características das mudanças paleoambientais

As formidáveis mudanças paleoambientais ocorridas na superfície terrestre durante o Quaternário, principalmente as de natureza paleoclimática, deixaram inúmeras evidências (Lowe; Walker, 1997). Além das glaciações quaternárias, que constituem as provas mais insofismáveis dessas mudanças, já descritas no Cap. 2, alguns outros fenômenos podem ser relatados.

3.1.1 Os fenômenos periglaciais e os lagos pluviais

Nas cercanias das geleiras desenvolvem-se os chamados processos ou fenômenos periglaciais, que originam, por exemplo, o solo permanentemente congelado (*permafrost*) em subsuperfície, afetado por intensa crioturbação (*crioturbation*) na superfície, pela repetição de fenômenos de congelamento e degelo, frequentemente denominada também de involução (*involution*), que faz surgirem estruturas bastante complexas no solo. Outra feição comumente encontrada nessas regiões é o molde cunha de gelo (*ice wedge cast*), formado pelo preenchimento de espaços vazios deixados pela fusão de cunha de gelo por material granular terroso. Quando a alternância de congelamento e degelo se processa em vertentes inclinadas de montanhas, a gravidade atua conjuntamente, dando origem ao fenômeno e ao depósito de solifluxão (*solifluction*). Muitas dessas feições e fenômenos são, hoje em dia, encontrados em regiões não mais afetadas diretamente por geleiras, mas que muitas vezes passaram por essa situação em época geológica bastante recente do Quaternário.

Nos continentes do Hemisfério Norte afetados pelas glaciações, além dos fenômenos periglaciais pretéritos, acham-se registradas evidências de fases pluviais. Nessas épocas, os lagos do norte da África e do oeste dos Estados Unidos, por exemplo, hoje caracterizados por climas bastante secos, até mesmo desérticos, exibiam níveis de água muito mais altos que atualmente (Fig. 3.1).

As correlações entre as fases pluviais e interpluviais, e os estádios glaciais e interglaciais não parecem ser muito simples. Antes dos estudos baseados em testemunhos submarinos de águas profundas, todas as tentativas de estudos paleoclimáticos eram fundamentadas na correlação de informações fragmentárias de áreas continentais. Mesmo assim, Broecker e Kaufman (1965) foram capazes de reconhecer que a última fase de nível lacustre mais alto dos lagos Bonneville e Lahontan, no oeste dos Estados Unidos, ocorreu entre 20.000 e 10.000

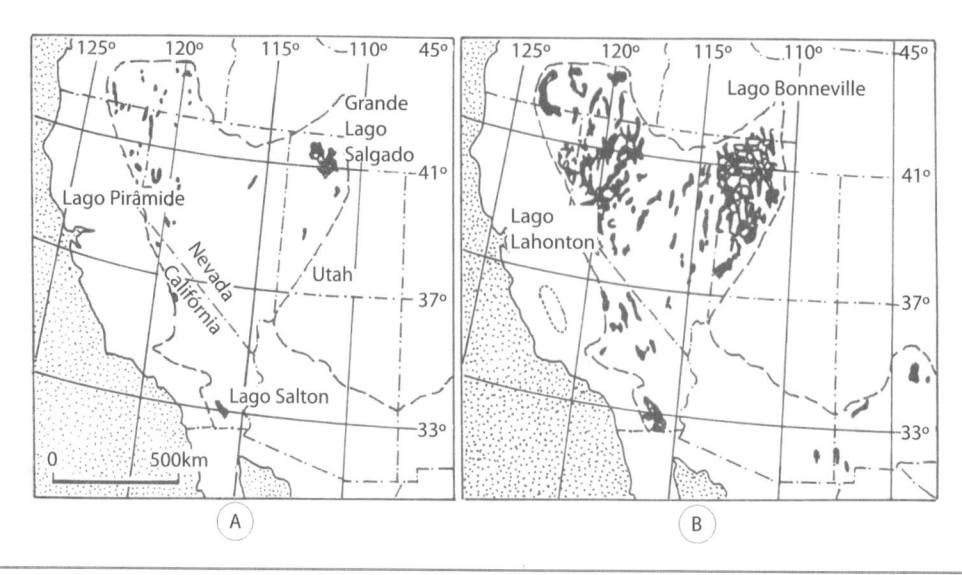

Fig. 3.1 Distribuição dos lagos pluviais na região oeste dos Estados Unidos, conhecida como *Basin and Range*: (A) lagos atualmente existentes; (B) situação na fase pluvial do Quaternário, quando os níveis lacustres eram muito mais altos que atualmente (Flint, 1947)

anos A.P., em época aproximadamente coincidente com a porção terminal da glaciação Wisconsiniana (Quadro 1.1).

Outras vezes, a existência de fases mais úmidas no passado pode ser deduzida com base em registros arqueológicos. Na porção central do deserto de Saara, no norte da África, foi encontrado o sítio arqueológico de Tassilin'Ajjer, com pinturas rupestres mostrando cenas de pastoreio de gado e de pessoas se banhando. Como um terraço sedimentar nas proximidades foi datado em 6.160 ± 1.740 anos A.P., é provável que na idade hipsitérmica (ótimo climático) existissem na região rios e campos verdejantes. A prática de uma agricultura muito rudimentar pode ter sido a causa primordial da mudança climática, principalmente nas zonas limítrofes de desertos tropicais, onde a remoção da vegetação poderia ter exacerbado a perda de solo, o incremento de albedo e o decréscimo da pluviosidade. Entretanto, frequentemente é muito difícil discernir entre a importância relativa dos fenômenos naturais e a das interferências antrópicas, ambos conduzindo ao processo de mudança climática (Sutcliffe, 1986).

3.1.2 O diacronismo das mudanças paleoclimáticas

Há algumas décadas, acreditava-se que o último episódio pleniglacial (expansão máxima de geleira) tivesse acontecido há cerca de 18.000 anos, quando teria ocorrido o avanço glacial quase simultâneo das calotas glaciais da Escandinávia, América do Norte e Antártica, bem como das áreas montanhosas dos Andes e de outras partes do mundo. Entretanto, a descoberta de novos métodos de datação e o incremento da precisão dos já conhecidos têm mostrado que houve muitas variações locais, de modo análogo ao que ocorre hoje em dia (Sutcliffe, 1986).

As calotas glaciais começaram a surgir mais cedo na Antártica que no Hemisfério Norte. Boulton (1979) demonstrou que há 18.000 anos A.P., quando as calotas glaciais da América do Norte e da Escandinávia atingiam o último episódio de clímax, muitas áreas do Ártico não estavam glaciadas. Entre 11.000 e 8.000 anos A.P., porém, parece ter havido expansão glacial na região do Ártico, quando essas duas calotas haviam praticamente desaparecido. Isso se deve, provavelmente, ao fato de que o clima frio e seco não é propício ao desenvolvimento de geleiras. Por sua vez, águas superficiais oceânicas mais quentes, características de estádios interglaciais, favoreceram intensa evaporação, que teria propiciado a expansão das geleiras de altas latitudes.

De modo análogo ao que sucedeu nas regiões glaciadas do Quaternário, encontraram-se também, em desertos tropicais de várias regiões da Terra, fortes evidências de que os episódios de precipitações máxima e mínima tenham sido diacrônicos. Embora seja inegável que o avanço glacial generalizado há 18.000 anos A.P. tenha favorecido a expansão dos desertos quentes em escala mundial, as regiões habitualmente secas do oeste da América do Norte, por exemplo, passaram por fase de intensa pluviosidade na mesma época.

Mesmo que a duração tenha sido muito curta, mais propriamente uma oscilação do que uma verdadeira mudança climática, o fenômeno conhecido como "El Niño" de 1982-1983 modificou os padrões de circulação das correntes oceânicas que, por sua vez, produziram o aquecimento das águas equatoriais superficiais do oceano Pacífico, principalmente ao largo das costas do Peru e do Equador. Esse fenômeno desencadeou intensas precipitações no oeste da América do Norte e nas costas do Golfo do México e de Cuba, enquanto severa seca castigava a América Central, África do Sul, Indonésia e Austrália. No mesmo período, o Brasil foi atingido por chuvas torrenciais nos estados sulinos, enquanto a Amazônia e os estados nordestinos eram castigados por prolongada seca.

3.1.3 O espectro temporal da variabilidade paleoclimática

Um dos objetivos primordiais das pesquisas relacionadas às mudanças globais é a caracterização, cada vez mais precisa, das variabilidades do paleoclima em diferentes escalas temporais, desde décadas até mais de 1 Ma. Essa sequência temporal deve, necessariamente, ser obtida em escalas espaciais comparáveis entre si, para que possam ser detectadas as magnitudes, amplitudes e épocas das variações paleoclimáticas. Esse tipo de informação deverá ajudar os climatologistas a reconhecer os vários fatores e mecanismos que controlaram os climas em diferentes épocas, e é imprescindível para o prognóstico de futuras mudanças (Fig. 3.2).

Davis (1986) apresentou uma série temporal de variações de temperaturas

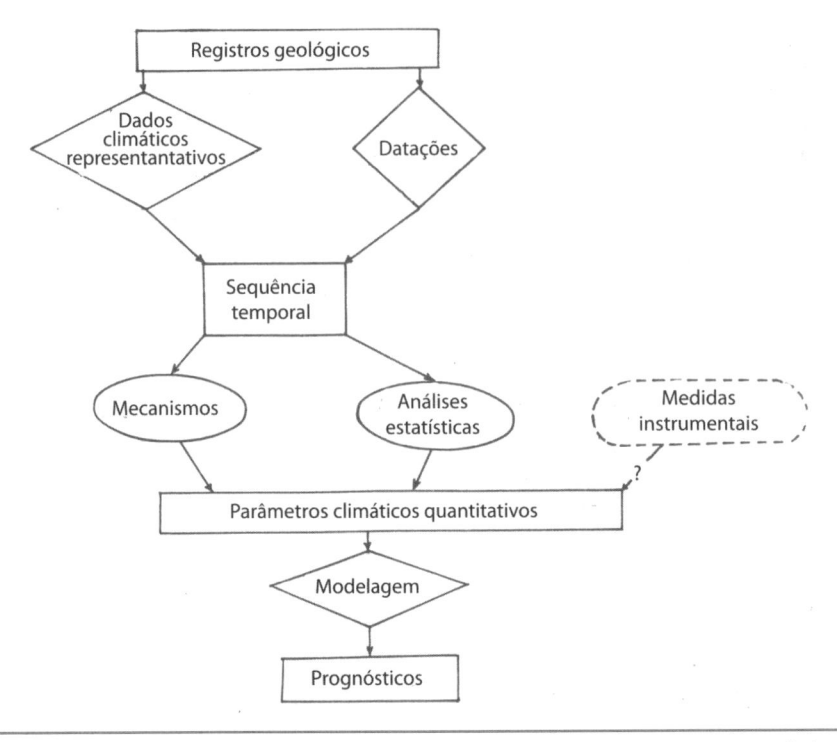

Fig. 3.2 Sequência a ser seguida desde a obtenção de registros geológicos, compostos por dados climáticos representativos, devidamente datados, até a modelagem e, finalmente, o prognóstico

pretéritas obtida na Europa (Fig. 3.3), em que se verifica que as amplitudes térmicas variaram de 0,6°C em 100 anos até 10°C em mais de 100.000 anos. Além das glaciações quaternárias caracterizadas na Fig. 3.3E, pode-se destacar outros eventos paleoclimáticos de durações mais curtas que, pelas suas peculiaridades, receberam designações específicas, como Última Deglaciação (Fig. 3.3D), Idade Hipsitérmica (Fig. 3.3C) e Pequena Idade do Gelo (Fig. 3.3B).

A Última Deglaciação está ligada à abrupta queda de temperatura durante a última transição de estádio glacial para interglacial. Ela ocorreu entre cerca de 13.000 e 10.000 anos A.P., e foi particularmente bem estudada em áreas que circundam o oceano Atlântico Norte. Os estudos mais recentes na área mostraram que esse evento não se processou gradual e regularmente, mas compreendeu uma série de variações rápidas de paleotemperaturas (Overpeck et al., 1989), com momentos de climas quentes (Bölling e Alleröd) e frios (Dryas mais antigo e Dryas mais novo) no norte da Europa.

A Idade Hipsitérmica, também chamada de Ótimo Climático, corresponde a um intervalo de tempo do Holoceno médio entre cerca de 9.000 e 2.500 anos A.P. (Deevey Jr.; Flint, 1957), quando a temperatura média global teria sido 1° a 2° superior à atual, admitida como de 15°C. Na região ao sul de Kantô (Japão),

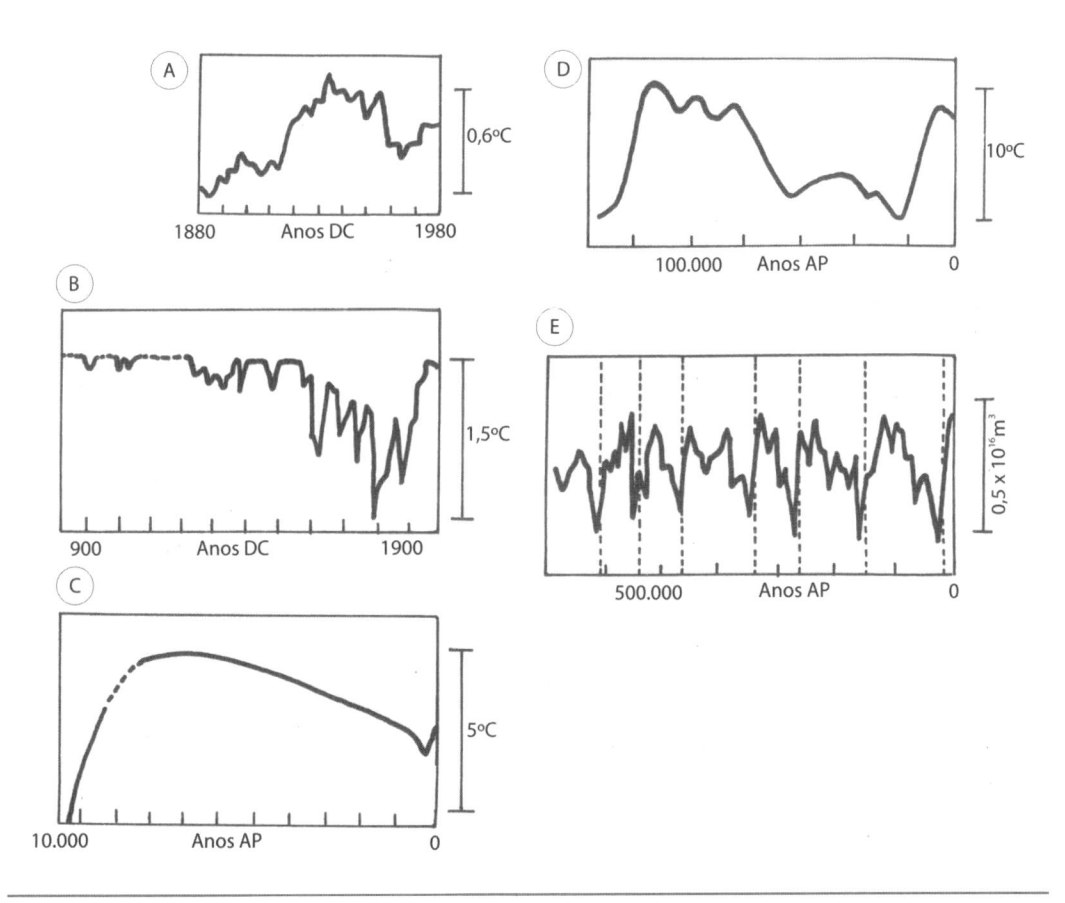

Fig. 3.3 Mudanças de paleotemperaturas no Hemisfério Norte segundo diferentes escalas temporais (Davis, 1986): (A) medidas instrumentais para variações de temperaturas anuais à latitude 23,6ºN; (B) temperaturas do ar nos últimos mil anos, obtidas de testemunhos de gelo; (C) temperaturas anuais no nordeste dos Estados Unidos nos últimos 10.000 anos, obtidas por grãos de pólen fósseis; (D) temperaturas anuais dos últimos 100.000 anos na Europa, segundo dados de vegetação, níveis marinhos e dados de testemunhos submarinos de águas profundas; (E) mudanças nos volumes globais de gelo inferidas das variações de $^{18}O/^{16}O$ de testemunhos submarinos de águas profundas

Matsushima (1979) conseguiu caracterizar uma assembleia de malacofauna típica de águas quentes, que se desenvolveu bastante nesse intervalo de tempo (Fig. 3.4). No litoral leste, sudeste e sul do Brasil, esse evento traduziu-se por fenômeno glacioeustático, que ocasionou a subida do nível relativo do mar de até 4 m a 5 m, cujo estágio de culminação (*culmination stage*) foi atingido há aproximadamente 5.100 anos A.P. (Suguio et al., 1985a).

A Pequena Idade do Gelo, que ocorreu de 450 a 100 anos passados, entre cerca de 1450 e 1890 d.C. – portanto, já em tempo histórico –, é a mais bem documentada por meio de registros continentais e marinhos, e até em testemunhos de gelo obtidos em regiões tropicais.

O decréscimo da temperatura e a expansão das geleiras marinhas forçaram os víquingues a abandonar os seus assentamentos, no sul da Groenlândia até a costa oriental da ilha de Elesmere, 1.200 km ao sul do polo Norte, enquanto as geleiras avançavam até além dos limites atuais. A diminuição das safras de cereais na Escandinávia, por sua vez, causou a migração em massa das populações. A vinicultura, que na Inglaterra representava uma importante indústria nos séculos XII e XIII, teve de ser em grande parte abandonada.

No fim do século XIX ocorreu uma nova melhoria climática, mas houve outro ligeiro resfriamento após 1940. Essas pequenas flutuações de temperatura, com a diminuição da média global em cerca de 1,5°C, foram suficientes para afetar significativamente a produção agrícola da época.

Felizmente, esses registros paleoambientais apresentam resoluções temporais estacionais ou até anuais e podem fornecer informações bastante detalhadas. Como não existem grandes dificuldades ligadas a incertezas cronoestratigráficas, a Pequena Idade do Gelo (Fig. 3.5) reúne o conjunto de informações mais adequado para o estudo das variabilidades paleoclimáticas seculares de âmbito global, por meio da integração de vários tipos dados (Grove, 1988).

3.2 As pesquisas biológicas do Quaternário

A vida dos seres vivos, inclusive a do homem, não pode ser tratada sem qualquer vinculação com as condições

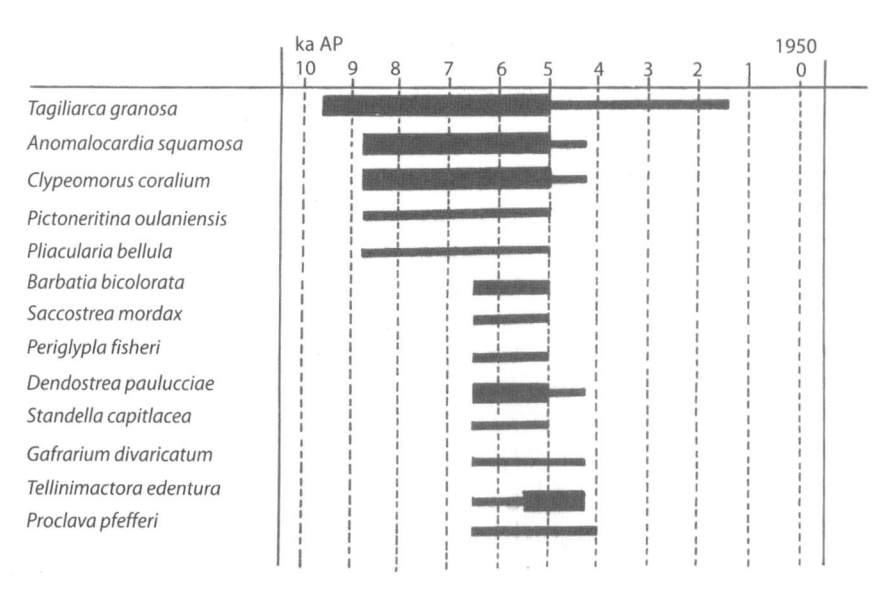

Fig. 3.4 Espécies da malacofauna que se desenvolveram particularmente no intervalo entre cerca de 9.000 e 4.000 anos A.P., na região sul de Kantô (Japão). As barras horizontais mostram os momentos de aparecimento e desaparecimento das espécies, e as suas larguras refletem as variações de frequência (Matsushima, 1979)

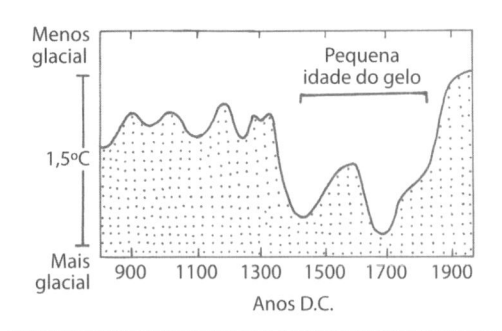

Fig. 3.5 Variações de paleotemperaturas dos últimos mil anos, incluindo a Pequena Idade do Gelo (cerca de 1450 a 1890), segundo registros manuscritos (Imbrie; Imbrie, 1979)

ambientais, principalmente climáticas, pois a própria distribuição desses seres depende muito do clima. Entretanto, no caso dos seres vivos, especialmente dos animais, a relação entre o clima e a sua distribuição, por exemplo, nem sempre é direta, sendo muito mais complexa que a relação entre o paleoclima e a cobertura vegetal pretérita (Fig. 3.6).

A biosfera que nos circunda atualmente é bastante diferente da que existia nos períodos Paleógeno e Neógeno, pois uma das peculiaridades do período Quaternário é o resfriamento global do clima, com o estabelecimento das glaciações. Sob essas novas condições climáticas, a biosfera foi submetida a transformações que causaram muitas extinções e várias especiações. Além da influência das mudanças paleoambientais naturais, como paleoclimáticas e paleogeográficas, a biosfera do Quaternário sofreu um forte impacto do extraordinário desenvolvimento tecnológico do homem.

Apesar disso, as mudanças na biosfera ocorridas nesse período foram encaradas simplesmente como consequência das alternâncias entre os estádios glaciais e interglaciais. Por sua vez, pesquisas realizadas em ambientes marinhos profundos, em anos recentes, indicam que os intervalos de tempo admissíveis como de

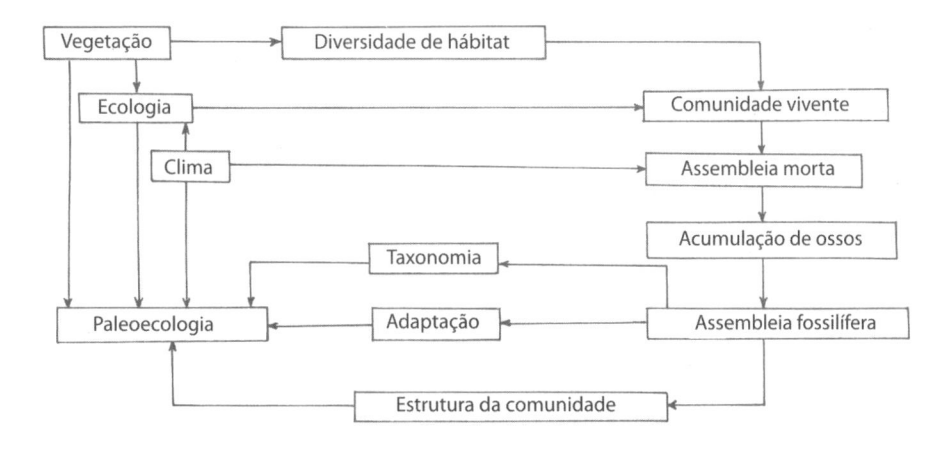

Fig. 3.6 Relações entre ecologia, paleoecologia e taxonomia, e os fatores que as afetam. Os fatores ecológicos influem no desenvolvimento das comunidades viventes de animais; estas interferem na acumulação de ossos fossilizados, e os fósseis são usados para reconstituir a paleoecologia, que é uma aproximação da ecologia original

paleoclimas interglaciais correspondem a apenas cerca de 10% do Quaternário. Além disso, descobriu-se que os resfriamentos do paleoclima, com o consequente abaixamento de paleotemperaturas da água e do ar, não se limitaram ao Quaternário, tendo começado no Plioceno e, talvez, até no Mioceno.

A maioria dos animais e vegetais do Quaternário é composta de seres atualmente viventes, e a possibilidade de aplicar os conhecimentos ecológicos desses seres na reconstituição paleoambiental do Quaternário representa uma grande vantagem desse período em relação aos tempos geológicos bem mais remotos, como se demonstra no Cap. 4. Esse estudo não deve limitar-se à simples comparação das condições ambientais em que vivem os seres atuais para a reconstituição dos paleoambientes do Quaternário; não se pode esquecer da importância das especiações decorrentes das sucessivas alternâncias paleoclimáticas.

3.2.1 As mudanças florísticas

Além dos chamados macrorrestos vegetais, representados pelas sementes, frutos, folhas e caules, há os microrrestos florísticos, muito úteis na interpretação dos paleoambientes do Quaternário. O segundo grupo, em geral de dimensões microscópicas, é bastante numeroso, e nele acham-se: grãos de pólen e esporo, células epidérmicas, silicofitólitos, além de carapaças de diatomáceas e silicoflagelados.

Se, por um lado, os macrorrestos vegetais de fanerógamas, por exemplo, são muito mais facilmente diagnosticáveis, por outro, a sua ocorrência é bem mais escassa, o que dificulta ou mesmo impossibilita o seu tratamento estatístico. Ademais, em geral representa uma associação fortuita de restos vegetais de diferentes proveniências, transportada e depositada por água corrente, o que torna bastante complicada a interpretação do seu significado. Nesse caso, há necessidade de interpretá-la em confronto com as condições de sedimentação dos depósitos que a contêm, como em sedimentos fluviais.

Os grãos de pólen e esporo são, em geral, abundantes nos sedimentos sílticos e/ou argilosos, e mesmo em areias e cascalhos com abundante matriz pelítica. Sua alta ocorrência também permite realizar tratamentos estatísticos. Não obstante, enquanto são fornecidos ao meio circundante pelos vegetais aí presentes, a abundância de grãos de pólen e esporo pode variar não somente com o tipo de planta, mas também com a distância e o meio de transporte (água, vento, etc.). Na água, seu carreamento pode ocorrer pela superfície, e quando caem sobre o solo, podem ser levados pelas enxurradas. Grande parte dos grãos de pólen e esporo pode ser destruída durante o transporte ou mesmo após a sedimentação. Assim, na interpretação de uma associação, em termos de representatividade da comunidade vegetal local ou regional, é necessário considerar todas essas vicissitudes pelas quais passaram os materiais analisados.

O clima e a vegetação dos estádios glaciais e interglaciais

Em países como Holanda, Itália, Espanha e Hungria, que não foram diretamente atingidos pelas glaciações quaternárias, existiram pântanos e lagos de baixos cursos fluviais, onde a sedimentação continuou através dos estádios glaciais e interglaciais. Os resultados de análises palinológicas realizadas em testemunhos de sedimentos desses ambientes têm permitido reconstruir as flutuações paleoclimáticas desde épocas bastante antigas do Pleistoceno. Essa é também a situação do Brasil, que será discutida no Cap. 11.

A Fig 3.7 apresenta o diagrama polínico da Holanda, com os últimos estádios glaciais e interglaciais, além do Holoceno (Pós-glacial). Percebe-se que no fim do interglacial Eemiano (Riss-Würm) ocorreu uma brusca diminuição da frequência de grãos de pólen de plantas arbóreas, e um rápido incremento de pólen de gramíneas, entrando então no estádio glacial Weichseliano (Würm). Ao entrar na fase pleniglacial, houve intensificação do frio na Holanda, originando-se um deserto local com vegetação muito empobrecida que, na fase intermediária, passou a apresentar um clima mais úmido e menos frio, com florescimento de *Betula nana* e *Salix polaris*. Na fase subsequente à pleniglacial, o clima tornou-se mais frio e mais seco, com nova fase de formação de deserto local, mas há 14.000 anos A.P. houve melhoria climática, com o advento da fase tardiglacial, dominada pela vegetação do gênero *Artemisia* (Fig. 3.7).

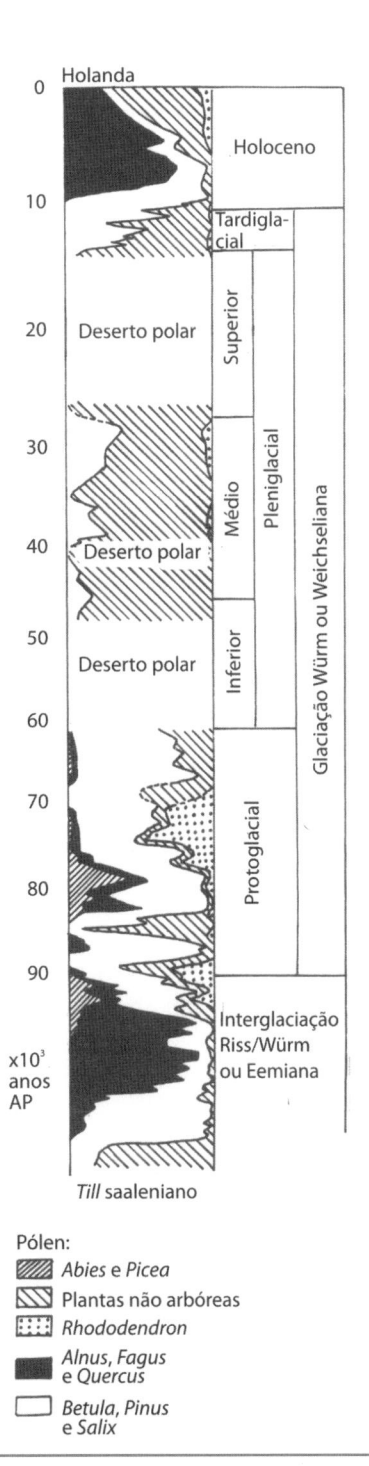

Fig. 3.7 Diagrama polínico da Holanda, com os últimos estádios glaciais e interglaciais, além do Holoceno (Pós-glacial) (Van der Hammen; Wijmstra; Zagwijn, 1971)

Para exemplificar as relações entre o clima e a vegetação do estádio interglacial, tem-se o estudo do interglacial Riss-Würm realizado por Hansen (1965) na Dinamarca. O início dessa fase é muito semelhante à época tardiglacial da glaciação Würm, pois inicia-se com uma planície de tundra rica em *Salix polaris*, com aumento gradativo de plantas arbóreas coníferas. Na porção intermediária do estádio interglacial, o paleoclima tornou-se mais ameno e úmido, semelhante ao intervalo Atlântico do Pós-glacial. A seguir, o clima foi deteriorando-se, com predominância de coníferas dos gêneros *Picea* e *Pinus*, e, a seguir, transformou-se em tundra, com *Betula nana* rarefeita ao entrar no estádio glacial Würm.

Assim, muitas transformações na paleovegetação se processaram em diferentes locais, nas passagens dos estádios glaciais para interglaciais e vice-versa. Quando essas variações são lançadas em um mapa de toda a Europa, verificam-se importantes deslocamentos das faixas de vegetação na direção norte-sul (Fig. 3.8). Quanto às velocidades dessas migrações, sabe-se, por meio de datações de morenas terminais em várias posições, que na região do Mar Báltico o recuo da geleira durante os 800 anos do Alleröd (Quadro 1.1) chegou a ser de 200 km (250m/ano). As faixas de vegetação deslocaram-se acompanhando os recuos das geleiras; com isso, por exemplo, o gênero *Corylus*, que existia no sudoeste da França há cerca de 10.000 anos, há 9.100 anos proliferava ao sul da Suécia. A velocidade de migração, nesse lapso de tempo, teria sido de cerca de 10 km/ano.

Dessa maneira, na Europa houve grandes transformações na vegetação entre os estádios glaciais e intergla-

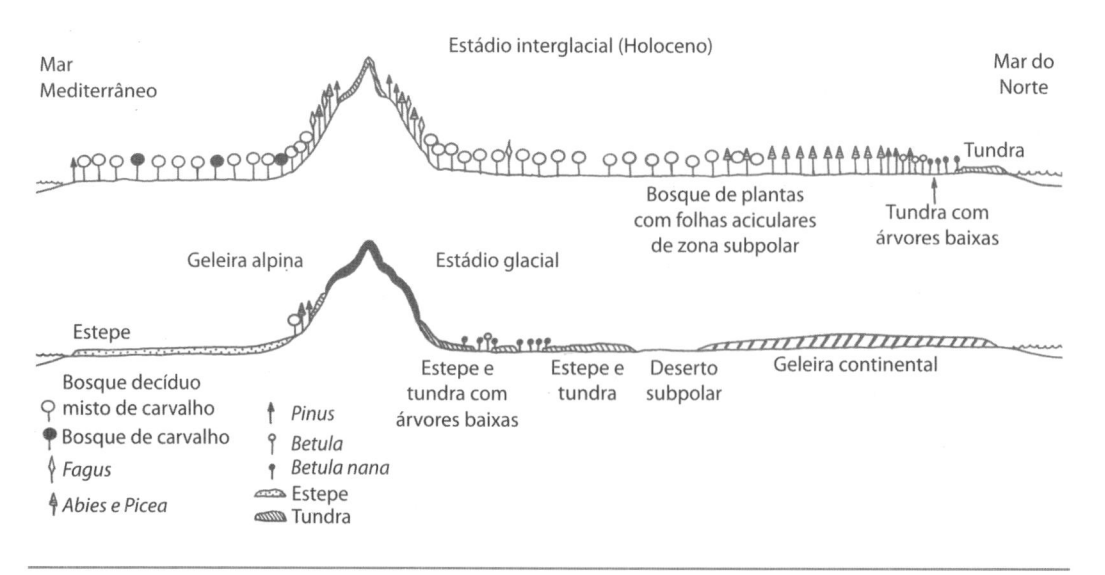

Fig. 3.8 Perfis na direção norte-sul da Europa, mostrando grandes transformações na vegetação entre os estádios glaciais e interglaciais do período Quaternário (Van der Hammen; Wijmstra; Zagwijn, 1971)

ciais, embora a composição florística seja muito mais simplificada do que nas regiões não submetidas às glaciações quaternárias, como o Brasil.

O clima e a vegetação das fases tardiglacial e pós-glacial

No fim do século XIX, o botânico norueguês A. Blytt comparou a estratigrafia das turfeiras com os restos vegetais contidos e anunciou, em 1876, que na Noruega teria ocorrido uma alternância entre os paleoclimas atlântico (com influência oceânica) e boreal (com influência continental). Essa mudança paleoclimática seria estudada com mais detalhes por R. Sernander, da Suécia, que em 1910 partiu dos tipos paleoclimáticos propostos por Blytt e apresentou a seguinte classificação: Subártico (atualmente Pré-boreal), Boreal, Atlântico, Sub-boreal e Subatlântico (Quadro 1.1). Em diversos lugares da Europa, seguiram-se os trabalhos de L. Von Post (Suécia), T. Nilsson (Alemanha), K. Jensen e J. Iversen (Dinamarca), que detalharam ainda mais a classificação de Blytt e Sernander. Hoje em dia, os limites das zonas palinológicas acham-se datados por radiocarbono (Tab. 3.1).

No norte da Europa, a fase tardiglacial iniciou-se há aproximadamente 14.000 anos A.P., e durante o paleocli-

Tab. 3.1 Subdivisão estratigráfica das fases tardiglacial e pós-glacial do sul da Escandinávia segundo Mörner (1975): (1) cronologia mundial; (2) idades regionais do norte da Europa; (3) subdivisão das fases tardiglacial e pós-glacial; (4) abreviações das subdivisões; (5) zonação palinológica; (6) idades radiocarbono; (7) cronologia várvica; (8) classificação Litoestratigráfica dos sedimentos Kattegatt; (9) principais estágios do mar Báltico

1	2	3	4	5	6	7	8	9
Holoceno	Pós-glacial	Subatlântico	SA	X			Form. Vendsyssel IV	Mar Littorina
				IX	2.200	2.200		
		Sub-boreal	SB	VIII	5.000	5.800		
		Atlântico	AT	VII	7.750	8.000		
		Boreal	BO	VI			Form. Varberg	Lago Ancylus
				V	9.700	9.700		
		Pré-boreal	PB	IV	10.000	10.000	Form. Gothenburg I	Mar Yoldia
Pleistoceno	Tardiglacial	Dryas mais novo	YD	III	10.950	10.950		
		Alleröd	AL	II	11.750	11.750		
		Dryas mais antigo	OD	Ic	11.900	11.900	Form. Falkenberg B	Lago glacial Báltico
		Bölling	BÖ	Ib	12.350	(12.350)		
		Fjäras	Fj	Dryas mais antigo Ia	12.400	(12.400)		
		Agard	AG		12.700	(12.700)		
		Báltico inferior	LB		13.100	(13.100)	Form. Lönstrup A	Calota glacial
		Vintapper	Vi		13.700	(13.700)		

ma periglacial Dryas ocorreu a invasão da vegetação de tundra; mais tarde, durante os interestadiais Bölling e Alleröd, aumentou a frequência da vegetação arbórea subpolar, representada pelo gênero *Betula*. Finalmente, na fase Dryas mais nova, embora houvesse resfriamento suficiente para o restabelecimento da tundra, o paleoclima apresentou tendência ao aquecimento.

Na fase pós-glacial, do Pré-boreal ao Boreal, após o gênero *Betula*, o *Corylus* tornou-se mais frequente, e no Atlântico o paleoclima tornou-se mais temperado e úmido, com o desenvolvimento dos gêneros *Tilia*, *Quercus*, *Alnus* e *Pinus*. Entre cerca de 9.000 e 2.500 anos A.P. (Deevey Jr.; Flint, 1957), as paleotemperaturas do norte da Europa tornaram-se sensivelmente mais altas do que hoje em dia, sendo esse intervalo de tempo conhecido como Idade Hipsitérmica. Pensa-se, por exemplo, que a temperatura média de inverno da região correspondente à atual Oslo fosse cerca de 3,3°C mais quente do que atualmente. Após cerca de 5.000 anos A.P., iniciou-se a fase sub-boreal, com a diminuição de *Ulmus* e *Tilia*, e no Subatlântico ocorreu o aumento de *Fagus*.

3.2.2 As mudanças faunísticas

Os animais que vivem sobre os continentes exibem íntima relação com as condições ambientais, pedológicas, climáticas e vegetacionais locais ou regionais. Os conhecimentos sobre as mudanças faunísticas do Quaternário são, em geral, obtidos pelo estudo de fósseis de mamíferos, moluscos, insetos e crustáceos (Fig. 3.6).

A Era Cenozoica, que compreende os períodos Paleógeno, Neógeno e Quaternário, caracteriza-se pelo aparecimento de mamíferos modernos, como bovinos (*Leptobos*), equídeos (*Equus*), proboscídeos (*Elephas*), além de hominídeos (*Homo*). No Pleistoceno, além desses animais recém-surgidos, que se tornaram abundantes somente no Pleistoceno médio e superior, havia muitos animais que já viviam desde o Paleógeno. Isso quer dizer que apenas no Pleistoceno médio os animais tipicamente adaptados às condições de baixas temperaturas de altas latitudes encontraram ambientes mais propícios para uma rápida expansão. Do fim do Pleistoceno para o Holoceno inferior houve extinção quase completa dos mamíferos maiores, como os rinocerontes e elefantes, fato que já pode ser atribuído, em parte, à ação do homem.

A sequência evolutiva de mamíferos do Quaternário, como elefantes, cervos e ursos, em geral é bem conhecida, e o mesmo está ocorrendo com os roedores, cujos fósseis são abundantes e, por isso, podem ser estudadas estatisticamente as relações entre as associações desses animais e as mudanças paleoambientais. Por exemplo, o incremento da ocorrência de roedores, como dos gêneros fósseis *Promimomys* e *Mimomys*, altamente adaptados à dieta baseada em gramíneas, sugere que tenha ocorrido uma mudança paleoambiental que levou à transformação de florestas em campos.

Os moluscos estão adaptados para viverem em vários ambientes e são úteis na reconstituição paleoambiental. Os gastrópodes terrestres, em especial, são muito sensíveis às variações climáticas. A ecologia dos bivalves ainda não é perfeitamente conhecida, o que dificulta o seu emprego nos estudos paleoecológicos. Entretanto, as condições de profundidade, temperatura e salinidade das águas favoráveis à vida de alguns moluscos são bem conhecidas, o que permite que sejam usados em estudos de transgressão e regressão marinhas.

Os insetos são bons indicadores de temperatura e outras condições ambientais, especialmente os coleópteros (besouros), mais facilmente preservados como fósseis e, por isso, encontrados comumente em turfas e sedimentos paludiais (de pântanos). Além disso, como muitos insetos vivem em íntima associação com alguns vegetais, por meio de seus fósseis pode-se conhecer a existência pretérita de determinada associação vegetal. Alguns besouros são, dessa maneira, bons indicadores paleoclimáticos.

Os crustáceos, como os ostracodes, podem ser encontrados como fósseis em sedimentos lacustres e, em razão disso, além dos dados sobre o paleoclima, podem fornecer informações sobre a qualidade da água, seu grau de eutrofização e produtividade.

Nos sedimentos marinhos são encontrados minúsculos fósseis (nanofósseis) e foraminíferos que, em geral, produzem carapaças de natureza calcária e podem ser recuperados em testemunhos de sondagem submarina, fornecendo importantes informações paleoambientais, como as variações de paleotemperaturas das águas superficiais oceânicas. Por outro lado, em águas salobras ou mais profundas e/ou mais frias, se houver nelas aumento de acidez, pode ocorrer predominância de foraminíferos aglutinados sobre os calcários, o que também reflete mudanças ambientais.

Os recifes fósseis de corais

A seleção de um tipo adequado de organismo, como os corais, pode levar a uma reconstituição paleoclimática bastante aceitável. Entre os corais, sobretudo os hermatípicos (construtores de recifes) só conseguem sobreviver sob condições ambientais bastante específicas, onde a temperatura máxima da água esteja entre 25°C e 29°C no verão, e no inverno não seja inferior a 18°C, com salinidades entre 34‰ e 36‰. Além disso, a vida em simbiose com algas unicelulares requer ambientes bem iluminados, com menos de 90 m de profundidade de água até o nível de maré baixa. Essas condições podem ser comprovadas também pela distribuição atual das formas viventes em faixas de latitudes abaixo de 30° nos dois hemisférios. Desse modo, pela distribuição dos recifes de corais no Quaternário pode-se conhecer as paleotemperaturas, as paleossalinidades e os paleoníveis marinhos da época em que eles viveram.

Os esqueletos de corais são compostos por bandas de crescimento anual de ± 1 cm de espessura, e os mais longevos podem viver por mais de 500 anos. Por serem compostos de CaCO₃, as análises das razões de isótopos de carbono e oxigênio, além de alguns elementos-traço, permitem reconstituir as paleotemperaturas das águas e as precipitações pretéritas com precisão de um mês ou até de uma semana, correspondentes aos últimos séculos. Analogamente, é possível reconstituir as paleotemperaturas e as precipitações pretéritas durante várias centenas de anos, por meio do estudo de corais fósseis que viveram em estádios glaciais há dezenas de milhares de anos ou em estádios interglaciais há várias centenas de milhares de anos. A precisão de determinação das paleotemperaturas pode chegar a ± 0,5°C.

Espera-se que a reconstituição das mudanças paleoclimáticas, por intervalos de algumas dezenas ou até centenas de anos, permita aperfeiçoar os modelos do sistema de interação atmosfera-oceano, tornando mais precisos os prognósticos dos climas.

A fauna de mamíferos continentais

A fauna de mamíferos continentais sofreu grandes transformações ao longo do Quaternário, fato que pode ser atribuído às mudanças nos paleoclimas e na paleovegetação, com consequentes modificações nos hábitats, que tornavam as migrações obrigatórias. Quando o processo evolutivo foi muito rápido, houve a extinção de algumas formas ou o surgimento de novas espécies.

No fim do período Neógeno, com a deterioração paleoclimática do Plioceno, a fauna Rusciniana da Europa foi substituída pela fauna Vilafranquiana, composta por elefantes (*Elephas*), rinocerontes (*Dicerorhinus*), hipopótamos (*Hippopotamus*), cavalos (*Equus*), bovinos (*Leptobos*) e ursos (*Ursus*), adaptados tanto à vida em campo com gramíneas como a florestas quentes e úmidas. Esses animais viveram desde 3,5 a 4 Ma, isto é, do fim do Neógeno até a primeira metade do Quaternário, amplamente distribuídos desde a costa do Mar do Norte até a Europa Central, alcançando a China. Se o intervalo de existência dessa fauna for dividido em três, as formas do Cenozoico extinguiram-se nas porções inferior e média, e a parte superior foi dominada por faunas típicas do Quaternário. Na Europa, a decadência da fauna Vilafranquiana foi marcada pelo surgimento da fauna Bihariana, caracterizada por mamíferos menores e mais adaptados ao clima mais frio, representada por mamutes (*Mammuthus primigenius*), cervos (*Megaloceros*) e bovinos selvagens (*Bison*).

Com o advento do Pleistoceno glacial, correspondente à segunda metade dessa época, houve a expansão das calotas glaciais continentais pelo norte da Eurásia e América do Norte, e os paleoclimas e paleovegetações transformaram-se conspicuamente em função da alternância entre os estádios glaciais e interglaciais. Em consequência disso, os alimentos e os hábitats modificaram-se e houve a substituição dos tipos de mamíferos, de modo que, hoje em dia, apenas cerca de 30% dos mamíferos do

Pleistoceno médio da Europa constituem formas ainda viventes.

Os animais que viveram nos estádios glaciais da Europa eram adaptados à vida em regiões de tundras e estepes, que circundavam as geleiras. Eram representados por mamutes, alces (*Rangifer tarandus*), roedores (*Dicrostonyx*), rinoceronte-peludo (*Coelodonta antiquitatus*) e raposa-boreal (*Alopex logopus*). No último estádio glacial, quando houve a emersão do fundo do Estreito de Behring, esses animais migraram para a América do Norte.

Durante os estádios interglaciais, como já constatado por estudos palinológicos, houve o desenvolvimento de florestas temperadas subárticas. Nessas épocas, os mamíferos eram representados por macacos (*Macaca*), hipopótamos (*Hippopotamus amphibius*) e elefantes (*Paleoloxodon antiquus*). Alguns desses animais expandiram sua área de distribuição após resistirem à fase de deterioração climática do estádio glacial subsequente, como aconteceu com o leão (*Panthera leo*), o urso-cinzento (*Ursus apelaeus*), o cavalo (*Equus caballus*) etc. Porém, entre o Pleniglacial e o Tardiglacial do último estádio glacial, a maioria dos mamíferos do Pleistoceno extinguiu-se, com poucos sobreviventes até o Holoceno. Parte dessa extinção deve ser atribuída ao aumento das atividades antrópicas.

A fauna de organismos marinhos

Enquanto nas porções norte e central da Europa ocorrem depósitos continentais, a costa do mar Mediterrâneo apresenta uma distribuição contínua de sedimentos marinhos, e desde a época de Lyell (1797-1875) é considerada a localidade-tipo do Sistema Quaternário. Em Riviera reconheceram-se quatro terraços de construção marinha, designados pelos nomes Siciliano, Milazziano, Tirreniano e Monasteriano, correspondentes a quatro diferentes paleoníveis marinhos do Quaternário. Estudos posteriores da paleofauna de conchas desses terraços mostraram que houve mudanças consideráveis nas paleotemperaturas das águas do Mediterrâneo. No terraço Siciliano ocorrem conchas de *Mya truncata* e *Buccinum undatum*, que representam moluscos de águas boreais, além do ostracode *Cyprina islandica*, que hoje não vivem na região e foram interpretados como relacionados a um estádio glacial. Por sua vez, dos terraços Tirreniano e Monasteriano foram coletadas conchas de *Strombus bubonius* e *Mytilus senegalensis*, considerados moluscos de águas correspondentes a um estádio interglacial.

Ocupando cerca de 100 m superficiais das águas oceânicas, que recobrem atualmente cerca de 70% da superfície terrestre, encontram-se vários tipos de organismos planctônicos, como os foraminíferos, os radiolários e os cocólitos, que exibem carapaças de naturezas calcária ou silicosa. Diversas espécies desses organismos distribuem-se em águas com temperaturas desde 0 até 30°C e salinidades de 33‰ a 36‰. Os estudos da distribuição das diferentes espécies desses organismos, nas colunas de sedimentos amostrados por testemunhagens de fundos submarinos de águas profundas, permitem reconstituir as variações de paleotemperaturas das águas marinhas superficiais durante o Quaternário, que refletem as mudanças paleoclimáticas ocorridas no período.

3.3 Os indicadores paleoclimáticos do Quaternário

Na fase anterior à introdução das medidas instrumentais, as evidências paleoambientais utilizadas são, em geral, ligadas a fenômenos naturais que preservam o registro das condições pretéritas. Esses arquivos naturais (*natural archives*) ou registros representativos (*proxy records*), segundo Bradley e Eddy (1989), podem fornecer os seguintes tipos de informações: temperatura; umidade ou precipitação; composições químicas do ar, da água ou do solo; biomassa e padrões de vegetação; erupções vulcânicas; variações do campo geomagnético; níveis marinhos e atividades solares (Fig. 3.9; Tab. 3.2).

É muito importante que esses registros forneçam as informações com a máxima precisão e, para isso, é neces-

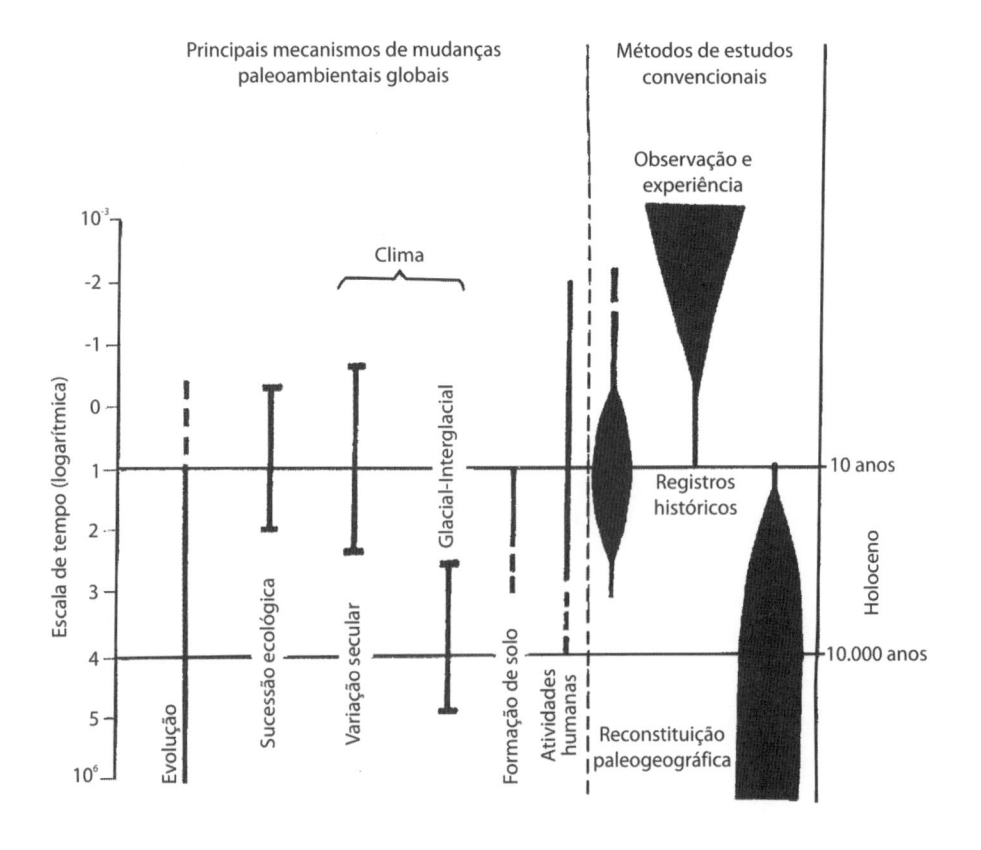

Fig. 3.9 Mecanismos e métodos de estudo de mudanças ambientais, principalmente paleoclimáticas, em diferentes escalas temporais (modificado de Oldfield, 1983)

Tab. 3.2 Tipos de registros representativos (*proxy records*) com suas melhores resoluções e amplitudes temporais, e os tipos de informações que podem ser obtidos (Bradley; Eddy, 1989)

Arquivo natural	Resolução temporal ótima (*)	Amplitude temporal (anos)	Informação derivada
Registros históricos	dias a horas	10^3	T, U, B, V, M, L, S
Anéis de árvores	estações a anos	10^4	T, U, Ca, B, V, M, S
Sedimentos lacustres	anos a 20 anos	10^4-10^6	T, U, Cw, B, V, M
Testemunhos de gelo	anos	10^5	T, U, Ca, B, V, M, S
Palinomorfos	100 anos	10^5	T, U, B
Loess	100 anos	10^6	U, B, M
Testm. submarinos	1.000 anos	10^7	T, Cw, B, M
Corais	anos	10^4	Cw, N
Paleossolos	100 anos	10^5	T, U, Cs, V
Feições geomórficas	100 anos	10^7	T, U, V, N
Sedimentos	anos	10^7	U, Cs, V, M, N

(*) Na maioria dos casos representa o intervalo mínimo de amostragem; T = temperatura; U = umidade ou precipitação; C = composição química do ar (Ca), da água (Cw) ou solo (Cs); B = biomassa e cobertura vegetal; V = erupção vulcânica; M = variações do campo magnético; N = níveis do mar; S = atividade solar

sário que se disponha do método mais adequado de determinação de idades desses eventos. A datação constitui uma questão crucial, não apenas para se entender a natureza desses acontecimentos como para testar o sincronismo ou diacronismo desses eventos e conhecer a taxa de ocorrência das transformações associadas.

Infelizmente, tanto os indicadores paleoclimáticos quanto os métodos de datação apresentam incertezas maiores ou menores, de acordo com os métodos escolhidos. Portanto, pode-se afirmar que a convergência do maior número possível de evidências ou de idades é importante para que as informações obtidas, principalmente em termos quantitativos, aproximem-se ao máximo da realidade dos fatos ocorridos. Assim, no caso do método de datação por radiocarbono, por exemplo, a aplicação mais frequente do espectrômetro de massa acelerador (AMS em inglês) promete melhorar a precisão das datações e, com isso, a compreensão das mudanças paleoclimáticas e de suas causas até pelo menos 50.000 anos passados.

Os recentes estudos de testemunhos de gelo, coletados principalmente nas regiões polares, têm revelado mudanças significativas nos teores de CO_2, aerossóis atmosféricos e de CH_4 entre os estádios glaciais e interglaciais (Fig. 3.10 e Quadro 3.1). Os teores de CO_2 e CH_4 parecem ter sido muito mais baixos, e a carga de aerossol atmosférico, muito mais alta durante a última glaciação. Porém,

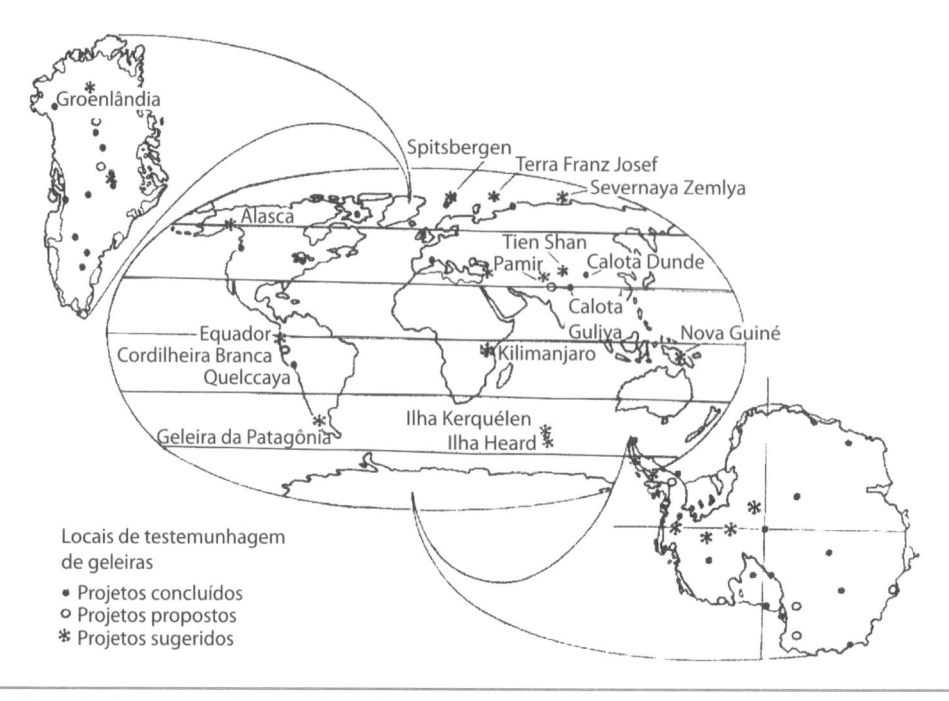

Fig. 3.10 Locais de testemunhagem de geleiras, cujas amostras podem fornecer subsídios para uma melhor compreensão dos eventos paleoclimáticos conhecidos por Pequena Idade do Gelo, El Niño-Oscilação Sul etc., em escala global (Thompson, 1989)

esses fatos suscitam novas questões, como: Qual teria sido a causa primordial dessas variações? O que teria ocasionado mudanças na composição atmosférica? Existiria algum limite crítico no sistema terrestre, que poderia conduzi-lo a novos e diferentes estados ambientais de quase estabilidade? A procura de respostas a essas questões não é um simples exercício acadêmico, pois dados paleoambientais cada vez mais precisos devem permitir simulações por meio de modelos para uma melhor compreensão das possíveis respostas, que são muito importantes para o prognóstico de eventual futuro impacto devido aos gases estufa, causando a tão falada exacerbação do efeito estufa.

Quadro 3.1 Sumário das informações paleoclimáticas atmosféricas que podem ser obtidas por meio dos parâmetros indicadores medidos em testemunhos de geleiras (Lorius, 1989)

Possíveis informações	Registros de testemunhos de geleiras
Temperatura	D/H, $^{18}O/^{16}O$
Precipitação	D/H, $^{18}O/^{16}O$, ^{10}Be
Umidade	D/H, $^{18}O/^{16}O$
Aerossóis	
Naturais (continentais, marinhos, vulcânicos e biosféricos)	Al, Ca^{-2}, Na^-, H^-, SO^-_4, NO^-_3
Antropogênicos	SO^-_4, NO^-_3, Pb, poeira radioativa
Circulação	Partículas
Gases: naturais e antropogênicos	O_2, N_2, CO_2, CH_4, N_2O

3.4 O FUTURO: AQUECIMENTO OU RESFRIAMENTO GLOBAL?

O que o clima global reserva para o futuro do homem e de outras espécies de seres vivos, animais e plantas, aqui na Terra? Existem duas hipóteses contrastantes relacionadas a essa questão.

De um lado, têm-se as evidências dos paleoclimatologistas, segundo as quais o atual estádio interglacial (Holoceno) já persiste quase continuamente por cerca de 10.000 anos e, se as frequências dos antigos ciclos glacial-interglacial continuarem no futuro, deve iniciar-se um novo episódio glacial, possivelmente dentro de pouco tempo. De fato, se os efeitos calculados das variações da órbita terrestre forem projetados para o futuro, deve-se esperar uma expansão das calotas glaciais.

De outro lado, se a produção de CO_2 continuar segundo a taxa atual, o presente estádio interglacial poderá tornar-se até mais quente que atualmente e, segundo Imbrie e Imbrie (1979), o advento da fase de resfriamento poderá ser retardado em até 2.000 anos (Fig. 3.11).

Outros admitem que, embora se saiba que a concentração de CO_2 na atmosfera está aumentando, o consequente incremento de temperatura seria muito menor que o esperado. Porém, um possível efeito poderia ser traduzido na Europa, por exemplo, por verões mais quentes e invernos mais frios.

Entretanto, existem outros aspectos sobre os quais tem-se maior certeza. Durante cerca de 90% do tempo correspondente ao último milênio, o clima esteve mais frio que atualmente e acompanhado por expansão das geleiras. O atual estádio interglacial não é típico, e os posicionamentos das atuais áreas mais importantes de produções

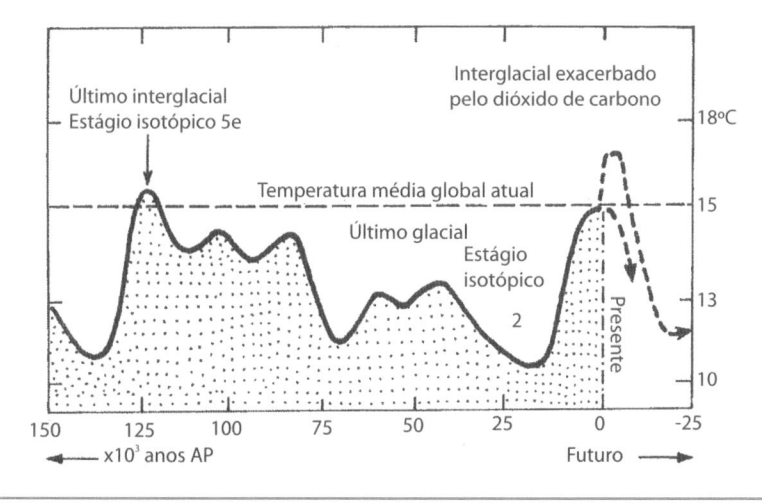

Fig. 3.11 Prognóstico climático para os próximos 25.000 anos (Imbrie; Imbrie, 1979). A linha tracejada inferior corresponde ao resfriamento, se os efeitos induzidos pelo homem forem ignorados. A linha tracejada superior indica o aquecimento se o efeito estufa, causado pela queima de combustíveis fósseis, for levado em consideração

agrícola e industrial do mundo, especialmente nos continentes do Hemisfério Norte, podem ser considerados temporários. Na Europa, por exemplo, embora o retorno às condições glaciais possa ocorrer de maneira muito repentina, o monitoramento das frentes polares não permitiria ao homem prognosticar a rapidez dessa mudança.

A reconstituição de cenários do Quaternário 4

4.1 OS REGISTROS DE FUNDOS SUBMARINOS DE ÁGUAS PROFUNDAS

4.1.1 Os ciclos glaciais-interglaciais em testemunhos submarinos

Provavelmente, os fundos submarinos representam os únicos sítios onde os registros de eventos ocorridos na superfície terrestre acham-se preservados de modo quase contínuo. A subdivisão em fases frias e quentes, estabelecida por Emiliani (1955) para testemunhos submarinos de águas profundas, com o uso de $\delta^{18}O$, foi posteriormente reconhecida como reflexo de mudanças paleoclimáticas globais, representando estádios glaciais e interglaciais, respectivamente. Atualmente, a curva construída por esse pesquisador transformou-se em uma escala de referência para as glaciações quaternárias, em substituição à cronologia desses eventos estabelecida com base em dados fragmentários e incompletos preservados sobre os continentes.

Na curva original, a escala de tempo havia sido construída com base na taxa de sedimentação da porção superior do testemunho, extrapolada diretamente para épocas mais antigas, tornando-a pouco confiável. Mais tarde, com a introdução da datação por $^{230}Th/^{231}Pa$, as idades do testemunho foram mais bem calibradas, estendendo-se a curva até o estágio de $\delta^{18}O$ correspondente aos 375.000 anos A.P. (Emiliani, 1964). Após 1964, houve a introdução do método do paleomagnetismo na datação, e as idades tornaram-se ainda mais precisas.

Na Fig. 4.1 tem-se a curva de variações de $\delta^{18}O$ construída pela combinação dos dados de testemunhos representativos do oceano Pacífico e do mar do Caribe, relativas à época de polaridade normal Brunhes (Emiliani, 1978). Essa curva apresenta-se denteada e, em geral, enquanto a passagem de um estágio de número par (glacial) para o estágio

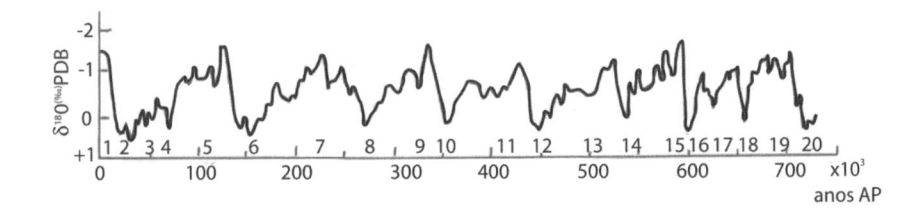

Fig. 4.1 Curva de variações de $\delta^{18}O$ durante o Quaternário médio e superior (Emiliani, 1978), construída pela combinação de dados de $\delta^{18}O$ de alguns testemunhos submarinos de águas profundas. Os números de 1 a 20 correspondem aos estágios isotópicos de Emiliani (1955)

subsequente ímpar (interglacial) é mais abrupta, a transição entre os estágios ímpar para par é mais suave. Segundo Nogami (1973), essas características da curva estão relacionadas às peculiaridades das geleiras, que se desenvolvem lentamente mas desaparecem rapidamente.

Broecker e colaboradores denominaram a porção da curva que mostra mudança brusca de glacial para interglacial, de terminação glacial, e atribuíram numerações I, II, III...n a partir da mais nova para a mais antiga (Broecker; Van Donk, 1970). Desse modo, tomando-se como limite a terminação glacial, é possível subdividir a curva de $\delta^{18}O$ em ciclos de estádios glacial-interglacial. Além disso, a partir das idades medidas nos testemunhos, atribuíram as seguintes idades: I = 11.000 anos A.P., II = 127.000 anos A.P., III = 225.000 ± 15.000 anos A.P., IV = 300.000 ± 20.000 anos A.P. e V = 380.000 ± 25.000 anos A.P.

4.1.2 As relações do $\delta^{18}O$ com as variações dos paleoclimas e dos paleoníveis do mar no Quaternário

De acordo com Shackleton e Opdyke (1973), as variações de $\delta^{18}O$ de testemunhos submarinos de águas profundas representariam muito mais as variações de concentrações de $\delta^{18}O$ nas águas do mar, entre os estádios glaciais e interglaciais, do que as paleotemperaturas superficiais dos oceanos. Se isso for verdade, as concentrações de $\delta^{18}O$ nas geleiras devem necessariamente mostrar variações inversas das mostradas pelas águas do mar, fato que pode ser constatado na Fig. 4.2. As variações de $\delta^{18}O$ das geleiras foram determinadas nas calotas glaciais da Groenlândia, da ilha de Devon e na Antártica, tendo-se confirmado claramente a presença de três picos existentes no estágio isotópico 5 de Emiliani.

Em seguida, serão vistas as relações das variações de $\delta^{18}O$ com as mudanças de nível do mar, conhecidas por meio de terraços marinhos da ilha de Barbados. Da cronologia dos terraços de corais são

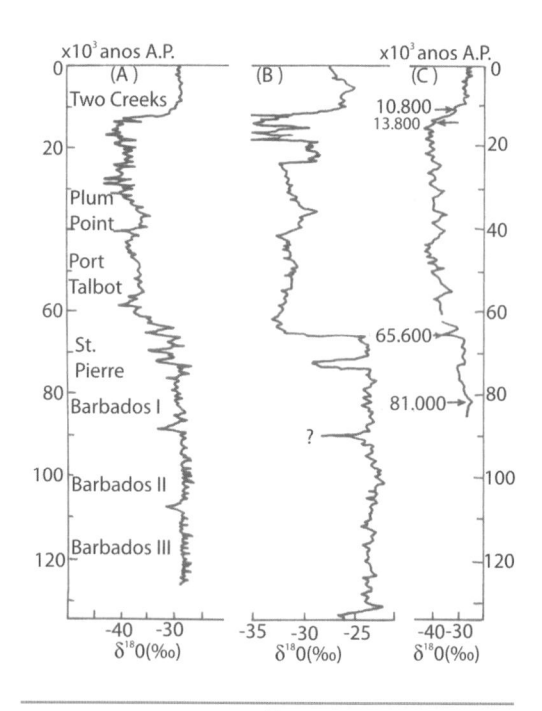

Fig. 4.2 Variações de $\delta^{18}O$ de testemunhos de geleiras (Kaizuka, 1978): (A) geleira da Groenlândia (Camp Century); (B) ilha de Devon (norte do Canadá); (C) Antártica (Base de Byrd). À esquerda de (A) tem-se a correlação com as fases interestadiais da glaciação Wisconsiniana da América do Norte e com as fases de nível do mar mais alto (I, II e III) da ilha de Barbados

conhecidos os estágios de culminação há 130.000, 124.000, 103.000 e 82.000 anos A.P., intercalados por níveis do mar mais baixos (Fig. 4.3).

A curva da Fig. 4.3A mostra os terraços marinhos da ilha de Barbados, correspondentes às variações do nível do mar durante os últimos 130.000 anos, em consequência da evolução da geleira durante a glaciação Wisconsiniana da América do Norte. A curva da Fig. 4.3B representa as variações de $\delta^{18}O$ de testemunhos submarinos de águas profundas do mar do Caribe. Verifica-se pela comparação dessas curvas que há uma clara correlação entre os níveis do mar mais altos e os picos de $\delta^{18}O$. Esse tipo de correlação foi verificado não somente no mar do Caribe, mas também na Nova Guiné e no mar Mediterrâneo.

4.1.3 A nova cronologia das glaciações quaternárias

Shackleton e Opdyke (1973) obtiveram uma curva de variações de $\delta^{18}O$ sobre o testemunho submarino de águas profundas V28-238 com 16 m de comprimento, coletado no oceano Pacífico ocidental quando, pela primeira vez, foi também definido o limite das épocas paleomagnéticas Brunhes e Matuyama. Esses autores estenderam os estágios de $\delta^{18}O$ de Emiliani até cerca de 900.000 anos A.P., atingindo com o estágio iso-

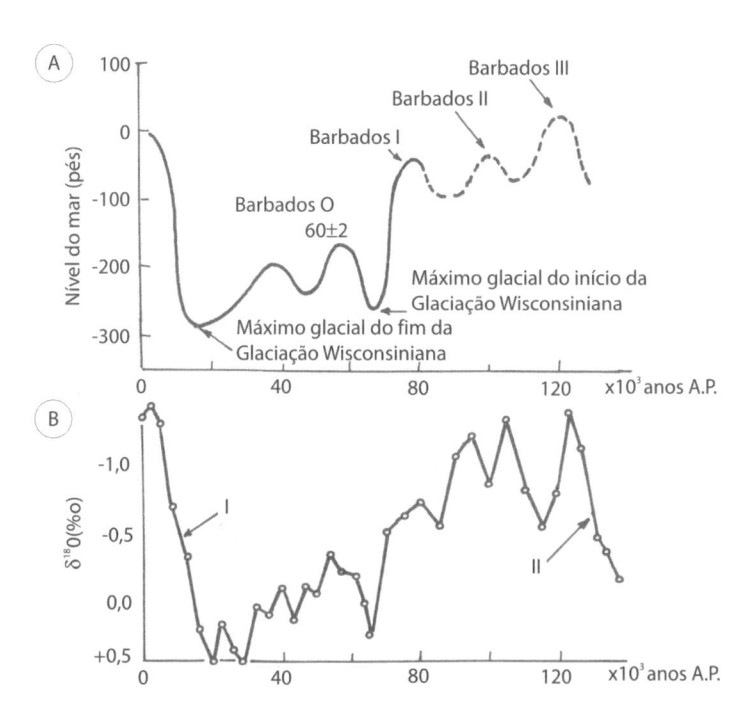

Fig. 4.3 Comparação entre as curvas de variação do nível do mar da ilha de Barbados (A) e de variações de $\delta^{18}O$ de testemunhos submarinos de águas profundas (B), segundo Broecker e Van Donk (1970), parcialmente modificadas por Saito (1977). I e II = terminações glaciais

tópico 23 o evento Jaramillo. Segundo essa curva, o limite Brunhes-Matuyama ficou estabelecido entre os estágios isotópicos 19 e 20, verificando-se que até o limite de 700.000 anos A.P. podem ser reconhecidos oito ciclos completos de estádios glaciais e interglaciais, isto é, excluindo-se a época pós-glacial, existiriam oito estádios glaciais e oito estádios interglaciais. Essa história de glaciações quaternárias difere bastante da estabelecida com base em registros continentais, e certamente é mais completa do que aquela.

Em seguida, esses autores obtiveram o testemunho V28-239 na mesma região submarina (3°15'N e 159°11'E, profundidade de 3.940 m) com 21 m de comprimento, cujos valores de $\delta^{18}O$ foram medidos a intervalos de 5 cm (Shackleton; Opdyke, 1976). Como se pode verificar na Fig. 4.4, esse testemunho ultrapassou o evento paleomagnético Olduvai e atingiu o Plioceno superior. Na mesma época, Van Donk (1976) estudou as variações de $\delta^{18}O$ ao longo de todo o Quaternário no testemunho V16-205, coletado na zona equatorial do oceano

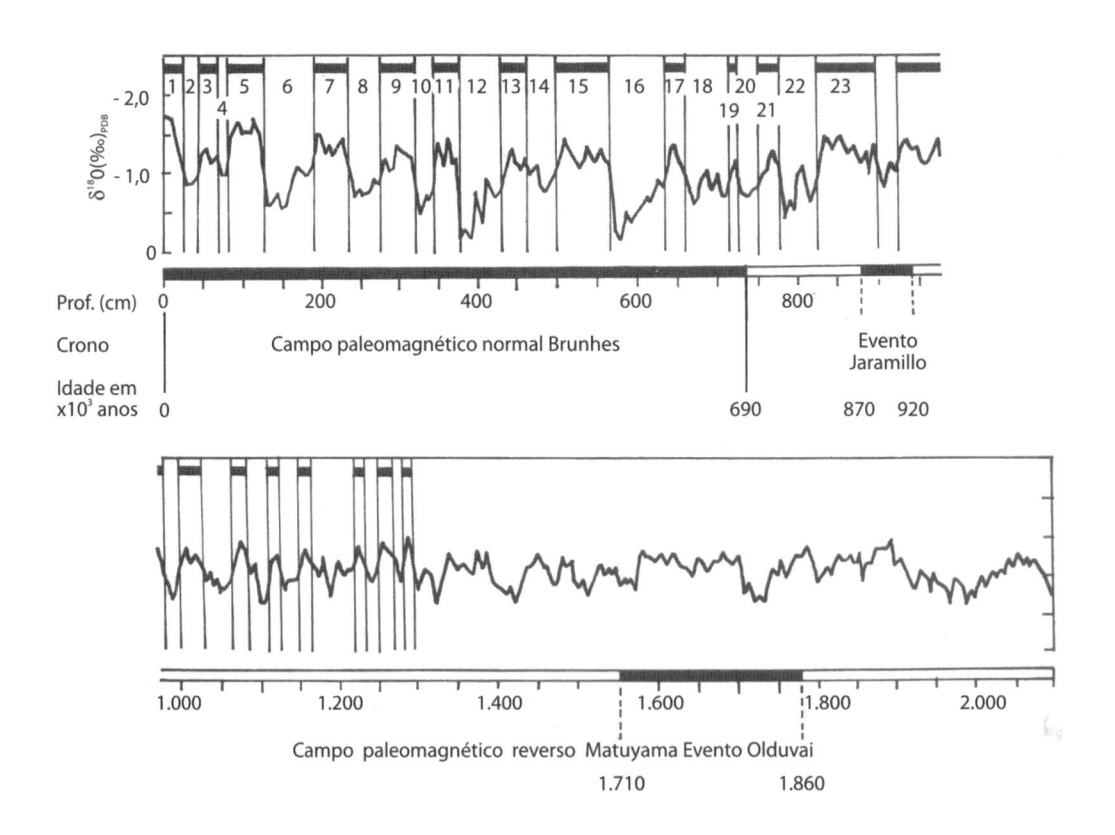

Fig. 4.4 Mudanças de $\delta^{18}O$ obtidas para o Quaternário a partir do testemunho submarino de águas profundas V28-239 (3°15'N, 159°11'E, Prof. = 3.940 m) do oceano Pacífico Equatorial Ocidental (Shackleton; Opdyke, 1976)

Atlântico. Em todos esses testemunhos foram reconhecidos 23 estágios isotópicos de $\delta^{18}O$ até o evento Jaramillo. Assim, pode-se considerar que a cronologia das glaciações quaternárias da última metade desse período esteja relativamente bem estabelecida.

Uma das peculiaridades das curvas de $\delta^{18}O$ dos testemunhos V28-239 e V16-205 é que as amplitudes das variações anteriores ao evento paleomagnético Jaramillo mostram-se consideravelmente menores que após esse evento, tornando a distinção dos estádios glaciais e interglaciais mais ambígua. Esse aspecto coincide com a tendência das variações de paleotemperaturas do ar na Holanda, para o mesmo intervalo de tempo, obtidas com base em estudos palinológicos por Zagwijn (1975) e com as tendências semelhantes de mudanças das paleotemperaturas das águas do oceano Pacífico, baseadas em espécies de diatomáceas (Koizumi, 1975). O fato de não mostrar abaixamento conspícuo de paleotemperatura no limite Plioceno/Pleistoceno vem também ao encontro dos resultados das análises realizadas por Emiliani, Mayeda e Selli (1961) na Formação Calábria (Itália).

Além disso, comparando-se os pares de dados formados entre V28-238 e V28-239 ou entre V28-238 e V16-205, em termos de duração e intensidade dos picos de $\delta^{18}O$, percebe-se a homogeneidade da taxa de sedimentação do V28-238 (Shackleton; Opdyke, 1976). Desse modo, considerando-se uniforme a taxa de sedimentação do V28-238 (de $1{,}71 \times 10^{-3}$ cm/ano), obtém-se até o limite dos eventos paleomagnéticos Brunhes-Matuyama em 700.000 anos, 1.200 cm de espessura de sedimentos em V28-238, e pode-se calcular a idade correspondente ao limite do estágio de $\delta^{18}O$ a partir da sua profundidade. A Tab. 4.1 relaciona as prováveis idades calculadas por Shackleton e Opdyke (1973) para as profundidades dos limites dos estágios isotópicos.

Segundo a Tab. 4.1, nota-se certa homogeneidade na duração dos ciclos glaciais-interglaciais, que se situa entre 50.000 e 120.000 anos. Além disso, esses ciclos apresentam correlações com os ciclos da variações de paleossalinidades e paleotemperaturas das águas superficiais oceânicas, obtidas pelas associações específicas de foraminíferos planctônicos, como será visto mais adiante (Fig. 4.9), corroborando também as informações bioclimáticas do passado.

Desde o fim da década de 1970, as possíveis relações entre os ciclos maiores ou menores expressos nas curvas de $\delta^{18}O$ e as variáveis astronômicas de Milankovitch vêm atraindo a atenção dos pesquisadores, e muitos admitem que os ciclos glaciais-interglaciais sejam atribuíveis às causas astronômicas (Mesolella et al., 1969; Hays; Imbrie; Schackleton, 1976). No Japão têm sido feitas medidas de variações nas intensidades do campo geomagnético, registradas em sedimentos lacustres do lago Biwa ou em depósitos marinhos de águas profundas, com ciclos de 100.000 anos (Yasukawa, 1975), que parecem corresponder aos ciclos

Tab. 4.1 Profundidades e prováveis idades dos limites dos estágios isotópicos de $\delta^{18}O$ no testemunho submarino de águas profundas V28-238 (Shackleton; Opdyke, 1973)

Limite de estágios isotópicos ($\delta^{18}O$)	Profundidade (cm)	Idade (anos A.P.)	Ponto terminal	Ciclo glacial-interglacial
1-2	22	13.000	I	
2-3	55	32.000		
3-4	110	64.000		1
4-5	128	75.000		
5-6	220	128.000	II	
6-7	335	195.000		2
7-8	430	251.000	III	
8-9	510	297.000		3
9-10	595	349.000	IV	
10-11	630	367.000		4
11-12	755	440.000	V	
12-13	810	472.000		5
13-14	860	502.000	VI	
14-15	930	542.000		6
15-16	1.015	592.000	VII	
16-17	1.075	627.000		7
17-18	1.110	647.000	VIII	
18-19	1.180	688.000		8
19-20	1.210	706.000	Limite Brunhes-Matuyama	

das variações paleoclimáticas anteriormente admitidos, e são aventadas hipóteses de que possam existir relações entre os estádios glaciais-interglaciais e as variações no campo geomagnético (Kawai, 1976).

4.2 A estratigrafia do *loess* e as variações paleoclimáticas

4.2.1 A distribuição e a origem do *loess*

A denominação *loess* foi usada pela primeira vez referindo-se a sedimentos eólicos, de natureza quartzosa, encontrados no vale do rio Reno. Esse tipo de sedimento é representativo do Pleistoceno e recobre, hoje em dia, praticamente 10% das áreas emersas. Até o momento, entre os sedimentos designados de *loess*, têm-se os depósitos de composição predominantemente síltica, o *loess* argiloso, e os depósitos eólicos ressedimentados ou originados praticamente *in situ* por intemperismo (Smalley, 1975).

As áreas de distribuição desses depósitos abrangem desde a Europa Central até o norte da China, regiões baixas da Eurásia Central, região centro-norte da América do Norte, bacia do rio da Prata e parte da Patagônia, na América do Sul (Fig. 4.5).

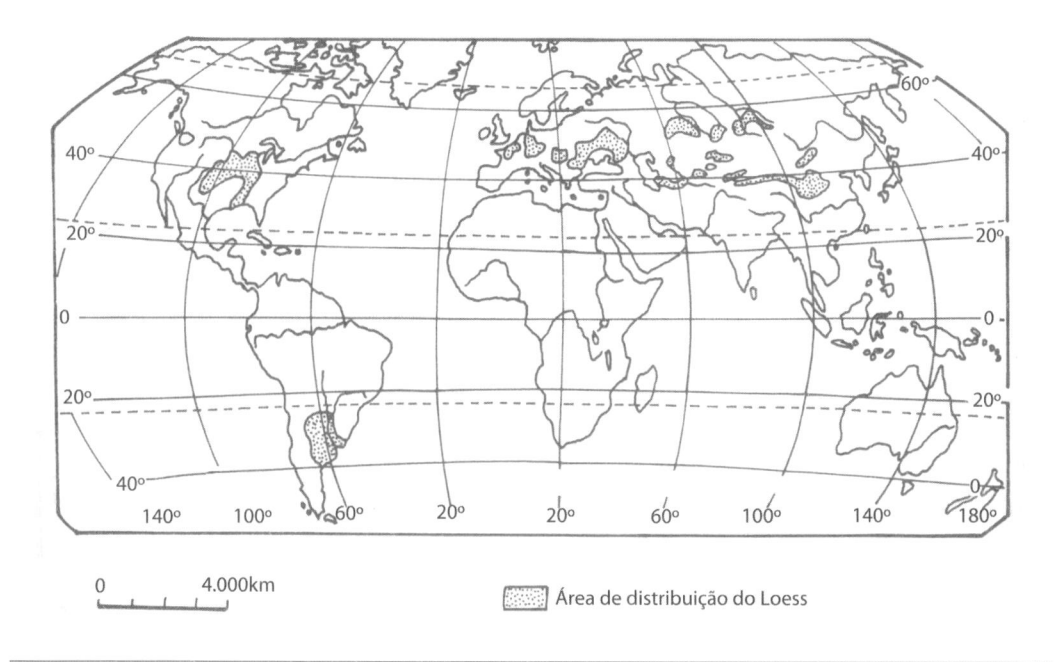

Fig. 4.5 Distribuição dos depósitos de *loess* quaternários no mundo (baseada no *Atlas de Geografia Física* de 1964, editado na antiga União das Repúblicas Socialistas Soviéticas – URSS), segundo Naruse (1982)

Com exceção dos depósitos que se estendem da Ásia Central até a China, todas as outras ocorrências situam-se nas adjacências de áreas atingidas por glaciações pleistocênicas. Os depósitos de *loess* dessas regiões tornam-se mais espessos rumo às planícies de lavagem glacial principal, o que indica as suas relações genéticas com as águas de degelo. Isso sugere que os fragmentos minerais, compostos principalmente de quartzo, sedimentam-se inicialmente como parte dos depósitos de *till* e, em seguida, são transportados para as porções frontais das geleiras, depositando-se como material de lavagem. Durante as glaciações, essas porções eram desprovidas de vegetação e submetidas a fortes ventos, que transportavam as partículas sílticas, formando espessos depósitos nas vizinhanças compostos de *loess* primário. Esses depósitos podiam ser transportados por gravidade ao longo de vertentes ou por água corrente, dando origem aos depósitos de *loess* secundário. Entretanto, os depósitos de *loess* da China Setentrional são considerados originários dos desertos do interior continental da Ásia, não estando ligados às glaciações, apesar da semelhança na composição. Dessa maneira, já houve quem usasse as denominações *loess* "frio" e *loess* "quente", conforme a origem seja glacial ou desértica, respectivamente.

A classificação estratigráfica dos depósitos de *loess* na Europa é associada aos sedimentos glaciais, de modo que, quando estão recobrindo ou estão intercalados aos *tills* e outros sedimentos de estádios glaciais Würm ou Weichseliano, são denominados *loess* mais novo (*younger loess*) e predominam. Quando associados aos *tills* e outros depósitos de estádios glaciais Elsteriano ou Mindel, e Saaliano ou Riss, são conhecidos por *loess* mais antigo (*older loess*). Na porção central da área de ocorrência de *loess*, os mais antigos e os mais novos estão interdigitados e/ou superpostos, intercalados por paleossolos acastanhados de depósitos pluviais de estádios interglaciais. Em depósitos de *loess* mais antigo da glaciação Günz podem ser encontradas ossadas de animais da Fauna Vilafranquiana (Flint, 1971).

4.2.2 Os ciclos de *loess* e de paleossolo

Portanto, em geral o *loess* é um sedimento eólico de estádio glacial, mas a sua formação não resulta da simples deposição eólica, pois o tempo necessário para a sua lenta e descontínua sedimentação pode demandar até 100.000 anos, o que corresponde à duração dos estádios glaciais. Concomitantemente à sedimentação ocorrem processos de lixiviação de sódio e potássio, e de concentração de cálcio e magnésio, promovendo o processo de "loessificação". Quando é um *loess* secundário, pode ter sido afetado até por outros processos e, portanto, é um produto originado inclusive pela influência de processos climáticos e orgânicos. Houve grande progresso nos estudos da estratigrafia do *loess* em países como Áustria e Hungria, baseados nas análises de palinomorfos, moluscos e tipos de paleossolos intercalados, que permitiram a reconstituição de mudanças paleoambientais.

Nas porções frontais das calotas glaciais da Escandinávia e dos Alpes são encontradas espessas camadas de *loess* mais antigo, intercaladas por vários níveis de paleossolos. Kukla (1975), ao realizar estudos estratigráficos detalhados em *loess* de terraços e paleossolos associados, chegou à cronologia do *loess* e à correlação dos terraços, estabelecendo um marco na cronologia clássica desses depósitos. Ao examinar em detalhe a superposição de solos na região de Praga, o autor reconheceu a existência de ciclos de sedimentação de várias ordens (Fig. 4.6).

O ciclo de primeira ordem é o ciclo glacial (*glacial cycle*), delimitado por uma linha de demarcação (*markline*). O ciclo de segunda ordem corresponde ao ciclo estadial (*stadial cycle*) ou subciclo (*subcycle*), delimitado por uma linha de subdemarcação (*submarkline*). Cada ciclo ou subciclo é composto, de baixo para cima, por solo argiloso de rastejo, solo acastanhado pálido de floresta, solo de campina tipo chernozem, sedimento eólico fino, areia peletoide e *loess*. O ciclo glacial é designado A, B, C etc., dos mais novos para os mais velhos. As linhas de demarcação iniciam-se abaixo de A, numeradas por I, II, III etc. Alguns ciclos glaciais separados por superfícies de discordância podem ser reunidos em megaciclos α, β, γ etc. Nessa classificação, o chamado ciclo glacial abrange os estádios glacial e interglacial. Na Fig. 4.6, o ciclo glacial B compreende o intervalo desde o início do último interglacial até o término do último glacial. Pelos tipos de paleossolos e pelos fósseis de gastrópodes, pode-se concluir que os paleoclimas e as paleovegetações modificaram-se de florestas latifoliadas para florestas de folhas aciculares, seguidas por estepes de *loess*.

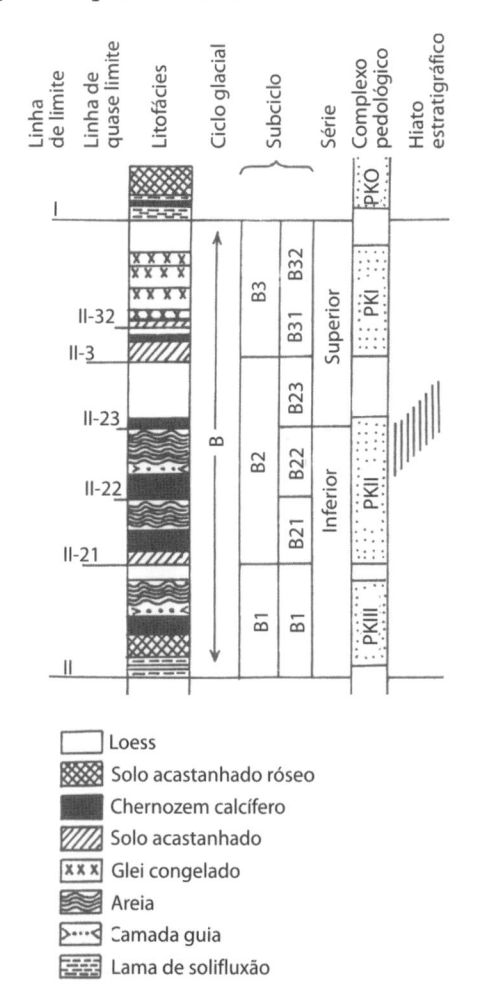

Fig. 4.6 Exemplo de ciclo de *loess* e de paleossolo, com detalhamento do ciclo glacial B, segundo Kukla (1975)

4.2.3 A cronologia e a correlação do *loess*

As idades dos depósitos de *loess* são determinadas, até a porção superior do ciclo glacial B, pela datação da matéria orgânica, composta de fragmentos de madeira carbonizada e paleossolos dos depósitos. Por sua vez, as idades da porção inferior do ciclo glacial B e partes sotopostas são obtidas por cronologias paleomagnéticas em depósitos de *loess*, paleossolos ou sedimentos do tipo *loess*.

Pelo método do paleomagnetismo, foi possível identificar o evento paleomagnético Blake na porção inferior do ciclo glacial B, e na seção de Krems (Áustria) foi diagnosticado o limite das épocas paleomagnéticas Brunhes e Matuyama, no ciclo glacial J. Fink e Kukla (1977) reavaliaram a seção de Krems por meio de conchas de moluscos e de medidas paleomagnéticas, concluindo que a maior parte do ciclo de *loess* e paleossolo existente no local é de idade pleistocênica inferior, compreendida entre os ciclos glaciais I a U. Nesse local, a passagem das polaridades reversa para normal no topo do ciclo T, correspondente à porção inferior do limite das épocas paleomagnéticas Brunhes e Matuyama, foi correlacionada ao evento Jaramillo. Portanto, demonstrou-se que até o início do evento Olduvai, há cerca de 1,7 Ma, ocorreram no mínimo 17 ciclos glaciais. Além disso, verificou-se que um ciclo tem a duração média de 100.000 anos, o que equivale aproximadamente ao ciclo glacial-interglacial determinado nos testemunhos submarinos de águas profundas. Todavia, o fato de as variações paleoclimáticas do Pleistoceno inferior, inferidas a partir dos fósseis e paleossolos, exibirem aparentemente padrões semelhantes aos do Pleistoceno médio e superior, torna esse resultado diferente dos obtidos a partir dos estágios isotópicos de $\delta^{18}O$.

No estudo estratigráfico dos depósitos de *loess* que recobrem grupos de terraços ao longo do rio Danúbio, empregou-se o método da tefrocronologia para se tentar correlacionar com os depósitos de *loess* das glaciações clássicas dos Alpes. Em consequência, verificou-se que sobre o terraço alto (*hochterrasse*) só existe *loess* além do ciclo C, e, a partir da relação estratigráfica com o *loess* superposto ao terraço baixo (*niederterrasse*), descobriu-se que a época de formação do terraço alto deve situar-se entre o fim do ciclo F e a primeira metade do ciclo C. Por sua vez, o limite das épocas paleomagnéticas Brunhes-Matuyama parece situar-se no interior do depósito de *loess* superposto ao registro atribuído à glaciação Günz. Ademais, em relação à estratigrafia do *loess* e às glaciações do norte da Europa, sabe-se que os depósitos de *loess* e os paleossolos, além do ciclo D, estão recobrindo as camadas de varve originadas durante o auge da glaciação Saaliana no vale do rio homônimo e, portanto, essa glaciação deve ser anterior ao subciclo E3 (último subciclo do ciclo E). Esses resultados estão resumidos na Fig. 4.7.

Finalmente, tem-se a correlação cronológica dos depósitos de *loess* e dos estágios isotópicos de $\delta^{18}O$ dos testemunhos submarinos de águas profundas, feita com base na magnetoestratigrafia. Sabe-se que os ciclos A a I dos depósitos de *loess*, compreendidos até o limite Brunhes-Matuyama, são correlacionáveis aos estágios 1 a 19 dos estágios isotópicos de $\delta^{18}O$. Ademais, a terminação glacial da curva de $\delta^{18}O$ possui um significado semelhante à linha de demarcação dos ciclos glaciais da estratigrafia dos depósitos de *loess*, de modo que é possível correlacioná-los. A identificação de oito ciclos glaciais-interglaciais, tanto na estratigrafia dos depósitos de *loess* como nos testemunhos submarinos de águas profundas, tem um significado importante, pois permite correlacionar as linhas de demarcação com as terminações glaciais, ambas referidas por algarismos romanos I, II, III etc. (Fig. 4.7). Além disso, com o auxílio de microrganismos contidos nos testemunhos submarinos de águas profundas, pode-se determinar as idades das glaciações continentais clássicas.

4.3 O Projeto Climap

O impressionante progresso das pesquisas de fundos submarinos, na segunda metade do século XX, tornou-se factível graças aos esforços concentrados de algumas instituições, como o Observatório Geológico Lamont-Doherty, da Universidade da Colúmbia (Estados Unidos).

De 1950 a 1960 foram coletados mais de 7.000 testemunhos de fundos submarinos de águas profundas do mundo inteiro. Os conhecimentos até então disponíveis sobre o Quaternário

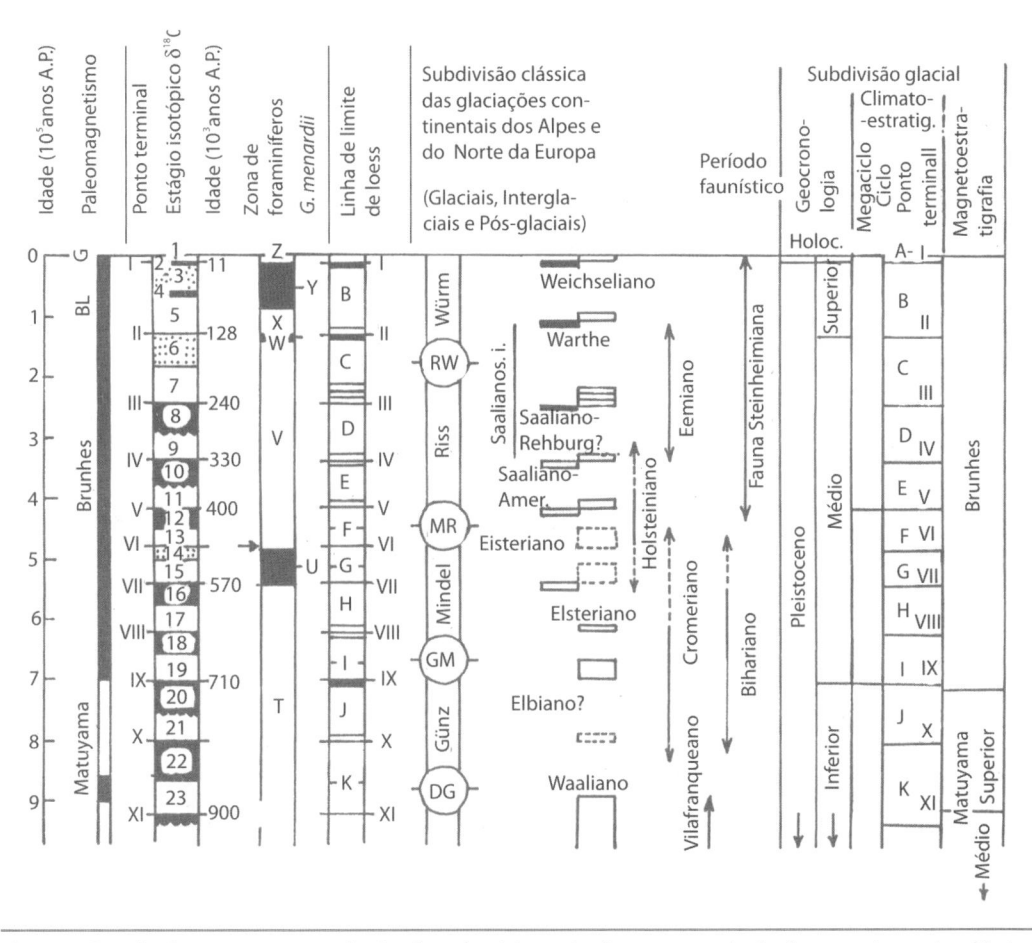

Fig. 4.7 Correlação entre a cronologia dos depósitos de *loess* e as glaciações continentais clássicas (Kukla, 1975, 1977)

G = excursão paleomagnética de Gothemburg;

BL = evento paleomagnético Blake;

I, II etc. = terminações glaciais (Shackleton; Opdyke, 1973);

1, 2 etc. = estágios isotópicos de Emiliani (1955);

Preto = fase muito fria (estágio isotópico);

Pontilhado = fase fria (estágio isotópico);

Branco = fase quente (estágio isotópico);

Z, X etc. = zonas de foraminíferos;

A, B etc. = ciclos glaciais.

dos fundos oceânicos sofreram transformações nunca antes experimentadas, em razão de estudos sistemáticos de microrganismos, de teores de $CaCO_3$ e de composições isotópicas de $\delta^{18}O$ de amostras desses testemunhos. Parte dessas contribuições foi publicada por Sears (1967) em *Geologia Histórica das Bacias Oceânicas*, que apresentou os resultados do debate realizado em 1965 em Denver, Colorado (Estados Unidos), durante o VII Congresso Internacional da INQUA. Depois, com a introdução da zonação por microrganismos, datações radiométricas e cronologias paleomagnéticas, tornou-se possível subdividir os testemunhos submarinos de águas profundas com poder de resolução de aproximadamente 100.000 anos, possibilitando a reconstituição paleoambiental do Quaternário com razoável nível de detalhamento.

Nesse contexto, sob o chamamento de J. D. Hays, iniciava-se em 1971 o projeto CLIMAP (Climate Long Range Investigation, Mapping and Prediction). Foram convocados para esse projeto vários especialistas, como paleontólogos, geoquímicos, geofísicos e pesquisadores assemelhados de instituições de pesquisa norte-americanas. A ideia do projeto era investigar em conjunto as variações paleoclimáticas do último 1 Ma. O grupo foi composto por cerca de cem pesquisadores dos Estados Unidos e alguns outros países.

As pesquisas do grupo do projeto CLIMAP tinham início com datações e estudos estratigráficos dos testemunhos submarinos de águas profundas. Definido um intervalo de tempo, realizaram-se estudos das espécies de microrganismos planctônicos para, em seguida, tentar-se definir quantitativamente as distribuições das paleotemperaturas e paleossalinidades das águas superficiais, de acordo com as diferentes estações do ano. Em seguida, adicionaram-se dados sobre as distribuições das geleiras e das vegetações, provenientes dos continentes, para então tentar-se reconstituir as condições paleoambientais da superfície terrestre. Com base nesses dados, pode-se conhecer as propriedades dos corpos d'água e o albedo para, subsequentemente, tentar inferir a circulação atmosférica da época e, finalmente, realizar a integração de todas essas informações e reconstituir os paleoambientes.

Os primeiros resultados das pesquisas do grupo foram divulgados no periódico especializado norte-americano *Quaternary Research*, no número especial de 1973. A seguir, com base nos dados obtidos, pensou-se em reconstituir algumas situações limite e, em 1976, concluiu-se o cenário das condições superficiais da Terra no Último Máximo Glacial (UMG) (CLIMAP Project Members, 1976). Os resultados dessas pesquisas foram publicados pela Sociedade Geológica Americana com o título *Paleoceanografia e paleoclimatologia do Quaternário tardio* (Cline; Hays, 1976).

4.3.1 A reconstituição quantitativa dos paleoambientes

O método visa estimar, por exemplo, as características do paleoclima pela presença ou ausência de uma espécie particular ou pelas peculiaridades de uma assembleia, e já é bastante conhecido em Paleoecologia. A maioria desses estudos, porém, é de natureza qualitativa e não chega a expressar quantitativamente as propriedades de um paleoclima.

Aqui será apresentado resumidamente o método quantitativo desenvolvido pelos componentes do projeto CLIMAP. Imbrie e Kipp (1971) idealizaram um método de análise fatorial aplicado à assembleia de foraminíferos planctônicos contida em testemunhos submarinos de águas profundas que, pelo uso de um fator de conversão, permitia obter dados quantitativos sobre as características paleoambientais, como paleotemperaturas e paleossalinidades das águas superficiais dos oceanos.

Imagine-se que no sedimento do fundo atual dos oceanos seja possível medir n propriedades Xj (j = 1, 2, 3, ..., n) e cada uma delas represente m fatores oceanográficos Pi (i = 1, 2, 3, ..., m), que sejam relacionados ao n por meio do coeficiente Rj, tendo-se então:

$$Xj = Rj\ (Pi)$$

A partir dessa expressão é possível, inversamente, determinar o Pi por meio do Xj:

$$Pi = \varnothing j\ (Xj)$$

Nessa relação, o fator $\varnothing$ é a chamada função de transferência, que pode ser exemplificada pela obtenção de paleotemperaturas em T°C por meio dos valores de $\delta^{18}O$.

A seguir, apresenta-se um método bastante simples de chegar ao fator ambiental t a partir da distribuição de espécies de microrganismos. Imagine-se que estejam definidas as distribuições de espécies X_1 e X_2. As frequências de distribuição X_1 e X_2 das espécies planctônicas X_1 e X_2 definem curvas semelhantes a parábolas e podem ser expressas por:

$$x_1 = R_1\ (t) = dt^2 + et + f$$
$$x_2 = R_2(t) = gt^2 + ht + i$$

Eliminando-se a potência 2 das expressões apresentadas, tem-se:

$$t = \varnothing_i\ (x_1, x_2) = ax_1 + bx_2 + c$$

Assim, conforme a Fig. 4.8, para determinadas frequências das espécies X_1 e X_2 será definido um dado valor para o fator t.

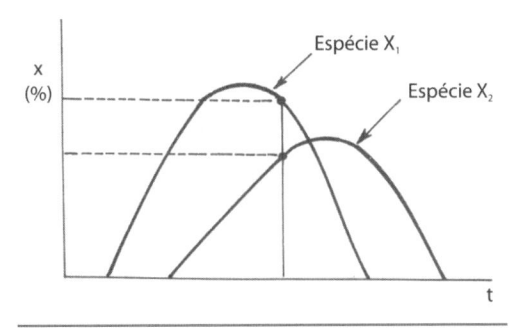

Fig. 4.8 Distribuições das espécies e o fator ambiental (Imbrie; Kipp, 1971). O eixo das abscissas representa o fator ambiental (t) e o das ordenadas, as frequências de microrganismos planctônicos (x)

Na prática, antes de tudo é preciso pesquisar as relações entre a composição da assembleia de foraminíferos planctônicos viventes das espécies X_1 e X_2 e as temperaturas e salinidades das águas superficiais oceânicas. Para isso, pode-se considerar que a associação encontrada no topo do testemunho, que representa a superfície atual do fundo do mar, corresponda aproximadamente à assembleia vivente.

Imbrie e Kipp (1971) determinaram as distribuições de cada uma das

22 espécies de foraminíferos planctônicos encontrados nos topos dos testemunhos e chegaram a quatro assembleias: tropical, subtropical, ártica (ou antártica) e subártica (ou subantártica), após a aplicação da análise fatorial Q. Além disso, calcularam a importância de cada espécie nas assembleias e chegaram à conclusão de que as linhas que delimitavam as distribuições das quatro assembleias correspondiam às isotermas de 2°C, 12°C e 20°C. A seguir, mediram as temperaturas e as salinidades das águas superficiais atuais nos pontos das testemunhagens. Utilizando esses parâmetros oceanográficos e as composições das assembleias dos topos dos testemunhos, esses pesquisadores obtiveram a função de transferência $\emptyset$. Finalmente, ao confrontar as assembleias microfaunísticas de diferentes profundidades com as dos topos dos testemunhos, eles calcularam os valores das paleotemperaturas e paleossalinidades das águas superficiais.

Ao estudar o testemunho V12-122 do mar do Caribe, esses pesquisadores construíram um gráfico com variações contínuas das paleotemperaturas e paleossalinidades, durante o inverno e o verão, das águas superficiais nos últimos 450.000 anos (Fig. 4.9).

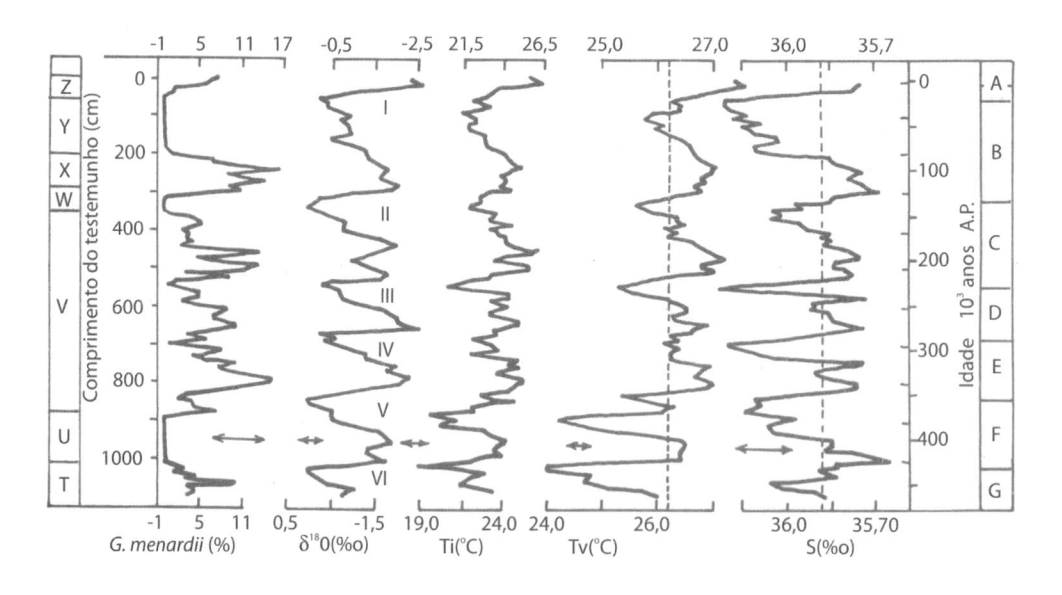

Fig. 4.9 Variações batimétricas e cronológicas das paleossalinidades médias, paleotemperaturas médias e $\delta^{18}O$ baseadas em assembleias de foraminíferos planctônicos encontrados no testemunho V12-122 do mar o Caribe (17°00'N, 74°24'W, Prof. = 2.800 m). Ti = Paleotemperaturas das águas superficiais no inverno; Tv = Paleotemperaturas das águas superficiais no verão; S = Paleossalinidades médias das águas superficiais; $\delta^{18}O$ determinados em *Globigerina ruber*; A-G = Ciclos glaciais; I a VI = Terminações glaciais segundo Broecker e Van Donk (1970); T-Z = Zonas fossilíferas segundo Ericson e Wollin (1968). As setas correspondem a 80% do intervalo de confiança e as linhas tracejadas verticais representam os valores médios

Na Fig. 4.9 percebe-se que as variações de paleotemperaturas e paleossalinidades, inferidas com base nas espécies de microrganismos, mostram muita semelhança com as obtidas com base nas variações de $\delta^{18}O$. Além disso, as variações de $\delta^{18}O$ entre as fases tardiglacial e pós-glacial do testemunho V12-122 foi de 2,2‰, ao passo que a variação de paleotemperaturas do mesmo período, baseada em microrganismos, foi de 2,2°C. A variação de 2,2‰ no valor de $\delta^{18}O$, em termos de paleotemperatura, deveria corresponder a 11°C. Essa diferença entre 2,2°C e 11°C poderia ser explicada, provavelmente, por outros fatores que interferem nos valores de $\delta^{18}O$, relacionados ao aumento por degelo ou à diminuição por evaporação das águas oceânicas, que podem chegar a 1,8‰. Portanto, 80% da mudança de $\delta^{18}O$ das águas oceânicas devem estar relacionados às mudanças dos teores de ^{18}O (Imbrie; Van Donk; Kipp, 1973).

Além de foraminíferos planctônicos, o método de Imbrie e Kipp (1971) também foi empregado com sucesso em radiolários e cocólitos. Em áreas continentais, tem sido usado na interpretação paleoclimática, a partir da composição palinológica e diatomológica.

4.3.2 A superfície terrestre há 18.000 anos

O grupo de pesquisas do Projeto CLIMAP introduziu o método da função de transferência e, após maiores aperfeiçoamentos, utilizou-o no estudo das condições das superfícies oceânicas há 18.000 anos. Paralelamente, o grupo de pesquisas de idades estudou a subdivisão do Quaternário baseada nas variações de $\delta^{18}O$. A combinação desses resultados levou à publicação do mapa da Fig. 4.10, que representa as condições da superfície terrestre em agosto, há 18.000 anos, e foi usado para fazer considerações acerca das circulações oceânica e atmosférica da época (CLIMAP Project Members, 1976).

Para a confecção desse mapa, inicialmente foi definida a superfície representativa de 18.000 ± 2.000 anos A.P., da qual foram retiradas amostras com espessura de 1 cm para determinações de $\delta^{18}O$ em 247 testemunhos submarinos de águas profundas do mundo inteiro. Considerando-se a taxa de sedimentação e o efeito da bioturbação, pode-se pensar que 1 cm de espessura de sedimentos represente um intervalo de tempo de 400 a 4.000 anos. Os organismos planctônicos (foraminíferos, radiolários e cocólitos) contidos nesses testemunhos permitiram calcular as paleotemperaturas superficiais dos oceanos para o mês de agosto, pela metodologia já apresentada e, com isso, traçar as isotermas com erro médio de ± 1,6°C. O limite de distribuição do gelo marinho (*sea ice*) no mapa foi definido pelo limite de ocorrência de argila inorgânica da última glaciação, que se encontra diretamente recoberta por vasa de diatomáceas, pois acredita-se que o oceano recoberto por gelo marinho não propiciava a proliferação de diatomáceas, não se formando, então, vasa desses organismos. Por sua vez, as linhas costeiras que delimitam as áreas continentais foram traçadas admitindo-se um rebaixamento glacioeustático de cerca de 85 m. As condições superficiais das áreas emersas (continentes) foram inferidas com base em dados já existentes sobre grãos de pólen em áreas não glaciadas, e sobre linhas de neve e fenômenos periglaciais fossilizados em áreas glaciadas, representando as distribuições por meio dos albedos da época. As distribuições das geleiras foram baseadas na literatura existente sobre o tema.

Percebe-se na Fig. 4.10 que, sobre as superfícies dos continentes há 18.000 anos, juntamente com a expansão das geleiras, houve grande incremento de

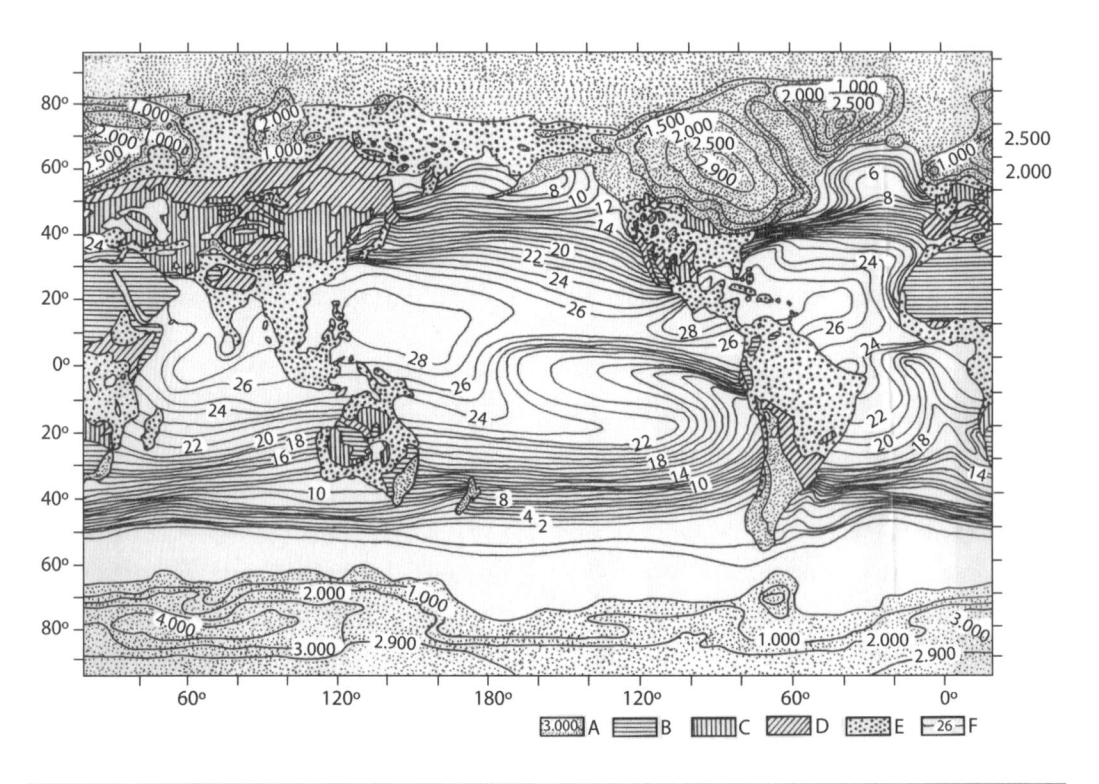

Fig. 4.10 Reconstituição das condições superficiais da Terra, em agosto, há 18.000 anos (CLIMAP Project Members, 1976). As linhas costeiras foram delineadas estimando-se que o abaixamento do nível relativo do mar tenha sido de 85 m
A a F = Classificações de acordo com as variações de albedo;
A = Porções cobertas por geleiras. As linhas de contorno correspondem às altitudes acima do nível do mar (em metros) das geleiras (albedo = maior que 40%);
B = Desertos com predominância de areia e acumulação local de neve ou densa floresta acicular coberta de neve (albedo = 30% a 39%);
C = Estepes ou semidesertos com *loess* (albedo = 25% a 29%);
D = Savanas e campos secos (albedo = 20% a 24%);
E = Áreas continentais com florestas densas (albedo menor que 20% e frequentemente com 15% a 18%);
F = Oceanos e lagos com gelo. As linhas de contorno das temperaturas superficiais possuem equidistância de 1°C (albedo = menor que 10%).

áreas de campos e desertos, com aumento dos valores de albedo. Nos oceanos havia muitas regiões recobertas por gelo marinho e, em consequência, as paleotemperaturas superficiais indicam -3,8°C no norte do oceano Atlântico até -0,8°C no norte do oceano Índico, em relação às temperaturas atuais nessas mesmas áreas. Em média, esses valores eram 2,3°C inferiores aos atuais.

A partir das condições expressas na Fig. 4.10, Gates (1976) construiu um modelo de simulação do paleoclima e da paleoatmosfera no verão, há 18.000 anos, e obteve o mapa de distribuição das pressões e temperaturas na superfície terrestre daquela época (Fig. 4.11).

Ao se observar a Fig. 4.11, percebe-se que nas áreas de latitudes médias da Europa e na porção central da América do Norte, situadas ao sul das geleiras, as paleotemperaturas eram 10 a 15°C inferiores às atuais. Além disso, o abaixamento médio da temperatura de toda a superfície terrestre foi de cerca de 4,9°C. Pela distribuição desses dados é possível inferir os aspectos gerais da circulação atmosférica e, desse modo, pode-se pensar que durante os estádios glaciais a faixa de ventos de oeste situava-se mais ao sul no Hemisfério Norte e eram mais intensos.

Embora esses modelos numéricos usados nas reconstruções paleoclimá-

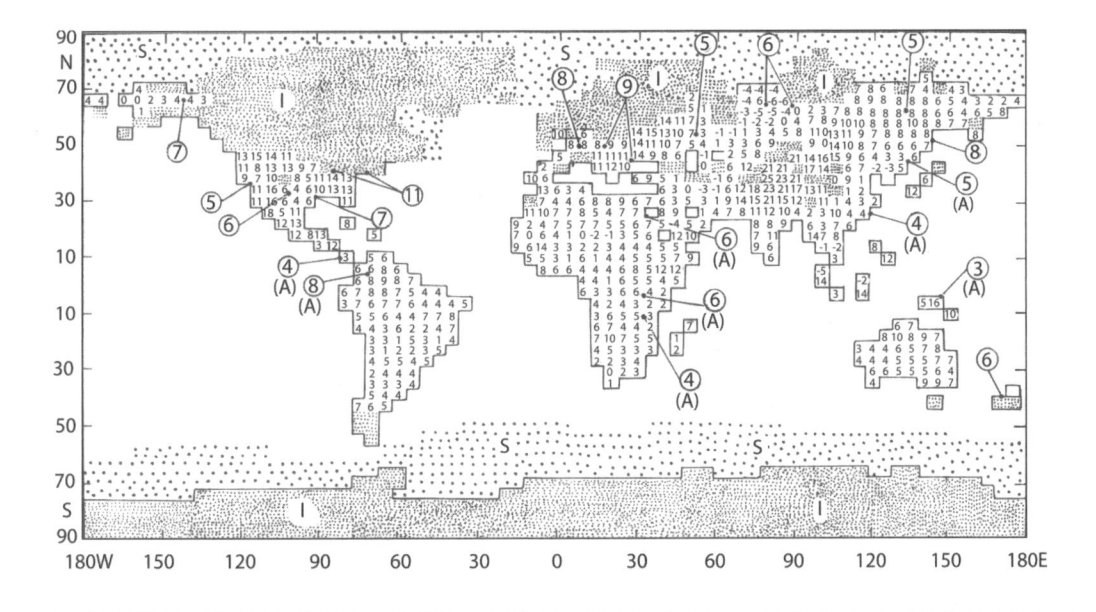

Fig. 4.11 Mapa de diferenças de temperaturas (em °C) das áreas continentais entre 18.000 anos A.P. e hoje, no mês de julho, conforme simulações do modelo atmosférico, feitas por Gates (1976), baseadas na Fig. 4.10 (CLIMAP Project Members, 1976)
I = áreas com geleiras continentais;
S = áreas com geleiras marinhas;
0, 1, 2, ... etc. = diferenças de temperaturas estimadas pelos estudos palinológicos e fenômenos periglaciais;
(A) = diferenças anuais de temperatura.

ticas sejam criticáveis por traduzirem as condições paleoambientais em cifras estimadas, justamente por isso desempenham um papel importante na tentativa de obter-se um cenário mais preciso dos episódios glaciais e outros eventos de mudanças paleoambientais importantes da Terra.

4.4 O PANORAMA DAS PESQUISAS PALEOAMBIENTAIS PÓS-CLIMAP

Em sequência ao projeto CLIMAP, a preocupação crescente com os problemas ambientais, particularmente com as anomalias e mudanças climáticas, deu origem a inúmeros projetos de pesquisa, com diversas instituições atuando em âmbitos nacional e internacional.

Segundo Kutzbach e Wright Jr. (1985), as enormes calotas glaciais que recobriam a América do Norte e a Europa, além das extensas geleiras marinhas do Atlântico Norte, por ocasião do UMG, estabeleciam padrões de distribuição das temperaturas superficiais e das circulações bem diferentes dos atuais. Com base no modelo elaborado pelo Projeto CLIMAP (CLIMAP Project Members, 1981), os autores citados realizaram uma simulação do clima no Hemisfério Norte há 18.000 anos, comparando-a com os registros geológicos da América do Norte. Em geral, constatou-se que as evidências geológicas disponíveis na época eram perfeitamente compatíveis com o modelo de simulação.

Como exemplo de um tema muito importante, tem-se o aquecimento global (*global warming*), alvo de preocupação e estudos da United States Environmental Protection Agency e do Office for Interdisciplinary Earth Studies (Estados Unidos), do International Institute for Environment and Development (Inglaterra) e de várias outras instituições no mundo. Entre algumas das publicações relacionadas, destacam-se os livros editados por Bradley (1989) e Lashof e Tirpak (1990).

O Projeto PAGES (Past Global Changes), um dos projetos nucleares do Programa Internacional Geosfera-Biosfera/PIGB (International Geosphere-Biosphere Programme/IGBP), talvez seja o mais ambicioso desses projetos (Fig. 4.12).

Esse projeto foi concebido para, em cerca de cinco anos (1994-1998), fornecer uma quantificação das variabilidades ambientais naturais pretéritas da Terra, na qual seriam avaliados os impactos antropogênicos sobre a biosfera, a geosfera e a atmosfera. Na sua organização, foram previstos os seguintes enfoques principais:

a) paleoclima global e variabilidade ambiental;
b) paleoclima e variabilidade ambiental nas regiões polares;
c) impactos humanos sobre os ambientes passados;
d) sensibilidade climática e modelagem;
e) atividades analíticas e interpretativas do projeto.

Como se pode perceber pelos itens enumerados, tratava-se de um projeto muito abrangente, de alcance internacio-

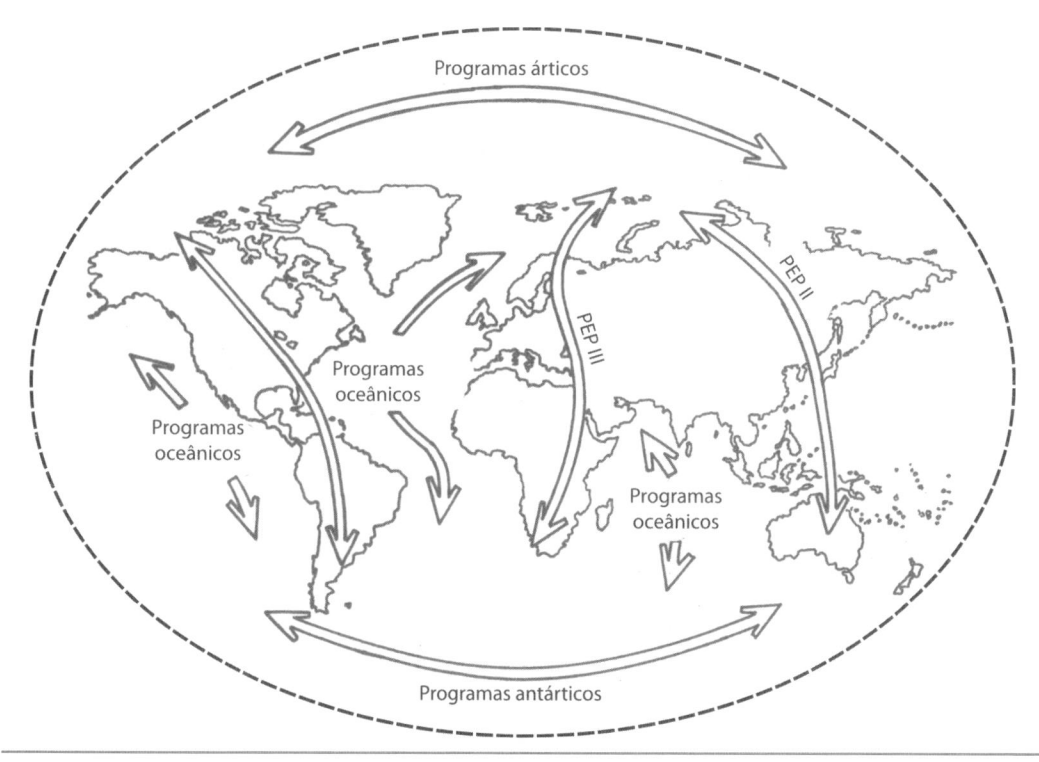

Fig. 4.12 Principais atividades previstas como parte do Projeto PAGES: (a) três transeções Polo-Equador-Polo (PEP-I, PEP-II e PEP-III); (b) programas oceânicos (oceanos Pacífico, Atlântico e Índico); (c) programas polares (Ártico e Antártico)

nal. Embora não apareça explicitamente o termo Quaternário, o envolvimento do homem não deixava dúvidas quanto à escala temporal que mais interessa ao Projeto PAGES.

Alguns outros projetos nucleares do PIGB são:

a) Aspectos Biosféricos do Ciclo Hidrológico/ABCH (Biospheric Aspects of the Hydrological Cycle/BAHC);
b) Análise Global, Interpretação e Modelagem/AGIM (Global Analysis, Interpretation and Modelling/GAIM);
c) Mudança Global e Ecossistemas Terrestres/MGET (Global Change and Terrestrial Ecosystems/GCTE);
d) Interações Continente-Oceano na Zona Costeira/ICOZC (Land-Ocean Interactions in the Coastal Zone/LOICZ).

Entre os projetos citados, o autor deste compêndio teve a oportunidade de atuar como representante no último deles, entre 1993 e 1998, coordenando a edição de duas publicações com algumas contribuições brasileiras ao projeto (Suguio; Forneris; Schaeffer-Novelli, 1996; Suguio et al., 1998).

As mudanças paleoclimáticas durante o Quaternário tardio no Brasil 5

O estudo dos paleoclimas, que resultam de intrincada interferência de causas e efeitos múltiplos (Mörner, 1988), é tão complicado quanto o da maioria dos fenômenos naturais.

Desde a década de 1950 têm sido publicados inúmeros trabalhos que mostram discrepâncias entre as distribuições faunísticas, florísticas, as feições geomorfológicas e os climas atualmente reinantes em várias regiões do Brasil (Ab'Saber, 1957; Tricart, 1958, 1977; Bigarella; Ab'Saber, 1964; Bigarella; Andrade-Lima; Riehs, 1975; Haffer, 1969, 1992; Vanzolini, 1992). Entretanto, análises mais sistemáticas de laboratório foram realizadas em poucos desses casos.

Segundo Bigarella, Mousinho e Silva (1965), as atividades morfodinâmicas de evolução das vertentes teriam sido regidas por processos de degradação lateral, levando ao desenvolvimento de pedimentos, alternados com fases de dissecação vertical (Fig. 5.1). A primeira ocorreria em clima semiárido, com chuvas concentradas e torrenciais, enquanto a segunda corresponderia ao clima úmido. Infelizmente, esses critérios geomorfológicos permitiram reunir apenas dados fragmentários, em geral sem datações absolutas, dificultando sobremaneira as correlações, não somente das superfícies erosivas, mas inclusive dos seus depósitos correlativos. Da mesma forma, as formações Alexandra (PR) e Pariquera-Açu (SP), antigamente consideradas como pleistocênicas, têm fornecido idades geológicas mais antigas que o Quaternário (Lima; Angulo, 1990).

Outra linha de evidências sobre os prováveis paleoclimas do Quaternário está relacionada à distribuição florística (Bigarella, 1965b). Segundo Klein (1975), os estudos fitogeográficos têm mostrado que grande parte da vegetação primária do sul do Brasil encontra-se em desacordo com as condições climáticas e edáficas vigentes. Naquela época, o autor já admitia que as mudanças paleoclimáticas do Quaternário teriam influído na expansão e retração alternadas das associações vegetais do sul do Brasil.

5.1 Importância dos estudos paleoclimáticos

A Terra está sob ameaça de mudança global do clima, exacerbada pelo chamado "efeito estufa" (*greenhouse effect*), fato que vem despertando interesse crescente pelos estudos paleoclimáticos nas últimas décadas. A ciência necessita de dados globais, regionais e até mesmo locais cada vez mais confiáveis, que permitam a calibração de modelos que visem diagnosticar as futuras mudanças do clima. Para isso, além dos dados ligados às condições climáticas atuais, fornecidos pela Meteorologia, é necessário reconstituir a história do clima, isto é, as mudanças paleoclimáticas, que representam as variações no conjunto de parâmetros meteorológicos pretéritos (paleotemperaturas, regimes de paleoventos e índices pluviométricos passados) que caracterizam os estados médios típicos da superfície terrestre. Essas mudanças processam-se em várias escalas espaciais (mundiais, regionais e locais) e temporais (centenas a dezenas de milhões de anos até algumas dezenas de anos).

Os objetivos dos estudos paleoclimáticos são análogos aos dos estudos climáticos, pois visam compreender as

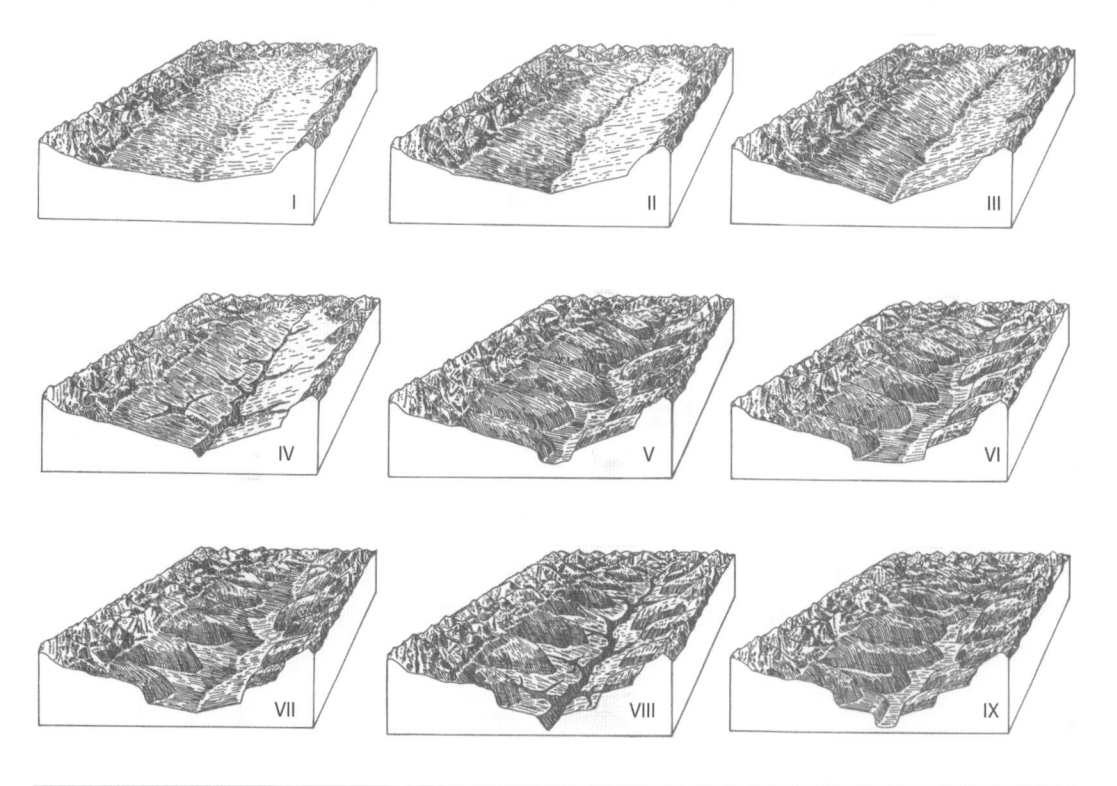

Fig. 5.1 Esquema básico de evolução de vertente: I = extensa superfície intermontana formada por pediplanação sob clima semiárido; II e III = modificações da superfície aplainada por um rebaixamento pouco acentuado do nível de base local de erosão, em consequência de pequenas flutuações climáticas, tendendo para maior umidade durante a época semiárida; IV = dissecação generalizada da superfície aplainada em função de mudança climática para condições mais úmidas; V = alargamento do vale acompanhado por aluviação e coluviação por flutuações para semiaridez durante a época úmida; VI = degradação lateral e formação de superfície de pedimentação sob condições climáticas semiáridas; VII = modificações da superfície do pedimento causadas por ligeiro rebaixamento do nível de base local em consequência de pequenas flutuações climáticas, tendendo para condições mais úmidas durante a época semiárida; VIII = dissecação generalizada resultante da instauração de uma nova época úmida; IX = alargamento e preenchimento dos vales durante a época úmida, causados essencialmente por flutuações climáticas episódicas, tendendo para condições mais secas (Bigarella; Mousinho; Silva, 1965)

mudanças ocorridas através dos tempos geológicos no sistema constituído pela atmosfera, hidrosfera e criosfera. Três diferenças fundamentais, entre outras, quando as pesquisas climáticas atuais e passadas são comparadas, residem nas escalas de tempo consideradas, nas metodologias empregadas e na participação ou não do homem, como um importante agente de modificações do paleoclima no Quaternário, principalmente no Holoceno, mormente no último século. As medidas instrumentais permitem recuar, no máximo, até o século XVI, quando da invenção do termômetro por Galileo, em torno de 1590, e do barômetro por Torricelli, em 1643. Entretanto, as informações paleoclimáticas são baseadas em medidas indiretas, por meio dos registros representativos (*proxy records*) ou arquivos naturais (*natural archives*), mais detalhadamente discutidos no Cap. 3.

Segundo Barron e Moore (1994), há uma série enorme de dificuldades que desafiam as pesquisas paleoclimáticas, a começar pela escassez e pela descontinuidade das informações, que dificultam enormemente as correlações cronoestratigráficas e as interpretações das observações. Algumas das questões básicas relacionadas aos estudos paleoclimáticos são:

a) Não sendo factível a execução de medidas instrumentais, recorre-se à identificação, seguida de descrição e interpretação das assinaturas (registros, traços, sinais ou evidências) paleontológicas, geológicas e geoquímicas. Em geral, porém, essas assinaturas são complexas, e quanto mais antigos os registros, tanto mais escassos e discutíveis tornam-se os sinais e, portanto, as suas interpretações.

b) Os registros geológicos são, em geral, incompletos e refletem mais diretamente as características paleoclimáticas que vigoraram nas proximidades da superfície terrestre. Além disso, as unidades estratigráficas, principalmente as mais antigas, representam milhões de anos, e no interior dessas unidades é muito difícil demonstrar, com o nível de precisão desejado, a existência ou não de sincronismo ou de diacronismo (heterocronismo) dos eventos paleoclimáticos, mesmo quando se pesquisa o período Quaternário, limitado ao último 1,8 Ma.

c) Os conjuntos de observações de eventos de natureza paleoclimática detectados nos registros geológicos são, por vezes, dificilmente explicáveis pelas condições atualmente reinantes no sistema atmosfera-hidrosfera-criosfera, o que enseja acaloradas discussões sobre os possíveis mecanismos, apesar da aplicação da técnica quantitativa da função de transferência, discutida na seção 4.3.1.

d) Embora um número crescente de possíveis explicações sobre as evoluções solar e planetária esteja contribuindo para o inventário das possíveis causas das variações climáticas, o término das dissensões sobre o tema parece estar longe. O maior problema é que múltiplos fatores extraterrestres (mudanças na radiação solar, na órbita e eixo terrestres, nos mecanismos galácticos etc.) somam-se ou subtraem-se aos fatores ligados à dinâmica interna (vulcanismo e orogênese), além de causas antropogênicas, que atuam com intensidades e alcances espaciais e temporais diferentes (Crowell; Frakes, 1970; Axelrod, 1981; Thompson; Barron, 1981).

O clima é um fator decisivo, que controla a dinâmica externa (superficial) da Terra e afeta com intensidades variáveis todo o ciclo hidrológico – portanto, as estratégias reprodutivas e as distribuições biogeográficas dos organismos vivos, com relação aos tipos e volumes dos produtos de intemperismo crustal, como de deposição sedimentar. Desse modo, as mudanças paleoclimáticas quaternárias provocaram modificações nos níveis dos lagos e nas composições e distribuições da fauna e da flora, não somente das regiões andinas (Van der Hammen, 1974; Servant; Fontes, 1978; Schubert; Clapperton, 1990; Salgado-Labouriau, 1991), como também nas regiões mais baixas e mais planas do Brasil (Absy; Van der Hammen, 1976; Absy et al., 1991; Suguio et al., 1993).

5.2 Estudos palinológicos

Entre os vários métodos aplicáveis aos estudos paleoclimáticos do Quaternário, as análises palinológicas acompanhadas de datações absolutas, principalmente pelo método do radiocarbono, constituem, no momento, as ferramentas mais poderosas, conforme já era enfatizado por Klein (1975).

Porém, a fase de aplicação mais sistemática da análise palinológica e do método do radiocarbono aos estudos paleoclimáticos no Brasil só teve início na década de 1980, e tornaram-se mais comuns na década de 1990, na execução de várias dissertações de mestrado e teses de doutoramento. A maioria dos trabalhos publicados até o momento versa sobre as regiões Centro-Oeste, Sudeste e Sul do País (Absy; Suguio, 1975; Ledru, 1993; Cordeiro; Lorscheitter, 1994; Ledru et al., 1996), embora tenham surgido várias publicações sobre a região amazônica (Absy; Van der Hammen, 1976; Absy, 1985; Absy et al., 1991; Sifeddine et al., 1994a, 1994b; Colinvaux et al., 1996).

O interesse maior pelos estudos paleoclimáticos do Pleistoceno no Brasil surgiu pelas seguintes razões:

a) os critérios geomorfológicos, que foram os pioneiros no reconhecimento de feições características de climas secos, no mínimo semiáridos, desenvolvidos provavelmente durante o Pleistoceno, em áreas atualmente ocupadas por densa floresta pluvial;

b) o advento da teoria dos refúgios, proposta por Haffer (1969) para explicar as diversidades faunística e florística das florestas pluviais, em função da fragmentação florestal durante o Pleistoceno.

No entanto, são ainda muito escassas as pesquisas paleoclimáticas no Brasil que alcançam o Pleistoceno e, quando isso acontece, não ultrapassam o Pleistoceno superior (Fig. 5.2).

O registro paleoclimático pleistocênico mais antigo, datado em termos absolutos, provém de uma lagoa da Serra Sul de Carajás (PA) e remonta há aproximadamente 60.000 anos (Absy et al., 1991; Sifeddine et al., 1994a). Ele mostra uma fase seca precedente, que também poderia estar presente em Salitre (Patrocínio, MG), onde o paleoclima poderia, além de seco, ser frio (Ledru et al., 1996).

Após uma fase mais seca, sobreveio um período mais úmido, que ter-se-ia iniciado entre 60.000 e 55.000 anos A.P., perdurando até cerca de 31.000 anos A.P. em Carajás (PA). Essa fase foi também reconhecida em Catira (RR) (Absy; Van der Hammen, 1976; Van der Hammen;

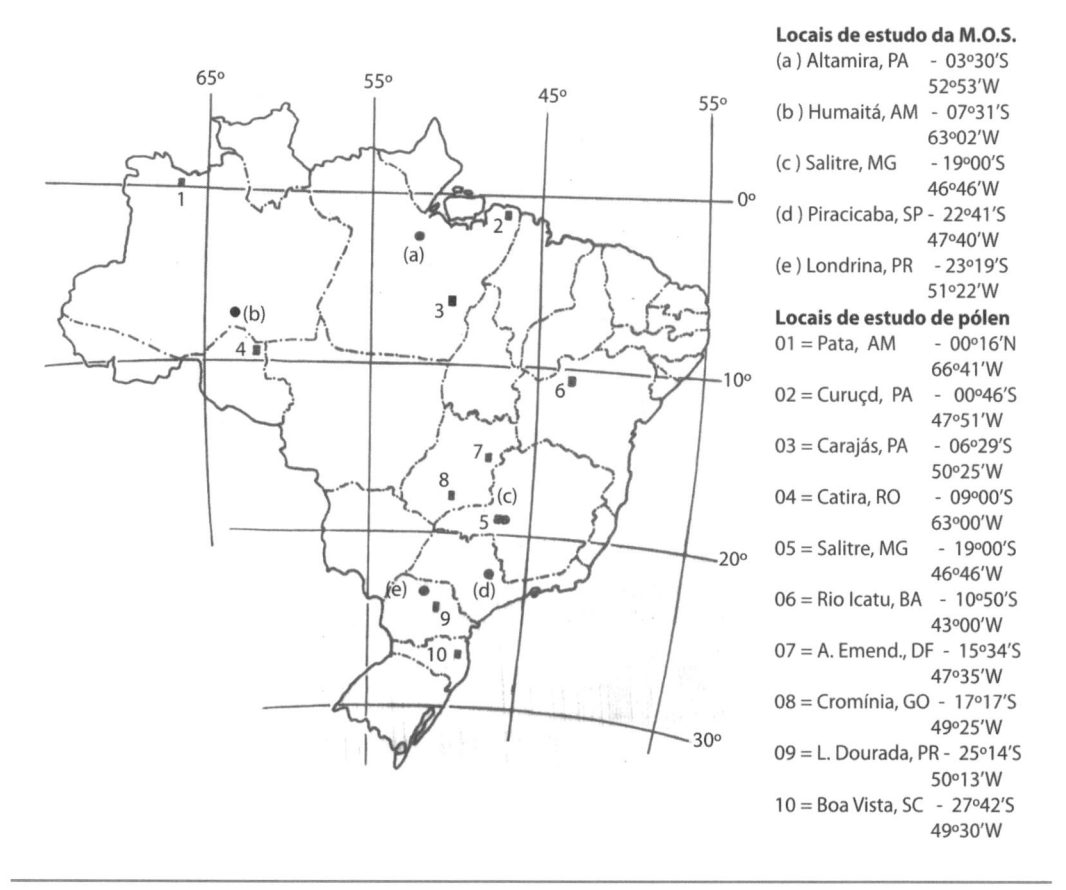

Locais de estudo da M.O.S.
(a) Altamira, PA - 03°30'S 52°53'W
(b) Humaitá, AM - 07°31'S 63°02'W
(c) Salitre, MG - 19°00'S 46°46'W
(d) Piracicaba, SP - 22°41'S 47°40'W
(e) Londrina, PR - 23°19'S 51°22'W

Locais de estudo de pólen
01 = Pata, AM - 00°16'N 66°41'W
02 = Curuçd, PA - 00°46'S 47°51'W
03 = Carajás, PA - 06°29'S 50°25'W
04 = Catira, RO - 09°00'S 63°00'W
05 = Salitre, MG - 19°00'S 46°46'W
06 = Rio Icatu, BA - 10°50'S 43°00'W
07 = A. Emend., DF - 15°34'S 47°35'W
08 = Cromínia, GO - 17°17'S 49°25'W
09 = L. Dourada, PR - 25°14'S 50°13'W
10 = Boa Vista, SC - 27°42'S 49°30'W

Fig. 5.2 Alguns locais onde foram executados estudos paleoclimáticos do Quaternário no Brasil, que alcançam o Pleistoceno superior

Absy, 1994); no bairro de Colônia, na cidade de São Paulo (SP) (Riccomini et al., 1991) e também em Cromínia (GO) (Ferraz-Vicentini; Salgado-Labouriau, 1996). Na Amazônia, esse período mais úmido de desenvolvimento de florestas pluviais parece ter sido interrompido, pelo menos uma vez, por uma fase mais seca, entre 50.000 e 40.000 anos A.P., evento que poderia estar representado em Serra Negra (MG) e em São Paulo (SP) por depósitos coluviais datados em 42.000 anos A.P. por Melo et al. (1987).

Entre 31.000 e 28.000 anos A.P., iniciou-se a fase mais seca, representada principalmente no Hemisférico Norte, pelo Último Máximo Glacial (UMG), que atingiu o seu clímax entre 20.000 e 13.000 anos A.P. Com isso, em Carajás (PA), Cromínia (GO) e São Paulo ocorreu a abertura de florestas pluviais, com ressecação de lagoas em Salitre e Serra Negra (MG), com interrupção da sedimentação.

A tendência de mudança para condições climáticas holocênicas parece ter-se iniciado há 16.000 anos em Salitre (MG), e há 13.000 anos em Carajás (PA). Por sua vez, as florestas pluviais atingiram o seu pleno desenvolvimento entre 10.000 e 9.000 anos A.P. em todas as regiões estudadas no Brasil, ajudando a fixar temporariamente os paleossolos das vertentes, comumente datados como do início do Holoceno.

Se essas informações paleoclimáticas obtidas no Brasil forem confrontadas com as evidências encontradas no testemunho de gelo Vostok (Antártica), é possível que as duas principais fases de climas mais secos (anterior a 60.000 anos A.P. e entre 20.000 e 13.000 anos A.P.) correspondam a dois períodos mais frios e com teores mais baixos de CO_2 atmosférico.

5.3 Outros tipos de estudos paleoclimáticos
5.3.1 A antracologia e os paleoclimas

A antracologia pode ser definida como o estudo e a interpretação de restos de madeira carbonizados provenientes dos solos, dos sedimentos lacustres e paludiais, além de dunas e sítios arqueológicos. Esses restos de madeira carbonizados registrariam paleoincêndios, de origem natural ou antrópica. O seu estudo consiste na identificação botânica, baseada na anatomia da madeira e, se nenhum tratamento químico for realizado, na datação ao radiocarbono da amostra (Vernet; Bazile; Evin, 1979). Como se presume que esses fragmentos sejam pouco transportados, torna-se possível inferir a fisionomia vegetal contemporânea aos incêndios do próprio local de sedimentação. A utilização desses dados permite determinar a vegetação predominante, que estava relacionada ao clima da época, e as modificações sofridas deverão refletir-se nas mudanças dos tipos de vegetais representados, hoje em dia, por esses fragmentos de carvão.

Numerosas ocorrências de carvão em solos (Soubiès, 1980; Sanford et al., 1985; Saldarriaga; West, 1986), em sedimentos eólicos (Barreto; Pessenda; Suguio, 1996), lacustres e paludiais (Vernet et al., 1994;

Turcq et al., 1998) têm sido registradas no Brasil.

Na fase de interpretação desses restos de madeira carbonizados, comumente permanece a dúvida quanto à sua origem ser natural ou artificial (antrópica). Entretanto, parece fora de dúvida que eles registram eventos relacionados a climas secos e quentes.

5.3.2 Os isótopos estáveis de carbono e os paleoclimas

As composições isotópicas em carbonos estáveis ($^{13}C/^{12}C$ ou $\delta^{13}C$) da Matéria Orgânica do Solo (MOS) registram informações concernentes às ocorrências de espécies de plantas de ciclos fotossintéticos dos tipos C_3 (plantas arbóreas) ou C_4 (gramíneas) nas comunidades vegetais pretéritas, bem como as suas contribuições relativas na determinação da produtividade primária líquida da comunidade vegetal (Troughton; Stout; Rafter, 1974; Stout; Rafter; Troughton, 1975). Essas informações têm sido usadas como evidências de mudanças na fisionomia vegetal (Hendy; Rafter; MacIntosh, 1972), para inferir mudanças paleoclimáticas (Hendy; Rafter; MacIntosh, 1972) e estimar as taxas de mobilidade da MOS (Cerri et al., 1985).

Em geral, os valores de $\delta^{13}C_{PDB}$ das espécies de plantas do tipo C_3 variam entre -32‰ e -20‰, com um valor médio de -27‰, ao passo que nas espécies de plantas do tipo C_4 situam-se entre -17‰ e -9‰, com uma média de -13‰. Portanto, segundo Boutton (1991), as plantas dos tipos C_3 e C_4 possuem valores distintos de $\delta^{13}C_{PDB}$, cuja diferença é de aproximadamente 14‰. Esse método baseia-se no fenômeno do fracionamento isotópico que, durante o processo de fotossíntese, marca as plantas com composição isotópica característica para o ciclo das plantas dos tipos C_3 ou C_4.

Diversos estudos paleoclimáticos com a utilização de isótopos estáveis de carbono da MOS têm sido realizados no Brasil (Victória et al., 1995; Martinelli et al., 1996; Pessenda et al., 1996; Desjardins et al., 1996). Entre as localidades estudadas, tem-se Londrina (PR), Piracicaba e São Roque (SP), Altamira e Paragominas (PA), Salitre (MG), Manaus (AM), Pantanal Mato-grossense e Rondônia.

5.3.3 A arqueologia e os paleoclimas

No baixo vale do rio Xingu (PA), Perota e Cassiano-Botelho (1990) estudaram sambaquis fluviais dos sítios arqueológicos denominados pelos autores de Guará-I e Guará-II, situados na desembocadura do igarapé Guará. Com base nas posições geográficas, nas sequências estratigráficas e nas tradições culturais expressas no material cerâmico desses sítios, os autores apresentam a hipótese de que as fases de ocupação dos sítios, abrangendo os últimos 3.200 anos, tenham obedecido às mudanças paleoclimáticas na área, que afetaram os regimes hidrológicos e, portanto, os níveis de água do rio Xingu e seus afluentes. Baseado em Meggers (1994), essas flutuações paleoclimáticas poderiam ser atribuídas a eventos do "tipo El Niño", ocorridos na região amazônica, nos últimos anos.

De fato, no mínimo em três momentos (2.800 a 2.500 anos, 2.200 a 1.600 anos e 1.200 a 1.100 anos A.P.), as populações de homens pré-históricos da região foram afetadas por mudanças paleoclimáticas (Fig. 5.3), quando foram obrigadas a abandonarem os sítios, conforme se descreve a seguir.

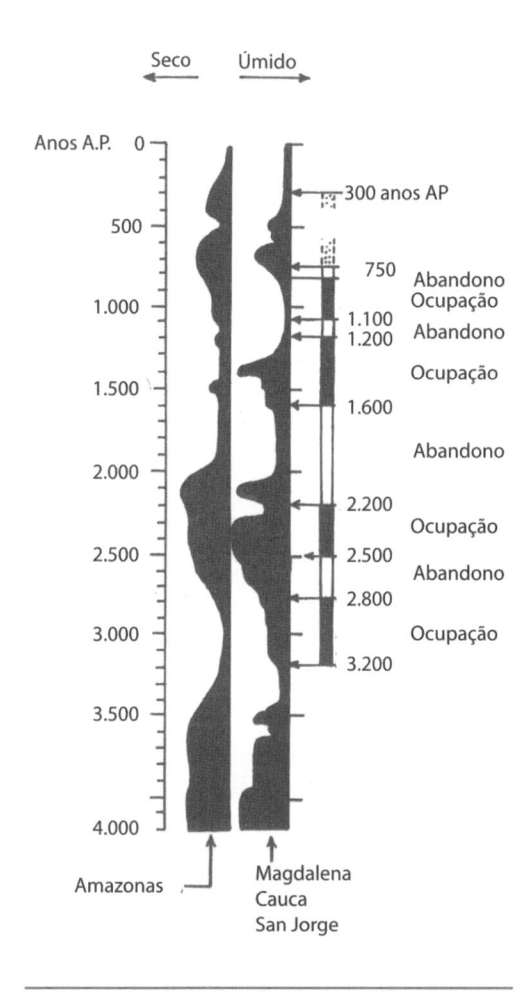

Fig. 5.3 Mudanças relativas de pluviosidades anuais efetivas, nos últimos 4.000 anos, na planície amazônica brasileira (Absy, 1979) e nas bacias dos rios Magdalena-Cauca-San Jorge, na Colômbia (Van der Hammen, 1986)

a) Entre 3.200 e 2.800 anos A.P. – uma população de homens pré-históricos ceramistas da Fase Macapá (Tradição Mina) deve ter-se instalado sobre terraços argiloarenosos, de provável idade pleistocênica, na margem direita do rio Xingu, na região de "Volta Grande".
b) Entre 2.800 e 2.500 anos A.P. – corresponde a um intervalo de tempo sem dados arqueológicos, provavelmente de alta pluviosidade, que provocou a enchente do rio Xingu, com consequente abandono do sítio.
c) Entre 2.500 e 2.200 anos A.P. – o paleoclima da época deve ter sido mais seco que o atual, quando duas populações de homens pré-históricos ceramistas, uma no sítio Salvaterra (terraço arenoargiloso) e outra sobre o sambaqui de Guará-I instalaram-se na região.
d) Entre 2.200 e 1.600 anos A.P. – não há registro arqueológico, provavelmente devido ao abandono do sítio, forçado pela subida de nível do rio Xingu, em razão da alta pluviosidade.
e) Entre 1.600 e 1.200 anos A.P. – período caracterizado por frequentes oscilações dos regimes hidrológicos, evidenciadas em Guará-I e Guará-II por camadas arenosas com conchas de moluscos. Esse período foi muito favorável à coleta de moluscos pelas populações instaladas às margens do rio Xingu.

f) Entre 1.200 e 1.100 anos A.P. – corresponde a um intervalo de tempo relativamente curto, sem informações arqueológicas, representado por camadas horizontais de areias grossas com fragmentos de conchas e materiais cerâmicos, quando deve ter ocorrido retrabalhamento das camadas superficiais dos sambaquis. A subsequente descida do nível das águas propiciou o entalhamento dos terraços arenosos pelo rio Xingu.

g) Entre 1.100 e 800 anos A.P. – os terraços arenosos, formados no período anterior, foram intensamente ocupados por grupos de populações da Fase Independência (Tradiação Policrômica).

h) Entre 800 e 750 anos A.P. –período relativamente curto, mas de intensa erosão dos terraços arenosos, que provocou a migração das populações pré-históricas.

i) Entre 750 e 300 anos A.P. – o regime hidrológico deve ter sido semelhante ao atual, com oscilações de nível das águas ligadas às variações das marés. Esse regime causou a destruição de terraços arenosos mais recentes e de alguns sítios arqueológicos. Sobre o sambaqui Guará-I, observa-se um hiato considerável há 639 anos, representado na sequência estratigráfica por camada de areia grossa com fragmentos de conchas retrabalhados.

Para uma interpretação paleoclimática mais precisa desses sítios arqueológicos, que considere, entre outros critérios, as suas posições geográficas, talvez haja a necessidade de levar em conta as atividades neotectônicas na região de Volta Grande, que, segundo Rodriguez (1993), parecem ter sido decisivas na sedimentação quaternária.

5.4 Exemplo de estudo paleoclimático do Quaternário tardio no Brasil: serra dos Carajás (PA)

5.4.1 Local de estudo

A Serra Sul de Carajás (06°20' de latitude sul e 50°25' de longitude oeste) constitui um platô encouraçado e laterítico desenvolvido sobre formação ferrífera bandada (*banded iron formation*), que se ergue 700 a 800 m acima da paisagem circundante, dominada por densa floresta pluvial. Ela está situada em um "corredor seco" da Amazônia brasileira (Soubiès, 1980), onde as precipitações (1.500 a 2.000 mm/ano) são menos abundantes (Soubiès et al., 1991) que nas regiões adjacentes (2.000 a 3.000 mm/ano). Esse clima atual mais seco (Fig. 5.4) propicia o aparecimento de bosques de árvores decíduas na floresta pluvial.

A fisionomia vegetal sobre o platô, em função do forte endurecimento da couraça laterítica, caracteriza-se pela ausência de floresta pluvial e pelo desenvolvimento de savana arbustiva densa com *Mimosa acustipula e Sobralia liliastrum*, ou por savana arbustiva aberta com *Byrsonima coriacea, Croton argyrophyllus* e gramíneas, onde *Borre-*

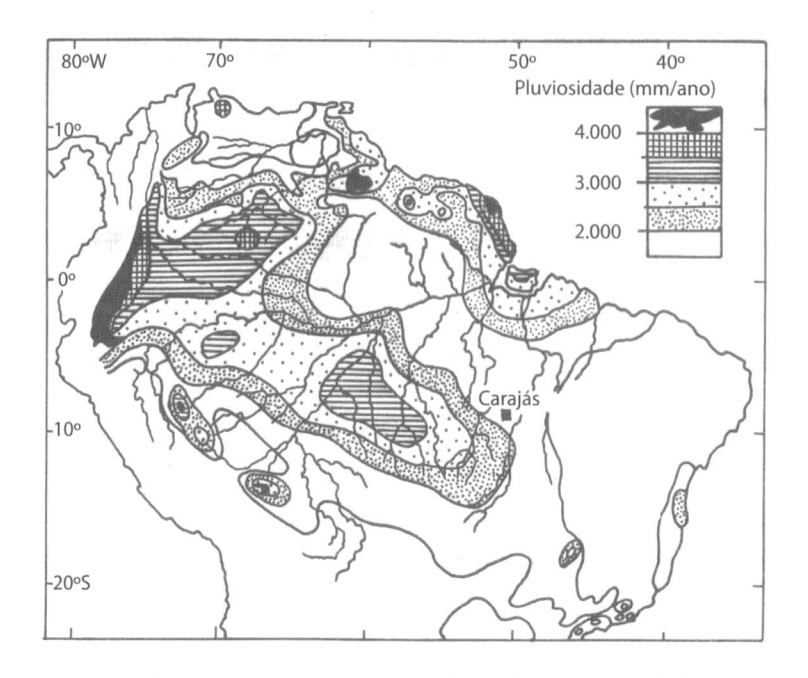

Fig. 5.4 Local de estudo, situado a sul-sudoeste de Belém (PA), em um "corredor seco" da Amazônia brasileira (Soubiès, 1980; Soubiès et al., 1991), onde a pluviosidade anual é inferior a 2.000 mm

ria e Compositae atingem as suas máximas extensões.

Os espectros polínicos atuais dos sedimentos lacustres e paludiais, coletados no platô, mostram nítida predominância (76%) de elementos arbóreos, como Cecropia, Celtis, Trema, Piper e Aparisthmium, cuja maioria (63% do total) provém da floresta pluvial que circunda o platô.

As lagoas e pântanos são numerosos, tanto na Serra Norte como na Serra Sul de Carajás, ocupando depressões restritas (poucas centenas de metros), parcialmente interligadas e fechadas, com bacias vertentes mais ou menos íngremes e curtas. É comum possuírem vertedouros sobre os materiais lateríticos, que despejam as águas em excesso para as regiões baixas circundantes (Fig. 5.5). Essas depressões são bastante semelhantes a pequenas dolinas, fato que levou os pesquisadores pioneiros da região a confundi-la como de relevo cárstico, relacionado a rochas carbonatadas (Barbosa et al., 1966). Recentemente, Maurity e Kotschoubey (1995) confirmaram que se trata de um relevo pseudocárstico, razão pela qual é relacionado, no Cap. 7, como "Laterito Serra dos Carajás" das províncias espeleológicas não carbonáticas.

5.4.2 Material estudado e datações

Um testemunho de sondagem com 6,50 m de comprimento foi obtido no centro de uma lagoa, quase completamente colmatada, situada sobre o platô da Serra Sul,

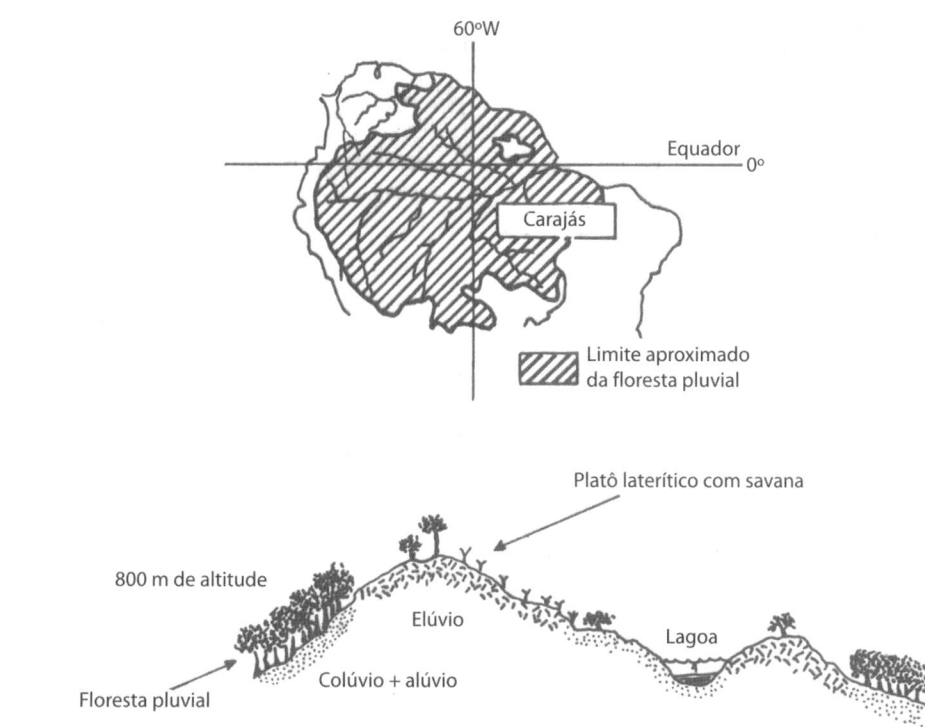

Fig. 5.5 Seção transversal esquemática leste-oeste da Serra dos Carajás (PA), com as depressões fechadas, ocupadas por lagoas e pântanos; a savana arbustiva sobre o platô e a floresta pluvial circundante

utilizando-se um vibrotestemunhador (Martin; Flexor; Suguio, 1995).

Nesse testemunho foram reconhecidas três sequências sedimentares (Fig. 5.6), cada uma iniciando-se com areia siderítica, contendo também grãos de quartzo e hematita. A transição de areia siderítica para argila orgânica é mais ou menos gradual, mas na base da camada de areia siderítica IIIa, talvez devida à ressecação da lagoa seguida de erosão, entre 23.670 ± 300 e 12.520 ± 130 anos A.P., o contato é brusco. Provavelmente, hiato semelhante pode ser observado na base da camada de areia siderítica IIa, porém os dados geocronológicos são insuficientes para se conhecer a idade desse hiato.

5.4.3 Estudos palinológicos e as mudanças na vegetação e no clima

Os dados obtidos pelos estudos palinológicos de 50 amostras do testemunho CSS-2 permitiram estabelecer oito zonas palinológicas (Fig. 5.7), que levaram Absy et al. (1991) ao reconhecimento de:

a) períodos de retração da floresta: os espectros polínicos das zonas A1, B e D mostram uma forte predominância de gramíneas e de táxons de savana. Certos elementos da floresta pluvial densa, como

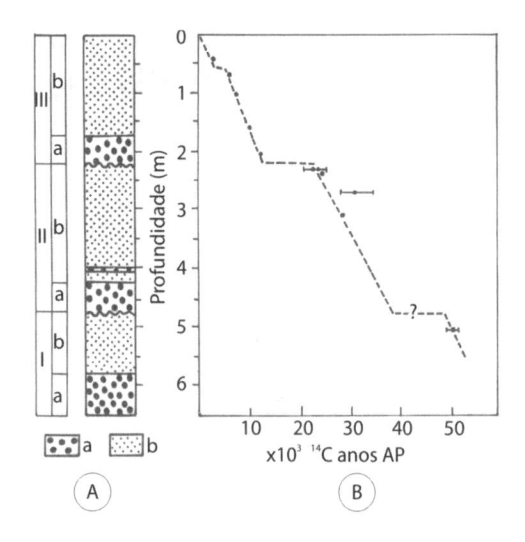

Fig. 5.6 (A) testemunho CSS-2 da Serra Sul de Carajás (PA), com as sequências sedimentares I a III, compostas por alternância de areia siderítica (a) e argila orgânica (b); (B) relações entre as idades e as profundidades, em que se notam dois hiatos a cerca de 4,80 e 2,20 m de profundidade, nas bases das camadas de areia siderítica

a *Cecropia*, são quase completamente ausentes. Esses espectros polínicos, muito distintos dos atuais, indicam fases de desaparecimento, pelo menos parcial, da floresta pluvial ao redor do platô, e, por extrapolação, pode-se situá-las em torno de 60.000 (A1), 40.000 (B) e 23.000-11.000 (C) anos A.P. A abundância do táxon aquático *Isoëtes* indica a existência de uma lagoa pouco profunda. A zona palinológica E2 (entre cerca de 7.500 e 3.000 anos A.P.) diferencia-se das anteriores pela baixa representatividade dos táxons de savana e pela abundância de detritos vegetais carbonizados de granulação fina, o que sugere que incêndios florestais possam ter contribuído para a abertura da floresta pluvial, fato recentemente corroborado por Turcq et al. (1998).

b) períodos de expansão de floresta: esses períodos foram definidos pelas frequências elevadas de elementos arbóreos, representadas pelas zonas palinológicas A2, C, E1 e E3. Nas duas primeiras, o gênero *Ilex* é bem representado. Na zona C, a abundância de *Botryococcus* sugere que uma lagoa relativamente profunda mantinha-se na depressão. A sua ressecação foi precedida por aumento da frequência de gramíneas nos espectros polínicos e, talvez, pela implantação de uma vegetação arbórea na depressão, testemunhada pela presença de numerosos fragmentos de troncos carbonizados de madeira nos sedimentos. Na zona E1, a frequência máxima de pólen de plantas arbóreas situa-se ao redor de 9.500 a 8.000 anos A.P. Finalmente, o reaparecimento da floresta pluvial no Holoceno superior (E3) é indicado nos espectros polínicos pela abundância de táxons de vegetação pioneira, como *Aparisthmium* e *Piper*.

5.4.4 Outros tipos de estudo e as mudanças do clima

Como não foi possível utilizar os métodos clássicos, os componentes minerais (quartzo, caulinita, siderita e sílica amorfa) foram determinados pelo método quantitativo infravermelho (Sifeddine et al., 1994a). As porcentagens obtidas para cada constituinte são independentes para cada tipo de análise.

Os resultados das determinações de quartzo pelo método da radiação infravermelha são mostrados na Fig. 5.7. Os valores máximos de fluxo de quartzo correspondem aos picos de sedimentos ricos em siderita ($FeCO_3$ em forma de romboedros), onde a matéria orgânica é muito degradada e escassa.

A sílica amorfa foi encontrada na porção superior do testemunho CSS-2, correspondente aos últimos 8.000 anos. O estudo microscópico dessa sílica amorfa mostrou que são espículas de esponja da espécie *Corvomeyenia thumi*, característica de meios aquosos pouco profundos e ricos em sílica (SiO_2). A sílica amorfa está associada à presença de partículas microscópicas de carvão vegetal.

As análises das palinofácies permitiram identificar três tipos de constituintes alóctones: fragmentos opacos lignocelulósicos, fragmentos translúcidos lignocelulósicos e matéria orgânica amorfa de cor avermelhada, além de um tipo de componente autóctone,

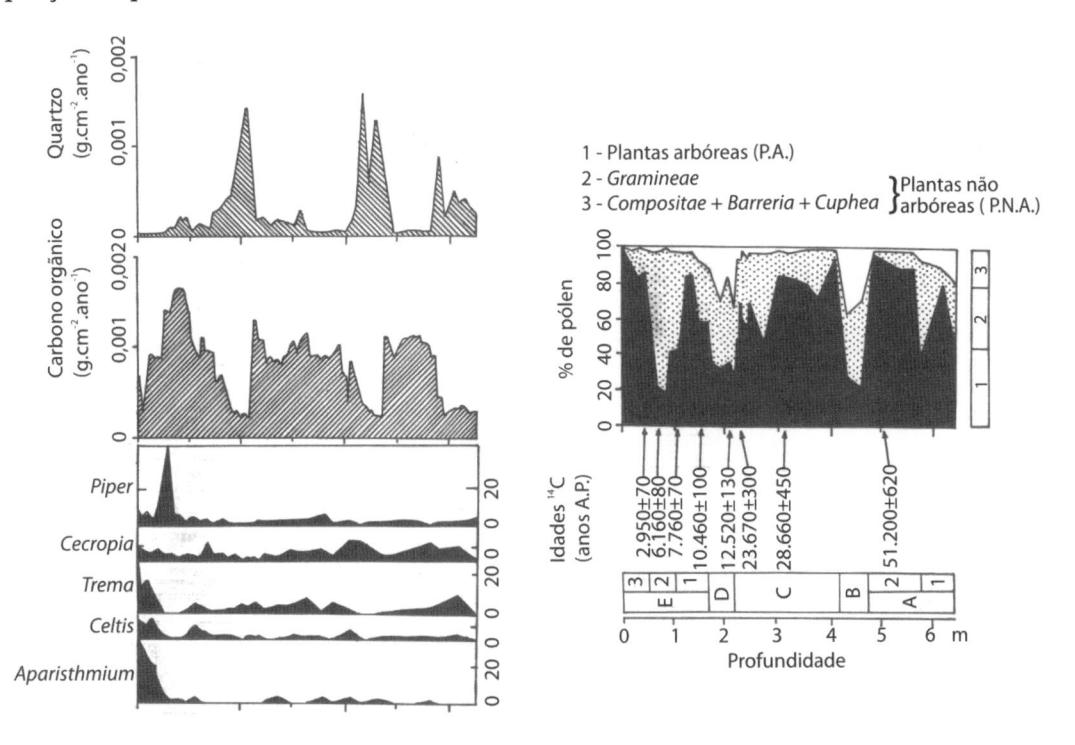

Fig. 5.7 Comparação entre o espectro polínico do testemunhos CSS-2 (Carajás Serra Sul, PA) e as variações de fluxo de carbono orgânico e de quartzo (em $g.cm^{-2}.ano^{-1}$). Notar que as variações de fluxo de carbono orgânico são inversamente proporcionais às de quartzo, o que evidencia as suas diferenças quanto aos seus significados paleoclimáticos

que é a matéria orgânica amorfa aglomerada de cor cinzenta (Sifeddine et al., 1994b).

As razões C/N são caracterizadas por valores entre 10 e 11 no nível detrítico superior, e entre 10 e 20 nos níveis detríticos médio e inferior. Elas variam entre 30 e 50 nos dois níveis orgânicos.

As análises isotópicas mostraram valores de $\delta^{13}C$ da matéria orgânica total entre -28‰ e -30‰ nos níveis orgânicos, e entre -20‰ e -25‰ nos níveis de siderita. Essas diferenças provavelmente estão relacionadas aos conteúdos orgânicos em plantas dos tipos C_3 e C_4 dos sedimentos estudados, compostos por misturas de elementos de origens diferentes, submetidos a transformações biológicas e diagenéticas.

De qualquer modo, segundo Sifeddine et al. (1994a, 1994b), esses estudos, quando comparados aos estudos palinológicos, não mostram discrepâncias, de modo que também são interessantes marcadores paleoambientais, principalmente paleoclimáticos.

5.4.5 Comparação com dados paleoclimáticos de outras regiões do Brasil nos últimos 30.000 anos

Os dados obtidos na Serra Sul de Carajás (PA) podem ser comparados com as informações sobre a evolução paleoclimática de outras regiões do Brasil (Fig. 5.8) nos últimos 30.000 anos (Fig. 5.9).

a) 30.000 a 20.000 anos A.P.: em Carajás, há cerca de 28.000 anos, ocorreu mudança faciológica mate-

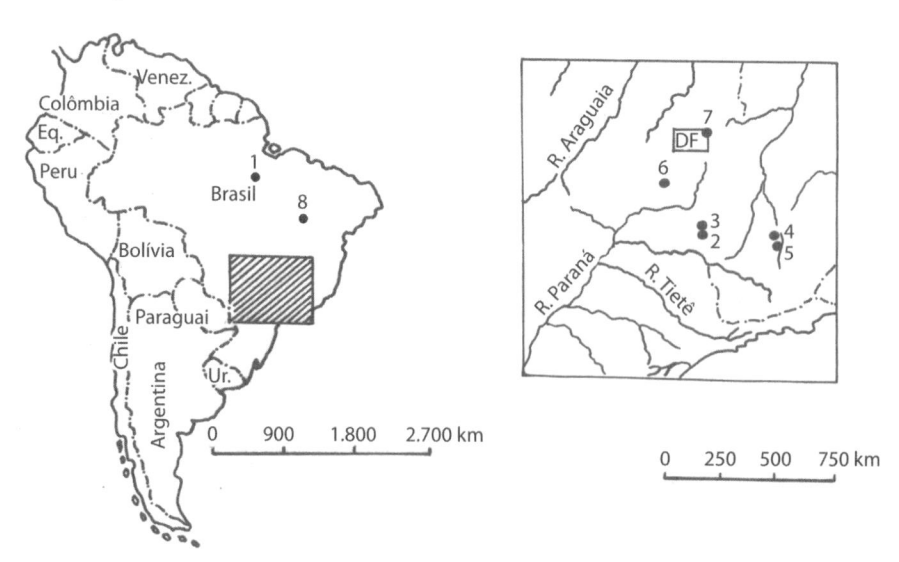

Fig. 5.8 Sítios estudados no Brasil, quanto às condições paleoclimáticas durante o Quaternário tardio, por meio da palinologia. Na sequência crescente (de 1 a 8), os estudos foram efetuados por Absy et al. (1991), em Carajás (PA); Ledru (1991), na Serra do Salitre (MG); Oliveira (1992), em Serra Negra e Lagoa dos Olhos (MG); Parizzi (1993), em Lagoa Santa (MG); Ferraz-Vicentini (1993), em Cromínia (GO); Barberi-Ribeiro (1994), em Águas Emendadas (DF); e Oliveira, Barreto e Suguio (1999), no rio Icatu (BA)

rializada pela passagem dos níveis muito orgânicos para organominerais, contendo matéria orgânica mais oxidada, e pelo aumento na frequência de quartzo. Essa mudança reflete o abaixamento do nível do lago, que respondeu prontamente à modificação do clima, ao passo

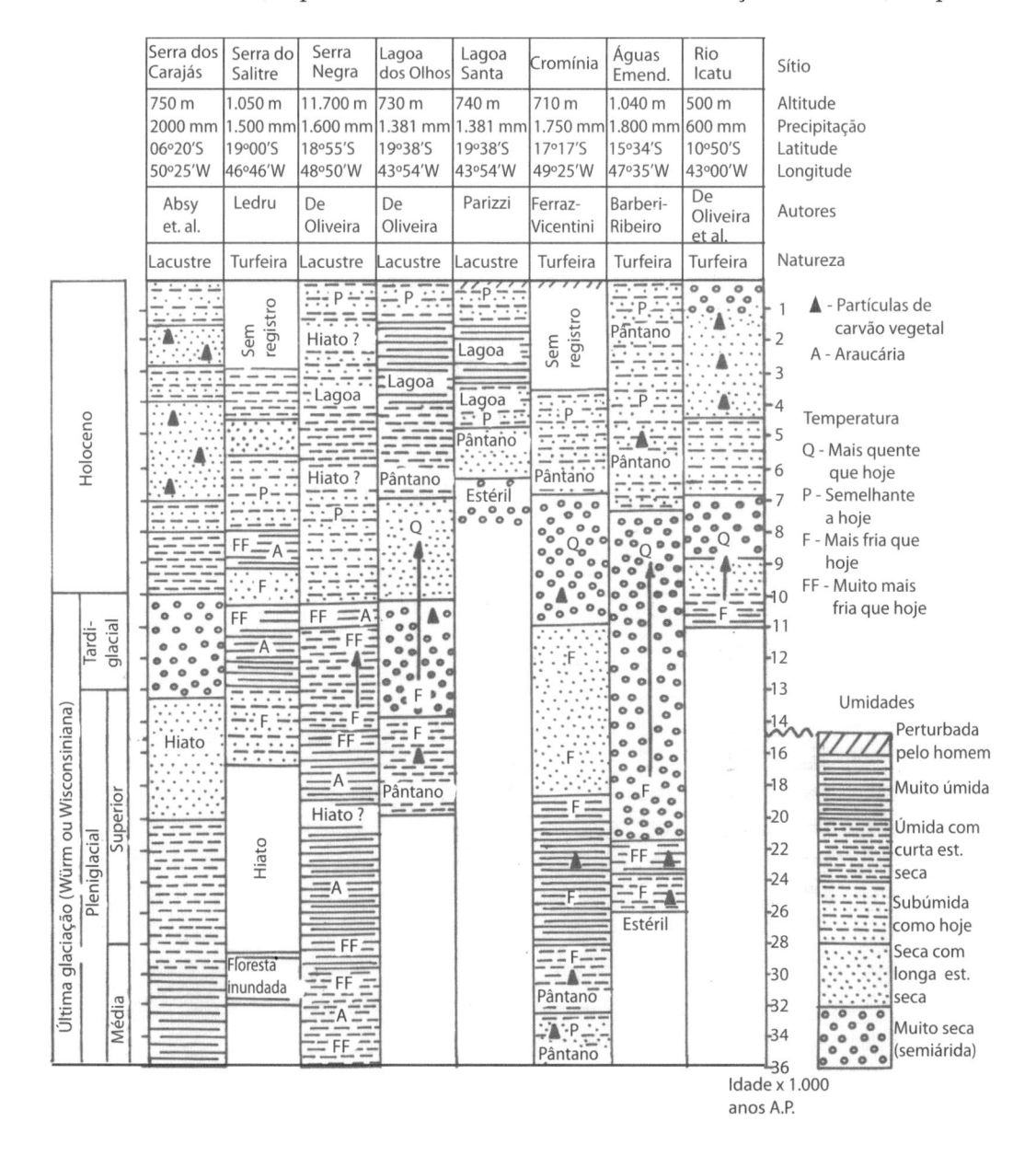

Fig. 5.9 Correlação paleoclimática do Quaternário tardio (últimos 30.000 anos) na Serra Sul de Carajás (PA), com os dados de outras regiões do Brasil, baseada em estudos palinológicos e datações ao radiocarbono (Salgado-Labouriau, 1997)

que a fisionomia vegetal se transformou muito mais lentamente. Portanto, os níveis lacustres altos devem ser correlacionados ao início de modificação da floresta.

Em Serra Negra (MG) e Cromínia (GO), esse intervalo de tempo foi caracterizado por resfriamento geral pronunciado (mais fria a muito mais fria que hoje) e relativa umidade, intercalado por fases mais secas, forçando as mudanças na cobertura vegetal.

Evidências de paisagem desprovida de vegetação e submetida a condições climáticas secas e frias, durante o UMG, entre 30.000 e 18.000 anos A.P., foram também constatadas por Behling e Lichte (1997) em Morro de Itapeva (SP) e Lagoa do Pires (MG), bem como em Botucatu (SP) (Behling; Lichte; Miklos, 1998).

b) 20.000 a 13.000 anos A.P.: esse período caracterizou-se em Carajás por um hiato, com interrupção da sedimentação, e pela ressecação completa da lagoa. Porém, pouco antes de 20.000 anos A.P., a depressão parece ter sido ocupada por vegetação arbórea, a julgar pela abundância de troncos de madeira carbonizada encontrados nos sedimentos.

Em Águas Emendadas (DF) e Cromínia (GO), o clima apresentou-se seco, com longa estação seca a muito seca (semiárido), enquanto que em Serra Negra (MG) e Lagoa dos Olhos (MG), o clima foi úmido a muito úmido. Quanto à temperatura, apresentou-se mais fria a muito mais fria que hoje.

c) 13.000 a 10.000 anos A.P.: o aumento progressivo da frequência de grãos de pólen de plantas arbóreas nesse período indica uma retomada de desenvolvimento da floresta pluvial. Porém, a intensa degradação de restos vegetais sugere que o nível lacustre era instável, com tendência à ressecação.

No período, o clima foi muito seco (semiárido) em Lagoa dos Olhos (MG) e em Águas Emendadas (DF), e seco com longa estação seca em Cromínia (GO), enquanto que em Serra do Salitre e Serra Negra, ambas em Minas Gerais, o clima foi de muito úmido a úmido com curta estação seca. As temperaturas variaram de mais fria a muito mais fria que hoje.

Em geral, essa fase corresponde à transição para as condições climáticas atuais, sendo marcada por intensa erosão das vertentes e por alta taxa de sedimentação detrítica (Suguio et al., 1993; Bertaux et al., 1996; Turcq; Pressinoti; Martin, 1997).

O fim do Pleistoceno na região de Serra do Estreito (BA), hoje dominada por vegetação de caatinga, apresentou expressivo aumento de umidade e temperaturas mais baixas que hoje, permitindo a expansão da floresta tropical úmida (Fig. 5.10), com alta biodiversidade no período de 10.990 a 10.540 anos A.P. (Oliveira; Barreto; Suguio, 1999).

d) 10.000 a 8.000 anos A.P.: em Carajás, esse período corresponde à máxima frequência de grãos de pólen de plantas arbóreas e à mínima contribuição dos componentes detríticos, além de ausência da siderita. Essas características são indicativas de máximo desenvolvimento da floresta pluvial por volta de 10.000 anos A.P.

Em Cromínia (GO) e Águas Emendadas (DF), e provavelmente em Lagoa Santa (MG), o clima era muito seco (semiárido), mas a temperatura era mais quente que hoje. Por sua vez, em Serra do Salitre, Serra Negra e Lagoa dos Olhos, todas em Minas Gerais, o clima era seco, com longa estação

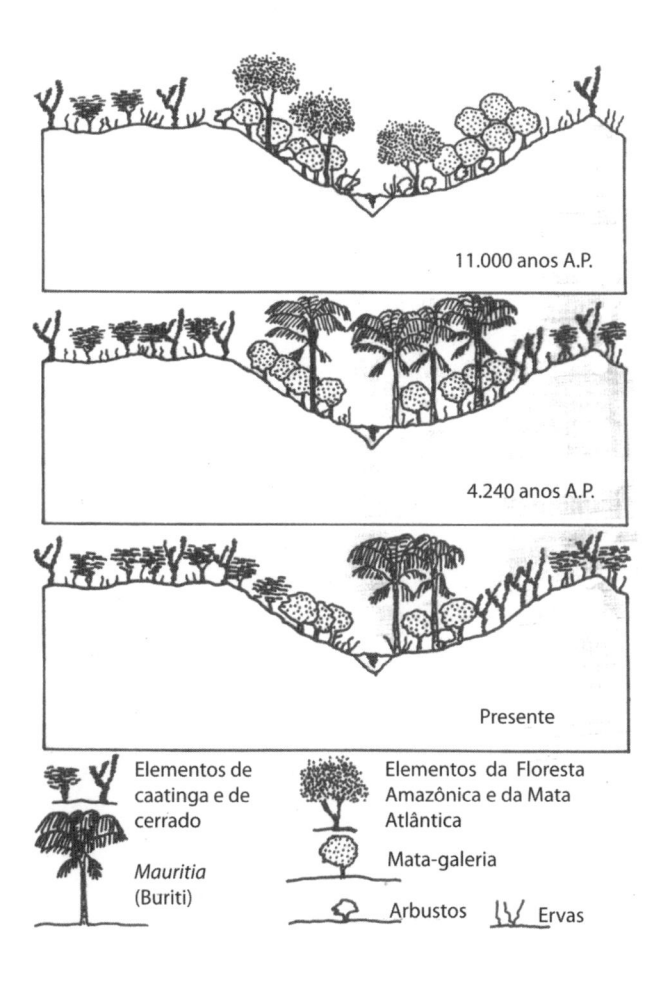

Fig. 5.10 Representação esquemática da evolução da vegetação desde o fim do Pleistoceno e durante o Holoceno, na Vereda do Saquinho, no rio Icatu (BA) (Barreto, 1996)

seca a subúmida e temperatura como a de hoje, porém só em Serra do Salitre houve curtos momentos de clima muito mais frio que hoje. Na região de Serra do Estreito (BA), os elementos típicos das florestas tropicais foram predominantes até 8.910 anos A.P., mas, a partir dessa época, até 6.790 anos A.P., ocorreu aumento progressivo de aridez, que favoreceu o incremento de elementos de caatinga e de cerrado na paisagem.

e) 8.000 anos A.P. até hoje: esse período é marcado pela abertura da floresta pluvial entre 7.000 e 4.000 anos A.P., e entre 2.700 e 1.500 anos A.P., caracterizada pelas seguintes particularidades: ausência de táxons de savana, frequência anormalmente alta de grãos de pólen de *Piper* (vegetação pioneira), segundo Absy et al., (1991), e, além disso, pela presença de sílica amorfa de espículas de esponja e abundantes microfragmentos de carvão vegetal. A ocorrência desses dois intervalos de tempo, com forte variabilidade climática, poderia estar ligada a modificações de temperaturas do oceano Pacífico equatorial do "tipo El Niño", com duração de várias dezenas de anos (Martin; Suguio, 1992; Martin et al., 1993; Meggers, 1994).

Nas regiões Centro-Oeste e Sudeste, os climas predominantes, nesse período, variaram de subúmido, como hoje, até muito úmido e com temperaturas semelhantes às atuais.

Na Serra de Estreito (BA), as condições climáticas eram semelhantes às das regiões Centro-Oeste e Sudeste até cerca de 4.000 anos A.P. (Fig. 5.10). Porém, após essa época, houve expansão dos elementos da caatinga e do cerrado no interior da Bahia, enquanto que nas regiões Centro-Oeste e Sudeste prevaleceu a tendência ao aumento da umidade até os dias atuais. Essa possível discrepância poderia ser atribuída ao efeito de fenômeno do "tipo El Niño" de duração mais longa (Absy et al., 1991; Colinvaux et al., 1996; Oliveira; Barreto; Suguio, 1999).

Apesar de inúmeras dificuldades de reconstituição dos paleoclimas, além dos diacronismos e dos efeitos diferenciados de uma região para outra, é surpreendente constatar que os eventos de mudanças paleoclimáticas mais importantes do Quaternário, principalmente os do Holoceno, sejam mais ou menos reconhecíveis nos registros globais, inclusive no Brasil. Entre alguns desses eventos, têm-se, por exemplo, a Idade Hipsitérmica (cerca de 9.000 a 2.500 anos A.P.), a Neoglaciação (cerca de 2.500 a 1.000 anos A.P.) e a Pequena Idade do Gelo (aproximadamente 1.450 a 1.890 anos d.C.). Como já foi dito, os reflexos dos eventos paleoclimáticos, como os anteriormente enumerados, não são idênticos em diferentes latitudes e longitudes. Assim, os períodos de expansão das geleiras em altas altitudes e/ou latitudes correspondem a climas em geral mais secos em baixas altitudes e/ou latitudes, e, além disso, constituem fenômenos diacrônicos (Fig. 5.11). Portanto, não se pode usar diretamente, no Brasil, os termos da subdivisão paleoclimática do Holoceno da Escandinávia, como foi feito por Bombin (1976).

5.4.6 Comparação com dados paleoclimáticos de regiões tropicais de outras partes do mundo

Os dados obtidos na Serra Sul de Carajás (PA) podem ser comparados com as informações sobre a evolução paleoclimática da África ocidental nos últimos 20.000 anos. As florestas pluviais densas retraíram fortemente na África, como no sudeste da Amazônia, entre 20.000 e 13.000 anos A.P. As fases pleistocênicas secas reconhecidas em Carajás poderiam ser correlacionadas com os episódios frios e secos do Hemisfério Norte.

Entretanto, recentemente Colinvaux et al. (1996) estudaram a história paleoclimática, por meio de espectro polínico contínuo dos últimos 40.000 anos da Lagoa Pata (00°16′ de latitude norte e 66°41′ de longitude oeste), concluindo que a floresta pluvial tropical ocupou continuamente a região. Isso sugere que, naquela região da Amazônia ocidental, a floresta não foi fragmentada em refúgios nas épocas glaciais, conforme a ideia de Haffer (1969). Porém, os resultados

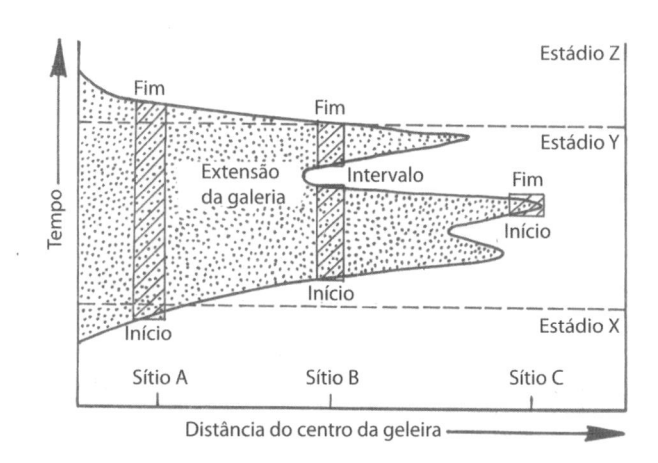

Fig. 5.11 Embora os termos "glacial" e "interglacial" sejam comumente usados com implicações mundiais, para distinguir as principais flutuações climáticas durante o Pleistoceno, esses conceitos são grandemente simplificados. No sítio A (próximo ao centro da glaciação), ocorre um longo episódio glacial no intervalo de tempo indicado. No sítio B, mais afastado do centro, ocorrem dois estádios glaciais intercalados por uma fase mais quente interestadial. No sítio C ocorre somente um evento glacial de curta duração, intercalado em longo episódio de características interglaciais (Andrews, 1979)

divulgados por Colinvaux et al. (1996) não invalidam as informações obtidas na Serra dos Carajás, pois esta situa-se em "corredor seco", muito mais sensível às variações climáticas que a Amazônia ocidental.

O desenvolvimento progressivo, porém ainda limitado, da vegetação arbórea a partir de 13.000 a 12.000 anos A.P. poderia ser associado à elevação gradual e generalizada do lençol freático de água subterrânea nas zonas intertropicais, que ocorreu não somente na América do Sul, mas também em outras regiões tropicais (Servant et al., 1993). Esse fenômeno aconteceu cronologicamente próximo à época de intenso aquecimento global, que se traduziu em importantes recuos de geleiras nos dois hemisférios há cerca de 15.000 anos (Broecker; Denton, 1989). É importante notar que, embora os níveis lacustres respondam mais ou menos prontamente às mudanças climáticas, as florestas atingiram o seu clímax apenas posteriormente, isto é, há cerca de 9.500 anos, tanto no continente africano como no sul-americano. Porém, a partir de cerca de 9.000 anos A.P., os dois continentes apresentaram evolução claramente divergente. A umidificação do clima na África é atestada por níveis lacustres muito altos, que culminaram ao redor de 6.000 anos A.P. Em contraposição, na América do Sul equatorial houve ressecação do clima, claramente exemplificada pela retração da floresta pluvial em Carajás, sendo também conhecida em várias outras regiões. Essa fase seca do Holoceno é aproximadamente contemporânea ao Ótimo Climático (Idade Hipsitérmica) do Hemisfério Norte. Esse fenômeno manifestou-se não somente pela redução de débito do rio Amazonas (Showers; Bevis, 1988), mas também pelos frequentes incêndios de florestas pluviais (Soubiès, 1980; Saldarriaga; West, 1986; Turcq et al., 1998), pela intensificação da erosão (Servant et al., 1989) e pelos retrabalhamentos eólicos (Barreto; Pessenda; Suguio, 1996). Nos Andes centrais, o nível do lago Titicaca sofreu um abaixamento, na mesma época, de quase 60 m (Wirrmann; Mourguiart; Oliveira-Almeida, 1988). Essas divergências são confirmadas, ao redor de 4.000 a 3.000 anos A.P., pelo reaparecimento da floresta pluvial em Carajás, enquanto as condições climáticas tornavam-se mais secas na África (Elenga; Schwartz; Vincens, 1992).

5.4.7 Conclusões

Quatro períodos de abertura na floresta pluvial foram identificados, pela primeira vez por Absy et al. (1991), na Amazônia. Os três primeiros, há cerca de 60.000, 40.000 e 23.000 a 11.000 anos, caracterizam-se pela presença de táxons de savana. Comparando-se com a distribuição atual da floresta pluvial densa na Amazônia, pode-se admitir que as precipitações hoje existentes em Carajás, de 1.500 a 2.000 mm/ano, tenham sido de 1.000 a 1.500 mm/ano durante aqueles episódios. Provavelmente, o maciço florestal amazônico teria sido fragmentado nessas épocas, como admitiu Haffer

(1969). As histórias evolutivas dos paleoclimas da América do Sul tropical e da África parecem ter sido análogas de 20.000 a 9.000 anos A.P., isto é, entre o UMG (20.000 a 15.000 anos A.P.) e o início do estádio interglacial atual. Elas começaram a divergir a partir de 9.000 anos A.P., com o surgimento de uma fase seca na América do Sul, mas o clima na África continuava úmido. O desenvolvimento da floresta pluvial em Carajás, a partir de cerca de 3.000 anos A.P., é oposto à tendência para secura da África ocidental, com a desertificação do Saara e com fases de abertura na floresta pluvial densa.

As mudanças do nível do mar no Quaternário e os seus registros 6

6.1 AS GLACIAÇÕES E O NÍVEL DO MAR
6.1.1 O conceito de eustasia

Sem qualquer relação com a altitude dos continentes adjacentes, a eustasia referia-se originalmente à medida da variação do nível do mar em termos absolutos. Até agora, porém, não foi descoberto um método que permita medir a variação absoluta, e, na prática, recorre-se a medidas relativas.

Além disso, não existe qualquer garantia de que o continente que irá servir de nível de referência tenha permanecido estático no intervalo de tempo considerado. Essa afirmação é verdadeira não somente com relação ao litoral do Japão, situado ao longo de um arco insular – portanto, muito instável –, mas também a vários trechos da costa brasileira, apesar de situada em área tectonicamente muito mais estável.

As mudanças eustáticas constituem fenômenos complexos, que não podem ser explicados somente por episódios de glaciação e deglaciação, embora esta seja, talvez, a causa de maior alcance global (Fig. 6.1).

Mudanças nos volumes das águas oceânicas

A subida do nível do mar de natureza glacioeustática deve ser atribuída ao

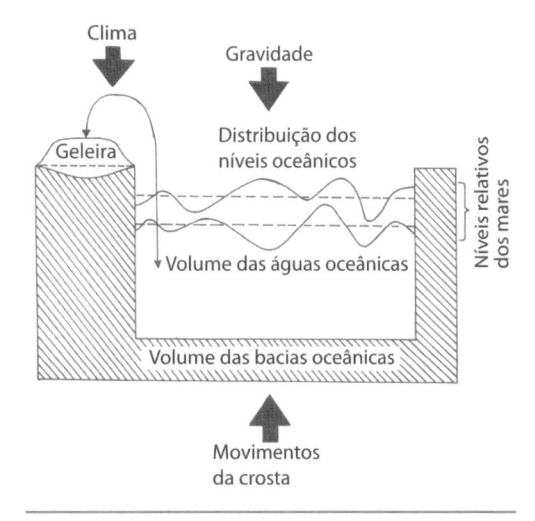

Fig. 6.1 Principais fatores que influem nas variações do nível do mar no Quaternário, incluindo os fatores mundiais, regionais e locais

incremento de volume das águas oceânicas em virtude da fusão das geleiras. Assim, abordaremos como os volumes das águas oceânicas foram acrescidos de épocas Tardiglaciais para Pós-glaciais.

Bloom (1971) usou a ideia de recuos anuais das calotas glaciais, segundo de Geer (1912), e calculou as prováveis áreas ocupadas pelas principais geleiras em diferentes épocas do Quaternário (Tab. 6.1).

Quanto às espessuras das geleiras, admitindo-se que suas áreas tenham diminuído proporcionalmente, pode-se estabelecer a seguinte relação aproximada entre os volumes (V) e as áreas (A): $V = A^{1,5}$. A Fig. 6.2 corresponde à repre-

Tab. 6.1 Variações das áreas ocupadas por algumas das principais geleiras do Quaternário em fase de deglaciação após o Último Máximo Glacial, há aproximadamente 18.000 anos, em 10^6 km^2 (Bloom, 1971)

Idade (anos AP)	Calota Laurenciana	Calota Cordilheirana	Alasca	Calota Escandinava
18.000	11,89	1,62	0,03	2,63
15.000	11,79	1,62	0,03	2,05
12.500	9,69	1,30	-	-
12.000	8,59	-	-	-
11.800	8,75	1,16	-	-
10.500	7,49	0,90	-	1,10
9.000	4,54	0,28	-	-
8.500	-	0,22	-	0,19
8.000	2,73	-	-	-
7.000	0,34	-	0,05	-
6.500	-	-	-	-
0	0,15	0,03	0,05	0,005

sentação gráfica das variações porcentuais de A e V com o tempo.

Na Fig. 6.2 verifica-se que, a partir de cerca de 15.000 anos A.P., os volumes das águas oceânicas sofreram um brusco acréscimo, com pequena variação a partir de 7.000 anos A.P. Entretanto, a curva de Emery (1969), obtida das relações entre as profundidades e as idades de dados coletados na costa leste da América do Norte, considerando-se 100% como 130 m de profundidade, mostra grande semelhança entre 15.000 e 8.000 anos A.P. e antes de 15.000, e exibe nítida discrepância entre 8.000 e 2.000 anos A.P. O trecho semelhante pode ser explicado pelas variações glacioeustáticas, mas a porção divergente não pode ser atribuída à mesma causa, o que mostra que os movimentos eustáticos não podem ser atribuídos somente às variações dos volumes das águas oceânicas.

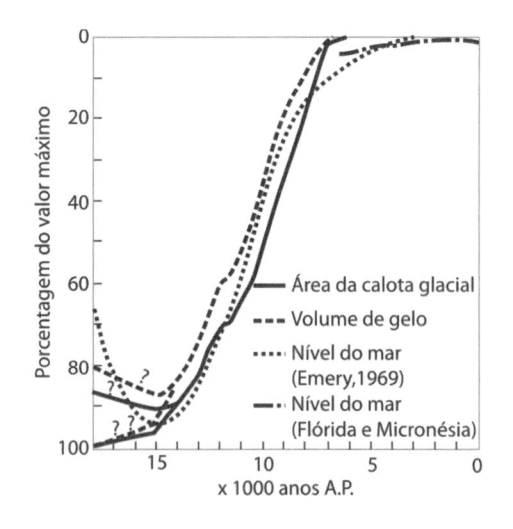

Fig. 6.2 Variações do nível do mar em consequência das mudanças das áreas e dos volumes das geleiras nos últimos 18.000 anos (Bloom, 1971)

Mudanças isostáticas

O atraso da subida do nível do mar em função do incremento das águas oceânicas deve ser relacionado à subsidência do assoalho oceânico. A primeira causa desse fenômeno, no caso da costa oriental norte-americana, é a glacioisostasia.

Na Fig. 6.3, a área pontilhada corresponde à costa onde o nível do mar, entre 2.500 e 5.000 anos A.P., era mais baixo que o atual. A costa oriental norte-americana está quase totalmente incluída nessa área que, durante a última glaciação, representava uma zona de soerguimento da intumescência periglacial, mas em época pós-glacial converteu-se em área de subsidência. Desse modo, a antiga curva de Shepard (1963), baseada essencialmente em dados norte-americanos, representa um padrão do nível do mar em área sujeita à subsidência isostática pós-glacial.

A segunda causa de subsidência que pode ser aventada para a costa oriental norte-americana é a hidroisostasia. Nessa região, em função do peso da coluna de água de degelo sobre o fundo da plataforma continental, ocorreu sobrecarga variável, segundo as profundidades das águas. Em consequência, conforme o local, ocorreu o fenômeno da subsidência, com intensidades variáveis.

Como se observa também na Fig. 6.3, nas regiões costeiras da América do Sul e da África, onde ocorrem conchas marinhas de 5.000 a 2.500 anos AP acima do nível do mar atual, são obtidas curvas de variação do nível do mar como as

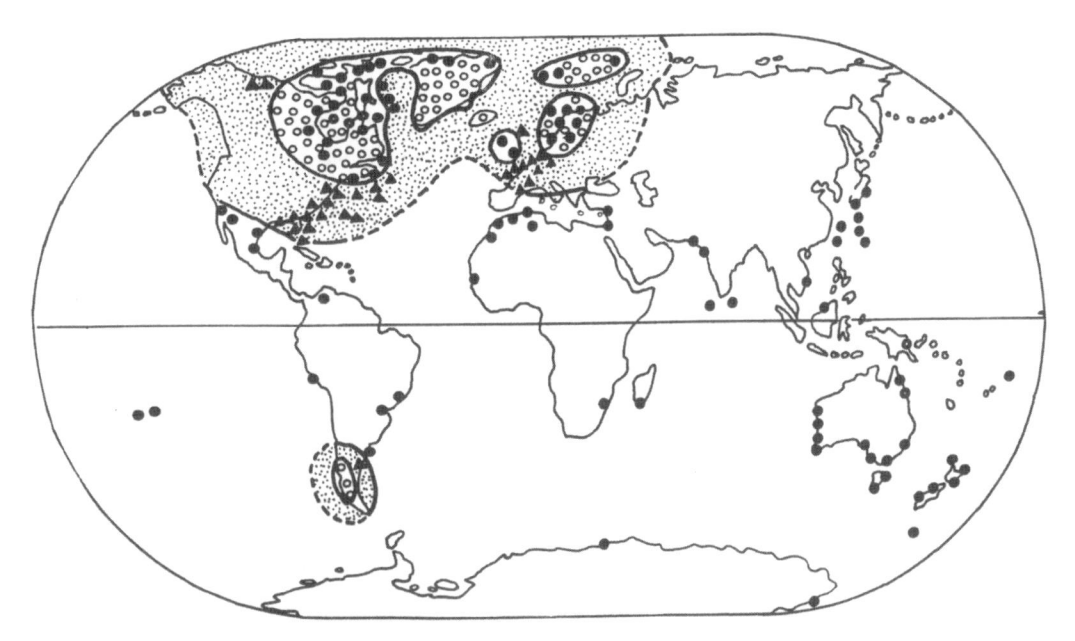

● - Locais com conchas de moluscos marinhos entre 2.500-5.000 anos A.P. acima do nível atual
▲ - Locais com turfas continentais entre 2.500-5.000 anos A.P. abaixo do nível atual
○ - Locais com calotas glacias durante a última glaciação submetidos ao soerguimento glacioisostático pós-glacial

Fig. 6.3 Setores da costa com níveis do mar pós-glaciais mais altos e mais baixos que o atual, e as relações com mudanças isostáticas relacionadas às geleiras da glaciação Würm (Walcott, 1972)

da Fig. 6.4. A tendência de abaixamento do nível do mar após 5.000 anos A.P., vista nas curvas, pode ter duas possíveis explicações. A primeira poderia ser atribuída à diminuição dos volumes das águas oceânicas nesse intervalo de tempo; a segunda, à sobrecarga em razão do aumento da coluna de água sobre as plataformas continentais, promovendo a migração de materiais do manto para baixo dos continentes, causando o soerguimento de suas bordas (Walcott, 1972; Sugimura, 1977).

Segundo Bloom (1967), nas praias das ilhas oceânicas, a própria ilha acompanha o movimento hidroisostático, de modo que somente o aumento ou decréscimo de volume das águas são registrados.

Mudanças geoidais

A superfície oceânica ou geoidal não apresenta forma constante, mas varia conforme a distribuição da força gravitacional. Se ocorrerem migrações e redistribuições de materiais do manto, em consequência de modificações nas distribuições de sobrecarga sobre a superfície terrestre devidas, por exemplo, às alternâncias de estádios glaciais e interglaciais, devem surgir reflexos na forma do geoide.

Clark, Farrell e Peltier (1978) construíram um mapa-múndi de mudanças do nível do mar aplicando uma fórmula que incorpora as intensidades de mudanças na superfície do geoide (superfície oceânica) e da superfície da Terra sólida (fundo oceânico), cujas diferenças expressariam as mudanças do nível do mar. Assim, a área oceânica ficou mais detalhada que na classificação de Walcott (1972), tendo sido reconhecidas seis regiões, para cada uma das quais foram delineadas curvas de

—— Variações do nível do mar segundo cálculos de Clark, Farrell e Peltier (1978);
------ Variações do nível do mar segundo dados de Fairbridge (1976)
·········· Variações do nível do mar segundo cálculos de Clark, Farrell e Peltier (1978), 100 km a leste (costa afora de Recife)

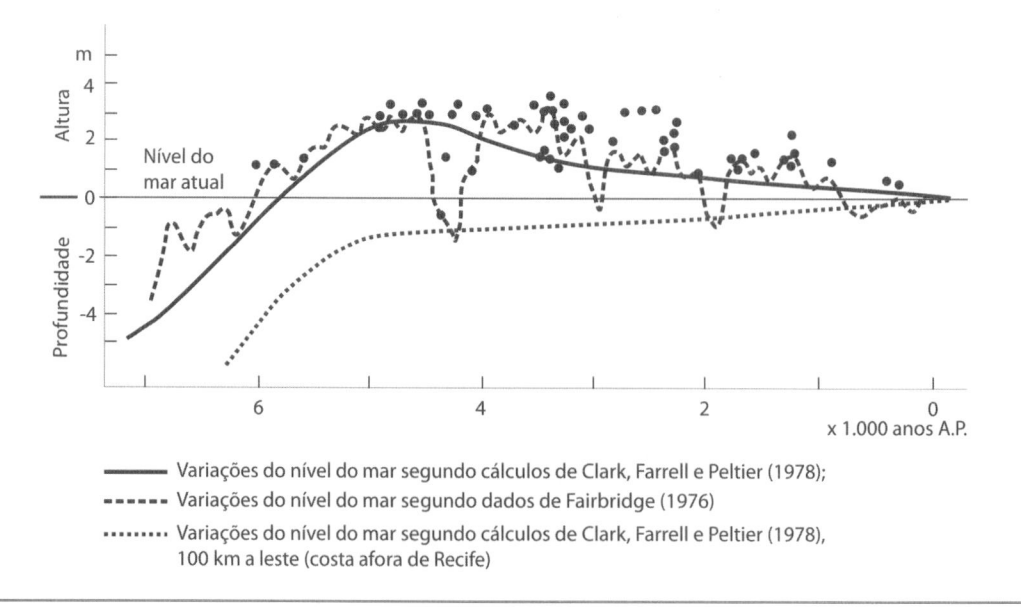

Fig. 6.4 Variações do nível do mar no litoral de Recife, PE (Sugimura, 1977)

variação do nível do mar de 18.000 anos A.P. até hoje.

Segundo estudos de imagens orbitais obtidas por satélites artificiais, as diferenças de altura entre o geoide atual e o elipsoide terrestre apresentam valores máximos na Nova Guiné e mínimos no arquipélago das Maldivas, cuja diferença chega a 180 m. Mörner (1976) admitiu que qualquer mudança na forma do geoide seria acompanhada por movimento vertical e horizontal daquela intumescência, causando variações no nível do mar de natureza geoidoeustática. Algumas variações do nível do mar ocorridas no passado, na mesma época mas de natureza discordante, como a regressão na ilha de Barbados e a transgressão nas ilhas do Havaí, ocorridas há 115.000 anos de modo bastante conspícuo, foram atribuídas por esse autor à geoidoeustasia.

Portanto, entre algumas das causas de movimentos eustáticos, têm-se as que dependem dos volumes de águas oceânicas, das mudanças isostáticas e dos movimentos geoidais, que se somam ou se subtraem aos movimentos crustais locais ou regionais. Assim, em geral, há condições de se falar somente em variações do nível relativo do mar. Entre as causas citadas, a primeira é a mais importante e também a de caráter mais global. Nas proximidades de antigas calotas glaciais, as mudanças isostáticas são as causas mais importantes, como acontece na península da Escandinávia ou no Canadá. Nas vizinhanças de cinturões móveis, por sua vez, os movimentos crustais podem ser as causas mais significativas, como se verifica no arquipélago japonês.

O nível do mar na última glaciação e a futura subida por degelo total das geleiras

Logo após a proposição da designação idade do gelo, em 1837, por L. Agassiz (1807-1873), C. MacLaren, em 1842, admitia que, durante a grande idade do gelo, a Europa teria sido coberta por uma calota glacial de mais de 2 km de espessura, e o nível do mar teria estado mais de 200 m abaixo do atual. Essa ideia partia da premissa de que na Terra existia uma quantidade finita de água, que circulava entre três reservatórios principais: atmosfera, continentes e oceanos. Portanto, a descoberta da existência de períodos com enormes calotas de gelo sobre os continentes no Hemisfério Norte deveria conduzir naturalmente à ideia defendida por MacLaren. Entretanto, naquela época, quando nem se conhecia a influência dos rios no afeiçoamento do relevo, pensar-se que a idade do gelo pudesse interferir na evolução geomorfológica litorânea em nível mundial constituía um fato deveras surpreendente.

Além disso, MacLaren chegou a estimar que o desvanecimento das geleiras atuais poderia provocar uma subida do nível do mar de cerca de 30 m. Ele designou de glacioeustasia o movimento eustático do nível do mar por efeito das geleiras. Admitia-se, erroneamente, que o termo eustasia teria sido originalmente usado por Suess (1888), ao descrever a quebra de declividade na passagem da plataforma continental para o talude continental.

As estimativas para o nível mínimo do mar, durante a última glaciação, iniciadas por MacLaren no fim da primeira metade do século XIX, continuaram até o fim daquele século. Porém, na época, o conhecimento sobre as áreas e as espessuras ocupadas pelas geleiras quaternárias era bem menos perfeito que hoje em dia. Em consequência, as cifras encontradas pelos autores eram frequentemente discrepantes, variando de 150 m a mais de 900 m.

Somente neste século começaram a ser obtidos dados mais precisos sobre as geleiras pleistocênicas, principalmente sobre o último estádio glacial. A partir daí, os valores encontrados passaram a apresentar menor dispersão, situando-se em torno de 100 m (Tab. 6.2).

Verifica-se, por exemplo, que os membros do Projeto CLIMAP (CLIMAP Project Members, 1976) foram bastante prudentes, tendo adotado a cifra de 85 m. Enquanto isso, Iseki (1975), levando em conta a profundidade do topo do cascalho que constitui o embasamento dos vales aluviais inumados encontrados em várias partes do Japão, assumiu que esse valor poderia chegar a 140 m.

Um dos grandes problemas no cálculo dos níveis do mar a partir dos volumes das geleiras do passado relacionava-se às espessuras inferidas; hoje em dia, porém, dispõe-se de equipamentos de radar, e as espessuras das geleiras da Antártica, por exemplo, são bem conhecidas, fornecendo melhor suporte para essas estimativas.

6.2 Os recifes de coral e as variações do nível do mar

6.2.1 A classificação dos recifes de coral e as teorias sobre a sua evolução

Quando Charles Darwin empreendeu uma viagem de cinco anos (1831-1836), teve a oportunidade de realizar observa-

Tab. 6.2 Áreas e volumes ocupados pelas geleiras do último estádio glacial e as descidas do nível do mar correspondentes (modificada de Naruse, 1982)

Autor (ano)	Área (x 10^6 km^2)	Volume (x 10^6 km^3)	Abaixamento (metros abaixo do atual)
Antevs (1928)	–	36,85	90
Daly (1934)	33,50	34,30	85
Flint (1947)	40,72	49,62	102
Donn, Farrand e Ewing (1962)	–	70,85	106
	–	84,25	123
Flint (1971)	43,73	76,97	132
Iseki (1975)	–	–	140
CLIMAP (1976)	–	–	85

ções detalhadas sobre os recifes de coral do arquipélago de Cocos-Keeling (oceano Índico). No seu livro publicado em 1842, *The structure and distribution of coral reefs*, o autor expôs as suas ideias sobre a classificação e os estágios dos recifes de coral, reconhecendo os seguintes tipos (ver Fig. 1.23):

- a) recife de franja: desenvolve-se em contato com a linha de costa do continente adjacente;
- b) recife de barreira: apresenta-se separado por uma laguna e com orientação paralela ao continente adjacente;
- c) recife de atol: exibe forma circular e margeia uma laguna rasa sem ilha.

Segundo os estágios evolutivos dos recifes de coral, (a) representaria a situação inicial, quando sobre uma ilha vulcânica teria início o desenvolvimento de um recife de franja que, a seguir, desenvolve-se para a porção externa, formando o talude recifal (*reef flat*). Quando o substrato sofre subsidência, dependendo das condições de desenvolvimento dos corais hermatípicos (construtores de recifes), acompanhando a subida do nível de água, desenvolver-se-ia para cima. Na ocasião, na porção externa do flanco recifal, processa-se o desenvolvimento acelerado, favorecido pelas águas límpidas, crescendo para cima, mas na parte interna, com águas mais turvas, o crescimento é menor e, sendo submerso, transforma-se em laguna de recife, formando o recife de barreira. Com o progresso de subsidência do substrato, a ilha situada no interior da laguna de recife fica completamente submersa, a laguna recebe sedimentação mas mantém a condição de mar raso, enquanto a parte externa do recife de barreira prossegue a sua evolução, chegando à situação de recife de atol. Esta é a "hipótese de ilha em submersão" de Darwin, também sustentada por outros pesquisadores, transformando-se em importante teoria da época.

Em contraposição a essa hipótese, Murray (1880) argumentava que nas áreas de fundos planos de ambientes marinhos rasos ocorre sedimentação de restos de plâncton. A instalação de corais hermatípicos iniciar-se-ia quando eles passassem a alimentar-se desses restos de plâncton. Quando ocorre o desenvolvimento do recife para cima, cresce também para os lados e ocorre a exposição subaérea da parte central, que ocasiona a morte dos organismos. Essa parte morta do recife será erodida pelas ondas, dando origem à laguna de recife e, assim, ao recife de atol. De modo semelhante, pela exposição subaérea, morte e erosão subsequente, dar-se-ia a formação da laguna do recife de barreira.

6.2.2 A hipótese de controle pelas geleiras

Daly (1934), diferentemente das duas hipóteses anteriores, explicou a formação dos recifes de coral, tanto do tipo barreira como de atol, pelas mudanças glacioeustáticas. Ele pesquisou em detalhe principalmente as morfologias submarinas de recifes distribuídos pelos oceanos

Pacífico e Índico. Verificou que as profundidades das lagunas de recife eram muito semelhantes e, eliminando os sedimentos acumulados, obteve as profundidades das superfícies planas dos substratos lagunares, que eram variáveis entre 90 m e 100 m. Esse autor atribuiu tal superfície à erosão por ondas, porém esse fenômeno não poderia atuar a essa profundidade. Portanto, o mais lógico seria admitir que ela tenha sido originada sob condições de nível do mar mais baixo que o atual, tendo sido submersa após a formação por glacioeustasia.

Os corais hermatípicos devem ter encontrado refúgio em alguns nichos mais próximos ao equador durante as épocas mais frias do Neógeno e do Quaternário. Com a melhoria climática pós-glacial, colonizaram as superfícies planas de fundos submarinos rasos e cresceram acompanhando a subida do nível do mar, constituindo os recifes de barreira e de atol encontrados hoje em dia (Fig. 6.5).

Segundo Daly (1934), a história tão recente de formação dos recifes de coral atuais, restrita à fase pós-glacial, poderia ser também corroborada pela largura relativamente estreita, em média de 600 m, no oceano Pacífico, da porção acima do nível das águas dessas bioconstruções. Por outro lado, são encontrados vales afogados com profundidades de água não superiores a 90 m nas inúmeras ilhas que circundam os recifes de barreira, fato que parece também corroborar a ideia exposta. Esse autor, além de enfatizar o mecanismo de formação dos recifes por meio de sua "hipótese de controle glacial", mostrou que a ideia da glacioeustasia global dificilmente seria aplicável às hipóteses formuladas por Darwin e Murray.

Desde a época da Segunda Guerra Mundial seriam descobertos, em águas profundas do oceano Pacífico Central, inúmeros montes submarinos do tipo *guyot*, frequentemente recobertos por conchas de moluscos de águas rasas

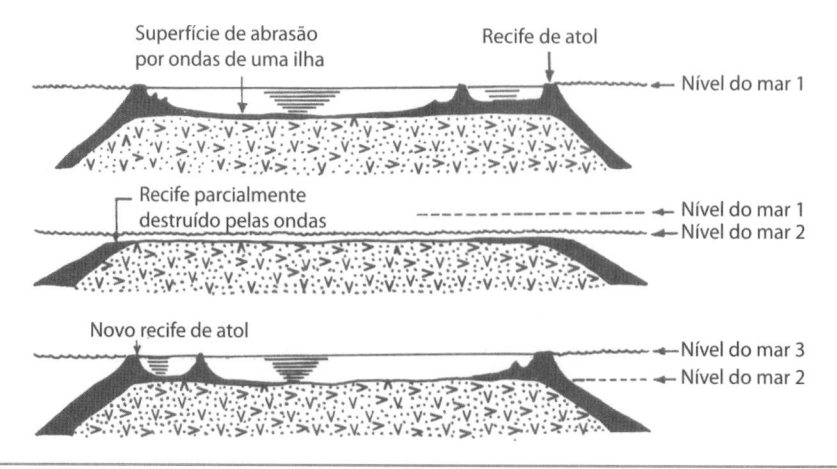

Fig. 6.5 Mecanismo de formação dos recifes de barreira e de atol, segundo a "hipótese de controle glacial" de Daly (1934), durante a fase pós-glacial do período Quaternário

do Cretáceo. Após aquela guerra, em vários atóis do referido oceano (Bikini, Eniwetok e Midway) foram executadas perfurações profundas nas rochas dos substratos, comprovando-se que abaixo dos recifes de coral holocênicos podem existir até 1.500 m de calcários recifais, cujas idades alcançam o início do período Paleógeno. Esses fatos indicam que, desde o fim do Cretáceo ou início do Paleógeno, o fundo do oceano Pacífico está em subsidência provavelmente descontínua, que se acentua com o afastamento da cadeia mesoceânica. Esse fenômeno é atualmente explicável até pela teoria de tectônica de placas, comprovando o acerto da "hipótese de subsidência gradual" de Darwin, quando encarada sob o ponto de vista de tempo relativamente longo. Porém, dado o curto intervalo de tempo abrangido pelo Quaternário, a "hipótese de controle glacial" de Daly também continua válida. Finalmente, as pesquisas desenvolvidas principalmente nas últimas décadas, sob a égide de vários projetos do Programa Internacional de Correlação Geológica, já citado no Cap. 1, têm realçado ainda mais o papel da glacioeustasia no Quaternário.

6.3 As variações de níveis do mar pós-glaciais

6.3.1 Exemplos de curvas de variações do nível do mar

O nível do mar sofreu flutuações após a deglaciação que ocorreu no Hemisfério Norte, principalmente após o Último Máximo Glacial (UMG), com nível marinho muito baixo, sofrendo ascensão muito forte entre as épocas tardiglacial e o atual interglacial.

Uma das primeiras ideias sobre essas variações foi fornecida por Shepard e Suess (1956), que utilizaram um diagrama de tempo (idades das amostras datadas) x profundidade (abaixo do nível do mar atual). Foram datadas amostras de madeiras, conchas de moluscos e turfas, supostamente sedimentadas nas proximidades do nível do mar da época. Por outro lado, as posições dos paleoníveis marinhos podem ser encontradas também pelas plataformas de abrasão marinha (*wave-cut platforms*), entalhes marinhos (*marine notches*), cavernas marinhas (*sea caves*) e outras formas de erosão, além de feições de construção marinha em forma de terraços, como as plataformas de construção marinha (*wave-built platforms*). Na Fig. 6.6 pode-se perceber claramente a subida do nível do mar nos últimos 12.000 anos. Entretanto, como já visto na seção 6.1.1, essa subida envolve também os movimentos positivos (subidas) ou negativos (descidas) do continente, além de vários outros fenômenos e, talvez, isso explique parcialmente a acentuada dispersão dos pontos nesse diagrama.

Hoje em dia, por se conhecer muito melhor as causas das variações do nível do mar, que atuam em várias escalas espaciais e temporais, não teria muito sentido um diagrama como o da Fig. 6.6, com dados provenientes de várias localidades. A representação gráfica suavizada, delineada pelos pontos que representam as variações do nível do

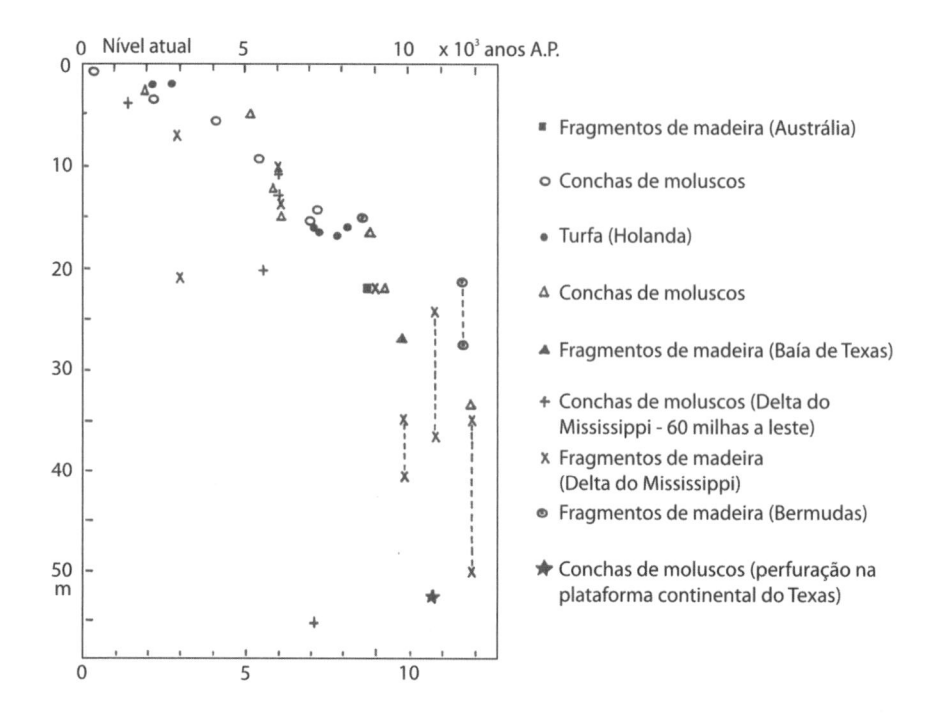

Fig. 6.6 Relações entre as profundidades e as idades de sedimentos marinhos (Shepard; Suess, 1956). Os autores admitiram que as conchas de moluscos e as madeiras datadas foram sedimentadas nas vizinhanças do nível do mar na época

mar, constitui a curva de variações do nível do mar (*sea-level change curve*). Uma das primeiras curvas desse tipo foi construída na década de 1960, para o delta do rio Mississippi (Estados Unidos), por meio de levantamentos geológicos e geomorfológicos detalhados (Fig. 6.7).

Essa curva reflete forte influência da subsidência na gênese do delta do rio Mississippi e, segundo a Fig. 6.7, entre 5.000 e 3.000 anos A.P., a curva atingiu o nível do mar atual e depois estabilizou-se. Esse mesmo padrão de curva de variações do nível do mar foi amplamente divulgado por Shepard (1963) e teve boa aceitação entre os pesquisadores da Europa, onde também, em geral, não

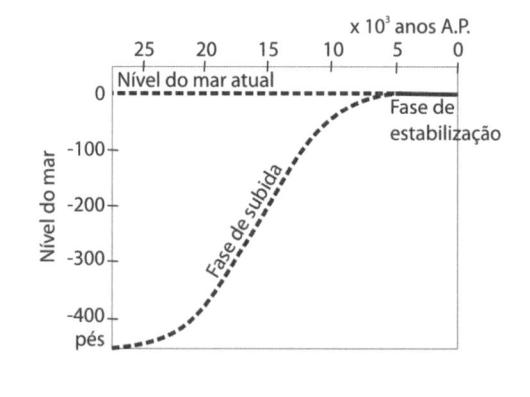

Fig. 6.7 Curva de variações do nível do mar na região do delta do rio Mississippi (Estados Unidos) nos últimos 28.000 anos (Bernard; Le Blanc, 1965). A ascensão do nível do mar continuou até cerca de 5.000 anos A.P. e depois ele permaneceu aproximadamente estacionário até hoje

ocorreram níveis do mar superiores ao atual nos últimos 10.000 anos.

Entretanto, baseado na evolução geomorfológica e nas flutuações paleoclimáticas das baixadas litorâneas de várias partes do mundo, Fairbridge (1961) delineou uma curva mostrando fases do nível do mar superiores ao atual no passado e, além disso, com oscilações positivas e negativas antes de atingir a situação atual. Na época, já eram conhecidas algumas curvas da Nova Zelândia, América do Sul, Costa Oriental Africana e Sudeste Asiático, que exibiam níveis do mar superiores ao atual em passado geologicamente recente. Dessa maneira, aconteceu o confronto de ideias em torno das curvas de variações do nível do mar de Fairbridge (1961) e de Shepard (1963).

Atualmente, a curva proposta por Fairbridge (1961) não é considerada aceitável, por ele ter utilizado dados provenientes de várias partes do mundo, ignorando a existência de causas mundiais, regionais e locais de variações do nível do mar. No entanto, na época, essa proposta teve o mérito de chamar a atenção para a existência de paleoníveis marinhos acima do atual nos últimos milênios, em algumas partes do mundo. Dessa forma, a curva de Shepard (1963) teve a sua validade restrita à área onde foram obtidas as informações para a sua construção.

6.3.2 As velocidades das variações do nível do mar e as fácies sedimentares

As subidas do nível do mar nas fases tardiglaciais e durante o atual interglacial ocorreram a velocidades que, em termos geológicos, podem ser consideradas espantosas, pois, grosso modo, em 10.000 anos (de 16.000 a 6.000 anos A.P.) o nível do mar subiu mais de 100 m, o que representa taxa superior a 1 cm/ano. Essa ascensão, muito rápida em termos geológicos, afetou tanto as costas em soerguimento como em subsidência, promovendo conspícuas transgressões marinhas e provocando a deposição de sedimentos marinhos.

As fácies sedimentares desses depósitos são definidas em função das velocidades de ascensão dos níveis do mar e de soterramento pelos sedimentos supridos. Segundo Ikeda (1964), designando-se de V_{nm} e V_s as velocidades de subida do nível do mar e de sedimentação, respectivamente, têm-se três situações:

a) V_{nm} maior que V_s = transgressão marinha;

b) V_{nm} aproximadamente igual a V_s = estabilidade;

c) V_{nm} menor que V_s = regressão marinha.

Na primeira situação serão produzidos vales afogados, onde ocorrerá sedimentação marinha. No segundo caso ocorrerá, ao longo da linha de costa, deposição de sedimentos deltaicos ou praiais. Na última situação haverá o avanço da sedimentação fluvial mar adentro. Desse modo, designando-se de M os sedimentos marinhos, de L os litorâneos e de F os fluviais, pode-se estabelecer diferentes relações entre as velocidades de variações do nível do mar e as fácies sedimentares (Fig. 6.8).

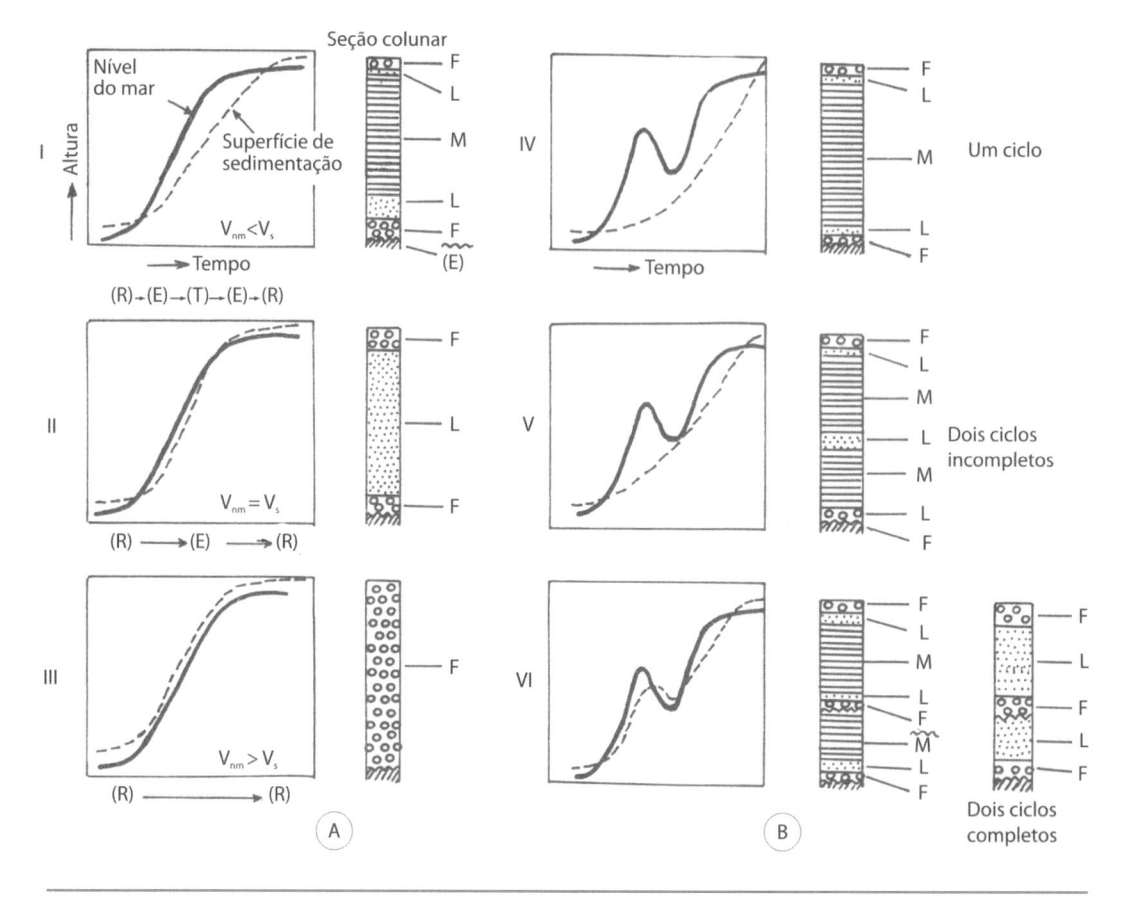

Fig. 6.8 Variações de níveis do mar e das fácies sedimentares (Ikeda, 1964). Casos I a III – único estágio de subida do nível do mar; Casos IV a VI – dois estágios de subida do nível do mar, intercalados por uma descida; F – depósitos fluviais; M – depósitos marinhos; L – depósitos litorâneos; V_{nm} – velocidade de subida do nível do mar; V_s – velocidade de sedimentação; (T) – transgressão; (E) – estabilidade; (R) - regressão

6.4 As variações do nível do mar no Pleistoceno

6.4.1 Os terraços, os paleoclimas e os paleoníveis marinhos

Até aqui foram enfocadas as variações do nível do mar desde o UMG, passando pela fase tardiglacial e terminando no atual interglacial. Por meio dos estudos de terraços marinhos e depósitos marinhos de paleoníveis mais altos que o atual, é possível chegar à interpretação dos paleoníveis glacioeustáticos anteriores.

A natureza dessas transgressões marinhas pode ser deduzida com base no estudo dos tipos e das espessuras dos depósitos sedimentares associados, além das características da paleotopografia inumada. Desse modo, se houver preservação de paleovales e paleoterraços fluviais, enterrados em embasamento pleistocênico em soerguimento, pode-se imaginar que o relevo fluvial tenha sido afogado rapidamente por transgressão marinha, não tendo havido tempo para retrabalhamento pelas ondas. É difícil imaginar uma subida tão rápida do nível do mar no Quaternário, suplantando o soerguimento do continente, que não seja de origem glacioeustática. Por outro lado, se no sopé de uma antiga falésia marinha ocorrer uma superfície plana, revestida de depósito de cascalho pouco espesso inumado, pela comparação com a plataforma de abrasão marinha sotoposta aos depósitos marinhos, pode-se interpretá-la como terraço de abrasão originado na fase de estabilização próxima ao estágio de culminação (*culmination stage*) ou de nível máximo.

Outro aspecto importante a ser observado é a peculiaridade da variação paleoclimática, que pode estar expressa na coluna sedimentar preservada no terraço. Se os conteúdos de macro e microfósseis mostrarem variações verticais, de modo que na metade inferior acusem variações paleoclimáticas, passando de mais frio para mais quente, e que na metade superior indiquem uma tendência oposta de variações paleoclimáticas, provavelmente tem-se um ciclo correlacionável aos estádios glacial e interglacial, respectivamente.

Assim, o esclarecimento da natureza da variação do paleonível do mar em uma região pode dar maior segurança à correlação e à procura de terraços e paleolinhas de costa. Além disso, se por datações radiométricas ou por medidas paleomagnéticas for possível obter as idades das superfícies ou dos depósitos dos terraços, torna-se possível posicioná-los dentro da história geológica do Pleistoceno da área.

A ilha de Barbados (mar do Caribe) apresenta até 300 m de altitude, em sedimentos marinhos dobrados do Paleógeno e Neógeno, com desenvolvimento de, no mínimo, 18 terraços marinhos, com as superfícies recobertas por recifes de coral. Imagina-se que esses recifes soerguidos tenham sido originados em certo intervalo de tempo do Pleistoceno, submetidos a levantamentos intermitentes da ilha e, simultaneamente, retrabalhados por ondas, transformando-se em terraços. Com o progresso dos conhecimentos sobre os recifes de coral do mar do Caribe, tornou-se possível realizar uma zonação ecológica que levou ao reconhecimento da crista recifal, situada externamente, até o declive anterrecifal. Um novo exame dos recifes fósseis da ilha de Barbados, usando-se os conhecimentos descritos, permitiu concluir que em cada terraço é possível encontrar as mesmas zonas (ver Fig. 1.24) e que cada superfície corresponde a um diferente nível marinho.

Além disso, Mesolella et al. (1969) conseguiram distinguir, no arranjo espacial das zonas de corais, porções do recife correlacionáveis às fases de submersão (subida do nível do mar), de estabilização e de emersão (descida do nível do mar). Aplicando esse conhecimento aos terraços de Barbados, esses autores concluíram que se tratava de feições originadas durante uma fase de submersão ou de subida do nível do mar (Mesolella; Sealy; Matthews, 1970).

Na ilha de Barbados foram também obtidas numerosas idades situadas no intervalo entre 60.000 e 66.000 anos, pelos métodos da série do urânio, que a transformaram em um paradigma de pesquisas paleoclimáticas e de paleoníveis marinhos entre o Pleistoceno médio e superior.

No litoral da Península de Huon (Nova Guiné) foi reconstituída uma complexa história de variações dos paleoníveis do mar durante os últimos 120.000 anos, baseada nas idades e nas faciologias de recifes de coral (ver Fig. 1.25).

6.4.2 Os terraços marinhos e as transgressões do Pleistoceno

Na década de 1970, tornaram-se mais frequentes as datações ^{230}Th e ^{231}Pa, quando se constatou que os terraços marinhos com idades entre 120.000 e 140.000 anos A.P. eram ubíquos, sendo encontrados na Nova Guiné, ilha de Barbados, Marrocos e Senegal, ilha de Mallorca e no Japão (Naruse, 1976).

Essa fase de nível do mar mais alto é correlacionável ao estádio interglacial Sangamoniano (Eemiano ou Riss/Würm). Além disso, o fato de que as paleotemperaturas eram mundialmente muito mais altas durante esse período é conhecido pelos valores de δ^{18}O de testemunhos submarinos de águas profundas. Sobre a altura do nível do mar na época, sabe-se, pelas evidências encontradas em zonas costeiras relativamente estáveis, que era alguns metros superior à atual.

Desse modo, o nível do mar mais alto afetou amplamente as baixadas litorâneas do norte da Europa, atingindo o sul da Dinamarca, a Holanda e o norte da Alemanha. Segundo Flint (1971), nas planícies costeiras do sudeste da América do Norte, o mar chegou a penetrar até 85 km continente adentro, conforme se constata pelas falésias marinhas antigas e pelos depósitos marinhos da época.

A reconstituição das variações do nível do mar anteriores ao último estádio interglacial, por meio de critérios geológicos e geomorfológicos, é uma tarefa bem mais complicada, seja pela má preservação dos terraços marinhos, quase sempre intensamente afetados pela erosão ou deformação, ou, ainda, pela dificuldade em se encontrar materiais datáveis pelos métodos geocronológicos até hoje conhecidos.

Segundo Mesolella et al. (1969), é possível verificar que na ilha de Barbados são encontrados vários terraços marinhos mais antigos que o último estádio interglacial. Foram datados pelos métodos de ^{230}Th/^{234}U e ^{4}H/U terraços de corais que representam níveis mais altos que o atual até o início do Pleistoceno médio.

6.5 Os terraços marinhos e os movimentos crustais

Se até em pesquisas de variações do nível do mar pós-glacial já se verifica a influência de movimentos crustais, é evidente que a componente tectônica torna-se mais significativa na reconstituição dos paleoníveis ou paleolinhas costeiros pleistocênicos.

Em geral, tanto o terraço de construção marinha (*wave-built terrace*) quanto o terraço de abrasão marinha (*wave-cut terrace*) resultam do soerguimento por várias causas (Quadro 6.1), mas a identificação do papel desempenhado por cada uma das causas no levantamento total é bastante complicada.

Normalmente, pode-se considerar que A (altura do paleonível marinho ou da paleolinha praial) = a (variação do nível do mar) + b (variação do nível do continente). Nessa relação, como a e b são variáveis desconhecidas, mesmo que se obtenha A, continuam a e b como incógnitas. Então, para tentar resolver essa equação, pode-se pensar em duas maneiras. No primeiro caso, se o valor de a ou de b for extremamente pequeno em relação ao outro, pode-se considerá-lo praticamente desprezível. É a situação, por exemplo, em áreas tectonicamente estáveis, quando b pode ser considerado desprezível e, nesse caso, conclui-se que o nível do mar durante o último estádio interglacial situava-se alguns metros acima do atual. Além disso, a velocidade de subida do nível do mar é geralmente muito mais rápida que os movimentos crustais e, por isso, em intervalo de tempo tardiglacial ou pós-glacial, b pode ser praticamente nulo em muitas regiões do mundo. Assim, a profundidade atual do terraço de abrasão marinha, esculpido durante o último nível marinho mais baixo, pode ser considerada como correspondente à subida do nível do mar (a) após o UMG. No segundo caso, entre as variáveis a e b, a segunda é mantida constante, e da diferença A - b obtém-se o valor de a. Por exemplo, as velocidades dos movimentos crustais durante o Quaternário, em muitas regiões da Terra, podem ser consideradas grosseiramente homogêneas e, assim, conhecendo-se a idade do terraço e a taxa de deformação crustal, pode-se obter o valor de a. A seguir são apresentados alguns exemplos de terraços holocênicos e pleistocênicos, cujas origens foram pesquisadas à luz desses métodos.

Sugimura e Naruse (1954) construíram um gráfico relacionando o soerguimento sísmico x de um terraço marinho holocênico denominado Numa, representando a paleolinha de costa mais elevada em função do terremoto de

Quadro 6.1 Causas de emersão ou de submersão dos indicadores de níveis pretéritos dos mares, como os terraços marinhos (Yoshikawa, 1969)

Emersão	Submersão
1. Soerguimento	Subsidência
2. Descida do nível do mar	Subida do nível do mar
3. Soerguimento + descida do nível do mar	Subsidência + subida do nível do mar
4. Soerguimento > subida do nível do mar	Subsidência > descida do nível do mar
5. Descida do nível do mar > subsidência	Subida do nível do mar > soerguimento

Kantô (1923), existente ao sul da planície homônima com as respectivas alturas (Fig. 6.9).

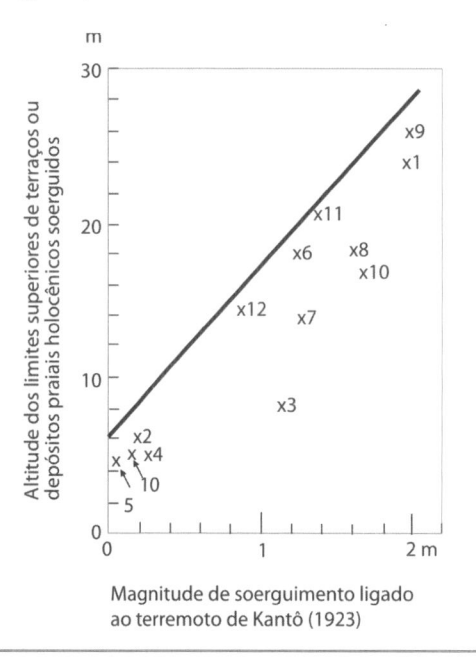

Fig. 6.9 Relações entre os limites superiores de alturas dos depósitos praiais soerguidos ou de terraços holocênicos e a taxa de soerguimento durante o terremoto de Kantô (Japão), em 1923 (Sugimura; Naruse, 1954). A equação usada foi y = 6 + 11x, com base na premissa de que as alturas medidas estavam subestimadas, isto é, eram menores que as alturas máximas atingidas pelas paleolinhas de costa

Esses autores mostraram que as suas relações satisfazem a uma linha reta representada por y = a + bx, onde b é constante. Considerando-se que a idade do referido terraço seja de 6.000 anos A.P. e que a distribuição das alturas atuais desse terraço seja uma consequência da repetição de movimentos crustais sísmicos com o padrão semelhante ao do terremoto de 1923, bx representará o soerguimento nos últimos 6.000 anos e a, o abaixamento do nível relativo do mar no mesmo intervalo de tempo. O ponto de interseção da reta y = a + bx com o eixo das ordenadas corresponde ao local onde o soerguimento sísmico ligado ao terremoto de Kantô foi nulo. Nesse local, bx = 0, representando o local onde o substrato manteve-se estável nos últimos 6.000 anos. Desse modo, y = a expressaria a intensidade de descida do nível do mar nos últimos 6.000 anos. Segundo o gráfico, $a \cong 6$ m, que seria a variação aproximada do nível do mar, e o restante atribui-se ao soerguimento sísmico. Por sua vez, a ausência de terraços holocênicos ou pleistocênicos tardios acima do terraço Numa não significa que não tenha ocorrido soerguimento sísmico na área, mas deve ser explicado pelo nível do mar mais baixo que o atual na época, de modo que a paleolinha de costa deve ter sido soterrada ou destruída. Finalmente, por ocasião da transgressão pós-glacial, o nível do mar deve ter sobrepujado o soerguimento sísmico e construído o terraço Numa.

Outro exemplo de terraços marinhos afetados por variações do nível do mar e por movimentos crustais, no Japão, é de idade pleistocênica e localiza-se no Cabo de Muroto, na Província de Kochi. Pesquisas empreendidas por Yoshikawa, Kaizuka e Ota (1964) mostraram que parte desses terraços é composta por vales entulhados de sedimentos marinhos, indicando que, antes de ficarem suspensos, estiveram submersos. Essa submersão seria explicável pela subsidência momentânea do substrato; porém, nesse caso, parece ser mais acertado admitir que, de modo semelhante à fase pós-glacial, o soerguimento tenha estado ativo durante a formação desses terraços, quando a velocidade de subida do nível do mar teria sobrepujado o soerguimento continental. Além disso, a emersão dos terraços deve ser atribuída ao soerguimento crustal que, segundo os cálculos de Yoshikawa, Kaizuka e Ota (1964), teria sido de aproximadamente 2 mm/ano. Portanto, a distribuição atual das alturas dos terraços deve ser creditada à combinação entre glacioeustasia e soerguimento crustal de velocidade uniforme (Fig. 6.10).

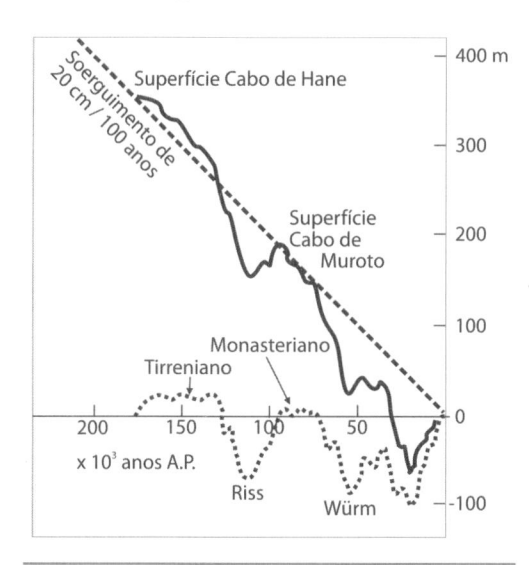

Fig. 6.10 Provável explicação para as distribuições das alturas dos terraços marinhos pleistocênicos (linha contínua grossa) em função da combinação dos efeitos das variações do nível do mar (linha contínua fina) e de diversos movimentos crustais (linha tracejada), segundo Yoshikawa, Kaizuka e Ota (1964), modificada por Kaizuka (1978)

6.6 Os indicadores de paleoníveis relativos do mar do Quaternário

6.6.1 O que é o nível do mar?

Antes de tratar dos indicadores propriamente ditos, é importante conceituar alguns termos de uso comum, relacionados ao nível do mar. Segundo Martin et al. (1986b), alguns desses termos são: nível do mar, nível de equilíbrio, nível médio e nível de maré média.

A designação "nível do mar" é bastante vaga, porém muito usada, referindo-se à superfície do mar próxima à praia. Essa superfície varia muito, de acordo com a maré, os agentes meteorológicos etc. Assim, pode-se reconhecer diferentes níveis do mar, como:

a) nível de equilíbrio: representa uma situação teórica, em geral acima dos outros níveis, que seria encontrada se não houvesse o efeito gravitacional do Sol e da Lua;

b) nível médio: corresponde a uma superfície em torno da qual oscilam as ondas de maré (*tidal waves*), e é também conhecido como nível de maré nula;

c) nível de maré média: encontrado pela média aritmética dos níveis de marés alta e baixa do local.

O nível médio e o nível de maré média são muito próximos na maioria dos oceanos, mas podem diferir sensivelmente quando as marés exibem desigualdades diurnas pronunciadas. Em muitos casos, conhece-se apenas o nível de maré média, que, em geral, é impropriamente denominado nível médio do mar, pela confusão desses conceitos. Frequentemente, nível do mar é usado como sinônimo de nível médio.

A importância de precisar melhor o significado desses conceitos reside no fato de que, nos estudos de níveis relativos do mar no Quaternário, a variação que se está procurando determinar é frequentemente menor que a amplitude local das marés. Dessa maneira, o objetivo da pesquisa poderia ser o reconhecimento de mudança eustática de 3 m na região do Porto de Itaqui (MA), onde a amplitude de maré é superior a 6 m.

6.6.2 Conceituações de altitudes original e atual dos indicadores

Os indicadores só podem fornecer informações úteis, na reconstituição dos níveis relativos do mar ou de linhas de costa pretéritos, sob duas condições:

a) conhecendo-se com precisão a altitude atual do indicador (topo e base) em relação ao zero absoluto (do nivelamento geral) ou ao zero local (nível médio do mar nas proximidades). Trata-se de um problema técnico de nivelamento ainda sem solução satisfatória, de modo que muitas altitudes atuais dos indicadores citados na literatura são, em geral, imprecisas;

b) reconhecendo-se a altitude original do indicador em relação ao nível médio do mar no momento de sua formação, que varia em função do tipo de costa e suas características ambientais. Muitos indicado-

res de níveis do mar são ambíguos e, principalmente no Holoceno, o uso de dados pouco precisos pode aumentar a frequência das oscilações do nível do mar.

6.6.3 Medidas de altitudes atual e original dos indicadores

Para se comparar as altitudes atual e original dos indicadores é preciso medir a mudança de altitude do indicador em relação ao seu homólogo atual. Essa medida só é possível ao se conhecer, com a maior precisão possível, a posição do indicador em relação ao nível médio do mar na época de sua formação. Para isso, dois métodos podem ser usados:

a) método de comparação com as formas atuais: para a aplicação desse método, que parece ser o mais racional, deve-se identificar no litoral atual, em local tão próximo quanto possível do indicador antigo, a forma atual ativa que tenha sido originada após a estabilização do nível do mar, com as mesmas características do indicador antigo;

b) método de comparação com catálogo de altitudes padrão: pode-se conceber um catálogo de indicadores atuais, com altitudes padrão, em diversas condições ambientais possíveis, o que constituiria um modelo básico correspondente às condições médias de energia do mar, de amplitudes de maré, de natureza litológica (granulometria) etc.

Depois de estabelecido o catálogo, seriam medidos os desvios em relação às condições médias definidas no modelo básico, para estimar as altitudes atribuíveis a cada um dos indicadores antigos.

6.6.4 Tipos de indicadores de níveis do mar pretéritos

Indicadores geológicos

Os depósitos arenosos praiais, situados acima (emersos) ou abaixo (submersos) do nível do mar atual constituem evidências inquestionáveis de níveis relativos do mar diferentes do atual (Suguio et al., 1985a; Corrêa, 1986; Corrêa et al., 1996; Martin et al., 1996).

Diversos afloramentos de rochas praiais (*beachrocks*) ocorrem com disposição paralela ao litoral atual nas costas nordeste e leste do Brasil. Foi possível estabelecer que os sedimentos que constituem as rochas praiais foram depositados em diferentes zonas da praia, de zonas de supramaré a zonas de inframaré (Hopley, 1986). Dessa forma, um estudo detalhado das estruturas sedimentares e da granulometria pode fornecer indicações sobre a parte da praia na qual foram depositados esses sedimentos e, portanto, definir com precisão de até ± 0,50 m a posição do nível do mar no momento da sua sedimentação (Flexor; Martin, 1979).

Outros tipos de indicadores geológicos são: terraços de abrasão marinha (*wave-cut terraces*), entalhes marinhos (*marine notches*), cavernas marinhas (*sea caves*) etc. (Van de Plassche, 1986).

Indicadores biológicos

Segundo Laborel (1969, 1979), ao longo da costa brasileira ocorrem indicadores biológicos compostos por incrustações de vermetídeos (gastrópodes), ostras e outros organismos, além de tocas de ouriços, situados acima do atual nível de vida desses organismos. A faixa de distribuição dos vermetídeos, por exemplo, é de cerca de 0,50 m e, portanto, constitui um bom indicador para a reconstituição das posições dos antigos níveis marinhos.

Embora os corais forneçam apenas o limite superior atingido pelos antigos níveis do mar, constituem também um indicador biológico, muito útil na determinação de paleotemperaturas das águas superficiais dos oceanos. Os recifes de corais existentes ao longo da costa brasileira, estudados por Laborel (1969) e Leão et at. (1985), também testemunham níveis do mar superiores ao atual durante o Holoceno.

Em costas arenosas com terraços de construção marinha (*wave-built terraces*), frequentes na costa brasileira, são encontrados tubos de *Callichirus* (crustáceo) situados acima do atual nível de vida desses organismos (Suguio; Martin, 1976b; Suguio et al., 1984c). Além disso, moluscos marinhos, florestas submersas, paleomangues, foraminíferos, diatomáceas e ostracodes podem funcionar como indicadores de mudanças paleoambientais e de níveis relativos do mar durante o Quaternário (Van de Plassche, 1986).

Indicadores arqueológicos

Na Europa e na Ásia são encontrados vários tipos de indicadores arqueológicos históricos e pré-históricos de variações do nível do mar no passado (Martin et al., 1986b).

Na costa brasileira, os únicos vestígios arqueológicos pré-históricos, utilizáveis como indicadores de variações de níveis do mar no Holoceno, são os sambaquis (Martin; Suguio; Flexor, 1986; Suguio; Martin; Flexor, 1992).

As mudanças do nível relativo do mar durante o Quaternário tardio no Brasil 7

As pesquisas sobre as mudanças das linhas de costa e dos níveis do mar, durante o Quaternário, eram muito escassas no Brasil até a década de 1970 (Suguio, 1977; Tessler; Mahiques, 1996), embora C. R. Darwin (1809-1883), já em 1841, mencionasse pela primeira vez as rochas praiais (*beach rocks*) do litoral de Pernambuco como evidência de flutuações do nível do mar no Holoceno. Evidências desse fato também foram citadas por Hartt (1870), Branner (1902, 1904), Freitas (1951) e Bigarella (1965a), mas, em geral, foram estudadas sob o ponto de vista essencialmente geomorfológico, e as mais antigas foram atribuídas a tempos mais antigos do Cenozoico; hoje, porém, são todas consideradas quaternárias.

Os primeiros estudos, um pouco sistemáticos e já usando idades radiocarbono, foram conduzidos por Laborel e colaboradores (Van Andel; Laborel, 1964; Delibrias; Laborel, 1971). Progressos mais significativos sobre o tema só vieram a ocorrer a partir de 1960, principalmente após o Projeto REMAC (Reconhecimento Global da Margem Continental Brasileira), iniciado em 1972 (Kowsmann et al., 1977). Depois disso, continuaram esforços não tão sistemáticos e não tão concentrados como o Projeto REMAC, envolvendo várias universidades brasileiras em cooperação com a Diretoria de Hidrografia e Navegação (DHN) da Marinha do Brasil (Corrêa, 1986).

Após 1974, estudos realizados na parte central da costa brasileira (Fig. 7.1) aperfeiçoaram os conhecimentos sobre a história das mudanças do nível relativo do mar nessa região, principalmente durante os últimos 7.000 anos (Suguio et al., 1985a; Martin et al., 1996).

7.1 As causas das variações dos níveis relativos do mar

As flutuações dos níveis relativos do mar representam uma consequência das variações reais dos níveis dos oceanos, conhecidas por eustasia, e das mudanças nos níveis das terras emersas adjacentes, devidas à tectônica e/ou à isostasia (Martin et al., 1986b).

As variações dos níveis dos oceanos (Tab. 7.1) são controladas principalmente por:

a) flutuações nos volumes das bacias oceânicas, sobretudo em consequência da tectônica de placas, causando a tectonoeustasia;

b) flutuações nos volumes das águas nas bacias oceânicas, em particular por fenômenos de glaciação e deglaciação, dando origem à glacioeustasia;

Fig. 7.1 Setores da costa brasileira mais detalhadamente estudados em termos de mudanças do nível relativo do mar durante o Quaternário tardio, com indicação das posições das desembocaduras fluviais mais importantes

c) Deformações das superfícies oceânicas, sobretudo por causas gravitacionais, causando a geoidoeustasia.

Por sua vez, as mudanças nos níveis dos continentes (Tab. 7.1) são controladas por:

a) movimentos tectônicos, tanto horizontais como verticais, que afetam a crosta terrestre por mecanismos de dinâmica interna, cujas escalas temporais de atuação variam de geológicas (muito longas) a instantâneas (movimentos sísmicos);

b) movimentos isostáticos relacionados às variações nas sobrecargas exercidas pela expansão e retração das geleiras sobre os continentes, tanto pela deposição como pela erosão em bacias sedimentares ou pela transgressão e regressão sobre as plataformas continentais (hidroisostasia);

c) deformações das superfícies continentais, devidas principalmente a causas gravitacionais.

É comum os movimentos isostáticos serem incluídos entre os movimentos tectônicos, pois também resultam em movimentos verticais e/ou horizontais da crosta terrestre, e, além disso, são frequentemente difíceis de discernir.

Portanto, o nível do oceano em um determinado ponto da costa é o produto instantâneo de complexas interações entre os níveis das superfícies do oceano e da terra emersa adjacente. As flutuações de volumes das bacias oceânicas e as variações de volumes das águas oceânicas exercem os seus efeitos em escala global. Por outro lado, as mudanças nas superfícies dos geoides e dos continentes atuam em escalas local ou regional. Desse modo, são mais do que lógicas as inconsistências entre as reconstruções de posições de antigos níveis do mar de mesmas idades, mas em diferentes partes da superfície terrestre.

7.2 Reconstruções das antigas posições dos níveis relativos do mar

Para reconstruir as antigas posições dos níveis relativos do mar, é necessário definir um indicador no espaço e no tempo. Para definir a posição de um indicador no espaço, é preciso conhecer a altitude de formação ou deposição em relação ao nível do mar da época. Para situar o indicador no tempo, deve-se determinar a idade de sua formação ou deposição, de preferência por meio de métodos geocronológicos com o uso de algum radioisótopo. O indicador, uma vez definido, fornece a posição relativa do nível do oceano em um determinado local naquele instante.

Tab. 7.1 Taxas de variação dos níveis relativos do mar, os tempos necessários para as respostas, as amplitudes envolvidas e as causas das variações

Tipos	Δ N.M.M. por ano	Tempo para resposta	Amplitude	Causas
(a)	< 0,1 mm	10^3 a 10^7 anos	200 m	Tectônica de placas (taxas variáveis)
(b)	0,1 a 1 mm	10^2 a 10^5 anos	100 m	Glaucioeustasia (Acresção ou fusão de geleira)
(c)	< 1 mm	10^3 a 10^4 anos	5 m	Hidroisostasia (Sobrecarga de água de degelo)
(d)	< 0,2 mm	500 a 5.000 anos	2 m	Efeito "estérico" (Contração e expansão térmicas)
(e)	> 1 mm	1 a 100 anos	50 cm	Efeitos climático e oceânico (Pressão, efeito Coriolis etc.)

Se for possível obter um número suficientemente grande de antigas posições dos níveis relativos do mar, cobrindo um setor da costa durante um intervalo de tempo, pode-se tentar delinear uma curva de variações para um setor no intervalo de tempo considerado. Naturalmente, o setor de costa considerado deve ser homogêneo em termos geológicos, exibindo, por exemplo, comportamento tectônico semelhante. Assim, com alguma frequência, tem-se de optar entre:

a) construir uma curva baseada em grande número de informações, mas envolvendo longo trecho de costa (algumas centenas de quilômetros de extensão), eventualmente com comportamentos tectônicos diferenciados; ou

b) considerar um trecho mais limitado da costa (algumas dezenas de quilômetros de extensão), o que poderá implicar um menor número de reconstruções e, portanto, curvas menos precisas – e talvez até insuficientes para delinear uma curva completa.

7.3 Evidências de níveis relativos do mar abaixo do atual

A margem continental brasileira entre Torres e Chuí, no Estado do Rio Grande do Sul, é do tipo tectonicamente estável, submetida, em épocas mais recentes, somente a movimentos epirogênicos bastante suaves. As únicas peculiaridades fisiográficas podem ser atribuídas aos fenômenos deposicionais e erosivos (Fig. 7.2) que resultaram dos últimos eventos transgressivos e regressivos posteriores ao Último Máximo Glacial (UMG). Entre Torres e Mostardas, a plataforma continental é estreita e as curvas batimétricas são homogêneas. De Mostardas ao Chuí, a plataforma torna-se mais larga, apresenta-se dissecada por muitos paleovales escavados por antigos leitos fluviais e exibe inúmeros bancos arenosos.

Os estudos dessa plataforma continental levaram ao reconhecimento de muitas escarpas com vertentes mais acentuadas, que representam posições de estabilização de antigos níveis do mar. Elas ocorrem continuamente de Torres a Chuí e encontram-se situadas nas profundidades entre 20 m e 26 m, 32 m e 45 m, 60 m e 70 m, 100 m e 110 m, e 120 m e 130 m (Corrêa, 1979; Martins; Urien; Corrêa, 1996; Corrêa; Toldo Jr., 1996). Kowsmann et al. (1977) e Corrêa (1996) propuseram o nível de 120 m a 130 m como o limite da regressão pleistocênica máxima, correspondente ao UMG, há aproximadamente 17.500 anos.

Com base na curva eustática apresentada por Corrêa (1990), três fases de evolução paleogeográfica podem ser reconhecidas na plataforma continental entre Torres e Chuí (Fig. 7.3), no Rio Grande do Sul, durante a última fase transgressiva, entre 17.500 e 6.500 anos A.P.:

a) Primeira fase: de 17.500 a 16.000 anos A.P. – Há cerca de 17.500 anos, quando o nível relativo do mar achava-se de 120 m a

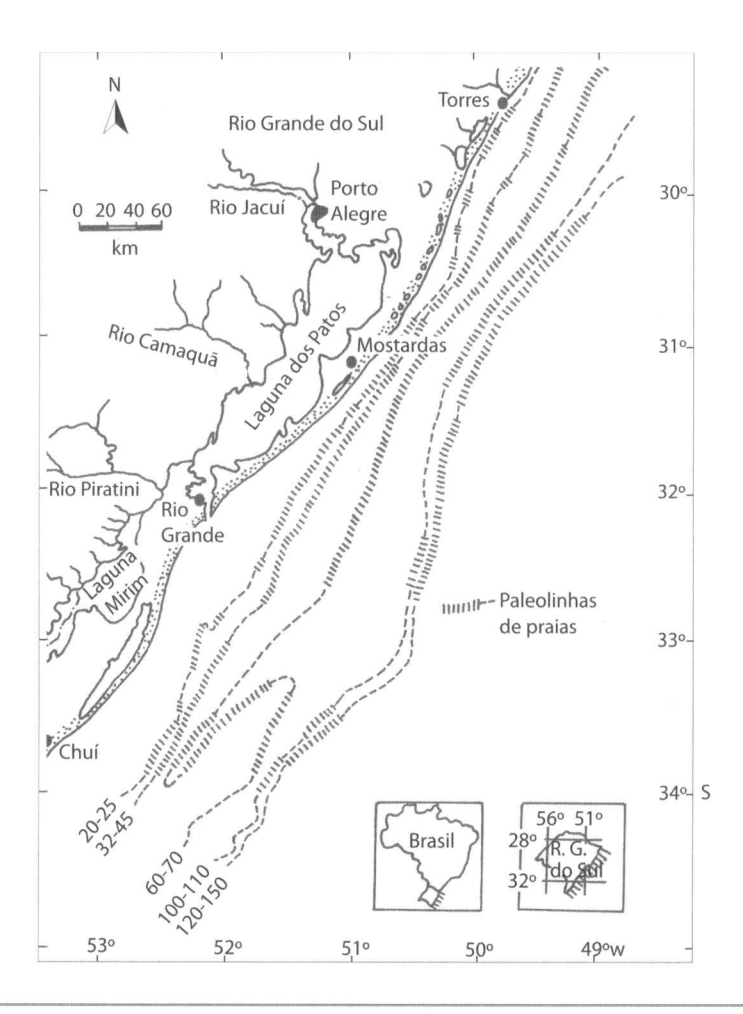

Fig. 7.2 Mapa da plataforma continental do Rio Grande do Sul, com os contornos das antigas linhas de costa, desenvolvidas nas fases de estabilização dos níveis do mar, entre 17.500 e 6.500 anos A.P. (Corrêa, 1996)

130 m abaixo do atual, praticamente toda a plataforma continental estava emersa e submetida a intensa erosão. Essa superfície plana foi dissecada por vales fluviais, hoje reconhecidos sobre mapas batimétricos. Os sedimentos depositados ao longo dessa costa eram constituídos de areia fina na plataforma interna e de areias lamosas e lamas na plataforma externa e talude continentais. As areias grossas, representando paleolinhas de costa, foram supridas parcialmente pelos rios e pelo retrabalhamento de sedimentos sotopostos. Nesse intervalo de tempo, a elevação do nível do mar foi rápida (2 cm/a), sendo estabilizada há cerca de 16.000 anos. A paleolinha de costa correspondente a essa fase é representada por

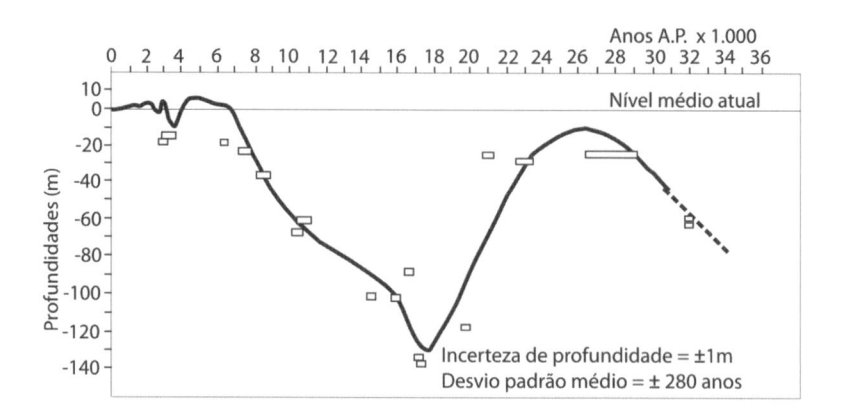

Fig. 7.3 Curva de variações do nível relativo do mar de cerca de 30.000 anos A.P. até hoje, de acordo com dados obtidos na plataforma continental e na planície costeira do Rio Grande do Sul (Corrêa, 1990)

areias finas sobre a plataforma interna, intercaladas por areias médias, provavelmente estuarinas ou deltaicas, oriundas de paleodrenagens costeiras;

b) Segunda fase: de 16.000 a 11.000 anos A.P. – A velocidade de subida do nível relativo do mar diminuiu de cerca de 2 cm/a para 0,6 cm/a. Essa fase é representada na sucessão litológica por areias lamosas de ambiente pré-litorâneo, comumente situadas na base da sequência transgressiva, situada entre as plataformas continentais média e externa, recobrindo a superfície erosiva desenvolvida sobre os depósitos subjacentes. Isso mostra que houve retrabalhamento de sedimentos mais antigos, na plataforma continental interna, durante as estabilizações do período transgressivo. Nessa fase, observaram-se escarpas que provocavam quebras nos declives entre 80 m e 90 m e entre 60 m e 70 m. O nível de 60 m a 70 m, segundo informações fornecidas por microrganismos, corresponderia ao início do Holoceno, quando o clima se tornou mais ameno e houve aceleração na subida do nível relativo do mar;

c) Terceira fase: de 11.000 a 6.500 anos A.P. – Nessa fase, a velocidade de subida do nível do mar passou de cerca de 0,6 cm/a para 1,6 cm/a, comportando duas fases de estabilização, entre 32 m e 45 m e entre 20 m e 25 m. Os sedimentos finos que, na época, eram transportados pelas drenagens para a zona litorânea, foram depositados além das zonas mais profundas da plataforma continental. Enquanto isso, os depósitos costeiros eram formados pelo retrabalhamento das areias transgressivas de idade pleistocênica. À medida que o processo transgressivo continuava e a linha de costa se deslocava para oeste, os sedimentos finos recobriram as areias transgressivas das plataformas continentais média e externa. A presença de fases de estabilização é denunciada pelas camadas de cascalhos biodetríticos e concentrações de minerais pesados, indicativas de antigas linhas de costa.

A plataforma continental do Rio Grande do Sul é, provavelmente, a mais detalhadamente estudada, em termos de níveis relativos do mar abaixo do atual ao longo da costa brasileira. Além disso, na maior parte do litoral brasileiro pode-se dizer que a evolução do nível do mar foi bastante semelhante à descrita anteriormente.

7.4 Evidências de níveis relativos do mar acima do atual

7.4.1 Indicadores geológicos

a) Terraços de construção marinha (*wave-built terraces*) – Depósitos sedimentares marinhos, como terraços de construção marinha, situados acima do atual nível do mar, são evidências inquestionáveis de antigos níveis do mar acima do atual. O mapeamento geológico sistemático e as datações geocronológicas permitiram distinguir várias gerações de terraços arenosos, construídos após os níveis máximos relacionados a diferentes episódios transgressivos do Quaternário (Martin et al., 1987; Martin; Suguio; Flexor, 1988).

b) Terraços de abrasão marinha (*wave-cut terraces*) – Representam superfícies erosivas sustentadas por rochas mais antigas do embasamento, que podem ser sedimentares ou cristalinas (magmáticas ou metamórficas). De maneira análoga aos terraços de construção marinha, originam-se pela energia das ondas que, inicialmente, podem começar como entalhes marinhos (*marine notches*), que podem progredir para cavernas marinhas (*marine caves*) e, finalmente, com o colapso dos tetos das cavernas, transformam-se em terraços de abrasão marinha.

c) Rochas praiais (*beach rocks*) – São constituídas de sedimentos arenosos e/ou cascalhosos de antigas praias, em geral cimentadas por $CaCO_3$. Essas rochas são características de regiões de clima quente e, ao longo do litoral brasileiro, são encontradas do litoral norte do Rio de Janeiro (delta do rio Paraíba do Sul) para o Norte, principalmente na costa nordestina (Flexor; Martin, 1979).

Um estudo detalhado da granulometria e das estruturas sedimentares primárias dessas rochas pode fornecer indicações sobre os subambientes praiais onde foram sedimentadas e, assim, definir a posição do nível médio do mar por ocasião da sua deposição, com precisão de cerca de 50 cm.

A datação dessas rochas deve ser feita preferencialmente em conchas, e não em cimento carbonático, que pode compreender várias gerações. Logicamente, as conchas podem ser de moluscos que viveram em épocas que não correspondem à época da sedimentação da rocha praial.

7.4.2 Indicadores biológicos

São representados por restos biogênicos, colônias ou traços fossilizados identificáveis de seres vivos encontrados na vizinhança imediata do nível do mar. Idealmente, devem apresentar distribuição vertical bastante restrita, que permita obter, com bastante precisão, a posição do nível do mar ou, mais exatamente, reconstruir a zonação dos organismos marinhos litorâneos correspondentes aos limites das faixas de distribuição (Martin et al., 1986a).

Em geral, os indicadores biológicos são representados por restos de populações mortas, mas ainda *in situ* (biocenose), de animais sésseis (fixos) em paredões rochosos, que permitam reconstituir as condições do antigo ambiente, particularmente as profundidades de vida.

Ao longo de quase todo o litoral brasileiro, existem evidências biológicas representadas por incrustações de vermetídeos (gastrópodes), ostras e corais, além de buracos (tocas) de ouriços (Fig. 7.4), situadas acima da atual zona de vida desses organismos (Laborel, 1969, 1979). Além disso, muitos desses indicadores fornecem os materiais carbonáticos de suas conchas, que podem ser datados pelo método do ^{14}C.

Na utilização de indicadores biológicos constituídos de animais sésseis, como os vermetídeos, a relação com os fatores hidrodinâmicos é de grande importância prática. Em escala local, um fato muito importante é ligado ao nível de agitação das águas, de modo que existe a possibilidade de deslocamento para cima das zonas biológicas. Esse fenômeno é muito local e especialmente sensível nas extremidades dos cabos, em fissuras que concentram a ação das ressacas etc. Os vermetídeos, mais comumente, desenvolvem-se em mares sem marés ou de maré muito fraca e, nessas condições, a espessura total máxima da zona de vida é de cerca de 20 cm a 30 cm, sem ultrapassar 50 cm. As costas brasileiras representam uma exceção, pois os vermetídeos vivem em locais com amplitudes de maré de até 3 m a 4 m; porém, mesmo nesse caso, a amplitude da zona de vida não apresenta expansão proporcional e mantém-se entre 0,5 m e 1,5 m (Fig. 7.5).

Onde ocorre areia em contato com rocha, pode-se encontrar importantes estruturas biológicas devidas ao anelídeo (verme) do gênero *Phragmatopoma*. Esses animais utilizam os grãos de areia para construir tubos, que formam massas arredondadas de até cerca de 1 m de diâmetro. Eles vivem em águas pouco profundas, e o seu limite superior de vida corresponde mais ou menos

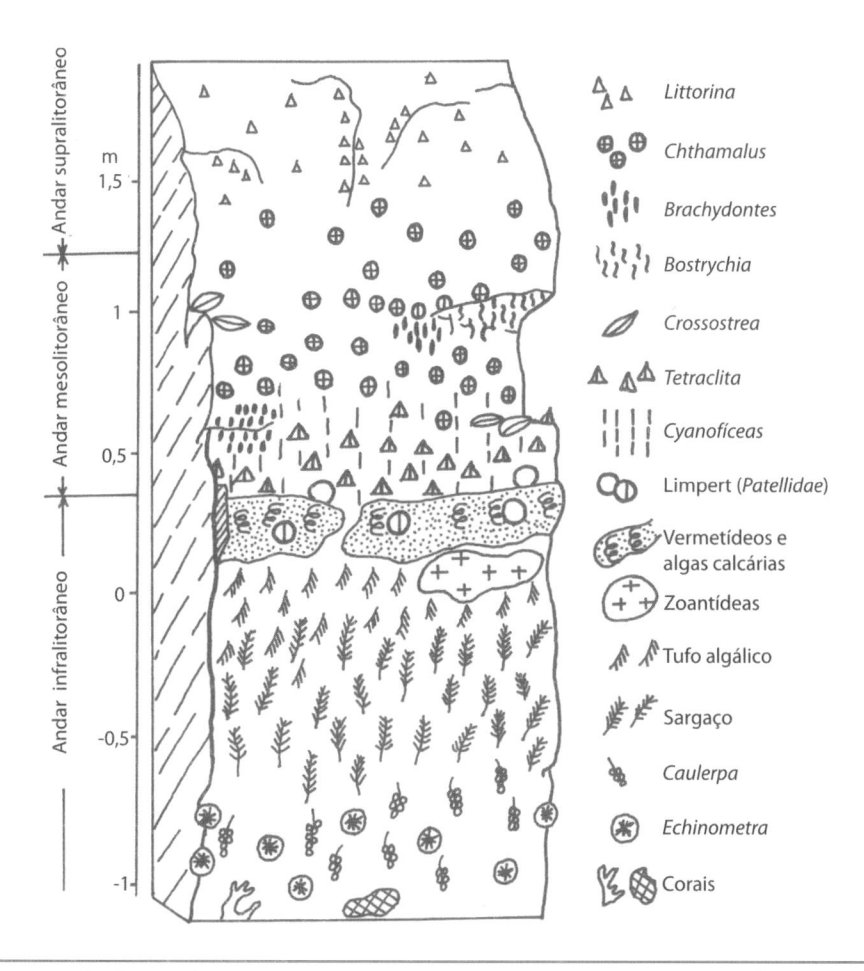

Fig. 7.4 Zonação biológica de animais sésseis e de vegetais que vivem no costão rochoso do Nordeste brasileiro, exemplificado pelo caso de Gaibu (PE) (Laborel, 1979)

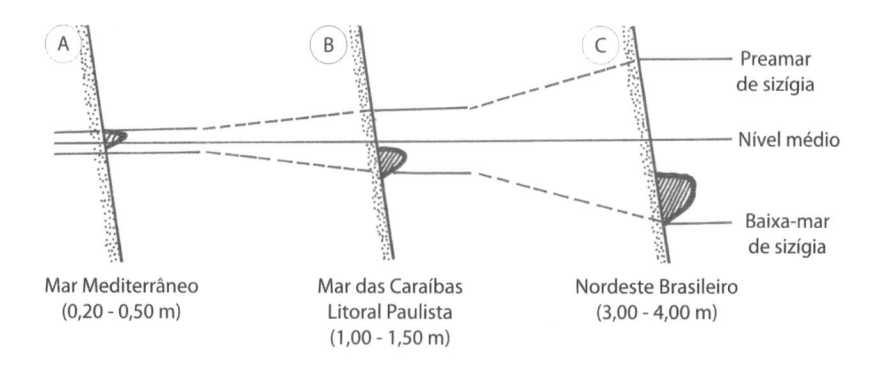

Fig. 7.5 Variações das alturas das incrustações de vermetídeos em relação ao nível médio do mar em função das diferentes amplitudes de maré: (a) caso de mar sem maré ou com maré muito fraca; (b) costas do Mar das Caraíbas ou do Estado de São Paulo; (c) costa nordestina do Brasil (Laborel, 1979)

à mesma altura do limite inferior dos vermetídeos. Dessa maneira, onde só ocorrem tubos vazios de vermetídeos, como acontece ao sul de Cabo Frio (RJ) até o Cabo de Santa Marta (SC), a posição relativa da amostra de vermetídeo em comparação à do nível do mar da época pode ser obtida em confronto com as estruturas de *Phragmatopoma* vivente no local.

Por sua vez, muitos terraços de construção marinha pleistocênicos e holocênicos exibem, comumente, tubos fósseis de *Callichirus*, situados acima da zona de vida desse animal (Suguio; Martin, 1976b; Suguio et al., 1984a). O gênero *Callichirus*, que representa um crustáceo decápode marinho vulgarmente conhecido como "corrupto", é composto por quase 95 espécies, distribuídas no mundo inteiro, entre as quais Rodrigues (1966) identificou cinco espécies atualmente viventes na costa brasileira. Aparentemente, entre os tubos fósseis, são mais comuns os devidos às espécies *C. major* e *C. mirim*.

No caso dos paleomanguezais, representados por concentração de restos vegetais de gêneros típicos (*Rhizophora mangle*, *Laguncularia racemosa*, *Avicennia tomentosa* etc.), pode-se reconhecer duas zonas: a superior, que é muito rica em fragmentos de madeira, e a inferior, que é sobretudo lamosa. Estima-se que, no primeiro caso, a deposição tenha ocorrido entre os níveis médio e de maré alta da época, e que, no segundo caso, corresponda aos níveis entre o médio e de maré baixa.

7.4.3 Indicadores pré-históricos

Em países do Velho Mundo podem ser usados vários tipos de sítios arqueológicos, históricos e pré-históricos, para a reconstituição dos paleoníveis do mar ou de paleolinhas de costa. Na costa brasileira, porém, os únicos vestígios arqueológicos utilizáveis nesses estudos são representados pelos sambaquis, montes artificiais compostos predominantemente de conchas de moluscos, que podem também conter restos de instrumentos líticos, objetos de adorno, ossadas de mamíferos, espinhas de peixes e até esqueletos humanos.

Os sambaquis são feições terrestres das quais frequentemente não se conhecem as relações que existiam entre a sua base (substrato) e o nível de maré alta da época correspondente ao início de sua construção. Em geral, os sambaquis fornecem somente informações sobre a posição limite da paleolinha de costa, podendo caracterizar períodos de nível do mar mais alto que o atual. Por exemplo, os sambaquis situados muito afastados do mar (20 km a 30 km ou mais), no interior do continente e nas margens de paleolagunas sugerem períodos de nível do mar mais alto. Essa interpretação baseia-se no postulado de que os antigos índios não transportavam para longe dos locais de coleta os moluscos cujas conchas serviram para a construção dos sambaquis (Martin et al., 1986b; Suguio; Martin; Flexor, 1992). Outra premissa utilizada é que, no início de construção dos sambaquis, o substrato estava emerso, isto é, encontrava-se acima do nível de maré alta da época. De qualquer modo, os dados obtidos de sítios arqueológicos deverão, necessariamente, ser confrontados com indicadores geológicos e biológicos mais seguros e, então, utilizados com cuidado.

7.5 Antigos níveis do mar acima do atual na costa brasileira

7.5.1 Níveis do mar mais altos que o atual, anteriores a 123.000 anos A.P.

Distribuídos através das planícies costeiras dos estados de Santa Catarina, Paraná e sul de São Paulo, existem alguns vestígios de terraços arenosos e cascalhosos, com mais de 13 m de altura acima do nível do mar atual, de possível origem marinha. Segundo Martin, Suguio e Flexor (1988), esse terraço poderia ser correlacionável ao sistema de ilhas-barreira/laguna II do Rio Grande do Sul (ver Fig. 1.18).

Nos estados da Bahia e de Sergipe não foram encontrados, até o momento, afloramentos de sedimentos que possam ser atribuídos a esse episódio transgressivo. As únicas evidências conhecidas são constituídas por falésias inativas (ou mortas), provavelmente de origem marinha, esculpidas em sedimentos da Formação Barreiras, de provável idade neogênica. Esse nível do mar mais alto, correlacionável ao sistema de ilhas-barreira/laguna II do Rio Grande do Sul, é conhecido como Transgressão Antiga (Bittencourt et al., 1979).

7.5.2 Níveis do mar mais altos que o atual, referentes a 123.000 anos A.P.

A Transgressão Antiga foi seguida por um novo evento transgressivo, quando o nível relativo do mar esteve 8 m ± 2 m acima do atual. Esse episódio é conhecido no Estado de São Paulo como Transgressão Cananeiense (Suguio; Martin, 1978) e como Penúltima Transgressão nas planícies costeiras dos estados da Bahia, Sergipe, Alagoas e Pernambuco (Bittencourt et al., 1979).

Os registros desse nível do mar mais alto são essencialmente compostos de terraços arenosos que ocorrem, pelo menos, desde os estados da Paraíba até o Rio Grande do Sul. Os topos desses terraços chegam de 6 m a 10 m acima do atual nível de maré alta. Acham-se situados em posições mais internas, em relação às holocênicas, nas planícies costeiras. São frequentemente representados por areias finas mais ou menos lixiviadas, que podem gradualmente passar para areias acastanhadas a pretas, impregnadas de ácidos orgânicos (húmicos e fúlvicos) e, eventualmente, algum hidróxido de ferro, em geral originados dos horizontes superiores. As estruturas sedimentares acham-se, muitas vezes, obliteradas por processos pedogenéticos. Entretanto, tubos fósseis de *Callichirus* acham-se associados a estratificações planoparalelas horizontais e cruzadas nas bases desses terraços, permitindo reconstruir as posições pretéritas dos níveis relativos do mar no espaço, pois esses animais constroem os seus tubos na zona intermarés mais próxima ao nível de maré baixa. As superfícies desses terraços são marcadas por remanescentes de antigas cristas praiais (cordões litorâneos ou cordões arenosos), mais ou menos obliterados por processos gravitacionais (rastejo etc.) e intempéricos.

Embora estejam relativamente bem preservados nas costas sul e sudeste do Brasil, os afloramentos dessa formação, em geral, não fornecem materiais apropriados para datações geocronológicas. Troncos de madeira carbonizados, coletados de camadas argilosas basais, indicaram idades superiores a 35.000 anos A.P. (limite de alcance do método do ^{14}C). Por outro lado, não foram encontradas, até o momento, conchas de moluscos nesses depósitos, mas somente os seus moldes. A idade dessa transgressão foi, todavia, relativamente bem estabelecida por cinco datações executadas em amostras de corais (*Siderastrea*), obtidas da porção basal desse terraço na planície costeira do Estado da Bahia. Empregou-se o método do Io/U (Bernat et al., 1983) e obteve-se uma idade média de 123.500 ± 5.700 anos A.P. Esses terraços são, portanto, correlacionáveis ao nível do mar mais alto do interglacial Sangamoniano ou Eemiano do Pleistoceno superior do Hemisfério Norte (Bloom et al., 1974; Chappell, 1983) e ao sistema de ilhas-barreira/laguna III do Rio Grande do Sul (Villwock et al., 1986).

7.5.3 Níveis do mar mais altos que o atual, referentes ao Holoceno

A última fase transgressiva, conhecida como Transgressão Santista, ocorreu há cerca de 17.500 anos, conforme descrito na seção 7.3, mas existem poucas datações disponíveis até 6.500 a 7.000 anos A.P. Entretanto, os últimos 6.500 anos dessa transgressão são mais bem conhecidos por meio de várias evidências geológicas, biológicas e pré-históricas na porção central da costa brasileira, onde foram realizadas mais de 700 datações (Suguio et al., 1985a; Martin et al., 1996). Essa transgressão, muitas vezes referida na literatura geológica brasileira como Transgressão Flandriana – aliás, erroneamente, pois nos chamados Países Baixos o nível do mar teve comportamento bem diferente do Brasil durante esse período –, é correlacionável ao sistema de ilhas-barreira/laguna IV do Rio Grande do Sul (ver Fig. 1.18).

Os terraços holocênicos constituem terraços de construção marinha situados nas porções externas dos de idade pleistocênica, e são separados destes por uma área baixa preenchida por lamas paleolagunares, superpostas por depósitos paludiais. Situam-se de 4 m a 5 m acima do nível atual nas porções internas e exibem suave declividade rumo ao oceano, o que sugere que a sua construção se processou durante o rebaixamento do nível do mar. Na superfície desses terraços ocorrem cristas praiais bem preservadas, em contraste com o que ocorre nos terraços pleistocênicos

(Martin; Bittencourt; Vilas-Boas, 1980; Martin et al., 1980b). As estruturas sedimentares são bem preservadas e são representadas por estratificações características de faces praiais.

Os depósitos lagunares consistem de lamas ricas em matéria orgânica, com frequentes restos de madeira e conchas de moluscos, alguns dos quais em posição de vida. As idades de afloramentos de terraços de construção marinha, obtidas pelo método do radiocarbono, foram inferiores a cerca de 7.000 anos A.P., exceto algumas amostras de depósitos paleolagunares, obtidas por sondagens, que forneceram idades pouco mais antigas.

Curvas de variações dos níveis relativos do mar nos últimos 7.000 anos

Com base em dados obtidos de terraços holocênicos e de outros indicadores, que evidenciam paleoníveis do mar diferentes do atual, foram delineadas curvas parciais ou completas de flutuações de níveis relativos do mar nos últimos 7.000 anos, em vários trechos do litoral brasileiro (Fig. 7.6).

Para que cada curva abrangesse apenas trechos de comportamentos geológicos relativamente uniformes, sobretudo em termos morfoestruturais, foram considerados trechos relativamente curtos (60 km a 80 km), que ainda apresentassem número suficiente (20 a 30) de indicadores datados. Abstraindo-se as variações de segunda ordem, foi possível constatar que em todos os setores estudados, os níveis relativos do mar situaram-se acima do atual, com as seguintes peculiaridades:

a) o atual nível médio do mar foi ultrapassado pela primeira vez entre 7.000 e 6.500 anos A.P.;

b) há cerca de 5.100 anos, o nível do mar subiu entre 3 m e 5 m acima da média atual;

c) há cerca de 3.900 anos, o nível relativo do mar deve ter estado de 1,5 m a 2 m abaixo do atual (Massad; Suguio; Pérez, 1996);

d) há aproximadamente 3.600 anos, o nível do mar subiu entre 2 m e 3,5 m acima do atual;

e) há 2.800 anos, ocorreu novamente um pequeno rebaixamento, atingindo um nível inferior ao atual;

f) há cerca de 2.500 anos, atingiu-se um nível de 1,5 m a 2,5 m acima do atual, e desde então tem havido uma tendência ao rebaixamento contínuo; todavia, uma vez que o alcance mínimo do método do ^{14}C é de cerca de 300 anos, não se pode determinar a tendência atual por métodos geológicos. Segundo Mesquita (1994), os dados baseados em registros instrumentais (maregramas) indicariam que, nos últimos 40 anos, estaria ocorrendo uma subida de nível de 30 cm/século na região de Cananeia (SP). Vários autores (como Pirazzoli, 1993 e Gornitz, 1995) têm encontrado cifras mais baixas, de 10 a 15 cm/século no Hemisfério Norte.

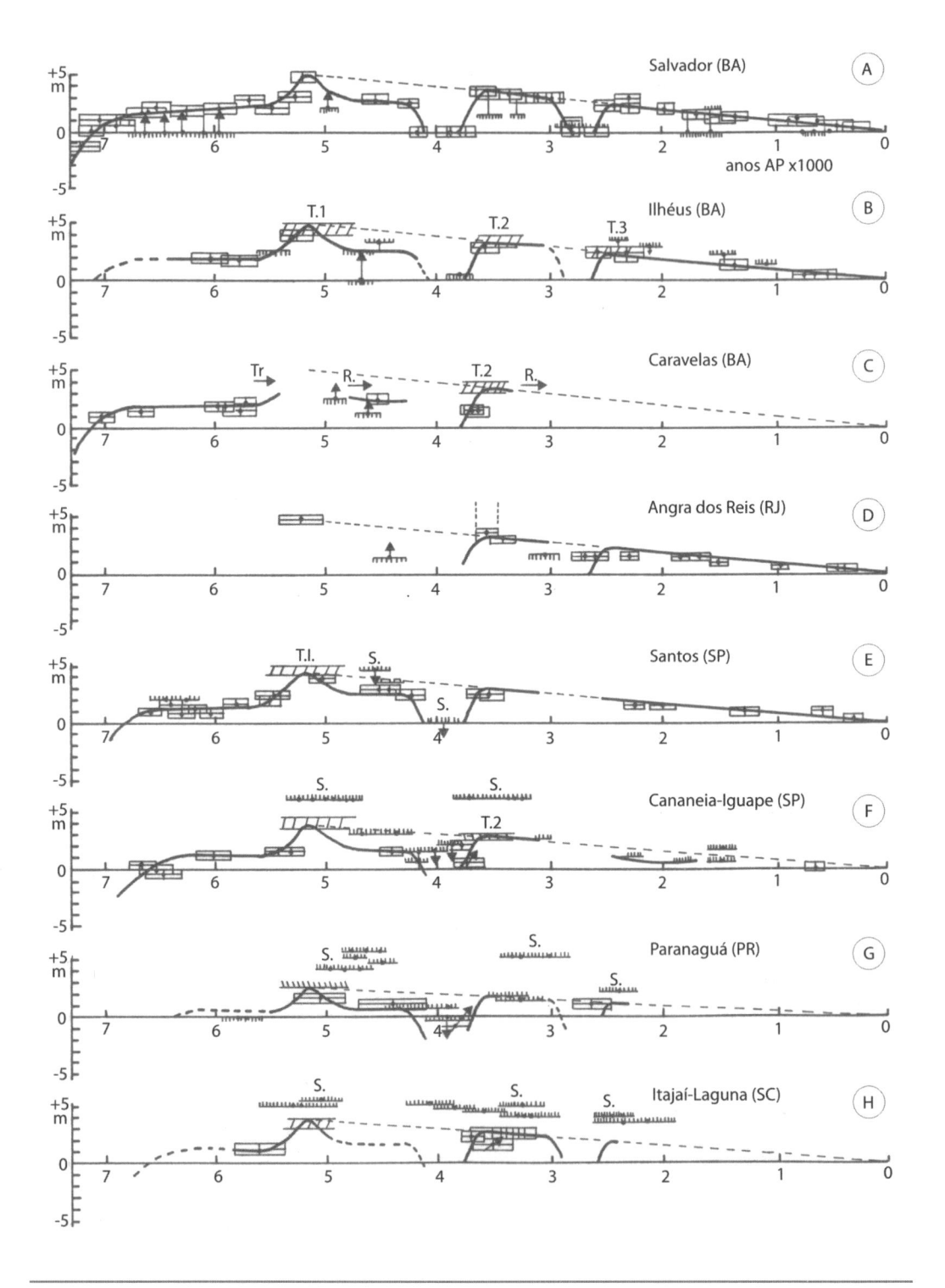

Fig. 7.6 Curvas de variações dos níveis relativos do mar nos últimos 7.000 anos, ao longo de vários trechos do litoral brasileiro (Suguio et al., 1985a)

Comentários sobre as curvas
Até o momento, todas as curvas delineadas apresentam a mesma configuração geral, embora exibam algumas diferenças de amplitudes nos picos. Em alguns setores da costa com curvas mais bem delineadas, foi possível reconhecer deslocamentos dos níveis do mar atribuíveis, em parte, à tectônica quaternária. Por exemplo, na Baía de Todos os Santos (BA), no trecho localizado dentro do gráben do Recôncavo, constataram-se deslocamentos verticais suficientemente pronunciados, que são acusados nas curvas de variações dos níveis do mar holocênicos (Martin et al., 1986a) (Fig. 7.7).

Outros setores da costa brasileira – por exemplo, nos estados de São Paulo e Rio de Janeiro – foram afetados por flexuras regionais (Martin; Suguio, 1975), embora esse fenômeno aparentemente não tenha apresentado grande influência no Holoceno. Em todos os setores onde as curvas de variações dos níveis do mar foram delineadas (Fig. 7.6), exceto no de Angra dos Reis, existem terraços marinhos da fase de níveis marinhos mais altos que o atual, há 123.000 anos A.P. Em nenhum setor as porções internas desses terraços, aproximadamente de mesmas idades, exibiram diferenças significativas de altitudes. Se os deslocamentos do estágio de culminação,

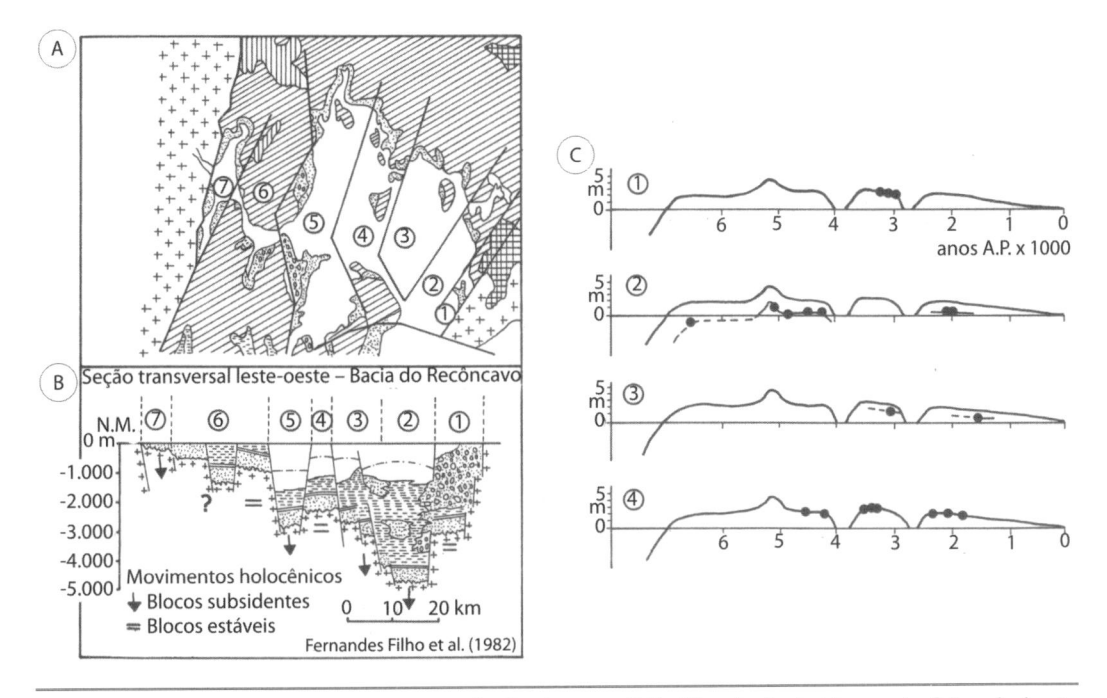

Fig. 7.7 Tectonismo quaternário na Bacia do Recôncavo (BA): (A) principais blocos de falha da bacia; (B) seção transversal aos blocos, com os blocos levantados e rebaixados, onde as setas indicam os movimentos tectônicos nos últimos milhares de anos; (C) posições das reconstruções dos paleoníveis em vários blocos em relação à curva de Salvador (Martin et al., 1986c)

de 5.100 anos A.P., fossem de origem tectônica, os registros de níveis do mar mais altos, referentes a 123.000 anos A.P., estariam deslocados de quase 60 m, mas esta não é a situação. Portanto, os deslocamentos nas amplitudes dos picos observados entre algumas das curvas poderiam ser interpretados como resultantes da deformação do geoide (Martin et al., 1985) (Fig. 7.8).

7.6 Consequências das flutuações dos níveis relativos do mar na sedimentação costeira

Independentemente das causas, a porção central do litoral brasileiro esteve submetida a submersão até aproximadamente 5.100 anos A.P. e, ignorando-se duas rápidas oscilações, desde então permaneceu em emersão. Entretanto, essa não é a regra geral para outras

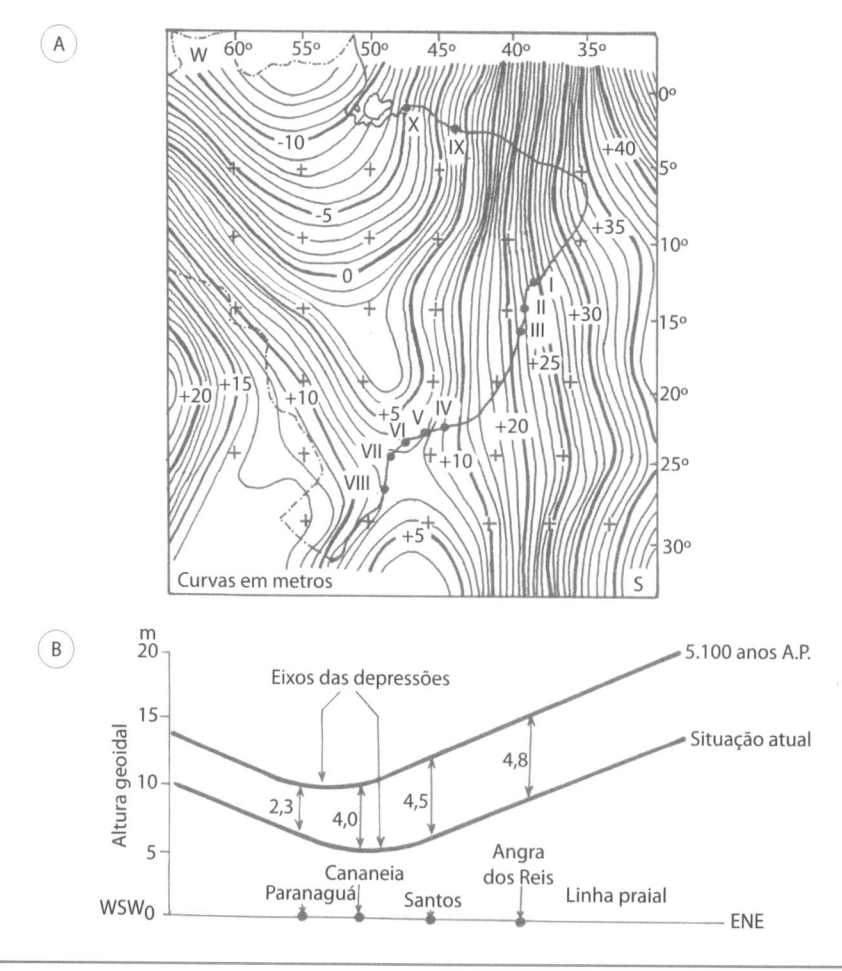

Fig. 7.8 Deformação holocênica do geoide: (A) mapa geoidal do Brasil com indicação das cidades de Belém (X) e Itajaí (VIII); (B) perfil geoidal atual entre Paranaguá (PR) e Angra dos Reis (RJ), comparado ao perfil há cerca de 5.100 anos. Os deslocamentos verticais entre os perfis podem ser obtidos por simples rebaixamento do relevo geoidal, simultaneamente a um ligeiro deslocamento horizontal para leste (Martin et al., 1985)

partes do mundo. Por exemplo, ao longo da costa atlântica dos Estados Unidos (Shepard; Curray, 1967), o nível relativo do mar jamais ultrapassou o atual durante o Holoceno (Fig. 7.9).

A evolução costeira durante os últimos anos obviamente não pode ter sido a mesma nessas duas áreas. Costas em submersão, como a costa leste dos Estados Unidos, caracterizam-se por sistemas de ilhas-barreira/lagunas, ao passo que as costas em emersão, como as do Brasil, são ocupadas por extensas planícies de cristas praiais (Dominguez et al., 1987). Uma situação equivalente à encontrada hoje na costa oriental dos Estados Unidos poderia ter existido no Brasil antes de 5.100 anos A.P. (Suguio et al., 1984a).

Uma zona costeira baixa, de natureza arenosa, possui um perfil de equilíbrio que depende das características hidrodinâmicas e da granulometria da areia. As características hidrodinâmicas dependem das ondas, marés etc. e, portanto, o perfil sofre constantes transformações. Entretanto, considerando-se um intervalo de tempo suficientemente longo, pode-se admitir a existência de um perfil médio de equilíbrio. Naturalmente, as variações dos níveis relativos do mar destroem esse perfil de equilíbrio.

Segundo Bruun (1962), quando um perfil de equilíbrio é atingido, a subsequente subida do nível do mar destruirá esse equilíbrio, que será restabelecido pela sua migração rumo ao continente. Em consequência, o prisma praial será erodido e o material resultante será transportado e depositado nas áreas de antepraia, causando a retrogra-

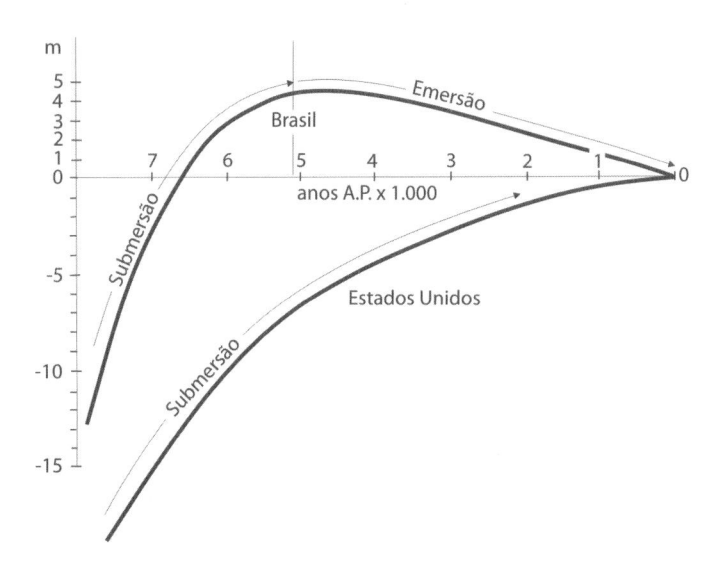

Fig. 7.9 Curvas esquemáticas médias de variações dos níveis relativos do mar ao longo da costa central brasileira e ao longo das costas Atlântica e do Golfo do México dos Estados Unidos durante os últimos 7.000 anos (Martin et al., 1987a)

dação. Esse processo induzirá uma elevação do fundo submarino da antepraia em igual magnitude à elevação do nível do mar, de modo que a profundidade da água permanecerá constante (Fig. 7.10). Experiências de campo e de laboratório realizadas por diversos autores (como Schwartz, 1967 e Dubois, 1977) ratificaram a hipótese de Bruun (1962).

Embora essa regra tenha sido estabelecida para a situação inversa, isto é, de subida do nível relativo do mar, o equilíbrio destruído durante o rebaixamento do nível do mar também deverá ser restaurado (Dominguez, 1982). Consequentemente, as ondas deverão transportar os sedimentos inconsolidados da antepraia rumo ao continente, depositando-os no prisma praial e promovendo a progradação costeira. Essa transferência de sedimentos da praia externa rumo ao prisma praial cessará quando a profundidade preexistente tiver sido restabelecida. Comparativamente, esse processo é análogo ao que ocorre com o perfil praial de tempestade, que é restaurado pela transferência de sedimentos da antepraia para o prisma praial no perfil de ondulação, como se acha amplamente registrado na literatura (Swift, 1976).

Portanto, é óbvio que em costas baixas arenosas, o rebaixamento do nível relativo do mar induzirá intenso transporte de areia da plataforma continental interna para a praia. Essas areias serão incorporadas ao sistema de correntes longitudinais geradas pelas ondas e transportadas até encontrarem armadilhas (ou trapas) ao longo da costa, como desembocaduras fluviais ou outras feições, que diminuirão a capacidade de transporte do sistema de correntes longitudinais (ou de deriva litorânea).

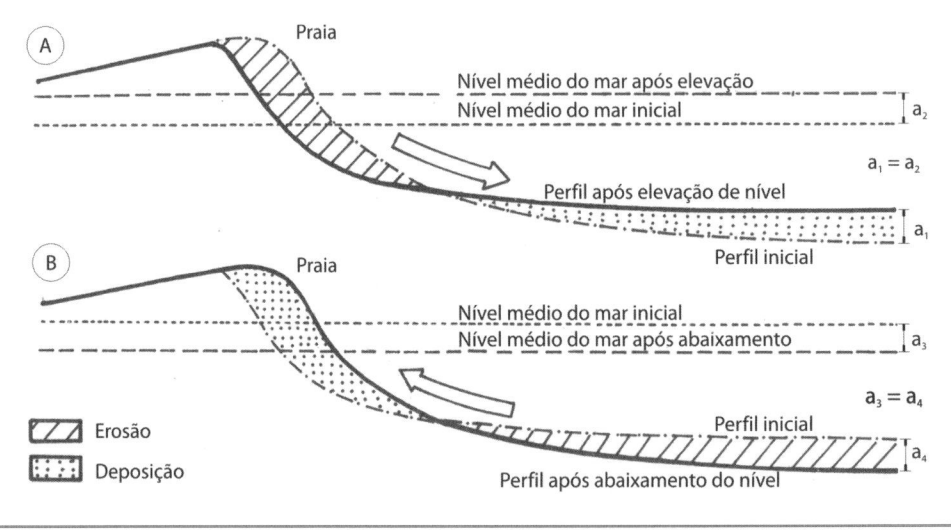

Fig. 7.10 Princípio de Bruun (1962), segundo o qual o perfil médio de equilíbrio atingido em determinado nível marinho é rompido com a elevação do nível relativo, provocando a retrogradação (A) e o inverso, quando ocorre o rebaixamento do nível relativo, ocasionando a progradação (B), segundo Dominguez (1982)

7.7 Papel do transporte longitudinal de areia na sedimentação costeira

Nas proximidades das praias, as ondas não encontram profundidades de água suficientes para o seu avanço, e sofrem arrebentação, fenômeno acompanhado pela liberação de muita energia que será, em parte, usada para colocar os sedimentos em suspensão e para gerar as correntes litorâneas longitudinais.

Obviamente, as correntes longitudinais são ativas apenas quando as frentes de onda se aproximam obliquamente à linha de costa. Por sua vez, os sentidos das correntes longitudinais dependerão do ângulo de incidência das frentes de onda que atingem a linha de costa. As velocidades dessas correntes são muito lentas, mas a sua influência é bastante efetiva onde as areias tenham sido colocadas em suspensão pela quebra das ondas, e, portanto, um volume muito significativo de areia poderá ser transportado dessa maneira.

O transporte prosseguirá até que as areias sejam bloqueadas por uma armadilha ou um obstáculo, o que explica, em parte, as grandes diferenças constatadas entre duas regiões submetidas a rebaixamentos equivalentes de nível do mar. Os depósitos arenosos são insignificantes ou mesmo inexistentes em regiões de trânsito, e muito conspícuos e abundantes onde uma trapa ou um obstáculo causem a retenção das areias. Além disso, em costas submetidas a dois diferentes padrões de ondulações, as mais efetivas são aquelas que definem o sentido de transporte resultante, que não coincidem necessariamente com as ondulações predominantes.

7.7.1 O bloqueio de transporte longitudinal por uma desembocadura fluvial

Em condições favoráveis, o fluxo de água de uma desembocadura fluvial pode bloquear o transporte de areia, de modo análogo a um espigão (ou molhe) artificial construído perpendicularmente a uma praia. Essas estruturas estendem-se, em geral, até além da zona de quebra das ondas, interrompendo o transporte litorâneo de areia. Em consequência, as linhas costeiras a barlamar serão submetidas a rápida progradação, enquanto a sotamar serão erodidas, causando acelerada retrogradação. Os mecanismos ativos em uma desembocadura fluvial foram explicados por Dominguez (1982) e Suguio et al. (1985b) da seguinte maneira:

a) Em fase de enchente, o fluxo fluvial atua como um "espigão hidráulico", tendendo a bloquear o transporte litorâneo. Isso resulta na progradação de areia marinha na porção a barlamar e na retrogradação ou na deposição de sedimentos fluviais a sotamar (Fig. 7.11B).

b) Em fase subsequente, de vazante, o obstáculo formado pelo fluxo fluvial tenderá a desaparecer. As correntes longitudinais, então, causam erosão parcial dos depósitos marinhos e constroem um esporão arenoso (*sand spit*), que poderá obstruir parcialmente a desembocadura fluvial (Fig. 7.11C).

c) Se a fase de vazante for suficientemente longa, o esporão arenoso crescerá e poderá resistir à fase seguinte, de alta energia. Em alguns casos, somente a porção distal do esporão arenoso será destruída. Com isso, o efeito de bloqueio do fluxo fluvial será deslocado no mesmo sentido das correntes longitudinais, iniciando-se uma nova fase de progradação a barlamar (Fig. 7.11D).

Como consequência do "efeito molhe" do "espigão hidráulico", as planícies costeiras, em ambas as margens da desembocadura fluvial, tornam-se assimétricas, com a porção a barlamar formada por uma sucessão de cristas arenosas e a porção a sotamar composta por alternância de cristas arenosas e baixios arenoargilosos. Os deslocamentos, controlados pela desembocadura fluvial, serão registrados como discordâncias nos alinhamentos das cristas praiais arenosas. Esse tipo de mecanismo é bastante evidente na planície costeira junto à desembocadura fluvial do rio Paraíba do Sul (RJ). Em razão disso, a cidade de Atafona enfrenta periodicamente processos de erosão acelerada, que causam a destruição de dezenas de casas.

7.7.2 Padrões de sistemas de ondulações ao longo da costa central brasileira

Os padrões de sistemas de ondulações atuantes nesse setor da costa brasileira ainda não são bem conhecidos, mas existem informações suficientes para identificar pelo menos dois regimes de ondulações, correspondentes aos sistemas de ventos encontrados na área: o primeiro proveniente de leste-nordeste e o outro, de sul-sudeste (Fig. 7.12).

Os ventos de leste-nordeste são relacionados aos ventos alísios constantes, que atuam durante o ano inteiro, principalmente de outubro a março, ao passo que os de sul-sudeste são ligados às "frentes frias", que atingem periodicamente a costa central brasileira, principalmente de abril a setembro. Sobre o mar, as "frentes frias" são acompanhadas por ondulações provenientes do setor sul que, apesar da sua baixa frequência, são muito mais poderosas que as provenientes do setor norte. Consequentemente, o transporte longitudinal predominante processa-se do sul para o norte (Fig. 7.12A).

Esse modelo pode ser perturbado por fortes eventos "El Niño". Quando esse fenômeno é acentuado, como ocorreu em 1983, o jato subtropical intensifica-se e os sistemas frontais polares são bloqueados (Fig. 7.12B), conforme Kousky, Kagano e Cavalcanti (1984). Durante o período de bloqueio, os sistemas frontais permanecem por longo tempo no sul e sudeste do Brasil. Consequentemente, as ondulações do setor sul, geradas pelos sistemas frontais, não atingem a costa central brasileira. Nessa situação, as ondulações originárias do setor norte tornam-se efetivas, provocando deriva longitudinal do norte para o sul (Martin et al., 1984b; Martin; Suguio; Flexor, 1993).

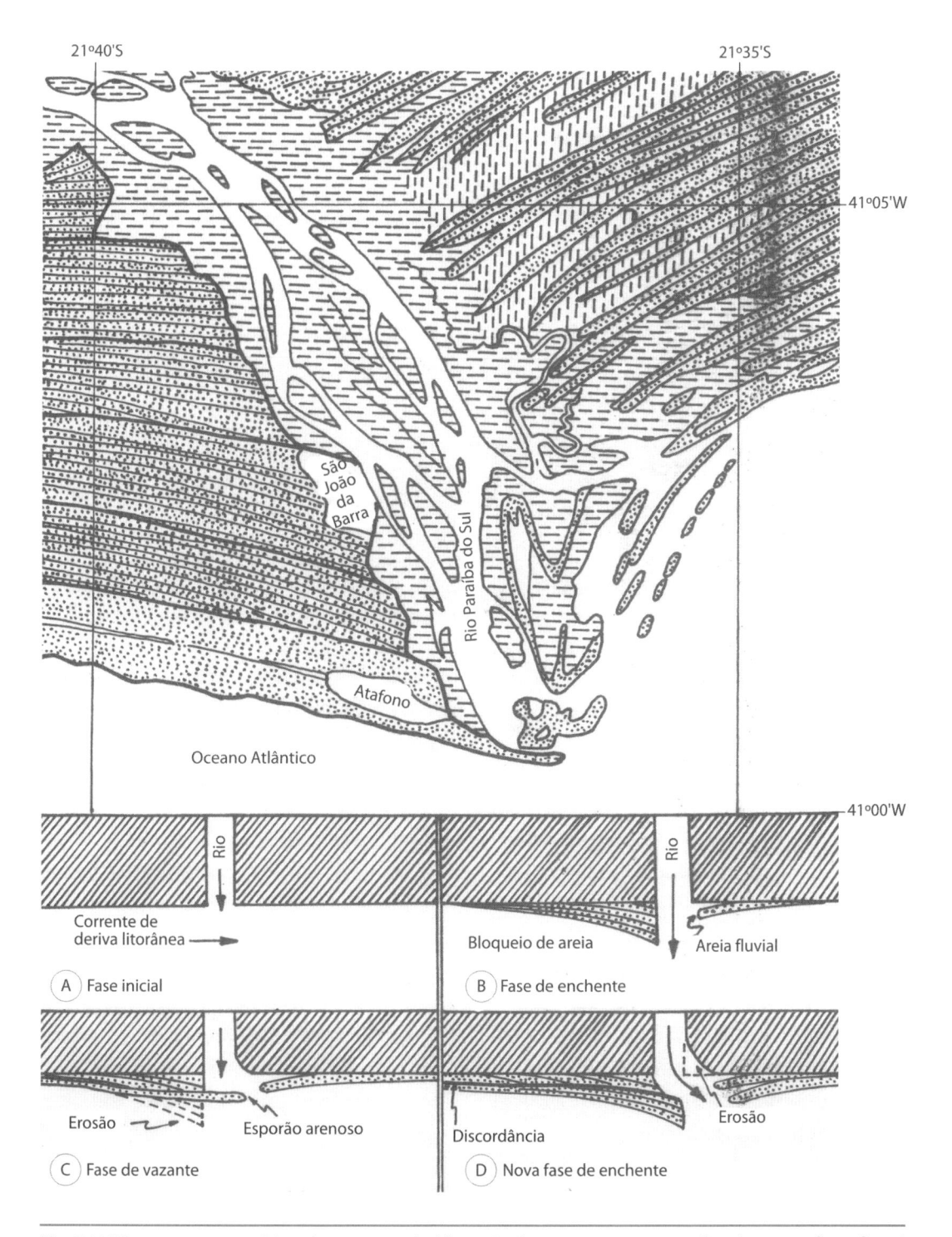

Fig. 7.11 Diagrama esquemático do processo de bloqueio do transporte arenoso litorâneo por fluxo fluvial (fases A-D), exemplificado pela planície costeira da desembocadura fluvial do rio Paraíba do Sul (Suguio et al., 1985b)

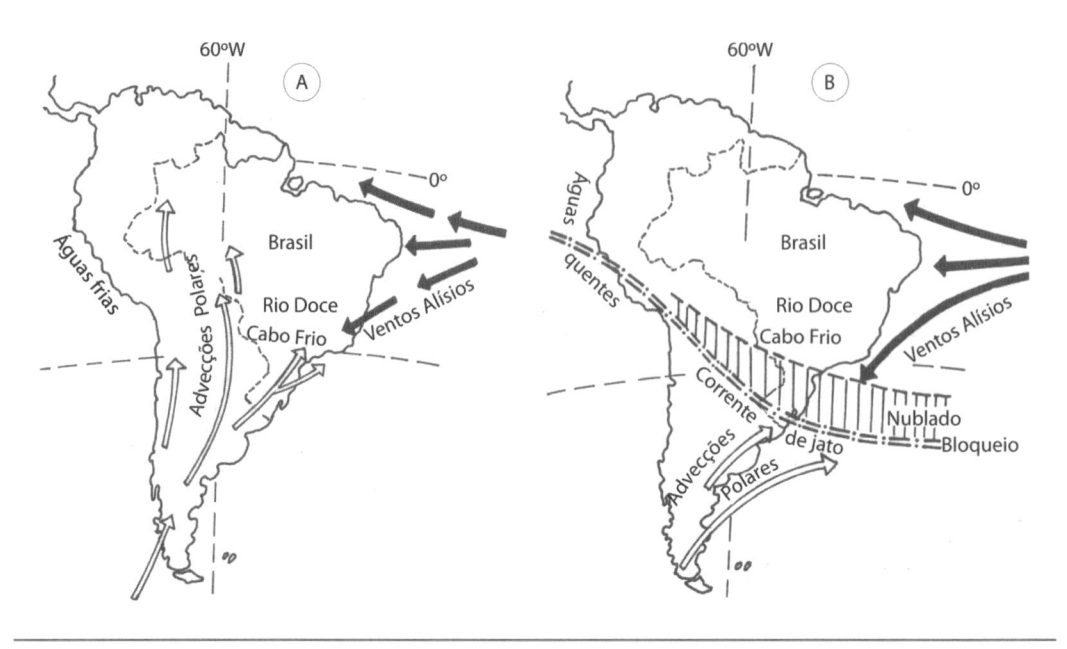

Fig. 7.12 Padrões de ventos na costa central brasileira e os sentidos de incidência das frentes de onda: (A) em condições normais, resultando no transporte arenoso litorâneo do sul para o norte; (B) em condições "El Niño", resultando no transporte arenoso litorâneo do norte para o sul (modificado de Martin e Suguio, 1992)

7.8 Principais estágios de construção das planícies da costa brasileira

7.8.1 Modelo geral

As flutuações de níveis relativos do mar e o transporte longitudinal de areia, associados com mudanças paleoclimáticas, controlaram a construção das planícies da costa brasileira. O modelo evolutivo mais completo foi estabelecido para a costa do Estado da Bahia (Dominguez; Bittencourt; Martin, 1981) e permanece válido para o trecho do litoral brasileiro entre Macaé (RJ) e Recife (PE), cuja característica fundamental é a presença de tabuleiros terciários da Formação Barreiras, entre as planícies costeiras quaternárias e as serras pré-cambrianas compostas por rochas cristalinas (Martin et al., 1987).

Na metade sul da costa do Estado de São Paulo e ao longo das costas do Paraná e Santa Catarina, esse modelo é aplicável apenas parcialmente, por razões locais (Martin et al., 1987).

Na costa do Estado da Bahia foram identificados os seguintes estágios (ver Fig. 1.22):

a) Estágio 1 (deposição dos sedimentos continentais da Formação Barreiras) - Após um longo período de clima quente e úmido, que resultou na formação de um espesso manto de intemperismo, o clima tornou-se mais seco, com chuvas torrenciais e pouco frequentes no fim do Terciário, quando a vegetação ficou mais rarefeita e o manto de intemperismo foi exposto à erosão. Os produtos de erosão foram transportados por movimentos gravitacionais, depositando-se nos sopés das montanhas na forma de leques aluviais coalescentes (ver Fig. 1.22A). Segundo Bigarella e Andrade (1964), o nível relativo do mar estaria muito abaixo do atual, permitindo que parte da plataforma continental fosse coberta por esses depósitos.

b) Estágio 2 (máximo da Transgressão Antiga) – O limite atingido pelo máximo dessa transgressão é indicado por uma linha de falésias mortas (inativas), esculpidas na Formação Barreiras (ver Fig. 1.22B), quando o clima teria sido mais úmido que na fase anterior.

c) Estágio 3 (deposição de sedimentos continentais pós-Barreiras) – Após o máximo da transgressão e durante a regressão subsequente, o clima readquiriu características semiáridas, o que propiciou a sedimentação de novos leques aluviais coalescentes, que foram depositados nos sopés das escarpas esculpidas na Formação Barreiras durante o Estágio 2 (ver Fig. 1.22C). Esses depósitos foram registrados nos estados da Bahia e Alagoas, e como parecem ter sido parcialmente erodidos durante o máximo da Penúltima Transgressão, devem ter idade mais antiga que 123.000 anos A.P.

d) Estágio 4 (máximo da Penúltima Transgressão) – Há cerca de 123.000 anos, o nível relativo do mar estava 8 m ± 2 m acima do atual. Durante esse episódio, os sedimentos continentais depositados no estágio precedente foram parcialmente erodidos, e os cursos inferiores dos rios foram afogados e transformados em estuários e lagunas (ver Fig. 1.22D).

e) Estágio 5 (construção de terraços marinhos pleistocênicos) – Teve início uma nova fase regressiva, quando terraços arenosos cobertos por cristas praiais foram originados, formando-se extensas planícies costeiras (ver Fig. 1.22E). Durante esse rebaixamento do nível relativo do mar, a atual plataforma continental ficou quase completamente exposta subaereamente, estabelecendo-se então uma rede de drenagem que erodiu parte dos terraços marinhos, embora a superfície original de sedimentação tenha sido preservada nas áreas de interflúvios.

f) Estágio 6 (máximo da Última Transgressão) – Entre cerca de 6.500 e 7.000 anos A.P., o nível relativo do mar chegou ao atual e, a seguir, passou por um máximo situado de 4 m a 5 m acima do atual, há cerca de 5.100 anos. Durante essa transgressão, os terraços pleistocênicos foram total ou parcialmente erodidos.

Uma paisagem comum dessa fase foi a formação de sistemas de ilhas-barreira/lagunas (ver Fig. 1.22F), principalmente nas desembocaduras de rios como o Doce (ES) e o Paraíba do Sul (RJ).

g) Estágio 7 (construção de deltas intralagunares) – Quando um rio desembocava nessas lagunas, despejando suas águas e sedimentos, formavam-se deltas intralagunares ou intraestuarinos, cujas dimensões dependiam dos tamanhos das lagunas e dos rios (ver Fig. 1.22G).

h) Estágio 8 (construção de terraços marinhos holocênicos) – Após 5.100 anos A.P., o nível relativo do mar sofreu rebaixamento progressivo até a posição atual, não sem antes passar por duas rápidas fases de flutuações, entre 4.100 e 3.600 anos A.P., e entre 3.000 e 2.500 anos A.P. Durante os episódios de emersão, ocorreu acresção de cristas praiais nas porções externas das ilhas-barreira (ver Fig. 1.22H). Em alguns casos, como na foz do rio Jequitinhonha (BA), foi possível reconhecer até três gerações de terraços holocênicos, correspondentes a três estágios de emersão posteriores a 5.100 anos A.P. (Dominguez, 1982). Concomitantemente à construção dos terraços marinhos, o rebaixamento do nível relativo do mar causou uma gradual transformação de lagunas em lagos, seguidos por pântanos e, então, os rios passaram a fluir diretamente para os oceanos.

7.8.2 Casos especiais das planícies costeiras em desembocaduras de grandes rios

Associadas às desembocaduras dos mais importantes rios brasileiros (Paraíba do Sul, Doce, Jequitinhonha e São Francisco), existem zonas de progradação (Fig. 7.1), classificadas por Bacoccoli (1971) como "deltas altamente destrutivos dominados por ondas". Esse autor considerou todos esses "deltas" como sendo de idades holocênicas e propôs um esquema evolutivo em que eles teriam sido formados após o máximo da Transgressão Flandriana (melhor Última Transgressão), passando, em alguns casos, por um estágio intermediário estuarino para, finalmente, constituir deltas típicos, que implicaram em progradação generalizada da costa.

Ao longo da costa brasileira, existem também zonas de progradação sem qualquer relação com desembocaduras fluviais atuais ou pretéritas mais importantes. A mais típica dessas zonas situa-se em Caravelas (BA) (Martin et al., 1987a), onde, com exceção dos sedimentos fluviais, ocorrem todos os outros tipos de depósitos sedimentares encontrados nos "deltas holocênicos" brasileiros descritos por Bacoccoli (1971). O fato de zonas de progradação serem formadas sem a presença de um rio de alguma expressão é deveras surpreendente. Nesses casos, a fonte dos materiais sedimentares não é o rio, mas sim o oceano.

A maioria dos modelos de sedimentação costeira até então existentes e considerados clássicos não avaliavam adequadamente o papel fundamental desempenhado pela história das flutuações do nível relativo do mar no desenvolvimento das atuais regiões costeiras. Por exemplo, o interessante trabalho de Coleman e Wright (1975), embora tenha analisado a influência de até centenas de parâmetros na geometria dos corpos arenosos deltaicos, não considerou os efeitos das oscilações do nível do mar no Holoceno. Os modelos de sedimentação costeira existentes, quase todos baseados em casos estudados no Hemisfério Norte, enfatizavam as amplitudes de maré, a energia das ondas e as descargas e cargas fluviais, como controles mais decisivos na definição do arcabouço geral dos ambientes de sedimentação costeiros (Fisher, 1969; Galloway, 1975; Hayes, 1979). Embora tais fatores sejam também importantes, em geral influem apenas na morfologia costeira local. Na realidade, é a história das oscilações dos níveis do mar que determina o arcabouço básico sobre o qual os fatores mencionados irão atuar.

Novos estudos detalhados, executados nas planícies costeiras dos rios Paraíba do Sul (Martin et al., 1984b), Doce (Suguio; Martin; Dominguez, 1982; Martin; Suguio, 1992), Jequitinhonha (Dominguez, 1982; Dominguez; Martin; Bittencourt, 1987) e São Francisco (Bittencourt et al., 1982), sumariados por Martin, Suguio e Flexor (1993), mostram que as suas histórias holocênicas e pleistocênicas foram bastante influenciadas pelas variações dos níveis relativos do mar. Finalmente, considerando-se a definição *stricto sensu* do termo delta, essas zonas de progradação não poderiam ser consideradas verdadeiros deltas, pois os seus sedimentos foram supridos diretamente pelos rios associados apenas de modo parcial.

7.9 Considerações Finais

A existência de extensas planícies costeiras é uma das características da costa central brasileira. Foi possível identificar duas gerações de terraços arenosos de construção marinha, com o registro de dois períodos de níveis relativos do mar superiores ao atual no Quaternário. Muitas dessas planícies situam-se nas desembocaduras de grandes rios, mas outras não possuem quaisquer relações passadas ou presentes com cursos fluviais.

A segunda característica dessa costa é que, contrariamente a outras regiões do mundo, esteve submersa até 5.100 anos A.P., emergindo desde então até hoje. O período de submersão, anterior a 5.100 anos A.P., resultou na formação de ilhas-barreira que isolaram do mar aberto lagunas de várias dimensões. Quando essas lagunas eram suficientemente grandes, os rios que aí desembocavam construíram deltas intralagunares ou intraestuarinos. O período de emersão, que ocorreu após 5.100 anos A.P., refletiu na tendência das lagunas para ressecação, quando então os rios passaram a desaguar diretamente no oceano Atlântico. As planícies costeiras situadas nas desembocaduras de grandes rios, como Paraíba do Sul, Doce, Jequitinhonha e São Francisco, foram classificadas como "deltas altamente destrutivos dominados por ondas"; porém, a aplicação simples do termo "delta" nessas planícies aparentemente é um pouco forçada, pois também foram encontradas planícies costeiras similares, sem relação com rios. Além disso, durante todo o estágio lagunar, os sedimentos transportados pelos rios foram trapeados na laguna e, assim, não contribuíram na construção de terraços arenosos formados na porção externa da ilha-barreira. Nessa fase, os terraços arenosos foram construídos predominantemente por areias grossas supridas durante o rebaixamento dos níveis do mar. Somente quando o rio passou a fluir diretamente ao mar, há cerca de 2.500 anos, o seu papel tornou-se mais importante na construção da planície costeira.

A terceira característica dessas planícies costeiras é que elas estão situadas em ambientes de alta energia, onde as ondas e as correntes longitudinais desempenham papéis essenciais. As formas das planícies costeiras mudam com os sentidos e as intensidades do transporte longitudinal. Quando os terraços arenosos são cobertos por cristas praiais fósseis, suas geometrias refletem os sentidos pretéritos de transporte longitudinal de areias, o que permite a determinação da proveniência das ondulações pretéritas efetivas, bem como a reconstituição dos regimes dos ventos do passado. Um estudo detalhado da geometria das cristas praiais da planície costeira do rio Doce mostrou uma sequência de reversões nos sentidos das correntes longitudinais durante os últimos 5.100 anos, com intervalos de 10 a 100 anos. Essas reversões representam mudanças nos sentidos das ondulações efetivas, que definem o transporte longitudinal dos sedimentos e, consequentemente, indicam mudanças nos padrões dos ventos. Os períodos de reversão do transporte litorâneo, muito bem registrados na planície costeira do rio Doce, podem, portanto, ser correlacionados com períodos de condições do "tipo El Niño" de mesma duração. As condições do "tipo El Niño" são situações climáticas médias do passado, que geraram perturbações tão fortes quanto os eventos "El Niño". Elas correspondem às "Oscilações Sul" de longa duração e baixa frequência, cuja possibilidade teórica de existência foi admitida por Mörner (1993b). Em contraste, os registros morfológicos mostram que, na desembocadura do rio São Francisco, as correntes longitudinais sempre fluíram do norte para o sul, em consequência de ondulações efetivas provenientes de leste e de nordeste.

Este capítulo eventualmente poderá suscitar no leitor algumas das seguintes indagações: se o capítulo denomina-se "As mudanças de níveis relativos do mar durante o Quaternário tardio no Brasil", por que se discute apenas a costa central brasileira, abarcando o trecho Santa Catarina-Pernambuco? Por que praticamente não há referências às costas sul-riograndense e amazônica? Por que a planície costeira integrante da foz do rio Amazonas não foi mencionada entre as feições deltaicas?

Sem desmerecer as pesquisas muito detalhadas sob o ponto de vista da geologia do Quaternário, executadas no litoral sul-riograndense (Villwock et al., 1986; Villwock; Tomazelli, 1995), o setor aqui discutido é um dos mais conhecidos. Além disso, a principal razão é porque o autor deste compêndio participou da maioria dos trabalhos desse setor, mas nunca esteve envolvido em pesquisas naquele estado. O litoral nordestino, aqui não enfocado, e a costa amazônica são menos conhecidos, apesar de alguns trabalhos executados mais recentemente (Souza Filho, 1995; Souza Filho; El-Robrini, 1997). A planície costeira da foz do rio Amazonas também ainda é relativamente pouco estudada nesse contexto, havendo mesmo controvérsias se seria classificada como um estuário ou como um "delta altamente destrutivo dominado por marés". Um dos trabalhos mais interessantes, nesse particular, foi realizado por Nittrouer et al. (1986), que caracterizaram a sedimentação da plataforma continental amazônica como de natureza deltaica, também com frente progradante. Entretanto, ela difere fundamentalmente dos deltas clássicos, sendo mais um estuário ou, no máximo, um "delta submerso", por exibir expressão subaérea negligenciável. Esse fato poderia ser explicado, talvez, porque o Amazonas é um grande rio em zona dominada por macromarés, com carga sedimentar fantástica, porém ele deságua em oceano aberto, com alta energia, tanto das ondas como de fortes correntes longitudinais de sudeste para noroeste, as quais, possivelmente, carream grande parte dos sedimentos para longe da sua desembocadura.

A neotectônica e a tectônica quaternária 8

8.1 Generalidades

O termo neotectônica foi introduzido na literatura geológica por Obruchev (1948) para designar "movimentos tectônicos ocorridos no fim do Terciário e no Quaternário, os quais desempenharam um papel decisivo na configuração topográfica contemporânea da superfície terrestre". A partir de então, o conceito associado ao termo sofreu várias modificações, principalmente no que diz respeito ao intervalo de tempo envolvido. Assim, segundo Angelier (1976), "a neotectônica versaria sobre o período no qual as observações geofísicas poderiam ser extrapoladas à luz dos dados geológicos", enquanto que, para Vita-Finzi (1986), a "neotectônica deveria tratar das deformações do Cenozoico tardio".

Mörner (1993a) ressalta que, na maior parte das definições sobre a neotectônica, não vê motivos significativos para o estabelecimento do limite inferior de idade; porém, admite que os últimos 3 a 2,5 milhões de anos (Ma) foram caracterizados por intensa atividade tectônica, causando soerguimentos e subsidências (Fig. 8.1). Essa reorganização estrutural poderia ter propiciado mudanças nas circulações atmosféricas e oceanográficas que, por sua vez, teriam deflagrado as glaciações (Fig. 8.2).

Paralelamente ao progresso dos conhecimentos sobre neotectônica, surgiram os conceitos de sismotectônica e paleossismicidade. A sismotectônica trataria dos movimentos crustais induzidos por eventos sísmicos (terremotos) atuais, ao passo que a paleossismicidade versaria sobre terremotos pretéritos, registrados como evidências estruturais (falhas e dobras) ou morfológicas (linhas de costa) pré-instrumentais (Mörner, 1989).

8.2 Tectônica e cinturões móveis

Os movimentos crustais preocupam os geocientistas há muito tempo. A partir da metade do século XIX, as pesquisas sobre a tectônica foram transferidas para as questões ligadas à formação de cadeias montanhosas dobradas dos Alpes, sendo assim firmados os conceitos de geossinclínio e de cinturão orogenético, e, até o fim da primeira metade do século XX, prevaleceu a teoria do mecanismo orogenético baseada na contração da crosta. Desse modo, houve a diferenciação entre os movimentos crustais mais ou menos rápidos de falhas e dobras, ligados à orogênese (origem das montanhas), e os movimentos crustais lentos de soerguimento e subsidência, relacionados à epirogênese (origem dos continentes). Admitiu-se também que a faixa orogenética (ou cinturão móvel) ocorreria nas margens das áreas conti-

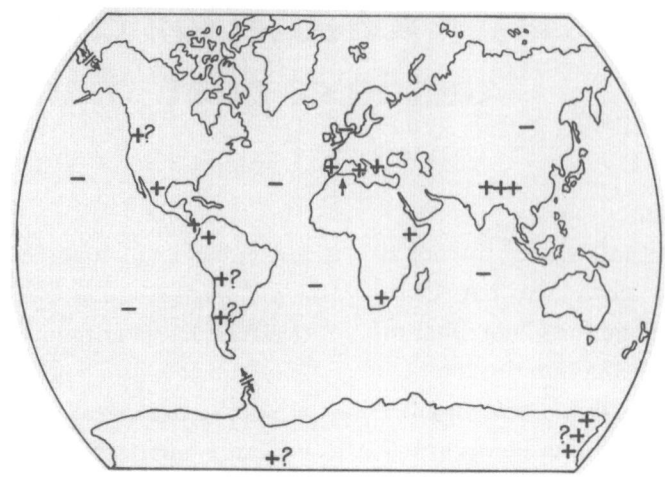

Áreas de soerguimento:
  Platô tibetano — 1,0 - 1,5 km
  Parte da área do Mediterrâneo — Forte soerguimento
  Parte do norte da Europa — Não quantificado
  Planalto de Bogotá — 1,0 - 2,0 km
  Parte da Cordilheira dos Andes — Soerguimento significativo
  Parte das Montanhas Rochosas — Soerguimento significativo
  Platô do sudeste da África — 0,9 km
  Platô da Etiópia — 1,0 - 2,0 km
  Montanhas transantárticas — 2,0 - 3,0 km
Áreas compressivas:
  África oriental abaixo do Golfo da Guiné — Tectônica compressiva
  Mar Mediterrâneo — Forte empurrão
Estreito fechado:
  Estreito de Balboa — Form. do Istmo do Panamá
Áreas subsidentes:
  Bacia de Baical — 1,0 - 1,5 km
  Mar Cáspio Sul — 1,0 - 2,0 km
  Mar Tirreniano — 2,0 km
  Bacia do Mar do Norte — Subsid. significativa
  Fundo submarino profundo em geral — Subsid. generalizada
Estreitos abertos:
  Estreito de Bransfield — Hoje com 120 km
  Estreito de Bering — Invasão da biota do Pacífico

Fig. 8.1 Atividades tectônicas globais entre 3 a 2,5 Ma, segundo Mörner (1993). (+) indica soerguimento, (-) indica subsidência e setas de sentidos opostos correspondem à abertura de estreitos

nentais estáveis, possuindo um núcleo de embasamento cristalino antigo.

Na década de 1960, com o advento da teoria de tectônica de placas, ficou esclarecido que o fundo submarino, como o continente, constituía uma parte estável da crosta na clássica teoria orogenética, mas movimentava-se horizontalmente, tendo a cadeia mesoceânica como área tectonicamente muito ativa (Fig. 8.3). Hoje em dia, admite-se que a crosta terrestre seja estruturalmente composta por cinturões móveis, núcleos continentais, fundos submarinos e cadeias meso-

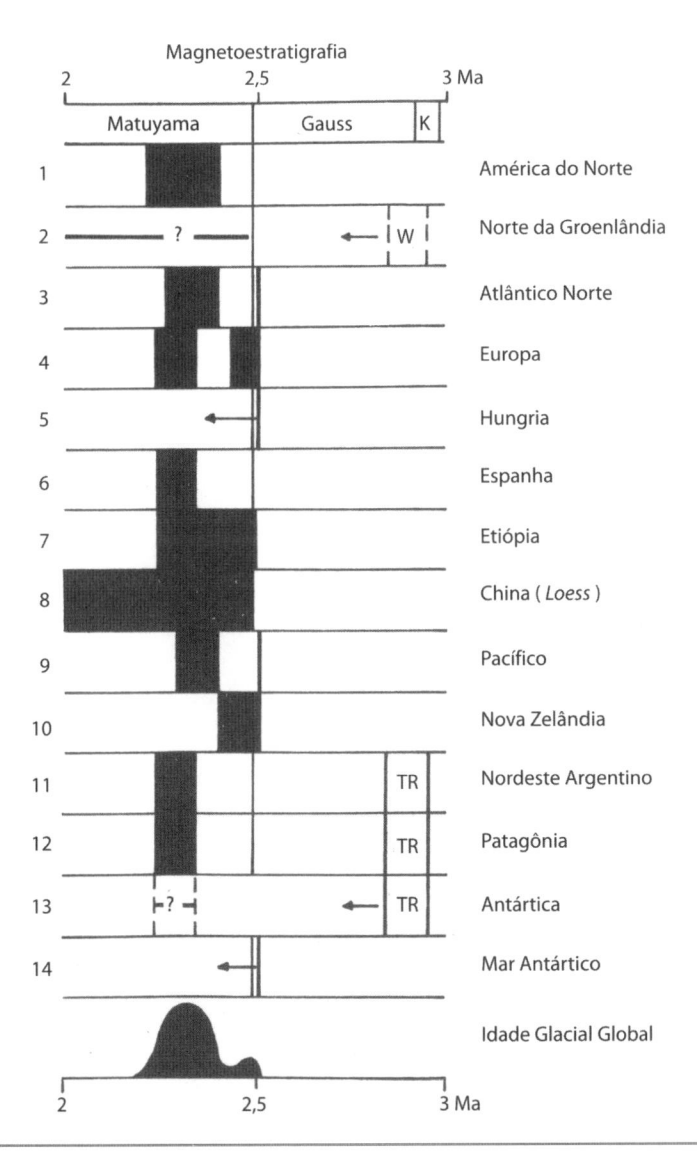

Fig. 8.2 Posição cronoestratigráfica do primeiro resfriamento principal ou glaciação da Era Cenozoica, conforme dados compilados em várias localidades da Terra. O tempo é fornecido em Ma (milhões de anos) para o período 2 a 3 Ma em relação à subdivisão magnetoestratigráfica correspondente. Uma glaciação do tipo Quaternário, de extensão global, ocorreu entre 2,5 e 2,3 Ma, logo abaixo do limite Gauss-Matuyama, atingindo a época pleniglacial em torno de 2,3 a 2,4 Ma, conforme se vê na parte inferior da figura (Mörner, 1993)

ceânicas, dos quais o primeiro e o último são mais instáveis e os dois outros, mais estáveis. Os cinturões móveis referem-se a áreas de rochas geologicamente mais novas, onde os movimentos crustais quaternários são intensos. Correspondem também aos limites onde placas oceânicas mergulham sob placas continentais (sistema arco insular-fossa submarina), a regiões de deslocamento horizontal de

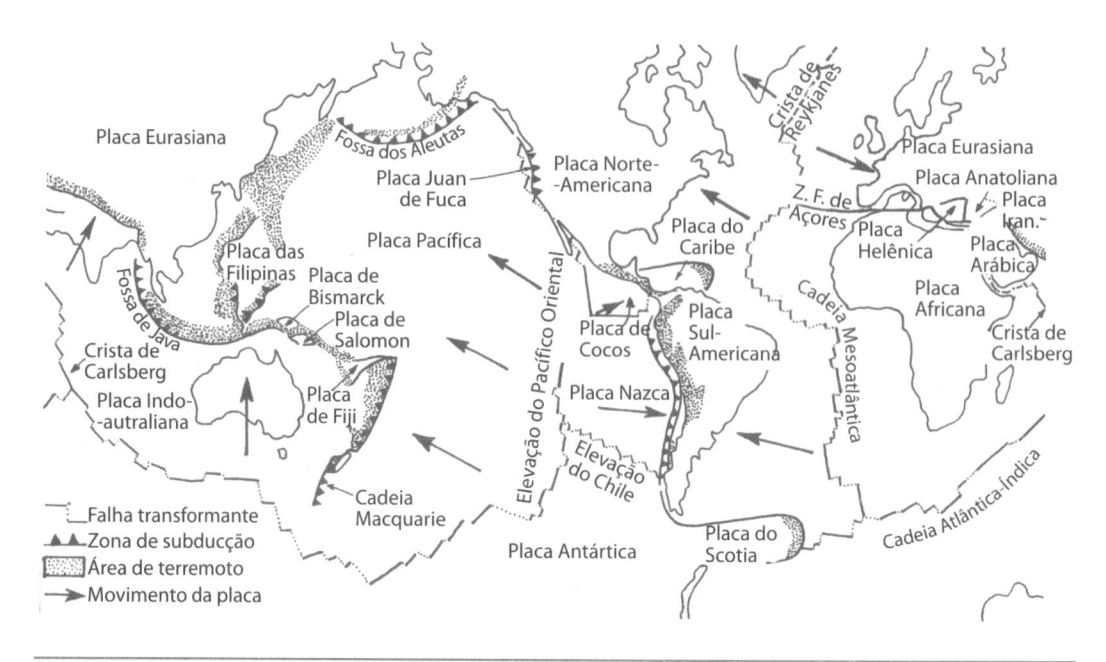

Fig. 8.3 Distribuição dos cinturões móveis (sistemas de cadeias mesoceânicas e zonas orogenéticas modernas), segundo Dewey (1972)

placas através de falhas transformantes (*transform faults*), como a costa ocidental norte-americana, ou a regiões de impacto de núcleos continentais, como o Himalaia.

8.3 Movimentos crustais de cinturões móveis recentes

Como já mencionado, as pesquisas sobre os movimentos crustais de cinturões móveis recentes são feitas há muito tempo nos Alpes. Após a fase de subsidência durante o Mesozoico, que originou a feição do tipo geossinclínio, ocorreram, no período Paleógeno, intensos movimentos estruturais, seguidos de rápido soerguimento, que continua até hoje.

A partir de 1960, tornaram-se muito frequentes, especialmente em países como o Japão, que é um arco insular (*island arc*), pesquisas sobre falhas e dobras ativas, isto é, falhas e dobras que ainda estão sofrendo movimentações. Constatou-se, assim, que as movimentações quaternárias têm sido até mais intensas que as paleogênicas e neogênicas em algumas regiões, e teve origem, então, a tectônica quaternária como uma área de estudos do Quaternário.

Sugimura (1971) enfatizou o significado e a importância da tectônica quaternária (Quadro 8.1), reconhecendo três tipos, subdivididos de acordo com suas escalas temporais de atuação:

a) movimentos crustais instrumentais;
b) movimentos crustais quaternários propriamente ditos;
c) movimentos crustais geológicos.

Quadro 8.1 Comparação entre três tipos de movimentos crustais do Quaternário (Sugimura, 1971), subdivididos segundo diferentes escalas temporais de atuação

Tipos de movimentos crustais		a) Movimentos crustais instrumentais	b) Movimentos crustais quaternários	c) Movimentos crustais geológicos
Escalas temporais	Limites de classificação	100 anos A.P.		$1,8 \times 10^6$ anos A.P.
	Intervalos temporais mais típicos	10^1-10^2 anos Dados obtidos por nivelamento, triangulação ou maregrama	10^4-10^5 anos Movimentos crustais mais comuns do Pleistoceno superior-Holoceno	10^7-10^8 anos Movimentos crustais da Era Cenozoica
Meios para detectar a movimentação	Movimentação vertical	De marco de nivelamento	De linha de costa ou de superf. topográfica	De depósitos marinhos (rochas metamórf. ou plutônicas)
	Mudança de nível marinho	Mudança por corrente oceânica ou pressão atmosférica	Mudança na intensidade de glaciação	Mudança na movimentação epirogenética
	Movimentação horizontal	De marco de triangulação	Deslocamento horizontal de curso fluvial	Paleomagnetismo (ou fósseis)
Exemplos de mov. verticais acentuados	Soerguimento	Acompanha terremoto de grande magnitude	Dobramento de cadeia montanhosa	Exposição de cinturões metamórf. ou embasamento
	Subsidência	Acompanha terremoto de grande magnitude	Evolução de fossa submarina e movimento de embaciamento	Origem de geossinclínio
Falhamento		Falha de terremoto	Escarpa de falha	Falhamento s.s.
Dobramento		Dobramento ativo detectado por nivelamento	Dobramento ativo expresso no relevo	Estrutura de dobramento
Exemplos de movimentos ligados ao vulcanismo		Subsidência circundante a um vulcão em erupção	Origem da caldeira	Origem e migração de bacia ligada ao vulcanismo
Principais temas de estudo		Deformação da superfície terrestre		Deformação das rochas
Pontos positivos dos métodos de estudo		Praticamente não há enganos na sua área de atuação	Embora não plenamente, usa as vantagens dos métodos instrumentais e geológicos	Em razão da escala temporal, está livre das causas acidentais

Segundo Sugimura (1971), os movimentos crustais quaternários representam o elo entre o passado geológico e o presente, e, além de explicarem muitas feições geomorfológicas e ambientes naturais em geral, têm um significado muito importante no prognóstico de movimentos crustais, podendo-se estabelecer áreas com diferentes graus de suscetibilidade.

8.4 Os movimentos crustais glacioisostáticos

8.4.1 As mudanças de paleolinhas de costa

Os movimentos crustais quaternários são mais facilmente detectados ao longo das linhas de costa, onde os continentes (ou terras emersas em geral) e os oceanos entram em contato, porque os soerguimentos ou as subsidências de áreas emersas manifestam-se sob as formas de avanço ou de recuo de linhas de costa.

As paleolinhas de costa funcionam como registros maregráficos (ou mareográficos) do passado geológico, porque, através das medidas de suas altitudes (diferenças de nível em relação ao mar), obtém-se as cifras correspondentes aos soerguimentos ou subsidências relativos de áreas emersas. Por meio da identificação e correlação de paleolinhas de costa, com base em critérios geomorfológicos, pode-se chegar a medições detalhadas dos movimentos crustais do Quaternário na área de estudo. Como se pode constatar na Tab. 8.1, a precisão das medidas em 10^3 anos por critérios geomorfológicos é equiparável à de medidas diretas instrumentais.

Existem observações e registros de levantamentos de movimentos crustais do substrato rochoso costeiro ao norte do Mar Báltico desde o século XVII e, a partir do fim do século XIX, começaram a ser instalados vários mareógrafos, de modo que valores bastante precisos desses soerguimentos puderam ser determinados (Fig. 8.4).

Conforme se vê na Fig. 8.4, o soerguimento no interior da baía de Bothnia processou-se à taxa de 10 mm/ano, mas a porção sul do Mar Báltico quase não sofreu levantamento e, portanto, a área exibe forma dômica. Nessa área, durante a fase de recuo da calota da Escandinávia, formavam-se grandes lagos de água de degelo e ocorriam

Tab. 8.1 Diferentes graus de precisão de medidas de movimentos crustais verticais do Quaternário por método geomorfológico (Kaizuka, 1968)

A) Superfícies ou linhas geomorfológicas	B) Tempo (anos)	C) Precisão de medida de desloc. vertical (m)	D) Precisão de medida em 10^3 anos
1. Superfície erosiva colinosa	10^6	10^2	10^{-1}
2. Superfície geomorfológica ou paleolinha de costa do Pleistoceno inferior a médio	10^5	10^1-10^0	10^{-1}-10^{-2}
3. Superfície geomorfológica ou paleolinha de costa do Pleistoceno superior	10^4	10^0	10^{-1}
4. Superfície geomorfológica ou paleolinha de costa do Holoceno	10^3	10^0-10^{-1}	10^0-10^{-1}
5. Medidas instrumentais diretas (métodos topográficos)	10^1	10^{-3}	10^{-1}

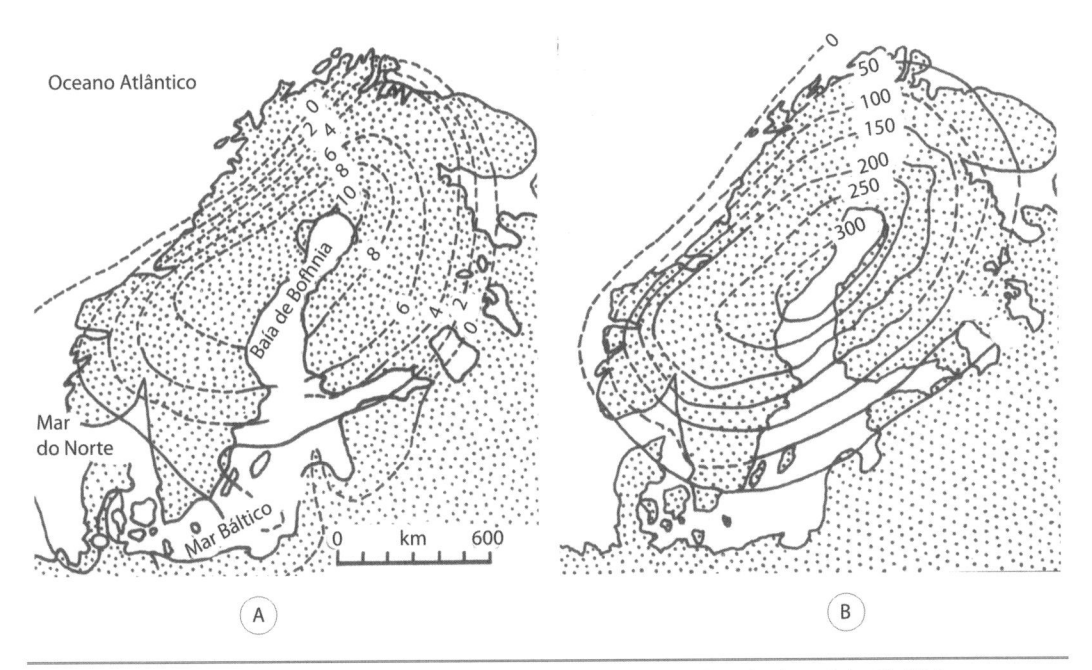

Fig. 8.4 Compensação glacioisostática pós-glacial da Escandinávia (Schmidt-Thomé, 1972): (A) levantamento atual, em mm/ano; (B) soerguimento no Holoceno (pós-Yoldia), em m

várias transgressões. As paleolinhas de costa desses lagos e mares foram intensamente pesquisadas e, dessa maneira, realizou-se a reconstituição do lago glacial Báltico, como da Fig. 8.5, passando pelo Mar de Yoldia e, para o norte, o soerguimento torna-se cada vez mais acentuado.

O levantamento máximo de 300 m nos últimos 9.000 anos ocorreu ao norte do golfo de Bothnia. Como mostra a Fig. 8.4B, a superfície de soerguimento exibe forma dômica, cujo padrão é semelhante ao exibido pelos dados mareográficos, e coincide aproximadamente com os limites da geleira no estádio glacial Weichseliano, reconstituídos por meio da distribuição espacial das morenas correspondentes. Esse processo de levantamento ainda se encontra em curso.

As paleolinhas de costa de cada etapa estão datadas pelo método do radiocarbono, o que permite ideias bastante boas das velocidades de soerguimento. Assim, na Fig. 8.5 percebe-se que, ao norte de Estocolmo, na fase até o fim do lago Ancylus, o levantamento foi muito rápido no início, chegando a ser de 1,5 cm/ano na porção central do golfo de Bothnia. Entretanto, após cerca de 6.000 anos a.C., esse levantamento tornou-se mais lento.

8.4.2 Compensação glacioisostática

Qual seria a causa desse soerguimento crustal bastante acentuado, que ocorreu nas fases glacial tardia e pós-glacial nessas regiões? De modo independente, as proposições da teoria da isostasia, por G. B. Airy e J. H. Pratt, em meados do

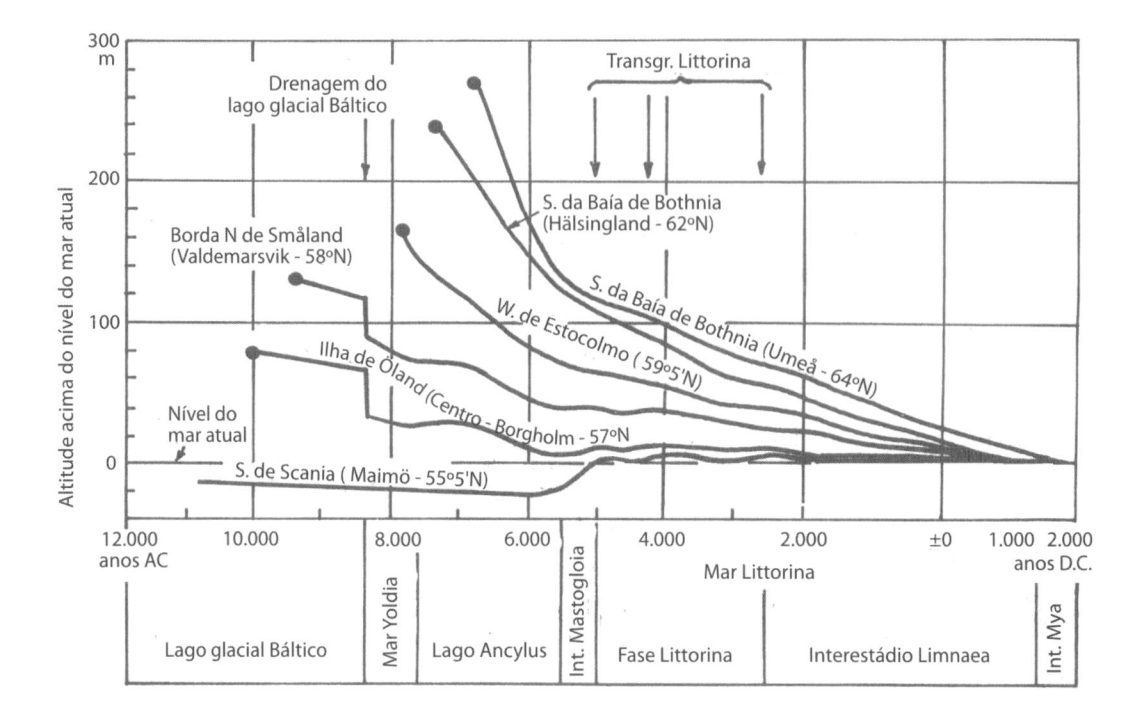

Fig. 8.5 Síntese das mudanças de paleolinhas de costa em várias regiões da Suécia, desde a fase pós-glacial até hoje. O ponto negro no início de cada curva representa o estágio de culminação de cada paleolinha de costa (Lundqvist, 1965)

século XIX, indicaram o caminho para a explicação, admitida hoje como devida à compensação glacioisostática (*glacio-isostatic rebound*). Segundo a teoria de Airy, se o peso específico do material do manto abaixo da descontinuidade de Mohorovicic for considerado 3,3, pode-se estimar que uma geleira com 1.000 m de espessura causaria uma subsidência crustal de 300 m.

Nansen (1921), baseado em medidas de altitudes de paleolinhas de costa da Noruega, evidenciou a intensidade de deformação crustal de origem glacioisostática e explicou o seu possível mecanismo. Ele admitiu que praticamente metade da compensação glacioisostática teria ocorrido antes do desaparecimento da geleira e estimou que a compensação total seria de 530 m na Escandinávia e de 600 m na América do Norte. Além disso, fez considerações sobre os possíveis mecanismos de propagação dos movimentos glacioisostáticos (Fig. 8.6). À medida que se processa a expansão de uma geleira continental, a sobrecarga exercida causaria, inicialmente, a subsidência da porção central, enquanto o fluxo de material do manto, abaixo da crosta, promoveria o intumescimento da borda (I). Com a continuidade da expansão da geleira, esse intumescimento propagar-se-ia lateralmente na forma de onda (II), aumentando simul-

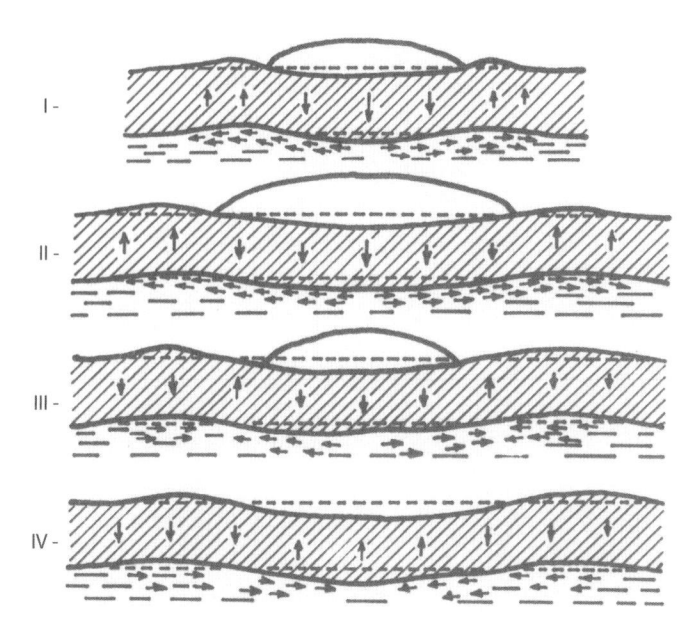

Fig. 8.6 Esquema de Nansen (1921) para explicar a compensação glacioisostática. As setas verticais indicam os movimentos de soerguimento e de subsidência, e as horizontais referem-se aos sentidos de fluxo de materiais abaixo da crosta terrestre

taneamente a sua altura. Quando se inicia a fusão da geleira, a partir das suas bordas, em função do fluxo de material do manto da parte central para as bordas e do seu retorno, iniciar-se-ia um rápido soerguimento das bordas, gerando uma intumescência que, a seguir, converter-se-ia em depressão (III). Em consequência da diminuição do volume e da área ocupada pela geleira, haveria o fluxo do material do manto para o centro por debaixo da intumescência das bordas, a porção central iniciaria um soerguimento e a intumescência sofreria subsidência (IV). Essas ideias foram confirmadas mais tarde pelas datações ao radiocarbono das paleolinhas de costa pós-glaciais.

8.4.3 Os movimentos hidroisostáticos

A subsidência isostática da crosta terrestre pode também processar-se pela sobrecarga de materiais diferentes das geleiras. Gilbert (1890) mediu as altitudes das paleolinhas de costa do lago Bonneville, de origem pluvial, situado no oeste dos Estados Unidos. Ele concluiu que teria existido um paleolago de 300 m de profundidade e 50.000 km² de área, e que as paleolinhas de costa chegam a estar 50 m mais altas em relação ao centro do antigo lago, fato que o autor explicou pelo soerguimento de forma dômica na fase pós-glacial (Fig. 8.7). Segundo o autor, teria ocorrido compensação hidroisostática em razão da perda de água por evaporação e transbordamento. Além disso, acredita-se que, na situação atual, essa compensação tenha atingido uma cifra correspondente a, pelo menos, 75% do valor total.

No caso das águas oceânicas ocorreria também um fenômeno análogo. Imaginando-se que, na fase pós-glacial, a plataforma continental tenha sido recoberta por uma lâmina de 100 m de água, e considerando-se que os pesos específicos do material do manto e da água do mar sejam, respectivamente, de 3,3 e 1,0, essa porção da superfície terrestre deve ter sofrido uma subsidência de 30 m por hidroisostasia. Como resultado dessa subsidência, deve ter ocorrido um acréscimo de 30 m de água, que causou nova subsidência de 9 m. Dessa maneira, o equilíbrio seria atingido após uma subsidência de 43 m que, somados aos 100 m da subida glacioeustática, atingiria a profundidade de 14 m (Matthews, 1974). De fato, nas fases tardiglaciais e pós-glaciais, houve um aumento do volume de água nos oceanos, que provocou uma subida de cerca de 100 m, e parte do antigo continente foi recoberta pelos oceanos e passou a constituir a atual plataforma continental. Como essa sobrecarga aumenta o seu efeito rumo costa afora, deve ter ocorrido um adernamento do fundo oceânico para o mar aberto. Portanto, entre outros, a hidroisostasia é um dos fatores que tornam muito complexas as relações entre os continentes e os oceanos na zona costeira.

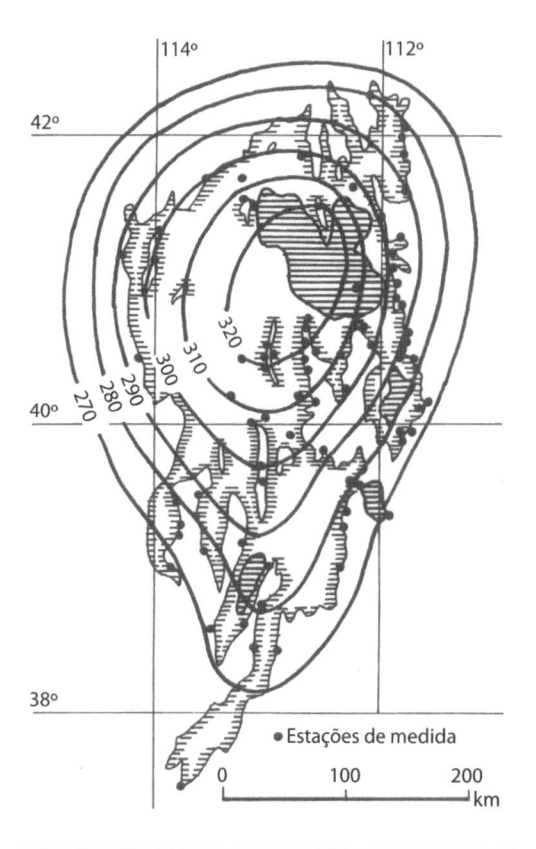

Fig. 8.7 Mudanças de paleolinhas de costa do lago Bonneville do oeste dos Estados Unidos (Gilbert, 1890). Os números indicam as alturas (em metros) máximas das paleolinhas de costa em relação ao nível atual do lago. O contorno circundado por linhas horizontais curtas indica o paleolago Bonneville. As áreas hachuradas com traços horizontais correspondem ao atual Grande Lago Salgado e outras lagoas residuais

8.5 Os movimentos crustais quaternários em faixas móveis

8.5.1 As falhas ativas

Alguns conceitos básicos sobre falhas

Na Fig. 8.8 são apresentados os conceitos básicos sobre as falhas. Como elas representam mudanças de posições de blocos rochosos que acompanham os planos de falha (*fault planes*), as peculiaridades dos planos de falha são essenciais para a interpretação de uma falha.

Nos planos de falha são comumente encontrados fragmentos angulosos de rochas e materiais argilosos denominados brechas de falha (*fault breccias*) e milonito (*milonite*), respectivamente. Pensa-se que as suas espessuras estejam relacionadas à escala da movimentação e à antiguidade da falha. Quando ocorre superposição de planos de falha, forma-se uma zona de falha (*fault zone*). Em geral, os planos de falha que atravessam materiais inconsolidados de cobertura são imperceptíveis. Comumente, estrias (*striations*) existentes sobre os planos de falha ou sobre os milonitos fornecem informações acerca dos sentidos das movimentações. Em relação ao rejeito (*displacement*), que expressa os deslocamentos dos blocos falhados, pode-se falar em rejeito real e rejeito aparente (Fig. 8.8).

As falhas podem ser classificadas segundo vários critérios, como inclinação do plano de falha, encurtamento ou alongamento das camadas etc. Aqui é apresentada a classificação baseada nas relações entre as orientações dos vetores que indicam os sentidos dos deslocamentos e as superfícies do terreno (Fig. 8.9). Conforme as orientações das direções de deslocamento têm-se as falhas de rejeito vertical e de rejeito horizontal. As falhas de rejeito vertical podem ser classificadas em falha normal (ou falha gravitacional), onde a capa desceu em relação à lapa, tendo como limite o plano de falha, e em falha reversa (ou falha de acavalamento), onde a capa subiu em relação à lapa, delimitada pelo plano de falha. As falhas de rejeito horizontal, por sua vez, podem ser divididas em falha destral e falha sinistral.

O que é uma falha ativa?

Koto (1893) estabeleceu, pela primeira vez, que o terremoto resultaria da movimentação de falhas. Durante o terremo-

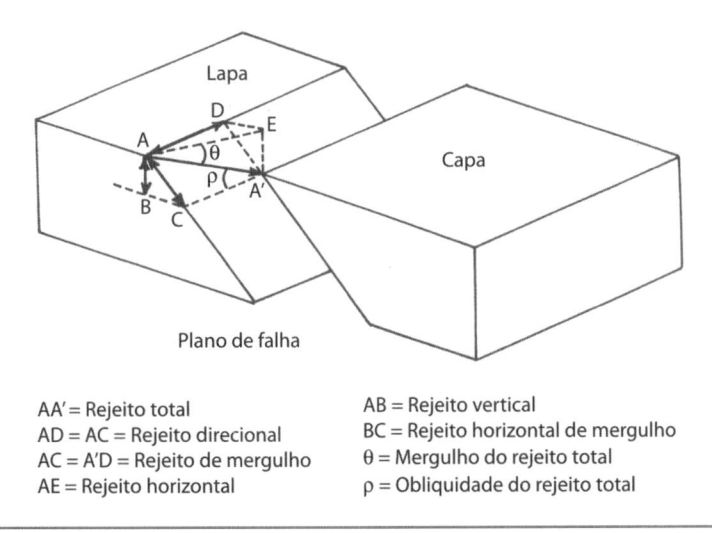

AA' = Rejeito total
AD = AC = Rejeito direcional
AC = A'D = Rejeito de mergulho
AE = Rejeito horizontal

AB = Rejeito vertical
BC = Rejeito horizontal de mergulho
θ = Mergulho do rejeito total
ρ = Obliquidade do rejeito total

Fig. 8.8 Principais elementos lineares que caracterizam as falhas (modificado de Loczy e Ladeira, 1976)

to da Califórnia em 1906, que apresentou magnitude 8,3, a Falha de Santo André (Estados Unidos), segundo estudos geológicos e geomorfológicos, teria sofrido um deslocamento lateral de 6 m, surgindo daí a designação "falha ativa". Tada (1927) definiu a "falha ativa como aquela que se movimentou até recentemente, havendo ainda grande possibilidade de ser reativada". Aqui o termo "recentemente" refere-se ao Quaternário e, assim, vem sendo atribuído a falhas que afetam os depósitos quaternários. Entretanto, no Japão, tem-se constatado que entre o Quaternário inferior e após o Quaternário médio existem grandes diferenças nos estilos e nos campos de esforços dos movimentos crustais, surgindo daí a redefinição segundo a qual "falha ativa é aquela que se movimentou na metade superior do Quaternário e ainda apresenta probabilidade de reativação futura".

Fisiografia afetada por falhas e as intensidades de deformação

As falhas quaternárias manifestam-se na superfície do terreno, deformando o relevo de várias maneiras. Os estudos de relevos afetados por falhas no Japão limitavam-se às pesquisas de escarpas de falha, a partir das quais presumia-se a existência de falhas de rejeito vertical. Portanto, a descoberta de falhas

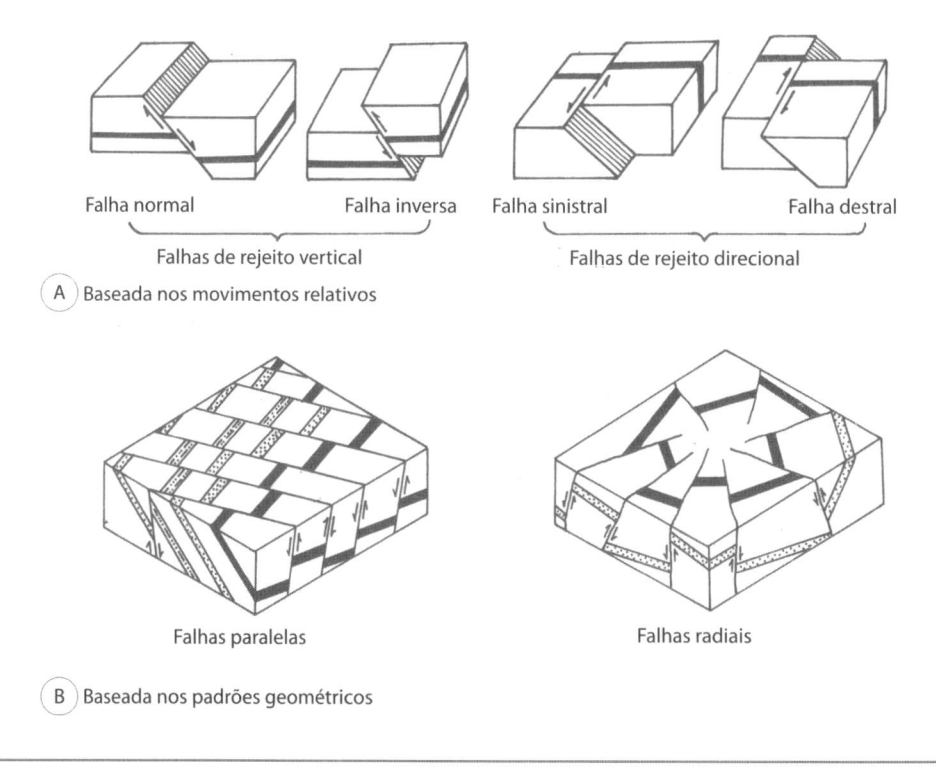

Fig. 8.9 Classificação de falhas baseada nos sentidos de movimentação dos blocos de falha (modificado de Loczy e Ladeira, 1976)

de rejeito lateral na década de 1960, no Japão, por Sugimura e colaboradores, revolucionou os estudos de falhas ativas naquele país, culminando com a publicação do trabalho *Distribuição das falhas ativas do Japão*, pelo Grupo de Estudo de Falhas Ativas, em 1980.

8.5.2 O relevo deformado por falhas
O relevo escarpado

A escarpa de falha (*fault scarp*) constitui uma das manifestações superficiais de falhas que afetam uma região, dando origem a anomalias de relevo. Após a movimentação da falha, porém, a superfície do terreno é submetida a intemperismo e erosão, de modo que a escarpa de falha perde a forma original (Fig. 8.10).

Quando rochas de diferentes durezas entram em contato, por exemplo, através de uma falha, a mais mole pode ser completamente removida por erosão, com exposição secundária do plano de falha, dando origem a uma escarpa de linha de falha (*fault line scarp*). Por outro lado, nas proximidades de uma falha costumam ocorrer milonitos e brechas de falha que, em geral, são materiais bastante suscetíveis à erosão, o que favorece a instalação de vales retilíneos. Quando a superfície de escarpa de falha atinge o sopé de uma região montanhosa, desenvolvem-se as facetas triangulares (*triangular facets*), que indicam a posição da falha ativa, mas é necessário tomar cuidado, pois processos de erosão marinha ou erosão fluvial podem originar feições semelhantes. Em geral, as escarpas de falha mais altas são também as mais antigas e, nesse caso,

Fig. 8.10 Diversos tipos de relevo deformados por falhas (Matsuda; Okada, 1968). f-f' = falha de rejeito lateral; A = gráben (fossa tectônica); B = escarpa de falha baixa; C = faceta triangular; D = desvio na direção do vale fluvial; E = lagoa de falha; F = lagoa de subsidência tectônica; G = bloco soerguido; H = intumescência tectônica; I = escarpa de falha cega; J = captura fluvial; K = fraturas escalonadas

os planos de falha mantêm muito pouco as características originais. Por sua vez, as escarpas de falha mais recentes são mais baixas e mais contínuas, sendo denominadas escarpas de falha baixas, constituindo um critério de identificação de falha ativa.

O relevo irregular

Como se pode ver na Fig. 8.10, as falhas ativas originam depressões e intumescências, que recebem nomes diversos. Assim, uma depressão delimitada entre falhas paralelas é chamada de gráben – ou trincheira de falha (*fault trench*), quando o tamanho é menor. Uma pequena depressão situada sobre a linha de falha é denominada depressão de falha (*fault depression*), que pode originar uma lagoa de falha (*fault pond*). Um bloco alongado, soerguido entre blocos falhados, é chamado de *horst*. Nas proximidades de uma falha de rejeito lateral podem surgir zonas de compressão que dão origem a uma intumescência tectônica (*tectonic bulge*).

8.5.3 A interpretação fotogeológica

O relevo deformado por falhas pode ser frequentemente identificado por meio de fotografias aéreas. As escarpas de falha (*fault scarps*) podem definir lineamentos (*lineaments*), embora nem todas as feições desse tipo sejam de origem tectônica. Às vezes, representam escarpas de linhas de falha (*fault line scarps*) ou contatos de rochas de diferentes durezas, realçados pelo fenômeno da erosão diferencial.

Quando falhas ativas deslocam superfícies geomorfológicas anteriormente contínuas, como terraços ou vales fluviais, é possível medir a orientação e a intensidade das deformações produzidas.

8.6 A SISMOTECTÔNICA
8.6.1 Os soerguimentos relacionados a terremotos

Em geral, admite-se que os terremotos com epicentros rasos e intensidades superiores a 6 produzem movimentos sismotectônicos reconhecíveis nas vizinhanças, representados por soerguimentos, subsidências ou deslocamentos laterais, acompanhados ou não por dobras e falhas. Nas regiões costeiras, produzem emersão ou submersão locais, provocando forte impacto nos habitantes e, justamente por isso, são frequentes os registros escritos sobre os terremotos antigos.

Na região de Kantô, nas vizinhanças da baía de Tóquio (Japão), ocorrem vários níveis de terraços de abrasão marinha (*wavecut terraces*), conforme se vê na Fig. 8.11. O mais baixo desses terraços foi levantado durante o grande terremoto de 1923, que apresentou intensidade 7,9. Na parte posterior, existe um terraço com 4 m a 5 m de altitude, que emergiu durante o terremoto de 1703, cuja intensidade foi de 8,2. Há também um registro histórico de que, no terremoto de 1605, com intensidade 7,9, aproximadamente 4 km em torno da península de Bossô teriam sido levantados, mas existem dúvidas na identificação do terraço correspondente.

Não há registros mais antigos que os anteriormente mencionados, sobre os terremotos na área. Nas vizinhanças, porém, existem mais três níveis de terraços marinhos mais altos que os citados, igualmente interpretados como terraços de abrasão marinha emersos. Segundo Matsuda et al. (1978), datações ao radiocarbono desses terraços forneceram as seguintes idades: 2.900 anos A.P. para o terraço de 12 m, 3.600 anos A.P. para o de 16 m e mais de 5.500 anos A.P. para o de 25 m. Isso significa que, no mínimo desde cerca de 6.000 anos A.P., a região vem sendo afetada por soerguimentos sismotectônicos recor-

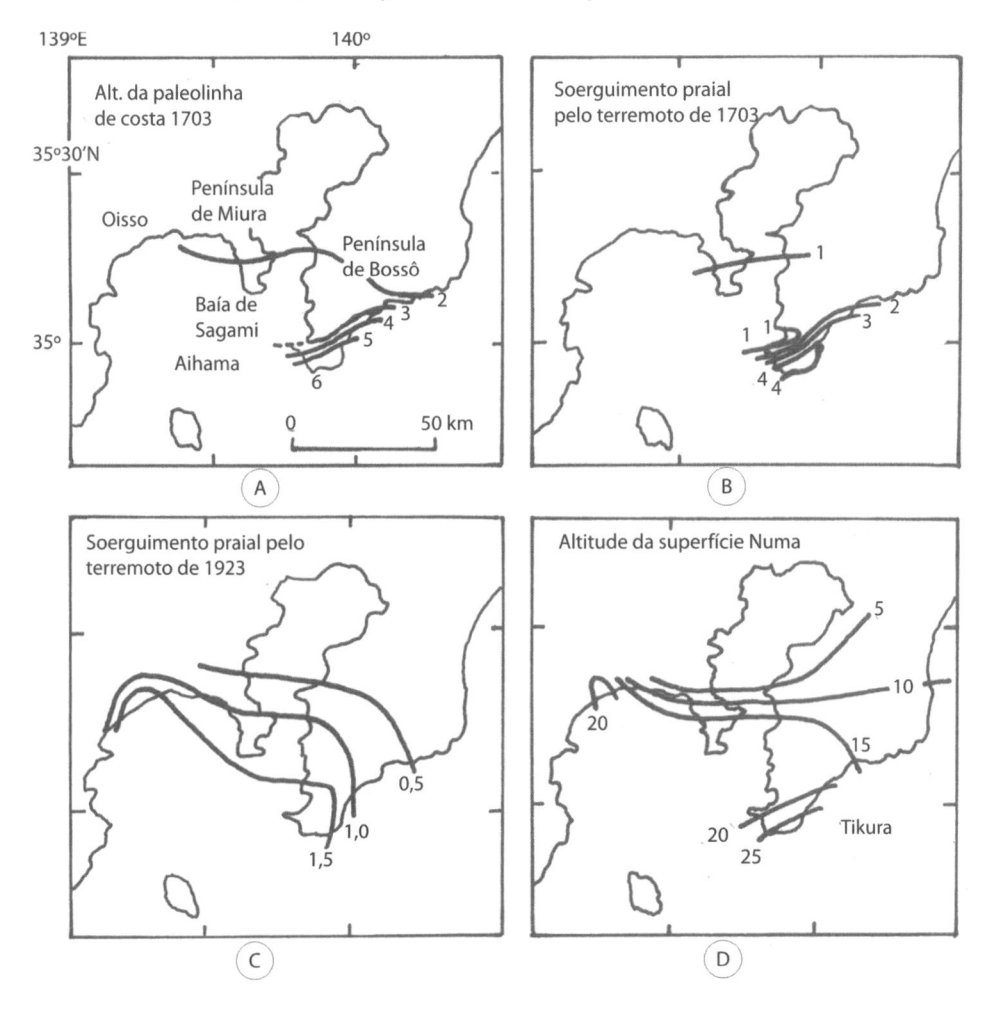

Fig. 8.11 Distribuições e intensidades de soerguimento sismotectônico de paleolinhas de costa dos últimos 6.000 anos na costa meridional de Kantô, Japão (Matsuda et al., 1978). Os números representam as altitudes acima do nível atual do mar, em metros. (A) altitudes atuais de paleolinhas de costa soerguidas pelo terremoto de 1703; (B) magnitudes de soerguimento de praias pelo terremoto de 1703; (C) intensidades de levantamento das praias pelo terremoto de 1923; (D) altitudes das paleolinhas de costa da superfície Numa

rentes, e o nível relativo do mar daquela época situa-se a 25 m de altitude, representando uma das regiões mais ativas em termos sismotectônicos no Japão.

8.6.2 As falhas sísmicas

Em regiões continentais interiores, caracterizadas por deformações crustais sismotectônicas, além dos soerguimentos, subsidências e deslocamentos laterais, as falhas sísmicas podem manifestar-se na superfície do terreno. No Japão, cerca de 50% dos terremotos de intensidades superiores a 7 seriam acompanhados por falhas sísmicas.

Entre o fim do século XIX e as primeiras décadas do século XX surgiram discussões se as falhas sísmicas seriam a consequência ou a causa dos terremotos. Atualmente se acredita que o terremoto corresponda ao tremor originado no momento do rompimento e/ou da deformação repentina de rochas submetidas a esforços. Dessa maneira, a maioria das falhas sísmicas representa a materialização em superfície do plano de falha existente no epicentro. Entretanto, mesmo no Japão, onde há muitos registros sobre os terremotos do passado, são muito raras as falhas sísmicas ou as falhas ativas que podem ser relacionadas, com segurança, aos terremotos.

Por sua vez, existem as chamadas falhas ativas rastejantes, que se originam por meio da movimentação lenta, sem manifestação sísmica importante. Parte da Falha de Santo André, na Califórnia (Estados Unidos), seria desse tipo, mas no Japão ainda não foi identificada nenhuma falha ativa rastejante.

8.7 As peculiaridades dos movimentos crustais quaternários

Até aqui foram vistas várias formas de movimentações estruturais que envolvem diferentes intervalos de tempo do Quaternário. Se elas forem agrupadas em intervalos de 10^2 anos, 10^3 a 10^5 anos e 10^5 a 10^6 anos, tornam-se mais claras as peculiaridades dessas movimentações estruturais, que são apresentadas nos tópicos a seguir.

8.7.1 A natureza cumulativa dos deslocamentos

Os movimentos glacioisostáticos e hidroisostáticos da crosta, que seguem as deglaciações, invertem os seus sentidos de atuação entre os estádios glaciais e interglaciais, de modo que os seus efeitos devem cancelar-se mutuamente com o tempo. Entretanto, os embaciamentos, os dobramentos e os falhamentos ativos do Quaternário, de outras origens, mantêm os sentidos dessas deformações durante pelo menos 10^6 anos e tendem a ser cumulativos. Dessa maneira, elas se somam para produzir mudanças no relevo. Portanto, quando existirem superfícies geomorfológicas de diferentes idades, afetadas por movimentos crustais, as mais antigas costumam exibir maiores deslocamentos, de acordo com a norma conhecida como "regra dos deslocamentos cumulativos" (Kasahara; Sugimura; Matsuda, 1978), conforme a Fig. 8.12.

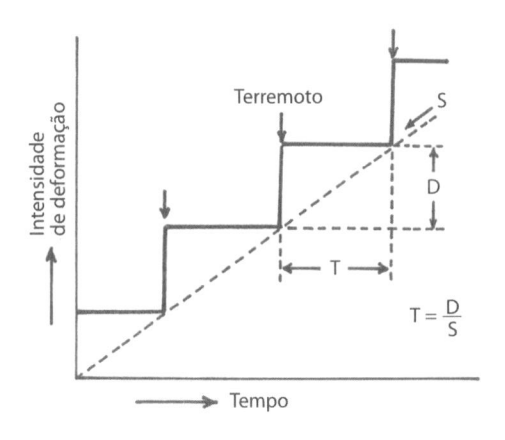

Fig. 8.12 Relações entre a deformação acumulada e o intervalo de tempo envolvido em falhas ativas que se movimentam periodicamente (Matsuda, 1976)

8.7.2 A uniformidade nas velocidades das movimentações

A regra descrita na seção anterior foi esclarecida ainda na década de 1960, quando se propôs também que essa acumulação ocorreria uniformemente, conforme comprovado em muitas situações. Yoshikawa, Kaizuka e Ota (1964) demonstraram que a superfície do terraço marinho com altitude atual de 10 m, existente no cabo de Muroto (ilha de Shikoku, Japão), se admitida a uniformidade na velocidade de levantamento, deve ter sofrido um soerguimento médio de 2 mm/ano a cada terremoto, durante 5.000 anos. Analogamente, à paleolinha de costa existente no mesmo cabo, mas situada a 180 m de altitude, pode ser atribuída uma idade de cerca de 90.000 anos.

Para estudar as velocidades das movimentações crustais, é muito importante que se conheça, na área de pesquisa, o maior número possível de idades de uma superfície geomorfológica. Konishi, Omura e Nakamichi (1974), baseados em numerosas idades ^{230}Th e ^{231}Pa obtidas em terraços de recifes de corais dos últimos 130.000 anos, na ilha de Kikai (arquipélago a sudoeste do Japão), obtiveram uma velocidade média de soerguimento dessa ilha, que teria sido de 1,5 a 2 m/10^3 anos (Figs. 8.13 e 8.14)

Contrariamente aos casos relatados, existem informações de que as velocidades das movimentações tenham variado com o tempo. Um bom exemplo dessa situação é a tendência à aceleração das velocidades de levantamento das paleolinhas de costa holocênicas em relação às anteriores, como foi constatado em muitos locais do Japão. Segundo Ota e Naruse (1977), porém, ainda não há condições para se afirmar, com certeza, que esta seja uma tendência ou um comportamento momentâneo, devido ao intervalo de tempo geologicamente muito curto de observação.

Na Fig. 8.15 tem-se a representação de uma situação que deve ser examinada com muito cuidado. Aparentemente, a unidade A, que representa os últimos 10.000 anos, superpõe-se mais ou menos horizontalmente, em relação de discordância, sobre uma unidade dobrada do Pleistoceno (1 Ma). Imaginando-se que o esforço de dobramento da unidade B esteja atuando uniformemente, após a sua sedimentação, o mergulho de 50° deve ter sido adquirido em 1 Ma. Portanto, o fato de a unidade A

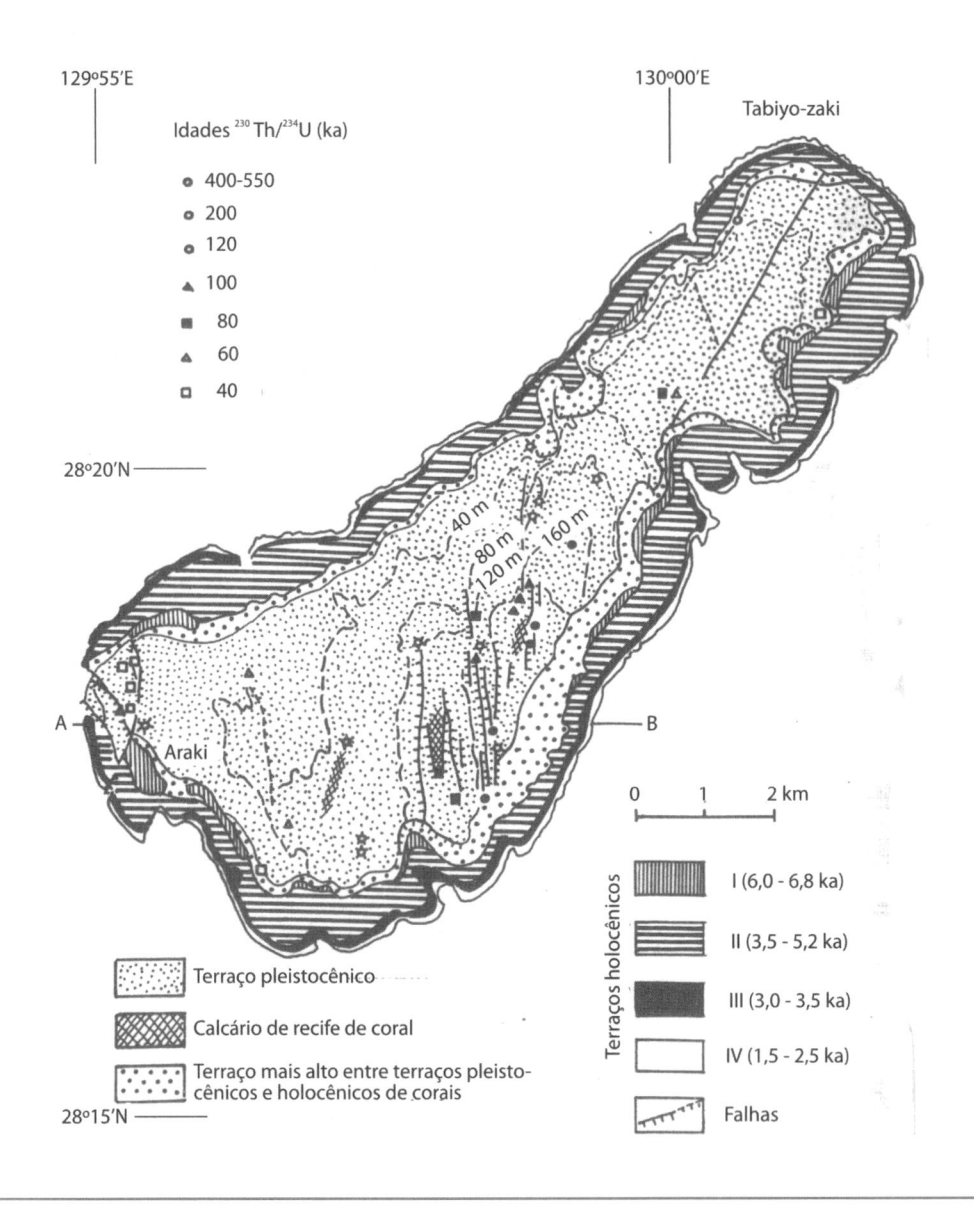

Fig. 8.13 Mapa da ilha de Kikai (Japão), com os terraços de recifes de corais do Pleistoceno e do Holoceno, e as idades aproximadas (sete símbolos), obtidas de amostras representativas dos terraços (compilado de Konishi, Omura e Nakachimi, 1974; Ota et al., 1978 e Omura, 1988)

apresentar-se quase horizontal (mergulho de 0,5°) poderia ser explicado pelo curto intervalo de tempo envolvido. Nesse caso, não existiria qualquer descontinuidade nos movimentos crustais que afetam as unidades.

8.7.3 A época de início dos movimentos crustais

Aparentemente, os movimentos crustais ora atuantes no arquipélago japonês iniciaram-se entre 10^5 e 10^6 anos passados, o que não significa que essa situa-

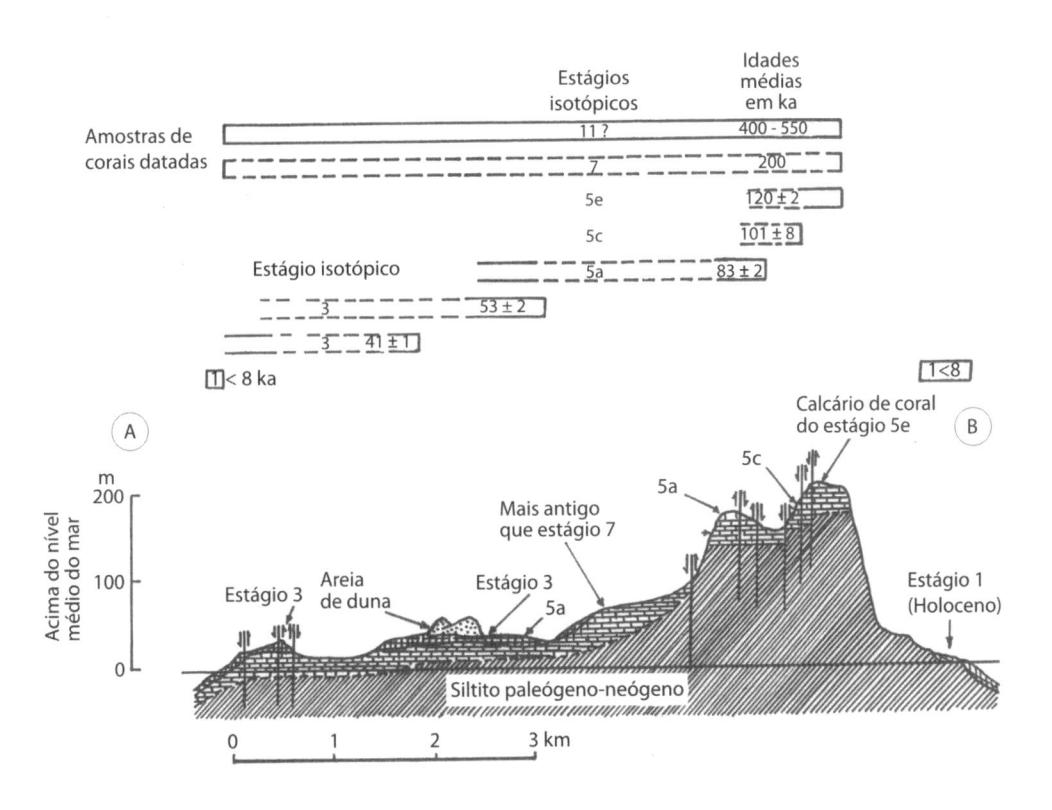

Fig. 8.14 Perfis topográfico e geológico ao longo da linha A-B (Fig. 8.13) da parte sul da ilha de Kikai (Japão). Apresentam-se as localizações das amostras de corais datadas. Na parte superior, têm-se as correspondências entre as amostras de corais datadas e os estágios isotópicos de $\delta^{18}O$. As linhas verticais com setas mostram as falhas que deslocaram os terraços recifais. Os mergulhos dos planos de falha são desconhecidos (Omura, 1988)

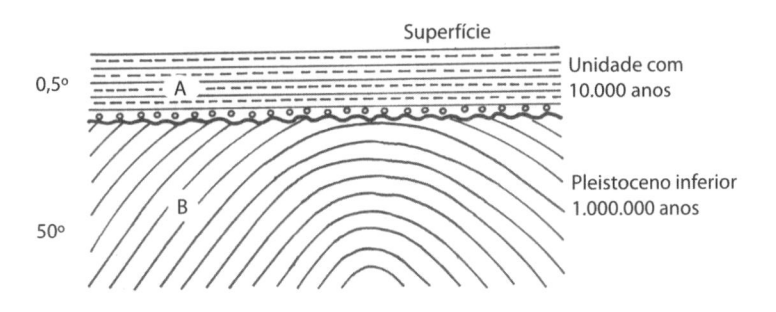

Fig. 8.15 Mesmo que as deformações continuem ocorrendo até hoje, a figura mostra que elas dificilmente são detectadas na unidade holocênica (A). Deve-se tomar muito cuidado, pois essa situação pode ocorrer mesmo que não haja um verdadeiro hiato nos movimentos crustais entre as unidades A e B (Sugimura, 1973)

ção deva ser encontrada em outros cinturões móveis. Desse modo, a Falha de Santo André (Estados Unidos), por exemplo, parece estar se movimentando como falha de rejeito direcional destral há pelo menos 10^7 anos.

8.7.4 Orientação do esforço aplicado à crosta terrestre

As peculiaridades dos movimentos crustais foram delineadas, mas quais teriam sido as forças que as originaram? Somente pela orientação dos esforços aplicados é praticamente impossível obter-se a magnitude do esforço compressivo durante a deformação, com base na interpretação do movimento crustal atuando em tempo geológico.

Não há dúvida, porém, de que as falhas fornecem o maior número de informações úteis para a reconstituição do campo de esforços, que resultam no fenômeno de ruptura das rochas. Na Fig. 8.16 tem-se a representação dos resultados da aplicação de esforços compressivos σ_1(máximo), σ_2(médio) e σ_3(mínimo) sobre uma amostra de rocha.

Com o esforço máximo aplicado na horizontal, o médio na vertical e o mínimo perpendicularmente ao máximo, surgem fraturas que têm como bissetriz de ângulo obtuso, σ_1, e como bissetriz de ângulo agudo, σ_3, originando-se um sistema de falhas de rejeitos direcionais conjugados, destrais e sinistrais.

8.8 As fontes de dados para estudos de neotectônica e tectônica do Quaternário

As fontes de dados para esses estudos podem ser de natureza geológica, geomorfológica, geofísica, geodésica e histórica ou arqueológica (Fig. 8.17).

8.8.1 Evidências geológicas

Vita-Finzi (1986) subdividiu as evidências geológicas em três tipos – falhas, arqueamentos e deformações regionais –, que se apresentam com as mais diversas escalas espaciais.

As falhas geológicas (Fig. 8.9) constituem um dos principais elementos nos estudos neotectônicos. Ao se medir no campo os planos de falha e as estrias, é possível estabelecer os campos de esforços que atuaram na época. Pode-se usar, para essa análise, métodos gráficos tradicionais como os adotados por Arthaud (1969) e Angelier e Mechler (1977).

Os fenômenos de arqueamento e adernamento correspondem a suaves deformações da crosta terrestre, sem dobras ou falhas pronunciadas. Segundo Vita-Finzi (1986), esses fenômenos são dificilmente identificáveis nas camadas e nas feições topográficas superficiais,

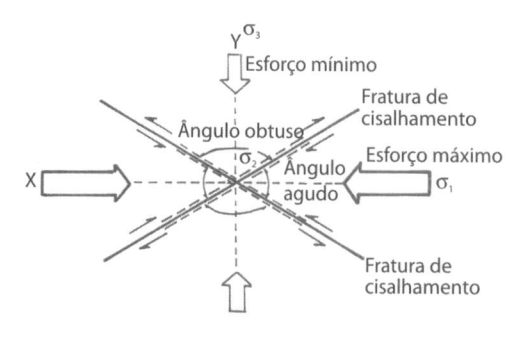

Fig. 8.16 Estilos de falhas e as disposições dos eixos principais de esforços aplicados à crosta terrestre durante a sua deformação

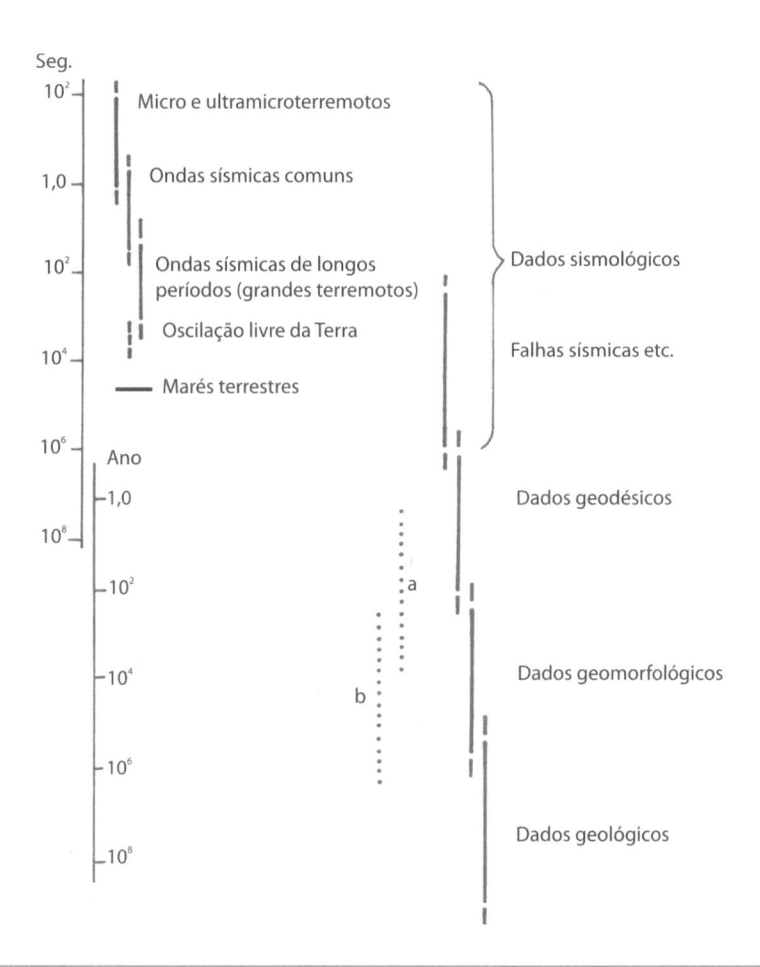

Fig. 8.17 Diversas fontes de evidência de movimentos crustais neotectônicos e as suas abrangências na escala de tempo (Vita-Finzi, 1986)

a não ser que elas possam ser comparadas com o nível de um corpo aquoso relativamente calmo, como o marinho ou o lacustre.

Os exemplos mais conspícuos de deformação regional são encontrados ao norte da América do Norte e na Escandinávia, onde soerguimentos de extensas áreas, em épocas tardiglaciais e pós-glaciais, são atribuídos a fenômenos glacioisostáticos. Segundo Mörner (1991), o soerguimento pós-glacial da Escandinávia, que teria atingido o valor máximo de 830 m, resulta não somente da glacioisostasia, mas seria também de natureza geofísica (ou reológica), ligada a processos de flexura da crosta.

Trabalhos mais recentes demonstram a grande importância das análises de juntas neotectônicas na avaliação de campo dos esforços contemporâneos. Os sistemas de juntas neotectônicas correspondem, segundo Hancock e Engelder (1989), aos sistemas de juntas mais recentes, formados numa região sujeita a soerguimento e erosão. Esses sistemas são simples e geralmente consistem em séries de fraturas de extensão verticais ou, mais raramente, em fraturas conjugadas subverticais com direção paralela ou simétrica em relação às fraturas de extensão. São muito importantes para a reconstituição do campo de esforços contemporâneo, principalmente quando medidas de planos de falha não são possíveis.

É importante relembrar que nas identificações de evidências geológicas e geomorfológicas, as fotografias aéreas e as imagens de satélites são imprescindíveis.

8.8.2 Evidências geomorfológicas

Os estudos das relações entre as feições fisiográficas e as estruturas neotectônicas de uma região podem ser denominados Geomorfologia Tectônica ou Morfotectônica. Segundo Bull e Wallace (1986), essa disciplina preocupa-se com a interação das deformações vertical e horizontal da crosta terrestre com os processos erosivo ou deposicional.

Goy et al. (1991) apresentaram um modelo de mapa morfotectônico em que as anomalias geomorfológicas indicadoras de atividades neotectônicas são divididas em cinco grupos (Fig. 8.18):

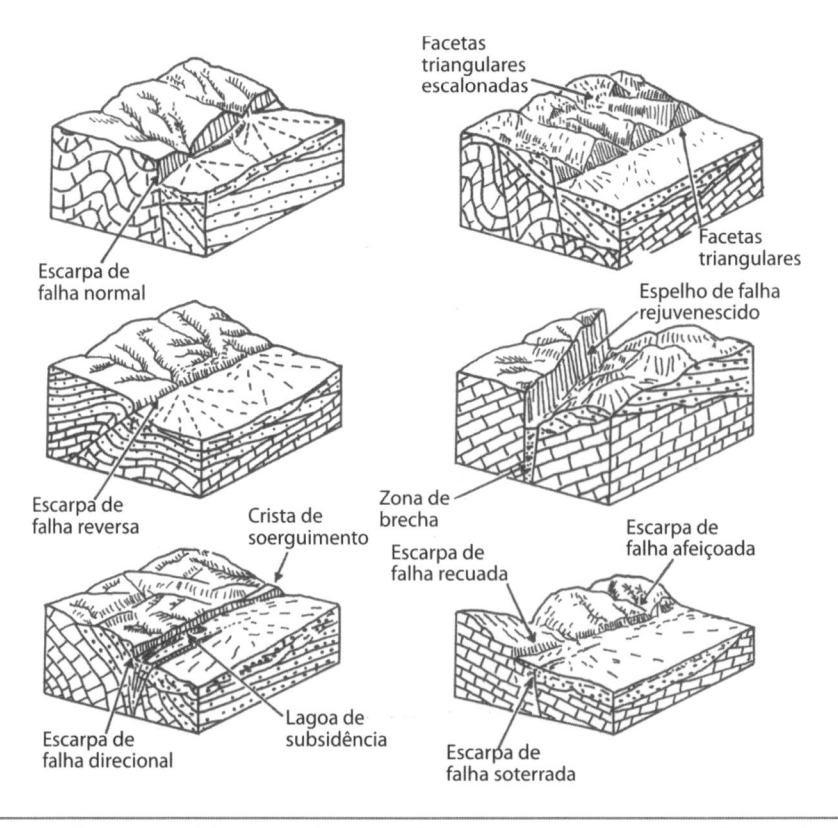

Fig. 8.18A Anomalias geomorfológicas indicadoras de atividades neotectônicas relacionadas a escarpas de falha e lineamentos (Goy et al., 1991)

a) relacionadas a escarpas de falha e lineamentos;
b) relacionadas a depósitos superficiais deformados;
c) relacionadas a interflúvios e vertentes;
d) relacionadas à rede de drenagem;
e) relacionadas à disposição geométrica-espacial dos depósitos superficiais.

Em escala regional, a utilização de índices morfométricos, como a densidade de drenagem ou o gradiente hidráulico, pode auxiliar na detecção

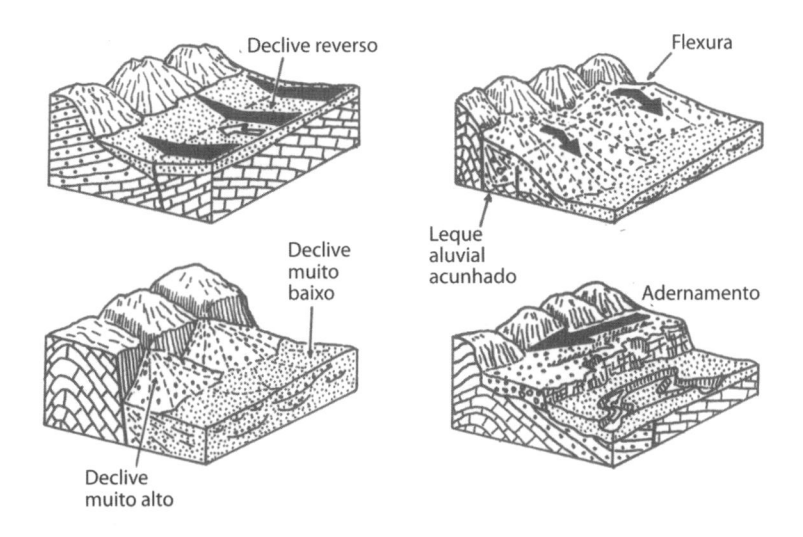

Fig. 8.18B Anomalias geomorfológicas indicadoras de atividades neotectônicas relacionadas a depósitos superficiais deformados (Goy et al., 1991)

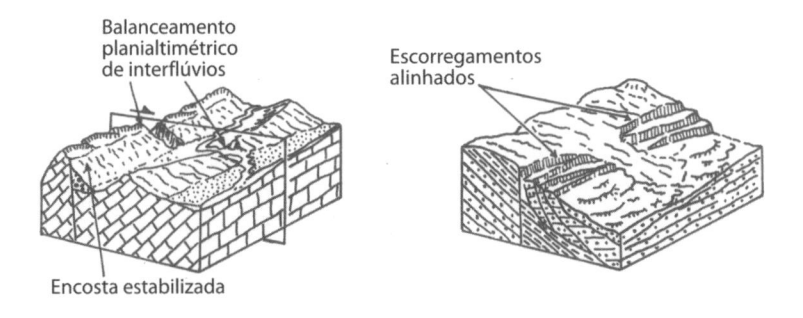

Fig. 8.18C Anomalias geomorfológicas indicadoras de atividades neotectônicas relacionadas a interflúvios e vertentes (Goy et al., 1991)

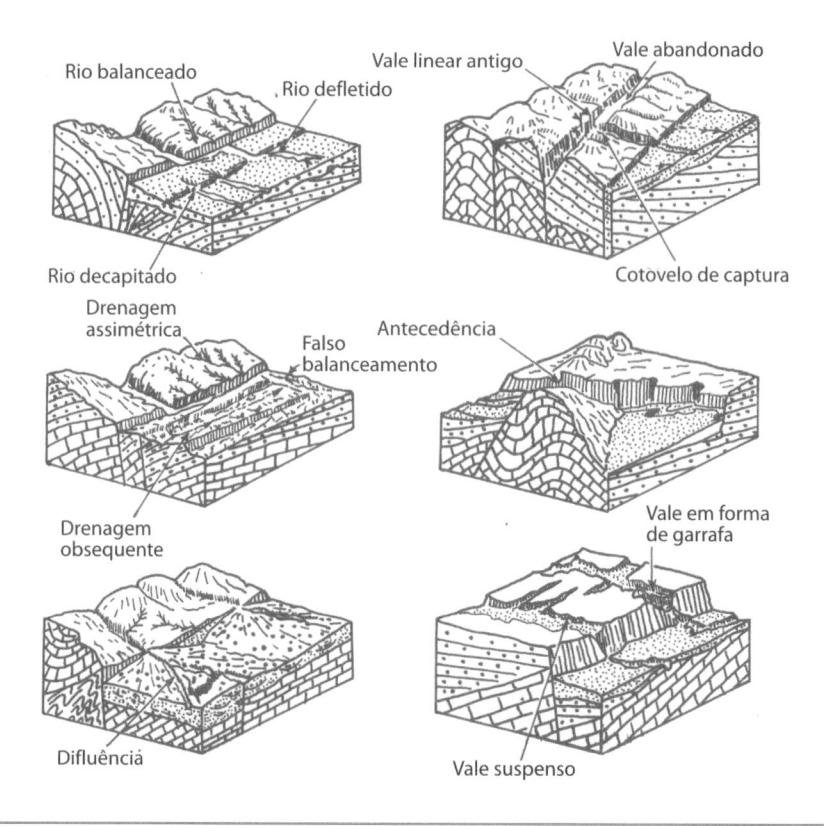

Fig. 8.18D Anomalias geomorfológicas indicadoras de atividades neotectônicas relacionadas à rede de drenagem (Goy et al., 1991)

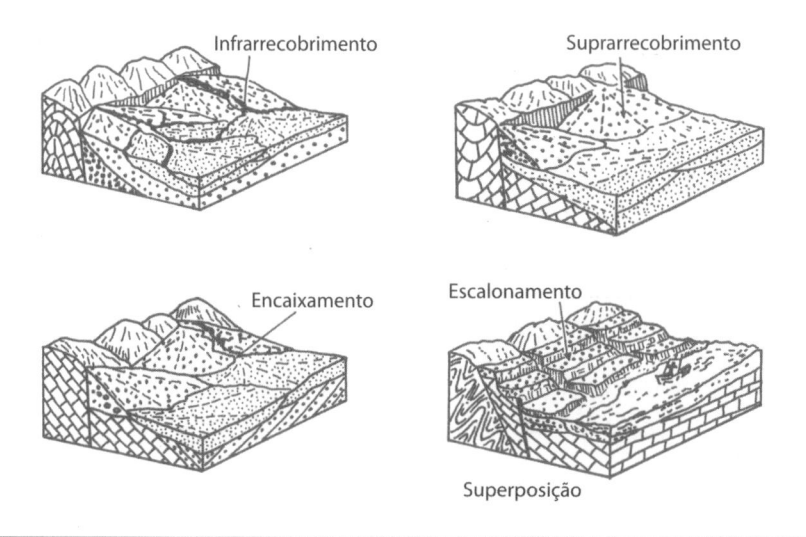

Fig. 8.18E Anomalias geomorfológicas indicadoras de atividades neotectônicas relacionadas à disposição geométrica-espacial dos depósitos superficiais (Goy et al., 1991)

de descontinuidades da crosta terrestre relacionadas à deformação neotectônica (Deffontaines, 1989). Mais recentemente, Stewart e Hancock (1994) propuseram diversos índices morfométricos que levam em consideração as diferenças geométricas de escarpas, vales e rios (Fig. 8.19), de obtenção relativamente simples, para aquilatar as intensidades de atividade tectônica de uma região.

8.8.3 Evidências geofísicas

As evidências geofísicas de maior uso são as associadas aos terremotos, pois os métodos sísmicos são muito importantes na caracterização do campo de esforços desenvolvidos na litosfera.

Na América do Sul, o campo de esforços regionais foi obtido por Assumpção (1992), por meio de medidas do mecanis-

Índices	Definições	Relações	Procedimentos de medida	Relações com o tectonismo	Fontes
SFM	Sinuosidade da Frente Montanhosa	Cfm_1/Cfm_2	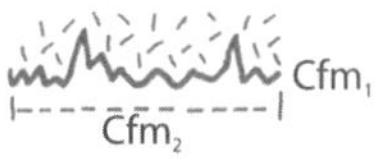	Linearidade da frente montanhosa sugere a intensidade de ativo tectonismo	Bull e McFadden (1977), Bull (1978)
FFM	Facetamento da Frente Montanhosa	$Cffm/Cfm_2$	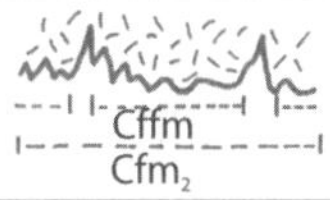	Frente montanhosa ativa exibe facetas nítidas e grandes	Wells et al. (1988)
RFAV	Razão Fundo/Altura de Vale	$\frac{Lfv}{(Ade-Efv)+(Add-Efv)/2}$	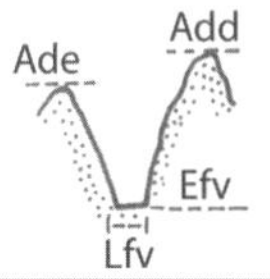	Frente montanhosa ativa possui vales em V e baixa RFAV	Bull e McFadden (1977), Bull (1978)
STV	Seção Transversal de Vale	Sst/Ssr		Baixa STV indica vales em forma de V e possível soerguimento ativo	Mayer (1986)
IGF	Índice de Gradiente Fluvial	$(\Delta A/\Delta C) \times Ct$		Valores altos de IGF indicam possível frente montanhosa ativa	Hack (1973), Keller (1986)
CPF	Concavidade do Perfil Fluvial	Área sob perfil longitudinal (hachurada)	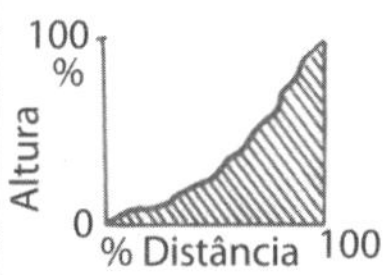	Valores altos de CPF sugerem ativo rebaixamento do nível de base	Shepard (1979), Wells et al. (1988)

Cfm_1 – Comprimento da frente montanhosa ao longo da junção montanha-piemonte; Cfm_2 – Distância em linha reta da frente montanhosa; Cffm – Comprimento total das facetas da frente montanhosa; Lfv – Largura do fundo do vale; Ade – Altura do divisor esquerdo do vale; Efv – Elevação do fundo do vale; Add – Altura do divisor direito do vale; Sst – Superfície do vale em seção transversal; Ssr – Superfície do semicírculo com raio r; $\Delta A/\Delta C$ – Gradiente fluvial local (diferença de altura ao longo da distância ΔC); Ct – Comprimento total de canal do divisor ao centro do trecho fluvial considerado.

Fig. 8.19 Índices morfométricos empregados na avaliação das intensidades de atividades neotectônicas de uma região ou ao longo de feições estruturais individuais (Stewart; Hancock, 1994)

mo focal de terremotos, de falhas geológicas, de colapso de furos de sondagem e de esforços *in situ*. O autor verificou a vigência atual de esforços compressivos, de direção leste-oeste, na maior parte da Placa Sul-Americana, embora as informações ainda sejam bastante escassas no Brasil (Fig. 8.20).

Um dos poucos estudos mais detalhados, relacionados ao mecanismo focal de terremotos e às estruturas geológicas em território brasileiro, é de autoria de Mioto (1993), executado na região de João Câmara (RN). Mais recentemente, Lima, Nascimento e Assumpção (1997) estabeleceram o padrão regional de esforços crustais no Brasil com base na análise do colapso de 541 furos de sonda, 481 dos quais de bacias marginais e 60 de bacias intracratônicas.

8.8.4 Evidências geodésicas

As evidências geodésicas estão direta ou indiretamente ligadas às geológicas e geomorfológicas, abordadas nas seções 8.8.1 e 8.8.2.

As medições de movimentos recentes, em escala local, podem ser realiza-

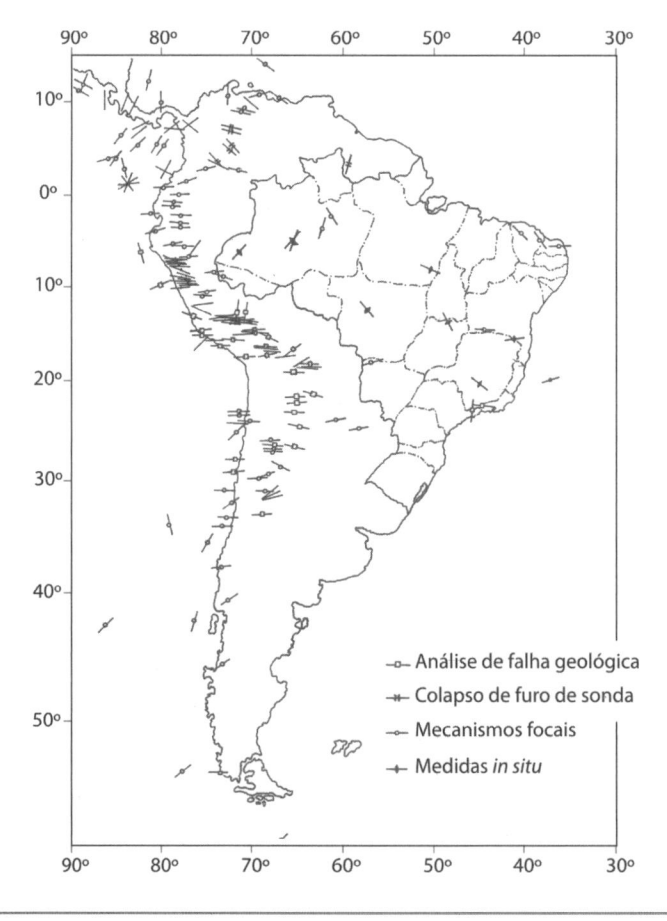

Fig. 8.20 Orientações dos esforços horizontais máximos na América do Sul, obtidas por quatro tipos de evidências (Assumpção, 1992)

das por meio de equipamentos de alta precisão, como medidores de adernamento (*tiltmeters*), de deformação (*strain gauges*) e de rastejo (*creepmeters*). O desenvolvimento de novas tecnologias e a aquisição de grande número de dados, em escalas regional e global, vêm ocorrendo de forma mais exata e mais rápida com a utilização de equipamentos de alta precisão, como o SPG (Sistema de Posicionamento Global).

8.8.5 Evidências históricas e arqueológicas

As evidências históricas compreendem desde lendas e registros em mapas de épocas mais antigas, até relatos de ocorrências feitos por testemunhas oculares (Stewart; Hancock, 1994). Segundo Jain (1984), as primeiras evidências de movimentos neotectônicos costeiros estão relacionadas a construções antigas submersas e à descida do nível do mar em portos.

Outras evidências arqueológicas podem estar relacionadas a deformações ou a situações geográficas anormais de construções feitas pelo homem em tempos pré-históricos ou históricos, como os sambaquis ou a muralha da China, respectivamente.

8.9 Métodos de datação neotectônica

A determinação de idades de eventos neotectônicos é de grande importância – pois os termos como neotectônica e tectônica quaternária envolvem o conceito de tempo –, mas não é uma tarefa muito fácil. Entre as causas das dificuldades, tem-se não somente o caráter ressurgente (Hasui, 1990) da maioria desses eventos, mas também a dificuldade em encontrar-se material datável pelos métodos disponíveis, cuja relação temporal com os movimentos estruturais esteja perfeitamente estabelecida.

De qualquer modo, os métodos de datação dos eventos neotectônicos são os mesmos comumente utilizados nos estudos do Quaternário. Stewart e Hancock (1994) subdividiram esses métodos de datação em cinco tipos: anual, radiométrico, radiológico, ligado a processos e correlativo (Quadro 8.2).

Quadro 8.2 Resumo dos métodos de datação mais comumente usados em estudos neotectônicos (Stewart; Hancock, 1994)

	Métodos de datação	Materiais datados	Estudos recentes em que o método foi usado
Anual	Registros históricos	Narrativas de testemunhas e documentos históricos	Ambraseys e Melville (1982); Nur (1991); Ambraseys e Karcz (1992)
	Dendrocronologia	Anéis de crescimento anual	Sheppard e Jacoby (1989); Van Arsdale et al. (1993)
	Varvecronologia	Sedimentos lacustres	Sims (1975); Adams (1982)

Quadro 8.2 RESUMO DOS MÉTODOS DE DATAÇÃO MAIS COMUMENTE USADOS EM ESTUDOS NEOTECTÔNICOS (STEWART; HANCOCK, 1994) (CONTINUAÇÃO)

	Métodos de datação	Materiais datados	Estudos recentes em que o método foi usado
Radiométrico	Carbono-14	Carvão, turfa e concha de certo nível de referência	Sieh e Jahns (1984); Wesnousky et al. (1991); Vita-Finzi (1987, 1992)
	Série do urânio	Corais fósseis, conchas, ossos e carbonato pedogenético	Edwards et al. (1988); Taylor et al. (1990); Muhs et al. (1992)
	Potássio-argônio	Rochas ígneas com potássio	Martel et al. (1987)
	Traços de fissão	Vidro vulcânico e zircão	Zeitler et al. (1982); Naeser (1987)
Radiológico	Tendência do urânio	Aluvião, coluvião e *loess*	Muhs (1987); Muhs et al. (1989)
	Termoluminescência	Grãos de quartzo e feldspato de colúvio de escarpa de falha	Forman et al. (1989, 1991); McCalpin e Forman (1991)
	Ressonância paramagnética eletrônica	Farinha de falha com quartzo	Schwarz et al. (1987); Brun (1992)
Ligada a processos	Racemização de aminoácidos	Conchas e outros materiais esqueléticos	Muhs (1987); Muhs et al. (1992)
	Liquenometria	Liquens sobre morenas glaciais e escarpas de falha	Nikonov e Shebalina (1979); Hoare (1982); Wallace (1984)
	Cronologia de solo	Grau de evolução do solo sobre superfícies geomorfológicas estáveis	Machette (1978); Rockwell (1988); Harden e Matti (1989); Berry (1990)
	Intemperismo rochoso	Verniz e crosta de alteração	Colman (1987); Harrington (1987)
	Morfometria de encosta	Escarpas de falha e erosivas de compensação	Wallace (1977); Nash (1980, 1986); Machette (1989)
Correlativo	Estratigrafia	Cunha coluvial de vertente	Nelson (1992a)
	Arqueologia	Fragmentos de cerâmica etc.	King e Vita-Finzi (1984); Papanastassiou et al. (1993)
	Palinologia	Morenas glaciais	Schubert (1982)
	Paleomagnetismo	Farinha de falha	Hailwood et al. (1992)

A neotectônica e a tectônica quaternária no Brasil 9

Embora alguns trabalhos pioneiros sobre a neotectônica no Brasil tenham surgido há mais de 50 anos (Sternberg, 1950, 1953; Freitas, 1951), um maior interesse pelo tema só tomou vulto na década de 1970, principalmente pela necessidade ligada à construção de numerosas e gigantescas obras de engenharia civil, como as usinas hidrelétricas e termonucleares. Não obstante sua grande extensão territorial, o Brasil é um dos países de maior estabilidade tectônica no mundo (Assumpção et al., 1979), mas a sua tênue e esporádica sismicidade já havia chamado a atenção de alguns pesquisadores no início do século XX, como Branner (1920).

Obruchev (1948) propôs o termo "neotectônica" para designar os movimentos da crosta terrestre ocorridos do Neógeno ao Quaternário, que teriam desempenhado um papel essencial na configuração topográfica contemporânea. Hasui (1990) considera que, no Brasil, a neotectônica deva abranger o intervalo de tempo geológico a partir da intensificação dos processos de deriva continental (após meados de Terciário) até hoje, como manifestações geológicas restritas ao ambiente tectônico intraplaca. Embora esse pesquisador considere que a datação precisa do início desse regime seja bastante difícil, propõe que o início da deposição da Formação Barreiras, o fecho da sedimentação nas bacias marginais e o término das manifestações magmáticas em território brasileiro, em torno do Mioceno médio (12 Ma), possam balisar o advento da neotectônica no Brasil.

É provável que, em território brasileiro, as regiões Norte (Amazônia) e Sudeste sejam as mais estudadas, embora o conhecimento até hoje adquirido, inclusive nessas áreas, possa ser considerado preliminar (Berrocal et al., 1984; Mioto, 1993).

Segundo Saadi (1993), o quadro geral das manifestações tectônicas, em território brasileiro, pode ser sumariado nos seguintes itens:

a) a Plataforma Brasileira foi afetada por deformações tectônicas cenozoicas em toda a sua extensão;
b) em geral, essas deformações aproveitaram linhas de fraqueza herdadas das deformações pretéritas, mas podem ser originadas novas estruturas. Nesse contexto, enfatiza-se o conceito de "tectônica ressurgente" adotado por Hasui (1990), que reconheceu na Plataforma Brasileira vários blocos crustais delimitados por descontinuidades relacionadas a zonas de fraqueza originadas, segundo

esse autor, do fim do Arqueano ao início do Proterozoico. Assim, do Proterozoico até hoje, os processos geológicos representariam, quase sempre, um produto da "herança estrutural crônica";

c) o resultado final é expresso por compartimentação em unidades neotectônicas delimitadas por descontinuidades crustais definidas (Fig. 9.1), que resultam da reativação, em geral sob regime transcorrente, de lineamentos pré-cambrianos mais expressivos;

d) os prolongamentos continentais dos lineamentos oceânicos têm participação importante nas manifestações neotectônicas;

e) existe, em geral, uma relação facilmente reconhecível entre a estruturação neotectônica e a dinâmica crustal, representada pela sismicidade atual;

f) geralmente se verifica a predominância de esforços compressivos de direção NW-SE, com variações para E-W e N-S.

9.1 A neotectônica na Amazônia

Depois das primeiras informações sobre as estruturas neotectônicas, os depósitos sedimentares quaternários e as anomalias de relevos e de sistemas de drenagem, devidas a Sternberg (1950), outras foram obtidas após a década de 1980 (Franzinelli; Piuci, 1988; Eiras; Kinoshita, 1988; Franzinelli; Igreja, 1990; Cunha, 1991; Bemerguy; Costa, 1991; Costa et al., 1993, 1995; Ferreira Jr., 1995).

As feições neotectônicas da Amazônia passaram a ser mais bem compreendidas a partir das investigações de campo de depósitos sedimentares em diversas áreas, acompanhadas por estudos sistemáticos de vários aspectos da drenagem e do relevo em cartas planialtimétricas e em imagens de sensores remotos. Uma primeira tentativa de síntese, com base em estudos morfológicos, litológicos e estruturais, foi apresentada por Costa et al. (1996) em dez áreas selecionadas do Amazonas, Roraima, Amapá, Pará, Maranhão e Tocantins.

A Formação Alter do Chão, parte da Sequência pós-rifte da bacia do Marajó e a Formação Ipixuna são os registros das últimas manifestações da Reativação Wealdeniana (Almeida, 1967) ou Evento Sul-Atlântico (Schobbenhaus; Campos, 1984). Nessas unidades e em outras mais antigas, desenvolveu-se um perfil de solo laterítico maturo (Truckenbrodt; Kotschoubey; Schellmann, 1991; Costa, 1991), atribuído ao Eoceno-Oligoceno, relacionado a um importante período de estabilidade tectônica. Em seguida, sobrevieram processos de estruturação, morfogênese e sedimentação até hoje em vigor, relacionados a atividades neotectônicas do tipo transcorrente (Hasui, 1990). Dois pulsos de movimentação, atribuídos aos intervalos Mioceno-Plioceno e Pleistoceno superior-Holoceno, estão representados por deslocamentos, sedimentação, morfogênese e controle de drenagem (Costa et al., 1995; Ferreira Jr., 1995).

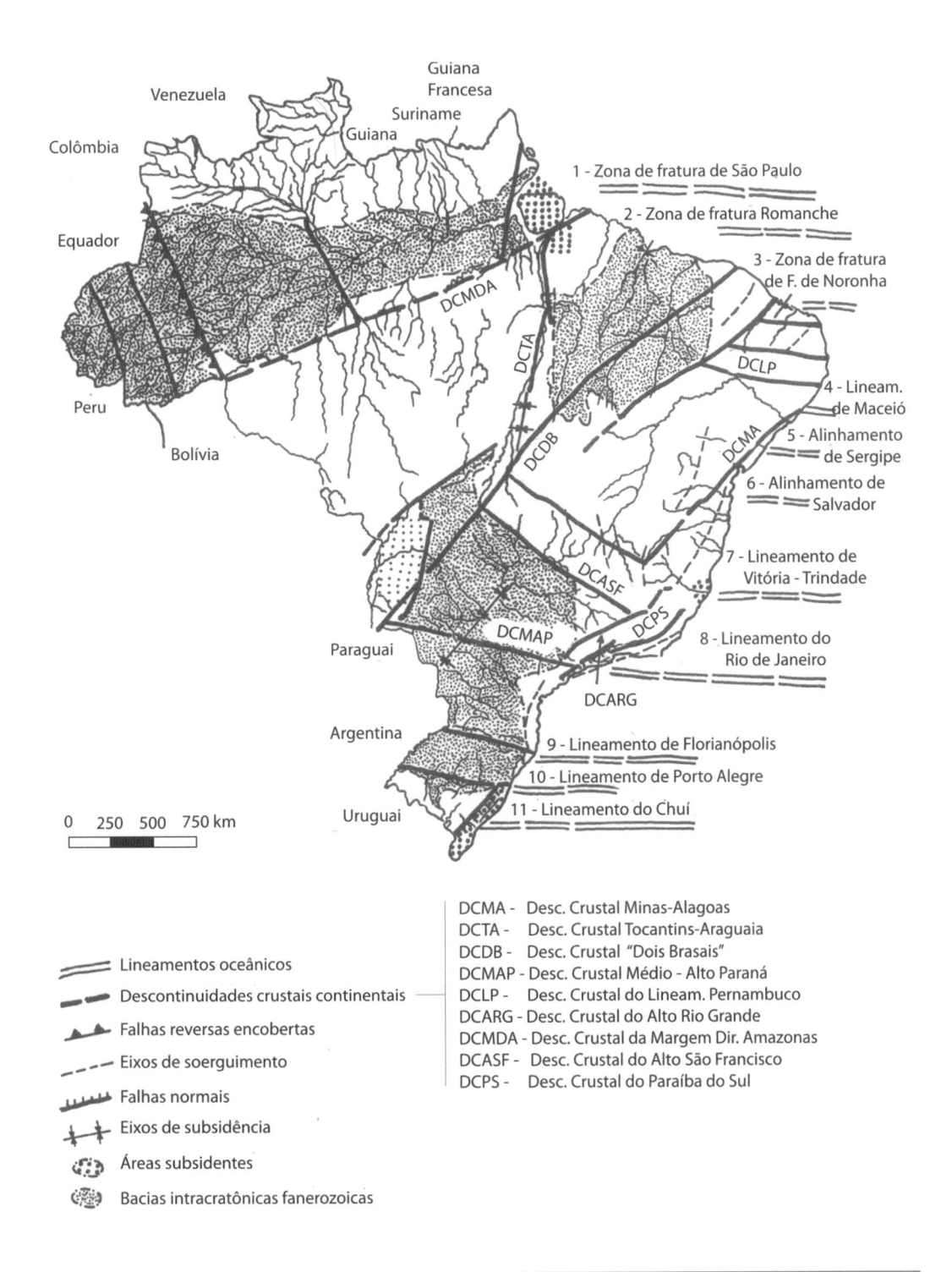

9 A neotectônica e a tectônica quaternária no Brasil

Legenda do mapa:

- Lineamentos oceânicos
- Descontinuidades crustais continentais
- Falhas reversas encobertas
- Eixos de soerguimento
- Falhas normais
- Eixos de subsidência
- Áreas subsidentes
- Bacias intracratônicas fanerozoicas

Zonas de fratura e lineamentos:
1 - Zona de fratura de São Paulo
2 - Zona de fratura Romanche
3 - Zona de fratura de F. de Noronha
4 - Lineam. de Maceió
5 - Alinhamento de Sergipe
6 - Alinhamento de Salvador
7 - Lineamento de Vitória - Trindade
8 - Lineamento do Rio de Janeiro
9 - Lineamento de Florianópolis
10 - Lineamento de Porto Alegre
11 - Lineamento do Chuí

Descontinuidades Crustais:
- DCMA - Desc. Crustal Minas-Alagoas
- DCTA - Desc. Crustal Tocantins-Araguaia
- DCDB - Desc. Crustal "Dois Brasais"
- DCMAP - Desc. Crustal Médio - Alto Paraná
- DCLP - Desc. Crustal do Lineam. Pernambuco
- DCARG - Desc. Crustal do Alto Rio Grande
- DCMDA - Desc. Crustal da Margem Dir. Amazonas
- DCASF - Desc. Crustal do Alto São Francisco
- DCPS - Desc. Crustal do Paraíba do Sul

Fig. 9.1 Esboço da compartimentação neotectônica da Plataforma Brasileira a partir do reconhecimento de descontinuidades crustais principais (modificado de Saadi, 1993)

As unidades litoestratigráficas do intervalo Neógeno-Quaternário exibem íntima relação com os movimentos neotectônicos e são representadas pelas formações Solimões, Pirabas, Boa Vista e Barreiras, bem como pelas formações lateríticas e depósitos quaternários.

A Formação Solimões (Mioceno-Plioceno) estende-se por uma ampla área do Acre e da parte oeste do Amazonas, guardando uma relação de discordância com a Formação Alter do Chão e alcançando grandes espessuras (Santos, 1984). É composta por pelitos com lentes de linhito e turfa, concreções carbonáticas e gipsíticas, além de sedimentos arenosos de sistemas fluviolacustres.

A Formação Pirabas ocorre na região nordeste do Pará com afloramentos descontínuos no meio dos sedimentos da Formação Barreiras e dos depósitos quaternários. É composta por calcário fossilífero e margas, além de níveis de argilitos, calcarenitos, calcários maciços e biocalcirruditos de ambientes marinho raso, lagunar e de mangue do Eoceno-Mioceno.

A Formação Barreiras (Mioceno-Pleistoceno) apresenta-se com fácies argilosa, argiloarenosa e arenosa de ambientes de planícies de maré, estuários e de plataforma continental interna, indicativas de acentuadas oscilações de níveis do mar com tendência regressiva (Costa et al., 1993).

A Formação Boa Vista (incluindo a Formação Viruaquim) é composta de arenitos com intercalações de siltitos e argilitos fluviolacustres, com provável espessura máxima de 100 m, que foram depositados no Neógeno em bacia com área superior a 30.000 km^2.

Os lateritos mais antigos são designados lateritos maturos (Costa, 1991) e são, provavelmente, do Paleógeno (Eoceno-Oligoceno). Constituem perfis bem evoluídos e profundos, e têm no topo um horizonte ferruginoso, ferroaluminoso, bauxítico e bauxítico-fosfático, abrigando a maioria dos depósitos de bauxita da região.

Os lateritos mais novos são designados lateritos imaturos (Costa, 1991) e datam, possivelmente, do Neógeno ao Pleistoceno (pós-Barreiras e pós-Solimões). São constituídos por horizontes ferro-aluminoargilosos, pouco evoluídos, menos profundos e desprovidos de horizontes bauxítico ou bauxítico-fosfático. Deformações de linhas-de-pedra (*stone lines*) nos lateritos imaturos mostram que os movimentos tectônicos estenderam-se até o Quaternário.

Os depósitos quaternários são constituídos de sedimentos pelíticos e psamíticos, em parte rudíticos, ligados à evolução de encostas, dos sistemas de drenagem e do litoral.

Segundo Costa e Hasui (1997), a fase Neógena-Quaternária representa a terceira etapa da evolução geológica da Amazônia, que produziu o arcabouço neotectônico da Amazônia (Fig. 9.2).

A partir do Mioceno, após o período de estabilidade do Oligoceno, desenvolveu-se a terceira etapa evolutiva, originando-se vários tipos de estruturas, que

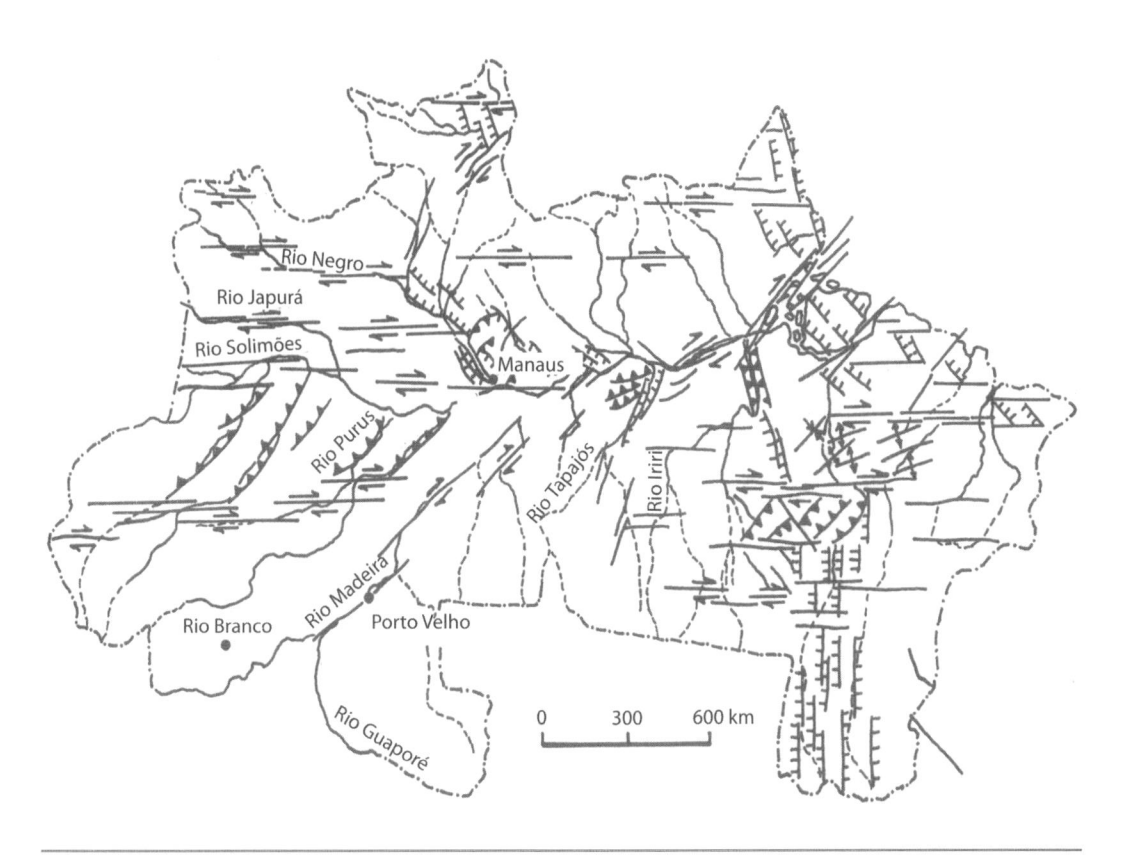

Fig. 9.2 Arcabouço neotectônico da Amazônia, com indicação dos possíveis sistemas de falhas. Falhas transcorrentes = linhas com ou sem par de setas indicando movimentos relativos. Falhas normais = linhas com traços perpendiculares curtos. Falhas inversas = linhas com séries de pequenos triângulos (Costa; Hasui, 1997)

afetaram as rochas pré-cambrianas, mesozoicas e cenozoicas na região amazônica, controlando a sedimentação e afeiçoando o relevo e a drenagem.

Foram reconhecidas áreas transpressivas e transtensivas, resultantes de dois eventos principais de movimentação do Mioceno-Plioceno e do Pleistoceno superior-Holoceno, ao longo de feixes de falhas transcorrentes dextrais E-W, ENE-WNW e NE-SW, ligados por sistemas de falhas normais ou inversas NW-SE e NNW-SSE. O Pleistoceno médio, entre esses dois eventos, teria representado um intervalo de estabilidade. Encontraram-se também áreas com sistemas mais jovens de falhas normais N-S.

Durante o último evento, teriam ocorrido soerguimentos de extensas áreas (baixos cursos do Tapajós e do Negro, sudoeste do Amazonas, Serra do Estrondo, Carajás, Tiracambu, Pacaraima etc.) e subsidência de várias regiões (baixo curso do Madeira, Boa Vista, Lineamento Tupinambarana etc.), mudanças na rede de drenagem (formação do "Bico do Papagaio", traçados atuais dos rios Amazonas, Negro, Solimões, Purus, Xingu etc.) e mudanças da linha de costa (formação da ilha do Marajó e dos lagos do Maranhão). Além disso, terremotos, migração de canais fluviais e fontes termais estão frequentemente relacionados a falhas ativas até hoje.

Esse cenário neotectônico resulta da deformação intraplaca imposta pela atuação de esforço conjugado dextral de direção E-W, com componentes transtensiva e transpressiva orientadas nas direções NE-SW e NW-SE, respectivamente, gerado pela rotação da Placa Sul-americana para oeste (Costa; Hasui, l997).

Os cinturões de cisalhamento antigos, que representam zonas de justaposição dos blocos, correspondem a zonas de fraqueza crustal particularmente suscetíveis à reativação durante a evolução geológica posterior (Hasui, 1990). As manifestações intermitentes, ao longo dessas zonas de fraqueza, evidenciam que a tectônica ressurgente representa um fenômeno geológico importante na região amazônica.

9.2 A NEOTECTÔNICA NA REGIÃO SUDESTE
9.2.1 Rifte Continental do Sudeste do Brasil

Entre as diversas pesquisas executadas acerca da evolução geológica cenozoica do sudeste do Brasil, podem ser enfatizadas as desenvolvidas no vale do rio Paraíba do Sul, onde Almeida (1976) reconheceu o "Sistema de Riftes da Serra do Mar". Trata-se da mais conhecida e estudada feição geológica em território brasileiro, que abrange as bacias sedimentares de São Paulo, Taubaté, Resende e Volta Redonda, caracterizáveis como hemigrabens com basculamento para noroeste.

Diante da expressão regional, além das peculiaridades estratigráficas e tectônicas, ressaltadas anteriormente por diferentes autores (Suguio, 1969; Melo et al., 1985), esse conjunto de bacias foi reunido por Riccomini (1989) no "Rifte Continental do Sudeste do Brasil" (RCSB), que se estende para além das quatro bacias citadas. Além disso, esse autor sustenta que essas bacias teriam sido contínuas, e separadas depois por sucessivas deformações tectônicas seguidas de erosão.

Macedo, Bacoccoli e Gamboa (1991), ao discutirem a evolução mesozoica-cenozoica da área continental adjacente, que envolve o RCSB, ressaltam as formas rômbicas dessas bacias sedimentares preenchidas por depósitos cenozoicos (Fig. 9.3). Essas bacias estariam limitadas a leste e a oeste por lineamentos NE típicos do Pré-cambriano, e a norte e a sul por falhas de transferência com direção E-W, geradas durante a abertura do oceano Atlântico (fase de rifte) e reativadas durante a migração da Placa Sul-americana (fase de deriva), determinando, assim, a compartimentação do registro sedimentar em várias bacias rombiformes.

Saadi (1993) vinculou as atividades tectônicas cenozoicas do RCSB e de outras bacias cenozoicas próximas à zona de fraqueza crustal denominada

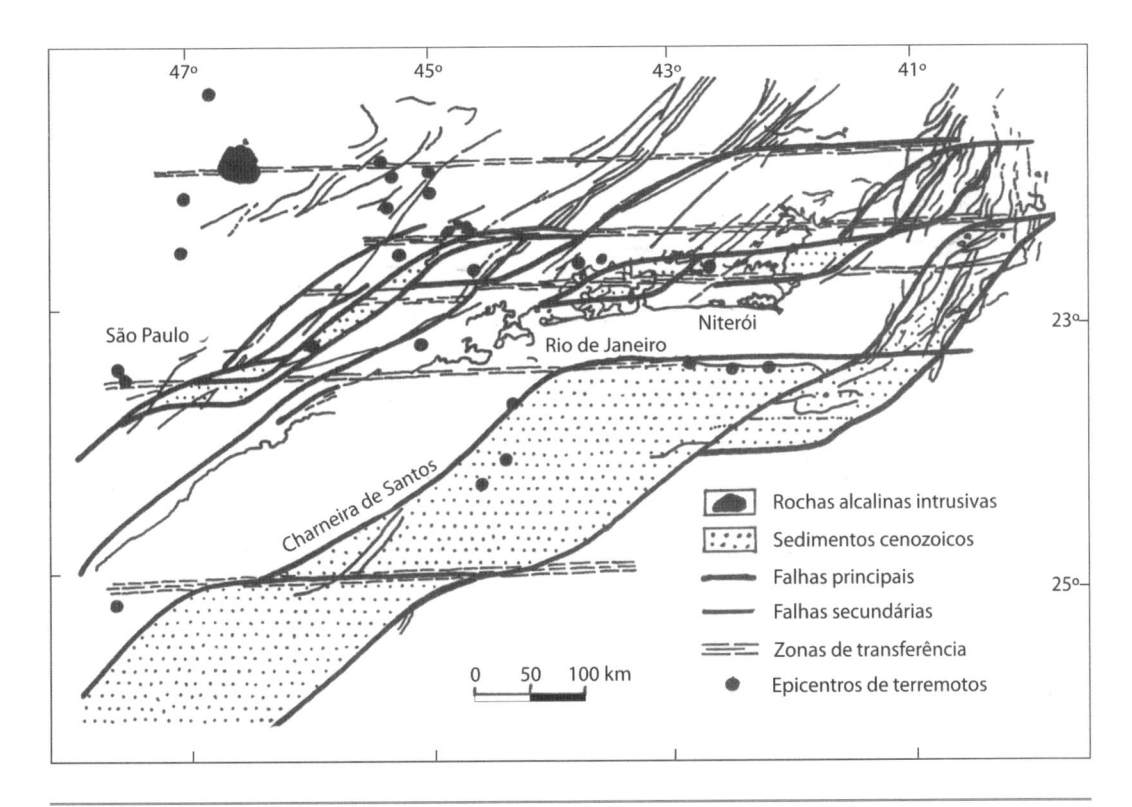

Fig. 9.3 Estruturação tectônica mesozoica-cenozoica do Sudeste brasileiro, caracterizada por bacias sedimentares acentuadamente rombiformes (Macedo; Bacoccoli; Gamboa, 1991)

Descontinuidade Crustal do Paraíba do Sul (DCPS) (Fig. 9.1). Segundo o modelo de evolução tectonossedimentar idealizado em 1989 por Riccomini (Figs. 9.4 e 9.5), ter-se-ia originado uma depressão contínua pela atuação de esforço distensivo de direção NNW-SSE, reativando, na forma de falhas lístricas com caimento para o oceano Atlântico, zonas de cisalhamento brasilianas. Esse esforço de distensão, datado tentativamente como sendo do Eoceno-Oligoceno, seria exercido pelo basculamento termomecânico da Bacia de Santos.

Acompanhando esse processo de formação do rifte (fossa tectônica), teria sido depositado o pacote sedimentar composto predominantemente por depósitos conglomeráticos e arenosos, com camadas lamíticas, denominado Formação Resende. Trata-se de depósitos de leques aluviais e de sistemas fluviais entrelaçados, de idades eocênica a oligocênica, originados provavelmente sob condições de clima árido e intensa atividade tectônica. Esse sistema de leques aluviais passaria gradualmente a sistema lacustre, representado por pacote de argilas esverdeadas maciças e lutitos rítmicos com folhelhos pirobetuminosos e concreções carbonáticas (calcretes), denominado Formação Tremembé. Rumo ao topo, esse pacote sedimentar, que representa a fase inicial de preen-

264 Geologia do Quaternário

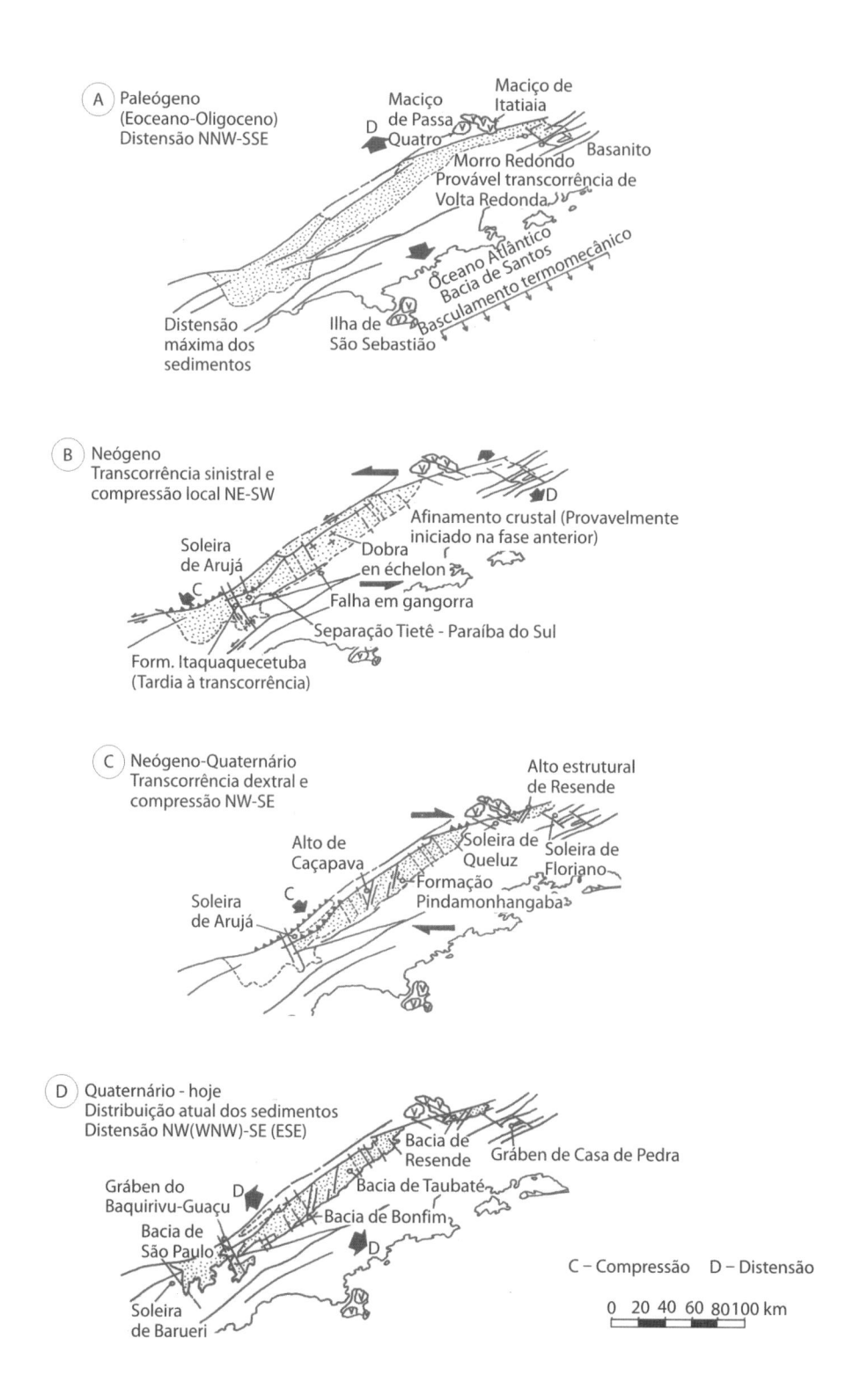

Fig. 9.4 Fases de evolução tectônica do Rifte Continental do Sudeste do Brasil (Riccomini, 1989)

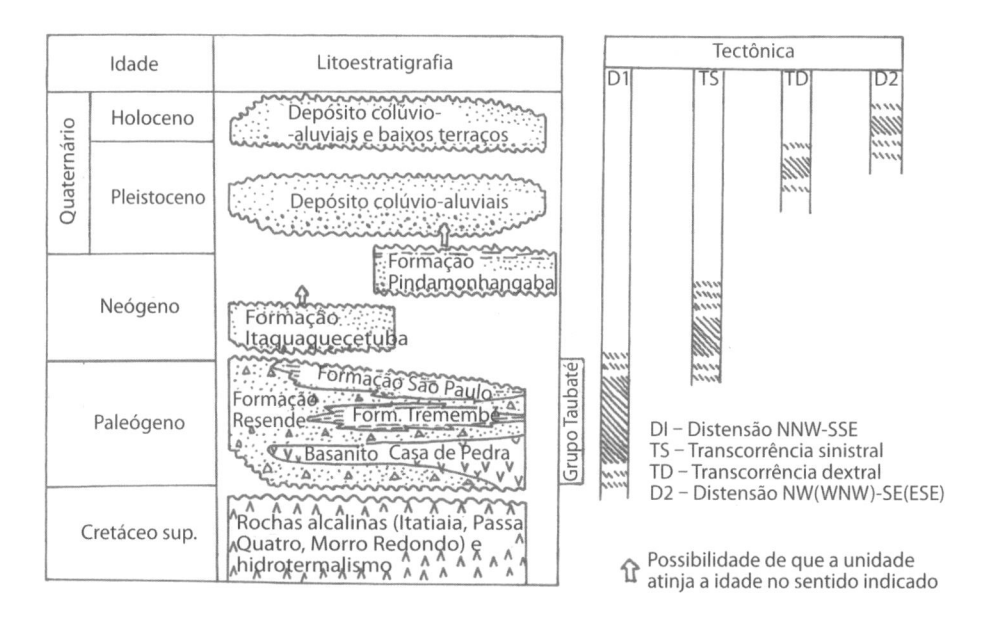

Fig. 9.5 Coluna estratigráfica das bacias do Rifte Continental do Sudeste do Brasil e as fases tectônicas documentadas (modificado de Riccomini, 1989)

chimento da bacia, passaria gradualmente aos depósitos arenosos, sílticos e argilosos da Formação São Paulo, interpretada como de sistema fluvial meandrante, sedimentada sob clima mais úmido e tectonismo mais brando. Na região de Volta Redonda (RJ), intercalada nos sedimentos da Formação Resende, ocorrem lavas ultrabásicas (Basanito Casa de Pedra), com idade K-Ar em torno de 43 Ma, provavelmente relacionadas à fase de distensão inicial.

As três formações descritas, incluindo as rochas efusivas ultrabásicas, constituem o Grupo Taubaté, segundo a concepção de Riccomini (1989), e guardam relações de transição entre si, em razão de mudanças nos regimes tectônico e climático durante o Paleógeno.

Uma segunda fase tectônica de evolução do RCSB, provavelmente de idades oligocênica a neogênica, teria afetado os sedimentos do Grupo Taubaté. Riccomini (1989) caracterizou-a como fase de transcorrência sinistral de direção E-W, com extensão NW-SE e, localmente, compressão NE-SW. Os depósitos da Formação Itaquaquecetuba, sedimentos arenosos e cascalhosos associados a um sistema fluvial entrelaçado, estariam relacionados ao preenchimento de bacias transtensionais, que teriam sido geradas localmente durante esse evento tectônico, em zonas de transtração.

Durante um período de quiescência tectônica, teriam sido depositados os sedimentos da Formação Pindamonhangaba, representando uma nova fase de sistema fluvial meandrante, de provável idade neogênica a pleistocênica. Mancini (1995), diante das relações de contato observadas com depósitos sub e sobrejacentes, e da inexistência de dados paleontológicos seguros, aventa idade miocênica a pliocênica para essa formação.

Os depósitos da Formação Pindamonhangaba e subjacentes, bem como os depósitos coluviais datados tentativamente como pleistocênicos, estão afetados por estruturas relacionadas à terceira fase tectônica. Essa fase é definida por Riccomini (1989) como resultante de um esforço binário E-W de transcorrência dextral, com compressão NW-SE, tendo sido sugerida idade pleistocênica a holocênica, representando a primeira fase de esforços neotectônicos.

A última fase tectônica proposta por Riccomini (1989) corresponde a um regime distensivo com direção NW-SE, que afeta depósitos holocênicos preservados em terraços baixos.

Salvador (1994) e Salvador e Riccomini (1995), ao estudarem a área compreendida pelo Alto Estrutural de Queluz (SP), feição tectônica positiva que separa as bacias de Taubaté e Resende, reconheceram ainda uma quinta fase tectônica, cujos campos de esforços obtidos indicam um regime compressivo de direção E-W (Fig. 9.6). Na região do RCSB, este último regime de esforços ter-se-ia instalado após a fase anterior de distensão e perduraria até hoje.

No seu modelo de evolução geológica do RCSB, Riccomini (1989) asso-

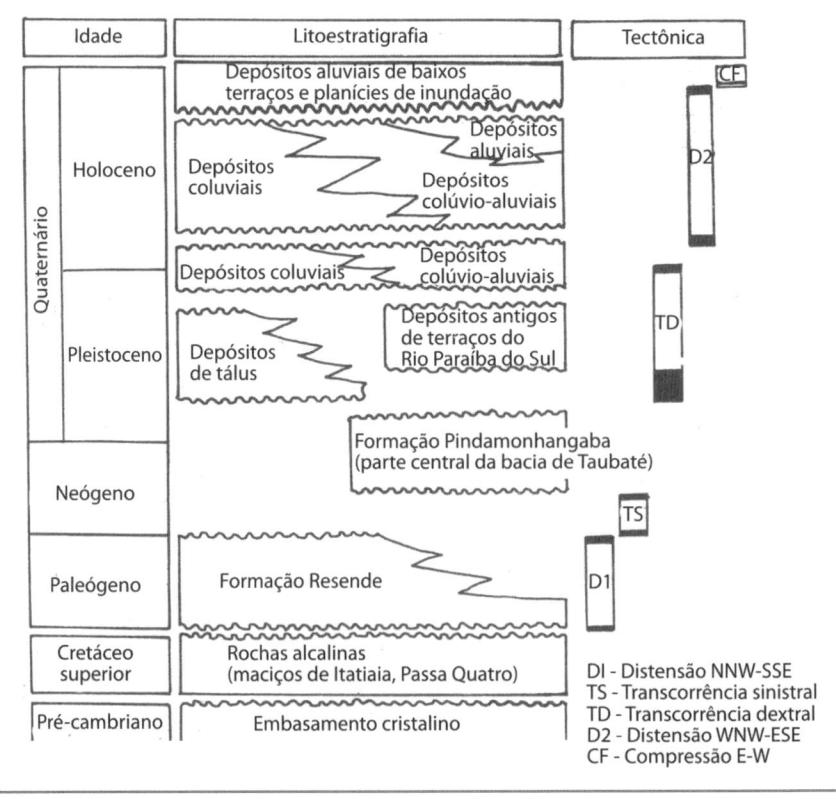

Fig. 9.6 Coluna estratigráfica de sedimentos cenozoicos reconhecidos na região do Alto Estrutural de Queluz, SP (modificado de Salvador, 1994)

cia as variações temporais e espaciais nos regimes de esforços tectônicos às modificações no balanço entre as taxas de subducção da Placa de Nazca sob a borda ocidental da Placa Sul-americana e à velocidade de migração dessa placa para oeste, em decorrência da expansão do fundo oceânico na dorsal atlântica.

As possíveis causas para as alternâncias dos regimes de esforços neotectônicos, com fases de extensão durante um regime predominantemente compressivo, seriam, segundo Salvador e Riccomini (1995), atribuíveis à sobrecarga na plataforma continental, pelo incremento do peso de água de degelo após a última glaciação por hidroisostasia, que promoveu esforços de tração nas áreas continentais adjacentes.

9.2.2 Sedimentação e tectônica cenozoicas em Minas Gerais

Existem várias ocorrências de sedimentos cenozoicos em Minas Gerais, reconhecíveis desde os estudos de Hartt (1870 apud Saadi e Pedrosa-Soares, 1990) no vale do rio Jequitinhonha, e de Gorceix (1884 apud Sant'Anna, 1994) no Quadrilátero Ferrífero. Na evolução geológica dessas áreas, já se admitia que as atividades tectônicas cenozoicas tiveram um papel muito importante.

Segundo Saadi (1991), o Estado de Minas Gerais está compartimentado em domínios morfotectônicos distintos, originados durante a evolução geológica cenozoica. Nesse trabalho, apresentam-se novas ocorrências de depósitos sedimentares cenozoicos relacionadas a essa evolução morfotectônica, como o trecho entre as cidades de São Sebastião da Vitória e Prados (Fig. 9.7). Nesse trecho, encontram-se alinhados grabens preenchidos por depósitos fluviais intensamente deformados (grábens de Prados, do baixo rio Carandaí e do rio das Mortes), além de uma bacia sedimentar situada em um alto topográfico (Alto de São Sebastião da Vitória), relacionada a um mecanismo de inversão ocasionado por tectônica compressiva.

Embora permaneçam muitas dúvidas quanto às idades e correlações estratigráficas desses depósitos sedimentares, parece haver consenso sobre os seus condicionamentos tectônicos. Na região do Quadrilátero Ferrífero, as bacias de Gandarela e Fonseca são as que têm merecido maior número de estudos, talvez em função dos seus ricos conteúdos fossilíferos (Lima; Salard-Cheboldaeff, 1981; Pinto; Regali, 1991).

9.3 A NEOTECTÔNICA E A EVOLUÇÃO GEOLÓGICA DA COSTA BRASILEIRA

O papel mais relevante da neotectônica na evolução geológica da costa brasileira pode ser atribuído às bacias marginais, que constituem uma evidência de macroescala (ou de escala continental). Essas bacias apresentaram maior atividade entre o Cretáceo e o Neógeno, mas as falhas principais ainda continuam ativas (Martin et al., 1986a).

O RCSB, que abrange as bacias de Curitiba, São Paulo, Taubaté, Resende e Volta Redonda, representaria outro importante testemunho de mesoescala

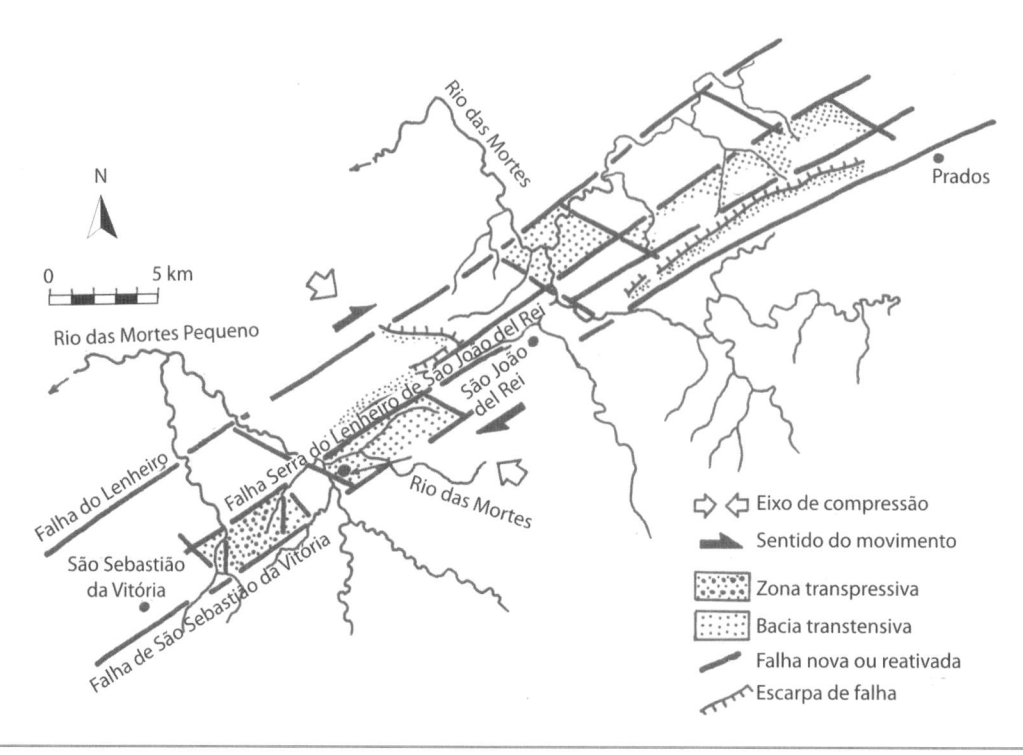

Fig. 9.7 Organização esquemática do Rifte Cenozoico da Região de São João del Rei - MG (Saadi, 1990)

(ou de escala regional), evidenciando a importância da neotectônica na evolução geológica da costa brasileira. Essa feição originou-se durante o Paleógeno e continuou ativa durante o Neógeno e o Quaternário, representando uma manifestação mais tardia e mais interior da Reativação Pós-paleozoica, cuja consequência mais importante foi a origem do oceano Atlântico Sul, simultaneamente à formação das bacias marginais. Além disso, as origens das nítidas diferenças entre as porções norte e sul do litoral paulista, bem como da zona deprimida do Gráben da Guanabara, ou as impressionantes feições do tipo "RIA" do nordeste da costa do Pará, ou os afloramentos suspensos de rochas praiais (*beach rocks*) do litoral nordestino, poderiam estar relacionados a movimentos neotectônicos de microescala (ou de escala local), embora a maioria exija estudos mais específicos e detalhados, principalmente com datação geocronológica dos eventos relacionados.

Aparentemente, não há dúvida sobre a relevância do papel da neotectônica na evolução do litoral brasileiro, porém poucos setores mereceram alguma pesquisa mais detalhada. Deve-se reconhecer que muitas dessas feições representam o fenômeno da tectônica ressurgente, cuja origem remonta ao Pré-cambriano.

9.3.1 Neotectônica de macroescala

Ao tratar da neotectônica de macroescala, deve-se enfatizar o papel das bacias marginais como um agente importante na evolução geológica da costa brasileira. Em termos cronológicos, é necessário recuar no tempo geológico, no mínimo ao fim do Jurássico (cerca de 150 Ma), para uma melhor compreensão dessas bacias.

Naquele tempo, simultaneamente à persistência de gigantescas sinéclises (bacias intracratônicas do Amazonas, Paraná e Parnaíba), iniciou-se a fragmentação do supercontinente Gondwana, acompanhada por um gigantesco evento tectonomagmático-sedimentar. Esse evento foi inicialmente chamado por Almeida (1967) de Reativação Wealdeniana, designação substituída por Evento Sul-Atlântico, por Schobbenhaus et al. (1984), e, finalmente, Almeida e Carneiro (1987) denominaram-no de Reativação Pós-paleozoica. Independentemente de sua designação, não há dúvida de que esse fenômeno geológico foi o grande responsável pela formação das bacias marginais brasileiras, do oceano Atlântico Sul e de inúmeros fenômenos geológicos que ocorreram em diversas escalas temporais e espaciais (Fig. 9.8).

Em termos de extensão superficial, é necessário considerar não somente a planície costeira mas, no mínimo, até a plataforma continental adjacente, onde está situada parte das bacias marginais. A origem e a evolução dessas bacias sedimentares são entendidas, de acordo com o modelo de margem continental do tipo Atlântico (Asmus; Porto, 1972), somente após a compreensão dos processos de separação das placas continentais da África e da América do Sul, subsequente ao estágio de fragmentação seguido pelo de deriva continental.

Considerando-se as histórias evolutivas dessas bacias, algumas das suas peculiaridades permitiram classificá-las em dois grupos: bacias marginais orientais e bacias marginais equatoriais. O primeiro grupo é geograficamente limitado entre os estados do Rio Grande do Sul (Bacia de Pelotas) e Ala-

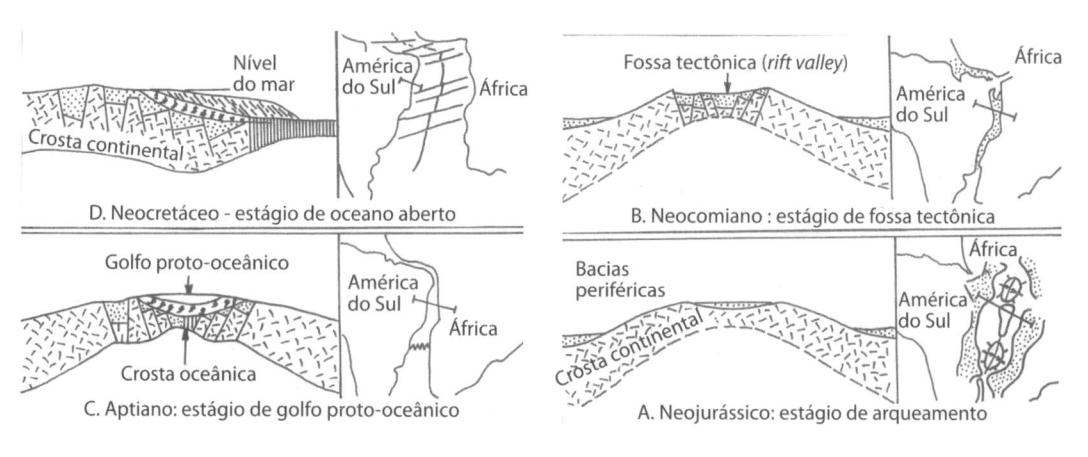

Fig. 9.8 Esquema da evolução geológica das bacias marginais brasileiras, simultaneamente à deriva continental, e consequente origem do oceano Atlântico Sul (modificado de Ponte e Asmus, 1978)

goas (Bacia Sergipe-Alagoas). O segundo grupo inicia-se em Pernambuco (Bacia Pernambuco-Paraíba) e termina na plataforma continental do Estado do Amapá (Fig. 9.9).

Classificadas por Klemme (1971), essas bacias evoluiriam, de acordo com Asmus e Porto (1972), do início de sua formação até hoje, conforme dois ou três dos seguintes tipos: (a) tipo I – bacia intracratônica simples, (b) tipo III – vale em rifte (fossa tectônica) e (c) tipo V - bacia marginal aberta (Fig. 9.10). Do Cretáceo ao Paleógeno e Neógeno, essas bacias evoluíram através dos seguintes ambientes sedimentares: lacustre a deltaico, marinho restrito e transicional, plataforma marinha rasa, talude continental e, finalmente, litorâneo. As mudanças nos tipos de bacias e nos ambientes de sedimentação do Cretáceo ao Paleógeno e Neógeno, respectivamente com 80 e 65 Ma de duração, foram controladas principalmente por alterações nas intensidades das atividades tectônicas (subsidência térmica), bem como pelas flutuações eustáticas negativas de nível do mar (Fig. 9.11). Os movimentos tectônicos no interior dessas bacias, embora acentuadamente arrefecidos durante o Cretáceo e o Terciário, continuam ativos (Suguio; Martin, 1976a, 1996; Martin; Suguio, 1976a, 1976b; Martin et al., 1984a, 1986a).

A configuração geométrica da costa brasileira, considerando-se a sua orientação em relação aos fatores oceanográficos (ondas, mares, correntes oceânicas etc.), bem como pela sua posição geográ-

Fig. 9.9 Localizações das bacias marginais brasileiras e das bacias intracratônicas do Amazonas, Paraná e Parnaíba (Ponte; Dauzacker; Porto, 1978)

Idade		Litologia		Ambiente de sedimentação	Sequência deposicional
Neógeno e Paleógeno		Depósito regresivos terrígenos		Litorâneo e plataforma e talude continentais	Marinha
Cretáceo	Superior	Folhelhos transgres.		Talude continental	
	Médio	Calcários		Plataforma marinha rasa	
	Inferior	Evaporitos		Marinho restrito e transicional	Golfo
		Conglomerados, arenitos e pelitos		Lacustre / deltaico	Lacustre
Jurássico		Depósito terrígenos		Fluviolacustre	Continental

Fig. 9.10 Coluna estratigráfica geral das bacias marginais brasileiras, com indicações das idades, litologias, ambientes sedimentares e sequências deposicionais (modificado de Ponte, Dauzacker e Porto, 1978)

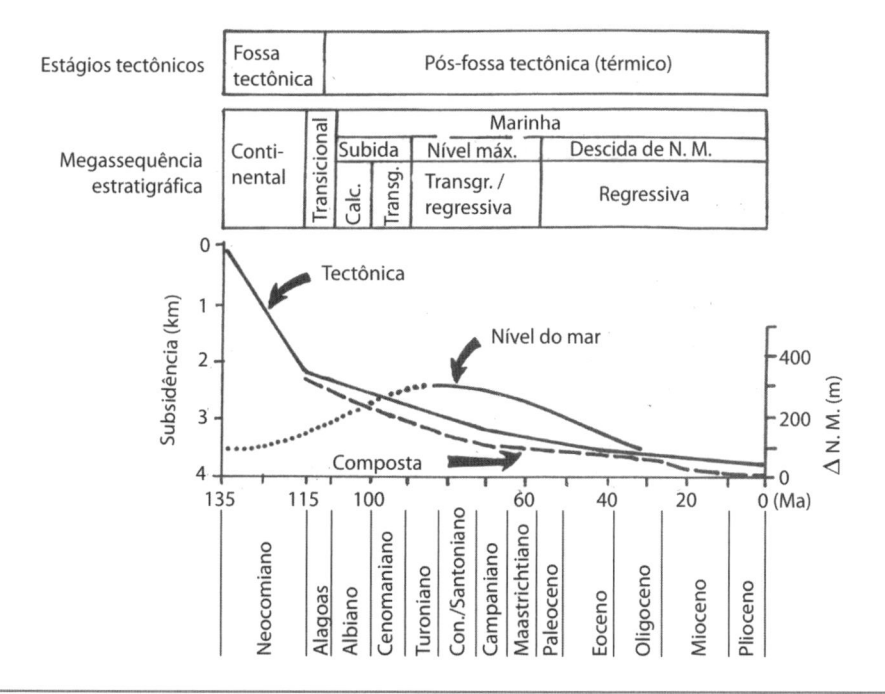

Fig. 9.11 Curvas de subsidência tectônica (térmica) e de mudanças do nível do mar durante o Cretáceo, o Paleógeno e o Neógeno ao longo da costa brasileira. As curvas de flutuações do nível do mar foram baseadas em Vail e Mitchum Jr. (1977) e Pitman III (1978)

fica e suas características fisiográficas, representa uma consequência da já mencionada Reativação Pós-paleozoica, que explica a formação das bacias marginais e a origem do oceano Atlântico Sul (Fig. 9.12).

9.3.2 Neotectônica de mesoescala

Ao tratar da neotectônica de mesoescala, os exemplos mais representativos são o RCSB (Riccomini, 1989) e a costa do Estado de São Paulo (Suguio; Martin, 1978).

Rifte Continental do Sudeste do Brasil
Essa feição tectônica era anteriormente conhecida como "Sistema de Riftes Continentais da Serra do Mar" (Almeida, 1976) e compreende as bacias de Curitiba, São Paulo, Taubaté, Resende e Volta Redonda (Fig. 9.12). Ela foi originada como uma manifestação tardia e mais interiorana da Reativação Pós-paleozoica.

Segundo Riccomini (1989), essas bacias foram preenchidas por depósitos de sistemas fluviais entrelaçados e meandrantes interdigitados com depósitos lacustres sob influência de taxas variáveis de tectonismo e sedimentação, influenciados por oscilações climáticas, do Paleógeno ao Quaternário.

Mais detalhes sobre o RCSB já foram apresentados na seção 9.2.

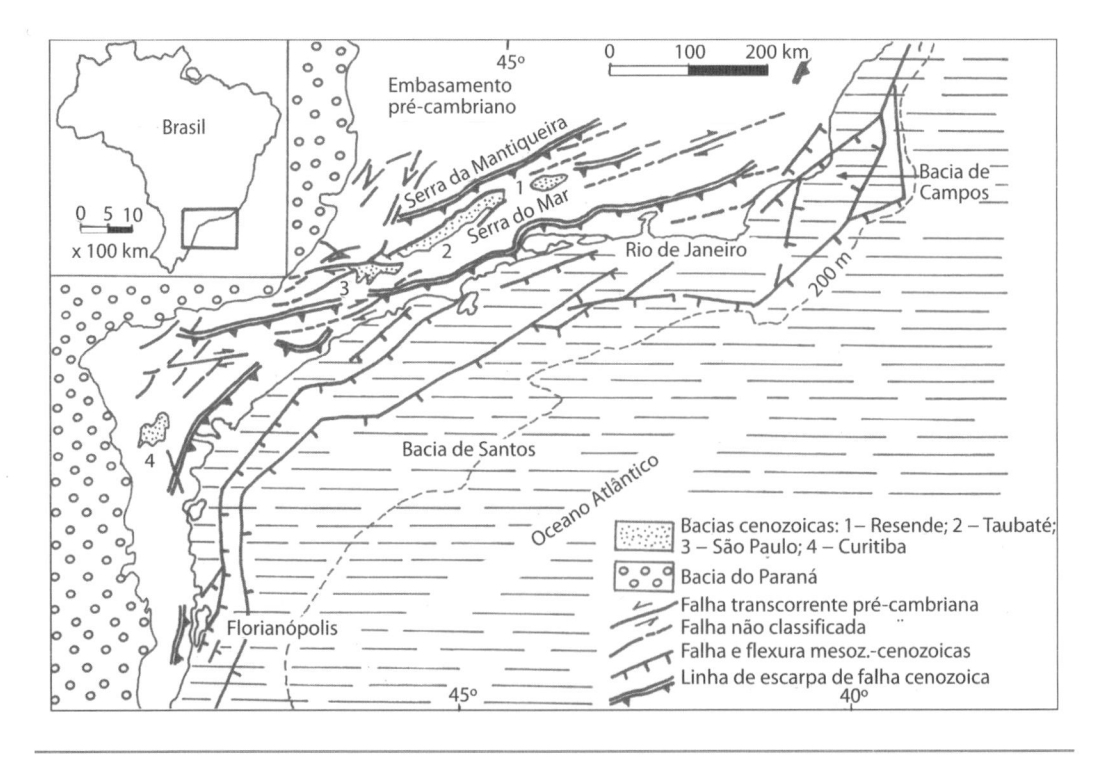

Fig. 9.12 Arcabouço tectônico do Sudeste brasileiro baseado em Almeida (1976) e Asmus e Ferrari (1978), mostrando o paralelismo de alguns alinhamentos estruturais no continente e na plataforma continental adjacente

A costa do Estado de São Paulo

A porção da costa brasileira aqui enfocada estende-se na direção NE-SW e situa-se entre 44°45' e 48°00' de longitude oeste. Compreende o litoral do Estado de São Paulo, que, em linha reta, possui mais de 400 km de extensão.

Com base na classificação de Silveira (1964), essa porção do litoral pode ser considerada como litoral sudeste ou das escarpas cristalinas (Fig. 9.13), caracterizada pela presença da Serra do Mar em toda a sua extensão. Freitas (1951) foi, provavelmente, o primeiro autor a enfatizar possíveis movimentos tectônicos como responsáveis pelas diferenças nas morfologias costeiras entre as partes norte e sul, embora essa diferença já tivesse sido constatada no início do século XX. Do ponto de vista geomorfológico, Martin e Suguio (1975) reconheceram costas de submersão ao norte e de emersão ao sul. Essa ideia foi anteriormente apresentada por Fúlfaro e Ponçano (1974), de acordo com a classificação proposta por Johnson (1919). De

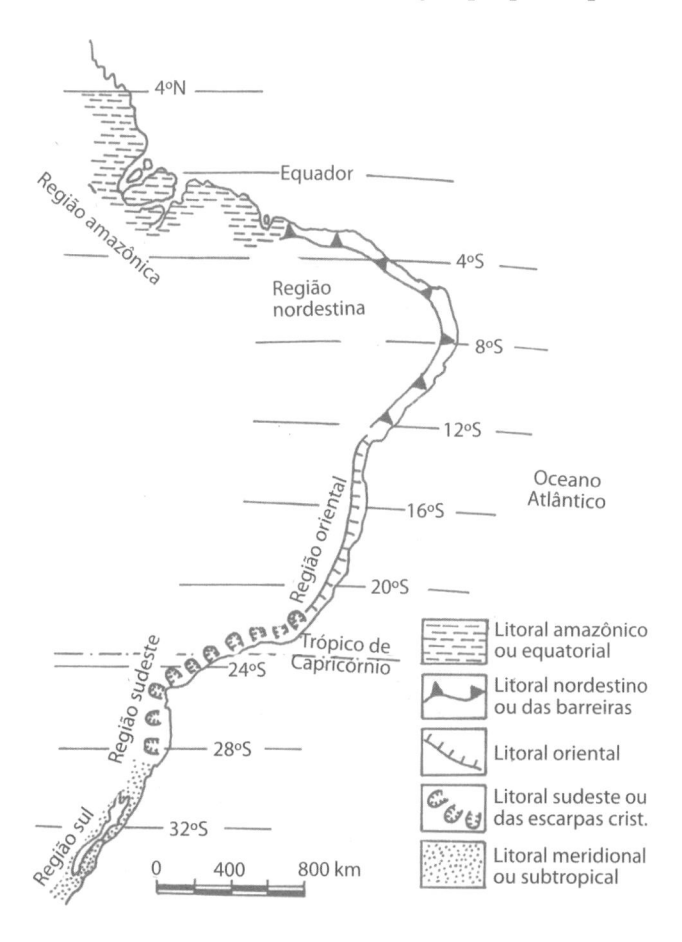

Fig. 9.13 Classificação da costa brasileira em cinco grandes unidades, com base em elementos oceanográficos, climáticos e continentais (Silveira, 1964)

fato, ao norte o embasamento cristalino chega continuamente ao mar, com exceção de trechos defronte a planícies costeiras restritas, cujas porções internas são ocupadas por depósitos continentais e as externas por sedimentos marinhos. Desconsiderando-se a presença de planícies sedimentares mais desenvolvidas ao sul, essa costa é bastante homogênea quanto às feições morfológicas. Desse modo, por exemplo, os morros isolados de rochas pré-cambrianas, frequentes nas planícies costeiras do sul, poderiam ser diretamente comparados com ilhas litologicamente semelhantes, comumente encontradas no litoral norte.

A diferenciação morfológica entre as partes norte e sul dessa costa poderia ser explicada por diferenças na dinâmica de sedimentação e por influência tectônica. Dessa maneira, poderia ser postulado que o suprimento sedimentar tenha sido mais abundante ao sul que ao norte, ou que a metade sul tenha sido soerguida enquanto a metade norte sofria subsidência.

Porém, como a maioria dos rios do litoral paulista flui da Serra do Mar para o interior, com exceção do rio Ribeira de Iguape, a primeira hipótese parece ser inaceitável e não poderia explicar as diferenças na distribuição de sedimentos quaternários. Se a segunda hipótese estiver correta, a costa mostraria uma tendência à submersão ao norte e à emersão ao sul, conforme aventado por alguns autores. Essa diferenciação entre os setores norte e sul também é observável nas larguras e nas declividades da plataforma continental. Em frente à região de Parati (RJ), caracteristicamente montanhosa, a isóbata de 50 m situa-se a 8 km da linha costeira, ao passo que em Santos está a cerca de 30 km e em Cananeia, a 50 km. De modo análogo, altitudes maiores ocorrem mais próximas à linha costeira ao norte que ao sul.

É também interessante constatar que a transição entre as zonas de emersão e de submersão é mais gradual que abrupta. Isso parece eliminar a hipótese de que a diferenciação morfológica resulte de interações tectônicas de blocos de falha, separados por descontinuidades normais à linha costeira, sendo necessário apelar, possivelmente, para o mecanismo da flexura continental diferencial (Bourcart, 1949), a fim de explicar as diferenças encontradas. Admitindo-se que essa hipótese seja verdadeira, Suguio e Martin (1978, 1994) consideraram as seguintes possibilidades (Fig. 9.14):

a) se a linha costeira estiver situada à esquerda da linha de flexura, isto é, na zona de soerguimento, a costa exibirá uma morfologia de emersão;

b) se a linha costeira estiver situada à direita da linha de flexura, isto é, na zona de subsidência, a costa mostrará uma morfologia de submersão;

c) se a linha costeira estiver situada do mesmo lado da linha de flexura, tanto ao norte quanto ao sul, mas a diferentes distâncias dela, a costa apresentará feições de emersão diferenciadas.

Essas três possibilidades poderiam ser complementadas por duas outras situações, considerando-se a distância entre o soerguimento máximo e a linha de flexura:

d) a zona de soerguimento máximo situa-se longe da linha de flexura;
e) a zona de soerguimento máximo encontra-se próxima à linha de flexura.

Admitindo-se uma altura de soerguimento h para (d) e (e), a área afetada por esse fenômeno será mais extensa em (d) que em (e), isto é, a zona de soerguimento máximo estará mais próxima à linha costeira ao norte que ao sul. Isso poderia explicar por que as áreas soerguidas são mais extensas ao sul e por que os paleoníveis do mar no Holoceno, nas proximidades das linhas costeiras atuais, são mais altos ao norte que ao sul.

9.3.3 Neotectônica de microescala

Em alguns setores mais restritos da costa brasileira, tem sido possível evidenciar deslocamentos da linha costeira, atribuíveis à neotectônica. Por exemplo, na Baía de Todos os Santos (BA), situada na bacia marginal do Recôncavo, movimentos verticais de blocos de falha produziram deslocamentos nas linhas costeiras holocênicas (Martin et al., 1984a, 1986a). A mesma interpretação pode ser válida para trechos da costa do Estado do Rio de Janeiro localizados no gráben da Guanabara (Martin et al., 1980a), para o sul do Cabo de São Tomé (RJ) (Martin et al., 1984b), para a planície costeira de Cananeia-Iguape (SP) (Suguio; Petri, 1973; Souza, 1995).

Recentemente, Bezerra et al. (1998), ao estudar evidências de paleoníveis do mar na costa norte-riograndense,

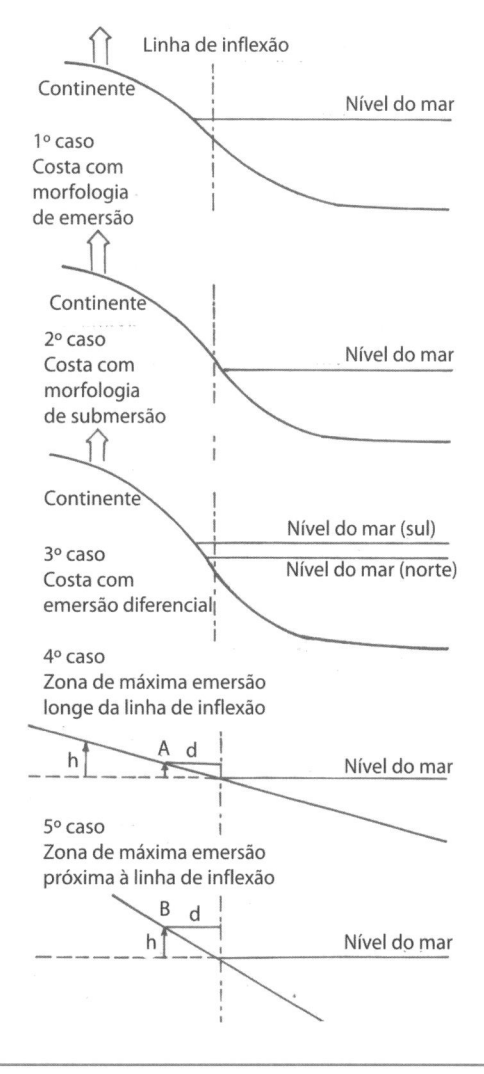

Fig. 9.14 Esquema de prováveis mecanismos que levaram à diferenciação do litoral paulista em áreas com características de emersão (metade sul) e de submersão (metade norte) por mecanismo de flexura continental (Suguio; Martin, 1978)

teriam identificado movimentação, possivelmente cossísmica, da Falha dos Carnaubais da Bacia Potiguar durante o Holoceno.

9.4 Considerações finais

Numerosas evidências aqui apresentadas mostram que, sem dúvida, a neotectônica e a tectônica quaternária desempenharam um importante papel na atual configuração fisiográfica do território brasileiro, não somente no interior continental, mas também na linha costeira. No entanto, se pululam especulações não comprovadas, faltam estudos científicos baseados em informações criteriosas de campo e de laboratório, para que se tenha um quadro mais concreto sobre o tema.

Mesmo nas bacias marginais, que foram mais detalhadamente esmiuçadas para prospecção de petróleo, os conhecimentos quase se restringem ao Cretáceo e ao Paleógeno, e muito raramente (Lima; Nascimento; Assumpção, 1997) têm sido pesquisadas sob o ponto de vista da neotectônica ou da tectônica quaternária. Portanto, é necessário e recomendável muito trabalho que abranja escalas temporais e espaciais variadas, para que se tenha uma ideia mais realística do papel desempenhado pela neotectônica e pela tectônica quaternária na evolução geomorfológica do Brasil.

O relevo cárstico e a geoespeleologia 10

Segundo Gillieson (1996), aproximadamente 17% das áreas continentais da Terra são constituídos de rochas carbonáticas, distribuídas preferencialmente pela Europa, leste da América do Norte e leste e sudeste da Ásia. Os continentes originários da fragmentação do antigo supercontinente Gondwana, de idades geológicas relativamente mais antigas, são mais pobres em rochas carbonáticas (Fig. 10.1).

Por limitações impostas pelos depósitos superpostos pouco permeáveis, pelo clima desfavorável devido à baixa pluviosidade ou pelo relevo suave, que não propicia dissecação mais acentuada, somente cerca de 7% a 10% daquelas áreas apresentam relevo cárstico (Ford; Williams, 1989), resultante de processos de dissolução acentuada, tanto por águas superficiais como subterrâneas. Não obstante a extensão bastante modesta desse tipo de relevo, cerca de 25% da população mundial depende da água subterrânea associada aos aquíferos cársticos para satisfazer as suas

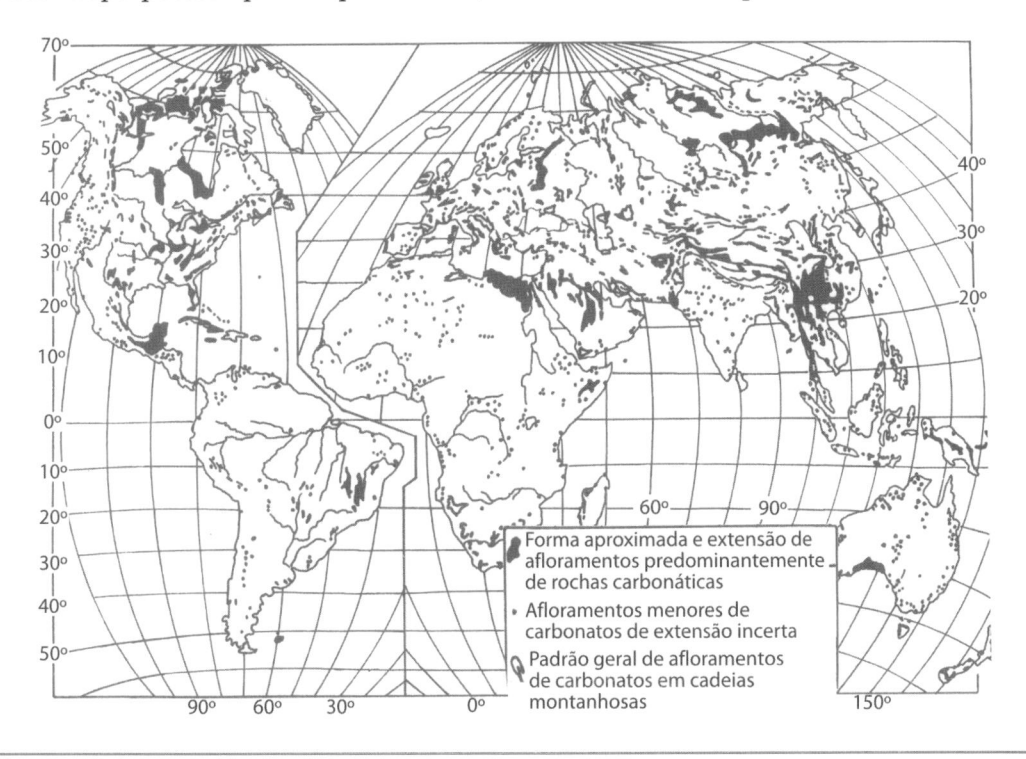

Fig. 10.1 Distribuição mundial das rochas carbonáticas (Ford; Williams, 1989)

necessidades. Essa dependência está aumentando nos países da Ásia, onde a população continua crescendo vertiginosamente.

Os carbonatos e os minerais associados, além do petróleo e do gás contidos nessas rochas, constituem importantes matérias-primas industriais. Desse modo, o relevo cárstico pode apresentar áreas extremamente favoráveis à implantação de projetos industriais. Como se trata, porém, de setores muito sensíveis, segundo Back e Arenas (1989), devem ser tomadas as devidas precauções. A par disso, as cavernas e outras feições cársticas relacionadas representam um importante papel cultural por abrigarem inúmeros sítios arqueológicos e/ou jazigos fossilíferos (Schiffer; Sullivan; Klinger, 1978; Sutcliffe, 1986).

Uma caverna, por exemplo, pode conter registros de eventos pretéritos muito bem preservados, e as suas reconstituições são um dos objetivos primordiais dos seus estudos. Antes de tudo, deve-se tomar especial cuidado na observação da estratigrafia dos depósitos, que podem ter-se acumulado por longo tempo, e a sua sequência pode revelar a evolução dos tipos de artefatos e, portanto, das culturas humanas pré-históricas, ou das mudanças pretéritas do clima, da fauna e da flora.

10.1 Relevo cárstico
10.1.1 Definições fundamentais

O relevo cárstico caracteriza-se por feições superficiais do terreno, que resultam de importantes processos de dissolução, tanto por águas superficiais como subterrâneas. Esses processos geram materiais e configurações peculiares, como solos típicos, depressões fechadas, dolinas e sistemas de cavernas, além da ausência quase completa da drenagem superficial. Constitui um sistema geomorfológico típico de áreas de rochas carbonáticas que, quando plenamente desenvolvido, apresenta três setores bem definidos: área de entrada (de captação ou de suprimento); sistemas condutores, principalmente subterrâneos, e área de saída (descarga) de água subterrânea.

A área de entrada pode caracterizar-se por feições menores, como caneluras (sulcos de dissolução) e dolinas, que formam depressões fechadas com 1 m até 1.000 m de maior dimensão. Segundo a classificação de Jakucs (1977), como verificado no sistema cárstico do alto vale do rio Ribeira de Iguape (SP) por Karmann (1994), as captações do escoamento superficial podem ser alogênicas (sobre rochas não carbonáticas) ou autogênicas (sobre rochas carbonáticas).

Os sistemas condutores formam dutos interligados e, localmente, podem apresentar-se alargados por dissolução e/ou colapso, passando a ser denominados cavernas quando se tornam acessíveis ao homem. Eles representam um papel análogo ao dos tributários de uma rede hidrográfica superficial.

A área de descarga pode ser representada por uma única fonte ou por um sistema de fontes, alinhadas ou não, que frequentemente exibem feições erosivas de desfiladeiros formados por erosão remontante, seguida por colapso de tetos de cavernas. O carste, porém, não é uma morfologia específica de regiões constituídas por rochas carbonáticas, e pode estar presente em outras rochas. Em desertos quentes e polares, os calcários tendem a originar proeminentes relevos escarpados, e não relevos cársticos.

10.1.2 Tipos de carstes

Uma das classificações mais aceitas admite a subdivisão do relevo cárstico em holocarste (*holokarst*) e merocarste (*merokarst*) ou fluviocarste (*fluviokarst*). No primeiro tipo, praticamente toda a drenagem é subterrânea, isto é, quase não há escoamento superficial. No segundo tipo, os principais rios permanecem na superfície, pois a descarga deles é demasiadamente grande para ser completamente adsorvida pelo aquífero, ou porque a rede de sistemas de condutos subterrâneos não se estende a ponto de interceptar os rios.

O termo paracarste (*parakarst*) refere-se ao tipo misto dos anteriores, em geral atribuído à existência concomitante de rochas solúveis e insolúveis, como calcários e folhelhos, alternadas.

O carste coberto (*covered karst*) pode desenvolver-se pela carstificação (dissolução) da rocha solúvel sotoposta à camada de rocha insolúvel consolidada, como arenitos e folhelhos.

A designação paleocarste (*paleokarst*) relaciona-se a relevos cársticos e a sistemas de cavernas antigos, soterrados (fossilizados) por depósitos mais jovens, que posteriormente podem ser exumados e rejuvenescidos.

A palavra pseudocarste (*pseudokarst*) está ligada a topografias que lembram uma paisagem cárstica, mas que não foram originadas por dissolução, como o termocarste (*thermokarst*) e o vulcanocarste (*volcanokarst*). O termocarste, também denominado criocarste (*cryokarst*), é produzido em região de *permafrost*, isto é, de solo permanentemente congelado, por degelo local seguido de afundamento do terreno. Por sua vez, o vulcanocarste corresponde à topografia associada a materiais vulcânicos de erupção recente. É composto de tufos e aglomerados com minerais instáveis que, atacados por águas pluviais, desenvolve formas de microrrelevo que lembram uma morfologia cárstica. Em derrames de lavas, às vezes é possível a formação de longos condutos (túneis de lavas) por meio do resfriamento diferencial, como acontece em muitas regiões do Havaí.

O termo endocarste (*endokarst*) refere-se a formas de corrosão associadas a rochas solúveis, de origem subterrânea, dominadas pelas cavernas (*caves*) ornamentadas por exuberantes espeleotemas (*speleothems*), como as estalactites (*stalactites*) e as estalagmites (*stalagmites*). O endocarste abrange as zonas vadosa (insaturada de água) e freática (saturada de água).

Finalmente, o epicarste (*epikarst*) ou exocarste (*exokarst*) são formas de corrosão de rochas solúveis, originadas na superfície terrestre, comumente relacionadas à hidrologia cárstica, em que predominam as feições negativas, como dolina, uvala e poljé. O epicarste abrange as zonas cutânea (superfície e solo) e subcutânea (regolito e fissuras alargadas).

10.1.3 Condições para a formação do relevo cárstico

Segundo Thornbury (1969), há quatro condições essenciais para o surgimento de verdadeiros relevos cársticos e cavernas:

a) Presença de rocha solúvel – Normalmente essa rocha apresenta composição calcária ou dolomítica, embora mais raramente possa ser representada por evaporitos, como gipsita. Em geral, os calcários de regiões cársticas são puros, mas podem conter de 5% a 10% de impurezas. Em condições extremamente favoráveis e especiais, até arenitos e quartzitos que normalmente são insolúveis, podem ser dissolvidos e formar verdadeiros relevos cársticos.

Quando o processo genético não é a dissolução, mas outros mecanismos, como ação hidráulica (mecânica), movimento tectônico, água de degelo etc., têm-se os chamados pseudocarstes.

b) Propriedades físicas das rochas – As rochas do substrato devem estar bem litificadas por diagênese ou até por metamorfismo, com grande redução de porosidade e permeabilidade primárias, além de intenso diaclasamento. Os calcários muito porosos e permeáveis, como o giz (*chalk*) ou de recifes de corais, onde a água circula livremente e em abundância, em geral não desenvolvem relevos cársticos muito conspícuos.

c) Características geomorfológicas – Dizem respeito à existência de vales profundos, que propiciem intenso movimento descendente de águas subterrâneas percolando o pacote rochoso, na maior parte das vezes em consequência de acentuado soerguimento tectônico. O tectonismo cenozoico causou o soerguimento de calcários recifais e de outras rochas carbonáticas, que levou ao desenvolvimento de abundantes morfologias cársticas em diversas partes do mundo.

d) Características climáticas – A pluviosidade deve ser, no mínimo, moderada, o que, com a cobertura vegetal correspondente, propicia a evolução mais rápida do relevo cárstico, que não é favorecida em regiões de clima árido (desertos quentes e frios). Como a formação do relevo cárstico depende da temperatura, da pluviosidade e da atividade biológica, a intensidade do processo de carstificação varia conforme o clima, atingindo o grau máximo em regiões de clima tropical recobertas por densa floresta pluvial.

10.1.4 Feições características do relevo cárstico

Feições superficiais de pequena escala

As feições mais comuns são covas aproximadamente circulares com fundos arredondados, "panelas" de fundo plano e canais (caneluras) sinuosos ou retilíneos que acompanham as superfícies inclinadas das rochas (Bögli, 1980). As caneluras são mais ou menos paralelas entre si e delimitadas por cristas muito agudas.

Sob a camada de solo pode desenvolver-se o horizonte "C", que contém fragmentos residuais de intemperismo, originados de calcários ou dolomitos impuros ou finamente estratificados e friáveis. Essas feições do subsolo podem ser parcial ou totalmente expostas pela erosão do solo.

Tanto nos chamados pavimentos carbonáticos, quanto nas formas de subsolo, a frequência de fissuras alargadas por dissolução diminui rapidamente com a profundidade. Além disso, a permeabilidade pode ser drasticamente reduzida por algumas camadas menos permeáveis, ao longo das quais poderá ocorrer concentração das águas percolantes.

Depressões fechadas

As depressões fechadas constituem feições cársticas superficiais de média escala, representadas principalmente pelas dolinas. As chamadas bacias poligonais (*polygonal basins*) constituem depressões fechadas, mas não podem ser chamadas de dolinas. Segundo Ford, Palmer e White (1988), as dolinas podem originar-se de quatro processos distintos (Fig. 10.2):

a) dissolução de cima para baixo;
b) colapso mecânico de baixo para cima a partir de uma cavidade de dissolução prévia;
c) subsidência sem ruptura para uma cavidade de dissolução intra-estratal;
d) erosão por infiltração de materiais inconsolidados do regolito, com ou sem intubação de solo para cavidades de dissolução internas ou para dolinas adjacentes.

As formas das dolinas podem variar de poços cilíndricos (abismos) a "pratos" achatados, mas as formas intermediárias de tigela ou de funil são as mais comuns. A densidade de ocorrência de dolinas em uma região de relevo cárstico, que expressa a frequência de ocorrência de depressões por unidade de área, varia de 1 a 2.500/km^2. Segundo Day (1976), esse parâmetro, associado às dimensões das dolinas, indica o grau de desenvolvimento do relevo cárstico.

Feições superficiais de grande escala

Os vales secos e os desfiladeiros, desenvolvidos inicialmente por atividade fluvial normal, mas que perdem água para o subsolo, constituem uma dessas feições. Na fase inicial de evolução, são vales relativamente rasos, com drenagem superficial em todas as épocas mais úmidas. Na fase avançada de evolução,

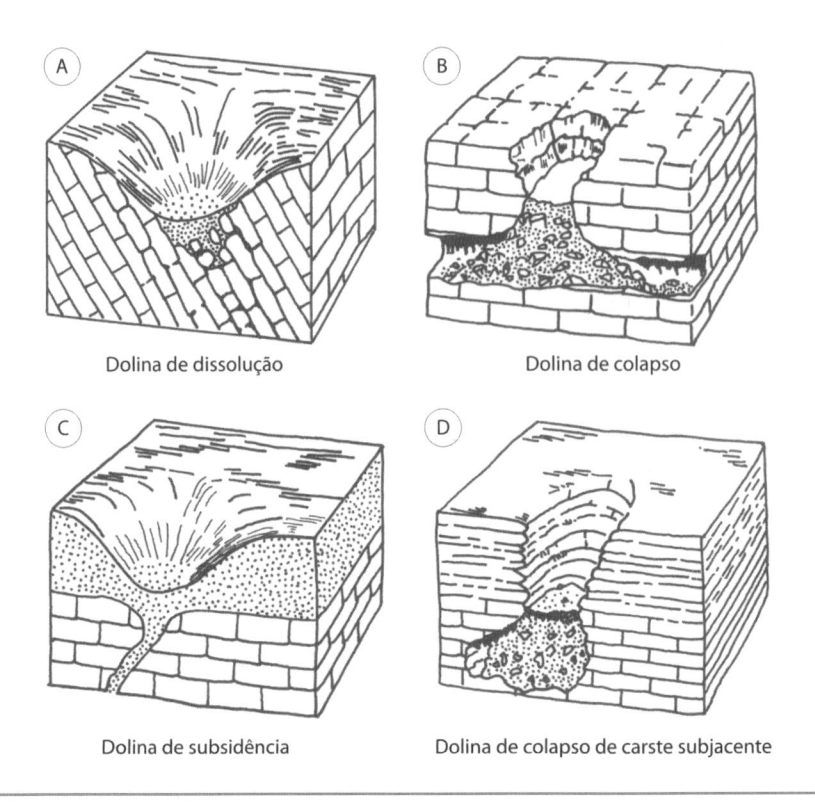

Fig. 10.2 Quatro principais processos que originam as dolinas (Ford; Palmer; White, 1988)

- A: Dolina de dissolução
- B: Dolina de colapso
- C: Dolina de subsidência
- D: Dolina de colapso de carste subjacente

porém, as dolinas tornam-se muito profundas, criando vales cársticos sem saída dentro dos paleovales. Essas feições são mais frequentes em áreas constituídas por camadas quase horizontais alternadas de calcário, folhelho e arenito.

O termo uvala refere-se à feição composta por dolinas interligadas. É formada por evolução progressiva de sistemas de dolinas, quando as águas de escoamento superficial passam para circulação subterrânea, deixando redes de vales secos como formas superficiais reliquiares.

Os poljés são depressões alongadas e fechadas, circundadas por colinas de calcários, com os fundos aplainados. Os fundos dos poljés podem representar um nível de corrosão desenvolvido sobre calcário ou um nível de sedimentação aluvial por soterramento da topografia precedente. Esses fundos frequentemente exibem canais de drenagem dirigidos para dolinas e são sazonalmente inundados.

Há uma tendência entre os geomorfólogos em se admitir a seguinte sequência no "ciclo de erosão cárstica": dolina – uvala – poljé. As dolinas aumentam de tamanho e, com o tempo, evoluem para uvalas. Entretanto, muitas vezes os poljés não parecem ser simplesmente uvalas grandes e complexas, pois demonstram apresentar algum tipo de controle estrutural (Bloom, 1978).

Associadas a grandes depressões cársticas, como os poljés, podem desenvolver-se as chamadas torres cársticas (tower karsts), particularmente desenvolvidas nas províncias de Guizhou e Guangxi, na China (Zhang, 1980), além da Jamaica, Porto Rico, Cuba e México. A formação de torres cársticas só é possível em locais com espessas camadas de calcário puro, submetidas a acentuado processo de soerguimento tectônico desde o fim da Era Mesozoica até hoje.

10.1.5 Denudação cárstica

Esse conceito está relacionado à perda de massa resultante da dissolução de rochas em bacias cársticas, como se a remoção dos materiais em solução ocorresse homogeneamente da superfície terrestre. Segundo Smith e Atkinson (1976), as taxas de denudação cárstica (D) podem ser calculadas pela fórmula:

$$D = \frac{\bar{Q}}{A} \times \frac{D_t}{10^6 d_m} \times \frac{1}{R}$$

onde: $\bar{Q}$ = descarga média de água escoada pela bacia (em m³/ano); D_t = dureza total média da água (em mg/L equivalente de CaCO³); A = área total da bacia em km²; d_m = densidade média das rochas carbonáticas (em g/cm³); e R = fração (razão) da área da bacia ocupada pelas rochas carbonáticas em relação a A.

Segundo esses autores, as taxas de denudação cárstica (D), que dependem dos climas, podem ser expressas pelas seguintes equações de regressão linear:
a) clima tropical: D = 0,063Q + 5,7;
b) clima temperado: D = 0,055Q + 7,9;
c) clima frio (polar): D = 0,025Q + 7,4.

onde D = taxa de denudação em mm/ka (equivalente a m³/km²/a) e Q = escoamento em mm/a. As taxas de denudação em clima frio (polar) são claramente menores, mas entre as regiões temperadas e tropicais não podem ser estatisticamente diferenciadas.

As taxas de denudação cárstica a longo prazo, que, conforme White (1984), crescem linearmente com a precipitação pluvial e dependem da disponibilidade de CO_2 e da temperatura (Fig. 10.3), variam de 8 a 130 mm/ka (Jennings, 1985).

10.2 As cavernas

As cavernas podem ser admitidas, em primeira instância, como redes tridimensionais de condutos de tamanhos variados, com diâmetros de alguns milímetros a dezenas de metros, que se estendem da entrada à saída. Frequentemente, a definição é bastante antropocêntrica e, desse modo, somente as redes de condutos acessíveis ao homem seriam, a rigor, chamadas de cavernas. Além disso, como as suas funções e estruturas podem modificar-se durante uma única enchente ou ao longo do tempo geológico, as cavernas podem ser tidas também como redes quadridimensionais.

Segundo White (1984), a caverna é uma cavidade natural em rocha, que atua como um conduto de circulação de água, entre a entrada (sumidouro) e a saída (fonte ou exutório). Os condutos com diâmetros inferiores a 5 mm, mas que estabelecem a conexão entre entrada e saída de água, são chamados de protocavernas.

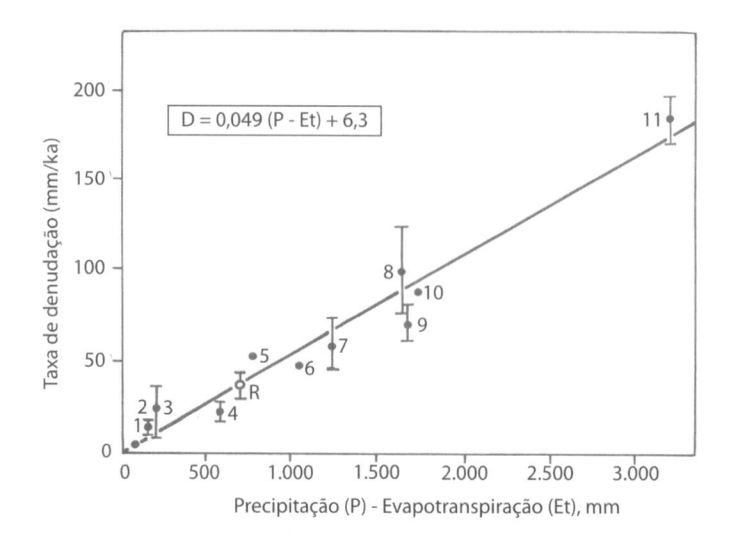

Fig. 10.3 Taxas de denudação cárstica (D) em função da precipitação efetiva ou escoamento da bacia (P-Et), de acordo com White (1984). Os pontos correspondentes a: Ártico canadense (1), Polônia (2 e 3), Virgínia Ocidental, EUA (4), Irlanda (5), Bulgária (6), Montanhas Tatra, Polônia (7), Nova Zelândia (8 e 9), Belize (10) e Gunung Mulu, Malásia (11) foram compilados por Karmann (1994), que também adicionou o ponto calculado por ele para o Alto Ribeira, SP (R)

10.2.1 A origem das cavernas

O conjunto de processos que afeta a origem e o desenvolvimento das cavernas (espeleogênese), segundo Bögli (1969), constitui assunto de estudo da Geoespeleologia. No caso das rochas carbonáticas, os principais processos envolvidos são: corrosão (dissolução química), erosão (remoção física) e colapso (abatimento gravitacional).

Atualmente se admite que a abertura inicial dos condutos deva ser atribuída ao ataque por ácidos carbônico (H_2CO_3) e sulfúrico (H_2SO_4), o primeiro resultante da dissolução de CO_2 atmosférico na água e o segundo, da oxidação de sulfetos, que frequentemente ocorrem disseminados nas rochas carbonáticas (Lowe, 1992). A erosão mecânica também é um processo importante na espeleogênese (origem das cavernas), sobretudo quando as cavernas são atravessadas por rios alogênicos, particularmente durante as vazões catastróficas associadas a tempestades. O colapso, denominado incasão (*incasion*) por Bögli (1969), leva frequentemente à modificação dos condutos subterrâneos, gerando grandes salões (Fig. 10.4). Os planos de estratificação e as diaclases (ou juntas), em rochas de mergulho suave, promovem a movimentação lateral das águas ao longo das suas intersecções e favorecem a formação de galerias (Deike, 1969). Por sua vez, as interseções de conjuntos de juntas verticais concentram fluxos descendentes de águas, propiciando a formação de poços, comumente conhecidos como abismos.

Segundo Lowe (1992), a espeleogênese processar-se-ia em três etapas distintas. Na fase de pré-iniciação, a superfície do lençol freático, quando presente, seria rasa, e a zona vadosa, quase inexistente. Essa fase, caracterizada por fluxo muito lento de água ao longo dos condutos capilares de cerca de 0,1 mm de diâmetro, passaria gradativamente para a fase de iniciação. Nesta, estabelecer-se-ia uma rede de canais interligados ao longo de descontinuidades, com incremento de porosidade e permeabilidade secundárias. Na fase de desenvolvimento, iniciar-se-ia a instalação de regime de fluxo turbulento em parte dos condutos, com rápido abaixamento do nível do lençol freático e concomitante espessamento da zona vadosa, quando os condutos são atingidos pelo entalhamento da topografia. Nas duas primeiras fases, o processo de corrosão seria o dominante, mas na última fase, além da dissolução química, a abrasão mecânica e o colapso tornam-se cada vez mais importantes (Fig. 10.4).

10.2.2 Tipos principais de cavernas
Cavernas de rochas carbonáticas

Entre os diversos tipos de cavernas, não há dúvida de que as constituídas de rochas carbonáticas, cuja origem e desenvolvimento (espeleogênese) foram descritos na seção 10.2.1, são os mais frequentes e importantes.

As cavernas calcárias iniciam-se como diminutas cavidades ao longo de planos de fraqueza das rochas do substrato, abaixo do lençol freático, que aumentam gradualmente de tamanho ao longo de dezenas de milhares de anos, para dar origem a sistemas de cavernas interligados.

Se houver rebaixamento do nível do lençol freático, como, por exemplo, em consequência do aprofundamento do vale ou do aumento da permeabilidade secundária, a água subterrânea será drenada, embora o processo de alargamento possa prosseguir pela invasão de

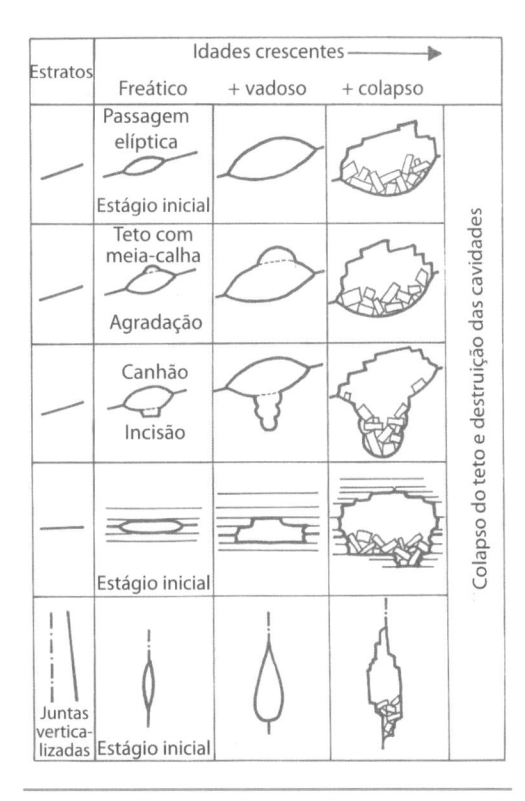

Fig. 10.4 Diferentes formas das passagens de cavernas em relação às orientações das estratificações e juntas com as idades crescentes das cavernas, inicialmente afetadas em particular por águas freáticas e, depois, por águas vadosas e colapso (Bögli, 1980)

águas correntes superficiais, seguida de colapso de rochas do teto.

Finalmente, parte do sistema de cavernas torna-se acessível a partir de aberturas superficiais, que permitem a entrada do homem e de outros animais.

Cavernas de lavas vulcânicas

Quando um derrame de lava vulcânica, de baixa viscosidade (rica em sílica), é resfriado, a superfície solidifica-se, constituindo um teto rígido, mas no seu interior a lava continua a correr quente e fluida, e é realimentada durante as erupções vulcânicas. Porém, quando cessa a atividade vulcânica, a parte fluida da lava é drenada, originando-se uma caverna, que deve ser considerada uma feição pseudocárstica.

Cavernas marinhas

As cavernas marinhas são afeiçoadas pela energia das ondas, que atuam por meio de fragmentos de rochas de vários tamanhos, que são arremessados contra a porção basal das falésias marinhas, causando a sua erosão.

Esse tipo de caverna, como as cavernas de lavas vulcânicas, constitui uma feição pseudocárstica e desenvolve-se ao longo de planos de fraqueza, como falhas e intrusões magmáticas. Podem exibir uma entrada muito grande; em geral, porém, estendem-se para dentro por distâncias muito curtas.

As cavernas marinhas soerguidas por abaixamento do nível relativo do mar passam a constituir nichos habitáveis por seres vivos em geral, razão pela qual podem conter depósitos de ossos de vários animais ou mesmo de ossos humanos.

Outros tipos de cavernas

Entre outros tipos de cavernas, têm-se as cavernas de fissuras e as cavernas de arenitos e quartzitos, relativamente menos importantes que as de rochas carbonáticas, mas que também podem conter jazigos fossilíferos.

10.2.3 Sedimentos e fósseis de cavernas

Quando se pensa em sedimentos de cavernas, logo vêm à mente os sedimentos clásticos (terrígenos ou detríticos) compostos de fragmentos minerais de tamanhos diversos, além de outros materiais orgânicos ou inorgânicos. Muitas pesquisas já foram realizadas sobre ossos, grãos de pólen e artefatos humanos contidos nesses sedimentos, para elucidação das histórias ambientais ou humanas (Gillieson, 1996). Entretanto, os processos de produção, transporte e deposição desses sedimentos clásticos são menos conhecidos.

Os espeleotemas, por sua vez, são materiais precipitados quimicamente pelas águas vadosas, em geral frias, muito excepcionalmente quentes, que circulam no interior das cavernas. Constituem depósitos espélicos de origem química secundária das fácies cársticas. Dos cerca de 10 minerais carbonáticos secundários mais encontrados em cavernas, predomina a calcita, a qual, com a aragonita, constitui quase 95% de todos esses minerais. Outros carbonatos são muito escassos e só ocorrem em situações excepcionais.

Sedimentos clásticos
Esses sedimentos são compostos por fragmentos de minerais ou rochas originados por desintegração física ou decomposição química de rochas regionais mais antigas (Gillieson, 1996). A seguir, esses sedimentos são transformados pelos efeitos de joeiramento durante o transporte e pelos processos diagenéticos que atuam após a sedimentação (Fig. 10.5).

Quanto à proveniência dos fragmentos, os sedimentos clásticos podem ser classificados em:
a) autóctones (ou autogênicos), quando os fragmentos têm origem no interior da caverna, a partir dos resíduos orgânicos ou inorgânicos insolúveis dos calcários ou dos fragmentos caídos do teto, que são, em geral, afossilíferos; e
b) alóctones (ou alogênicos), quando são provenientes de fora da caverna, a partir de depósitos de tálus, corridas de lama, sedimentos

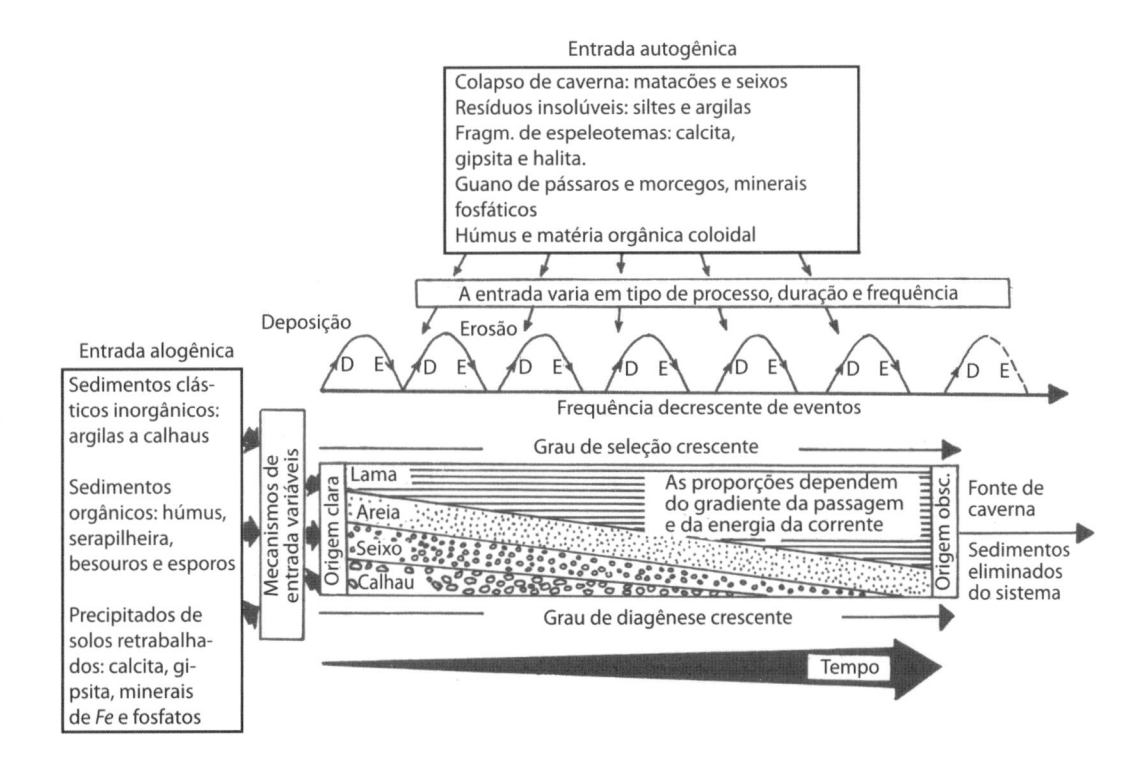

Fig. 10.5 Processos que afetam os sedimentos de cavernas ao longo do tempo (Gillieson, 1996). Por serem provenientes de fontes autogênicas ou alogênicas, são bastante variáveis quanto à granulometria. A seguir, sofrem seleção durante o transporte, que remove alguns componentes mais suscetíveis. Parte do sedimento pode emergir nas fontes

fluviais e matéria orgânica introduzidos por água corrente, animais ou mesmo pelo homem, e comumente ricos em fósseis.

Os processos atuantes no transporte e na deposição de sedimentos clásticos em cavernas são a gravidade e a água corrente. Os processos gravitacionais atuam tanto sobre sedimentos secos como embebidos em água. No primeiro caso, originam-se os depósitos de tálus propriamente ditos, e, quando úmidos, dependendo da granulação e dos graus de saturação em água, podem ser formados os colúvios, os depósitos de fluxo de detritos e as corridas de lama. Os fragmentos de rochas dos depósitos gravitacionais de cavernas originam-se principalmente por colapso de blocos (incasão). As dimensões dos fragmentos são variáveis e as suas formas dependem das espessuras das camadas.

A principal diferença entre os sistemas fluviais superficiais e subterrâneos é que, nos últimos, a água e os sedimentos acham-se confinados em um conduto. Desse fato decorrem duas consequências principais:

a) bruscas flutuações nos níveis de água, tanto por mudanças nas descargas como por modificações na morfologia do conduto, que causam variações na competência da água corrente. Assim, as variações das granulações dos sedimentos, ao longo do percurso de transporte, são muito mais acentuadas e erráticas que nos depósitos de canais fluviais superficiais, o que dificulta as interpretações paleoidrológicas e as correlações estratigráficas;

b) a passagem da água corrente por um trecho do conduto subterrâneo pode remover completamente os depósitos anteriormente sedimentados. Portanto, o registro sedimentar de água corrente de uma caverna é bastante reduzido em relação ao volume total transportado durante um lapso de tempo. Naturalmente, a suscetibilidade a esses retrabalhamentos depende da granulação, da densidade e de algumas outras propriedades. Quando já depositados, os fragmentos maiores (blocos e matacões), os sedimentos coesivos (argilas) e os materiais mais densos são menos sujeitos ao retrabalhamento.

Espeleotemas

A origem das estalactites e estalagmites – compreendendo o início e o desenvolvimento do processo – foi tratada por diversos autores e sumariada por Hill e Forti (1986), que versaram também sobre as taxas de crescimento dos espeleotemas. Ford e Williams (1989) listaram 14 diferentes condições que podem propiciar o crescimento, a erosão e a estabilização dos espeleotemas. White (1976) classificou os espeleotemas em três grupos:

a) formas de gotejamento (*dripstones*) ou de escoamento (*flow-stones*):

estalactites, estalagmites, lençóis de escoamento etc.;
b) formas erráticas: formas botrioidais etc.;
c) formas subaquáticas: concreções (pérolas de cavernas), depósitos de poça etc.

Entre os espeleotemas mais típicos e bizarros, têm-se as estalactites, as estalagmites e as pérolas de cavernas.

A estalactite é um depósito cilíndrico ou cônico, em geral de composição calcítica ou aragonítica, que pende mais ou menos verticalmente do teto de cavernas calcárias. A sua formação está relacionada mais comumente ao escape de CO_2 da solução e/ou, mais raramente, à evaporação e consequente concentração e reprecipitação de $CaCO_3$ a partir da água subterrânea saturada em $Ca(HCO_3)_2$, que goteja do teto. A palavra é de origem grega e significa "gotejando".

A estalagmite é um depósito de carbonato de cálcio semelhante à estalactite, porém de forma mais arredondada, que se encontra no piso (ou assoalho) de cavernas calcárias. Forma-se também pelo escape de CO_2 e/ou, mais raramente, da evaporação e consequente concentração e reprecipitação de $CaCO_3$ das águas que gotejam do teto sobre o piso. Corresponde à contraparte da estalactite. A palavra é de origem grega e significa "pequena gota".

A pérola de caverna é uma concreção esférica e lisa de calcita ou aragonita, formada por precipitação química concêntrica de $CaCO_3$ ao redor de um núcleo. Pode ter menos de 1 cm até vários centímetros de diâmetro e ocorre no assoalho de cavernas calcárias, como acontece nas cavernas da província espeleológica do vale do rio Ribeira de Iguape (SP/PR).

Provavelmente, mais de um mecanismo pode atuar ao mesmo tempo e no mesmo lugar, durante a evolução das cavernas, como também acontece nos outros tipos de ambientes naturais. Em geral, os espeleotemas compostos de calcita ou aragonita mais puras são translúcidos e incolores, mas as inclusões clásticas, os elementos-traço e matéria orgânica podem atribuir diferentes colorações.

Além dos carbonatos, outros minerais de precipitação química secundária que podem ser encontrados em cavernas são: evaporitos (principalmente sulfatos e haletos), fosfatos e nitratos, além de óxidos, hidróxidos e silicatos.

Fósseis de cavernas
Os verdadeiros fósseis de cavernas ocorrem como preenchimentos secundários associados aos sedimentos clásticos e, portanto, possuem idades bem mais novas que as rochas que constituem as paredes das cavernas. Eles não devem ser confundidos com os fósseis que integram as rochas das paredes das cavernas que, necessariamente, são muito mais antigas. A quantidade e o estado de preservação de alguns fósseis encontrados nas cavernas são surpreendentes, e vários fatores contribuem para isso. Primeiramente, as cavernas são locais propícios à concentração desses materiais

por processos naturais, como por meio de corridas de lama, que podem transportar, por exemplo, ossadas de mamíferos por grandes distâncias dentro das cavernas.

Alguns animais podem cair em abismos e outros podem usar as cavernas como locais de alimentação ou abrigo. A variedade de animais que visitam as cavernas é muito grande; entretanto, os herbívoros são, em geral, tidos como não moradores, visitando-as somente para se abrigar, e podem acabar morrendo por acidente, caindo em abismos inesperados nos assoalhos das cavernas.

As cavernas, especialmente as calcárias, são locais protegidos contra o intemperismo, e as condições alcalinas reinantes favorecem a preservação dos ossos. Embora os processos de acumulação e preservação de ossos de mamíferos sejam semelhantes em cavernas do mundo inteiro, as espécies de animais representadas pelos restos fossilizados variam tanto no espaço quanto no tempo, e é grande a diversidade de espécies, cujo estudo pode fornecer subsídios para a compreensão das mudanças paleoambientais e outros eventos (Sutcliffe, 1986).

É provável que o mais complexo dos sedimentos das cavernas esteja associado aos da ocupação humana, comumente misturados com os de outros animais moradores das cavernas. A ocupação humana pode representar uma parte importante na sedimentação de cavernas, e tais sedimentos são compostos por cinzas de fogueiras, restos de comidas, detritos de confecção de utensílios, material terroso carreado de fora e, eventualmente, até excrementos humanos, que podem formar espessos depósitos estratificados.

10.3 A GEOESPELEOLOGIA NO BRASIL

O critério fundamental para a identificação de áreas mais propícias à formação de cavernas e de relevos cársticos é o geológico. Esse critério está relacionado à ocorrência de unidades estratigráficas com litologais favoráveis à espeleogênese, principalmente as rochas carbonáticas, e é complementado pelos dados geomorfológicos e paleoclimáticos. Karmann e Sánchez (1979, 1986) designaram de províncias espeleológicas essas áreas mais propensas à espeleogênese, e nelas pode-se distinguir diferentes distritos espeleológicos. Enquanto as províncias espeleológicas caracterizam uma região pertencente, em geral, a uma única unidade litoestratigráfica, composta por rochas mais suscetíveis aos processos cársticos, os distritos espeleológicos estão relacionados a fatores de caráter mais local ou regional, como fácies litológicas, compartimentações topográficas, características microclimáticas e padrões de coberturas vegetais. Em escala mais detalhada, pode-se reconhecer diferentes sistemas espeleológicos, que constituem um distrito.

Os sistemas espeleológicos são estabelecidos não apenas em função das características das áreas de afluxo, defluxo e de escoamento subterrâneo das águas, mas também das estruturas geológicas associadas (padrões de falhas, dobras e litofácies associadas). Essa classificação hierarquizada foi empregada com sucesso por Karmann e Sánchez (1986) na sistematização das cavernas brasileiras (Fig. 10.6).

O vale do rio Betari, afluente do rio Ribeira de Iguape, entre os municípios de Apiaí e Iporanga (SP), talvez seja uma das regiões mais visitadas e pesquisadas no Brasil. Em todo o vale do rio Ribeira de Iguape, que drena parte dos estados do Paraná e São Paulo, existiriam mais de 170 cavernas.

Embora os relevos cársticos e as cavernas sejam relativamente comuns no Brasil, os estudos geoespeleológicos ainda são incipientes e versam sobre poucas cavernas em diferentes províncias espeleológicas. Também são pouco numerosas as informações básicas, como as relacionadas às datações geocronológicas e/ou geoquímicas e isotópicas. Apesar disso, Karmann (1994) foi capaz de propor uma provável sequência de eventos geomorfológicos para a região do alto vale do Ribeira do Iguape durante a Era Cenozoica (Fig. 10.7).

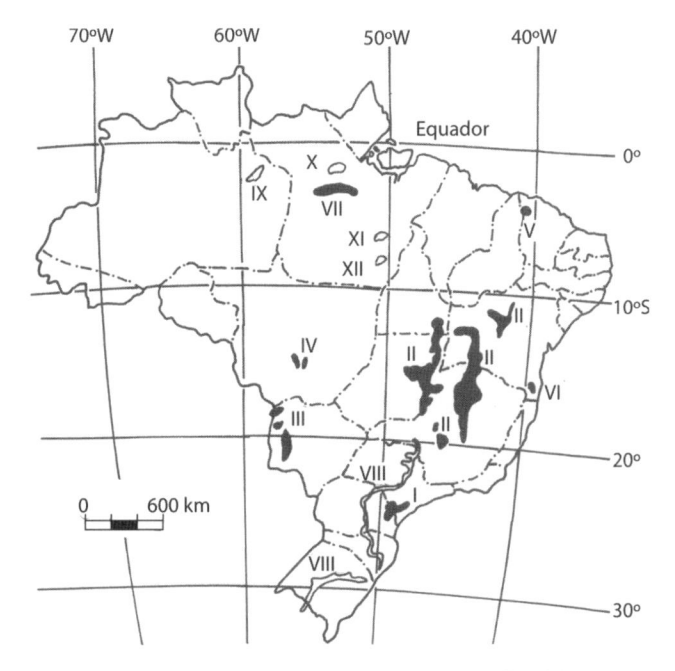

Províncias carbonáticas
I - Alto Vale do Ribeira
II - Bambuí - Una
III - Serra da Bodoquena
IV - Alto Paraguai
V - Serra da Ibiapaba
VI - Grupo Rio Pardo
VII - Altamira - Itaituba

Províncias não carbonáticas
VIII - Serra Geral
IX - Arenito Alto Urubu-Uatumã
X - Arenito Monte Alegre
XI - Laterito Serra dos Carajás
XII - Quartzito Araguaia - Serra da Andorinha

Fig. 10.6 Províncias espeleológicas principais em território brasileiro (modificado de Karmann e Sánchez, 1979, 1986, com sugestões e contribuições do Grupo Espeleológico Paraense)

O reconhecimento da provável fase de entalhamento dos condutos freáticos, seguida de entalhamento vadoso do sistema de cavernas na área, ambas no período Quaternário, fazem vislumbrar a importância dos futuros estudos geoespeleológicos no Brasil. Espera-se que essas pesquisas, ao lado de outras informações, como as provenientes de estudos paleoclimatológicos, levem à melhor compreensão das mudanças paleoambientais durante o Quaternário, principalmente de natureza paleoclimática, as quais, sem dúvida, desempenharam um papel essencial nas histórias da fauna, da flora e do homem em território brasileiro.

Já foram constatadas ocorrências de cavernas em arenitos, quartzitos, gnaisses, micaxistos, basaltos e rochas alcalinas. Na região situada entre as cidades de Analândia, São Carlos, Rio Claro e São Pedro, no Estado de São Paulo, foram encontradas cavernas com até 250 m de extensão em arenitos das formações Piramboia e Botucatu (Wernick; Pastore; Pires-Neto, 1973).

As pesquisas geoespeleológicas no Brasil, iniciadas praticamente na década de 1980, constituem dissertações de mestrado e teses de doutorado, em que se acham compilados os dados mais sistemáticos sobre o tema (Silva, 1984; Guerra, 1986; Kohler, 1989; Ferrari, 1990; Karmann, 1994; Laureano, 1998; Cruz Jr., 1998 e Piló, 1998).

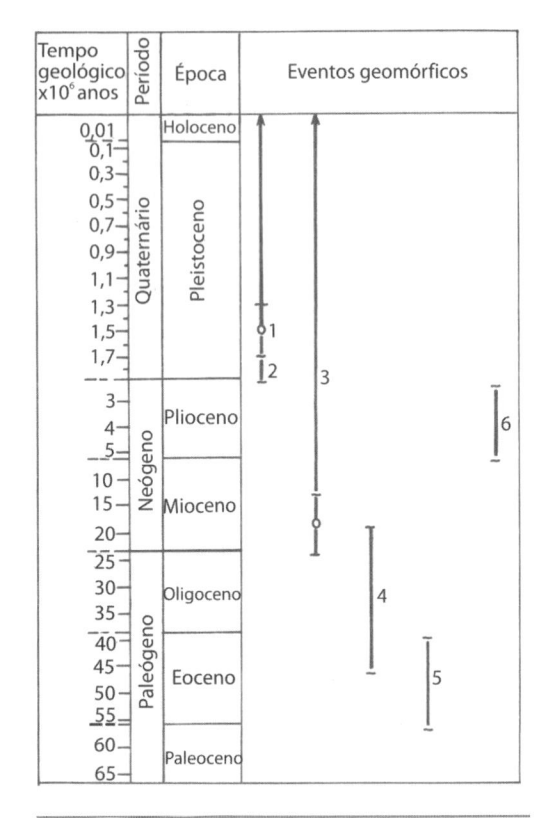

Fig. 10.7 Provável cronologia de eventos geomórficos cenozoicos na região do alto rio Ribeira de Iguape, com base na subdivisão da Era Cenozoica adaptada de Van Eysinga (1975) por Karmann (1994)
1. Entalhamento vadoso de sistemas de cavernas;
2. Fase de iniciação de condutos freáticos;
3. Dissecação da superfície de aplainamento Japi para dar origem ao vale do rio Betari;
4. Desenvolvimento da superfície de Japi (Karmann, l994);
5. Desenvolvimento da superfície de Japi (Almeida, 1976 apud Karmann, 1994);
6. Desenvolvimento da superfície de Japi (Almeida, 1964 apud Karmann, 1994);
~ Prováveis limites das idades máxima e mínima em relação à média.

Datação e estratigrafia do Quaternário 11

Como a Geologia do Quaternário é um campo de estudos essencialmente multidisciplinar, as próprias técnicas aplicadas na datação de seus eventos são também de várias procedências: geológicas, geomorfológicas, pedológicas, arqueológicas, geofísicas, geoquímicas etc.

Colman et al. (1987) reuniram em seis grupos os vários métodos de datação do Quaternário conhecidos na época:

a) métodos siderais (calendários ou anuais): determinam as datas de calendários ou contam os eventos anuais;
b) métodos isotópicos: medem as mudanças nas composições isotópicas, devidas ao decaimento radioativo;
c) métodos radiogênicos: medem os efeitos cumulativos não isotópicos do decaimento radioativo, como os danos em cristais e trapas de energia eletrônica;
d) métodos químicos e biológicos: medem os resultados de processos químicos e biológicos dependentes do tempo;
e) métodos geomórficos: medem os efeitos dos processos geomórficos dependentes do tempo e complexamente interligados;
f) métodos de correlação: estabelecem equivalências de idades baseadas em mudanças de certas propriedades com o tempo.

Essas técnicas compreendem desde procedimentos rudimentares e bastante intuitivos, os quais, em geral, fornecem idades relativas, até procedimentos muito sofisticados, que normalmente permitem obter as chamadas idades absolutas. Essa subdivisão tem uma finalidade apenas didática, pois, na prática, os dados obtidos pelos dois grupos de técnicas frequentemente se complementam.

11.1 Técnicas de datação relativa

As técnicas de datação relativa consistem em procedimentos que permitem estabelecer a sequência temporal de eventos, representados por registros situados num contexto espacial definido, mas sem qualquer possibilidade de expressar as idades em número de anos. Tais sucessões são estabelecidas com base na sequência de acontecimentos ocorrida no âmbito de uma área de estudo. Em casos ideais, pode-se tentar estabelecer correlações cronológicas com eventos semelhantes já datados, ainda que situados em diferentes contextos; todavia, deve-se ter clareza do risco que se corre ao adotar esse procedimento. As técnicas de datação relativa ainda são bastante empregadas, e os métodos de idades absolutas, na maioria das vezes, não as substituem, mas simplesmente as complementam.

Para o estabelecimento da escala de tempo relativa foi necessário seguir alguns princípios fundamentais, atualmente comuns, mas que na época da sua descoberta representavam conquistas científicas dignas de nota. O mais significativo deles é a lei de superposição de camadas (ver seção 1.1.1), que é aplicável também a algumas rochas não sedimentares estratificadas, como as lavas e cinzas vulcânicas. Outro é o princípio da interseção (*crosscutting principle*), segundo o qual quaisquer intrusões ígneas ou falhas que cortam outras rochas devem ser consideradas mais novas que as rochas interceptadas.

11.1.1 Estudo paleontológico

Desde que William Smith descobriu, em 1816, que as camadas sedimentares poderiam diferenciar-se conforme seus conteúdos fossilíferos (lei da correlação de camadas baseada em fósseis), o estudo paleontológico tornou-se um importante critério estratigráfico, mesmo no período Quaternário (Fig. 11.1).

As observações feitas por Smith permitiram estabelecer o princípio da sucessão faunística, segundo o qual os organismos fósseis de animais sucedem-se uns aos outros em ordem definida e, portanto, cada intervalo de tempo pode ser reconhecido pelo seu conteúdo fossilífero. Em outros termos, quando os organismos fósseis são dispostos de acordo com as suas idades, mostram mudanças progressivas, dos mais simples aos mais complexos, revelando uma evolução biológica (ou orgânica).

Os geólogos estão particularmente atentos aos fósseis-guia (*guide fossils*) ou fósseis-índice (*index fossils*), bastante apropriados para a correlação de rochas sedimentares da mesma faixa de idade, encontradas em regiões diferentes. Porém, para uma adequada aplicação desse método, é necessário que os espécimes fossilíferos sejam:

a) amplamente representados na superfície terrestre, como acontece com os fósseis marinhos. Isso limita a aplicabilidade desse método ao período Quaternário, já que a maioria dos depósitos desse período é de origem continental e quase sempre pobre ou estéril em fósseis;

b) bastante abundantes, fato que implica tamanho reduzido, razão por que a Micropaleontologia (estudo de foraminíferos, diatomáceas etc.) assume importância capital, em detrimento da Macropaleontologia (estudo de moluscos, vertebrados etc.);

c) representantes de seres submetidos a rápida evolução biológica, o que permite caracterizar curtos intervalos de tempo, fato que também limita o seu emprego ao período Quaternário, cuja duração é considerada muito curta em termos geológicos.

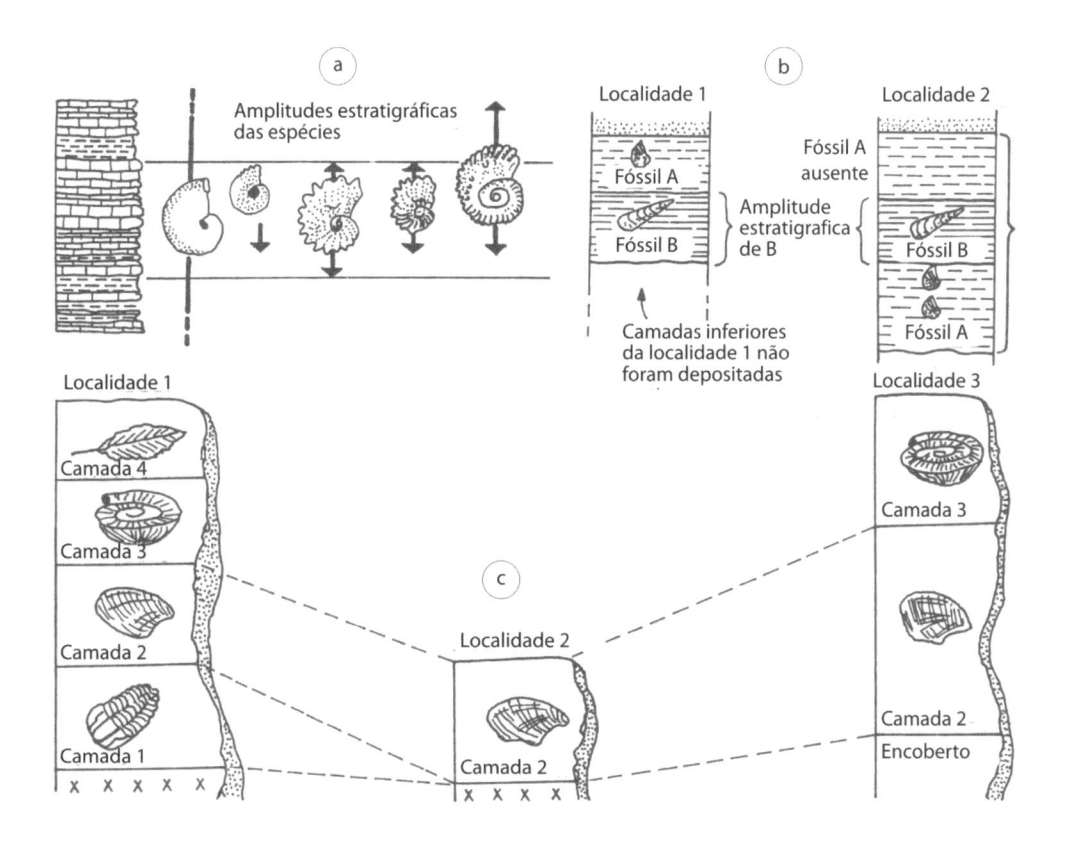

Fig. 11.1 Interpretação e correlação de camadas sedimentares expostas em afloramentos, por meio de estudos paleontológicos (modificada de Gilluly, Waters e Woodford, 1968)
(a) amplitudes estratigráficas de várias espécies de fósseis em uma localidade; (b) amplitudes estratigráficas de fósseis das espécies A e B, baseadas em estudos de afloramentos de duas localidades, eventualmente separadas por vários quilômetros; (c) correlação de camadas sedimentares aflorantes em três localidades, eventualmente separadas por vários quilômetros, baseada em fósseis

Portanto, o estudo paleontológico como método indireto de datação apresenta muitas dificuldades para sua aplicação no Quaternário. Todavia, os fósseis de mamíferos que evoluíram mais ou menos rapidamente, tanto por extinção como por aparecimento de novas formas, têm sido utilizados com algum sucesso. Fairbridge (1968) caracterizou as faunas de mamíferos do Pleistoceno do seguinte modo:

a) Pleistoceno superior (10.000 a 82.800 anos A.P.): corresponde ao estádio glacial Würm, inclusive várias épocas interestadiais, e é representado por fósseis de *Elephas primigenius*, *Rhinoceros tichorhinus* e *Rangifer tarandus*;
b) Pleistoceno médio (82.800 a 355.000 anos A.P.): abrange os estádios glaciais Riss e Mindel, além dos estádios interglaciais

Mindel-Riss e Riss-Würm, e caracteriza-se pelos fósseis de *Elephas antiquus*, *Elephas trogontherii*, *Rhinoceros etruscus*, *Rhinoceros mercki* e *Equus caballus*;

c) Pleistoceno inferior (355.000 a 1,8 Ma): compreende o estádio glacial Günz e os anteriores, além dos estádios interglaciais e pré-glaciais, sendo individualizado por fósseis de *Elephas meridionalis*, *Mastodon* spp., *Rhinoceros etruscus*, *Rhinoceros mercki*, *Rhinoceros* spp. , *Hippopotamus major*, *Trogontherium cuvieri*, *Equus stenonis* e *Leptobos* spp.

Entre os microfósseis mais estudados, têm-se os foraminíferos, grãos de pólen e esporo, ostracodes etc. Quanto ao período Quaternário, porém, esses estudos destinam-se muito mais à obtenção das características paleoambientais do que às idades. Dessa maneira, os estudos palinológicos (pólen e esporo) sistemáticos, geralmente realizados ao longo de um testemunho de sondagem, podem levar à reconstituição paleoflorística e, em consequência, às flutuações paleoclimáticas em diferentes fases do período Quaternário.

11.1.2 Técnicas geomorfológicas

As técnicas geomorfológicas incluem procedimentos bastante variados, conforme os tipos de depósitos sedimentares que constituem o relevo, como terraços marinhos, dunas eólicas, depósitos coluviais, terraços fluviais etc.

Posição topográfica

Este é um critério aplicável tanto em terraços fluviais como marinhos, baseado nas altitudes que esses depósitos sedimentares ocupam em relação a um nível de referência, como o leito fluvial ou o nível médio do mar.

Em um conjunto de terraços fluviais originado pelas atividades de um mesmo rio, os mais antigos ocupam posições topográficas mais elevadas e os mais jovens são mais baixos (Fig. 11.2). É possível estabelecer as sequências de camadas que compõem cada terraço de acordo com as suas idades relativas (Fig. 11.3).

Nesses conjuntos de terraços pode-se reconhecer duas situações: terraços encaixados, quando debaixo dos sedimentos mais novos ocorrem depósitos mais antigos preservados, e terraços escalonados, quando cada terraço está diretamente assentado sobre as rochas regionais mais antigas. A sucessão vertical de níveis em degraus, na sequência ascendente, dos mais recentes para os mais antigos, é comumente mantida e serve como ponto de partida para a datação relativa de eventuais flutuações paleoclimáticas. Por vezes, porém, a sequência original pode ser perturbada por movimentos tectônicos, o que dificulta a datação relativa dos terraços. Em vários depósitos fluviais do mundo, as sequências de terraços têm sido datadas em termos absolutos, e comprovou-se, em muitos casos, uma estreita correlação entre os diferentes níveis desses depósitos e os eventos quaternários importantes, principalmente paleocli-

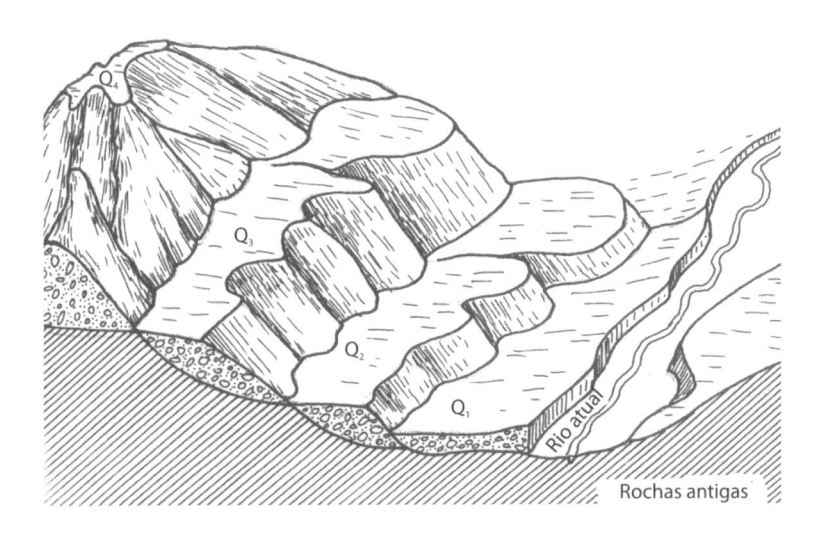

Fig. 11.2 Sequência de quatro terraços fluviais, do mais alto, Q_4 (mais antigo e mais afeiçoado) até Q_1 (mais jovem e menos afeiçoado)

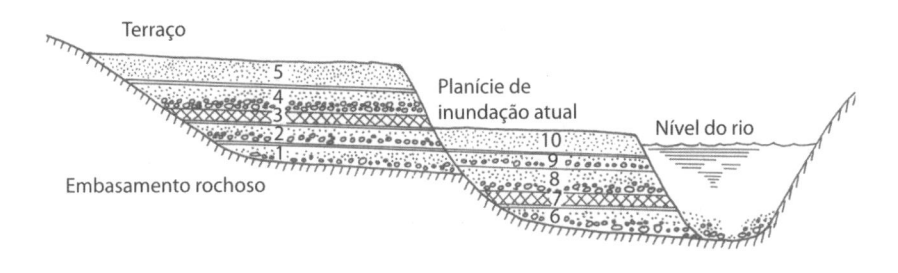

Fig. 11.3 Terraço fluvial mais antigo e a planície de inundação atual, em que os números de 1 a 11 indicam as idades relativas decrescentes das camadas sedimentares

máticos e/ou neotectônicos ocorridos nessas áreas (Fig. 11.4).

Outro caso de aplicação da técnica geomorfológica, ligado ao emprego do critério da posição topográfica na determinação das idades relativas, pode ser exemplificado pela sequência de quatro terraços de construção marinha, compostos por igual número de sistemas de ilhas-barreira/lagunas, formados em diversas fases do período Quaternário na planície costeira do Rio Grande do Sul (ver Fig. 1.18). Esses terraços foram atribuídos por Villwock et al. (1986) ao Pleistoceno inferior, médio e superior, e o mais baixo foi atribuído ao Holoceno. Posteriormente, por correlação com os estágios isotópicos de $\delta^{18}O$, Villwock e Tomazelli (1995) atribuíram as seguintes prováveis idades pleistocênicas:

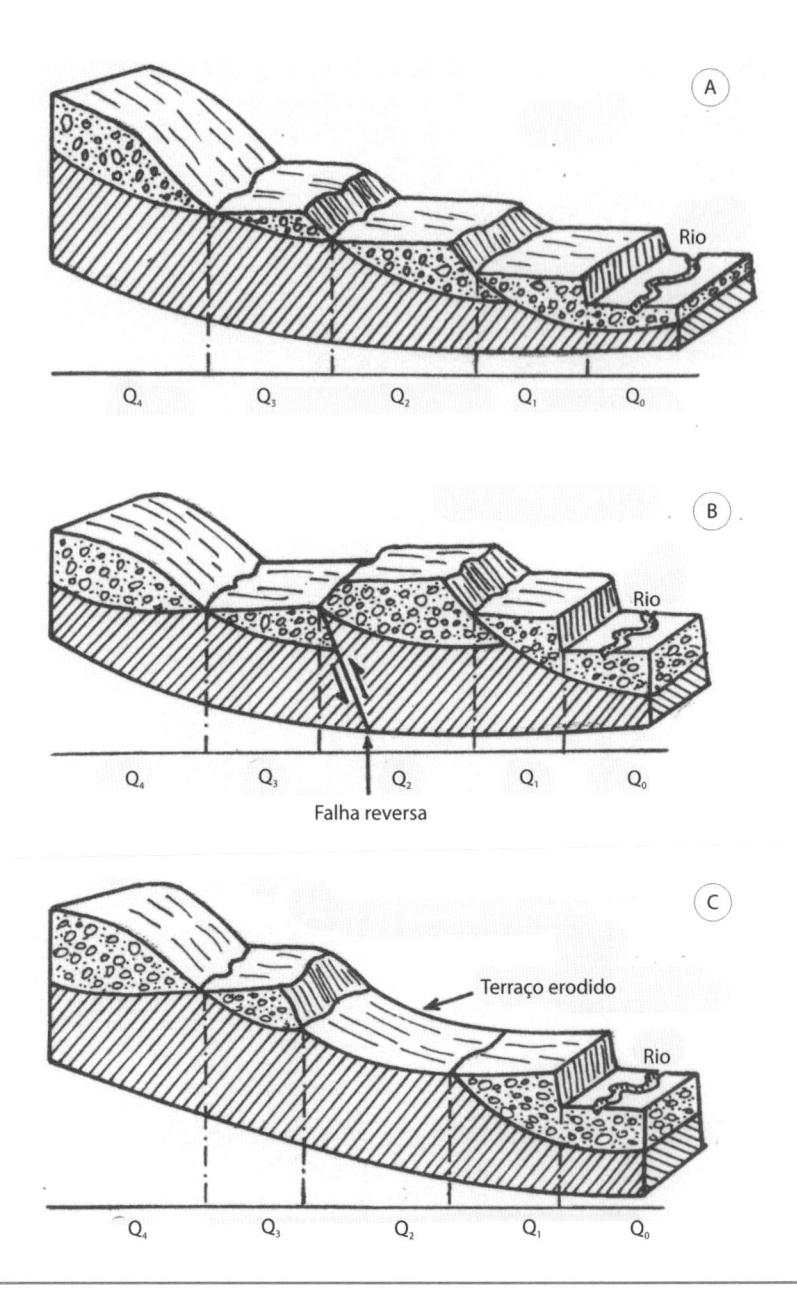

Fig. 11.4 Sequência de terraços fluviais com diferentes estágios de preservação: (A) inteiramente preservados e sem perturbação; (B) preservados mas falhados; (C) parcialmente preservados, com um nível eliminado por erosão

400.000 anos A.P., 325.000 anos A.P. e 123.000 anos A.P., correspondentes aos estágios isotópicos 11, 9 e 5e, respectivamente.

Grau de afeiçoamento do relevo
O critério precedente, baseado na posição topográfica, pode ser complementado com o modelado do relevo cor-

respondente a cada um dos terraços. De fato, a configuração original, composta por frente de talude abrupto e reverso plano, vai sendo modificada aos poucos, principalmente em função da erosão. Consequentemente, os níveis de terraços mais antigos apresentariam formas cada vez mais dissecadas e afastadas da original, ao passo que os níveis mais novos exibiriam formas semelhantes às iniciais. Além disso, as bordas dos terraços são mais regulares ou irregulares, conforme estes sejam mais jovens ou mais antigos, respectivamente.

Martin, Bittencourt e Vilas-Boas (1980) e Martin, Flexor e Suguio (1998) empregaram o critério baseado nas diferenças de graus de afeiçoamento do relevo, além das posições topográficas, às vezes insuficientes para estabelecer a distinção entre os terraços de construção marinha de idade holocênica (últimos 5.000 a 6.000 anos) ou pleistocênica (123.000 anos A.P.), mapeados ao longo da porção central do litoral brasileiro.

11.1.3 Grau de intemperismo químico

Os agentes climáticos e bióticos podem atuar de maneira direta ou indireta e produzir modificações físico-químicas em sedimentos quaternários, mudando a composição mineralógica, a textura, a estrutura, a consistência e a cor. Além disso, segundo Colman e Dethier (1986), o intemperismo químico inicia-se logo após a sedimentação, e a sua intensidade de atuação é aproximadamente uma função linear do tempo. Dessa maneira, o grau de intemperismo químico pode ser usado na datação relativa de sedimentos quaternários, tendo-se em mente que essa propriedade depende não apenas da idade, mas também das condições ambientais, principalmente do clima, e das propriedades físico-químicas dos materiais envolvidos.

O processo tende a ser mais rápido quanto maiores forem a temperatura e a umidade, e depende também da textura, estrutura, composição mineralógica e de outras propriedades dos materiais constituintes. Qualquer que seja o caso, como regra geral, pode-se considerar que o grau de intemperismo químico será mais alto em sedimentos mais antigos.

Na ausência de materiais datáveis pelos métodos absolutos disponíveis na época, Martin et al. (1980b) empregaram o grau de intemperismo químico para estabelecer as idades relativas de várias gerações de dunas eólicas que ocorrem, por exemplo, ao norte de Salvador (BA). As dunas avermelhadas foram consideradas mais antigas, seguidas por dunas amareladas e, finalmente, brancas. As dunas avermelhadas não exibem estruturas sedimentares primárias, exceto bandas onduladas (Suguio; Coimbra, 1976), em razão da pedogênese, semelhantes às estruturas de dissipação (Bigarella; Becker, 1975). As dunas brancas, por sua vez, exibem frequentes e conspícuas estratificações cruzadas eólicas. As mais antigas situam-se mais no interior das planícies costeiras e acham-se fixadas pela vegetação; as mais recentes são móveis e estão mais próximas às praias atuais.

11.1.4 Datação arqueológica pré-histórica
Este tipo de datação consiste na utilização de artefatos líticos (quartzo, sílex e vários tipos de rochas), cerâmicos ou de madeira, além de pinturas rupestres e outras manifestações culturais e artísticas pré-históricas para a datação relativa. Todos esses materiais devem ser empregados com muita cautela, pois não podem ser usados quaisquer utensílios ou manifestações isoladas, mas estes devem integrar um conjunto ligado a um contexto cultural. Desse modo, enquanto os artefatos do Paleolítico eram principalmente de materiais líticos, os do Mesolítico incluíam madeira e outros materiais, e no Neolítico são encontrados utensílios de pedra polida e de cerâmica (Flint, 1971).

Os artefatos de madeira puderam ser datados por radiocarbono e os de cerâmica, por termoluminescência ou outro método e, a seguir, correlacionados às camadas nas quais foram encontrados, estabelecendo-se assim as suas idades absolutas e as posições estratigráficas.

11.2 TÉCNICAS DE DATAÇÃO ABSOLUTA
A área de conhecimento das geociências que estabelece a idade geológica, expressa em número de anos, é conhecida como Geocronologia. As técnicas geocronológicas variam quanto ao seu alcance (idades mínima e máxima) e precisão, desde dezenas a centenas de milhares de anos, no caso do período Quaternário.

Tanto uma sequência de depósitos sedimentares quanto um conjunto de feições geomorfológicas, originados no âmbito de escalas espaciais e temporais definidas, podem ser arranjados em posições relativas bem estabelecidas. Entretanto, isso não possibilita o conhecimento das idades, em número de anos, dos eventos que os originaram.

Desde o fim do século XIX têm sido propostos e acham-se em desenvolvimento vários métodos para a determinação de idades absolutas. Atualmente existem mais de 40 métodos aplicáveis na datação de diversos tipos de materiais originados nesse período. Aqui serão discutidos os seguintes grupos de métodos de datação absoluta do Quaternário:

a) métodos baseados em fenômenos rítmicos naturais (dendrocronologia e varvecronologia);
b) métodos baseados em radionuclídeos cosmogênicos, especialmente o radiocarbono;
c) métodos baseados nas séries de desequilíbrio do U e do Th;
d) métodos baseados em danos causados por radiação;
e) métodos baseados em marcadores globais do tempo;
f) métodos químicos.

11.2.1 Dendrocronologia
Como uma das consequências dos movimentos de rotação e de translação, a Terra apresenta vários fenômenos que seguem diferentes ciclos temporais (diários, mensais e anuais), registrados de várias maneiras nos seres vivos e nos sedimentos. O estudo e a interpretação desses registros podem fornecer informações de diferentes naturezas sobre a história

do passado geológico. Um dos métodos para conhecer a cronologia do passado, a contagem do número de anéis de crescimento das árvores, idealizado no século XVIII por C. V. Linné (1707-1778), foi utilizado, pela primeira vez, para a datação de um sítio arqueológico, por Douglas (1901 apud Zeuner, 1958).

Sabe-se que nos troncos de árvores que crescem em latitudes médias e altas formam-se, na primavera e no verão, células grandes com membrana delgada, e no outono e inverno, células pequenas com membrana espessa. A espessura dessas camadas de células depende do clima (principalmente temperatura e pluviosidade) das épocas de sua formação (Fig. 11.5). Quando a pluviosidade for especialmente baixa, o anel de crescimento pode tornar-se excessivamente delgado ou até desaparecer. Pode-se comparar os anéis de crescimento de várias árvores de uma região e, com base na sua espessura e idade, obter um diagrama representativo da região. Com base em anos anormalmente úmidos ou secos, esse diagrama pode ser comparado com os de troncos de árvores cortados em diferentes épocas do passado. Isso possibilita estender o alcance do diagrama para épocas cada vez mais antigas.

Caso exista, por exemplo, um sítio arqueológico com restos de madeira na mesma zona climática, pode-se comparar os anéis da madeira com os do diagrama padrão para saber em que ano ela foi cortada, determinando-se, assim, a idade do sítio arqueológico.

Na América do Norte, não há registros escritos antes do século XV e, portanto, o período precedente é incluído na pré-história. A dendrocronologia tem sido usada com sucesso na datação de sítios

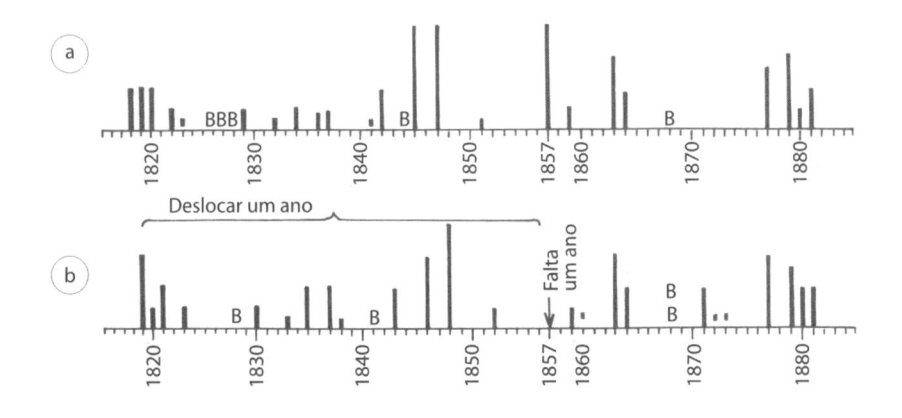

Fig. 11.5 Correlação entre os anéis anuais de crescimento das árvores segundo Zeuner (1958): (a) anéis anuais de pinheiro do Arizona, de 1815 a 1885; (b) anéis anuais de outras árvores da mesma região, com ausência do anel correspondente ao ano de 1857. O comprimento dos traços verticais é maior quando os anéis são menos espessos, e a letra B representa os anéis anormalmente espessos. Ao subtrair-se um ano em (b), entre 1815 e 1857, a correlação dos anéis nos dois diagramas é perfeita

arqueológicos deixados pelos habitantes primitivos dos Estados Unidos. Na Califórnia, por exemplo, com o uso de troncos de sequoia, obteve-se um diagrama padrão de anéis anuais de crescimento que chega a 3.250 anos A.P. No caso do pinheiro *Pinus aristata*, encontrado em White Mountains (Califórnia), Lamb (1977) admite que seria possível chegar a 7.000 anos A.P.

Como as temperaturas e as umidades são extremamente variáveis, pensava-se que nas regiões tropicais e equatoriais as árvores crescessem continuamente durante o ano. Assim, admitia-se que os estudos de seções transversais dos troncos não deveriam fornecer idades ou taxas de crescimento. Mesmo hoje em dia, a grande diversidade específica, as influências climáticas e os impactos humanos impedem que essa questão seja considerada completamente compreendida. Segundo Mariaux (1995), alguns especialistas que pesquisam anéis de arvores têm contestado esse conceito, por meio de estudos realizados em várias regiões tropicais. Para esses pesquisadores, cada espécie teria o seu próprio ritmo de crescimento e reagiria a variações sazonais. Além disso, os climas são extremamente diversificados na faixa intertropical.

Os trabalhos sobre os anéis de árvores do Hemisfério Sul estão bastante atrasados em relação aos do Hemisfério Norte (Boninsegna; Villalba, 1996), em grande parte, pela escassez de pesquisadores experientes no assunto. Além disso, da superfície continental total da Terra, de 135×10^6 km² (exclusive Antártica), apenas 26,7% estão no Hemisfério Sul e 73,3% no Hemisfério Norte. As calotas glaciais polares também exibem áreas muito discrepantes, de 20×10^6 km² no polo Sul e de 12×10^6 km² no polo Norte. Esses fatos acentuam as diferenças climáticas quaternárias entre os dois hemisférios, de modo que os conceitos estabelecidos nos países do Hemisfério Norte não podem ser transferidos diretamente para o Hemisfério Sul.

No momento, os trabalhos realizados na América do Sul sobre o tema restringem-se principalmente ao sul da Argentina e ao Chile, usando-se coníferas como *Araucaria araucana* e *Austrocedrus chilensis* (LaMarche et al., 1979). Segundo FAO (1985), as florestas tropicais da América do Sul ocupam uma área de 7.885.000 km², o que representa 44,3% da área total do continente, ao passo que na África esse percentual é de 30,1% e na Australásia, de 8,5%. Muitas árvores tropicais não exibem estruturas em anel distintas, ou as periodicidades dos limites semelhantes a anéis não são anuais. Entretanto, em regiões com pluviosidade ou enchente sazonais, várias espécies apresentam anéis claramente visíveis, semelhantes aos anuais. De fato, na região tropical sul-americana da região amazônica, Vetter e Botosso (1989) e Worbes (1985, 1989) encontraram várias espécies com anéis anuais identificáveis, do mesmo modo que os anéis anuais da *Araucaria angustifolia* do sudeste e do sul do Brasil, reconhecidos por Seits e Kanninen (1989).

Apesar das limitações por falta de conhecimento da ecologia das árvores do Hemisfério Sul (Norton, 1990), o desafio está sendo enfrentado, e os conhecimentos sobre a dendrocronologia e a dendroclimatologia desse hemisfério estão em expansão. A possibilidade de registro de fenômenos passados do tipo El Niño (Diaz; Markgraf, 1992) tem despertado o interesse de muitos pesquisadores.

Infelizmente, porém, a dendrocronologia só pode ser usada confrontando-se troncos de árvores que cresceram na mesma zona climática. Além disso, o método está bem estabelecido apenas em árvores de latitudes média e alta. A comparação de idades obtidas por dendrocronologia com idades radiocarbono constitui também um importante meio para determinar os teores de ^{14}C na atmosfera que, como será abordado mais adiante, variaram com o tempo.

11.2.2 Varvecronologia

Entre a primavera e o verão, as águas de degelo das zonas periglaciais carream grandes quantidades de silte e areia fina para os lagos situados nas porções frontais das geleiras, em geral barrados por morenas frontais. A areia fina e o silte mais grosso sedimentam-se mais rapidamente, ao passo que o silte mais fino e a argila, que contêm matéria orgânica, permanecem em suspensão e decantam-se somente no outono e no inverno, quando normalmente ocorre o congelamento da superfície e a morte de muitos organismos. Com isso, forma-se um par de lâminas, uma clara e outra mais escura, que pode ter de alguns milímetros até alguns centímetros de espessura.

Em geral, cada afloramento de sedimento várvico do Quaternário tem poucos metros de espessura. Portanto, o alcance do método pode ser estendido por meio da correlação de vários afloramentos, comparando-se a espessura das lâminas, analogamente ao procedimento adotado em dendrocronologia.

Quando a primavera e o verão forem bastante amenos, com temperaturas relativamente quentes, a espessura correspondente da lâmina de varve será maior, e pode, assim, servir como um marco na correlação.

Durante o recuo de uma geleira, formam-se lagos em sequência, acompanhando a velocidade de retração, de modo que o estudo dos sedimentos várvicos formados nesses lagos poderá permitir a determinação do intervalo de tempo envolvido.

O fato de que a varve representava um ciclo anual era conhecido desde o século XVIII; porém, quem idealizou o método da varvecronologia foi De Geer (1912). Ele descobriu que era possível correlacionar afloramentos afastados de até 1 km e, usando esse intervalo, estudou sedimentos várvicos do sul da Suécia por uma distância de cerca de 1.000 km. Desse modo, ele conseguiu reconstruir a história do recuo glacial na região desde 18.000 anos A.P. até 1.900 anos d.C. Posteriormente, esse estudo recebeu pequenas correções, mas, em linhas gerais, continua válido até hoje. Analogamente à dendroclimatologia, tem-se a varveclimatologia quando, além da idade, obtêm-se dados sobre as variações paleoclimáticas com base na diferença de espessura das lâminas.

11.2.3 Radiocronologia

Histórico

Do fim do século XIX ao início do século XX, a radioatividade e os elementos radioativos foram descobertos por pesquisadores como A. H. Becquerel (1852-1908), W. C. Röntgen (1845-1923) e o casal Pièrre Curie (1859-1906) e Marie Curie (1867-1934), o que modificou completamente a ideia que se tinha até então sobre a matéria. Posteriormente, foram descobertas as leis das desintegrações radioativas, permitindo que cientistas como A. Holmes (1890-1965) desenvolvessem a geocronologia que, no início, permitia determinar apenas idades geologicamente muito antigas. Hoje em dia, existem mais de 40 métodos radiocronológicos de datação de materiais quaternários, alguns dos quais têm aplicação rotineira, outros já estão em desuso e considerável número de métodos ainda está em desenvolvimento.

Somente após a Segunda Guerra Mundial, Libby (1955) apresentou as bases para o método do radiocarbono, que até hoje é o método de datação mais difundido nos estudos do Pleistoceno tardio e do Holoceno.

Princípios da radiocronologia

Em geral, a desintegração radioativa, quando o número de átomos decresce regularmente com o tempo, é um fenômeno físico determinado pelo número e peso atômicos do elemento, independentemente da temperatura e pressão, que ocorrem a velocidade constante. Esse decréscimo está relacionado ao número anterior de átomos e, portanto, considerando-se N_0 o número inicial de átomos, t o tempo decorrido, N o número atual de átomos e λ a constante de desintegração radioativa, tem-se:

$$N = N_0 e^{-\lambda t}$$

Conhecendo-se o número inicial N_0 de átomos contidos no elemento radioativo componente da matéria, a medida do número atual N permite obter o tempo decorrido t, da seguinte maneira:

$$t = 1/\lambda \cdot \log_e N_0/N$$

A diferença entre um método e o outro está basicamente na maneira como se obtém o número inicial de átomos N_0.

Métodos de datação baseados em radionuclídeos cosmogênicos

As reações nucleares entre os raios cósmicos e os gases moleculares da estratosfera e troposfera produzem inúmeros radionuclídeos, que podem ser usados na determinação de idades (Tab. 11.1). Esses métodos baseiam-se nas premissas de que os radionuclídeos cosmogênicos:

a) são produzidos a razões constantes, em intervalos de tempo consideravelmente maiores (pelo menos

10 vezes) que os tempos de suas meias-vidas. Isso pressupõe que não haja variação na intensidade dos raios cósmicos, mas, na verdade, ocorrem variações latitudinais, e a taxa máxima é encontrada nas zonas temperadas;

b) são armazenados em teores constantes nos reservatórios terrestres (atmosfera, biosfera, hidrosfera e litosfera);

c) apresentam tempos de residência médios constantes nos reservatórios, bem como efetuam trocas

Tab. 11.1 Métodos baseados em radionuclídeos cosmogênicos utilizáveis nas datações de eventos do período Quaternário, segundo Geyh e Schleicher (1990)

Métodos (Nuclídeo)	Meia-vida ($t_{1/2}$)	Idades mín.-máx. e precisão	Materiais utilizáveis e idades obtidas
^{14}C	5.730 a	300 a - 50 ka 60 - 80 a	Madeira, carvão, sementes, folhas, turfas, húmus, conchas, carbonatos secundários (espeleotemas), água subterrânea, ossos, idade terrestre de meteoritos e poeira cósmica
^{3}H	12,43 a	Até 100 a 5 - 10%	Água subterrânea e gelo
^{10}Be	1,5 Ma	10 ka - 15 Ma 2 - 5%	Sedimentos pelágicos, nódulos polimetálicos, gelo e idade terrestre de meteoritos
^{26}Al*	716 ka	100 ka - 5 Ma 5 - 10%	Sedimentos pelágicos, nódulos polimetálicos, idade de exposição aos raios cósmicos e idade terrestre de meteoritos (até 2 Ma)
^{32}Si	105 a	100 - 1.500 a 20%	Sedimentos marinhos, sedimentos silicosos, gelo e neve
^{36}Cl	301 ka	100 ka - 3Ma 1 - 5%	Sedimentos e solos salinos, águas subterrânea e lagunar, gelo, idade de exposição subaérea de rochas (até 500 ka) e meteoritos (até 800 ka)
^{39}Ar	269 a	100 - 2.000 a 5%	Gelo, água subterrânea e idade de exposição de meteoritos aos raios cósmicos
^{41}Ca*	103 ka	20 - 400 ka 10 - 20%	Carbonatos secundários, ossos, água subterrânea, idade de exposição subaérea de sedimentos e idade terrestre de meteoritos
^{53}Mn	3,7 Ma	1 - 10 Ma 10%	Sedimentos pelágicos, gelo e idade de exposição de meteoritos aos raios cósmicos (até 12 Ma)
^{81}Kr**	213 ka	50 ka - 1 Ma 20%	Gelo, água subterrânea, idade de exposição aos raios cósmicos e idade terrestre de meteoritos (até 12 Ma)
^{129}I*	15,7 Ma	3 - 80 Ma 10%	Sedimentos marinhos, idade de exposição de meteoritos e rochas lunares aos raios cósmicos e petróleo

* métodos em desenvolvimento; ** métodos usados em casos específicos

entre esses reservatórios a taxas constantes;

d) constituem sistemas quimicamente fechados ao serem incorporados às amostras que serão datadas.

Essas premissas são seguidas com boa aproximação, mas há flutuações tanto nas taxas de produção como de troca entre os reservatórios, surgindo discrepâncias entre as escalas de tempo radiométrica e do calendário solar, que devem ser corrigidas por meio de curvas ou tabelas de calibração.

Alguns radionuclídeos cosmogênicos (^{10}Be, ^{26}Al e ^{32}Si) são extraídos da atmosfera em poucos anos (no máximo 10) e, em seguida, incorporados ao gelo, solo ou a sedimentos lacustres e marinhos, onde permanecem por longos períodos.

Entre todos os métodos listados na Tab. 11.1, o método do radiocarbono é o mais conhecido e utilizado, de modo que, a seguir, apresentam-se alguns detalhes desse método.

Método do radiocarbono

A existência de radiocarbono na natureza foi descoberta, pela primeira vez, por W. F. Libby, em 1946. Mais tarde, esse pesquisador e sua equipe propuseram os princípios e a técnica do método do radiocarbono (Libby, 1955).

Nas porções inferiores da estratosfera, os nêutrons produzidos pelo impacto dos átomos do ar com os raios cósmicos combinam-se com os átomos de ^{14}N do seguinte modo (Fig. 11.6):

$$^{14}N + n \rightarrow {}^{14}C + p$$
(n = nêutrons e p = prótons)

A formação de átomos de ^{14}C na superfície terrestre ocorre à razão de dois átomos por segundo, e estes desintegram-se com emissão de raios β com meia-vida de 5.730 anos segundo a reação:

$$^{14}C \rightarrow \beta- + {}^{14}N$$

Isso significa que o radiocarbono forma-se e desintegra-se a taxas conhecidas e fixas. Após certo tempo do início dessas reações deve ter ocorrido equilíbrio e, dessa maneira, pode-se admitir que pelo menos por algumas dezenas de milhares de anos o seu teor tenha sido de aproximadamente 1×10^{-12}.

O ^{14}C formado combina-se com o oxigênio do ar, dando como resultado o CO_2 (gás carbônico), que se distribui pela atmosfera e hidrosfera. Os seres vivos, por meio da troca de matéria por metabolismo, adquirem o mesmo teor de ^{14}C da natureza. Quando cessa a troca de carbono, com a morte do organismo, inicia-se a desintegração do radiocarbono. Portanto, ao medir-se o teor de ^{14}C residual por meio da intensidade dos raios β emitidos, pode-se calcular o tempo t decorrido após a morte do organismo (Fig. 11.7).

Como a meia-vida do ^{14}C é muito curta (admitida inicialmente como 5.568 ± 30 anos, mas recalculada para 5.730 ± 40 anos), torna-se extremamente difícil medir a intensidade da radiação β emi-

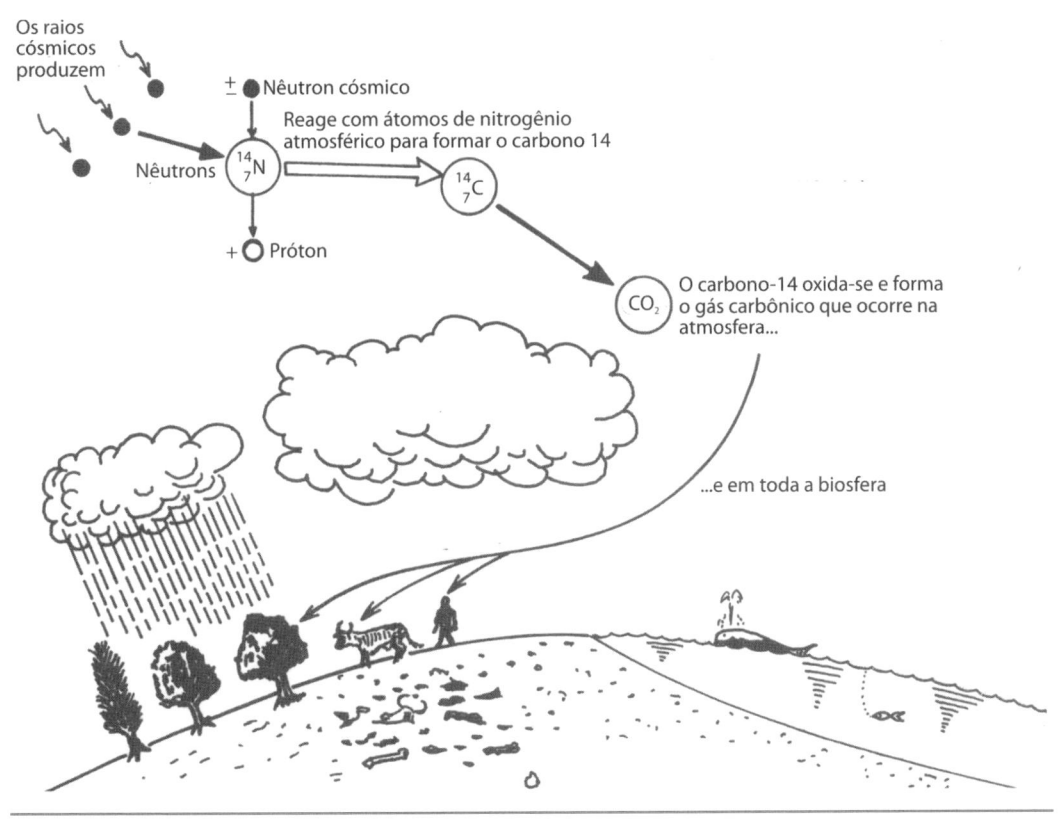

Fig. 11.6 Mecanismo de formação do radiocarbono como um radionuclídeo cosmogênico, seguido pela sua oxidação e consequente formação do gás carbônico, que se distribui em toda a biosfera

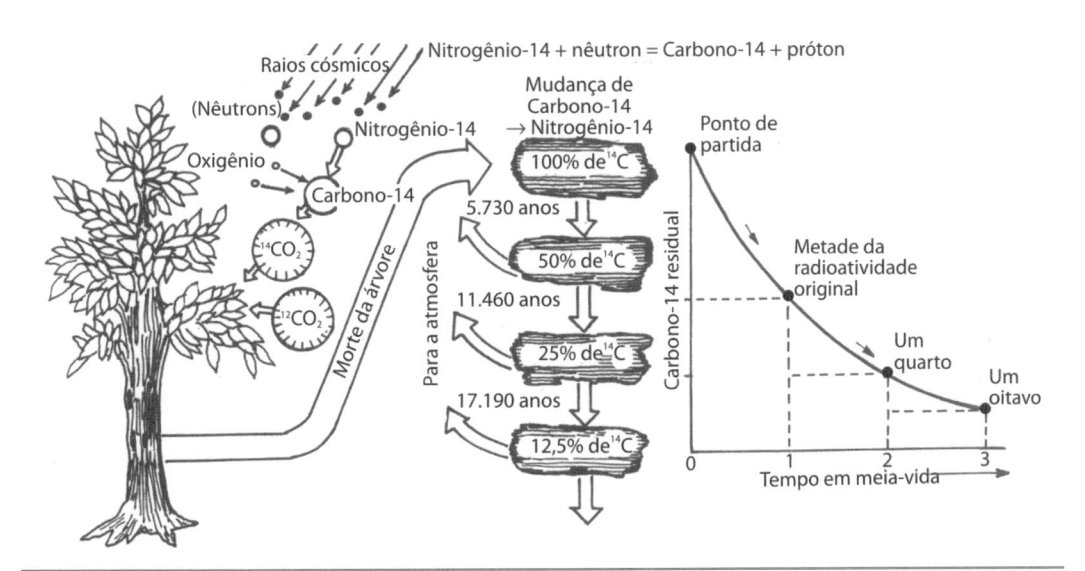

Fig. 11.7 Mecanismos de formação do radiocarbono como radionuclídeo cosmogênico e de decaimento radioativo com meia-vida de cerca de 5.730 anos

tida por materiais mais antigos do que cerca de 30.000 anos. Segundo Zeuner (1958), Libby e colaboradores mediram inicialmente madeiras cujas idades eram bem conhecidas por outros meios e obtiveram, em geral, idades situadas dentro do intervalo de incerteza do método.

Entre os materiais datáveis pelo método do radiocarbono, encontram-se: carvão, madeira, semente, papel, tecido de fibra natural, solo orgânico, turfa, conchas de moluscos e ossos.

As datações de amostras antigas baseiam-se nas seguintes hipóteses:

a) Supõe-se que tenha prevalecido um estado de equilíbrio entre a taxa total de produção de radiocarbono e o decaimento radiativo, o que equivale a dizer que a radioatividade específica do CO_2 atmosférico e biosférico, considerados em equilíbrio, não variou no decorrer do tempo. Teoricamente, a produção de radiocarbono teria sido constante nos últimos 50.000 a 100.000 anos; na prática, porém, sabe-se que ela variou no tempo. Para determinar essas variações, nos últimos milhares de anos têm sido feitas medidas em anéis de crescimento de árvores (Fig. 11.8). As diferenças de teores atuais e pretéritos são confrontadas e obtém-se um gráfico que pode ser usado para realizar uma correção aproximada, embora frequentemente as idades radiocarbono sejam usadas sem essa correção. Não se sabe exatamente por que os teores de radiocarbono mudaram

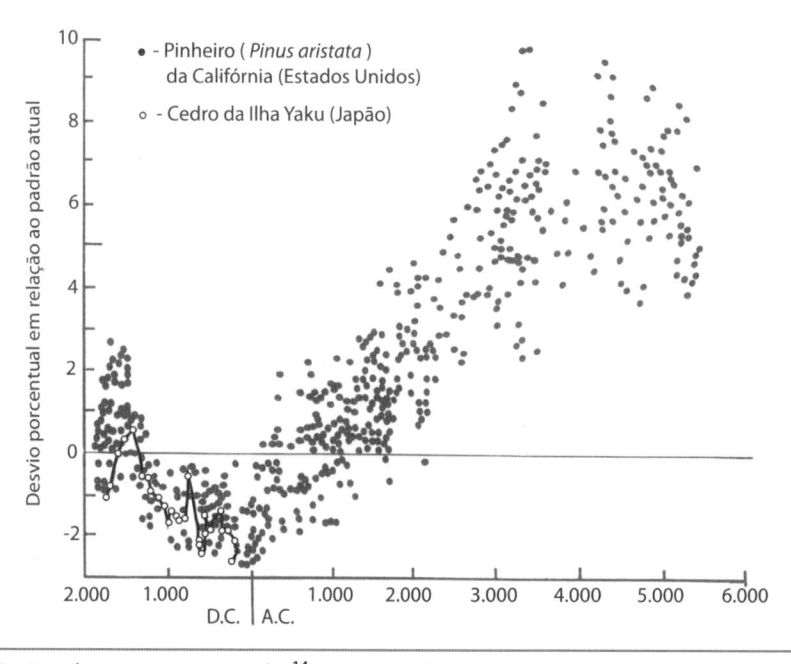

Fig. 11.8 Variações das concentrações de ^{14}C na atmosfera nos últimos milhares de anos, determinadas em anéis de crescimento de árvores (Kigoshi, 1977). Cada ponto do gráfico foi obtido pela diferença entre os teores de ^{14}C em cada anel da árvore e na atmosfera, considerados constantes

com o tempo, mas uma provável explicação é que mudanças no campo geomagnético tenham produzido flutuações nas intensidades dos raios cósmicos que atingem a Terra (Kigoshi; Hasegawa, 1966).

b) Admite-se que os teores de radiocarbono sejam constantes nos elementos que compõem a atmosfera, a biosfera, a hidrosfera e a criosfera. Entretanto, ocorrem variações, de modo que o seu teor na água do mar é cerca de 10% menor nas porções mais profundas do que na superfície, e nesta é menor do que na atmosfera. Para que todas as amostras datadas apresentassem a mesma atividade inicial, o teor de radiocarbono na superfície terrestre deveria ser uniforme, em escala global. Assim, na datação de zonas palinológicas obtidas no norte da Europa, encontraram-se idades aparentes de 1.000 a 3.000 anos mais velhas. Quando o vegetal assimila o gás carbônico da atmosfera, pelo fenômeno da fotossíntese, o ^{12}C é mais facilmente absorvível que o ^{14}C, de modo que o teor desse isótopo acaba sendo 3% a 4% menor na planta do que na atmosfera, o que pode causar uma diferença de idade de 200 a 300 anos. Esse fenômeno, conhecido por fracionamento isotópico, altera as proporções padrão de $^{12}C:^{13}C:^{14}C$ das amostras, conforme os tipos de materiais e entre diferentes porções de um mesmo organismo; portanto, devem ser corrigidas (Geyh; Schleicher, 1990).

c) Considera-se que após a morte do ser vivo do qual se deseja datar os restos fósseis, não tenham ocorrido posteriores trocas entre os carbonos da amostra e do meio ambiente. Entretanto, podem surgir várias oportunidades de contaminação, fato que representa um problema muito sério. Os carbonatos de conchas de moluscos e os ossos podem ser contaminados pela infiltração de ácidos orgânicos. Dessa maneira, 1% de contaminação por carbono orgânico moderno pode rejuvenescer uma amostra em 50.000 a 34.000 anos A.P. (Shotton, 1967). Isso quer dizer que o "sistema" deve ter permanecido quimicamente "fechado" desde o momento da sua morte ou do rompimento do seu equilíbrio com a biosfera até o momento de sua coleta. Nessas condições, a idade deve ser função da radioatividade residual, obtida pela equação:

$$A = A_0 e^{-\lambda t} \quad ou \quad t = \frac{1}{\lambda} ln \frac{A_0}{A}$$

onde: A = radioatividade da amostra; A_0 = radioatividade inicial (radioatividade do CO_2 atmosférico); λ = constante de decaimento do radiocarbono (ln $2/T_{1/2}$ = 0,693/5.730 ano^{-1}); t = idade da amostra.

A razão $^{14}C/^{12}C$ geralmente é obtida pela contagem proporcional de um composto gasoso produzido a partir do carbono da amostra. Os gases comumente produzidos em diversos laboratórios são o CO_2, o CH_4 e o C_2H_2. Atualmente existem técnicas em que o carbono da amostra é sintetizado sob a forma de benzeno, ao qual adiciona-se uma substância capaz de cintilar, quando da passagem de um elétron resultante da desintegração do ^{14}C. A detecção dos pulsos luminosos assim produzidos é efetuada por duas fotomultiplicadoras em coincidência, refrigeradas para diminuir o ruído de fundo eletrônico.

A radioatividade específica da amostra, em qualquer caso, é medida em relação a um padrão mundial de referência, em geral o "ácido oxálico NBS" (fornecido pelo National Bureau of Standards, Estados Unidos), cuja radioatividade é devidamente corrigida para a do CO_2 atmosférico de 1950. Isso porque, a partir de 1950, houve um importante aumento na radioatividade específica do CO_2 do ar, em razão da produção de ^{14}C artificial, ligado aos ensaios termonucleares atmosféricos. Essa é uma das razões por que se conserva o ano de 1950 como referência para o presente.

Efetua-se o cálculo da idade a partir dos seguintes dados:

N_a = taxa média de contagem bruta da amostra;

N_p = taxa média de contagem bruta do padrão de referência;

N_b = taxa média de contagem do ruído de fundo (obtida com CO_2 inativo, isto é, isento de radiocarbono), o que permite escrever a relação anterior (item c) sob a forma:

$$t = \frac{T_{1/2}}{0,693} \ln \frac{0,95\,(N_p - N_b)}{N_a - N_b}$$

onde $T_{1/2}$ corresponde à meia-vida do radiocarbono e $0,95\,(N_p - N_b)$, à radioatividade do ar em 1950.

Métodos baseados nas séries de desequilíbrio do U e do Th

Os isótopos de urânio (^{238}U e ^{235}U) desintegram-se e emitem radiações α e β, transformando-se em chumbo e produzindo intermediariamente vários produtos radioativos. Entretanto, grande parte deles não podem ser empregados em datações, em razão de suas meias-vidas muito curtas, mas na serie do ^{238}U, o ^{234}U (meia-vida de $7,52 \times 10^5$ anos) e o ^{230}Th ou Io (meia-vida de $7,5 \times 10^4$ anos), ou na série do ^{235}U, o ^{231}Pa (meia-vida de $3,2 \times 10^4$ anos), podem ser usados nas datações do período Quaternário (Tab. 11.2).

Ao contrário do que ocorre com o método do radiocarbono – que constitui basicamente um "relógio de decaimento radioativo", em que a radioatividade residual da amostra é comparada com o valor inicial, assumido como constante –, a geocronometria, baseada nos isótopos das famílias radioativas naturais do urânio e do tório, utiliza a taxa de acumulação de produtos de filiação ou a variação do estado de desequilíbrio entre os membros da família.

Como o urânio é bastante solúvel na água, ocorre no mar em condições de equi-

Tab. 11.2 Parte das desintegrações radioativas das séries do ^{238}U e do ^{235}U. Os números abaixo dos símbolos químicos referem-se aos valores das respectivas meias-vidas

	Série do ^{238}U				Série do ^{235}U	
U	^{238}U $4,49 \times 10^9$ anos		^{234}U $2,48 \times 10^5$ anos	^{235}U $7,13 \times 10^8$ anos		
Pa		^{234}Pa 1,18 min.			^{231}Pa $3,2 \times 10^4$ anos	
Th	^{234}Th 24,1 dias		^{230}Th $7,5 \times 10^4$ anos	^{231}Th 25,6 horas		^{227}Th 18,6 dias
Ac					^{227}Ac 22 anos	
Ra			^{226}Ra 1.622 anos			^{223}Ra 11,1 dias

líbrio radioativo com os elementos-filho (^{230}Th se for ^{238}U e ^{231}Pa se for ^{235}U). Os elementos-filho são incorporados pelos sedimentos marinhos e ficam isolados do contato direto com as águas marinhas que fornecem aqueles elementos, e, desse modo, as suas razões ($^{230}Th/^{232}Th$) começam a decrescer. Como a meia-vida do ^{230}Th é de 75.000 anos, decorrido esse lapso de tempo, o seu teor terá atingido a metade em relação ao da água do mar adjacente. Como as meias-vidas do ^{238}U e do ^{235}U são muito longas em relação às idades que se pretende medir, que são quaternárias, os seus teores podem ser considerados homogêneos e, analogamente ao ^{14}C, podem ser medidas as quantidades dos elementos-filho para se chegar às idades. Entretanto, como a medida direta do ^{230}Th é relativamente complicada, pode-se obter a quantidade de Ra produzida pelo ^{230}Th ou a razão $^{230}Th/^{231}Pa$.

Os corais e as conchas de moluscos têm a propriedade de incorporar no seu esqueleto somente o urânio dissolvido na água do mar. Nesse caso, as idades são medidas pelos teores de elementos-filho em relação aos elementos-pai ($^{230}Th/^{238}U$, $^{230}Th/^{234}U$, $^{231}Pa/^{235}U$) concentrados no interior dos esqueletos pela desintegração do urânio. Esses métodos são baseados em duas premissas: a de que a razão elemento-filho/elemento-pai tenha sofrido modificação, e a de que, quando o sistema foi isolado do contato com a água do mar, passou a comportar-se como um sistema "fechado". Qualquer amostra que tenha sofrido transformação diagenética ou intempérica deve ser descartada, como no caso do coral em que a aragonita original tenha sido completamente recristalizada em calcita.

A Tab. 11.3 apresenta os métodos de datação baseados nos elementos da série do urânio. Segundo Schwarcz e Blackwell (1985), esses métodos permitem datar sedimentos marinhos de águas profundas e rasas, sedimentos lacustres, carbonatos continentais (crostas e solos), ossos, dentes e águas subterrâneas, mas os corais estão entre os mais adequados. Os corais hermatípicos crescem até as proximidades do nível do mar e, por isso, funcionam como "verdadeiros mareógrafos de paleoníveis do mar". De fato, muitas datações de corais têm sido feitas, principalmente no oceano Pacífico, fornecendo informações valiosas para a compreensão das variações do nível do mar e dos paleoclimas do Pleistoceno médio a superior.

Métodos baseados em danos causados por radiação

A interação de sólidos não condutores, como determinados tipos de minerais, com radiações α, β e γ ou raios cósmicos pode mudar algumas das propriedades físicas e químicas desses materiais, causando os chamados danos por radiação. Parte desses danos é reversível, mas outra parte é mais estável e aumenta linearmente com o tempo de radiação, e pode ser usada na datação desses materiais (Tab. 11.4).

Alguns desses métodos são pouco usados e outros ainda estão em desenvolvimento, de modo que os métodos de termoluminescência (TL), de traços de fissão (TF) e de ressonância paramagnética eletrônica (RPE) serão discutidos mais detalhadamente.

Método da termoluminescência

A termoluminescência refere-se à luz emitida por materiais cristalinos ou vítreos, quando aquecidos por uma fonte de calor. O processo envolve, antes

Tab. 11.3 Métodos utilizados para a datação de materiais quaternários, baseados na série de desequilíbrio do U e do Th, segundo Schwarcz e Blackwell (1985) e Geyh e Schleicher (1990)

Métodos	Idades mín.-máx. e Precisão	Materiais utilizáveis
$^{230}Th/^{234}U$	5 - 500 ka 1 - 10 ka	Espeleotemas, nódulos polimetálicos, caliches (especialmente calcretes), solos e sedimentos lacustres salinos e fosforitos, além de corais, oólitos, dentes e veios de calcita em intrusões
$^{231}Pa/^{235}U$	5 - 250 ka 10 - 20%	Espeleotemas, carbonatos continentais, recifes de corais e conchas de moluscos
$^{231}Pa/^{230}Th$	Até 200 ka 10 - 20%	Carbonatos marinhos: corais e conchas de moluscos
$^{234}U/^{238}U$	50 ka - 1,5 Ma 5 - 20%	Espeleotemas, corais e conchas de moluscos
^{210}Pb	1 - 400 a	Sedimentos marinhos e lacustres, bandas de crescimento de corais, neve perene e pinturas a óleo
$^{234}U/^{4}He$	50 ka - 1,5 Ma 10 - 30%	Corais e água subterrânea

de tudo, a ionização dos átomos e das moléculas de um mineral por radiações (α, β e γ) provenientes de isótopos de elementos naturais como ^{238}U, ^{232}Th e ^{40}K. Os sedimentos argilosos, por exemplo, contêm 2 a 6 ppm de U, 8 a 20 ppm de Th e 2 a 8% de K (a concentração do isótopo ^{40}K presente no potássio natural é de 0,0119%). Os elétrons livres produzidos pela ionização circulam pela estrutura do mineral até serem capturados por defeitos (ou armadilhas) existentes na rede cristalina e, então, podem permanecer aprisionados por centenas, milhares e até milhões de anos.

Quando o mineral é aquecido ou exposto à luz solar, os elétrons retidos absorvem energia suficiente para escaparem das armadilhas e retornarem aos átomos aos quais estavam ligados. Esse processo de reorganização é acompanhado por emissão de luz denominada termoluminescência.

A intensidade da luz emitida, ou o número de fótons produzidos, pode ser medida, sendo proporcional ao número de elétrons aprisionado que, por sua vez, é proporcional à dose total de radiação ionizante recebida pelo mineral. O sinal TL de um mineral é destruído quando este é aquecido a altas temperaturas (acima de 300°C), exposto à luz solar ou, ainda, quando ocorre a sua recristalização. De modo que, após terem sido cozidos na confecção de utensílios cerâmicos, por exemplo, os minerais constituintes ficam isentos de sinal TL, e inicia-se um processo de irradia-

Tab. 11.4 Métodos utilizados para a datação de materiais quaternários, baseados em danos causados por radiação (modificado de Geyh e Schleicher, 1990)

Métodos	Idades mín.-máx. e Precisão	Materiais utilizáveis
Termoluminescência (TL)	centenas até 1 Ma 5 - 10%	Cerâmica, carbonatos, areia quartzosa e lavas vulcânicas
Luminescência opticamente estimulada (LOE)	centenas até 1 Ma < 5%	Partículas minerais (quartzo e feldspatos) sedimentares expostas à luz solar por pouco tempo
Traço de fissão (TF)	5 ka - 2,7 Ga ±5%	Minerais (apatita, biotita, epídoto, esfeno, muscovita e zircão), vidro vulcânico e madeira silicificada
Ressonância paramagnética eletrônica (RPE)	1 ka - 10 Ma ±10%	Espeleotemas (carbonatos secundários), quartzo, sílex, gipsita, conchas de moluscos marinhos e ossos
Traço de recolhimento de partícula α	Até 100 ka ±5%	Minerais (mica) e ossos
Exoelétrons (EETE)	Até 100 ka ±10%	Ossos
Corrente termicamente estimulada	1 - 2 Ma ±25 %	Basalto

ção natural, com retenção de dose proporcional ao tempo de permanência no subsolo. A idade TL é calculada com base na dose total (D_t) ou paleodose, e a dose anual (D_a), pela relação:

$$TL = \frac{Dt}{Da}$$

quando são conhecidos os teores de U, Th e K (Aitken; Tite; Reid, 1964; Ralph; Han, 1966).

Desse modo, analogamente ao método de traços de fissão (TF) e de ressonância paramagnética eletrônica (RPE), o método da termoluminescência (TL) também é baseado em danos produzidos em alguns materiais por elementos radioativos.

O método da TL foi inicialmente empregado na datação de cerâmica arqueológica (Aitken; Tite; Reid, 1964). Posteriormente, a evolução desses estudos permitiu a datação de vários tipos de materiais, que tiveram o seu sinal TL "zerado" por aquecimento com fogueiras ou derrames de lavas, com idades desde menos de 1.000 anos até mais de 1 Ma. A sua aplicação na datação de depósitos quaternários teve início com Wintle e Huntley (1980), especialmente em sedimentos eólicos (Less; Yanchou; Head, 1990). No Brasil, após os trabalhos pioneiros de Poupeau, Souza e Soliani Jr. (1984) e Poupeau et al. (1988), poucos são os trabalhos sistemáticos acerca do uso desse método em Geologia do Quaternário, excetuando-se os de Dillenburg (1994), Barreto (1996) e Sallun et al. (2007).

Método da luminescência opticamente estimulada

A luminescência opticamente estimulada (LOE) é um fenômeno físico da emissão de luz por cristais, materiais cerâmicos ou vítreos, quando submetidos a um intenso feixe de luz, cujo comprimento de onda é diferente da luz emitida (informação verbal da Prof.ª Dr.ª Sonia H. Tatumi).

A datação de minerais como quartzo e feldspato é baseada no fato de que a intensidade da luz emitida é proporcional à idade da amostra e está relacionada à quantidade de recombinações de cargas (elétrons e lacunas), que são liberadas em função da ionização prévia do material por fontes radioativas, oriundas de isótopos naturais $236U$, ^{235}U, ^{232}Th e ^{40}K) e da radiação cósmica. Portanto, quanto maior for o tempo de exposição do mineral a essas fontes radioativas, maior será a intensidade da LOE. O sinal de LOE pode ser eliminado em poucos minutos de exposição à luz solar, ao passo que o sinal TL só é eliminado após cerca de 20 horas. Essa é a grande vantagem da LOE sobre a TL, pois a sua "idade zero" é atingida muito mais rapidamente. Huntley, Godfrey-Smith e Thewalt (1985) foram os primeiros a usar essa técnica na datação de quartzo excitado com *laser* de argônio através da LOE, que é medida na região da UV (ultravioleta) excitada com luz azul ou verde – nos feldspatos, usa-se também a UV, e o cristal é excitado com infravermelho.

Atualmente se emprega o protocolo SAR (regeneração de alíquota única), de

Murray, Roberts e White (1998), quando a amostra a ser datada é subdividida em 20 a 100 alíquotas de 3 a 7 mg, e o resultado é obtido estatisticamente, descartando-se as idades situadas fora da média para obter a idade mais próxima possível da real. Um método mais preciso consiste no uso do protocolo SAR a grãos individuais de quartzo ou feldspato (Duller et al., 1999), quando o grão que não foi devidamente "zerado" fornecerá idade discrepante e deverá ser descartado da contagem estatística, como fizeram Sallun et al. (2007).

Método de traços de fissão

Como já foi explicado anteriormente, o ^{238}U emite radiações α, β e γ, e sofre fissão nuclear por um tempo muito longo (meia-vida = $4{,}49 \times 10^9$ anos). Os produtos de fissão nuclear possuem carga elétrica e, quando atravessam minerais ou vidro que contém urânio, dão origem a um traço (sinal de passagem). O número desses traços no mineral ou vidro depende do teor de urânio e da idade do material. Assim, medindo-se o teor de urânio e contando-se o número de traços, sob um microscópio, pode-se determinar a idade.

Na prática, os traços de fissão não são diretamente visíveis sob um microscópio óptico e, por isso, usa-se reagente químico apropriado para realçá-los antes da contagem. Por exemplo, no caso da obsidiana (vidro natural), usa-se o ácido fluorídrico (HF) para promover a corrosão da superfície e tornar os traços visíveis. O ^{235}U também sofre fissão, mas o seu teor é de apenas 0,7%, e sua meia-vida é comparável à do ^{238}U, de modo que os seus traços podem ser praticamente ignorados.

A estimativa inicial do teor de ^{238}U pode ser feita da seguinte maneira: a amostra é irradiada durante um curto intervalo de tempo com nêutrons termalizados; o ^{235}U da amostra sofre uma fissão nuclear artificial e forma traços. Da relação entre os números de traços antes e depois da irradiação, pode-se determinar o teor de ^{235}U, e da razão isotópica do urânio, pode-se determinar o teor de ^{238}U. Portanto, da comparação entre o teor inicial (N_0) e o teor atual ($N_0 - N$), pode-se obter o tempo decorrido t.

Como o urânio se acha amplamente distribuído nos minerais, caso a existência de traços seja comprovada, as idades podem ser medidas desde algumas centenas de anos até centenas de milhões de anos, e esse método foi amplamente utilizado desde que foi proposto na década de 1960.

Método da ressonância paramagnética eletrônica

Este método baseia-se no mesmo fenômeno utilizado na datação por TL, isto é, na existência de armadilhas ou trapas de elétrons na estrutura da rede cristalina dos minerais.

As radiações ionizantes levam elétrons da banda de valência para a de condução. Pequena parte deles cai em armadilhas quase estáveis, enquanto grande parte se recombina imediatamente. O pré-requisito para o funcionamento do método é que o número de armadilhas ocupado por elétrons seja proporcional à dose total acumulada.

As armadilhas ocupadas por um elétron comportam-se como centros paramagnéticos, cujas intensidades podem ser medidas por RPE em um campo magnético, onde os elétrons não emparelhados apresentam duas orientações possíveis, correspondentes a dois estágios energéticos: o inferior, cuja orientação é concordante com a do campo, e o superior, cuja orientação é discordante à do campo, de modo que a diferença entre esses dois estágios representa a idade da amostra.

Métodos baseados em marcadores globais do tempo

Trata-se de métodos de naturezas bastante variadas (Tab. 11.5), entre os quais o mais importante é o método do paleomagnetismo, discutido a seguir. A escala cronoestratigráfica, baseada nas variações de $\delta^{18}O$, também é importante e muito utilizada, e será discutida mais adiante.

Método do paleomagnetismo

Muitas rochas e sedimentos pouco consolidados possuem forte propriedade magnética natural, denominada Magnetização Remanescente Natural (MRN). Essa propriedade está ligada à presença de óxidos de Fe e Ti nessas rochas, como a magnetita que, em razão dessa propriedade, é chamada de mineral paramagnético. Esses minerais, ao serem resfriados abaixo da "temperatura Curie" (normalmente, abaixo de 600°C), adquirem forte propriedade magnética e orientam-se segundo o campo geomagnético. Essa propriedade permanece estável por alguns bilhões de anos, sendo chamada de Magnetização Remanescente Térmica (MRT). A MRN das rochas

Tab. 11.5 Métodos cronoestratigráficos com o uso de marcadores globais do tempo geológico (Geyh; Schleicher, 1990)

Métodos	Idades mín.-máx. e Precisão	Materiais utilizáveis
Paleomagnetismo	Até 5 Ma ± 1 - 2%	Sedimentos lacustres, ferríferos bandados e derrames de lava
Arqueomagnetismo	Até 15 ka ± 40 - 200 a	Cerâmica, tijolo, sílex e solo queimados por fogueira e escória de fundição
Escalada cronoestratigráfica baseada nas variações de $\delta^{18}O$	Até 1 Ma ± 1.500 - 5.000 a	Foraminíferos planctônicos, gelo, água subterrânea e de microporos de espeleotemas (até 8.000 a)
Escala cronoestratigráfica baseada nas variações de $\delta^{34}S$, $\delta^{13}C$ e razão $^{81}Sr/^{87}Sr$	Até 650 Ma	Evaporitos marinhos
Escala baseada em radionuclídeos artificiais, principalmente ^{137}Cs, produzido por testes de armas nucleares	30 a	Sedimentos fluviais, lacustres e marinhos, além do gelo

vulcânicas pode ser considerada fundamentalmente do tipo MRT. Portanto, a MRN de rochas vulcânicas originadas em diferentes épocas constitui o registro do campo geomagnético através do tempo, constituindo o tema de estudo do paleomagnetismo.

Os corpos fortemente magnéticos podem, além de MRN, sofrer o efeito da magnetização secundária, que é mais instável e pode ser eliminada por tratamentos adequados. Para efetuar as medidas de MRN, deve-se coletar amostras orientadas, isto é, com indicações de topo e de base, além da direção geológica, e submetê-las a magnetômetros especiais de alta sensibilidade.

Embora a realização das primeiras medidas de paleomagnetismo e a descoberta de algumas inversões do campo geomagnético tenham ocorrido no início do século XX, somente após 1950 o método passou a ser mais aplicado.

Cox (1969) denominou o intervalo de tempo de magnetização igual ao da época atual, de "época de polaridade normal", simbolizada por N, e o intervalo de tempo de magnetização inverso ao da época atual, de "época de polaridade reversa", simbolizada por R, representadas em preto e branco, respectivamente, na escala do tempo geológico (Fig. 11.9). Esse autor usou o termo "época" porque as durações desses intervalos de polaridade eram iguais às das épocas Plioceno e Pleistoceno. Além disso, no intervalo correspondente à época de polaridade, ele reconheceu lapsos mais curtos de tempo de polaridade reversa (em geral, com menos de 100.000 anos), que foram designados "eventos" e receberam os nomes dos locais onde foram descobertos (Quadro 11.1).

As épocas caracterizadas pela predominância das polaridades normal ou reversa foram designadas pelos nomes das pessoas que se dedicaram à magnetoestratigrafia, e chamadas de Brunhes, Matuyama, Gauss e Gilbert, da mais nova para a mais antiga. Assim, completou-se a tabela de cronologia paleomagnética para os últimos 5 Ma,

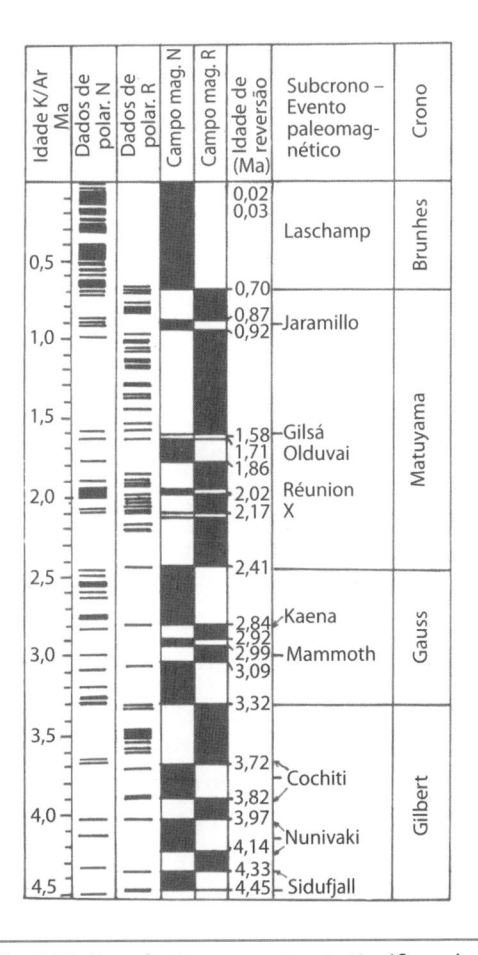

Fig. 11.9 Cronologia magnetoestratigráfica dos últimos 4,5 Ma (Cox, 1969)

Quadro 11.1 Nomes dos eventos da cronologia magnetoestratigráfica, conforme os locais onde foram descobertos, com os autores e anos de proposição dos nomes (Yasukawa, 1973)

Eventos	Proponentes	Origens
Laschamp	Bonhomet (1970)	Lavas do monte Laschamp (França)
Blake	Smith e Foster (1965)	Testemunho subm. prof. do Caribe
Jaramillo	Doell e Dalrymple (1966)	Riólito de Jaramillo Creek (NM-EUA)
Gilsá	McDougall e Wensink (1966)	Lava do afluente do rio Jökulsa (Islândia)
Olduvai	Gromme e Hay (1963)	Lava do estreito de Olduvai (Tanzânia)
Réunion	Chamalau e McDougall (1966)	Lava da ilha de Réunion (Madagascar)
Kaena	McDougall e Chamalaun (1966)	Lava do cabo Kaena (Havaí)
Mammoth	Cox, Doell e Dalrymple (1963)	Basalto do lago Mammoth (CL-EUA)
Cochiti	Doell e Dalrymple (1967)	Dacito riolítico de Los Alamos (NM-EUA)
Nunivak	Cox e Dalrymple (1967)	Basalto da ilha Nunivak (Alasca)

porque nesse intervalo de tempo a imprecisão do método do K/Ar fica compreendida no intervalo de 100.000 anos, e pode-se detectar a existência de um evento. Depois, constatou-se o fenômeno da excursão, quando a polaridade sofre grandes mudanças (comumente até mais de 135°), retornando à posição primitiva em tempo inferior a 10^4-10^5 anos, que pode ser considerada de natureza essencialmente local.

A magnetização remanescente não é uma propriedade exclusiva das rochas vulcânicas, sendo observada também em rochas sedimentares de granulação fina, quando passa a ser chamada de Magnetização Remanescente Deposicional (MRD). Pensava-se que alguns minerais fortemente magnéticos de granulação fina, durante a decantação, fossem orientados segundo o campo geomagnético. Entretanto, verificou-se que essa propriedade era adquirida após a sedimentação e que a sua fixação se processava somente após a superposição de sedimentos mais jovens e a consequente expulsão de água, acompanhada de compactação, quando a rotação das partículas minerais tornava-se mais difícil. Desse modo, a orientação do campo geomagnético indicada pela MRD deve relacionar-se a uma época posterior à sua sedimentação e, nesse caso, o efeito da magnetização secundária é bem maior. Portanto, medidas em vasas submarinas profundas, cinzas vulcânicas e argilas devem ser precedidas de cuidadoso tratamento prévio para a eliminação do efeito da magnetização secundária.

A partir de 1960, tornaram-se mais frequentes as medidas de MRD ao longo de testemunhos submarinos de águas profundas, caracterizados por granulação fina e bastante homogênea, para a determinação da história da evolução paleomagnética com objetivo estratigráfico. Como resultado dessas medidas, verificou-se que os padrões de polaridade N e R da MRD dos testemunhos submarinos são muito semelhantes à MRT das rochas vulcânicas.

Destarte, medindo-se a MRD dos testemunhos submarinos de águas profundas, com definição dos limites de reversão de polaridades do campo geomagnético, e correlacionando-os com a escala de tempo N-R, pode-se obter as idades para as diferentes profundidades dos testemunhos submarinos, método denominado magnetoestratigrafia.

Watkins (1972), em analogia com a estratigrafia convencional, propôs as classificações cronológicas, cronoestratigráficas e magnetoestratigráficas, baseadas respectivamente, na época de polaridade magnética, no intervalo de polaridade magnética e na magnetozona.

Entre as aplicações do paleomagnetismo, encontram-se o arqueomagnetismo, o MRD de sedimentos lacustres e a correlação de depósitos quaternários.

a) Arqueomagnetismo: o campo geomagnético, além de sofrer grandes mudanças em intervalos de tempo de aproximadamente 10^5 a 10^6 anos, também varia em intervalos menores, de cerca de 10^2 anos, conforme já se conhecia por medidas realizadas desde o século XVI. Então, Watanabe (1958), sabendo que os fornos e as "terras queimadas" de sítios arqueológicos históricos e pré-históricos apresentavam MRD, efetuou medidas de declinação e inclinação magnéticas em sítios arqueológicos pós-Jômon (época pré-histórica neolítica do Japão) da região de Kantô. Assim, ele obteve uma curva de variações seculares de declinação e inclinação, construída com base em amostras conhecidas dos últimos 1.000 anos, concluindo que ela era diretamente comparável às épocas pré-históricas. No dia em que vários trabalhos semelhantes permitirem a construção, nas vizinhanças do Japão, por exemplo, de uma curva padrão de variações seculares do campo geomagnético, será possível datar materiais arqueológicos a partir de medidas de declinação e inclinação magnéticas. Esse tipo de magnetismo exibido por material arqueológico tem sido denominado arqueomagnetismo.

b) O MRD de sedimentos lacustres: nas medidas de MRN de rochas vulcânicas e de MRD de testemunhos submarinos de águas profundas, dependendo dos intervalos de amostragem ou das taxas de sedimentação, era comum que excursões de curta duração não fossem detectadas. Este não foi o caso, porém, dos testemunhos lacustres do lago Biwa (Japão), por exemplo, onde um testemunho de 200 m representa cerca de 50.000 anos, o que corresponde a uma taxa de sedimentação centenas de vezes superior à dos testemunhos submarinos de águas profundas. Em medidas efetuadas no testemunho do lago Biwa, verificou-se que, dentro da época de polaridade normal Brunhes, existem cinco excursões de polaridade reversa. As duas primeiras foram correlacionadas aos eventos Laschamp e Blake, respectivamente, e as três últimas, não encontradas em outros locais até então conhecidos, foram denominadas Biwa I (180.000 anos A.P.), Biwa II (290.000 anos A.P.) e Biwa III (330.000 anos A.P.) por Kawai et al. (1972).

c) Correlação de depósitos quaternários: de acordo com a magnetoestratigrafia, o limite entre os períodos Neógeno e Quaternário é colocado nas vizinhanças do evento Olduvai, razão pela qual deve-se visar o detalhamento desse limite nas colunas magnetoestratigráficas de diversas partes do mundo.

De fato, Nakagawa et al. (1997) realizaram um trabalho de magnetoestratigrafia na seção do estratótipo limite Plioceno-Pleistoceno de Vrica (Itália), correlacionando-o com o mesmo limite reconhecido na Península de Bossô (Japão) e com outros critérios (sedimentológicos, paleoecológicos, bioestratigráficos e biocronológicos) em diferentes países. O limite foi estabelecido próximo à subzona de polaridade normal Olduvai, quase contemporaneamente ao início do clima mais frio, caracterizado pelo primeiro aparecimento da *Arctica islandica*, normalmente confinada às águas boreais nos estádios interglaciais.

Métodos químicos de datação

Trata-se de métodos baseados na premissa de que as velocidades das reações, como de difusão, troca, oxidação e hidratação, sejam aproximadamente constantes. Assim, as idades poderiam ser medidas com base nas concentrações inicial e final dos reagentes em materiais apropriados (Tab. 11.6).

Entre os métodos químicos de datação, um dos mais conhecidos é o da racemização de aminoácidos, que será discutido mais detalhadamente.

Método de racemização de aminoácidos

As proteínas existentes, por exemplo, nas conchas de moluscos e nas testas de foraminíferos, são compostas somente de aminoácidos levógiros, isto é, que giram para a esquerda o plano de polarização da luz. Com o decorrer do tempo, por meio de processos diagenéticos mais ou menos conhecidos, denominados de racemização ou de epimerização, os aminoácidos levógiros (L) são gradativamente convertidos em dextrógiros (D), isto é, que giram para a direita o plano de polarização da luz, até que se atinja uma situação de equilíbrio, em que a razão D/L seja 1,38. Se a constante da velocidade de racemização for designada K_1, pode-se estabelecer a seguinte relação:

$$ln\left[\frac{1 + (D/L)}{1 - 1/1,38\,(D/L)}\right] = (1 + 1/1,38)\,k_1 \cdot t$$

Tab. 11.6 Alguns métodos de datação química de materiais do período Quaternário (Geyh; Schleicher, 1990)

Métodos	Idades mín.-máx. e Precisão	Materiais utilizáveis
Racemização de aminoácidos	Até 20 Ma ± 5 ka até idades de 120 ka ± 60 ka até idades de 500 ka ± 500 ka para idades maiores	Fósseis com aminoácidos: dentes, ossos e coprólitos, além de corais, conchas de moluscos e fosforitos marinhos
Hidratação da obsidiana	Até 1 Ma ± 100 a	Artefatos de obsidiana, vidro basáltico, ignimbrito, escória, lavas silicosas e nódulos polimetálicos
Degradação de aminoácidos	Até 2 Ma	Conchas de moluscos, testas de foraminíferos e pinturas (até 2.000 a)
Conteúdo de flúor e urânio	Vários milhões de anos 100 ka	Chifres, dentes e ossos
Conteúdo de nitrogênio ou colágeno	Até 100 ka	Chifres, dentes e ossos

onde k_1 é uma constante que, se o pH for invariável, depende da temperatura. Portanto, definidos D/L e k_1, pode-se calcular o tempo t. Inversamente, conhecidas a idade t e a razão D/L, pode-se encontrar a temperatura de racemização.

Para calcular a idade por esse método, é necessário, antes de tudo, conhecer a relação D/L pela análise quantitativa de aminoácidos na amostra de matéria orgânica. Em seguida, por meio da análise palinológica ou de $\delta^{18}O$, deve-se estimar a paleotemperatura para calcular o k_1 e, finalmente, o t. Se em uma mesma região existir mais de uma unidade estratigráfica, uma delas com idade conhecida, a comparação dos valores de D/L pode fornecer a idade da outra. Mesmo sem conhecer as idades, pode-se supor que unidades quaternárias de uma mesma zona climática apresentem os mesmos valores de k_1, de modo que as relações D/L sejam usadas na correlação.

Segundo Andrews e Miller (1980), o limite de idade que pode ser alcançado por esse método depende dos valores de k_1. Pode-se admitir que em regiões quentes (temperatura média = 22°C), esse limite atinja 500.000 anos, e em regiões frias (temperatura média = -12°C), chegue a 10 Ma. Assim, o método da racemização pode, em alguns casos, complementar o método do radiocarbono.

O método da racemização foi inicialmente testado em sedimentos submarinos de águas profundas, onde o pH e as condições de temperatura teriam sido mais ou menos estáveis, e concluiu-se que os resultados encontrados coincidiam com os de outros métodos; portanto, deveriam ser válidos. Posteriormente esse método passou a ser mais amplamente usado na datação de formações fossilíferas continentais, e criou-se até o termo aminoestratigrafia.

11.3 Tefrocronologia

O prefixo "tefra", de origem grega, refere-se às cinzas vulcânicas, e teria sido empregado pela primeira vez por Aristóteles (384-322 a.C.); porém, coube a Thorarinsson (1944) atribuir-lhe um sentido coletivo, relacionado a piroclastos de tamanhos diversos, transportados subaereamente. Hoje em dia, engloba até termos intermediários entre o piroclasto e a lava. Assim, a tefrocronologia relaciona-se à aplicação desse tipo de material em Estratigrafia.

As cinzas vulcânicas podem dispersar-se por amplas áreas em pouco tempo, constituindo-se em camada-chave (*key bed*) de primeira qualidade. Essa aplicação foi inicialmente idealizada por Thorarinsson (1944) e, após a Segunda Guerra Mundial, foi uma das áreas da estratigrafia do Quaternário que teve notável progresso, especialmente no Japão (Machida, 1976). Essa técnica tem sido amplamente empregada nos Estados Unidos, na Nova Zelândia etc. Cita et al. (1977) empregaram-na na correlação de testemunhos submarinos profundos.

Para que uma camada de cinza vulcânica seja usada nas correlações estratigráficas, é necessário fazer uma descrição detalhada das suas propriedades. A observação das características em afloramentos inicia-se pela espessura, granulometria e proporção de fragmentos líticos, e passa para as características de laboratório, como composição granulométrica, teor de minerais máficos e de minerais primários. Verificou-se que a relação entre os índices de refração e as composições químicas ou as "temperaturas Curie" de alguns minerais são importantes.

A idade das camadas de cinzas vulcânicas pode ser estimada pelos materiais cerâmicos ou líticos de natureza arqueológica superpostos ou sotopostos, bem como pela datação, pelo método do radiocarbono, de troncos de madeira ou carvão contidos nas cinzas. Além disso, o método dos traços de fissão pode ser usado em vidro vulcânico ou apatita contidos no púmice da cinza vulcânica.

Infelizmente, a aplicação da tefrocronologia só é possível em países que apresentam vulcanismo quaternário, razão pela qual a possibilidade de seu emprego na estratigrafia do Quaternário do Brasil é praticamente nula.

11.4 Pedoestratigrafia
11.4.1 Paleossolos

Como o solo é um produto natural, formado pela interferência de vários processos ambientais dependentes do clima, da biota (fauna e flora) e do relevo sobre as rochas, constitui um material de potencial indicador ambiental muito grande. Os paleossolos representam registros paleoambientais naturais, preservados no interior dos depósitos quaternários, especialmente de países continentais muito estáveis em termos tectônicos, como a Austrália e o Brasil. Em geral, representam solos enterrados (*buried soils*) ou solos reliquiares (*relict soils*), frequentemente formados sob condições paleoambientais diferentes das atualmente reinantes na mesma área.

Os paleossolos normalmente se apresentam superpostos por sedimentos mais novos, exibem teores variáveis de matéria orgânica vegetal e evidências de bioturbação de origem animal ou vegetal (Retallack, 1990). Nas regiões que sofreram os efeitos das glaciações quaternárias, os paleossolos refletem muito bem as mudanças paleoclimáticas, representadas pelas alternâncias de estádios glaciais e interglaciais. Portanto, eles são aplicados há muito tempo na Europa (Alpes) e na América do Norte, constituindo uma importante ferramenta para estabelecer a cronologia dos eventos glaciais. A matéria orgânica de origem vegetal permite a datação pelo método do radiocarbono, a determinação de $\delta^{13}C$ e, com base no tipo de paleossolo, pode-se interpretar e correlacionar paleorrelevos e paleoambientes da época.

11.4.2 Classificações pedoestratigráficas

Quando ocorre o empilhamento de várias camadas de *till*, cinza vulcânica ou *loess*, separadas por pequeno hiato, a separação entre elas pode tornar-se uma tarefa bastante complicada. Porém, quando nas superfícies de separação desenvolvem-se alguns processos pedogenéticos (formação de solo), o discernimento das diferentes camadas pode ser facilitado, o que permite a classificação edafoestratigráfica.

Nesse caso, em cada horizonte de paleossolo é necessário determinar os teores de matéria orgânica, as estruturas, as cores e os tipos, tentando caracterizar os diferentes horizontes componentes. Deve-se realizar, simultaneamente, análises sedimentológicas (porcentagens de seixos, granulometria, composição mineralógica etc.) dos depósitos sotopostos a cada horizonte de paleossolo. Em regiões que estiveram submetidas a processos de recuos glaciais, precipitação de cinzas vulcânicas ou sedimentação de *loess*, a técnica da classificação pedoestratigráfica é especialmente importante, pois esta, diferentemente da simples classificação litoestratigráfica, fornece mais elementos para a reconstituição das condições paleoambientais.

Na porção central da América do Norte, o Pleistoceno caracterizou-se pela expansão e recuo da Geleira Laurenciana, que depositou vários níveis de *till* e promoveu dispersão do *loess*. Esses sedimentos foram submetidos a intemperismo nos estádios interglaciais e, sem sofrerem erosão importante, foram recobertos por novas camadas em estádios glaciais subsequentes. Desse modo, surgiram denominações como solo aftoniano, solo yarmouthiano, solo sangamoniano etc., relacionadas aos estádios interglaciais homônimos.

Em regiões tectonicamente estáveis e sem glaciações quaternárias, como na Austrália, Butler (1959) propôs a repetição cíclica de paleoclimas, que ele chamou de ciclo K: um mais seco, caracterizado por instabilidade superficial acompanhada de erosão e sedimentação ativas, e outro mais úmido, caracterizado por maior estabilidade superficial. Nos períodos de instabilidade desse ciclo teriam sido formadas as superfícies de terraços fluviais, datadas, por meio de troncos de madeira coletados das suas porções basais, em 390, 3.700 e 29.000 anos A.P., respectivamente para os subciclos K_1, K_2 e K_3. Esse procedimento permitiu conhecer as idades dos paleossolos e, ao mesmo tempo, correlacionar as superfícies topográficas.

11.4.3 As superfícies geomorfológicas e os paleossolos

Já foi citada a importância da geomorfologia na origem e na preservação dos solos, que constitui um conceito empregado há muito tempo. Todavia, o "caminho inverso", de se chegar à história da evolução geomorfológica por meio do estudo dos paleossolos, foi descoberto posteriormente.

No sudoeste do Japão, ocorrem delgadas camadas de solo avermelhado (cores 10R, 2,5YR e 5YR), que era interpretado como produto de condições paleoambientais diferentes das atuais nesses locais. Os estudos de Matsui e colaboradores (Matsui; Kato, 1962; Matsui, 1964) permitiram estabelecer as relações entre esses paleossolos e a paleogeomorfologia, e correlaciona-los aos estádios interglaciais de melhoria climática do Pleistoceno. Embora ainda não se tenha uma ideia muito clara das causas da cor adquirida por esses paleossolos, provavelmente estaria relacionada ao efeito cumulativo das condições paleoclimáticas mais quentes e mais úmidas que as atuais.

11.5 BIOESTRATIGRAFIA BASEADA EM MICRORGANISMOS

A bioestratigrafia é tão antiga quanto a geologia e constitui um dos alicerces desta ciência. O conceito de zona fossilífera, como se usa ainda hoje, foi consolidado pelo pesquisador alemão A. Oppel entre 1856 e 1858. Após isso, por mais de um século, os conceitos foram ora distorcidos, ora amplificados. Então, uma comissão designada pela International Union of Geological Sciences (IUGS) elaborou um livro-guia para padronização desse conceito (ISSC, 1976), conforme o Quadro 11.2, ilustrado por Asano em 1973 (Fig. 11.10).

Posteriormente surgiu a designação plano de referência (*datum plane*), relacionada à bioestratigrafia baseada em microrganismos. Essa denominação tem um significado temporal e está relacionada ao momento de aparecimento ou de extinção de um táxon. Tanto a zona de amplitude como o plano de referência mudam com a zona biogeográfica, mesmo que os organismos sejam os mesmos.

Principalmente após a década de 1970, tornaram-se frequentes os estudos de microrganismos planctônicos (foraminíferos planctônicos, radiolários, diatomáceas e nanoplâncton calcário), ao lado da magnetoestratigrafia, em testemunhos submarinos de águas profundas.

11.5.1 Bioestratigrafia dos foraminíferos

No início, a bioestratigrafia era baseada em microrganismos, mas com o amplo emprego dos grãos de pólen e esporo

Quadro 11.2 Tipos de zonas fossilíferas propostos pela ISSC (1976) e as respectivas definições

Zonas fossilíferas		Definições
Zonas de assembleia (ou Cenozona)		Camada sedimentar caracterizada por uma associação típica de fósseis
Zonas de amplitude	Zona de amplitude do táxon	Camada sedimentar caracterizada pelo tempo de existência de um gênero ou espécie
	Zona de amplitude concorrente	Camada sedimentar caracterizada pelo tempo de existência de duas ou mais espécies
	Zona de Oppel	Camada sedimentar caracterizada pelo tempo de existência de um tipo peculiar de fóssil
	Zona de linhagem (ou Filozona)	Camada sedimentar caracterizada por um tipo ou por um grupo de fósseis em estágio particular de evolução
	Zona de acme	Camada sedimentar caracterizada pelo clímax de ocorrência de um tipo fóssil
Zona de intervalo		Camada sedimentar delimitada por dois horizontes estratigráficos definidos

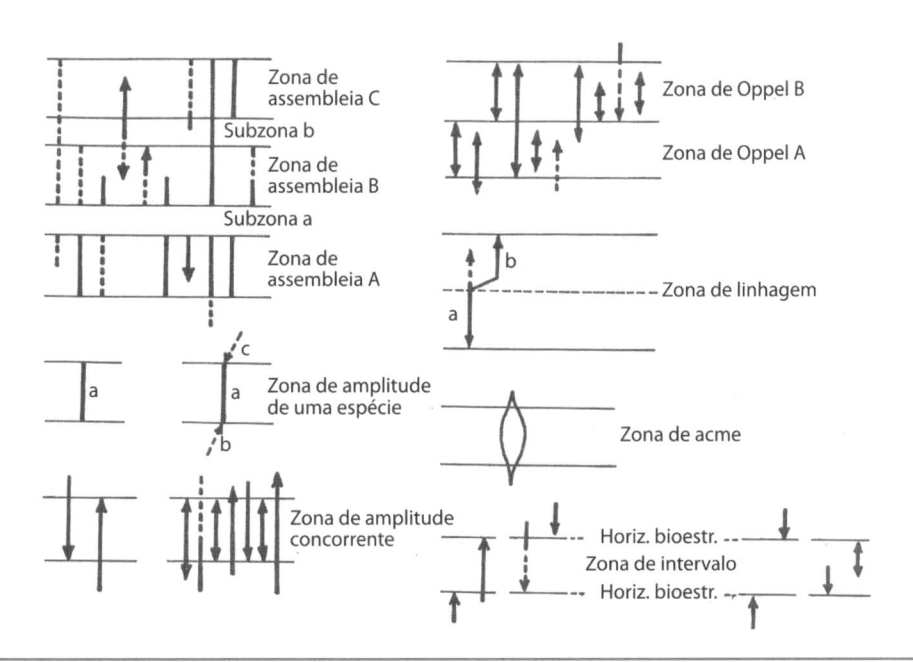

Fig. 11.10 Tipos de zonas fossilíferas esquematizados por Asano (1973). As linhas verticais expressam os intervalos de tempo de existência dos organismos ligados aos fósseis considerados

na Europa, teve início a bioestratigrafia fundamentada em microrganismos. Essa prática foi bastante ampliada com a necessidade de correlações de testemunhos em explorações petrolíferas usando-se foraminíferos, surgindo daí o conceito de teilzona (*teilzone*) ou, mais propriamente, topozona (*topozone*). Esse termo foi criado em relação aos foraminíferos bentônicos e expressa a distribuição local; assim, embora muito útil nas correlações dentro de uma bacia, em geral não é aplicável em correlações mais amplas.

Ericson e Wollin (1968) empregaram o foraminífero *Globorotalia menardii*, proveniente de testemunhos submarinos de águas profundas de regiões de baixa latitude do oceano Atlântico, típico de águas quentes, e distinguiram zonas com presença ou ausência desse organismo. Desse modo, a partir do presente, foram reconhecidas as zonas Z, Y, X, ...Q (Fig. 11.11), correlacionadas às cronologias das glaciações da América do Norte.

Esse resultado não é válido nas latitudes média e alta dos oceanos Atlântico ou Pacífico. Além disso, sabe-se que nas proximidades do Evento Olduva, pode-se admitir um plano de referência (*datum plane*) definido pela substituição da *Globorotalia tosaensis* pela *Globorotalia truncatulinoides*, utilizada como limite entre os períodos Neógeno e Quaternário. Vicalvi e Palma (1980) constataram uma diminuição na frequência de *Globorotalia truncatulinoides* entre 23 cm de profundidade e o topo do testemunho 3229, coletado entre a foz do rio Gurupi (MA) e Fortaleza (CE), quando o clima teria sido mais frio que o atual. Essa fase provavelmente é correlacionável ao Dryas mais jovem (Jansen, 1994), pois foi datada de 11.350 anos A.P. por amostra coletada a 35 cm de profundidade no mesmo local.

Sabe-se que os foraminíferos planctônicos, mesmo pertencendo à mesma espécie, podem passar repentinamente de dextrógiros (enrolamento para a direita) para levógiros (enrolamento para a esquerda), fato que pode ser usado como limite de biozona (*biozone*). Por exemplo, a espécie *Pulleniatina obliquiloculata* muda de dextrógira para levógira no limite de aparecimento de *Globorotalia truncatulinoides*, usado para o estabelecimento do plano de referência (*datum plane*) do limite entre os períodos Neóge-

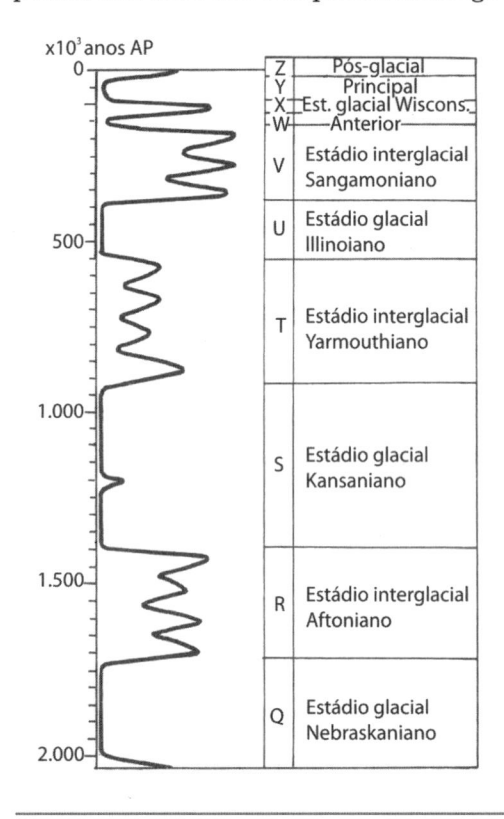

Fig. 11.11 Zonas microfaunísticas baseadas no foraminífero planctônico *Globorotalia menardii* de 10 testemunhos submarinos de águas profundas do oceano Atlântico (Ericson; Wollin, 1968). As letras de Z a Q representam as zonas microfaunísticas. O tempo geológico foi baseado na magnetoestratigrafia de 5 testemunhos submarinos de águas profundas

no e Quaternário. Embora não se conheça perfeitamente a razão da mudança no sentido de enrolamento, acredita-se que esteja relacionada à mudança de temperatura da água onde viveu o organismo. Conforme Ericson (1959), pesquisas realizadas no oceano Atlântico Norte indicaram que, tendo como limite a isoterma de 7,22°C da temperatura superficial oceânica (TSO), o enrolamento da *Globorotalia pachyderma* seria para a direita em temperaturas superiores, e para a esquerda em temperaturas inferiores.

11.5.2 Bioestratigrafia dos radiolários

Em fundos oceânicos profundos, além das vasas calcárias ricas em foraminíferos planctônicos, há as vasas silicosas compostas principalmente por restos de radiolários, diatomáceas e esponjas.

As pesquisas de vasas silicosas estão ainda atrasadas em relação às calcárias, mas tornaram-se pouco mais frequentes somente na década de 1960 (Hays, 1965). Esse autor realizou estudos de radiolários e magnetoestratigrafia em testemunhos submarinos dos mares antárticos, estabelecendo uma zonação baseada em radiolários (Fig. 11.12). A mudança mais conspícua foi verificada no limite das zonas microfaunísticas X/ϕ, onde a litofácies também muda de vasa silicosa com diatomáceas para vasa vermelha. Segundo Hays (1965), isso deve ser atribuído à expansão da geleira antártica, que intensifica o fenômeno

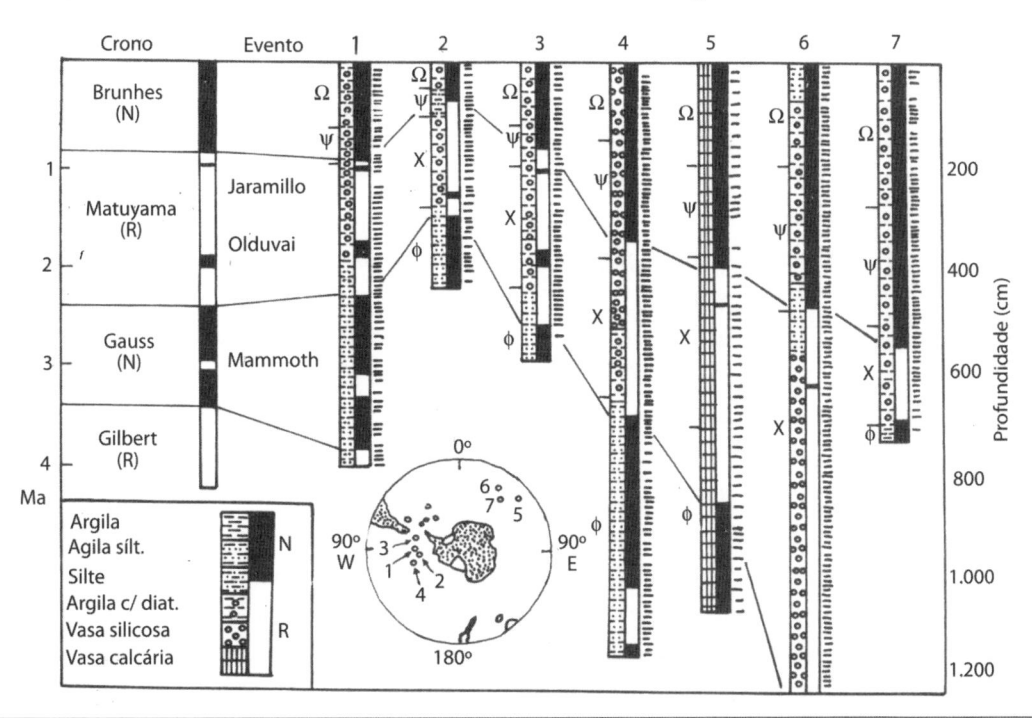

Fig. 11.12 Zonas microfaunísticas baseadas em radiolários de testemunhos submarinos de mares antárticos (Opdyke et al., 1966). O tempo geológico baseia-se em magnetoestratigrafia. Fato notável é que o limite entre as zonas ψ e x coincide aproximadamente com o limite Brunhes-Matuyama

da ressurgência e, consequentemente, a produtividade biológica, correspondendo ao limite entre os períodos Neógeno e Quaternário.

11.5.3 Bioestratigrafia das diatomáceas

As diatomáceas constituem uma alga unicelular das floras planctônica e bentônica dos corpos de águas doce, salobra e salgada. As espécies variam sensivelmente segundo a salinidade e a temperatura da água; portanto, representam um ótimo indicador paleoambiental e, como acontece com os foraminíferos e os grãos de pólen e esporo, o seu estudo é muito importante nas pesquisas detalhadas de testemunhos de sondagem.

Como exemplo, pode-se citar o trabalho de Koizumi (1979), que realizou um estudo bioestratigráfico de diatomáceas em testemunhos subárticos e subtropicais do oceano Pacífico Norte, reconhecendo seis zonas de microrganismos baseadas em diatomáceas dos últimos 5 Ma (Fig. 11.13). Mesmo no curto intervalo de tempo abrangido pelo Quaternário, o autor encontrou extinções e surgimento de novas formas, que podem ser usados como planos de referência (*datum planes*).

11.5.4 Bioestratigrafia de nanoplâncton calcário

O nanoplâncton calcário de origem vegetal é um dos componentes principais da vasa calcária dos fundos oceânicos. Em geral, quando essa vasa é peneirada através de uma malha de 0,062 mm, o

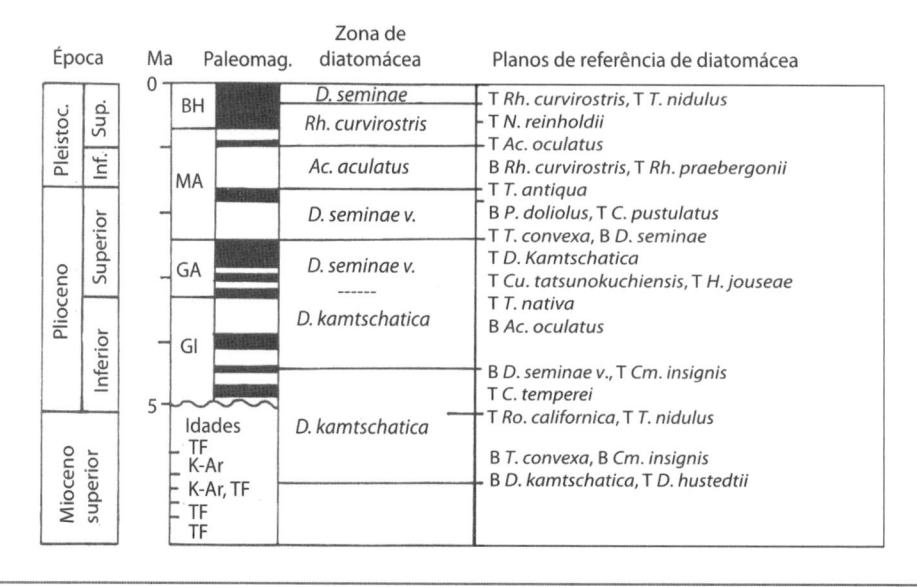

Época		Ma	Paleomag.	Zona de diatomácea	Planos de referência de diatomácea
Pleistoc.	Sup.	0	BH	*D. seminae*	T *Rh. curvirostris*, T *T. nidulus* T *N. reinholdii* T *Ac. oculatus*
	Inf.			*Rh. curvirostris*	
			MA	*Ac. aculatus*	B *Rh. curvirostris*, T *Rh. praebergonii* T *T. antiqua*
Plioceno	Superior			*D. seminae* v.	B *P. doliolus*, T *C. pustulatus* T *T. convexa*, B *D. seminae*
			GA	*D. seminae* v.	T *D. Kamtschatica* T *Cu. tatsunokuchiensis*, T *H. jouseae* T *T. nativa* B *Ac. oculatus*
	Inferior		GI	*D. kamtschatica*	
		5			B *D. seminae* v., T *Cm. insignis* T *C. temperei* T *Ro. californica*, T *T. nidulus*
Mioceno superior			Idades TF K-Ar K-Ar, TF TF TF	*D. kamtschatica*	B *T. convexa*, B *Cm. insignis* B *D. kamtschatica*, T *D. hustedtii*

Fig. 11.13 Zonas microflorísticas baseadas em diatomáceas do Mioceno ao Recente do oceano Pacífico Norte (Koizumi, 1979)

T = extinção; B = aparecimento; Ac = *Actinocyclus*; C = *Coscinodiscus*; Cu = *Cussia*; D = *Denticula*; N = *Nitzchia*; Rh = *Rhizosolenia*; Ro = *Rouxia*; Th = *Thalassiosira*; BH = Brunhes; MA = Matuyama; GA = Gauss; GI = Gilbert; TF = traço de fissão; K-Ar = potássio-argônio

material retido compõe-se de testas de foraminíferos planctônicos, e o material passante é formado por nanoplâncton calcário. Sob o ponto de vista da classificação biológica, grande parte compõe-se de carapaça calcária de alga unicelular do tipo cocólito, envolvida por delgada lâmina calcária. Pensa-se também que o Discoaster, com lâmina calcária em forma de estrela, pertença ao grupo.

Desde o início da década de 1960, o estudo de Ericson, Ewing e Wollin (1963) despertou muito interesse e, atualmente, é tão usado quanto os foraminíferos planctônicos na bioestratigrafia da base do Neógeno até o Quaternário.

Como plano de referência (*datum plane*), representando o limite Neógeno-Quaternário, passou a ser usado o cocólito da espécie *Gephyrocapsa oceanica* (McIntyre; Bé; Pretiskas, 1967), em substituição ao *Discoaster*, usado antes por Ericson, Ewing e Wollin (1963).

11.6 Estratigrafia isotópica

A estratigrafia tradicional, baseada nas litofácies e biofácies, foi enriquecida desde o início do século XX por métodos originários da Física e, posteriormente, pela técnica da estratigrafia isotópica. Aqui será enfatizado o emprego da razão isotópica do oxigênio ($^{18}O/^{16}O$), importantíssimo nos estudos do Quaternário.

11.6.1 Os fundamentos do método da razão isotópica do oxigênio

A possibilidade de poder estimar as paleotemperaturas das águas por meio das razões dos isótopos de oxigênio $^{18}O/^{16}O$ foi demonstrada teoricamente, pela primeira vez, por H. C. Urey em 1947, e, em seguida, implementada pelo desenvolvimento de equipamentos analíticos de precisão. Os organismos marinhos, quando constroem as suas carapaças de carbonato de cálcio, incorporam Ca^{++} e CO_3^{--} oriundos das águas circundantes. O ânion CO_3^{--} mantém com a água a seguinte reação de troca de isótopos de oxigênio:

$$\frac{1}{3}C^{16}O_3^{-} + H_2^{18}O \leftrightarrow \frac{1}{3}C^{18}O_3^{-} + H_2^{16}O$$

Nessa reação, a proporção com que ^{18}O vai participar nas composições de CO_3^{-} e do H_2O é expressa pela constante K, que dependerá da temperatura da água:

$$K = \frac{H_2^{16}O(C^{18}O_3^{-})^{1/3}}{H_2^{18}O(C^{16}O_3^{-})^{1/3}} = \frac{(C^{18}O_3^{-}/C^{16}O_3^{-})^{1/3}}{H_2^{18}O/H_2^{16}O}$$

O valor de K aumenta com a diminuição e diminui com o aumento da temperatura da água, modificando-se à razão de aproximadamente 0,15‰ a 0,20‰ por 1°C de variação. Portanto, medindo-se os teores de ^{18}O e ^{16}O do $CaCO_3$ das carapaças carbonáticas de organismos marinhos antigos com precisão de 0,10‰, é possível determinar as paleotemperaturas com precisão de ± 1°C. Na prática, as paleotemperaturas são calculadas pela relação existente entre a temperatura da água e o teor de ^{18}O no $CaCO_3$. Porém, como não se conhece o teor de ^{18}O quando o organismo ainda vivia, admite-se que tenha sido praticamente igual ao da atual água do mar.

O teor de ^{18}O no $CaCO_3$, em termos de $\delta^{18}O$, é obtido na razão milesimal da amostra padrão (PDB = correspondente ao do fóssil de *Belemnite* da Formação Pee Dee do Cretáceo dos Estados Unidos, ou SMOW = Standard Mean Ocean Water), segundo a relação:

$$\delta^{18}O = \left(\frac{^{18}O/^{16}O \text{ da amostra}}{^{18}O/^{16}O \text{ do padrão}} - 1\right) \times 1.000 \text{ (‰)}$$

Com base nessa expressão, Urey et al. (1951) usaram vários tipos de restos de fósseis do Cretáceo e estimaram que as paleotemperaturas das águas na época deveriam ser de 15°C a 16°C. Esse método também é aplicável em carbonatos precipitados inorganicamente, como os de espeleotemas (estalactites, estalagmites etc.), conforme demonstrado por Emiliani (1971).

11.6.2 Curvas de variações de paleotemperaturas

Em 1955, C. Emiliani, discípulo de H. C. Urey, conseguiu delinear a curva de variações de paleotemperaturas superficiais das águas oceânicas, durante o Quaternário, medindo o $\delta^{18}O$ das carapaças de foraminíferos planctônicos de testemunhos submarinos de águas profundas. Na oportunidade, ele introduziu o fator de correção A, relacionado às águas do passado, e, dessa maneira, a fórmula empírica para encontrar a paleotemperatura em °C, por meio do $\delta^{18}O$, seria:

$$T = 16,5 - 4,3 \, (\delta^{18}O - A) + 0,14 \, (\delta^{18}O - A)^2$$

O autor admitiu que a variação do A era muito pequena, inferior a 0,5‰.

A Fig. 11.14 apresenta uma parte da curva de Emiliani (1955), correspondente aos últimos 300.000 anos, com as paleotemperaturas obtidas por meio do $\delta^{18}O$ das carapaças do foraminífero planctônico *Globigerina sacculifer* de vários testemunhos submarinos de águas profundas do mar do Caribe.

A escala de tempo foi obtida a partir de idades radiocarbono de $CaCO_3$ da porção superior do testemunho, extrapolando-se para épocas mais antigas com base na taxa de sedimentação. O autor correlacionou as fases de paleoclimas mais frios com os quatro estádios glaciais principais da Europa (Alpes) e da América do Norte, atribuindo-lhes números pares de $\delta^{18}O$. Para os estádios interglaciais com paleoclimas mais quentes, atribuiu números ímpares de $\delta^{18}O$.

Na década de 1960, fizeram-se determinações de $\delta^{18}O$ de inúmeros testemunhos submarinos de águas profundas provenientes de vários oceanos, obtendo-se curvas muito semelhantes à de Emiliani, o que comprovou a validade da sua escala de estágios isotópicos de $\delta^{18}O$ em nível mundial. Além disso, a utilização simultânea da magnetoestratigrafia tornou muito mais precisa a escala de tempo da curva de estágios isotópicos de $\delta^{18}O$, representando as paleotemperaturas das águas superficiais oceânicas (Shackleton; Opdyke, 1976) (ver Fig. 4.4).

Paralelamente, realizaram-se análises de $\delta^{18}O$ de testemunhos de geleiras da Antártica e da Groenlândia (Dansgaard

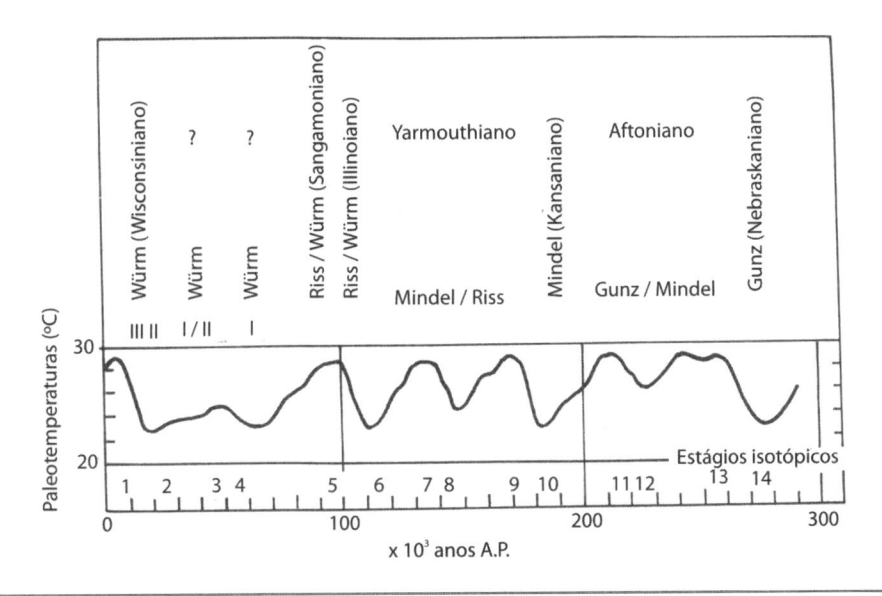

Fig. 11.14 Curva de variações das paleotemperaturas obtidas de testemunhos submarinos de águas profundas por Emiliani (1955). Os números de 1 a 14 correspondem aos estágios isotópicos de $\delta^{18}O$ (números ímpares indicam épocas frias e números pares, épocas quentes)

et al., 1971), as quais, nos últimos 100.000 anos, têm exibido resultados semelhantes aos obtidos em testemunhos submarinos de águas profundas. Nesse caso, estimou-se a idade da base da geleira admitindo-se como constantes a precipitação de neve, a espessura e o padrão de fluxo, corrigindo-se o adelgaçamento devido ao fluxo.

11.6.3 $\delta^{18}O$ e as mudanças nos volumes das geleiras

As pesquisas sobre as paleotemperaturas do Quaternário com o uso das razões isotópicas $^{18}O/^{16}O$ experimentaram notáveis progressos. Entretanto, na década de 1970, Shackleton e Opdyke (1973) descobriram que o fator de correção A usado por Emiliani, que o considerou pouco importante, tinha, de fato, uma influência bem maior. Isso foi sugerido pela grande semelhança nas mudanças dos valores de $\delta^{18}O$ dos foraminíferos planctônicos e bentônicos de testemunhos submarinos de águas profundas (Fig. 11.15), indicando que eles não estariam refletindo diretamente as variações de paleotemperaturas das águas superficiais, mas estariam ligados às modificações dos teores de $\delta^{18}O$ das águas oceânicas.

Em outras palavras, ao ocorrer a evaporação das águas oceânicas, processar-se-ia o fenômeno do fracionamento isotópico, e como o isótopo ^{18}O é mais pesado, concentrar-se-ia nas águas oceânicas. Com isso, a geleira resultante da acumulação de neve ficaria enriquecida em ^{16}O e passaria a ser retida sobre os continentes. Portanto, os teores de ^{18}O

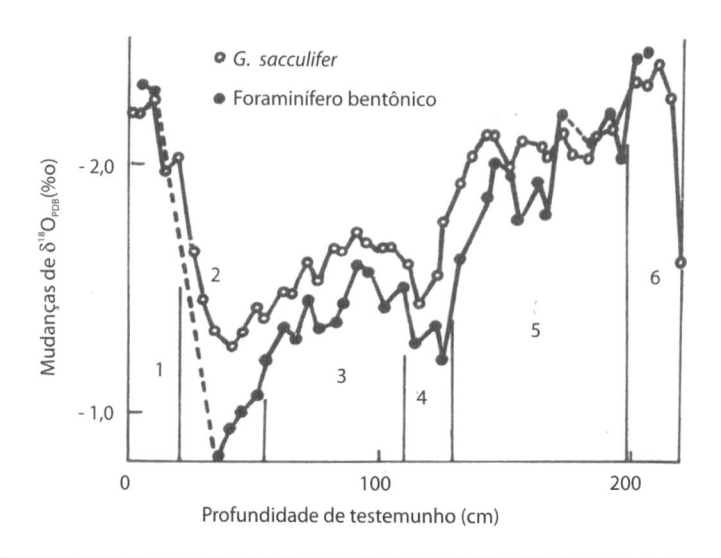

Fig. 11.15 Comparação das curvas de variações de $\delta^{18}O$ de testas de foraminíferos bentônicos e da *Globigerina sacculifer* (planctônico) dos 230 cm superiores do testemunho V28-238 do oceano Pacífico Equatorial Ocidental (Shackleton; Opdyke, 1973). Os números de 1 a 6 correspondem aos estágios isotópicos de Emiliani (1955). Verifica-se que as duas curvas são aproximadamente paralelas

das águas oceânicas dependem dos volumes das geleiras. Assim, as épocas de paleotemperaturas mais baixas correspondem às fases de ^{18}O mais altos, e vice-versa. Em consequência, as variações de $\delta^{18}O$, durante o Quaternário, refletiriam os estádios glaciais e interglaciais.

Hoje em dia, pensa-se que as variações de $\delta^{18}O$ do $CaCO_3$ das testas de foraminíferos dependam não só das paleotemperaturas das águas superficiais oceânicas na época, mas principalmente das mudanças nos teores de ^{18}O daquelas águas em função da fusão das geleiras. Portanto, essas relações são mais complexas que as ideias originais de Urey e Emiliani. Os estágios isotópicos idealizados por Emiliani, todavia, continuam válidos e, atualmente, foram estendidos até além do Evento Jaramillo, ou seja, por cerca de 900.000 anos passados.

11.6.4 Estratigrafia isotópica do carbono

A razão $^{13}C/^{12}C$ dos isótopos estáveis de carbono também tem sido alvo de atenção, principalmente nas últimas décadas, sobretudo nas explorações petrolíferas. Analogamente aos valores de $\delta^{18}O$, os de $\delta^{13}C$ da matéria orgânica vegetal são expressos em relação ao padrão PDB por meio da expressão:

$$\delta^{13}C = \left(\frac{^{13}C/^{12}C \text{ da amostra}}{^{13}C/^{12}C \text{ do padrão}} - 1\right) \times 1.000 \text{ (‰)}$$

Quando a matéria orgânica dos seres vivos decompõe-se para dar origem aos hidrocarbonetos de forma líquida ou gasosa, dependendo da proveniência ou do estágio de maturação, os teores de $\delta^{13}C$ sofrem várias transformações e podem ser usados nas correlações de hidrocarbonetos entre si e com as potenciais rochas geradoras (Stall, 1977).

Análises realizadas no início da década de 1970 por Nakai (1972), em testemunho de 200 m do lago Biwa (Japão), amostrado a intervalos de 5 m, estão representadas na Fig. 11.16.

Verifica-se uma correlação muito boa entre as curvas de variações de $\delta^{13}C$ da matéria orgânica vegetal e dos teores totais de carbono orgânico. Além disso, comparando-se essas curvas com as informações paleoclimáticas obtidas por palinologia, constata-se que os picos de $\delta^{13}C$ e de teores totais de carbono orgânico coincidem com as épocas mais quentes. Ainda não se conhece bem a provável explicação para essa correlação, mas o fato de $\delta^{13}C$ sugerir a possibilidade de aplicação em estratigrafia isotópica é assaz interessante.

As plantas terrestres que realizam a fotossíntese deixam os restos de matéria orgânica vegetal armazenados nos solos, os quais podem ser analisados quanto aos seus conteúdos em $\delta^{13}C$ para se chegar ao tipo de cobertura vegetal predominante, ou seja, se era dominada por plantas do tipo C_3 (arbóreas) ou do tipo C_4 (gramíneas). Esses resultados podem ser confrontados com dados palinológicos para a obtenção de informações mais detalhadas sobre as flutuações paleoclimáticas na área estudada.

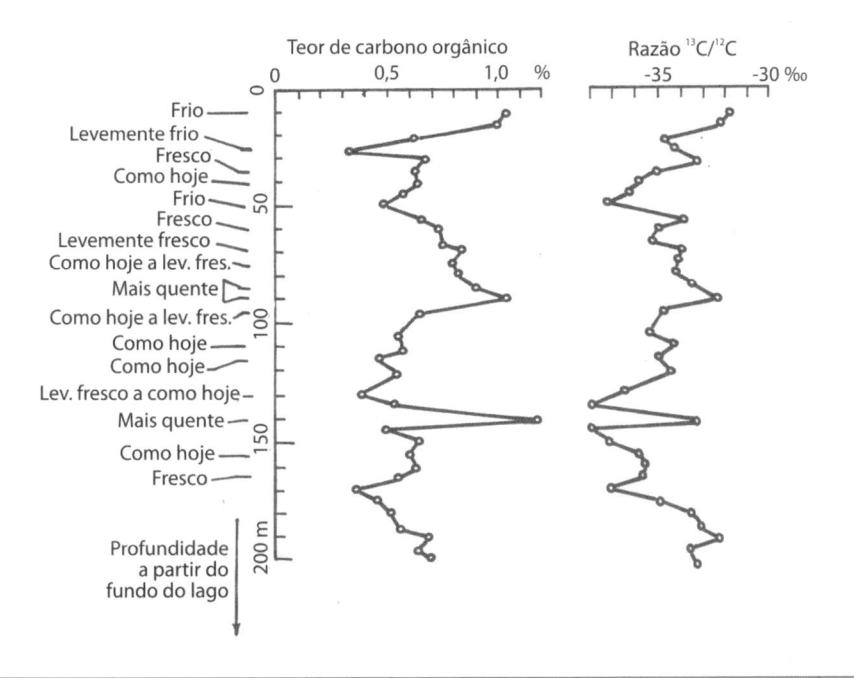

Fig. 11.16 Comparação entre as curvas de variações dos teores de $\delta^{13}C$ do carbono orgânico vegetal e dos teores de carbono orgânico total no testemunho de sedimentos do lago Biwa (Japão), segundo Nakai (1972). Nota-se boa correlação entre os picos de valores maiores e menores desses parâmetros. À esquerda, as informações paleoclimáticas baseadas em palinologia (Fuji, 1974)

11.7 Os problemas dos limites estratigráficos do Quaternário

11.7.1 O limite Plioceno-Pleistoceno

As subdivisões cronológicas e crono-estratigráficas constituíam o ponto de partida da estratigrafia; porém, simultaneamente ao progresso dessa área do conhecimento, ocorreram incrementos nas precisões metodológicas, de modo que novas questões desse limite tornaram-se evidentes. Esse problema não é diferente no período Quaternário, caracterizado pelo enorme acervo de conhecimentos, quando comparado aos dos períodos geológicos mais antigos, talvez, em parte, pelas suas peculiaridades de inter e multidisciplinaridade.

O fato de o período Quaternário estar mais diretamente ligado às formas atuais da fauna e da flora, às grandes glaciações e ao advento de atividades mais conspícuas do homem era, inicialmente, aceito sem grandes dissenções. Entretanto, quando foi suscitada a questão do limite Plioceno-Pleistoceno, por exemplo, já não houve concordância das diferentes áreas de conhecimentos do Quaternário, conforme as discussões apresentadas a seguir.

As opiniões baseadas na Fauna Vilafranquiana

Logo após meados do século XIX, na localidade denominada Villafranchia d'Asti, nas cabeceiras do rio Pó (Itália), foram descobertos restos de mamíferos extintos contidos em sedimentos arenoargilosos com cascalhos, que receberam o nome de Fauna Vilafranquiana.

Entre 1907 e 1911, o geólogo francês E. Haug propôs que o aparecimento dessa associação faunística composta de *Elephas* (elefante), *Leptobos* (vaca) e *Equus* (cavalo), como representantes das formas modernas, fosse considerado como o início do Quaternário. Essa ideia foi sintetizada pelas iniciais "E-L-E" (iniciais dos nomes dos três gêneros) e designada "linha de Haug", sendo defendida por especialistas em vertebrados fósseis. Porém, sua aceitação implicava desprezar completamente os conhecimentos advindos dos estudos de depósitos marinhos. Uma vez que a Fauna Vilafranquiana incluía também animais típicos dos períodos Paleógeno e Neógeno, como *Anancus arvernensis* (mastodonte), *Hipparion* (cavalo) e *Tapirus arvernensis* (anta), outros especialistas em vertebrados achavam que o Pleistoceno deveria começar na parte superior do Andar Vilafranquiano.

O aparecimento do homem

Uma vez que o Quaternário corresponde ao período do homem, o seu aparecimento poderia representar o início desse tempo. Entretanto, a definição exata de onde e de quando teria surgido o primeiro homem não é um problema completamente resolvido.

Com a descoberta, no início do século XIX, de sítios arqueológicos que representavam o Paleolítico, iniciaram-se as especulações. O primeiro resto de homem primitivo, porém, seria descoberto na caverna calcária de Neanderthal em 1856, nas cercanias de

Dülsseldorf (Alemanha). Posteriormente, em 1891, na localidade de Trinil (Java), seria descoberto o resto de *Pithecanthropus erectus* (atualmente designado *Homo erectus javaensis*), considerado o homem mais primitivo. Em 1925, na pedreira de Taung (África do Sul), seria encontrado um crânio humano atribuído ao *Australopithecus africanus*. Esse robusto hominídeo caminhava em posição ereta, embora ainda tivesse cérebro relativamente reduzido. Após a Segunda Guerra Mundial, em 1959, na localidade do desfiladeiro de Olduvai, na Tanzânia (África Oriental), foram encontrados os restos de *Zinjanthropus boisei* (atual *Australopithecus robustus*), juntamente com instrumentos líticos. Foi também descoberto o *Homo habilis*, que ainda apresentava características muito primitivas, cuja idade foi determinada pelo método do K/Ar em 1,8 Ma. Desse modo, a origem do homem passou a ser considerada como tendo ocorrido há cerca de 2 Ma.

Novas descobertas de restos humanos têm "envelhecido" cada vez mais a época de surgimento do homem, de modo que esse critério parece ser bastante problemático. Desse modo, o *Australopithecus afarensis* encontrado no Estado de Hadar (Etiópia) ou em Laetolil (Tanzânia) foi considerado como sendo de 2,9 a 3,8 Ma, segundo datações dos sedimentos relacionados a esses achados, realizadas pelo método do K/Ar (Johansen; White, 1979). Existem também autores que consideram o *Ramapithecus*, encontrado em sedimentos do Mioceno médio a superior, como hominídeo e, nesse caso, a origem do homem recuaria a 14 Ma passados. Todavia, a exemplo dos antropólogos russos, se forem considerados critérios ligados às Ciências Sociais, como o trabalho, na definição de "Homem" deve-se incluir somente o *Homo sapiens* (Fig. 11.17).

O início das glaciações

A cronologia das glaciações na região alpina foi iniciada por Penck e Brückner (1909), e prosseguida por Eberl (1930),

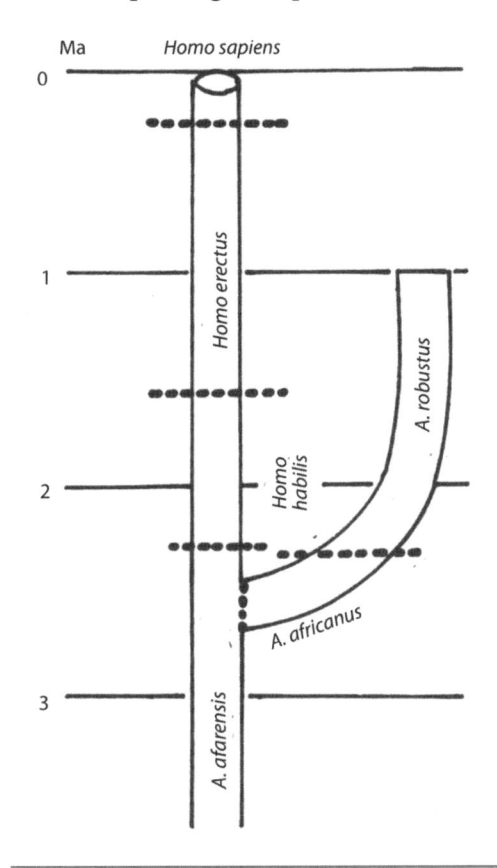

Fig. 11.17 Árvore genealógica da espécie humana (Johansen; White, 1979). Entre 2 e 3 Ma teriam ocorrido grandes transformações ecológicas, que levaram à divisão *A. africanus* e *A. robustus*

que reconheceu a glaciação Danúbio, e por Schaefer (1953), que identificou a glaciação Bíber. No caso das glaciações, durante o século XX, as idades foram deslocadas para tempos cada vez mais antigos, pelo fato de que, quanto mais antigas as glaciações, menos preservados os seus depósitos e as suas feições fisiográficas, dificultando o reconhecimento. Além disso, se as glaciações subsequentes forem mais extensas e intensas que as anteriores, as evidências das glaciações prévias serão destruídas quase que completamente.

Para tentar contornar essas dificuldades, iniciaram-se os estudos palinológicos de áreas periglaciais e não glaciadas, bem como estudos microfaunísticos de sedimentos submarinos de águas profundas e de depósitos lacustres. Recentemente tem aumentado o volume de informações bioestratigráficas oriundas de testemunhos que atravessaram o horizonte do evento paleomagnético Olduvai, que conferem maior precisão às informações paleoclimáticas e estratigráficas sobre o período Quaternário.

Há dados baseados em foraminíferos planctônicos de testemunhos submarinos de águas profundas que indicam que, em zonas de latitudes médias do Hemisfério Norte, as glaciações iniciaram-se há 2,6 Ma, no Plioceno tardio, e no Hemisfério Sul, especificamente na Nova Zelândia, segundo Kennett, Watkins e Vella (1970), teria sido constatado um abaixamento brusco de temperatura há 2,5 Ma. Portanto, parece que o início das glaciações, segundo informações provenientes de latitudes médias, pode ser atribuído ao fim do período Terciário.

A resolução do XVIII Congresso Geológico Internacional

Com o avanço das pesquisas multi e interdisciplinares sobre o Quaternário, tornaram-se mais frequentes os confrontos entre os diferentes pontos de vista. Em consequência, durante o XVIII Congresso Geológico Internacional (C.G.I.), em Londres, seria decidida a composição de uma comissão para caracterizar e correlacionar, em termos globais, o limite Plioceno-Pleistoceno (King; Oakley, 1950). Os principais objetivos que deveriam ser alcançados por essa comissão eram:

a) selecionar uma localidade-tipo que representasse, segundo os critérios estratigráficos, o limite Plioceno-Pleistoceno;

b) estabelecer esse limite com base em métodos clássicos, com o uso de associação de fauna marinha;

c) incluir, na porção mais inferior do Pleistoceno inferior da localidade-tipo, a Formação Calábria e os depósitos continentais correlacionáveis da Formação Vilafranquiana. Esse limite deveria estar situado na porção superior do Sistema Terciário da Itália, correspondente ao primeiro evento de deterioração paleoclimática cenozoica.

Embora nas resoluções da comissão estabelecida em Londres se perceba o reconhecimento da importância da fauna marinha na bioestratigrafia, resolveu-se que na definição do limite Plioceno-Pleistoceno seriam considerados os andares Calabriano e Vilafranquiano, sem esquecer a ideia da deterioração paleoclimática, que acusaria o início das glaciações. A escolha da seção-tipo (estratótipo-limite) foi delegada à Sociedade Geológica Italiana.

A base da Formação Calábria

Após o XVIII C.G.I., os fatos relacionados à definição do limite Plioceno-Pleistoceno evoluíram da seguinte maneira:

a) Embora o estratótipo do Andar Calabriano não estivesse estabelecido nas regiões de Santa Maria di Catanzaro e Le Castella (sul da Itália), onde ele se acha particularmente bem desenvolvido, tornaram-se mais frequentes as análises de isótopos de oxigênio, de microrganismos e estudos paleomagnéticos executados sob diversos enfoques.

b) Na década de 1960, surgiu a necessidade de modificações substanciais nas relações entre os andares Calabriano e Vilafranquiano, considerados contemporâneos até então. Embora não sejam observadas relações de contato, a leste da localidade-tipo, o Andar Vilafranquiano é substituído pela fácies regressiva da Formação Asti, de origem marinha, que, por sua vez, é superposta pela Formação Calabriana, de origem marinha transgressiva. Isso significa que, pelo menos parcialmente, a Formação Vilafranquiana é mais antiga que a Calabriana. Por sua vez, no planalto central da França, os depósitos que contêm os fósseis da Fauna Vilafranquiana são divididos, segundo Savage e Curtis (1970), em três unidades datadas por K/Ar em cinzas vulcânicas: inferior (3,8 a 3,4 Ma), média (2,5 a 1,9 Ma) e superior (1,3 a 1,1 Ma). Segundo Berggren e Van Couvering (1974), na localidade-tipo, a Formação Vilafranquiana não apresenta o grupo de fósseis de mamíferos da "linha de Haug" (E-L-E), de modo que, segundo a correlação estratigráfica com a França, deve corresponder à parte inferior ou média (Quadro 11.3).

c) As análises de isótopos de oxigênio de carapaças de foraminíferos planctônicos na seção de La Castella, que representam a porção inferior da Formação Calabriana, não permitiram detectar uma deterioração paleoclimática mais marcante. Além disso, os estudos de $\delta^{18}O$ realizados por Shackleton e Opdyke (1976), em testemunhos submarinos de águas profundas do oceano Pacífico Equatorial, também não mostraram mudanças mais notáveis na época do evento paleomagnético Olduvai.

d) As camadas lacustres I e II do desfiladeiro de Olduvai contêm ossos humanos, instrumentos líticos e muitos ossos de mamífe-

Quadro 11.3 Cronologia das proximidades do limite entre o Plioceno e o Pleistoceno (Berggren; Van Couvering, 1974)

Tempo geológico		Sistema Quaternário marinho da Itália	Cronologia baseada em mamíferos continentais da Europa		Ma
Pleistoceno	Inferior	Emiliano	Bihariano		
		Siliciano			1
		Calabriano		superior	
Plioceno	Superior	Plaisanciano-Astiano	Vilafranquiano	médio	2
				inferior (seção-tipo)	
		Zancliano	Rusciniano		3

ros (*Elephas*, *Equus* etc.), pertencentes à associação faunística Vilafranquiana da África, datados por K/Ar em camadas de rochas vulcânicas interdigitadas com idades máximas de 2 Ma. Medidas de paleomagnetismo permitiram identificar o evento Olduvai (1,61-1,82 Ma) da época de polaridade Matuyama. Esse evento representa um importante marco mundial do início do Quaternário (Gromme; Hay, 1963).

e) No fim da década de 1970 e início da década de 1980, sabia-se, com base em dados magneto-estratigráficos da seção de La Castella, que a base da Formação Calabriana estava situada nas proximidades do evento Olduvai. Tal conclusão também era corroborada pela bioestratigrafia baseada em microrganismos planctônicos, pois na base da Formação Calabriana, o cocólito *Gephyrocapsa* aparecia em substituição ao *Discoaster brouweri*. Entre os foraminíferos planctônicos, aparecia a *Globorotalia truncatulinoides* e desaparecia a *Globigerina obliqua*.

f) Segundo Van Couvering (1997), muitos anos de esforços dispendidos por meio do Projeto 41 (Limite Neógeno-Quaternário) do Programa Internacional de Correlação Geológica (PICG) culminaram no estabelecimento do estratótipo-limite do Pleistoceno, internacionalmente aceito e correspondente ao evento de grande mudança paleoclimática, há aproximadamente 1,8 Ma. O estratótipo-limite, representado por depósitos marinhos de águas profundas, situa-se em Vrica, na Calábria (Itália). Essa seção, proposta por Pasini e Colalongo (1997), foi caracterizada em termos sedimentológicos, paleoecológicos, bioestratigráficos, biocronológicos e magnetoestratigráficos, com base em estudos realizados durante várias décadas por estratígrafos de diversos países. O nível situa-se próximo à subzona de polaridade normal Olduvai, e é aproximadamente sincrônico ao primeiro aparecimento local da *Arctica islandica*, em geral restrita às águas frias boreais dos estádios interglaciais.

11.7.2 O limite Pleistoceno-Holoceno
O início da época pós-glacial

Uma vez que o limite Pleistoceno-Holoceno é bastante recente em termos geológicos, poucos são os casos de extinção da fauna e da flora. Com isso, dificilmente pode ser estabelecido em termos bioestratigráficos. Porém, tanto no Velho Mundo como no Novo Mundo houve a extinção da maioria dos mamíferos de grande porte, típicos da Idade do Gelo, embora esse fenômeno também não tenha sido repentino, mas processou-se durante um tempo relativamente longo na época pós-glacial. Desse modo, tornou-se mais ou menos corrente a ideia de correlacioná-lo à Climatoestratigrafia, no sentido de que o Holoceno representaria uma fase posterior às glaciações pleistocênicas. De fato, essa mudança climática, embora diacrônica, foi revelada pelos estudos realizados nas Américas (do Norte, Central e do Sul), na Nova Zelândia e em ambientes oceânicos de águas profundas, o que sugere que possua significado global, uma vez que foi detectada em ambos os hemisférios.

Embora esse limite seja aparentemente muito fácil de visualizar, na verdade, com relação a detalhes, as dificuldades são semelhantes às do início do Pleistoceno. No caso das grandes calotas continentais, o degelo pode demorar milhares de anos, e deverão surgir diferenças entre as bordas e a porção mais central da geleira. Portanto, a passagem do glacial para o pós-glacial não deve ter sido simultânea, mesmo em regiões glaciadas. Naturalmente ela torna-se muito mais confusas em regiões não glaciadas do Quaternário, como no Brasil.

Assim, embora não tenham faltado propostas de correlação mundial desse limite, certamente a passagem estabelecida para a Europa não deve ser válida na América do Norte, onde, segundo Morrison (1961), o pós-glacial na região dos Grande Lagos, por exemplo, iniciou-se somente entre 3.000 e 5.000 anos A.P.

Contrariamente à ideia baseada em fenômenos paleoclimáticos, como as glaciações de caráter mais regional, houve também a tentativa de correlacionar as subidas do nível do mar pós-glaciais, supostamente de amplitude mais global (Fairbridge, 1961). Hoje em dia, porém, sabe-se que, além da glacioeustasia, de alcance mais global, atuam fenômenos mais regionais (tectonoeustasia, geoidoeustasia etc.) e até locais (compactação diferencial, tectonoeustasia etc.). Ao lado disso, os critérios usados nas pesquisas de níveis do mar não são utilizáveis no interior dos continentes, como acontece em muitas regiões do Brasil.

A situação atual do limite Pleistoceno-Holoceno

Em 1957, durante o V Congresso Internacional da International Union for Quaternary Research (INQUA), em Madri (Espanha), chegou-se, no âmbito da Comissão do Holoceno, ao consenso de que o limite deveria ser estabelecido em função das idades radiocarbono e dos fenômenos de mudanças paleoclimáticas, estabelecidos mundialmente e reconhecidos em cada local. Posteriormente, a cada novo congresso da INQUA, a questão foi ganhando maior precisão, e chegou-se a três opções: início do interestadial Bölling (12.400 anos A.P.), início do interestadial Alleröd (11.800 anos A.P.) ou limite Dryas mais novo – Préboreal (10.350 anos A.P.). Finalmente, no VIII Congresso Internacional da INQUA, em Paris (França), chegou-se ao limite Dryas mais novo - Pré-boreal (zonas palinológicas III-IV), correspondente a 10.000 anos A.P., devendo ser estabelecido o estratótipo-limite, de maneira análoga ao limite Plioceno-Pleistoceno (ver Tab. 3.1).

Em 1973, durante o IX Congresso Internacional da INQUA, em Christchurch (Nova Zelândia), N. A. Mörner sugeriu como estratótipo-limite a seção do Jardim Botânico do Gothemburg (Suécia), composta de sedimentos marinhos. Pensou-se que o estratótipo era adequado por ser marinho e mostrar claramente o limite III-IV da zonação palinológica, tendo abaixo a excursão paleomagnética Gothemburg, ocorrida entre 13.750 e 12.350 anos A.P. Essa proposta, porém, não foi aceita pela Comissão do Holoceno, pois não se sabia, na ocasião, se a referida excursão paleomagnética era de caráter local ou se possuía validade mundial.

As pesquisas aplicadas do Quaternário 12

As pesquisas aplicadas do Quaternário ainda não chegam a definir um campo especializado das investigações científicas, mas constituem um enfoque epistemológico do estudo da Terra que visa à aplicação prática dos conhecimentos científicos correlatos (Rohde, 1996). O objetivo primordial dessas pesquisas consiste na intenção deliberada de beneficiar direta ou indiretamente a sociedade humana, e elas podem ser dirigidas a inúmeros aspectos práticos, como (a) educações comunitária, pública e política, (b) gerenciamento de problemas de áreas urbanas ou rurais, (c) riscos geológicos, (d) mudanças climáticas globais, (e) mudanças globais de níveis relativos do mar, (f) prospecção, avaliação e exploração de recursos naturais (renováveis e não renováveis), (g) controle de qualidade e quantidade de recursos hídricos, (h) controle de erosão acelerada de áreas continentais (boroçocas) e litorâneas (praias e falésias), (i) seleção de locais para descarte de rejeitos sólidos (lixos) e fluidos (efluentes), (j) seleção de locais para a construção de cemitérios; (k) estudos ambientais em geral.

O interesse pelos estudos aplicados do Quaternário não é fato tão novo (Legget, 1973; Coates, 1976; De Mulder; Hageman, 1989). Aliás, a geologia do Quaternário, ou o capítulo da história da Terra abrangida por esse período geológico, por versar sobre eventos ocorridos em "passado pouco remoto" (aproximadamente 2,6 Ma), muitos deles ainda vigentes e que continuarão atuantes, de maneira semelhante, no "futuro bastante próximo" (pelo menos alguns milhões de anos), fornece os conhecimentos essenciais para a geologia ambiental (*environmental geology*), cujo significado foi considerado, por Keller (1988), equivalente ao da geologia aplicada (*applied geology*), embora essa designação seja usada mais especificamente para a geologia de engenharia (*engineering geology*).

Assim, a geologia ambiental preocupa-se essencialmente com a aplicação prática das informações geológicas na resolução de problemas geológicos, tanto naturais como artificialmente criados, durante a ocupação e exploração do meio físico pelo homem (Bates; Jackson, 1987). Portanto, entre as disciplinas geocientíficas envolvidas na geologia ambiental, encontram-se os recursos minerais e energéticos e as dinâmicas externa (intemperismo e erosão) e interna (vulcanismo e tectonismo), além de disciplinas afins, como as mecânicas dos solos e das rochas e a pedologia (Bolt et al., 1975). No mesmo contexto de ciência aplicada encontra-se a geologia ambiental, que alguns pesquisadores equiparam à geologia de planejamento (Turner; Coffman, 1973; Prandini; Guidicini; Grehs, 1974), questão discutida por Cottas (1984). Na verdade, essa aparente miscelânea de designações deve resultar, em parte, da ausência de uma preocupação mais reflexiva sobre o tema, conforme considerações de Rohde (1996), de modo que, ainda hoje, frequentemente prevalece a antiga concepção, quando os conhecimentos geológicos visavam quase que unicamente ao suprimento de recursos minerais e energéticos para a sociedade industrial.

Uma conceituação mais moderna da geologia ambiental, como ciência aplicada, é encontrada em Keller (1988): "Geologia ambiental é a geologia aplicada que abrange um amplo espectro de interações prováveis entre o homem e o ambiente físico". Especificamente, corresponderia à aplicação das informações geológicas na resolução de conflitos resultantes da interação do homem com o ambiente físico, minimizando as degradações ambientais prejudiciais e maximizando as situações vantajosas resultantes do uso adequado dos ambientes naturais transformados. Desse modo, as tarefas inerentes à geologia ambiental podem incluir a avaliação de riscos naturais, como enchentes, deslizamentos, terremotos e atividades vulcânicas, na tentativa de mitigar as perdas de vidas humanas e os danos a propriedades; a avaliação da paisagem, para uma ocupação planejada do espaço, com o mínimo impacto ambiental possível; a avaliação das potencialidades dos recursos naturais (minerais, rochas, solos e água), bem como a atuação na seleção de sítios mais adequados para a deposição de rejeitos, sem causar efeitos danosos à saúde humana.

Segundo Keller (1988), os conceitos fundamentais da geologia ambiental, como disciplina destinada a encontrar as soluções para os conflitos descritos anteriormente, são:

a) a Terra constitui um "sistema natural essencialmente fechado", sendo necessário um conhecimento mais perfeito possível das taxas de mudanças nos processos de retroalimentação, antes de tentar resolver (prevenir ou remediar) os problemas ambientais;

b) a Terra, até o presente momento, constitui o único planeta a apresentar hábitats apropriados às vidas animal e vegetal, incluindo a humana, mas os seus recursos são reconhecidamente finitos;

c) os processos físicos atuantes estão modificando a paisagem terrestre, analogamente ao que aconteceu em tempos geológicos passados, e, além disso, a intensidade e a frequência de ocorrência desses processos são modificadas tanto por processos naturais como por aqueles artificialmente induzidos ou exacerbados;

d) nas transformações que ocorreram na Terra através dos tempos geológicos, sempre houve a atuação de processos geodinâmicos perigosos ao homem e, por isso, esses riscos devem ser identificados e, na medida do possível, evitados ou os seus efeitos minimizados, como ameaças às vidas humanas ou às propriedades;

e) nas atividades de planejamento de usos dos solos e da água, por exemplo, deve haver preocupação com o equilíbrio entre os custos econômicos, incluindo qualidade e quantidade, e com aspectos menos quantificáveis, como a estética;

f) os efeitos dos usos do solo, incluindo os recursos renováveis (fauna e flora) e não renováveis (minérios e combustíveis fósseis), são cumulativos e irreversíveis, razão pela qual deve haver um firme compromisso da sociedade humana atual com as gerações futuras, para que não venham a ser extintas;

g) o cenário natural ("pano de fundo") do ambiente da vida humana, transformado por fatores antrópicos em maior ou menor grau, é comumente condicionado por fatores geológicos, de modo que existe a necessidade de uma ampla compreensão dos processos geológicos e dos conhecimentos científicos afins;

h) o principal problema ambiental é o incremento da população humana e, nesse contexto, são cada vez mais frequentes as situações em que é bastante complicado discernir as causas socioeconômicas das ambientais. Além disso, o homem transformou-se, por meio da tecnologia, em um poderoso agente geológico (Dott Jr.; Batten, 1988), fato que era prognosticado pelo sábio russo Vladimir Ivanovich Vernadsky (1863-1945). O reconhecimento do homem como importante agente geológico fez Keller (1992), na sexta edição do seu livro, dedicar um capítulo às "mudanças globais".

A escola alemã de geologia ambiental (Huch, 1994) estabelece cinco pressupostos básicos, apresentados sob a forma de teses:

a) o sistema dinâmico terrestre está ameaçado;
b) atualmente se vive em uma sociedade de risco;
c) o progresso deve ser perseguido com renúncia;
d) a consciência determina a existência (o ser);
e) deve-se pensar globalmente e agir localmente.

Para levar em consideração essas teses, segundo Heling (1994), a geologia ambiental deve realizar prognósticos sobre o futuro da geosfera, com abordagens quantitativa e interdisciplinar, e incluir, além das ciências naturais, as ciências humanas (Sociologia e Economia), oferecendo alternativas integradas aos tomadores de decisão. Para tanto, a abordagem de um fenômeno pela geologia ambiental deve levar em conta aspectos como características gerais, abrangências temporal e espacial, ciclicidade, resistência e elasticidade do fenômeno.

O reconhecimento do homem como "o mais novo e agressivo agente geológico" (Oliveira, 1990) permite enfatizar especialmente o seu papel hegemônico, como fator de dinâmica externa, causando impactos ambientais locais e globais, com reflexos importantíssimos no próprio conteúdo da disciplina geológica, pois:

a) o campo de investigação dos fenômenos ligados à dinâmica externa não pode restringir-se às pesquisas dos processos naturais, uma vez que as atividades humanas interferem nos cenários geológicos e climáticos da Terra. Segundo os geólogos russos, isso se traduziria no advento de uma nova época, denominada "Quinário" ou "Tecnógeno";

b) a geologia, que nos seus aspectos de aplicação esteve ligada à prospecção e exploração de recursos minerais e combustíveis fósseis para suprir a sociedade industrial, passa agora a ter que se preocupar também com os efeitos e impactos comumente danosos dos seus usos sobre os ambientes naturais terrestres;

c) as mudanças químicas qualitativas e quantitativas que advêm desses efeitos e impactos sobre os fenômenos geológicos e geodinâmicos externos, em escala global, podem ser comprovadas pela exacerbação do "efeito estufa", pela depleção da camada de ozônio na estratosfera, pela ocorrência de chuvas ácidas etc.

Em geral, do ponto de vista clássico, o Quaternário, entre outras peculiaridades, caracteriza-se pelas grandes glaciações (Günz, Mindel, Riss e Würm) e pela presença do homem e dos seus artefatos (Pomerol, 1982). Na tabela de tempo geológico, Haq e Eysinga (1987) utilizaram o termo "Antropógeno", proposto inicialmente por A. P. Pavlov (Gerasimov, 1979), como sinônimo de Quaternário. Corresponde, em parte, à "Era Antropozoica", que equivaleria ao período Quaternário, referindo-se ao "período em que surgiu o homem na Terra". Porém, essa equiparação não é rigorosamente válida pelas duas razões seguintes:

a) o surgimento dos seres humanos ou, no mínimo, dos "antropoides" ou dos "humanoides" (pré-humanos) dataria, segundo Leakey (1995), da época miocênica do período Neógeno;

b) a equiparação qualitativa e quantitativa, sem os necessários cuidados, da capacidade de ação geológica dos "antropoides" muito primitivos em relação aos seres humanos atuais.

De qualquer modo, a partir do início do Holoceno, a atividade humana intensificou-se como resultado da transição da coleta para a produção de alimentos. Portanto, segundo Ter-Stepanian (1988), a passagem do Quaternário (ou Pleistoceno) para o Quinário (ou Tecnógeno) iniciou-se com o Holoceno e deverá prosseguir através do próximo milênio. Portanto, o Quaternário seria o período de surgimento do homem, que no Quinário assume o papel de agente geológico mais significativo (Rohde, 1992). Dessa maneira, o homem passa a conquistar e a dominar a natureza, transformando-a segundo o seu interesse (Oliveira, 1990), originando então o antropostroma (Passerini, 1984).

12.1 Geologia do Quaternário e os ambientes naturais

Os ambientes naturais dependem de complexas interações físicas, químicas e biológicas entre a biosfera e a litosfera, além da atmosfera, hidrosfera e criosfera da Terra. Os processos atuantes nos ambientes naturais, como as ondas marinhas, as condições meteorológicas e os processos erosivos, afetam as atividades humanas, especialmente onde houver riscos geológicos potenciais relacionados, como as inundações, os terremotos e os vulcanismos.

O estudo desses aspectos dos ambientes naturais, que afetam ou são influenciados pelos processos físicos da Terra, constitui um campo relativamente novo da geologia ambiental e pode compreender os seguintes tipos de atividades:

a) identificação de fontes de águas potáveis, industriais e para uso agrícola, bem como orientação para a exploração desse recurso;

b) assessoramento no desenvolvimento de métodos para a eliminação de poluentes orgânicos dos aquíferos;

c) orientação na seleção de sítios geologicamente estáveis para a construção de residências, sem quaisquer riscos de deslizamentos ou de subsidência do terreno;

d) assistência na elaboração de códigos de construção que previnam a ocupação de áreas instáveis e sujeitas a riscos;

e) pesquisas relacionadas ao vulcanismo e à paleossismicidade, indicadores de antigos terremotos, para evitar riscos iminentes de erupções e terremotos;

f) procura de métodos de exploração e extração de bens minerais que causem o menor dano possível aos ambientes naturais.

Ao mesmo tempo que os ambientes naturais afetam as pessoas, as atividades humanas interagem com a natureza em cada canto da Terra. Frequentemente não é fácil a distinção entre os processos naturais e os induzidos pelo homem, e, portanto, nem sempre é possível separar os efeitos ambientais das atividades humanas causadas pela dinâmica natural da Terra, que ocorreria sem a presença do homem. Alguns exemplos de mudanças naturais, muitas delas tratadas neste compêndio, são: erosão, terremoto, atividade vulcânica, dissolução de terrenos calcários pela água, variações do nível relativo do mar e efeitos superficiais de movimentos crustais ocorridos a grandes profundidades (Quadro 12.1).

Em geral, a natureza não intensifica bruscamente as suas atividades, mas a população humana multiplicou-se geometricamente, e a tecnologia da qual a maioria da humanidade passou a depender requer energia, espaço e recursos cada vez mais crescentes. Portanto, o homem está exercendo uma pressão crescente pela demanda cada vez maior de alimentos, água, minerais e energia. Comumente os resultados são diretos e óbvios, como quando uma represa é construída para armazenar água e gerar eletricidade. Outras vezes, os efeitos são indiretos e, até certo ponto, involuntários, como quando CO_2 é liberado pela queima de combustíveis fósseis, exacerbando o "efeito estufa" natural (Quadro 12.2).

Os problemas, os desafios e as questões ambientais acham-se amplamente distribuídos. São muito restritas as áreas da Terra completamente isentas de algum problema ambiental, e um inventário global, talvez, fosse recomendável. A pressão exercida pela superpopulação humana e a falta de planejamento têm transformado os problemas ambientais menores, restritos a pequenos grupos populacionais, em catástrofes potenciais ou reais, afetando um número muito grande de pessoas. Comumente não se pode reverter esses processos, mas um dos objetivos mais importantes da geologia ambiental consiste em aperfeiçoar essas atividades, para que os ambientes naturais possam suportar as comunidades humanas.

Os habitantes das grandes cidades norte-americanas e européias, e mesmo de algumas cidades do terceiro mundo, estão bastante preocupados com o problema de descarte de refugos (lixos e efluentes) e com o acesso à água e ao ar limpos. Na outra extremidade do espectro econômico, as pessoas que residem em megalópoles superpovoadas

Quadro 12.1 Riscos e problemas geológicos de origem predominantemente natural

Erosão
- Eólica: por furacões e ciclones
- Fluvial: em deltas e planícies de inundação; enchentes-relâmpago
- Mov. de massa: avalanche de neve; fluxo de lama e de detritos; queda de rochas; deslizamentos
- Zona costeira: *tsunamis* e ondas de tempestade; erosão costeira acelerada
- Carstificação e dissolução subterrânea do embasamento
- Desertificação
- Boçorocamento

Mudança de nível do mar

Mudança de clima

Solos problemáticos
- Solos expansivos e compressivos
- *Permafrost* (solo congelado)
- *Loess* ("quente" e "frio")
- Solos salinos

Riscos à saúde
- Emissão de radônio
- Outros compostos nocivos de solos e rochas

Subsidência de terreno por movimentos crustais

Terremotos

Vulcanismos

Destruição de recifes de corais

do terceiro mundo enfrentam continuamente perigos de vida por escassez de água, condições instáveis dos terrenos, inundações ou destruição resultante de fortes terremotos, em parte, pela impossibilidade econômica de seguir qual-

Quadro 12.2 Riscos e problemas geológicos de origem predominantemente antrópica

Agricultura e silvicultura
- Contaminação do solo
- Salinização do solo
- Erosão acelerada por escoamento superficial, produzida por sobrepastagem, desflorestamento e prática de agricultura rudimentar

Mineração
- Perturbação do terreno (frentes abandonadas): pedreiras e minerações a céu aberto; operações subterrâneas; explorações de pláceres
- Contaminações do solo e da água por drenagem da mina e efluentes
- Subsidência do terreno e deslizamentos (pedreiras e minas)
- Riscos de gás de mina (grisu)

Exploração de petróleo e gás
- Derramamento e surgência (*blowout*)
- Subsidência do terreno
- Contaminação de água subterrânea
- Perturbações superficiais devidas às atividades de exploração, produção e transporte

Poluição do ar, da água e do solo por operações de refino, concentração e fundição

Incêndios subterrâneos (turfas)

Exploração de água subterrânea
- Subsidência pela retirada
- Rebaixamento do lençol freático
- Intrusão e contaminação por água salina
- Subida de lençol freático

Escassez de recursos minerais, energéticos e hídricos
- Exploração inadequada
- Esgotamento por desenvolvimento de algumas atividades superficiais

Descarte de refugo
- Lixo radioativo
- Produtos químicos perigosos (inclusive fertilizantes e inseticidas)
- Esgotos e efluentes em geral
- Lixo urbano

Impactos de construção e desenvolvimento em determinados ambientes geológicos
- Rios: captação de água para usos industriais, domésticos e agrícolas; mudanças nos regimes por retificação, construção de diques marginais, barragens e serviços de dragagens
- Planícies de maré: modificação de condições de deposição; poluição
- Reservatórios: colmatação; efeito represamento; sismicidade induzida; anoxia de sedimentos e de água de fundo

quer código de construção para que se tenham edificações mais adequadas, implantadas em locais seguros.

Os fazendeiros e os habitantes das zonas rurais da Europa e da América do Norte são obrigados a suportar o problema da contaminação das águas por fertilizantes e inseticidas, além da poluição do ar pelas indústrias, como as de fundição, e por veículos. Os povos nativos do Ártico enfrentam a contaminação dos animais, que constituem as fontes de alimentação, por poluentes nocivos, transportados pelo ar e pelas águas, provenientes das indústrias situadas ao sul. Algumas comunidades costeiras são obrigadas a conviver com ameaças constantes de inundações, por causa da elevação do nível relativo do mar ou da erosão costeira, como no sudeste dos Estados Unidos ou nos países insulares do oceano Pacífico.

As antigas atividades de mineração e exploração de petróleo e água subterrânea evoluíram para práticas científicas e tecnológicas que também visam à proteção e à conservação dos ambientes naturais. Porém, muita coisa ainda deve ser feita para que a mentalidade sofra transformações e haja o desenvolvimento de práticas mais sustentáveis na extração e no aproveitamento desses recursos, sem o que a sociedade moderna não terá condições de subsistir.

No momento, já existe um acervo grande de conhecimentos sobre algumas áreas da geologia ambiental. Os fenômenos naturais, como os terremotos e as atividades vulcânicas, vêm sendo estudados há muito tempo por geofísicos, vulcanólogos e outros especialistas em aspectos não geológicos desses eventos. Muitos desses especialistas são ligados à prevenção de deslizamentos, especialmente no campo da geologia de engenharia e disciplinas correlatas.

Há inúmeras áreas em que novos conhecimentos e novas abordagens são necessários. Hoje em dia, questões relacionadas à mudança climática, ao controle da poluição e ao desenvolvimento e gerenciamento de recursos naturais requerem, cada vez mais, tratamentos inter e transdisciplinares. Desse modo, matemáticos, climatologistas e geocientistas devem trabalhar juntos no esforço para determinar os padrões climáticos pretéritos e, conhecendo a situação presente, tentar prognosticar os climas futuros. Além disso, para compreender o papel das rochas, dos solos e das águas subterrâneas nas populações locais, é necessário contar com a colaboração de geoquímicos, mineralogistas e médicos.

A geologia ambiental tem um papel essencial no diagnóstico dos problemas, na compreensão das causas, no prognóstico de futuras consequências e no desenvolvimento de soluções. Entretanto, ela não pode resolver todas essas questões isoladamente, nem pode preocupar-se sozinha com os efeitos dos riscos naturais. Os desafios relacionados ao planejamento e ao gerenciamento ambientais requerem:

a) a compreensão das condições naturais para que se possa fazer o melhor uso dos conhecimentos.

Muita coisa pode ser feita para simplificar os problemas e os desafios ambientais, usando-se mais eficientemente os conhecimentos e as tecnologias atualmente disponíveis;

b) um maior aprendizado acerca dos fenômenos terrestres naturais. Ainda existe muita coisa a ser descoberta sobre os fenômenos terrestres naturais, como as mudanças climáticas, a sismicidade e a formação de solos. Portanto, pesquisas adequadas devem ser incentivadas e apoiadas para a aquisição de novos conhecimentos;

c) a comunicação mais eficiente dos resultados alcançados. Deve haver cooperação muito mais íntima entre o público e os responsáveis pelos planejamentos e pelas decisões. Isso implica redução de mal-entendidos entre engenheiros, geocientistas, economistas, sociólogos, legisladores, planejadores e grupos comunitários. É necessário implementar programas educativos sobre desenvolvimento sustentável, mesmo que isso implique a reformulação radical do currículo existente;

d) o estabelecimento de soluções sustentáveis para questões ambientais. O entendimento mais perfeito possível do ambiente natural e dos processos que controlam as mudanças constitui apenas parte da solução, e só a ciência não pode fornecer todas as respostas.

As soluções sustentáveis devem adequar-se às atuais necessidades sociais, econômicas e culturais, sem comprometer as das futuras gerações.

12.2 Alguns tópicos de pesquisas aplicadas da Geologia do Quaternário

12.2.1 Problemas geológicos de áreas urbanas

Generalidades

Até o início do século XX não havia nenhuma cidade no mundo com 5 milhões de habitantes. Em 1950, já havia seis cidades nessa situação, e as United Nations (1985) já previam cerca de 60 para o ano 2000, com crescimento mais acelerado nos países em desenvolvimento. Com isso, no início do século XXI, cerca de metade da população mundial, de aproximadamente 7 bilhões de habitantes, estará residindo em áreas urbanas, que cobrirão aproximadamente 0,7% da superfície terrestre (De Mulder, 1993).

O grande impacto das atividades humanas nessas cidades transformará completamente os ambientes físicos, causando completo desequilíbrio, com a introdução de danos irreversíveis à natureza. Hoje em dia, obras de terraplenagem e de nivelamento em grande escala não constituem exceção em áreas urbanas (Fig. 12.1).

Nos dias atuais, enormes volumes de materiais estão sendo redistribuídos em obras de expansão urbana. Por um lado, montes e colinas são nivelados ou terraceados para fornecer espaço para a construção de casas e para melhoria de

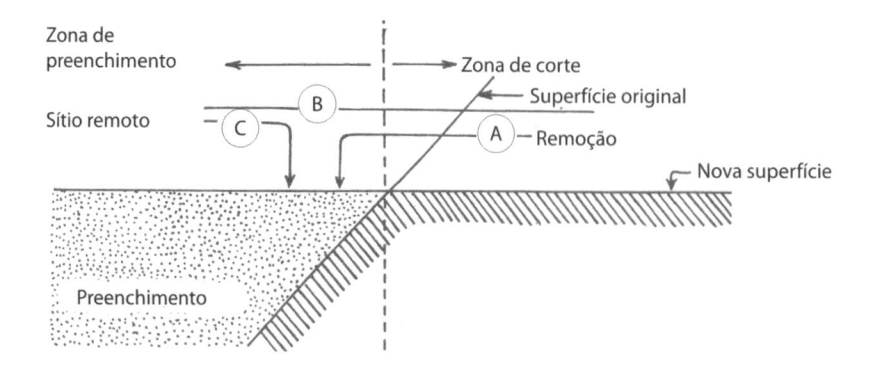

Fig. 12.1 Representação esquemática dos princípios de transformação de terrenos colinosos em superfícies planas: (A) dentro do mesmo sítio; (B) para sítio remoto; (C) do sítio remoto. As setas indicam os sentidos de transporte dos materiais removidos (Kato,1985)

infraestrutura viária; por outro, lagos e partes mais rasas de oceanos, próximas as cidades, estão sendo aterradas ou recuperadas para a construção de aeroportos, portos, indústrias e zonas residenciais. Por exemplo, na construção de zonas residenciais em regiões colinosas, pode-se adotar diferentes formas de transformação de terrenos (Fig. 12.2), como o corte em berma (*step-shaped cutting*), o aplainamento por corte e preenchimento (*flat-type cutting and filling*) e o vale preenchido (*filled-up valley-type*). Esse é um fato particularmente conspícuo em países recém-industrializados, como Singapura, Hong Kong e Taiwan (Douglas, 1990).

Não há razões para admitir que a tendência de urbanização crescente seja interrompida neste início do século XXI. Isso implicará a construção de edifícios mais altos e, portanto, com estruturas subterrâneas maiores e mais complexas, pois os preços dos terrenos deverão também aumentar. Nesses empreendimentos serão necessários dados geológicos bastante precisos das condições subsuperficiais e, portanto, os trabalhos para especialistas em geologia urbana deverão aumentar.

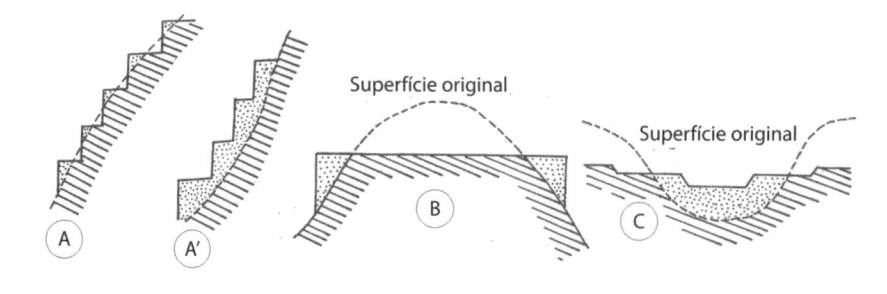

Fig. 12.2 Algumas formas de transformação de terrenos colinosos para a construção de zonas residenciais: (A-A') cortes em berma; (B) corte e preenchimento; (C) vale preenchido (Tamura, 1977)

A geologia urbana pode ser definida como o campo da geologia aplicada que versa sobre os principais centros urbanos. Essa disciplina deve combinar conhecimentos das áreas de geociências que contribuem para o gerenciamento e o desenvolvimento urbanos. Portanto, constitui um dos campos tipicamente multidisciplinares das geociências e abrange partes da geologia de engenharia, da geologia ambiental e do gerenciamento territorial. Além disso, também são importantes os conhecimentos provenientes das disciplinas geológicas tradicionais, como a estratigrafia, a tectônica e a sedimentologia, bem como da geotécnica (mecânicas dos solos e das rochas), da hidrogeologia e da geologia ambiental (ou geologia para planejamento e gerenciamento ambiental).

O estudo das condições geológicas naturais na cidade e nas áreas circundantes, e do impacto da interferência humana sobre o ambiente físico constituem os principais objetivos da geologia urbana. Consequentemente, os especialistas dessa área deverão estar capacitados para assessorar os planejadores urbanos na escolha de sítios mais adequados para a expansão da cidade, para a estocagem de produtos de rejeito etc. Além disso, os geólogos urbanos podem participar na educação ambiental dos cidadãos acerca do subsolo da sua cidade, dos riscos potenciais e dos recursos subterrâneos (minérios e água subterrânea).

Hong Kong, Rio de Janeiro e Medellín são apenas algumas cidades que sofrem enormemente com os problemas de deslizamentos (*landslides*) e outros movimentos de massa (*mass movements*), pela intensa construção de residências em vertentes instáveis. O descarte de rejeitos (lixo urbano) e a construção de cemitérios em locais apropriados constituem problemas cruciais em todas as grandes cidades do mundo, pois há escassez de espaços desocupados, onde o lixo e o cemitério não contaminem os solos ou as fontes de água. Entre outras, a Cidade do México e São Paulo são exemplos de cidades onde a água potável enfrenta sérios problemas de contaminação pelos rejeitos industriais, domésticos e cemitérios. Muitas cidades do mundo, por terem crescido muito rapidamente sobre as áreas de ocorrência dos seus recursos naturais, são obrigadas a buscar materiais de construção, como areia e cascalho, em sítios distantes. Em outros locais, como Tóquio, Manila e Xangai, o intensivo e extensivo bombeamento de água subterrânea tem acelerado o processo de subsidência do terreno, levando à inundação de áreas das cidades pelos rios e até pelos oceanos (Baeteman, 1994).

Exemplo de estudo de geologia urbana

Segundo De Mulder (1993), após a realização de várias reuniões sobre geologia urbana, ocorridas principalmente no Sudeste Asiático e na Europa, foi criada a Commission on Geoscience for Environmental Planning (COGEOENVIRONMENT) no âmbito da International Union of Geological Sciences (IUGS). A ideia de criação dessa comissão nasceu da necessidade de existência de um foro internacional que tratasse de problemas relacionados à geologia urbana, e por meio do qual possíveis aplicações das geociências no planejamento e gerenciamento urbanos fossem discutidas entre os geocientistas e os planejadores ou tomadores de decisão.

Posteriormente, criou-se o Grupo de Trabalho Internacional sobre Geologia Urbana, que, em 1990, distribuiu um questionário a todos os especialistas dos Serviços Geológicos da Europa Ocidental de 45 cidades com mais de 500 mil habitantes. Os problemas geológicos relacionados no primeiro questionário foram: a) terremotos; b) atividade vulcânica; c) deslizamentos; d) inundações; e) subsidência de terrenos; f) erosão e deposição; g) poluição de água subterrânea; h) solos salinos.

Para avaliar a existência ou não de capacitação local para a resolução dos problemas geológicos existentes, foram também levantados os conhecimentos disponíveis acerca dessas cidades. Desse modo, o segundo questionário visou à listagem das informações geológicas disponíveis, como: a) mapas geológicos e geotécnicos; b) mapas de profundidade, sentido de fluxo e qualidade da água subterrânea; c) mapas de áreas de mananciais; d) mapas de fontes de poluição; e) mapas de distribuição de áreas sujeitas a inundações; f) mapas de locações de pedreiras e "portos" de areia; g) mapas de distribuição de áreas sujeitas a erosão; h) mapas de distribuição de áreas sujeitas a subsidência; i) mapas de distribuição de áreas sujeitas a deslizamentos; j) mapas de recursos naturais; k) mapas de distribuição de depósitos quaternários; l) mapas de profundidades e tipos de fundações; m) publicações.

Embora haja alguns problemas de confiabilidade nos resultados alcançados, em parte pela subjetividade das questões formuladas, eles foram muito interessantes. As 28 cidades que responderam aos questionários foram: Atenas (Grécia); Dublin (Irlanda); Londres, Glasgow, Liverpool e Birmingham (Reino Unido); Lisboa (Portugal); Bremen, Essen, Duisburg, Dortmund, Frankfurt, Hamburgo, Hannover, Colônia, Stuttgart e Munique (Alemanha); Milão e Torino (Itália); Estocolmo (Suécia); Copenhague (Dinamarca); Viena (Áustria); Paris, Toulouse, Bordeaux e Lyon (França); Amsterdã e Rotterdã (Holanda) (Fig. 12.3).

Fig. 12.3 Mapa com a localização das 28 cidades da Europa Ocidental que foram incluídas no questionário (De Mulder, 1993)

As respostas mostraram que todas essas principais cidades da Europa Ocidental enfrentam o problema da poluição da água subterrânea, com exceção da cidade de Lyon, na França (Fig. 12.4). A maioria (70%) das 28 cidades sofre com problemas de inundações (principalmente das planícies fluviais) e de subsidência. Em nenhuma dessas cidades se verifica o problema da subsidência de terreno por extração de petróleo e/ou gás. Entretanto, verifica-se considerável subsidência de terreno em função do colapso de antigas minas (principalmente de carvão) em Glasgow, Birmingham, Essen, Estocolmo e Paris. Além disso, subsidência de terreno (recalque) por sobrecarga foi relatada em 70% das 28 cidades pesquisadas, ao passo que a extração de água subterrânea apareceu como causa de subsidência de terreno em cidades construídas sobre depósitos quaternários, como Amsterdã, Hamburgo e Copenhague. Erosão e deposição costeiras e fluviais causam sérios problemas em cerca de metade das cidades estudadas, ao passo que terremotos e deslizamentos afetam cerca de 40% das cidades.

Os questionários sobre as informações geológicas disponíveis forneceram resultados bem mais detalhados. Fez-se distinção entre as informações geológicas apresentadas em mapas (Fig. 12.5) e em publicações e relatórios (Fig. 12.6).

Recentemente, algumas cidades maiores da Europa Ocidental transformaram os dados tradicionais em formato digitalizado. A cidade de Amsterdã, por exemplo, possui um sistema de gerenciamento de dados (INGEO-base) com perfis de mais de 40 mil furos e testes de penetração de cone. Algumas cidades fornecem essas informações em forma analógica ou digitalizada, quase sem restrições, mas poucas usam esses dados apenas internamente nos planejamentos municipais e nos processos decisórios.

Os mapas geológico-geotécnicos clássicos existem em quase todas as cidades da Europa Ocidental, além de mapas de água subterrânea, com dados de profundidade dos aquíferos (89%), de sentido de

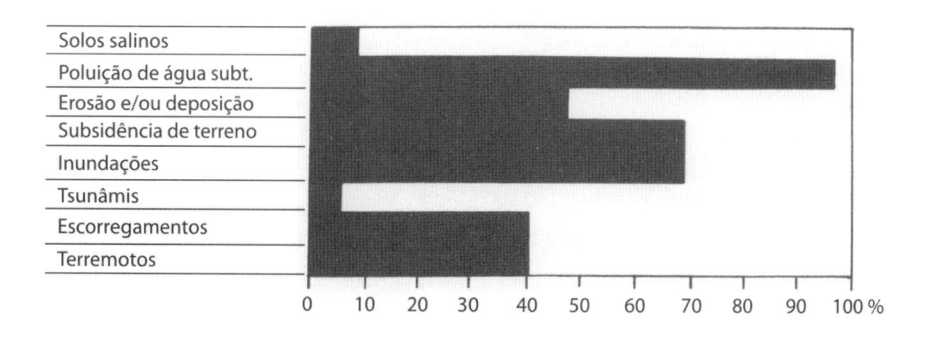

Fig. 12.4 Resultado de questionário com a frequência de ocorrência de problemas geológicos selecionados em 28 cidades da Europa Ocidental com mais de 500 mil habitantes (De Mulder, 1993)

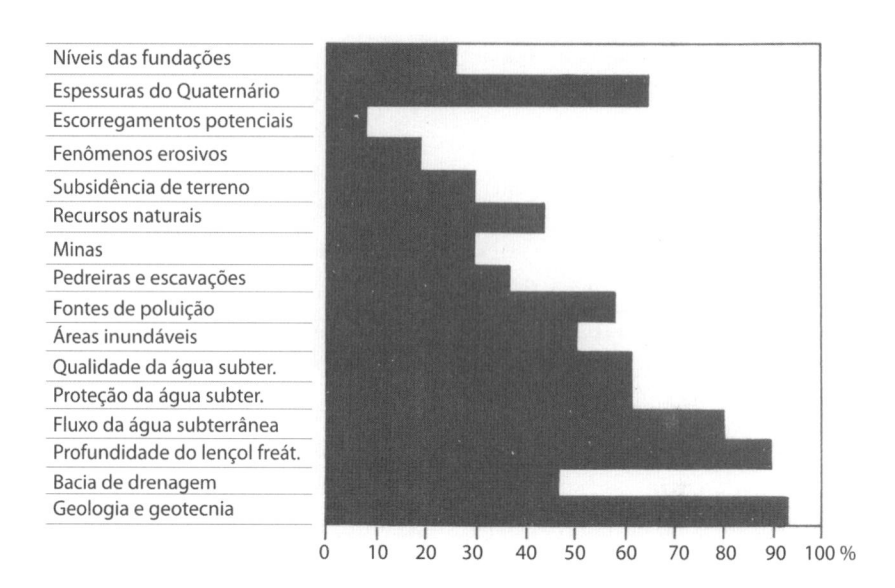

Fig. 12.5 Resultado de questionário acerca da existência de mapas impressos sobre problemas geológicos selecionados em 28 cidades da Europa Ocidental com mais de 500 mil habitantes (De Mulder, 1993)

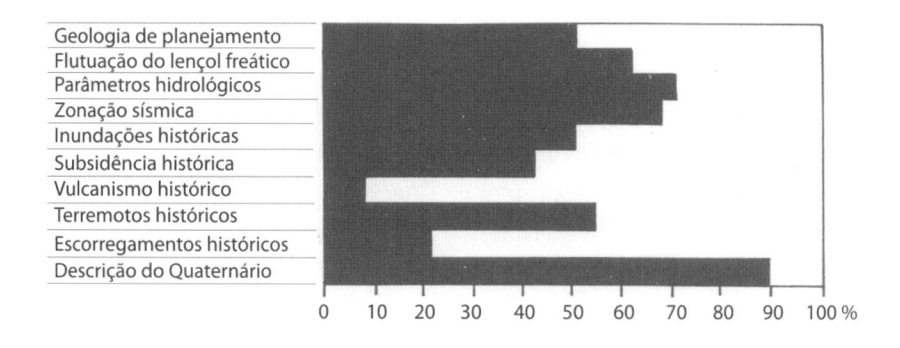

Fig. 12.6 Resultado de questionário acerca da existência de publicações sobre problemas geológicos selecionados em 28 cidades da Europa Ocidental com mais de 500 mil habitantes (De Mulder, 1993)

fluxos (78%), de qualidade da água (61%) e de zonas de proteção (61%). São bastante comuns (89%) as publicações sobre as propriedades geológicas e geotécnicas dos depósitos quaternários, que são indispensáveis aos geólogos de engenharia ativos em áreas urbanas. Mapas de recursos naturais (minerais metálicos, materiais de construção etc.) existem em menos da metade das cidades investigadas.

As fontes de poluição da água subterrânea são conhecidas em apenas 57% das cidades, e mapas que mostram áreas de risco de deslizamentos existem em apenas duas dessas cidades, embora essa questão seja considerada séria em 11 das 28 cidades estudadas. A falta de informações foi também constatada em relação à mitigação de problemas de subsidência de terreno, e menos da metade das cidades afetadas por esse problema possuem mapas temáticos sobre essa questão. Finalmente, em 9 das 13 cidades que sofrem problemas de erosão e deposição, existem mapas temáticos relacionados ao fenômeno.

Geologia urbana no Brasil

Como à geologia urbana cabe a caracterização física da área ocupada por uma cidade, ela deveria assumir posição de vanguarda nos processos de planejamento urbano. Portanto, fica patente a importância de participação da geologia, principalmente da geologia do Quaternário, que atuaria nesse setor com a geografia (geomorfologia), a engenharia civil, a arquitetura e a agronomia, além de várias disciplinas das ciências humanas, como Ciências Sociais e Economia. Nesse caso, o papel da geologia urbana seria principalmente preventivo, diagnosticando áreas de risco de ocorrência de problemas geológicos e assessorando o planejamento do projeto urbanístico para, na medida do possível, evitar a ocupação de determinadas áreas. Porém, as grandes cidades brasileiras, como São Paulo e Rio de Janeiro, foram fundadas quando ainda não existia esse tipo de conceito, e os problemas geológicos verificados não afetavam seriamente a vida cotidiana dos moradores. A tremenda exacerbação dos efeitos que, por vezes, assumem proporções catastróficas, entre outras causas, deve-se principalmente ao incremento explosivo da população humana.

Prandini, Guidicini e Grehs (1974) propuseram a substituição do termo geologia ambiental pela designação geologia de planejamento. Seignemartin (1979), no seu trabalho de geologia urbana de Ribeirão Preto (SP), não concorda com a proposta daqueles autores. Além disso, enfatiza que os objetivos da geologia de planejamento são comumente mais específicos e nem sempre coincidentes com os enfoques mais amplos que devem ser perseguidos pela geologia ambiental. Dessa maneira, esse autor propôs a volta da designação geologia ambiental e a criação da geologia de áreas urbanas (ou simplesmente geologia urbana), que versaria sobre problemas geológicos relacionados ao planejamento de cidades.

De fato, também para a Sociedade Brasileira de Geologia (SBGeo, 1983), geologia ambiental e geologia de planejamento teriam escopos diferentes:

a) Geologia ambiental – Campo do conhecimento geológico que estuda as variações (melhor: transformações) do meio físico decorrentes da interação entre os processos naturais e a ocupação humana. Inclui o estudo das noções fundamentais sobre o meio físico e o equilíbrio ecológico. Abrange o estudo de conservação e reciclagem de recursos naturais; a valorização econômica dos jazimentos, incluindo os parâmetros ambiental e social, como os efeitos da mineração. Engloba também o estudo da conservação de solos, das alterações (ou transformações) devidas a seus diversos usos, das boçorocas e da desertificação.

b) Geologia de planejamento – Campo de aplicação do conhecimento geológico em obras de engenharia (barragens, escavações em rocha e solo, incluindo mineração, obras viárias, portos, canais, edificações e obras de arte). Análise ambiental, planejamento urbano e regional e recuperação do meio ambiente (melhor: ambiente físico), considerando os aspectos relacionados à geologia, além da confecção e utilização de cartas geológicas e geotécnicas, bem como a legislação ambiental.

Segundo Cottas (1983), deveria ser mantida a denominação geologia de planejamento urbano, contrariamente à ideia de Seignemartin (1979), e, em relação às definições da Sociedade Brasileira de Geologia (SBGeo, 1983), os objetivos atribuídos à geologia de planejamento constituiriam o escopo da geologia de engenharia.

Embora, desde a década de 1960, em anais de Congressos Brasileiros de Geologia, tenham surgido raros trabalhos sobre problemas geológicos decorrentes da urbanização, e apesar das preocupações dos autores citados com relação à definição de termos, houve uma contribuição bastante limitada da geologia e, menos ainda, da geologia do Quaternário, na solução de problemas relacionados à geologia urbana no Brasil.

Em termos de geologia urbana relacionada à cidade de São Paulo, embora sejam de naturezas mais específicas, podem também ser listados os trabalhos de Cozzolino (1972) e Pacheco (1984). A autora do primeiro trabalho contou principalmente com os dados pioneiros das obras do metrô de São Paulo, tendo contribuído na melhoria das caracterizações geotécnicas dos sedimentos da Bacia de São Paulo. O autor do segundo trabalho, preocupado com as várias fontes de poluição (efluentes industriais e domésticos, depósitos de lixo, cemitérios etc.) das águas subterrâneas, analisou as características técnicas e a legislação para o uso e proteção desse recurso natural de importância vital.

Um trabalho de grande interesse para a geologia urbana de Santos (SP) e, no mínimo, de toda a denominada Baixada Santista, foi realizado por Massad (1985, 2009). O autor utilizou o modelo de evolução geológica quaternária, proposto por Suguio e Martin (1978, 1994), para explicar as diferenças de propriedades geotécnicas exibidas pelas argilas quaternárias da Baixada Santista. Esse trabalho veio elucidar o problema da existência de argilas moles e sobreadensadas em subsuperfície a profundidades similares, que constituía um mistério, sem aparente explicação lógica, para os especialistas em mecânica dos solos.

Segundo Rodriguez (1998), a partir da década de 1990, começaram a surgir novas abordagens sobre a utilização dos conhecimentos geológicos em áreas urbanizadas. Esse fato teria ocorrido, em parte, como consequência do início de admissão de geólogos nas prefeituras municipais, como de São Paulo, Guarulhos e Santos. Isso poderia sugerir o eventual reconhecimento, pelo poder público, de que a função do geólogo em geologia urbana transcende ao de simples executor de cartografia geológica e/ou geotécnica (Zuquette, 1987), para passar a atuar em diversas frentes, como projetos de pavimentação de ruas, canalização de córregos, aterros sanitários, análise de riscos de deslizamentos etc. Assim, sem abandonar os trabalhos de escala regional, o geólogo passaria a atuar em trabalhos de escala mais local, em que os aspectos geológicos sejam relevantes.

As cartas geotécnicas de escala regional, como a preparada pelo Instituto de Pesquisas Tecnológicas (IPT) em 1994, parece que não estão sendo utilizadas, como era esperado, por várias razões. Segundo Rodriguez (1998), a escala de 1:500.000 seria inadequada, ou ainda, segundo Peloggia (1997), esse tipo de instrumento seria eficiente apenas quando e onde interesses políticos não fossem contrariados.

Finalmente, embora os sítios urbanos possam estender-se predominantemente sobre depósitos não quaternários, a quase totalidade dos problemas geológicos vigentes são do Quaternário.

12.2.2 Problemas geológicos de áreas costeiras
Generalidades

As áreas costeiras do mundo inteiro têm sido tremendamente pressionadas pelo rápido crescimento da população humana, como uma das consequências do desenvolvimento econômico. Atualmente, cerca de 2/3 da população mundial vivem ao longo da costa e, no Brasil, cinco das nove áreas metropolitanas mais populosas situam-se nessas áreas (Souza; Suguio, 1996).

Os processos ou fenômenos naturais que ocorrem nessas áreas criam situações de risco às integridades física, econômica e psicossocial do homem, quando este passa a viver, a trabalhar ou a conhecer os sítios onde esses processos ou fenômenos ocorrem (Alheiros, 1995). Portanto, *o homem constitui a razão da existência do risco, já que os fenômenos naturais constituem eventos normais e frequentemente previsíveis*. Quando o homem ocupa e modifica o espaço físico, na busca incessante de recursos naturais disponíveis e de situações mais convenientes à sua subsistência e bem-estar, introduz o fator antrópico. *Em geral, esse componente atua na intensificação dos riscos preexistentes e na geração de novos riscos, e o homem passa a arcar com o ônus das respostas do meio físico às intervenções realizadas*.

A rápida expansão urbana em áreas costeiras só fez aumentarem as situações de risco, fato que tem levado a um maior aprofundamento e à sistematização dos estudos relacionados, visando à caracterização, ao dimensionamento e a eventuais formas de prevenção, remediação ou mitigação dessas situações. Nos últimos anos, tem ocorrido grande demanda, em todo o mundo, desse tipo de estudo e, por isso, a Organização das Nações Unidas (ONU) instituiu os anos 1990 como a Década Internacional para a Redução de Desastres Naturais (*International Decade for Natural Disasters Reduction*), fato que reflete a preocupação mundial com esses problemas.

As áreas costeiras representam uma zona de intercâmbio de energia e de matéria, por processos naturais e antrópicos, entre os continentes e os oceanos. Essa troca ocorre pela interação de vários fenômenos naturais, muito suscetíveis às mudanças. Portanto, as áreas costeiras comumente se caracterizam por situações de equilíbrio dinâmico, por exemplo, entre as taxas de deposição (ou sedimentação) e de erosão, que dão origem a costas em avanço (progradação) ou em recuo (retrogradação), respectivamente (Fig. 12.7).

Muitos conflitos gerados em consequência da ocupação desordenada das áreas costeiras poderiam ser minimizados, ou mesmo completamente eliminados, se os fatores geológicos e/ou geomorfológicos que controlam ou afetam aquelas áreas fossem mais bem conhecidos. Esses fatores, segundo Peck e Williams (1992), são: mudanças eustáticas do nível dos mares, suprimento de areia à costa, subsidência do continente por compactação de sedimento, soerguimento isostático, movimentos tectônicos regionais, impactos de tempestades, processos costeiros (atividades relacionadas às ondas, marés e aos ventos), além de atividades humanas (dragagem, mineração, construção de represas, estruturas de engenharia, bombeamento de fluidos como água subterrânea e gás).

Embora a maior parte dos problemas geológicos (seção 12.2.1) seja também inerente às áreas costeiras pela existência de grandes cidades nessas áreas, aqui serão discutidos apenas os problemas geológicos causados pela erosão acelerada de falésias marinhas suscetíveis à erosão e de praias essencialmente arenosas.

Fig. 12.7 Esquema de classificação de costas de Valentin (1952, modificado por Bird e Paskoff, 1979), que mostra costas em avanço, em recuo e em quase equilíbrio, que, segundo Bloom (1965), requer a adição de uma escala temporal

Erosão acelerada de falésias marinhas

As falésias marinhas constituem costas rochosas caracterizadas pela alta energia das ondas. Movimentos tectônicos ativos, como os que ocorreram na Califórnia (Estados Unidos), produzem costas rochosas como resultado de processos orogenéticos, associados à deformação de rochas por falhas e dobras. As falésias marinhas são também encontradas em locais onde geleiras e fortes ondas removeram os sedimentos mais finos. Nos Estados Unidos, em Maine e parte do Alasca, as geleiras erodiram completamente as coberturas sedimentares das áreas costeiras. No oceano Ártico, a moagem e o arrastamento pelas geleiras também removeram as partículas arenosas das praias, deixando apenas calhaus e matacões na forma de depósitos residuais.

Segundo Koike (1997), ao longo do litoral japonês, da linha costeira de 19.000 km que circunda as quatro ilhas principais do arquipélago, 80% correspondem a costas rochosas, com predominância de abrasão marinha por ondas (Fig. 12.8). Os segmentos de costas rochosas são interrompidos por numerosas praias de bolso, ocupadas por areia e/ou cascalho. Muitas dessas falésias são constituídas de rochas vulcânicas ou sedimentares, com idades que variam de cretáceas a paleógenas e neógenas, em geral bastante suscetíveis a erosão (Koike, 1996). A erosão acelerada dessas falésias marinhas é combatida com a construção de muros marinhos (*seawalls*) ou quebra-mares (*breakwaters*), ou com tetrápodes e estruturas semelhantes, em geral de concreto armado (Fig. 12.9).

No Brasil, nas costas sudeste (desde Cabo Frio, RJ) e sul (até o Cabo de Santa Marta, SC), são frequentes as falésias marinhas constituídas de rochas cristalinas (ígneas e metamórficas) pré-cambrianas. Em geral, essas rochas são bastante resistentes e, por não apresentarem problemas de erosão acelerada, não exigem medidas especiais de proteção.

Nas costas leste (desde a foz do rio Paraíba do Sul, RJ), nordeste e norte, por sua vez, são comuns as falésias marinhas da Formação Barreiras. Esses sedimentos terciários, de origem continental, são pouco consolidados e, portanto, extremamente suscetíveis à erosão marinha e a deslizamentos e outros movimentos de massa (Alheiros, 1995). Entretanto, em razão da ocupação humana relativamente rarefeita nessas áreas, são poucas as estruturas de proteção, as quais, quando utilizadas, são muito rudimentares.

Erosão acelerada de praias

As praias podem ser arenosas, predominantes no litoral brasileiro, ou cascalhosas, mais comuns em países como o Canadá, severamente afetado pelas glaciações quaternárias.

A erosão praial é um dos fenômenos mais impressionantes entre os processos costeiros, e transformou-se em um problema emergencial na maioria das áreas costeiras do mundo. Segundo Bird

360 GEOLOGIA DO QUATERNÁRIO

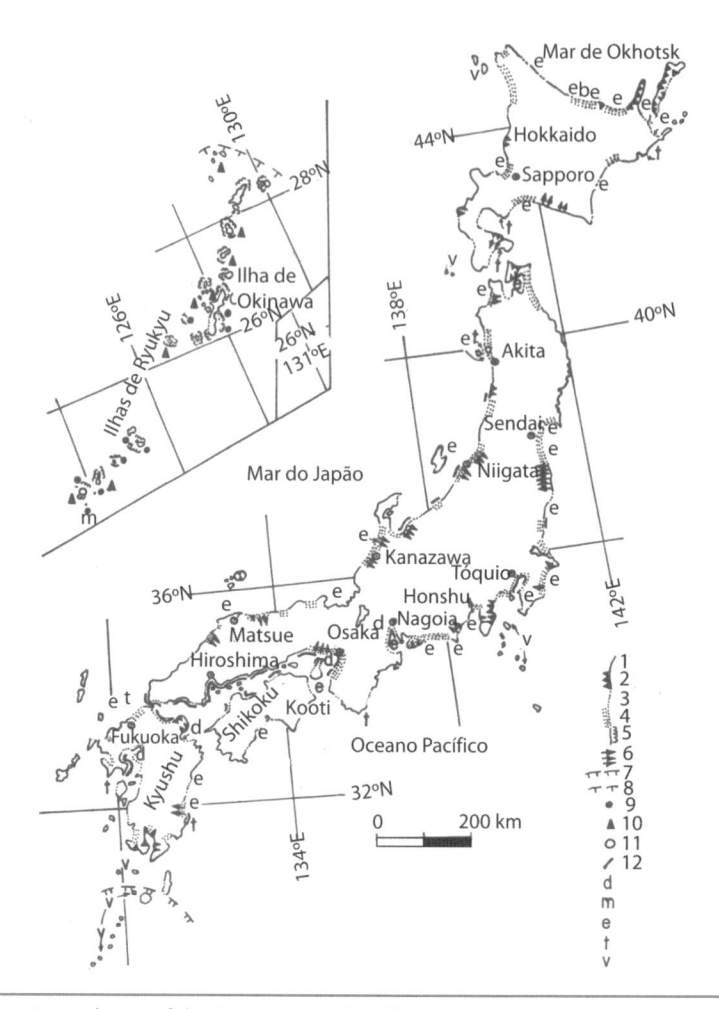

Fig. 12.8 Diversos tipos de morfologia costeira das ilhas japonesas: 1) costas escarpadas; 2) costas vulcânicas; 3) costas arenosas; 4) costas arenosas com dunas bem desenvolvidas; 5) recifes de corais; 6) costas submetidas a erosão severa; 7) limite setentrional de crescimento de corais no Holoceno; 8) limite setentrional de crescimento de corais no Pleistoceno; 9) recifes de corais emersos formando ilhas; 10) recifes de franja emersos; 11) recifes de atóis emersos; 12) praias artificiais (praias antropogênicas); d) costas deltaicas; m) manguezais; e) esporões e barras; t) tômbolos; v) ilhas vulcânicas (Koike, 1997)

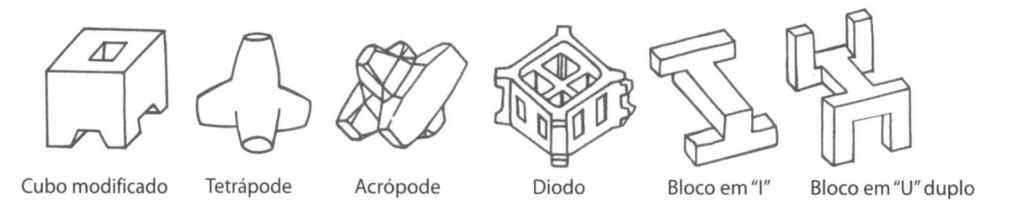

Cubo modificado   Tetrápode   Acrópode   Diodo   Bloco em "I"   Bloco em "U" duplo

Fig. 12.9 Formas especiais de tetrápodes e outras estruturas, destinadas à absorção de parte da energia das ondas, para a proteção da zona costeira, em geral moldadas em concreto armado (Franco, 1993)

(1985), mais de 70% das costas arenosas do mundo têm exibido uma tendência erosiva nas últimas décadas, menos de 10% apresentaram progradação e 20% a 30% mostraram-se mais ou menos estáveis ou sofreram transformações praticamente imperceptíveis no mesmo período de tempo. Essa tendência à erosão das praias arenosas, nos dias de hoje, tem sido discutida por numerosos autores, e a maioria deles admite que a subida em curso do nível relativo do mar seria a causa mais importante do fenômeno. Bruun e Schwartz (1985) estimaram que a elevação do nível do mar contribuiria com 10% a 100% na erosão praial mundial.

As dunas eólicas, as praias arenosas e as zonas costeiras adjacentes atuam como "verdadeiros amortecedores" de energia das ondas, razão pela qual são essenciais na proteção do continente contra a erosão marinha. Consequentemente, elas atuam como ambientes sedimentares extremamente dinâmicos e sensíveis às mudanças em escalas temporais variáveis entre poucos segundos e vários anos (Fig. 12.10)

As relações de causa e efeito dos processos de erosão costeira têm sido exaustivamente discutidas na literatura. Komar (1983) sugeriu que a erosão costeira é o resultado de uma complexa interação de processos físicos, bem como de movimentos combinados de água, induzidos pelas ondas incidentes, marés, ondas (vagas) de tempestade e correntes litorâneas em interação com a costa. Short (1979), Wright et al. (1979) e Short e Hesp (1982) sugeriram que os estados morfodinâmicos da praia e da zona de surfe são outros fatores importantes nos processos erosivos de escala local e de curta duração. Para Bowen e Inman (1966 apud Komar, 1983), Bruun e Schwartz (1985), Bird (1986) e Carter (1988), a erosão praial seria um produto de vários mecanismos causais, como subida do nível relativo do mar, instabilidade tectônica, subsidência e soerguimento isostáticos, mudança climática (com particular influência da "tempestuosidade" e subida do nível do mar), além de efeitos antrópicos (Fig. 12.11). Bruun e Schwartz (1985) apresentam a seguinte lista de fatores atuantes na erosão praial:

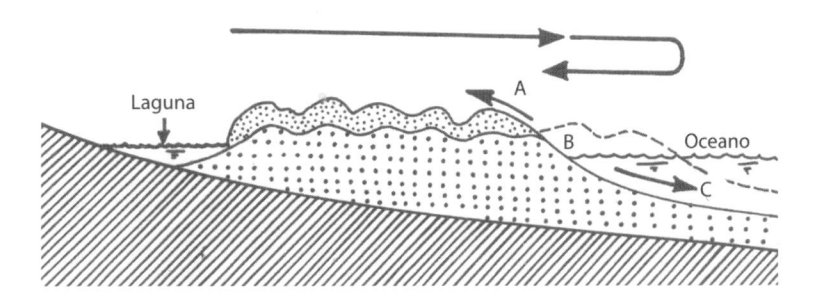

Fig. 12.10 Terraços arenosos formados no Holoceno, com evidências de recuo da linha costeira por perda de areia para duna (A), para a plataforma continental (C) ou por deriva litorânea (B). Naturalmente, dois ou mais desses processos poderão atuar simultaneamente

Fontes de sedimentos
Carga fluvial
Erosão costeira (ex. falésia)
Transporte costa adentro
Processo eólico

Sumidouros de sedimentos

Naturais:
- Acreção costeira
- Lavagem por tempestade
- Braço de maré (*tidal inlet*)
- Estrutura costeira
- Processo eólico
- Transporte costa afora

Artificiais:
- Extração de água subt. ou outro fluido
- Desenvolvimento de bacia hidrográfica
- Dragagem para manutenção
- Manutenção de praia
- Estrutura costeira
- Danificação de dunas eólicas
- Construção de rodovias
- Construção de barragens (efeito represamento)

Clima: Temperatura, Precipitação, Evapotranspiração

Processos costeiros: Regime das ondas, Correntes de deriva litorânea, Descarga fluvial, Agradação ou incisão de vale, Marés, Ventos, Tempestades

Nível relativo do mar: Subsidência tectônica, Subsidência por compactação (recalque), Mudança eustática de nível do mar, Mudança secular de nível do mar

Balanço sedimentar

Atividades antrópicas

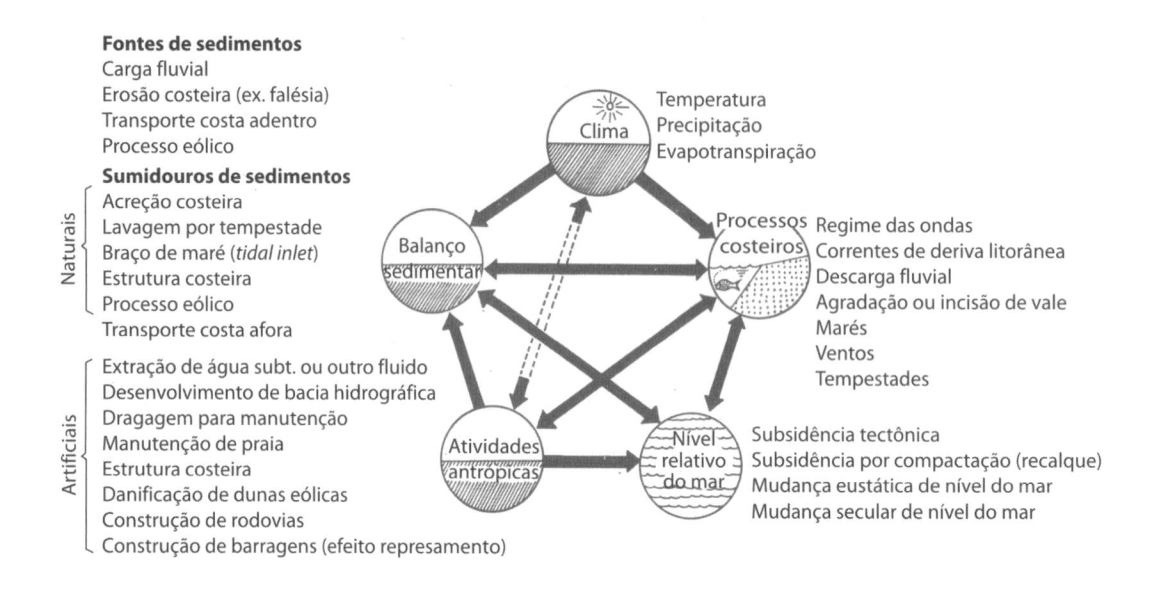

Fig. 12.11 Diagrama representativo de alguns dos principais fatores que intervêm na dinâmica sedimentar de uma praia e as suas complexas inter-relações (baseado em Pilkey et al., 1989)

a) efeitos do impacto humano, por meio da construção de estruturas artificiais, mineração de areia praial, dragagem em zona costa afora, construção de barragens em rios (efeito represamento) etc.;

b) perda de sedimentos para zonas costa afora (plataforma continental), costa adentro (dunas eólicas), por deriva litorânea ao longo da costa e por atrito;

c) redução no suprimento sedimentar originário do fundo oceânico adjacente;

d) redução no suprimento sedimentar por desaceleração na erosão de falésias marinhas;

e) intensificação da "tempestuosidade" (*storminess*) na área costeira ou mudanças no ângulo de incidência das ondas;

f) aumento do grau de saturação em água das praias pela subida do lençol freático ou pelo incremento de pluviosidade;

g) subida do nível relativo do mar.

Não é nada fácil determinar o papel desempenhado por esses fatores no balanço sedimentar. São necessários estudos regionais em amplas áreas para a compreensão das contribuições relativas dos diferentes processos, ao longo da costa, para tentar mitigar os efeitos da erosão e promover a preservação das praias em um programa de gerenciamento costeiro.

Desafios e oportunidades

As áreas costeiras constituem os limites entre os continentes e os oceanos, e caracterizam-se pela natureza geológica dos continentes (litologias e arcabouços tectônicos) e pela energia das ondas e dos ventos. Os ambientes costeiros estão em constante mutação, tentando atingir e manter uma situação de equilíbrio no confronto entre diversas forças antagônicas. Portanto, os riscos enfrentados pelos habitantes das zonas litorâneas podem, até certo ponto, ser comparáveis aos enfrentados pelos habitantes de uma planície fluvial, em razão das enchentes, ou das cercanias de um vulcão prestes a entrar em erupção. Trata-se de pessoas sempre sujeitas a uma eventual catástrofe.

Não há qualquer dúvida, porém, de que as áreas costeiras exercem um enorme fascínio, de modo que as populações humanas tendem a aumentar a ocupação dessas áreas. Desse modo, os fatores antrópicos deverão superpor-se às forças dinâmicas atuantes nesses ambientes em constante transformação, produzindo situações de crises cada vez mais complexas e de várias naturezas. No Japão, por exemplo, um dos países de maior densidade demográfica do mundo, as áreas costeiras são intensamente castigadas por uma impressionante plêiade de perigos naturais (*natural hazards*). Segundo a Fig. 12.12, o país teria somente 55,2% do seu litoral em estado natural,

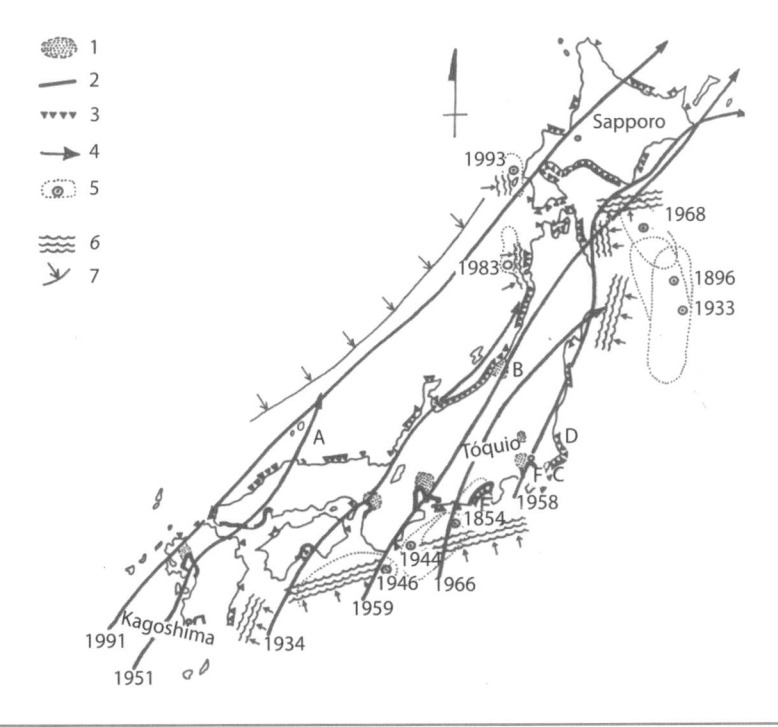

Fig. 12.12 Características regionais dos perigos costeiros (*coastal hazards*) ao longo das ilhas japonesas, segundo várias fontes (apud Koike, 1996)

1. áreas submetidas a severa subsidência do terreno; 2. costas de baías perigosas pelas ondas de tempestade geradas por tufões; 3. costas submetidas a severa erosão; 4. rotas de passagem de principais tufões; 5. áreas de hipocentros e epicentros dos principais terremotos; 6. *tsunamis*; 7. monções de inverno.

enquanto que 30,4% seriam completamente artificiais e 13,6%, semiartificiais (Koike, 1996).

Portanto, para que o relacionamento do homem com as áreas costeiras ocorra de maneira menos impactante possível, há uma urgente necessidade de conhecimentos cada vez mais aprofundados sobre os processos costeiros e sobre os efeitos das atividades antrópicas.

12.2.3 Geologia do Quaternário e os recursos minerais

Generalidades

A areia e o cascalho, situados em segundo lugar em termos de volume de produção e em quinto lugar em valor econômico, entre os recursos minerais consumidos pela sociedade moderna (Fig. 12.13), são quase sempre extraídos de depósitos sedimentares de idade quaternária. Foi em função dos sedimentos inconsolidados do Quaternário que, em 1950, os recursos minerais não metálicos ultrapassaram, em termos de valor econômico, os recursos minerais metálicos, e a sua demanda acha-se em constante crescimento.

Os sedimentos inconsolidados do Quaternário também são importantes para a civilização moderna pelas seguintes razões:

a) mais de 70% da população humana vive em áreas de planícies costeiras ou de inundação (várzeas), regiões influenciadas pelos processos litorâneos ou fluviais, respectivamente;

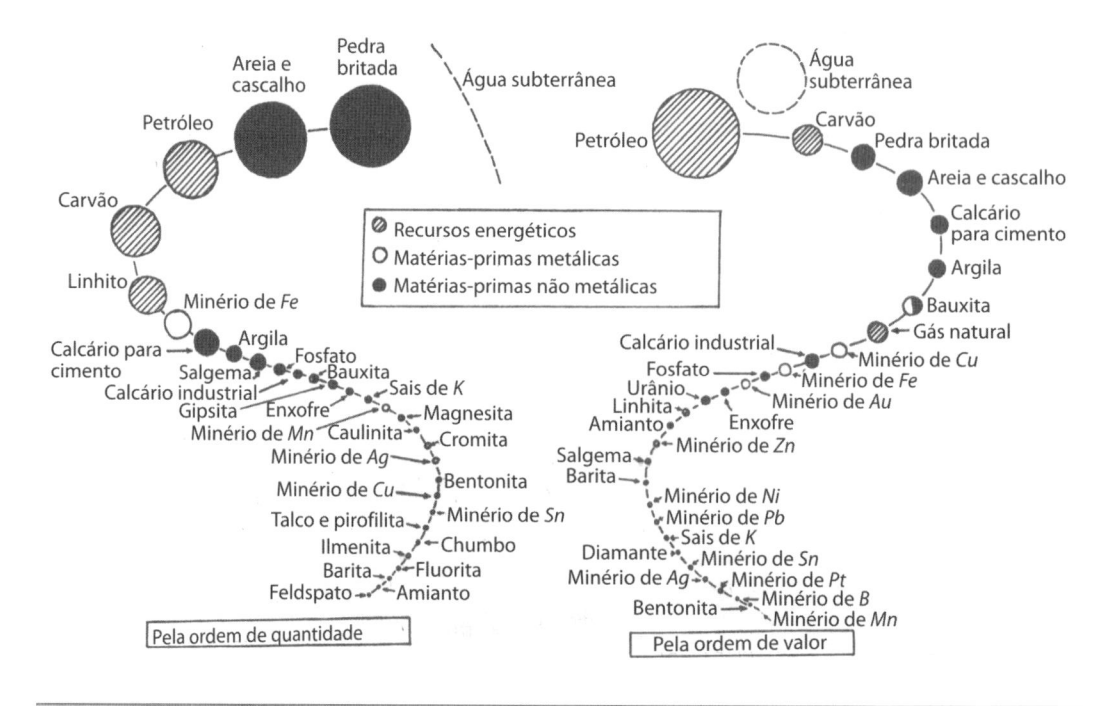

Fig. 12.13 Representação gráfica das importâncias relativas de matérias-primas minerais pela ordem de volume (A) e de valor econômico (B) de produção (Archer; Lüttig; Szezhko, 1987)

b) a maioria das áreas de construção de obras de engenharia civil (edifícios, pontes, rodovias, portos etc.) situa-se sobre sedimentos inconsolidados do Quaternário. Desse modo, os conhecimentos de geologia do Quaternário são imprescindíveis na mecânica dos solos e em assuntos correlatos de geotecnia;

c) a agricultura e a silvicultura são inconcebíveis sem os depósitos sedimentares e os solos do Quaternário. Portanto, a geologia do Quaternário é muito importante nos estudos edafológicos e/ou pedológicos;

d) os sedimentos quaternários comumente contêm importantes aquíferos para suprimento de água subterrânea para fins industriais e domésticos.

Segundo Lüttig (1979), areia e cascalho representam, em termos de volume de consumo, os mais importantes recursos minerais na vida do homem moderno (Tab. 12.1).

Materiais de construção

É conveniente subdividir os materiais de construção em dois grandes grupos. O primeiro compreende os que são usados diretamente como provêm do subsolo, sem qualquer tratamento químico (no máximo, corte, moagem e/ou peneiramento). Nesse grupo incluem-se a areia e o cascalho, além das pedras britada e cortada, e nele, em termos de geologia do Quaternário, interessam, em geral, a areia e o cascalho.

Tab. 12.1 Consumo de recursos minerais e derivados (em toneladas) de um cidadão médio na Alemanha (antiga Alemanha Ocidental) com expectativa de vida de 70 anos em 1979 (Lüttig, 1979)

Areia e cascalho	460 t
Petróleo	166
Rocha dura	146
Linhito	145
Calcário	99
Aço	39
Cimento	36
Argilas	29
Areias industriais	23
Rocha salina	13
Gipsita	6 t
Dolomita	3,5
Fosfatos	3,4
Enxofre	1,9
Turfa	1,8
Sais de potássio	1,6
Alumínio	1,4
Caulim	1,2
Elem. de refino de aço	1
Cobre	1

O segundo grupo abrange os materiais que devem ser tratados quimicamente, queimados, fundidos ou misturados com outros materiais, ou transformados por outro meio até que adquiram a capacidade de serem moldados e tomar novas formas. Nele podem ser incluídas as matérias-primas para fabricação de cimento, gesso, vidro, cerâmica etc.

Materiais do primeiro grupo

Ao lado das chamadas pedras de construção, utilizadas após corte ou sob forma britada, as areias e os cascalhos são os principais materiais de construção desse grupo. Os principais problemas associados ao uso desses materiais relacionam-se aos custos de processamento, que devem ser baixos, e à necessidade de que os depósitos estejam em áreas aceitáveis em termos ambientais (fora dos grandes centros urbanos), porém a uma distância mínima possível do local de consumo, isto é, nas proximidades de grandes cidades. Os extensos depósitos de areia e cascalho situados nas proximidades de Nova York e Boston, por exemplo, constituem uma importante reserva de recursos naturais (Schlee; Folger; O'Mara, 1971), embora ocorram como depósitos submarinos, o que eleva o seu custo de produção.

As areias e os cascalhos são comumente extraídos de depósitos quaternários de canais e terraços fluviais. Em alguns casos, a sua efetiva exploração econômica pode envolver uma precisa definição das propriedades físicas, como granulometria, forma e seleção das partículas, bem como do volume e da geometria dos corpos sedimentares potencialmente exploráveis. A profundidade do depósito e a posição do lençol freático podem ser determinadas por eletrorresistividade ou sísmica, além de sondagem mecânica. Desse modo, antes da extração de cascalhos e areias fluviais, é necessário mapear a distribuição dos corpos a serem explorados, sejam eles de paleocanal ou de terraço antigo, e localizar, por exemplo, antigos meandros abandonados ("braços mortos" de rios), que influem nas reservas calculadas de areias e cascalhos, porque normalmente são preenchidos por materiais argilosos e/ou orgânicos (restos vegetais).

Em virtude do valor unitário muito baixo, os materiais de construção do primeiro grupo geralmente não permitem a exploração submarina. Entretanto, nesse contexto, a areia e o cascalho já constituem uma exceção. Com a crescente densidade populacional de áreas costeiras, principalmente nas regiões de altas latitudes (acima de 40°), os recursos de areia e cascalho sobre os continentes estão sendo rapidamente consumidos. É precisamente nessas latitudes que existem grandes extensões desses materiais sobre as plataformas continentais. Na América do Norte e na Europa, particularmente na Inglaterra e na Holanda, mais de 100 milhões de dólares americanos desses materiais estavam sendo recuperados em 1970. Naquele ano, o Reino Unido produziu e comercializou 14 milhões de toneladas de agregados, o que representou 13% da produção total desses países (Hess, 1971). Nos Estados Unidos, a indústria extrativa de areias e cascalhos submarinos também é bastante desenvolvida. Em 1982, foram produzidas 900 milhões de toneladas, 96% utilizados na indústria de construção.

As origens dos depósitos de areias e cascalhos de altas latitudes ligam-se aos estádios glaciais do Quaternário. Nas épocas de máximas glaciações, as calotas de gelo estendiam-se até os limites atuais da margem continental. Com sua retração, as geleiras deixaram extensas e espessas pilhas de fragmentos de rochas da deposição direta por correntes fluviais formadas por águas de degelo. Esses depósitos recobrem atualmente a plataforma e o talude continentais, submersos pelo mar. Nos Estados Unidos, por exemplo, a potencialidade para a produção de areia e cascalho marinhos é muito grande, pois menos de 1% da plataforma continental americana foi submetido a levantamento de detalhe. Os estudos realizados indicaram uma reserva suficiente para suprir a demanda americana de pelo menos quinze anos.

No Brasil, os depósitos de areia e cascalho utilizados como materiais de construção estão associados a sedimentos fluviais recentes e sub-recentes de paleocanais e terraços fluviais. Nas proximidades de São Paulo, os aluviões antigos dos rios Tietê e Pinheiros (Suguio; Takahashi, 1970; Suguio et al., 1971) têm contribuído com importantes reservas de areia e cascalho para a construção civil. Hoje em dia, os depósitos situados ao longo dos rios Paraíba do Sul (RJ) e Ribeira de Iguape (SP) fornecem areia e cascalho para a construção civil na Região Metropolitana de São Paulo.

Materiais do segundo grupo
A fabricação de alguns materiais de construção, como vidro e cimento, requer determinados tipos de matérias-primas. A matéria-prima principal na fabricação de cimento comum (tipo Portland) é o calcário, rocha sedimentar composta essencialmente de calcita. Em substituição ao calcário, pode-se usar carbonatos biogênicos, como depósitos de conchas e corais, em geral do período Quaternário.

Segundo Leão (1971), o depósito carbonático de conchas e lamas calcárias do fundo da Baía de Todos os Santos (Salvador, BA) era usado por uma fábrica de cimento local. Segundo o Anuário Mineral Brasileiro (1991), de cerca de 170 milhões de toneladas da reserva brasileira de conchas calcárias, mais da metade situa-se no município de Salvador. Os calcários também são importantes na fabricação de cal virgem, corretivos de acidez de solos, fundente de ferro etc. Segundo Caruso Jr. (1995), as conchas calcárias de Santa Catarina, que perfazem cerca de 6 milhões de toneladas nos municípios de Jaguaruna e Imbituba, estão sendo usadas na agricultura, nas indústrias de celulose e cerâmica, e em rações balanceadas.

As areias com alto conteúdo de sílica (praticamente 100%), compostas de grãos angulosos e bem selecionados, com granulometria de areia fina a média, são adequadas para a fabricação de vidro. As areias quartzosas, além da sua aplicação como materiais de construção do primeiro e do segundo grupo, são também empregadas como fundentes, abrasivos e moldes de fundição (CPRM, 1990; Ferreira, 1995).

As argilas têm diversas aplicações, de acordo com a sua composição, e podem ser usadas em tijolos comuns, cerâmica, lama de perfuração de poços, veículo de inseticida etc.

Além dos materiais mencionados, como depósitos lacustres ou lagunares, ocorre o diatomito, formado pela acumulação de frústulas (carapaças) silicosas (opala) de algas denominadas diatomáceas, que servem para a fabricação de tijolos refratários ou para abrasivos.

Depósitos de pláceres

As partículas detríticas de sedimentos arenosos comuns são compostas predominantemente de quartzo e feldspato, com densidades variando entre 2 e 3 g/cm^3, sendo raros os minerais com densidades maiores. Entretanto, algumas areias podem conter minerais de peso específico entre 3 e 4 ou mais, que são compostos de zircão, turmalina, rutilo e opacos, como ilmenita e cassiterita.

Em determinadas condições de fluxo de corrente aquosa, as partículas maiores e menos densas do sedimento podem ser "varridas", restando um depósito residual (*lag deposit*) de granulação mais fina. As condições de fluxo que causam esse tipo de separação são de grande interesse na indústria mineral, como uma chave para idealizar métodos mais efetivos de separação de minérios moídos, que são lavados para haver concentração de minerais de maior interesse econômico.

Os depósitos de pláceres são essencialmente controlados pela mineralogia e geoquímica das fontes de sedimentos; pelo clima, que condiciona a profundidade de intemperismo; pela geomorfologia, que dita as taxas de erosão e o gradiente topográfico; e pela hidrodinâmica (Fig. 12.14) dos processos de transporte e deposição.

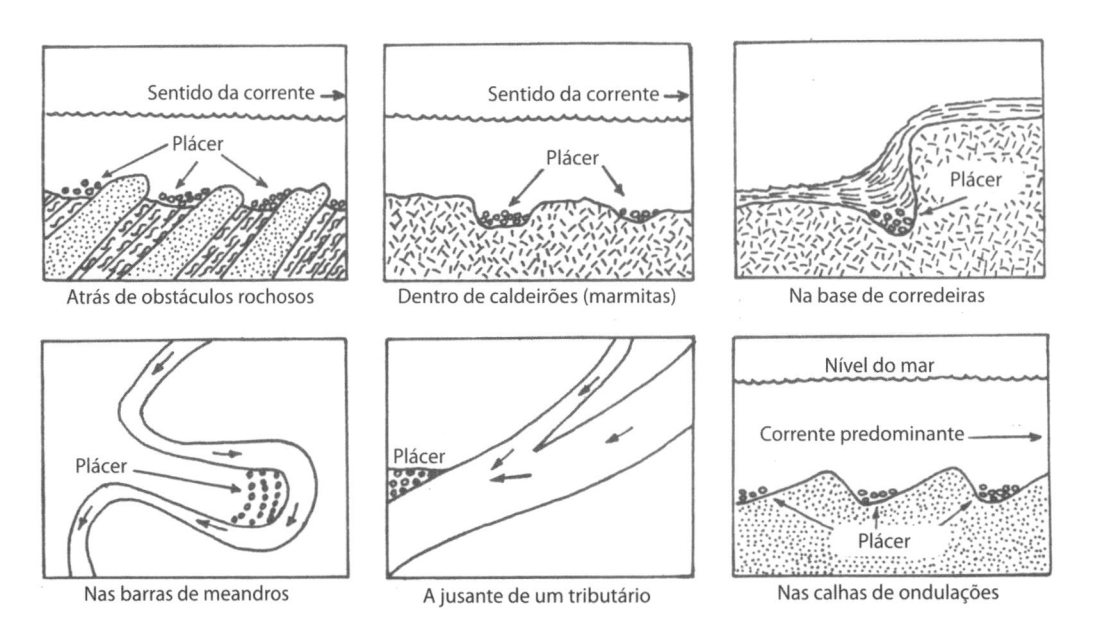

Fig. 12.14 Os depósitos de pláceres surgem quando obstáculos no leito subaquoso diminuem a velocidade do fluxo das correntes aquosas. Embora possam formar-se sob qualquer corrente aquosa (ambiente de praia) ou até vento (ambiente de duna eólica), os depósitos de pláceres são mais comumente associados a correntes fluviais (modificado de Flint e Skinner, 1977)

Os depósitos de pláceres ocorrem em paleocanais fluviais, em praias e sobre superfícies de abrasão marinha. Diversas operações de mineração submarina de pláceres de minerais pesados estão sendo realizadas nas plataformas continentais da Europa, Japão e Sudeste da Ásia.

Depósitos de pláceres metálicos

Depósitos de pláceres metálicos ocorrem em diferentes níveis topográficos, em função das flutuações do nível do mar no Quaternário (Fig. 12.15). Como resultado de estudos em modelos de laboratório, Everts (1972) concluiu que vários tipos de depósitos de pláceres podem ser reconhecidos nos ambientes marinhos, mas as praias submetidas a processos de erosão costeira constituem um dos melhores sítios para acumulação de minerais pesados. Trabalhos desenvolvidos em Queensland (Austrália) demonstraram a importância das paleolinhas de praia, mais ou menos estáveis, para dar tempo à concentração de minerais pesados, como o rutilo e o zircão, por meio do retrabalhamento pelas ondas (Hails, 1972).

Em geral, a prospecção de depósitos de pláceres marinhos tem sido propiciada pela extensão submarina dos trabalhos de exploração de depósitos emersos na zona costeira. A descoberta de províncias metalogenéticas emersas, na planície litorânea, normalmente constitui a primeira indicação sobre a probabilidade de existência de depósitos de pláceres marinhos. Um aspecto importante a considerar, com relação a pláceres submarinos, é que nem todos os depósitos tecnicamente exploráveis podem ser trabalhados economicamente.

Depósitos submarinos de cassiterita, em exploração desde 1907, ocorrem na plataforma continental a sudeste da Tailândia, e foram descobertos depósitos adicionais a sudoeste desse país. No Brasil, as areias com cassiterita são de origem aluvial e ocorrem tanto expostas sobre terraços de abrasão marinha atuais, como em paleocanais soterrados sob sedimentos marinhos atuais e

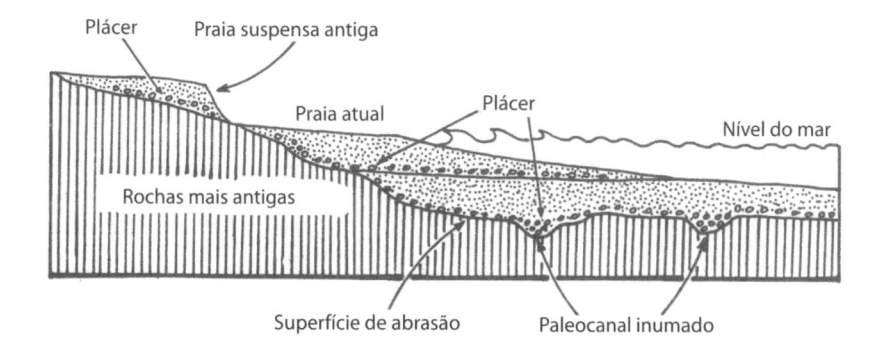

Fig. 12.15 Perfil de uma zona costeira de praia com as zonas de sedimentação, onde possam ocorrer concentrações de minerais pesados de interesse econômico (modificado de Selley, 1976)

submersos (Aleva, 1973). A dragagem do material é realizada em águas costeiras a profundidades de 20 m a 30 m, com amplitudes de maré de 3 m. Esses depósitos foram formados durante o Último Máximo Glacial (UMG), quando a plataforma continental tinha sido dissecada por canais fluviais. Na parte noroeste do arquipélago da Malásia, existem depósitos de cassiterita similares aos da Tailândia. A cassiterita desintegra-se com relativa facilidade durante o transporte e, portanto, os depósitos de origens coluvial e aluvial encontram-se, em geral, nas proximidades da área-fonte.

Os depósitos de pláceres marinhos emersos são explorados muito mais extensamente do que as acumulações submersas. As praias da Austrália, por exemplo, fornecem 95% do rutilo produzido no mundo, mas os prováveis depósitos submarinos existentes ainda não estão sendo explorados (Padan, 1971).

No Brasil, também existem depósitos de pláceres marinhos em exploração nas costas leste e nordeste, mas os depósitos de pláceres quaternários que contêm cassiterita e ouro são mais amplamente explorados, principalmente em Rondônia (Bettencourt et al., 1988). Segundo os autores, esses depósitos são de naturezas aluvial, coluvial e eluvial, em geral associados a depósitos fanglomeráticos originados por movimentos de massa em sistemas fluviais entrelaçados, entre o Pleistoceno e o Holoceno (Waghorn, 1974), sob condições climáticas mais secas e mais úmidas alternadas (Fig. 12.16). As variedades de pláceres descritas assemelhar-se-iam, em todos os aspectos, aos depósitos encontrados na Malásia, Indonésia e Tailândia.

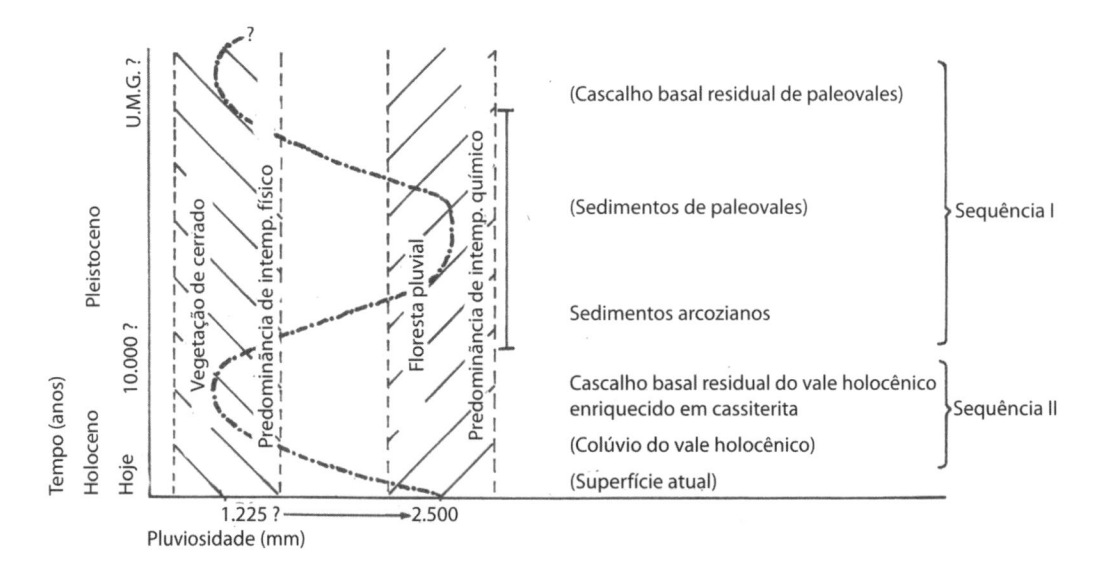

Fig. 12.16 Diagrama representativo das prováveis variações climáticas durante o Quaternário, conforme Waghorn (1974). As sequências sedimentares que constituem depósitos de pláceres em Rondônia foram adaptadas ao esquema evolutivo paleoclimático por Bettencourt et al. (1988)

A existência de nódulos de manganês, ou, mais propriamente, de nódulos polimetálicos, é conhecida desde a expedição Challenger, em 1870. Os conhecimentos mais modernos sobre esse material, sumariados por Horn, Ewing e Delach (1972), indicam que eles têm distribuição ampla, mas apresentam concentrações e tamanhos variáveis, sendo mais abundantes no oceano Pacífico que no Atlântico. Além do manganês, eles contêm ferro, cobalto, níquel e cobre. Segundo Hammond (1974), nódulos de boa qualidade contêm 27% a 30% de Mn, 0,2% a 0,4% de Co, 1,1% a 1,4% de Ni e 1,0% a 1,3% de Cu.

Depósitos de pláceres não metálicos
Cascalhos diamantíferos foram dragados ao longo da costa oeste da África do Sul entre 1960 e 1971. Os diamantes provêm do distrito de Kimberley e foram transportados até a costa pelo rio Orange, onde inicialmente eram explorados em praias marinhas sobrelevadas. Posteriormente foram localizados cascalhos diamantíferos em calhas e marmitas submarinas sobre rochas do embasamento, ou em camadas "tipo cobertor", que recobrem o embasamento.

Combustíveis fósseis e outros recursos
Tendo em vista as idades geologicamente recentes e os graus de diagênese incipientes dos depósitos quaternários, as matérias orgânicas vegetais associadas apresentam-se, em geral, como depósitos de turfas, que constituem o primeiro estágio de carbonificação desses materiais. A fase gasosa associada a esses restos orgânicos não passa, em geral, do metano ($CH^{4)}$), que também constitui um tipo de combustível fóssil.

Como os depósitos sedimentares quaternários são quase sempre porosos, com espaços vazios que podem ser ocupados por fluidos, e permeáveis, para permitir a sua extração, podem constituir ótimos aquíferos. Entretanto, diferentemente dos outros recursos minerais, como os minérios metálicos, não existem sensores para a localização direta do gás ou da água subterrânea. Desse modo, a comprovação final da existência desses recursos só pode ser conseguida por sondagem mecânica. As locações mais adequadas podem ser definidas por critérios de geologia de superfície, auxiliada pela geofísica e, eventualmente, pela geoquímica. Concluída essa fase, passa-se para uma fase meramente estatística, pois quanto maior o número de furos realizados, maiores as probabilidades de êxito.

Um aspecto importante ligado à exploração de água subterrânea é que o bombeamento excessivo de água pode ultrapassar a capacidade de recarga do aquífero, de modo que o abastecimento pode ficar comprometido. Por outro lado, frequentemente a extração de água subterrânea e/ou de gás de depósitos quaternários produz a subsidência do terreno. Esse fenômeno ocorreu, por exemplo, nas planícies adjacentes a Tóquio e Niigata, no Japão, onde existem águas conatas de depósitos quaternários, contendo metano e iodo dissolvidos, que já foram intensamente exploradas. Além disso, em poços localizados nas planícies costeiras, a água doce pode ficar contaminada pela invasão de água subterrânea salgada proveniente do oceano.

Referências bibliográficas

AB'SABER, A. N. Conhecimentos sobre as flutuações climáticas do Quaternário no Brasil. *Boletim da Sociedade Brasileira de Geologia*, v. 6, p. 39-48, 1957.

AB'SABER, A. N. Domínios morfoclimáticos e províncias fitogeográficas no Brasil. *Orientação*, v. 3, p. 45-58, 1967.

AB'SABER, A. N. O Pantanal Matogrossense e a Teoria dos Refúgios. *Revista Brasileira de Geografia*, v. 50, p. 9-57, 1988.

ABSY, M. L. A *palynological study of Holocene sediments in the Amazon basin*. 88 f. PhD thesis –University of Amsterdam, 1979.

ABSY, M.L. Palynology of Amazonia: The history of the forest as revealed by the palynological record. In: PRANCE, G. T.; LOVEJOY, T. E. (Eds.). *Amazonia key environments*. Oxford: Pergamon Press, 1985. p. 72-82.

ABSY, M. L.; SUGUIO, K. Palynological content and paleoecological significance of drilled sediment samples from the Baixada Santista, Brazil. *Anais da Academia Brasileira de Ciências*, v. 47, p. 287-290, 1975.

ABSY, M. L.; VAN DER HAMMEN, T. Some paleoecological data from Rondônia, southern part of the Amazon basin. *Acta Amazonica*, v. 6, p. 293-299, 1976.

ABSY, M. L. CLEEF, A.; FOURNIER, M.; MARTIN, L.; SIFEDDINE, A.; FERREIRA DA SILVA, M.; SOUBIES, F.; SUGUIO, K.; TURCQ, B.; VAN DER HAMMEN, T. Mise en évidence de quatre phases d'ouverture de la forêt dense dans sud-est de l'Amazonie au cours des 60.000 dernieres années. Première comparaison avec d'autres regions tropicales. *Comptes Rendus de l'Academie des Sciences de Paris*, Serie II, Tome 312, p. 673-678, 1991.

ACSN – American Code on Stratigraphic Nomenclature. Code of Stratigraphic Nomenclature. *American Association of Petroleum Geologists Bulletin*, v. 45, p. 645-665, 1961.

AGER, T. A.; WHITE, J. M.; MATTHEWS JR., J. V. Tertiary-Quaternary boundaries. *Quaternary International*, v. 23/24, 1994.

AGUIRRE, E.; PASINI, G. The Pliocene-Pleistocene boundary. *Episodes*, v. 8, p. 116–120, 1985.

AITKEN, M. J.; TITE, M.S.; REID, J. Thermoluminescence dating of ancient ceramics. *Nature*, v. 202, p. 1032, 1964.

ALEVA, G. J. J. Aspects of the historical and physical geology of the Sunda shelf essential to the exploration of submarine tin placers. *Geologie Mijnbouw*, v. 52, p. 79-91, 1973.

ALHEIROS, M. M. *Riscos geológicos na zona costeira da Região Metropolitana do Recife*. 1995. 42 f. Projeto de tese de doutoramento – Instituto de Geociências, Universidade Federal da Bahia, Salvador, 1995.

ALLEN, J. R. L. Late Quaternary Niger delta and adjacent areas: sedimentary environments and lithofacies. *American Association of Petroleum Geologists Bulletin*, v. 23, p. 547-600, 1965.

ALMEIDA, F. F. M. Geologia do sudoeste matogrossense. *Boletim da Divisão de Geologia e Mineralogia* – DNPM, v. 116, p. 1-118, 1945.

ALMEIDA, F. F. M. Origem e evolução da Plataforma Brasileira. *Boletim da Divisão de Geologia e Mineralogia* – DNPM, v. 241, p. 1-36, 1967.

ALMEIDA, F. F. M. The system of continental rifts bordering the Santos Basin, Brazil. *Anais da Academia Brasileira de Ciências*, v. 48, p.15-26, 1976.

ALMEIDA, F. F. M.; CARNEIRO, C. D. R. Magmatic occurrences of post Permian age of the South American platform. *Boletim IG-USP*, Série Científica, v. 20, p. 71-85, 1987.

ANDERSEN, B. G.; BORNS JR., H. W. *The ice age world*. Oslo: Scandinavian University Press, 1994.

ANDREWS, J. T. The present ice age: Cenozoic. In: JOHN, B. S. (Ed.). *The winters of the world*. Londres: David & Charles, 1979. p. 173-218.

ANDREWS, J. T.; MILLER, G. H. Dating Quaternary deposits more than 10,000 years old. In: CULLINGFORD, R. A.; DAVIDSON, D. A. (Eds.). *Timescales in Geomorphology*. Nova York: John Wiley & Sons, 1980. p. 263-287.

ANEEL – Agência Nacional de Energia Elétrica. *Sistema de Informações Georreferenciadas de Energia e Hidrologia* – HIDROGEO. Edição Comemorativa do Dia Internacional da Água, 2000. 1 CD-ROM.

ANGELIER, J. La néotectonique cassante et sa place dans un arc insulaire: L'arc égeen meridionale. *Révue de Géographie Physique, Géologie Dynamique*, v. 18, p. 1257-1265, 1976.

ANGELIER, J.; MECHLER, P. Sur une méthode graphique de recherches de constraintes principales également utilisable en téctonique et en sismologie: la methode des diedres droits. *Bulletin de Société Géologique de France*, v. 7, p.1309-1318, 1977.

ANTEVS, E. The last glaciation. *American Geographical Society Research Series*, n. 17, 1928.

ANUÁRIO MINERAL BRASILEIRO. Ministério de Minas e Energia. Departamento Nacional da Produção Mineral, 1991.

ARAÚJO, J. B. S.; CANEIRO, R. G. *Planície do Araguaia*: reconhecimento geológico-geofísico. Belém: Petrobras-RENOR (Relatório técnico interno: inédito), 1977.

ARAÚJO, M. B.; BEURLEN, G.; PIAZZA, H. D.; CUNHA, M. C. C.; SANTOS, A. S. *Projeto Rio Paraíba do Sul*: sedimentação deltaica holocênica. Rio de Janeiro, Petrobras-CENPES (Relatório DIREX 1649), 1975.

ARCHER, A. A.; LÜTTIG, G. W.; SZEZHKO, I. I. *Man's dependence on the Earth*. Stuttgart/Paris: Unesco, 1987.

ARDUÍNO, G. A letter to Sig. Cav. Antonio Valisnieri. *Nuova raccolta di opusculi scientifici e filologici del padre Angiolo Calogierà (Venice)*, v. 6, p. 142-143, 1760.

ARTHAUD, F. Méthode de détermination graphique des directions de raccourcissement, d'allongement et intermédiaire d'une population de failles. *Bulletin de Société Geologique de France*, v. 11, p. 729-737, 1969.

ASANO, K. Problemas relacionados às subdivisões de zonas fossilíferas e a Geologia Histórica. *Tishitsugakuronshu*, v. 8, p. 3-10, 1973. (Em japonês.)

ASMUS, H. E.; FERRARI, A. L. Hipótese sobre a causa do tectonismo cenozóico na região sudeste do Brasil. In: *Projeto REMAC (Aspectos estruturais da margem continental leste e sudeste do Brasil)*. Rio de Janeiro, Petrobras, CENPES, DINTEP, v. 4, p. 75-88, 1978.

ASMUS, H. E.; PORTO, R. Classificação das bacias sedimentares brasileiras segundo a tectônica de placas. In: CONGRESSO BRASILEIRO DE GEOLOGIA, 26., 1972, Belém. *Anais...* Belém: SBG, 1972. v. 2. p. 67-90.

ASSINE, M. L. *Sedimentação na Bacia do Pantanal Matogrossense, Centro-Oeste do Brasil*. 2003. 106 f. Tese (Livre Docência) – Universidade Estadual Paulista, São Paulo, 2003. (Inédita).

ASSINE, M. L.; SOARES, P. C. Quaternary of the Pantanal, Central-West Brazil. *Quaternary International*, v. 114, 23-34, 2004.

ASSIS, H. M. B. *Estudo dos beach rocks do litoral sul de Pernambuco com base em evidências petrográficas e isotópicas*. 1990. 91 f. Dissertação (Mestrado) – Universidade Federal de Pernambuco, Recife, 1990.

ASSUMPÇÃO, M. The regional intraplate stress field in South America. *Journal of Geophysical Research*, v. 97, p. 11889-11903, 1992.

ASSUMPÇÃO, M.; DIAS NETO, C. M.; ORTEGA, R.; FRANÇA, H. O terremoto de São Paulo de 1922. In: SIMPÓSIO REGIONAL DE GEOLOGIA, 2., 1979, Rio Claro-SP. *Atas*... Rio Claro: SBG, 1979. v. 1, p. 321-329.

AULER, A. S. *Karst evolution and paleoclimate of eastern Brasil*. 1999. 269 f. PhD thesis – School of Geographical Sciences, University of Bristol, Bristol, 1999.

AXELROD, D. I. Role of volcanism in climate and evolution. *Geological Society of America Special Paper*, v. 185, p. 1-59, 1981.

BACK, W.; ARENAS, A. D. Karst terrains resources and problems. *Nature and Resources*, Special Issue (Unesco), p. 19-26, 1989.

BACOCCOLI, G. Os deltas marinhos holocênicos brasileiros: uma tentativa de classificação. *Boletim Técnico da Petrobras*, v. 14, 5-38, 1971.

BAETEMAN, C. Subsidence in coastal lowlands due to groundwater withdraw: The geological approach. In: FINKL JUNIOR, C. W. (Ed.). Coastal hazards: Perception, susceptibility and mitigation. *Journal of Coastal Research Special Issue*, v. 312, p. 61-75, 1994.

BANDEIRA JR., A. N.; PETRI, S.; SUGUIO, K. *Projeto Rio Doce*. Rio de Janeiro, Petrobras-CENPES, Relatório final, p. 1-203, 1975.

BARBERI-RIBEIRO, M. *Paleovegetação e paleoclima no Quaternário tardio de vereda de Águas Emendadas, DF*. 1994. 110 f. Dissertação (Mestrado) – Instituto de Geociências, Universidade de Brasília, Brasília, 1994.

BARBOSA, A. S.; RIBEIRO, M. B.; SCHIMITZ, P. L. Cultura e ambiente em áreas de cerrado do sudoeste de Goiás. In: PINTO, M. N. (Ed.). *Cerrado*: caracterização, ocupação e perspectivas. Brasília: Editora Universidade de Brasília, 1990. p. 67-100.

BARBOSA, O.; ANDRADE-RAMOS, J. R.; ANDRADE-GOMES, F.; HELMBOLD, R. *Geologia estratigráfica, estrutural e econômica da área do "Projeto Araguaia"*. MME-DNPM, Monografia, v. 19, p. 1-94, Rio de Janeiro, 1966.

BARRETO, A. M. F. *Interpretação paleoambiental do sistema de dunas fixadas do médio Rio São Francisco, Bahia*. 1996. 174 f. Tese (Doutorado) – Universidade de São Paulo, São Paulo, 1996.

BARRETO, A. M. F.; PESSENDA, L. C. R.; SUGUIO, K. Probable drier paleoclimate evidenced by charcoal bearing middle São Francisco river paleodunes, State of Bahia, Brazil. *Anais da Academia Brasileira de Ciências*, v. 68 (supl. 1) p. 43-48, 1996.

BARRETO, A. M. F.; BEZERRA, F. H. R.; SUGUIO, K.; TATUMI, S. H.; YEE, M.; PAIVA, R. P.; MUNITA, C. S. Late Pleistocene marine terrace deposits in northeastern Brazil: Sea-level change and tectonic implications. *Palaeogeography, Palaeoclimatology, Palaeoecology*, v. 179, p. 57-69, 2002a.

BARRETO, A. M .F.; SUGUIO, K.; ALMEIDA, J. A. C.; BEZERRA, F. H. R. A presença do icnogênero Ophiomorpha em rochas sedimentares pleistocências da costa norte-riograndense e suas implicações paleoambientais. *Revista Brasileira de Paleontologia*, v. 3, p. 17-23, 2002b.

BARRETO, A. M. F.; SUGUIO, K.; OLIVEIRA, P. E. de; TATUMI, S. H. Campo de dunas inativas do médio Rio São Francisco: marcante registro de ambiente desértico do Quaternário Brasileiro. In: SCHOBBENHAUS, C. (Ed.). *Sítios geológicos e paleontológicos do Brasil*. SIGEP-DNPM-CPRM, 2002c. p. 223-231.

BARRON, E. J.; MOORE, G. T. Climate model application in paleoenvironmental analysis. *Short Course*, Society of Economic Paleontologists and Mineralogists (SEPM), v. 33, p. 1-339, 1994.

BATES, C. C. Rational theory of delta formation. *American Association of Petroleum Geologists Bulletin*, v. 37, p. 2119-2162, 1953.

BATES, R. L.; JACKSON, J. A. (Eds.). *Glossary of Geology*. 3. ed. Alexandria: American Geological Institute, 1987.

BEHLING, H.; LICHTE, M. Evidence of dry and cold climate conditions at glacial times in tropical southeastern Brazil. *Quaternary Research*, v. 48, p. 348-358, 1997.

BEHLING, H.; LICHTE, M.; MIKLOS, A. W. Evidence of a forest free landscape under dry and cold climatic conditions during the last glacial maximum in the Botucatu region (São Paulo State), southeastern Brazil. *Quaternary of South America and Antarctic Peninsula*, v. 11, p. 99-110, 1998.

BELT, T. An examination of theories that have been proposed to account for the climate of the glacial period. *Quarterly Journal of Science*, v. 11, p. 421-464, 1874.

BEMERGUY, R. L.; COSTA, J. B. S. Considerações sobre o sistema de drenagem da Amazônia e sua relaçao com o arcabouço tectono-estrutural. *Boletim Paraense Emílio Goeldi*, Série Ciências da Terra, v. 3, p. 75-97, 1991.

BERGGREN, W. A.; VAN COUVERING, J. A. *The Late Neogene*. Amsterdam: Elsevier, 1974.

BERNARD, H. A.; LE BLANC, R. J. Resume of the Quaternary geology of the northwestern Gulf of Mexico Province. In: H. E. WRIGHT Jr.; D. G. FREY (Eds.). *The Quaternary of the United States*, p. 133-185, 1965.

BERNAT, M.; MARTIN, L.; BITTENCOURT, A. C. S. P.; VILAS-BOAS, G. S. Datation Io/U du plus haut niveau marin interglaciaire sur la côte du Brésil: utilisation du ^{229}Th comme traceur. *Comptes Rendus de l'Académie de Sciences de Paris*, v. 296, p. 197-200, 1983.

BERROCAL, J.; ASSUMPÇÃO, M.; ANTEZANA, R.; DIAS NETO, C. M.; ORTEGA, R.; FRANÇA, H.;VELOSO, J. A. V. *Sismicidade do Brasil*. São Paulo: IAG/USP/CNEM, 1984.

BERTAUX, J.; LEDRU, M. P.; SOUBIÈS, F.; SONDAG, F. The use of quantitative mineralogy linked to palynological studies in paleoenvironmental reconstruction: The case study of the "Lagoa Campestre" lake, Salitre, Minas Gerais, Brazil. *Comptes Rendus de l'Academie des Sciences de Paris*, Serie II, Tome 323, p. 65-71, 1996.

BETTENCOURT, J. S.; MUZZOLON, R.; PAYOLLA, B. L.; DALL'IGNA, L. G.; PINHO, O. G. Depósitos estaníferos secundários da região central de Rondônia. In: SCHOBBENHAUS, C.; COELHO, C. E. S. (Coords.). *Principais depósitos minerais do Brasil* (Volume III: Metais básicos não-ferrosos, ouro e alumínio). DNPM/MME, p. 213-241, 1988.

BEZERRA, F. H. R.; BARRETO, A. M. F.; SUGUIO, K. Holocene sea-level history on the Rio Grande do Norte State coast, Brazil. *Marine Geology*, v. 196, p. 73-89, 2003.

BEZERRA, F. H. R.; LIMA-FILHO, F. P.; AMARAL, R. F.; CALDAS, L. H. O.; COSTA-NETO, L. X. Holocene coastal tectonics in NE Brazil. In: Stewart, I. S.; Vita-Finzi, C. (Eds.). *Coastal tectonics. Geological Society of London*, Special Publication, v. 146, p.279-293, 1998.

BEZERRA, M. A. O. *O uso de multitraçadores na reconstituição do Holoceno no Pantanal Matogrossense, Corumbá, MS*. 1999. 214 f. Tese (Doutorado) – Universidade Federal de São Carlos, São Carlos, 1999. (Inédita).

BIGARELLA, J. J. Subsídios para o estudo das variações do nível oceânico no Quaternário Brasileiro. *Anais da Academia Brasileira de Ciências* (supl.), v. 47, p. 365-393, 1965a.

BIGARELLA, J. J. Variações climáticas do Quaternário e suas implicações no revestimento florístico. *Boletim Paranaense de Geografia*, v. 10/15, v. 211-230, 1965b.

BIGARELLA, J .J. Reef sandstones from Northeastern Brazil (A survey on sedimentary structures). *Anais da Academia Brasileira de Ciências*, v. 47 (supl.), p. 395-409, 1975.

BIGARELLA, J. J.; AB'SABER, A. N. Paläogeographische und Paläoklimatische aspekte des Känozoikuns in Sud Brasiliens. *Zeitschrift für Geomorphologie*, v. 8, p. 286-312, 1964.

BIGARELLA, J. J.; ANDRADE, G. O. Considerações sobre a estratigrafia dos sedimentos cenozóicos em Pernambuco (Grupo Barreiras). *Arquivos do instituto de Ciências da Terra*, v. 2, p. 2-14, 1964.

BIGARELLA, J. J.; BECKER, R. D. (Ed.). International Symposium on the Quaternary. *Boletim Paranaense de Geociências*, v. 33, 1975.

BIGARELLA, J. J.; ANDRADE-LIMA, D.; RIEHS, P .J. Considerações a respeito das mudanças paleoambientais na distribuição de algumas espécies vegetais e animais no Brasil. *Anais da Academia Brasileira de Ciências*, v. 47 (supl.), p. 411-464, 1975.

BIGARELLA, J. J; BECKER, R. D.; SANTOS, G. F. *Estrutura e origem das paisagens tropicais e subtropicais*. Florianópolis: Editora da Universidade Federal de Santa Catarina, 1994.

BIGARELLA, J. J.; MOUSINHO, M. R.; SILVA, J. X. Pediplanos, pedimentos e seus depósitos correlativos no Brasil. *Boletim Paranaense de Geografia*, v. 10/15, p. 211-230, 1965.

BIRD, E. C. F. *Coastline changes*: a global review. Londres: John Wiley & Sons, 1985.

BIRD, E. C. F. Potential effects of sea level rise on the coasts of Australia, Africa, and Asia. In: Titus, J. G. (Ed.). *Effects of changes in stratospheric ozone and global change*, v. 4, Sea-level rise, p. 83-98, 1986.

BIRD, E. C. F.; PASKOFF, R. Relationships between vertical changes of land and sea-level and advance and retreat of coastlines. In: SUGUIO, K.; FAIRCHILD, T. R.; MARTIN, L.; FLEXOR, J. M. (Eds.). INTERNATIONAL SYMPOSIUM ON COASTAL EVOLUTION IN THE QUATERNARY, 1978, São Paulo. *Proceedings...* São Paulo: 1979, p. 29-40.

BIRKELAND, P. W. *Soils and geomorphology*. Nova York: Oxford University Press, 1984.

BITTENCOURT, A. C. S. P.; DOMINGUEZ, J. M. L.; MARTIN, L.; FERREIRA, Y. A. Evolução do delta do Rio São Francisco (SE-AL) durante o Quaternário: influência das variações do nível relativo do mar. In: SUGUIO, K.; MEIS, M. R. M.; TESSLER, M. G. (Eds.). Simpósio do Quaternário no Brasil, 4., Rio de Janeiro, 1982. *Atas...* Rio de Janeiro: CENPES-Petrobras, 1982, p. 46-68.

BITTENCOURT, A. C. S. P.; MARTIN, L.; VILAS-BOAS, G. S.; FLEXOR, J. M. The marine formations of the coast of the State of the Bahia, Brazil. In: SUGUIO, K.; FAIRCHILD, T. R.; MARTIN, L.; FLEXOR, J. M. (Eds.). International Symposium on Coastal Evolution in the Quaternary, 1979, São Paulo. *Proceedings...* São Paulo, 1979, p. 232-253.

BLOOM, A. L. The explanatory description of coasts. *Z. für Geomorphologie*, v. 9, p. 422-436, 1965.

BLOOM, A. L. Pleistocene shorelines: a new test of isostasy. *Geological Society of America Bulletin*, v. 78, p. 1477-1494, 1967.

BLOOM, A. L. Glacial eustatic and isostatic controls of sea level since the last glaciation. In: TUREKIAN, K. K. (Ed.). *The Late Cenozoic ice ages*. New Haven: Yale University Press, p. 355-371, 1971.

BLOOM, A. L. *Geomorphology* – a systematic analysis of late Cenozoic landforms. Nova Jersey: Prentice Hall. Inc., 1978.

BLOOM, A. L.; BROECKER, W. S; CHAPPELL, J. M. A.; MATTHEWS, R. K.; MESOLELLA, K. J. Quaternary sea-level fluctuations on a tectonic coast: New ^{238}Th/^{234}U dates from the Huon Peninsula, New Guinea. *Quaternary Research*, v. 4, p. 185-205, 1974.

BÖGLI, A. Neue Anschaungen uber die Rolle von Schichtfugen und Kluften in der Karsthydrographischen Entwicklung. *Geologische Rundschau*, v. 58, p. 395-408, 1969.

BÖGLI, A. Karst hydrology and physical speleology. Berlin: Springer-Verlag, 1980.

BOLT, B. A.; HORN, W. L.; MACDONALD, G. A.; SCOTT, R. F. *Geological hazards*, Nova York: Springer-Verlag, 1975.

BOMBIN, M. Modelo paleoecológico evolutivo para o Neoquaternário da região da campanha oeste do Rio Grande do Sul (Brasil). A Formação Touro Passo, seu conteúdo fossilífero e a pedogênese pós-deposicional. *Comunicação do Museu de Ciências da Pontifícia Universidade Católica do Rio Grande do Sul*, v. 15, p. 1- 90, 1976.

BONINSEGNA, J. A.; VILLALBA, R. Dendroclimatology in the Southern Hemisphere: review and prospects. In: DEAN, J. S.; MEKO, D. M.; SWETNAN, T. W. (Eds.). *Tree rings, environment and humanity*. Radiocarbon. Tucson: University of Arizona Press, 1996. p. 127-141.

BOULTON, G. S. A model of Weichselian glacier fluctuations in the North Atlantic region. *Boreas*, v. 8, p. 373-395, 1979.

BOURCART, J. La théorie de la flexure continentale. In: C. R. du Congrès Intern. De Géographie, 16., 1949, Lisboa. *Proceedings*... Lisboa: 1949. p. 167-190.

BOUTTON, T. W. Stable carbon isotope ratios of natural materials. II. Atmospheric, terrestrial, marine and freshwater environments. In:. COLEMAN, D. C.; FRY, B. (Eds.). *Carbon isotope techniques*. San Diego: Academic Press, 1991. p.173-185.

BOWEN, D. Q. *Quaternary Geology*. London: Pergamon Press, 1978.

BRADLEY, R. S. (Ed.). *Global changes of the past*. Boulder (Co): UCAR/Office for Interdisciplinary Earth Studies, 1989.

BRADLEY, R. S.; EDDY, J. A. Records of past global changes. In: BRADLEY, R. S. (Ed.). *Global changes of the past*. UCAR/OIES. Global Change Institute, p. 5-9, 1989.

BRANNER, J. C. Geology of northeast coast of Brazil. *Bulletin of the Geological Society of America*, v. 13, p. 41-98, 1902.

BRANNER, J. C. The stone reefs of Brazil, their geological and geographical relations. *Bulletin of the Museum of Comparative Zoology*, v. 44, p. 207-275, 1904.

BRANNER, J. C. Recent earthquakes in Brazil. *Bulletin of the Seismological Society of America*, v. 10, p. 90-105, 1920.

BRAUN, E. H. G. Cone aluvial do Taquari, unidade geomórfica marcante da planície quaternária do Pantanal. *Revista Brasileira de Geografia*, v. 39, p. 164-180, 1977.

BRAUN, J.; HEIMSATH, A. M.; CHAPPELL, J. M. A. Sediment transport mechanisms on soil-mantled hillslopes. *Geology*, v. 29, p. 683-686, 2001.

BROECKER, W. S. Isotope geochemistry and Pleistocene climatic record. In: Wright Jr., H. E.; Frey, D.G. (Eds.). *The Quaternary of the United States*, p. 737-753, 1965.

BROECKER, W. S.; DENTON, G. H. The role of ocean-atmosphere reorganizations in glacial cycles. *Geochimica et Cosmochimica Acta*, v. 53, p. 2465-2501, 1989.

BROECKER, W. S.; KAUFMAN, A. Radiocarbon chronology of Lake Lahontan and Lake Bonneville. *Geological Society of America Bulletin*, v. 76, p. 537-566, 1965.

BROECKER, W. S.; VAN DONK, J. Insolation changes, ice volumes and the $\delta^{18}O$ record of deep-sea cores. *Review of Geophysics and Space Physics*, v. 8, p. 169-197, 1970.

BRUUN, P. Sea level rise as a cause of shore erosion. American Society of Civil Engineers. *Journal of Waterways and Harbors Division*, v. 88, p.117-130, 1962.

BRUUN, P.; SCHWARTZ, M. L. Analytical predictions of beach profile change in responde to a sea-level rise. *Z. Geomorphologie*, N.F., Suppl.-Bd., v. 57, p. 33-50, 1985.

BULL, W. B.; WALLACE, R. E. Tectonic geomorphology. *Geology*, v. 13, p. 216, 1986.

BUTLER, B. E. Periodic phenomena in landscapes as basis for soil studies. CSIRO. *Australian Soil Publication*, v. 10, p. 35, 1959.

CAMPOS, H. S. *Estudo das variações $^{13}C/^{12}C$ e $^{18}O/^{16}O$ em ambientes de formação de rochas de praia na Ilha de Itaparica, Bahia*. 1976. 55 f. Dissertação (Mestrado) – Universidade Federal da Bahia, Salvador, 1976.

CAMPY, M.; CHALINE, J. Le Quaternaire, un concept depassé? Une etiquette perimée? Ou une période privilegiée? "un problème d'actualitée". *Striolae* (INQUA Newsletter), v. 8, p. 7-12, 1987.

CARNEIRO FILHO, A.; SCHWARTZ, D.; TATUMI, S. H.; ROSIQUE, T. Amazonian paleodunes provide evidence for drier climate phases during the Late PLeistocene-Holocene. *Quaternary Research*, v. 58, p. 205-209, 2002.

CARNEIRO FILHO, A.; TATUMI, S. H.; YEE, M. Dunas fósseis na Amazônia. *Ciência Hoje*, v. 32, n. 191, p. 24-29, 2003.

CARTER, R. W. G. Coastal environments. *An introduction to the physical, ecological and cultural systems of coastlines*. Londres: Academic Press, 1988.

CARUSO JR., F. *Geologia e recursos minerais da região costeira do sudeste de Santa Catarina (com ênfase no Cenozóico)*. 1995. 179 f. Tese (Doutorado) – Instituto de Geociências, Universidade Federal do Rio Grande do Sul, Porto Alegre, 1995.

CERRI, C. O.; FELLER, C.; BALESDENT, J.; VICTÓRIA, R. L.; PLENECASSAGNE, A. Application du traçage isotopique naturel en ^{13}C, a l'etude de la dynamique de la matière organique dans les sols. *Comtes Rendus de l'Academie des Sciences de Paris*, Serie II, Tome 300, p. 423-428, 1985.

CHAMBERLIN, T. C. Proposed genetic classification of Pleistocene glacial formations. *Journal of Geology*, v. 2, p. 517-538, 1894.

CHAPPELL, J. M. A. Geology of coral terraces, Huon Peninsula, New Guinea: a study of Quaternary tectonic movements and sea-level changes. *Geological Society of America Bulletin*, v. 85, p. 553-570, 1975.

CHAPPELL, J. M. A. A revised sea-level record for the last 300,000 years from Papua New Guinea. *Search*, v. 14, 99-104, 1983.

CHAVES, N. S. *Beachrocks do Litoral Pernambucano: Estudo sedimentológico e análise de isótopos estáveis*. 1996. 80f. Dissertação (Mestrado) – Universidade Federal da Pernambuco, Recife, 1996.

CHAVES, N. S. *Mecanismos de cimentação em sedimentos marinhos recentes, exemplo de beachrocks do Litoral Pernambucano*. 2000. 199 f. Tese (Doutorado) – Universidade Estadual Paulista, São Paulo, 2000. (Inédita).

CHEMEKOV, Y. F. Technogenic deposits. In: INQUA Congress, 15., 1982, Moscow. *Proceedings*... Moscow: Abstracts INQUA, 1982. v. 3, p. 62.

CITA, M. B.; VERGNAND-GRAZZINI, C.; ROBER, C.; CHAMLEY, H.; CIARANFI, N.; D' ONOFRIO, S. Paleoclimatic record of a long deep sea core from the eastern Mediterranean. *Quaternary Research*, v. 8, p. 205-235, 1977.

CLAPPERTON, C. *Quaternary geology and geomorphology of South America*. Amsterdam: Elsevier, 1993.

CLARK, J. A.; FARRELL, W. E.; PELTIER, W. R. Global changes in postglacial sea level: a numerical calculation. *Quaternary Research*, v. 9, p. 265-287, 1978.

CLIMAP PROJECT MEMBERS. The surface of the Ice-Age earth. *Science*, v. 191, p. 1131-1137, 1976.

CLIMAP PROJECT MEMBERS. Seasonal reconstructions of the earth's surface at the last glacial maximum. *Geological Society of America Map and Chart Series*, MC-36, 1981.

CLINE, R. M.; HAYS, J. D. (Eds.). Investigation of the Late Quaternary paleoceanography and paleoclimatology. *Geological Society of America Memoir*, v. 145, p. 1-464, 1976.

COATES, D. R. (Ed.). Urban geomorphology. *Geological Society of America Special Paper*, p. 174, 1976.

COLEMAN, J. M.; WRIGHT, L. Modern river deltas: variability of process and sand bodies. In: Broussard, M. L. (Ed.). *Delta-models for exploration*. Texas: Houston Geological Society, p. 99-149, 1975.

COLINVAUX, P. A.; OLIVEIRA, P. E. de; MORENO, J. E.; MILLER, M. C.; BUSH, M. B. A long pollen record from lowland Amazonia: forest and cooling in glacial times. *Science*, p. 274, p. 85-88, 1996.

COLMAN, S. M.; DETHIER, D. P. *Rates of chemical weathering of rocks and minerals*. Orlando: Academic Press, 1986.

COLMAN, S. M.; PIERCE, K. L.; BIRKELAND, P. W. Suggested terminology for Quaternary dating methods. *Quaternary Research*, v. 28, p. 314-319, 1987.

COMMISSION ON PEDOLOGY – INQUA. *A proposed soil stratigraphic guide*. Datilografado, 1979.

CORDEIRO, S. H.; LORSCHEITTER, M. L. Palynology of Lagoa dos Patos sediments, Rio Grande do Sul, Brazil. *Journal of Paleolimnology*, v. 10, p. 35-42, 1994.

CORRÊA, I. C. S. Paleolinhas de costa na plataforma continental entre São Paulo e Santa Catarina. In: Simpósio Regional de Geologia, 2., Rio Claro (SP). *Atas*... Rio Claro, v. 1, 1979, p. 269-278.

CORRÊA, I. C. S. Evidence of sea level fluctuation in the Rio Grande do Sul continental shelf, Brazil. *Quaternary of South America and Antarctic Peninsula*, v. 4, p. 237-249, 1986.

CORRÊA, I. C. S. *Analyse morphostructurale et évolution paleogeographique de la plateforme continentale Atlantique Sud Brésilienne (Rio Grande do Sul, Brésil)*. 1990. 314 f. Thèse de doctorat – Université de Bordeaux I, Bordeaux, 1990.

CORRÊA, I. C. S. Les variations du niveau de la mer durant les derniers 17.500 ans BP: l'exemple de la plateforme continentale du Rio Grande do Sul, Brésil. *Marine Geology*, v. 130, p. 163-178, 1996.

CORRÊA, I. C. S.; TOLDO JR., E. E. The sea level stabilization in the Rio Grande do Sul continental shelf, Brazil. *Anais da Academia Brasileira de Ciências*, v. 70, p. 213-219, 1996.

CORRÊA, I. C. S.; MARTINS, L. R. S.; KETZER, J. M. M.; ELIAS, A. R. D.; MARTINS, R. Evolução sedimentológica e paleogeográfica da plataforma continental sul e sudeste do Brasil. *Notas Técnicas*, v. 9, p. 51-61, 1996.

COSTA, J. B. S.; HASUI, Y. Evolução geológica da Amazônia. In: COSTA, M. L.; ANGÉLICA, R. S. (Coord.). *Contribuições à Geologia da Amazônia*. Belém: Finep e SBG, 1997. p. 15-90.

COSTA, J. B. S.; BEMERGUY, R. L.; HASUI, Y.; BORGES, M. S.; FERREIRA JR., C. R. P.; BEZERRA, P. E. L.; FERNANDES, J. M. G.; COSTA, M. L. Neotectônica da região amazônica: aspectos estruturais, tectônicos, geomorfológicos e estratigráficos. *Geonomo*, v. 4, p. 23-44, 1996.

COSTA, J. B. S.; BORGES, M. S.; BEMERGUY, R. L.; FERNANDES J. M. G.; COSTA JR., P. S.; COSTA, M. L. A evolução cenozóica da região de Salinópolis, nordeste do Estado do Pará. *Geociências*, v. 12, p. 373-396, 1993.

COSTA, J. B. S.; HASUI, Y.; BORGES, M. S.; BEMERGUY, R. L. Arcabouço tectônico mesozóico-cenozóico da região da calha do Rio Amazonas. *Geociências*, v. 14, p. 77-103, 1995.

COSTA, M. L. Aspectos geológicos dos lateritos da Amazônia. *Revista Brasileira de Geociências*, v. 21, p. 146-160, 1991.

COTTAS, L. R. *Estudos geológico-geotécnicos aplicados ao planejamento urbano de Rio Claro, SP*. 1983. 2 v. (171 p. + 14 mapas). Tese (Doutorado) – Instituto de Geociências, Universidade de São Paulo, São Paulo, 1983.

COTTAS, L. R. Geologia ambiental e geologia de planejamento: seus objetivos entre as ciências geológicas. In: CONGRESSO BRASILEIRO DE GEOLOGIA, 33., 1984, Rio de Janeiro. *Anais*... São Paulo: SBG, 1984. v. 1. p. 170-179.

COX, A. Geomagnetic reversals. *Science*, v. 163, p. 663-675, 1969.

COZZOLINO, V. *Tipos de sedimentos que constituem a Bacia de São Paulo*. 1972. 116 f. Tese (Doutorado) – Escola Politécnica, Universidade de São Paulo, São Paulo, 1972.

CPRM - COMPANHIA DE PESQUISA DE RECURSOS MINERAIS. Projeto *"Avaliaçao dos depósitos de areia industrial na Baixada Santista"* (Relatório final). Texto de 137 f. + apêndices (v. I) e anexos (v. II), 1990.

CROWELL, J. C.; FRAKES, L. A. Phanerozoic ice ages and causes of ice ages. *American Journal of Sciences*, v. 268, p. 193-224, 1970.

CRUZ JR., F. W. *Aspectos geomorfológicos e geoespeleologia do carste da região de Iraquara, centro-norte da Chapada Diamantina, Estado da Bahia*. 1998. 108 f. Dissertação (Mestrado) – Instituto de Geociências, Universidade de São Paulo, São Paulo, 1998.

CRUZ, O.; COUTINHO, P. N.; DUARTE, G. M.; GOMES, A. M. B. Brazil. In: BIRD, E. C. F.; SCHWARTZ, M. L. (Eds.). *The World's Coastline*. Nova York: Van Nostrand Reinhold Company, 1985. p. 85-91.

CUNHA, F. M. B. Morfologia e neotectonismo do Rio Amazonas. In: SIMPÓSIO DE GEOLOGIA DA AMAZÔNIA, 3., 1991, Belém. *Anais...* Belém: SBG, 1991. p.193-210.

DALY, R. A. *The changing world of the Ice Age*. New Haven: Yale University Press, 1934.

DAMUTH, J. E.; FAIRBRIDGE, R. W. Equatorial Atlantic deep-sea arkosic sands and ice-age aridity in Tropical South America. *Geological Society of America Bulletin*, v. 81, p. 189-206, 1970.

DANSGAARD, W.; JOHNSEN, S. J.; CLAUSEN, H. B.; LANGWAY JR., C. C. Climatic record revealed by the Camp Century ice core. In: TUREKIAN, K. K. (Ed.). *The Late Cenozoic glacial ages*. New Haven: Yale University Press, 1971. p. 37-56.

DARWIN, C. R. On a remarkable bar of sandstone of Pernambuco on the coast of Brazil. *Edinburgh and Dublin Philosophy Magazine and Journal of Science*, v. 19, p. 257-261, 1841.

DAVIS, M. B. Climatic instability, time lags and community disequilibrium. In: DIAMOND, J.; CASE, T. J. (Eds.). *Community Ecology*. Nova York: Harper & Row, 1986. p. 269- 284.

DAVIS, W. M. The geographical cycle. *Geographical Journal*, v. 14, p. 481-504, 1889.

DAY, M. The morphology and hydrology of some Jamaica karst depressions. *Earth-Surface Processes*, v. 1, p. 111-129, 1976.

DEEVEY, JR. E. S.; FLINT, R. F. Postglacial hypsithermal interval. *Science*, v. 125, p. 285-288, 1957.

DEFFONTAINES, B. Proposition of a morphoneotectonic method application in the Fougeres area, Oriental Britany, France. *Bulletin of INQUA Neotectonic Commission*, v. 12, p. 48-52, 1989.

DE GEER, G. A geochronology of the last 12,000 years. COMPTES RENDUS, INTERNATIONAL GEOLOGICAL CONGRESS, 11., Stockholm. *Proceedings...* Stockholm, 1912. p. 241-253.

DEIKE, R. G. Relations of jointing to orientation of solution cavities in limestones of central Pennsylvania. *American Journal of Sciences*, v. 267, p. 1230-1248, 1969.

DELGADO DE CARVALHO, C. M. *Fisiografia do Brasil*. Rio de Janeiro, 1927.

DELIBRIAS, G.; LABOREL, J. Recent variations of sea-level along the Brazilian coast. *Quaternaria*, v. 10, p. 45-49, 1971.

DEMATTE, J. L. I. Solos. In: SALATI, E.; ABSY, M. L.; VICTORIA, R. L. *Amazônia*: um ecossistema em transformação, INPA/CNPq, 2000. p. 119-162.

DE MULDER, E. F. J. Urban geology in Europe: An overview. In: BOBROWSKY, P. T.; LIVERMAN, D. G. E. (Eds.). Applied quaternary research. *Quaternary International*, v. 20, p. 5-11, 1993.

DE MULDER, E. F. J.; HAGEMAN, B. P. (Eds.). *Applied Quaternary Research*. Rotterdam: A. A. Balkema, 1989.

DENTON, G.; HUGHES, T. (Eds.). *The Last Great Ice Sheets*. Londres: John Wiley & Sons, 1981.

DESJARDINS, T.; CARNEIRO FILHO, A.; MARIOTTI, A.; CHAUVEL, A.; GIRARDIN, C. Changes of the forest-savanna boundary in Brazilian Amazonia during the Holocene as revealed by soil organic carbon isotope ratios. *Oecologia*, v. 108, p. 749-756, 1996.

DESNOYERS, J. Observations sur um ensemble de dépôts marins plus récents que les terrains tertiaires du bassin de la Seine, et constituant une formation géologique distincte: précédées d'une aperçu de la non-simultanéité des bassins tertiaires. *Annales Sciences Naturelles*, v. 16, p. 117-214, p. 402-491, 1829.

DEWEY, J. F. Plate tectonics. *Scientific American*, v. 226, p. 56-65, 1972.

DIAZ, H.; MARKGRAF, V. (Eds.). El Niño: historical and paleoclimatic aspects of the Southern Oscilation. Cambridge: Cambridge University Press, 1992.

DILLENBURG, S. R. *A laguna de Tramandaí*: evolução geológica e aplicação do método geocronológico da termoluminescência na datação de depósitos sedimentares lagunares. 1994. 113 f. Tese (Doutorado) – Instituto de Geociências, Universidade Federal do Rio Grande do Sul, Porto Alegre, 1994.

DING, Z., RUTTER N.W.; LIU T. The onset of extensive loess deposition around the G/M boundary in China and its palaeoclimatic implication. *Quaternary International*, v. 40, p. 53-60, 1997.

DOMINGUES, A. J. P. Contribuição à geologia do sudeste da Bahia. *Revista Brasileira de Geografia*, v. 10, p. 255-289, 1948.

DOMINGUEZ, J. M. L. *Evolução quaternária da planície costeira associada à foz do rio Jequitinhonha (BA)*: Influência das variações do nível do mar e da deriva litorânea de sedimentos. 1982. 79 f. Dissertação (Mestrado) – Instituto de Geociências, Universidade Federal da Bahia, Salvador, 1982.

DOMINGUEZ, J. M. L.; BITTENCOURT, A. C. S. P.; MARTIN, L. Esquema evolutivo da sedimentação quaternária nas feições deltaicas dos rios São Francisco (SE/AL), Jequitinhonha (BA), Doce (ES) e Paraíba do Sul (RJ). *Revista Brasileira de Geociências*, v. 11, p. 225-237, 1981.

DOMINGUEZ, J. M. L.; MARTIN, L.; BITTENCOURT, A. C. S. P. Sea-level history and Quaternary evolution of river mouth associated beach-ridge plains along eastern-southeastern Brazilian coast: a summary. In: NUMMEDAL, D. H.; PILKEY, O.; HOWARD, I. D. (Eds.). *Sea-level fluctuation and coastal evolution*. Tulsa: Society of Economic Paleontologists and Mineralogists, 1987. p. 115-127 (Special Publication n. 41).

DONN, W. L.; FARRAND, W. L.; EWING, M. Pleistocene ice volumes and sea-level lowering. *Journal of Geology*, v. 70, p. 206-214, 1962.

DOTT JR., R. H.; BATTEN, R. L. *Evolution of the Earth*. Nova York: McGraw-Hill, 1988.

DOUGLAS, I. Sediment transfer and siltation. In: CLARK, B. T.; KATES, R. W.; RICHARDS, J. F.;. MATHEWS, J. T.; MEYER, W. B. (Eds.). *The Earth as transformed by human action*: Global and regional change over the past 300 years. Nova York: Cambridge University Press, p. 215-233, 1990.

DUBOIS, R. N. Predicting beach erosion as a function of rising water level. *Journal of Geology*, v. 85, p. 470-476, 1977.

DULLER, G. A. T.; BØTTER-JENSEN, L.; MURRAY, A. S.; TRUSCOTT, A. J. Single grain laser luminescence (SGLL) measurements using a novel automated reader. *Nuclear Instrum. Methods*, B155, p. 506-514, 1999.

EBERL, B. *Die Eiszeitenfolge im nördlichen Alpenvorland*. Augsburg, 1930.

EIRAS, J. F.; KINOSHITA, E.M. Evidências de movimentos transcorrentes na Bacia do Tacutu. *Boletim de Geociências da Petrobras*, v. 2, p. 193-208, 1988.

ELENGA, H.; SCHWARTZ, D.; VINCENS, A. Changements climatiques et action anthropique sur le littoral congolais au cours de l'Holocene. *Bulletin de la Société Géologique de France*, v. 163, p. 83-90, 1992.

EMERY, K. O. The continental shelves. *Scientific American*, v. 221, p. 106-122, 1969.

EMILIANI, C. Pleistocene temperatures. *Journal of Geology*, v. 63, p. 538-578, 1955.

EMILIANI, C. Paleotemperature analysis of the Caribbean cores A254-BR-C and CP-28. *Bulletin of the Geological Society of America*, v. 75, p. 129-143, 1964.

EMILIANI, C. The last interglacial paleotemperatures and chronology. *Science*, v. 171, p. 571-573, 1971.

EMILIANI, C. The cause of the Ice Ages. *Earth and Planetary Sciences Letters*, v. 37, p. 349-352, 1978.

EMILIANI, C.; MAYEDA, T.; SELLI, R. Paleotemperatures analysis of the Plio-Pleistocene section at Le Castella, Calabria, southern Italy. *Geological Society of America Bulletin*, v. 72, p. 679-688, 1961.

ERICSON, D. B. Coiling direction of Globigerina pachyderma as a climatic index. *Science*, v. 130, p. 219-220, 1959.

ERICSON, D. B.; WOLLIN, G. Pleistocene climates and chronology in deep-sea sediments. *Science*, v. 162, p. 1227-1233, 1968.

ERICSON, D. B.; EWING, M.; WOLLIN, G. Plio-Pleistocene boundary in deep sea sediments. *Science*, v. 139, p. 727-737, 1963.

ETCHEBEHERE, M. L. C. Aloestratigrafia – revisão de conceitos e exemplos de aplicação, com ênfase nos depósitos neoquaternários de terraço da Bacia do Rio do Peixe, SP. *Revista Universidade Guarulhos*, Geociências, v. 6, n. 6, p. 15-34, 2002.

EVERTS, C. H. *Exploration for high energy marine placer sites*: Part I - Field and flume tests, North Carolina coast. Report WIS-SG-72-210. The University of Wisconsin Sea Grant Program. Madison: University of Wisconsin, 1972.

FAIRBRIDGE, R. W. Eustatic changes in sea level. In: *Physics and chemistry of the Earth*, v. 4, p. 99-185, 1961.

FAIRBRIDGE, R. W. (Ed.). *The Encyclopedia of Geomorphology*. Nova York: Van Nostrand Reinhold, 1968.

FAIRBRIDGE, R. W. Shelfish-eating preceramic indians in coastal Brazil. *Science*, v. 191, p. 353-359, 1976.

FAIRBRIDGE, R. W.; HILLAIRE-MARCEL, C. An 8,000 yr paleoclimatic record of the «Double-Hale» 45 yr solar cycle. *Nature*, v. 268, p. 413-416, 1977.

FAO – FOOD AND AGRICULTURAL ORGANIZATION-UNESCO. América do Sul (Legenda e volume IV, 1971). In: *Carta mundial dos solos* (v. I), Paris, 1975.

FAO – FOOD AND AGRICULTURAL ORGANIZATION-UNESCO. *International year of the forest*, Fact sheet, 1985.

FERRARI, J. A. *Interpretação de feições cársticas na região de Iraquara, Bahia*. 1990. 93 f. Dissertação (Mestrado) – Departamento de Geografia, Universidade Federal da Bahia, Salvador, 1990.

FERRAZ-VICENTINI, K. R. *Análise palinológica de uma vereda em Cromínia, GO*. 1993. 87 f. Dissertação (Mestrado) – Departamento de Ecologia, Universidade de Brasília, Brasília, 1993.

FERRAZ-VICENTINI, K. R.; SALGADO-LABOURIAU, M. L. 1996. Palynological analysis of a palm swamp in Central Brazil. *Journal of South American Earth Sciences*, v. 9, p. 207-219, 1996.

FERREIRA JR., C. R. P. *Neotectônica na Bacia de São Luís*. 1995. 132 f. Dissertação (Mestrado) – Centro de Geociências, Universidade Federal do Pará, Belém, 1995.

FERREIRA, G. C. *Estudo dos mercados produtor e consumidor de areia industrial no Estado de São Paulo*. 1995. 142 f. Tese (Doutorado) – Instituto de Geociências e Ciências Exatas, Universidade Estadual de São Paulo, 1995.

FERREIRA, Y. A. Recifes de arenito de Salvador, Bahia. *Anais da Academia Brasileira de Ciências*, v. 4, p. 541-548, 1969.

FINK, J.; KUKLA, G. J. Pleistocene climates in central Europe: At least 17 interglacials after the Olduvai event. *Quaternary Research*, v. 7, p. 363-371, 1977.

FISHER, W. L. Facies characterization of Gulf coast basin delta system, with Holocene analogous. *Gulf Coast Association of Geological Societies*, v. 19, p. 239-261, 1969.

FLEMING, R. W.; JOHNSON, A. M. Rates of seasonal creeps of silty clay soil. *Quaternary Journal of Engineering Geology*, v. 8, p. 1-29, 1975.

FLEXOR, J. M.; MARTIN, L. Sur l'utilisation des grès coquilliers de la région de Salvador (Brésil) dans la reconstruction des lignes de rivages holocènes. In: SUGUIO, K.; FAIRCHILD, T. R.; MARTIN, L.; FLEXOR, J. M. (Eds.). INTERNATIONAL SYMPOSIUM ON COASTAL EVOLUTION IN THE QUATERNARY, 1978, São Paulo. *Proceedings...* São Paulo: 1979. p. 343-355.

FLINT, R. F. *Glacial geology and the Pleistocene epoch.* John Wiley & Sons, 1947.

FLINT, R. F. *Glacial and Quaternary Geology.* Nova York: John Wiley & Sons, 1971.

FLINT, R. F.; SKINNER, B .J. *Physical geology.* Nova York: John Wiley & Sons, 1977.

FORD, D. C.; WILLIAMS, H. M. *Karst geomorphology and hydrology.* Londres: Unwin Hyman, 1989.

FORD, D. C.; PALMER, A. N.; WHITE, W. B. Landform development: Karst. In: BACK, W.; ROSENSHEIN, J. S.; SEABER, P. R. (Eds.). The geology of North America. *Hidrogeology.* The Geological Society of America, v. 2, p. 401-412, 1988.

FRAKES, L. A. *Climates throughout geological time.* Amsterdam: Elsevier, 1979.

FRANCO, L. Nuove tecnologie per la difesa dei litorali. In: AMINTI, P.; PRANZINI, E. (Eds.). *La difesa dei litorali in Italia.* Roma: Edizioni delle Autonomie, 1993. p. 25-49.

FRANZINELLI, E. Contribuição à geologia da costa do Estado do Pará (entre a Baía de Curuçá e Maiaú). In: SUGUIO, K.; MEIS, M. R. M.; TESSLER, M. G. (Eds.). SIMPÓSIO DO QUATERNÁRIO NO BRASIL, 4., Rio de Janeiro, 1982. *Atas...* Rio de Janeiro: CENPES-Petrobras, 1982. p. 305-321.

FRANZINELLI, E.; IGREJA, H. L. S. Utilização do sensoriamento remoto na investigação da área do baixo Rio Negro e Grande Manaus. In: SIMPÓSIO BRASILEIRO DE SENSORIAMENTO REMOTO, 6., 1990, Manaus. *Anais...* Manaus: UFAM, 1990. v. 3. p.641-648.

FRANZINELLI, E.; PIUCI, J. Evidências de neotectonismo na Bacia Amazônica. In: CONGRESSO LATINO-AMERICANO DE GEOLOGIA, 7., 1988, Belém. *Anais...* Belém: SBG, 1988. p. 80-90.

FREITAS, R. O. Ensaio sobre a tectônica moderna do Brasil. *Boletim da Faculdade de Filosofia, Ciências e Letras*, USP, v. 130, p. 1-120, 1951.

FRYE, J. C.; WILLMAN, H. B. Morphostratigraphic units and Pleistocene stratigraphy. *American Association of Petroleum Geologists Bulletin*, v. 60, p. 777-786, 1962.

FUJI, N. Palynological investigations on 12-meter and 200-meter core samples of Lake Biwa in Central Japan. In: HORIE, S. (Ed.). *Paleolimnology of Lake Biwa and the Japanese Pleistocene.* 2. ed., 1974, p. 227-235.

FÚLFARO, V. J.; PONÇANO, W. L. Recent tectonic features in the Serra do Mar region, State of São Paulo, Brazil and its importance to Engineering Geology. In: INTERNATIONAL CONGRESS OF I.A.E.G., 2., 1974, São Paulo. *Proceedings...* São Paulo: ABGE, 1974. v. l. p. 11-7.1–11-7.7.

FÚLFARO, V. J.; SUGUIO, K. O Cenozóico Paulista: gênese e idade. In: CONGRESSO BRASILEIRO DE GEOLOGIA, 28., 1974, Porto Alegre. *Anais...* São Paulo: SBG, 1974. v. 3, p. 91-102.

GALLOWAY, W. E. Process framework for describing the morphologic and stratigraphic evolution of deltaic depositional systems. In: BROUSSARD, M. L. (Ed.). *Deltas* – models for exploration. Houston (USA): Houston Geological Society, 1975. p. 87-89.

GALLOWAY, W. E. Genetic stratigraphic sequences in basin analysis. Architecture and genesis of flooding surface bounded depositional units. *American Association of Petroleum Geologists Bulletin*, p. 73, p. 125-142, 1989.

GATES, W. L. Modelling the Ice-Age climate. *Science*, v. 191, p. 1138-1144, 1976.

GERASIMOV, I. P. Anthropogene and its major problem. *Boreas*, v. 8, p. 23-30. 1979.

GERVAIS, P. (Ed.). *Zoologie et paléontologie générale. Nouvelles recherches sur les animaux vertébrés et fossiles.* Paris, 1867.

GEYH, M. A.; SCHLEICHER, H. Absolute age determination. Berlin: Springer-Verlag, 1990.

GIANNINI, P. C. F.; ASSINE, M. L.; BARBOSA, L. M.; BARRETO, A. M. F.; CARVALHO, A. M.; CLAUDINO-SALES, V.; MAIA, L. P.; MARINHO, C. T.; PEULVAST, J. P.; SAWAKUCHI, A. O.; TOMAZELLI, L. J. Dunas e paleodunas eólicas costeiras e interiores. In: SOUZA, C. R. G.; SUGUIO, K.; OLIVEIRA, A. M. S.; OLIVEIRA, P. E. de (Eds.). *Quaternário do Brasil*. Ribeirão Preto (SP): Holos, 2005. p. 235-257.

GIBBS, R. J. Amazon River sediment transport in the Atlantic Ocean. *Geology*, v. 4, p. 45-48, 1976.

GILBERT, G. K. Lake Bonneville. *U.S. Geological Survey Memoir*, v. 1, p. 1-438, 1890.

GILLIESON, D. *Caves, processes, development, management*. Oxford: Blackwell, 1996.

GILLULY, J.; WATERS, A. C.; WOODFORD, A. O. *Principles of geology*. 3. ed. Tóquio: Toppan Co., 1968.

GORNITZ, V. Sea-level rise: a review of recent-past and nearfuture trends. *Earth-Surface Processes*, v. 20, p. 7-20, 1995.

GOY, J. L.; SILVA, P. G.; ZAZO, C.; BARDAJI, T.; SOMOZA, L. Model of morphotectonic map and legend. *Bulletin of INQUA Neotectonic Commission*, v. 12, p. 19-31, 1991.

GRADSTEIN, F. M., OGG, J. G., SMITH, A. G., BLEEKER, W.; LOURENS, L. J. A new Geologic Time Scale, with special reference to Precambrian and Neogene. *Episodes*, v. 27, p. 83–100, 2004.

GROMME, C. S.; HAY, R. L. Magnetization of basalt of Bed I, Olduvai Gorge, Tanganika. *Nature*, v. 200, p. 560-561, 1963.

GROVE, J. M. *The Little Ice Age*. Methuen: Londres, 1988.

GRUPO DE ESTUDO DE FALHAS ATIVAS (Ed.). *Distribuição das falhas ativas do Japão*. Todai-Shuppan, 1980. (Em japonês.)

GRUPO DE PESQUISAS DE GEOCIÊNCIAS DO JAPÃO. *Enciclopédia de Geociências*, Heibonsha, v. 2, 1996. (Em japonês.)

GUERRA, A. M. *Processos de carstificação e hidrogeologia do Grupo Bambuí na região de Irecê, Bahia*. 1986. 132 f. Tese (Doutorado) – Instituto de Geociências, Universidade de São Paulo, São Paulo, 1986. (Inédita).

HADDAD, G. A. *Calcium carbonate dissolution patterns at intermediate water depths of tropical oceans during the Quaternary*. 1994. PhD. Thesis – Rice University, Houston, Tx., 1994.

HAFFER, J. Speciation in Amazonian forest birds. *Science*, v. 165, p. 131- 137, 1969.

HAFFER, J. Ciclos de tempo e indicadores de tempos na história da Amazônia. In: Amazônia: tempos e espaços. *Revista Estudos Avançados*, São Paulo, v. 15, p. 7-39, 1992.

HAILS, J. R. The problem of recovering heavy minerals from the sea-floor: an appraisal of depositional processes. In: International Geological Congress, 24., 1972, Montreal. *Proceedings*... Montreal: 1972, Section 8, p. 157-164.

HAMBREY, M. J.; HARLAND, W. B. (Eds.). *Earth pre-Pleistocene glacial records*. Cambridge: Cambridge University Press, 1981.

HAMMOND, A. L. Manganese nodules. Prospects for deep sea mining. *Science*, v. 183, p. 644-636, 1974.

HANCOCK, P. L.; ENGELDER, T. Neotectonic joints. *Geological Society of America Bulletin*, v. 101, p. 1197-1208, 1989.

HANSEN, S. Quaternary of Denmark. In: RANKAMA, K. (Ed.). *The Quaternary*. Nova York: Interscience Publishers, 1965. n. 1, p. 1-90.

HAQ, B. U.; EYSINGA, F. W. B. *Geological time table*. 4. ed. Amsterdam: Elsevier, 1987.

HARTT, C. F. *Geology and physical geography of Brazil*. Boston: Field-Osgood, 1870.

HASUI, Y. Neotectônica e aspectos fundamentais da tectônica ressurgente no Brasil. In: WORKSHOP SOBRE NEOTECTÔNICA E SEDIMENTAÇÃO CONTINENTAL NO SUDESTE BRASILEIRO. *Anais*... Belo Horizonte: SBG, 1990. p. 11-31.

HAYES, M. O. Barrier island morphology as a function of tidal and wave regime. In: LEATHERMAN, S. P. (Ed.). *Barrier islands from Gulf of Saint Lawrence to the Gulf of Mexico*. Nova York: Academic Press, 1979. p. 1-27.

HAYS, J. D. Radiolaria and Late Tertiary and Quaternary history of Antarctic seas. *American Geophysical Union*, v. 15, p. 125-184, 1965.

HAYS, J. D.; IMBRIE, J.; SCHACKLETON, N. J. Variations in the earth's orbit: pacemaker of the ice ages. *Science*, v. 194, p. 1121-1132, 1976.

HEARTY, P. J. The geology of Eleuthera Island, Bahamas: a rosetta stone of Quaternary stratigraphy and sea-level history. *Quaternary Sciences Reviews*, v. 17, p. 333-355, 1998.

HEIMSATH, A. M.; CHAPPELL, J. M. A.; SPOONER, N. A.; QUESTAUX, D. G. Creeping soil. *Geology*, v. 30, p. 111-114, 2003.

HELING, D. Das Okologische Gleichgewicht aus geowissenschaftiicher Sicht. In: MATSCHULLAT, J.; MÜLLER, G. (Eds.). *Geowissenschaften und Umwelt*. Berlin: Springer-Verlag, 1994. p. 3-8.

HENDY, C. H.; RAFTER, T. A.; MACINTOSH, N. W. G. The formation of carbonate nodules in the soils of the Darling Downs, Queensland, Australia, and the dating of the Talgai cranium. International ^{14}C Conference, 8., 1972, Wellington. *Proceedings*... Wellington: Royal Society of New Zealand, 1972. D-106/D-126.

HESS, H. D. *Marine sand and gravel mining industry of the United Kingdom*. NOAA Boulder (Co): Tech. Rep. ERL 213-MMTCI. U.S. Dept. of Commerce, 1971.

HILL, C. A; FORTI, P. *Cave minerals of the world Huntsville*. National Speleological Society, 1986.

HOLZ, M.; SIMÕES, M. G. *Elementos fundamentais de tafonomia*. Porto Alegre: Editora da Universidade (UFRGS), 2002.

HOPLEY, D. The origin and significance of north Queenland island spits. *Zeirschrift für Geomorphologie*, v. N.F., p. 371-389, 1971.

HOPLEY, D. Corals and reefs as indicators of paleosealevels, whith special reference to the Great Barrier Reef. In: VAN DE PLASSCHE, O. (Ed.). *Sea-level Research*: a manual for the collection and evaluation of data. Norwich (England): Geobooks, 1986. p. 195-228.

HOPLEY, D.; DEAN, R. G.; MARSHALL, J.; SMITH, A. S. Holocene-Pleistocene boundary in a fringing reef: Hayman Island, north Queensland. *Search*, v. 9, p. 323-325, 1978.

HORN, D. R. M.; EWING, B. M.; DELACH, M. N. Worldwide distribution of manganese nodules. *Ocean Industry*, p. 26-29, 1972.

HÖRNES, M. Mitteilung an Prof. Bronn Gerichtet: Wien, 3. Okt., *Neues Jahrb. Mineral. Geol. Geogn. Petrefaktenkd*, p. 806–810, 1853.

HOYT, J. H. Chenier versus barrier, genetic and stratigraphic distinction. *American Association of Petroleum Geologists Bulletin*, v. 53, p. 299-306, 1969.

HUCH, M. Globale Aspekte einer ganzheitlich orientierten Umwelt-geologie. In: MATSCHULLAT, J.; MULLER, G. (Eds.). *Geowissenschaften und Umwelt*. Berlin: Springer-Verlag, 1994. p. 9-13.

HUNTLEY, D. J.; GODFREY-SMITH, D. I.; THEWALT, M. L. W. Optical dating of sediments. *Nature*, v. 313, p. 105-107, 1985.

IKEDA, T. Pesquisas sobre os aluviões de Tokaidô. *Relatório de Pesquisas da Seção de Paleontologia da Faculdade de Geologia da Universidade de Tohoku*, v. 60, p. 1-85, 1964. (Em japonês).

IMBRIE, J.; IMBRIE, K. P. *Ice ages*: solving the mystery. Londres: MacMillan, 1979.

IMBRIE, J.; KIPP, N. G. A new micropaleontological method for quantitative paleoclimatology Application to Late Pliocene Caribbean core. In: TUREKIAN, K. K. (Ed.). *The Late Cenozoic glacial ages*. New Haven: Yale University Press, 1971. p. 71-181.

IMBRIE, J.; VAN DONK, J.; KIPP, N. G. Paleoclimatic investigation of a Late Pleistocene Caribbean deep-sea core: comparison of isotopic faunal methods. *Quaternary Research*, v. 3, p. 10-38, 1973.

IPT – INSTITUTO DE PESQUISAS TECNOLÓGICAS. *Carta geotécnica do Estado de São Paulo*. Escala 1:500.000, IPT, 22 f. e mapas, São Paulo, 1994.

ISEKI, H. Sobre o embasamento cascalhento dos aluviões. *The Journal of the Geological Society of Japan*, v. 84, p. 247-264, 1975. (Em japonês.)

ISSC - International Subcommission on Stratigraphic Classification. *International Stratigraphic Guide* – a guide to stratigraphic classification, terminology and procedure (HEDBERG, H. D., Ed.). New York: John Wiley & Sons, 1976.

JAIN, V. E. *Geotectónica General*. Moscou: MIR, 1984. v. 1.

JAKUCS, L. *Morphogenetics of karst regions*. Nova York: John Wiley & Sons, 1977.

JANSEN, J. H. F. The Younger Dryas in equatorial and southern Africa and southern Atlantic Ocean. YOUNGER DRYAS WORKSHOP, April 1994, Amsterdam. *Proceedings...* Amsterdam, 1994.

JENNINGS, J. N. *Karst geomorphology*. Oxford: B. H. Blackwell, 1985.

JOHANSEN, D. C.; WHITE, T. D. A systematic assessment of early African hominids. *Science*, v. 203, p. 321-330, 1979.

JOHNSON, D. W. *Shore processes and shoreline development*. Nova York: Wiley & Sons, 1919.

KAIZUKA, S. Sobre as pesquisas de movimentos crustais do Quaternário do ponto de vista geomorfológico. *Tishitsugakuronshi*, v. 2, p. 75-76, 1968. (Em japonês.)

KAIZUKA, S. A superfície da Terra e os seus movimentos quaternários. In: KASAHARA, K.; SUGIMURA, A. (Eds.). *Os movimentos da Terra*. Tóquio: Iwanami-shoten, 1978. p. 183-242. (Em japonês.)

KAIZUKA, S. As pesquisas do Quaternário e o prognóstico do futuro. In: Associação Japonesa de Pesquisas do Quaternário (Ed.). O homem e a natureza do Japão daqui a 100, 1.000 e 10.000 anos. *Kokonshoin*, p. 4-19, 1987. (Em japonês.)

KAIZUKA, S.; NARUSE, Y.; MATSUDA, I. Recent formations and their basal topography in and around Tokyo Bay, Central Japan. *Quaternary Research*, v. 8, p. 32-50, 1977.

KARMANN, I. *Evolução e dinâmica atual do sistema cárstico do alto vale do Rio Ribeira de Iguape, sudeste do Estado de São Paulo*. 1994. 228 f. Tese (Doutorado) – Instituto de Geociências, Universidade de São Paulo, São Paulo, 1994.

KARMANN, I.; SÁNCHEZ, L. E. Distribuição de rochas carbonáticas e províncias espeleológicas no Brasil. *Espeleo-tema*, v. 13, p. 105-167, 1979.

KARMANN, I.; SÁNCHEZ, L. E. Speleological provinces of Brazil. In: International Speleological Congress, 9., 1986, Barcelona. *Proceedings...* Barcelona: Abstract, 1986. p. 151-153.

KASAHARA, K.; SUGIMURA, A.; MATSUDA, T. Sistematização da neotectônica. In: KASAHARA, K.; SUGIMURA, A. (Eds.). *A Terra sofreu movimentações*. Tóquio: Iwanamishoten, 1978. v. 1, p. 1-31. (Em japonês.)

KATO, Y. Os solos submetidos a transformação em grande escala. *Pesquisas do Quaternário*, v. 24, p. 197-205, 1985. (Em japonês.)

KAVALERIDZE, W. C. *Erosão na região noroeste do Estado do Paraná e projeto para sua eliminação*. Curitiba: Secretaria de Viação e Obras Públicas do Estado do Paraná, 1963.

KAWAI, N. Geomagnetismo e clima. In: *Paleoecologia dos continentes*. Coedição da Sociedade Geológica do Japão e da Sociedade Paleontologica do Japão. Kyoritshupan, 1976, p. 108-133. (Em japonês.)

KAWAI, N.; YASUKAWA, K.; NAKAJIMA, T.; TORII, M.; HORIE, S. Oscillating geomagnetic field with a recurring reversal discovered from Lake Biwa. *Proceedings of the Japanese Academy of Sciences*, v. 48, p. 186-190, 1972.

KELLER, E. A. *Environmental geology*. 5. ed. Columbus (Ohio): Charles E. Merrill Publ. Co., 1986.

KELLER, E. A. *Environmental geology*. 6. ed. Columbus (Ohio): Charles E. Merrill Publ. Co., 1992.

KENNETT, J. P.; WATKINS, N. D.; VELLA, P. Paleomagnetic chronology of Pliocene – early Pleistocene climates and the Plio-Pleistocene boundary in New Zealand. *Science*, v. 171, p. 276-279, 1970.

KIGOSHI, K. Datação pelo método do radiocarbono. In: WATANABE, N. (Ed.). *Pesquisas sobre o Quaternário do Japão*. The University of Tokyo Shuppankai, 1977. p.37-46. (Em japonês.)

KIGOSHI, K.; HASEGAWA, H. Secular variation of atmospheric radiocarbon concentration and its dependence of geomagnetism. *Journal of Geophysical Research*, v. 71, p. 1065-1071, 1966.

KING, L. C. A geomorfologia do Brasil Oriental. *Revista Brasileira de Geografia*, v. 18, p. 147-266, 1956.

KING, W. B. R.; OAKLEY, K. P. Report of the Temporary Commission on the Pliocene-Pleistocene boundary, appointed 16th, August, 1948. In: International Congress Report of 18th session, 1948, Great Britain. *Proceedings...* London: Geological Society, (Ed. Butler, A.J.), 1950. p. 213-214.

KLAMMER, G. Die Paläovüste des Pantanal von Mato Grosso und die pleistozäne Klima geschichte der brasilianischen Randtropen. *Zeitschrift für Geomorphologie*, v. 26, p. 393-416, 1982.

KLEIN, R. M. Southern Brazilian phytogeographic features and the probable influence of upper Quaternary climatic changes in the floristic distribution. *Boletim Paranaense de Geociencias*, v. 33, p. 67-88, 1975.

KLEMME, H. D. The giants and the supergiants. Part 2: to find a giant find the right basin. *Oil and Gas Journal*, p. 103-110, 1971.

KOHLER, H. C. *A geomorfologia cárstica* na região de Lagoa Santa, MG. 1989. 113 f. Tese (Doutorado) – Faculdade de Filosofia, Letras e Ciências Humanas, Universidade de São Paulo, São Paulo, 1989.

KOIKE, K. The countermeasures against coastal hazards in Japan. *GeoJournal*, v. 38.3, p. 301-312, 1996.

KOIKE, K. Como harmonizar-se com o litoral. In: *Maneiras de harmonizar-se com os ambientes naturais* (n. 5). Tóquio: Iwanamishotten, 1997. (Em japonês.)

KOIZUMI, I. Diatom event in the Late Cenozoic deep-sea sequences in the North Pacific. *Journal of the Geological Society of Japan*, v. 81, p. 567-578, 1975.

KOIZUMI, I. Um exemplo de correlação bioestratigráfica de microfósseis marinhos e continentais. v. 1. p. 226-229, 1979. (Em japonês.)

KOMAR, P. D. *Handbook of coastal processes and erosion*. Boca Raton (Fla.): CRC Press, 1983.

KONISHI, K.; OMURA, A.; NAKAMICHI, O. Radiometric coral ages and sea level records from the late Quaternary reef complex of Ryukyu Islands. In: International Coral Reef Symposium, 2., 1974, Brisbane. *Proceedings...* Brisbane, 1974. v. 2, p. 595-613.

KOSUGI, M.; KANAYAMA, Y.; HARIGAI, I.; TOIZUMI, T.; KOIKE, H. Relation between formation of shell-midden sites and palaeoenvironments of Earlier Jomon Period around the Palaeo-Okutokyo Bay. *Archaeology and Natural Science*, v. 21, p. 1-22, 1989. (Em japonês.)

KOTO, B. On the cause of the great earthquake in Central Japan, 1891. *Journal of College of Science*, v. 5, p. 293-353, 1893.

KOUSKY, V. E.; KAGANO, M. T.; CAVALCANTI, I. F. A. A review of Southern Oscillation Oceanic-atmospheric circulation changes and related rainfall anomalies. *Tellus*, v. 36A, p. 490-504, 1984.

KOWSMANN, R. O.; COSTA, M. P. A.; VICALVI, M. A.; COUTINHO, M. G. N.; GAMBOA, L. A. P. Modelo da sedimentação holocênica na plataforma continental sul-brasileira. In: *Projeto REMAC* – evolução sedimentar holocênica da plataforma continental e do talude do sul do Brasil. Petrobras/CENPES, v. 2, p. 7-26, 1977. (Série Projeto REMAC).

KUKLA, G. J. Loess stratigraphy of Central Europe. In: Butzer, K. W.; Isaac, G. L. (Eds.). *After the Australopithecines*. Moulton, 1975. p. 99-188.

KUKLA, G. J. Pleistocene land-sea correlations. I-Europe. *Earth Science Reviews*, v. 13, p. 307-374, 1977.

KUTZBACH, J. E.; WRIGHT JR., H. E. Simulation of the climate of 18,000 years BP: results for the North Atlantic, european sector and comparison with the geologic records of North America. *Quaternary Science Review*, v. 4, p. 147-187, 1985.

LABOREL, J. Les peuplements des madréporaires des cotes tropicales du Brésil. *Annales de l'Université d'Abidjan*, Série E-II, Fascicule 3, p. 1-260, 1969.

LABOREL, J. Fixed marine organisms as biological indicators for the study of recent sea level and climatic variations along the Brazilian tropical coast. In: SUGUIO, K.; FAIRCHILD, T. R.; MARTIN, L.; FLEXOR, J. M. (Eds.) INTERNATIONAL SYMPOSIUM ON COASTAL EVOLUTION IN THE QUATERNARY, 1978, São Paulo. *Proceedings*... São Paulo, 1979. p. 193-211.

LaMARCHE, V. C.; HOLMES, R. H.; DUNWIDDIE, P. W.; DREW, L. G. Tree-ring chronologies of the Southern Hemisphere. v. 1. Argentina. Chronology Series 5. *Labo. of Tree-Ring Research*, University of Arizona, Tucson, 1979.

LAMB, H. H. *Climate*: past, present and future. London: Methuen, 1977.

LAMEGO, A. R. Geologia das quadrículas de Campos, Lagoa Feia e Xexé. *Boletim da Divisão de Geologia e Mineralogia (DNPM)*, v. 154, p. 1-60, 1955.

LASHOF, D. A.; TIRPAK, D. A. (Eds.). *Policy options for stabilizing global climate* (Report to Congress). United States Environmental Protection Agency, Office of Policy, Planning and Evaluation, 1990.

LATRUBESSE, E. M.; FRANZINELLI, E. The Holocene alluvial plain of the middle Amazon River, Brazil. *Geomorphology*, v. 44, p. 241-257, 2002.

LATRUBESSE, E. M.; STEVAUX, J. C. Geomorphology and environmental aspects of the Araguaia fluvial basin, Brazil. *Zeitsshrift für Geomorphologie*, v. 129, p. 109-127, 2002.

LATRUBESSE, E. M.; STEVAUX, J. C.; SANTOS, M. L.; ASSINE, M. L. Grandes Sistemas Fluviais: Geologia, Geomorfologia e Paleoidrologia. In: SOUZA, C. R. DE G.; SUGUIO, K.; OLIVEIRA, A. M. S.; OLIVEIRA, P. E. de (Eds.). *Quaternário do Brasil*. Ribeirão Preto (SP): Holos, 2005. p. 276-297.

LAUREANO, F. V. *O registro sedimentar clástico associado aos sistemas de cavernas Lapa Doce e Torrinha, Município de Iraquara, Chapada Diamantina (BA)*. 1998. 98 f. Dissertação (Mestrado) – Instituto de Geociências, Universidade de São Paulo, São Paulo, 1998.

LEAKEY, R. *A origem da espécie humana*. Tradução de Alexandre Tort. Rio de Janeiro: Rocco, 1995.

LEÃO, Z. M. A. N. *Um depósito conchífero do fundo da Baía de Todos os Santos, próximo à laje de Ipeba*. 1971. 57 f. Dissertação (Mestrado) – Instituto de Geociências, Universidade Federal da Bahia, Salvador, 1971.

LEÃO, Z. M. A. N. *Morphology, geology and developmental history of the southernmost coral reefs of Western Atlantic, Abrolhos Bank, Brasil*. 1982. 218 f. PhD. Thesis – Rosenstiel School of Marine and Atmospheric Science, University of Miami, Miami, 1982.

LEÃO, Z. M. A. N. The coral reefs of Bahia: morphology, distribution and the major environmental impacts. *Anais da Academia Brasileira de Ciências*, v. 68, p. 439-452, 1996.

LEÃO, Z. M. A. N. The effects of Holocene sea-level fluctuation on reef development and coral community structure in Northern Bahia, Brazil. *Anais da Academia Brasileira de Ciências*, v. 70, p. 159-171, 1998.

LEÃO, Z. M. A. N.; KIKUCHI, R. K. P. The Bahian coral reefs – from 7,000 years BP to 2,000 years AD. In: SUGUIO, K. (Guest editor) Geosciences and commemoration of Brazil's 500 year anniversary of discovery. Ciência e Cultura. *Journal of the Brazilian Association for the Advancement of Science*, v. 51, n. 3/4, p. 262-273, 1999.

LEÃO, Z. M. A. N.; BITTENCOURT, A. C. S. P.; DOMINGUEZ, J. M. L.; NOLASCO, M. C.; MARTIN, L. The effects of Holocene sea level fluctuations on the morphology of the Brazilian corals. *Revista Brasileira de Geociências*, v. 15, p. 154-157, 1985.

LE BLANC, R. J. Review of studies of deltaic sedimentation. In: Broussard, M. L. (Ed.). *Deltas models for exploration*. Houston: Houston Geological Society, 1975. p. 13-85.

LEDRU, M. P. *Etude de la pluie pollitique actuelle des forêts du Brésil central*: climat, végétation, application à l'etude de l'évolution paléoclimatique des 30.000 dernières annés. 1991. 193 p. Dissertation (Doctorat) – Museum National d'Histoire Naturelle, Paris, 1991.

LEDRU, M. P. Late Quaternary environmental changes in Central Brazil. *Quaternary Research*, v. 39, p. 90-98, 1993.

LEDRU, M. P.; BRAGA, P. I. S.; SOUBIÈS, F.; FOURNIER, M.; MARTIN, L.; SUGUIO, K.; TURCQ, B. The last 50,000 years in the Neotropics (southern Brazil): evolution of vegetation and climate. *Palaeogeography, Palaeoclimatology, Palaeoecology*, v. 123, p. 239-257, 1996.

LEGGET, R. F. *Cities and geology*. Nova York: McGraw-Hill, 1973.

LESS, B. G.; YANCHOU, L.; HEAD, J. Recconaissance thermoluminescence dating of northern Australian coastal dune systems. *Quaternary Research*, v. 34, p. 169-185, 1990.

LIBBY, W. F. Atmosferic helium three and radiocarbon from cosmic radiation. *Physical Review*, v. 791, p. 671-672, 1946.

LIBBY, W. F. *Radiocarbon dating*. 2. ed. Chicago: University of Chicago Press, 1955.

LIMA, C.; NASCIMENTO, E.; ASSUMPÇÃO, M. Stress orientations in Brazilian sedimentary basins from breakout analysis: implications for force models in the South American plate. *Geophysical Journal International*, v. 130, p. 112-124, 1997.

LIMA, M. R.; ANGULO, R. J. Descoberta de microflora em nível linhítico da Formação Alexandra, Terciário do Estado do Pararia, Brasil. *Anais da Academia Brasileira de Ciências*, v. 62, p. 357-371, 1990.

LIMA, M. R.; SALARD-CHEBOLDAEFF, M. Palynologie des Bassins de Gandarela et Fonseca (Eocene de l'Etat de Minas Gerais, Brésil). *Boletim IG-USP*, v. 12, p. 33-45, 1981.

LOCZY, L. DE; LADEIRA, E. A. *Geologia Estrutural e Introdução à Geotectônica*. Rio de Janeiro: Edgard Blücher, 1976.

LORIUS, C. Polar ice cores: a record of climatic and environmental changes. In: BRADLEY, R. S. (Ed.). *Global changes of the past*. Boulder, (Co.): UCAR/OIES Global Changes Institute, 1989. p. 261-294.

LOWE, D. J. A historical review of concept of speleogenesis. *Cave Science*, v. 19, p. 63-90, 1992.

LOWE, J. J.; WALKER, M. J. C. *Reconstructing Quaternary Environments*. 2. ed. Londres: Longman, 1997.

LUCENA, R. L. F. Unidade Barra de tabatinga – novas evidências de um paleodepósito quaternário de praia no litoral potiguar. In: SIMPÓSIO DE GEOLOGIA DO NORDESTE, 17., 1997, Fortaleza. *Anais...* Fortaleza, 1997. p. 168-171.

LUNDQVIST, J. The Quaternary of Sweden. In: RANKAMA, K. (Ed.) *The Quaternary* (v. 1). New York: Interscience Publishers, 1965. p. 139-198.

LÜTTIG, G. W. Geoscientific maps as basis for land-use planning. *Geol. Fören. Stockh. Förh.*, v. 101, p. 65-69, 1979.

LYELL, C. *Principles of Geology*. London: John Murray, 1832.

LYELL, C. (Ed.). *Principles of Geology*: being inquiry how far the former changes of the earth's surface are referable to causes now in operation. London: John Murray, 1833. v. 3.

MABESOONE, J. M. Origin of the sandstone reefs of Pernambuco, Northeastern Brazil. *Journal of Sedimentary Petrology*, v. 34, p. 715-726, 1964.

MACEDO, J. M.; BACOCCOLI, G.; GAMBOA, L. A. P. O tectonismo meso-cenozóico da região sudeste. In: SIMPÓSIO DE GEOLOGIA DO SUDESTE, 2., São Paulo, 1991. Atas... São Paulo: SBG/Núcleo de São Paulo, 1991. p. 429-437.

MACHIDA, H. Tefrocronologia. In: WATANABE, N. (Ed.). *Pesquisas sobre o Quaternário do Japão*. Tokyo: The University of Tokyo Shuppankai, 1976. p. 59-68. (Em japonês.)

MANCINI, F. *Estratigrafia e aspectos da tectônica deformadora da Formação Pindamonhangaba, Bacia de Taubaté*, SP. 1995. 107 f. Dissertação (Mestrado) – Instituto de Geociências, Universidade de São Paulo, São Paulo, 1995.

MARIAUX, A. Growth periodicity in tropical trees (formword). *IAWA Journal* (Int. Assoc. of Wood Anatomists), v. 16, p. 327-328, 1995.

MARTIN, L.; SUGUIO, K. The State of São Paulo coastal marine Quaternary geology. The ancient shorelines. *Anais da Academia Brasileira de Ciências*, suplemento 47, p. 249-263, 1975.

MARTIN, L.; SUGUIO, K. Etude préliminaire du Quaternaire marin: comparaison du littoral de São Paulo et de Salvador de Bahia, Brésil. *Cahier ORSTOM, Serie Geologie*, v. 8, p. 33-47, 1976a.

MARTIN, L.; SUGUIO, K. O Quaternário Marinho do Estado de São Paulo. In: CONGRESSO BRASILEIRO DE GEOLOGIA, 29., 1976, Ouro Preto. Anais...Ouro Preto: SBG, 1976b. v. 1. p. 281-294.

MARTIN, L.; SUGUIO, K. Variation of coastal dynamics during the last 7,000 years recorded in beach-ridge plains associated with rivers mouths: example from the Central Brazilian coast. *Palaeogeography, Palaeoclimatology, Palaeoecology*, v. 99, p. 119-140, 1992.

MARTIN, L.; BITTENCOURT, A. C. S. P.; DOMINGUEZ, J. M. L. Physical setting of the Discovery Coast: Porto Seguro Region (Bahia). In: SUGUIO, K. (Guest editor) Geosciences and commemoration of Brazil's 500 years anniversary of discovery. Ciência e Cultura. *Journal of the Brazilian Association for the Advancement of Science*, v. 51, n. 3/4, p. 245-261, 1999.

MARTIN, L.; BITTENCOURT, A. C. S. P.; VILAS-BOAS, G. S. Différentiation sur photographies aériennes des terrasses sableuses marines pléistocènes et holocènes du littoral de l'état de Bahia (Brèsil). *Photointerpretation*, v. 3, p. 4-5, 1980.

MARTIN, L.; BITTENCOURT, A. C. S. P.; VILAS-BOAS, G. S. Primeira ocorrência de corais pleistocênicos da costa brasileira: datação do máximo da penúltima trangressão. *Ciências da Terra*, v. 1, p. 16-17, 1982.

MARTIN, L.; FLEXOR, J. M.; SUGUIO, K. Vibrotestemunhador leve: construção, utilização e potencialidades. *Revista Instituto Geológico*, v. 16, p. 59-66, 1995.

MARTIN, L.; FLEXOR, J. M.; SUGUIO, K. Pleistocene wave-built terraces of the northern Rio de Janeiro State, Brazil. *Quaternary of South America and Antarctic Peninsula*, v. 11, p. 233-245, 1998.

MARTIN, L.; SUGUIO, K.; FLEXOR, J. M. Shell middens as a source for additional information in Holocene shoreline and sea-level reconstruction: Examples from the coast of Brazil. In: VAN DE PLASSCHE, O. (Ed.). *Sea-level research*: a manual for the collection and evaluation of data. Norwich: Geobooks, 1986. p. 503-521.

MARTIN, L.; SUGUIO, K.; FLEXOR, J. M. Relative sea-level reconstruction during the last 7,000 years along the State of Paraná and Santa Catarina: additional informations derived from shell-middens. *Quaternary of South America and Antarctic Peninsula*, v. 4, p. 219-236, 1987.

MARTIN, L.; SUGUIO, K.; FLEXOR, J. M. Hauts niveaux marins pléistocènes du littoral brésilien. *Palaeogeography, Palaeoclimatology, Palaeoecology*, v. 68, p. 231-238, 1988.

MARTIN, L.; SUGUIO, K.; FLEXOR, J. M. As flutuações de nível do mar durante o Quaternário superior e a evolução geológica de "deltas" brasileiros. *Boletim IG-USP*, Publicação Especial, São Paulo, v. 15, p. 1-186, 1993.

MARTIN, L.; ABSY, M. L.; FLEXOR, J. M.; FOURNIER, M.; MOURGUIART, P. H.; SIFEDDINE, A.; TURCQ, B. Southern oscillation signal in South America paleoclimatic data of the last 7,000 years. *Quaternary Research*, v. 39, 338-346, 1993.

MARTIN, L.; FLEXOR, J. M.; BITTENCOURT, A. C. S. P.; DOMINGUEZ, J. M. L. Neotectonic movements on a passive continental margin, Salvador region, Brazil. *Neotectonics*, v. 1, n. 1, p. 87-103, 1986a.

MARTIN, L.; MÖRNER, N. A.; FLEXOR, J. M., SUGUIO, K. Fundamentos e reconstrução de antigos níveis marinhos do Quaternário. *Boletim IG-USP*, Publicação Especial, v. 4, p. 1-161, 1986b.

MARTIN, L.; FLEXOR, J. M.; BLITZKOW, D.; SUGUIO, K. Geoid changes indications along the Brazilian coast during the last 7,000 years. In: International Coral Reef Congress, 1985, Tahiti. *Proceedings...* Tahiti, 1985. v. 3, p. 85-90.

MARTIN, L.; BITTENCOURT, A. C. S. P.; FLEXOR, J. M.; VILAS-BOAS, G. S. Evidências de um tectonismo quaternário nas costas do Estado da Bahia. In: CONGRESSO BRASILEIRO DE GEOLOGIA, 33., 1984, Rio de Janeiro. *Anais...* Rio de Janeiro: SBG, 1984a. v. 1. p. 19-35.

MARTIN, L.; FLEXOR, J. M.; KOUSKY, V. E.; CAVALCANTI, I. F. A. Inversion du sens du transport littoral enregistrées dans les cordons littoraux de la plaine côtière du Rio Doce (Brésil). Possible liaison avec des modifications de la circulation atmosphèrique. *Comptes Rendus de l'Académie de Sciences de Paris*, T. 298, Série II, p. 25-27, 1984b.

MARTIN, L.; SUGUIO, K.; FLEXOR, J. M.; DOMINGUEZ, J. M. L.; AZEVEDO, A. R. G. Evolução da planície costeira do Rio Paraíba do Sul (RJ) durante o Quaternário: influência das flutuações do nível relativo do mar. In: CONGRESSO BRASILEIRO DE GEOLOGIA, 33., 1984, Rio de Janeiro. *Anais...* Rio de Janeiro: SBG, 1984c. v. 1, p. 84-97.

MARTIN, L.; SUGUIO, K.; FLEXOR, J. M.; BITTENCOURT, A. C. S. P.;VILAS-BOAS, G. S. Le Quaternaire marin bresilien (littoral pauliste, sudfluminense et bahianais). *Cahier ORSTOM*, Série Geologie, v. 9, p. 96-124, 1980a.

MARTIN, L.; VILAS-BOAS, G. S.; BITTENCOURT, A. C. S. P.; FLEXOR, J. M. Origine et âges des dunes situées au nord de Salvador (Brésil): Importance paléoclimatique. *Cahiers ORSTOM*, Série Geologie, v. 9, p. 125-132, 1980b.

MARTIN, L.; SUGUIO, K.; FLEXOR, J. M.; DOMINGUEZ, J. M. L.; BITTENCOURT, A. C. S. P. Quaternary evolution of the central part of the Brazilian coast: the role of relative sea-level variation and of shoreline drift. In: *UNESCO Reports in Marine Science*: quaternary coastal geology of Western Africa and South America, v. 43, p. 97-145, 1987.

MARTIN, L.; SUGUIO, K.; FLEXOR, J. M.; DOMINGUEZ, J. M. L.; BITTENCOURT, A. C. S. P. Quaternary sea-level history and variation in dynamics along the central Brazilian coast: Consequences on coastal plain construction. *Anais da Academia Brasileira de Ciências*, v. 68, p. 303-354, 1996.

MARTINELLI, L. A.; PESSENDA, L. C. R.; VALENCIA, E. P. E.; CAMARGO, P. B.; TELLES, E. C.; CERRI, C. C.; ARAVENA, R.; VICTÓRIA, R. L.; RICHEY, J.; TRUMBORE, S. Carbon-13 variation with depth in soils of Brazil and climate change during the Quaternary. *Oecologia*, v. 106, p. 376-381, 1996.

MARTINS, L. R.; URIEN, C. M.; CORRÊA, I. C. S. Late Quaternary processes along the Rio Grande do Sul continental shelf (southern Brazil). *Notas Técnicas*, v. 9, p. 62-68, 1996.

MASSAD, F. *As argilas quaternárias da Baixada Santista*: características e propriedades geotécnicas. 1985. 250 f. Tese (Livre-docência) – Escola Politécnica, Universidade de São Paulo, São Paulo, 1985.

MASSAD, F. *Solos marinhos da Baixada Santista* – características e propriedades geotécnicas. São Paulo: Oficina de Textos, 2009.

MASSAD, F.; SUGUIO, K.; PÉREZ, F. S. Propriedade geotécnica de sedimentos argilosos como evidência de variações do nível relativo do mar em Santos. In: CONGRESSO BRASILEIRO DE GEOLOGIA DE ENGENHARIA, 82., Rio de Janeiro, 1996. *Anais...* Rio de Janeiro, 1996. v. 1. p. 163-176.

MATSUDA, T. Pesquisas geológicas sobre as relações entre as falhas ativas e os terremotos. *Tishitsugaku-ronshu*, v. 12, p. 15-32, 1976. (Em japonês.)

MATSUDA, T.; OKADA, A. Falhas ativas. *Daiyonkikenkyu*, v. 7, p. 188-199, 1968. (Em japonês.)

MATSUDA, T.; OTA, Y.; ANDO, M.; YONEKURA, N. Fault mechanisms and recurrence time of major earthquakes in Southern Kanto District (Japan) as deduced from coastal terrace data. *Geological Society of America Bulletin*, v. 89, p. 1610-1618, 1978.

MATSUI, K. Tendências e problemas da Paleopedologia. *Daiyonkikenkyu*, v. 3, p. 223-247, 1964. (Em japonês.)

MATSUI, K.; KATO, Y. Considerações sobre a época e o ambiente de origem dos solos vermelhos do Japão. *Daiyonkikenkyu*, v. 2, p. 161-179, 1962. (Em japonês.)

MATSUSHIMA. Reconstituição da assembleia de malacofauna que acompanhou a Transgressão Jômon na região sul de Kantô. *Daiyonkikenkyu*, v. 17, p. 243-259, 1979. (Em japonês.)

MATTHEWS, R. K. Dynamic of the ocean-cryosphere system: Barbados data. *Quaternary Research*, v. 2, p. 368-373, 1972.

MATTHEWS, R. K. *Dynamic Stratigraphy*. New Jersey: Prentice Hall, 1974.

MAURITY, C. W.; KOTSCHOUBEY, B. Evolução recente da cobertura de alteração no platô N – Serra dos Carajás, PA: degradação, pseudocarstificação e espeleotemas. *Boletim do Museu Paraense Emílio Goeldi*, v. 7, p. 331-362, 1995.

McINTYRE, A.; BÉ, A. W. H.; PRETISKAS, R. Coccoliths and the Plio-Pleistocene boundary. In: SEARS, M. (Ed.). *The Quaternary history of the ocean basins*. Oxford: Pergamon Press, 1967.

MEGGERS, B. J. Archeological evidence for the impact of mega-niño events on Amazonia during the past two-millenia. *Climatic Change*, v. 28, p. 321-338, 1994.

MEIS, M. R. M. As unidades morfoestratigráficas neoquaternárias no médio vale do Rio Doce. *Anais da Academia Brasileira de Ciências*, v. 49, p. 443-459, 1977.

MEIS, M. R. M.; MOURA, J. R. S. Upper Quaternary sedimentation and hillslope evolution: Southeastern Brazilian Plateau. *American Journal of Science*, v. 284, p. 241-254, 1984.

MEIS, M. R. M.; MOURA, J. R. S.; SILVA, T. J. O. Os "complexos de rampa" e a evolução das encostas no Planalto Sudeste do Brasil. *Anais da Academia Brasileira de Ciências*, v. 53, p. 605-615, 1981.

MELFI, A. J.; PEDRO, G.; VOLKOFF, B. Cartografia pedogeoquímica das coberturas pedológicas do Brasil. In: QUEIROZ-NETO, J. P.; JOURNAUX, A. (Orgs.). *Colóquio Interdisciplinar Franco-Brasileiro*: estudo e cartografia de formações superficiais e suas aplicações em regiões tropicais. São Paulo: Departamento de Geografia da Faculdade de Filosofia, Letras e Ciências Humanas da Universidade de São Paulo, 1983. p. 335-350.

MELLO, C. L. *Sedimentação e tectônica cenozóica no médio vale do Rio Doce (MG, Sudeste do Brasil) e suas implicações na evolução de um sistema de lagos*. 1997. 288 f. Tese (Doutorado) – Universidade de São Paulo, São Paulo, 1997. (Inédita).

MELO, M. S.; PONÇANO, W. L. *Gênese, distribuição e estratigrafia dos depósitos cenozóicos no Estado de São Paulo*. São Paulo: IPT, 75 (Série Monografia n. 1394), 1983.

MELO, M. S.; RICCOMINI, C.; HASUI, Y.; ALMEIDA, F. F. M.; COIMBRA, A. M. Geologia e evolução do sistema de bacias tafrogênicas continentais do sudeste do Brasil. *Revista Brasileira de Geociências*, v. 15, p. 193-201, 1985.

MELO, M. S.; PONÇANO, W. L.; MOOK, W. G.; AZEVEDO, A. E. G. Datação ^{14}C em sedimentos quaternários da Grande São Paulo. In: CONGRESSO DA ABEQUA, 1., Porto Alegre, 1987. *Anais...* Porto Alegre: ABEQUA, 1987. p. 427-436.

MESOLELLA, K. J.; MATTHEWS, R. K.; BROECKER, W. S.; THURBER, D. L. The astronomical theory of climatic change: Barbados data. *Journal of Geology*, v. 77, p. 250-274, 1969.

MESOLELLA, K. J.; SEALY, H. A.; MATTHEWS, R. K. Facies geometries within Pleistocene reefs of Barbados, West Indies. *American Association of Petroleum Geologists Bulletin*, v. 54, p. 1890-1917, 1970.

MESQUITA, A. R. Variações no nível do mar nas costas brasileiras. *Afro-American Gloss News*, v. 1, p. 3-4, 1994.

MILANKOVITCH, M. Théorie mathématique des phénomènes thermiques produits par la radiation solaire. *Academie Yougoslave des Sciences et Arts*, 1920.

MIOTO, J. A. *Sismicidade e zonas sismogênicas do Brasil.* 1993. 276 f. Tese (Doutorado) – Instituto de Geociências e Ciências Exatas, Unesp, 1993.

MOORE, D. C. Deltaic sedimentation. *Earth Science Reviews*, v. 1, p. 87-104, 1966.

MORAES-REGO, L. F. Reconhecimento geológico da parte ocidental do Estado da Bahia. *Boletim do Serviço Geológico e Mineralógico*, v. 17, p. 33-54, 1926.

MORGAN, J. P. (Ed.). Deltaic sedimentation: modern and ancient. *Society of Economic Paleontologists and Mineralogists, Special Publication*, v. 5, p. 1-312, 1970.

MÖRNER, N. A. Paleoclimatic records from South Scandinavia, global correlations, origin and cyclicity. In: HORIE, S. (Ed.). *Paleolimnology of Lake Biwa and the Japanese Pleistocene.* v. 4, p. 499-528, 1975.

MÖRNER, N. A. Eustasy and geoid changes. *Journal of Geology*, v. 84, p. 123-151, 1976.

MÖRNER, N. A. Terrestrial variations within given energy, mass and momentum budgets. Paleoclimate, sea-level, paleomagnetism, differential rotation and geodynamics. In: STEPHENSON, F. R.; WOLFENDALE, A. W. (Eds.). *Secular solar and geomagnetic variations in the last 10,000 years.* Norwell: Kluwer Academic Publishers, 1988. p. 455-478.

MÖRNER, N. A. Paleoseismicity and neotectonics. *Tectonophysics (Special Issue)*, v. 163, p. 181-184, 1989.

MÖRNER, N. A. Course and origin of the Fennoscandian uplift – towards a new paradigm. *Bulletin of INQUA Neotectonic Commission*, v. 14, p. 75-79, 1991.

MÖRNER, N. A. Neotectonics, the new global tectonic regime during the last 3 Ma and the initiation of Ice Ages. *Anais da Academia Brasileira de Ciências*, v. 65 (supl. 1.2), p. 295-301, 1993a.

MÖRNER, N. A. Present El-Niño Events and past Super-ENSO events. *Bulletin d'Institut Français d'Etudes Andines*, v. 22, p. 3-12, 1993b.

MÖRNER, N. A. Internal response to orbital forcing and external cyclic sedimentary sequences. *Special Publication of the International Association of Sedimentologists*, v. 19, p. 25-33, 1994.

MORRISON, R. B. A suggested Pleistocene-Recent (Holocene) boundary for the Great Basin region, Nevada, Utah. In: *Short papers in geology and hydrologic sciences.* U.S. Geological Survey Professional paper 424D, D115-D116, 1961.

MOURA, J. R. S.; MEIS, M. R. M. Contribuição à estratigrafia do Quaternário superior no médio vale do Rio Paraíba do Sul, Bananal (SP). *Anais da Academia Brasileira de Ciências*, v. 58, p. 89-102, 1986.

MOURA, J. R. S.; MELLO, C. L. Classificação aloestratigráfica do Quaternário superior da região de Bananal (SP/RJ). *Revista Brasileira de Geociências*, v. 21, p. 236-254, 1991.

MURRAY, A. S.; ROBERTS, R. G.; WHITE, A. G. Measurement of the equivalent dose in quartz using a regenerative-dose single-aliquot protocol. *Radiation Measurements*, v. 29, n. 5, p. 503-515, 1998.

MURRAY, J. On the structure and origin of coral reefs and islands. In: Royal Society of Edinburgh, 1880. *Proceedings*... Edinburgh, 1880, v. 10, p. 505-518.

NACSN – North American Code on Stratigraphic Nomenclature - North American Stratigraphic Code. *American Association of Petroleum Geologists Bulletin*, v. 67, p. 841-875, 1983.

NAKAGAWA, H.; NIITSUMA, N.; TAKAYAMA, T.; MATOBA, Y.; ODA, M.; TOKUNAGA, S.; KITAZATO, H.; SAKAI, T.; KOIZUMI, I. The magnetostratigraphy of the Vrica Section, Italy, and its correlation with the Plio-Pleistocene of Boso Peninsula, Japan. In: Van Couvering, J.A. (Ed.). *The Pleistocene boundary and the beginning of the Quaternary*. Cambridge: Cambridge University Press, 1997. p. 46-56.

NAKAI, N. Carbon isotopic variation and the paleoclimate of sediments from the Lake Biwa. *Proceedings of Japanese Academy of Sciences*, v. 48, p. 516-521, 1972.

NANSEN, F. The strandflat and isostasy. *Mathematics and Natural Science*, v. 11, p. 1-313, 1921.

NARUSE, Y. Variações de nível do mar no Pleistoceno. *Daiyonkikenkyu*, v. 15, p. 197-199, 1976. (Em japonês.)

NARUSE, Y. *O Quaternário*. Tóquio: Iuanamishoten, 1982. (Em japonês.)

NITTROUER, C. A.; KUEHL, S. A.; DEMASTER, D. J.; KOWSMANN, R. O. The deltaic nature of Amazon shelf sedimentation. *Geological Society of America Bulletin*, v. 97, p. 444-458, 1986.

NOGAMI, M. A evolução das geleiras e as mudanças paleoclimáticas. *Tiri*, v. 18, p. 19-28, 1973. (Em japonês.)

NOGUEIRA JR., J. *Possibilidades de colmatação química dos filtros e drenos da barragem de Porto Primavera (SP) por compostos de ferro*. 1988. 225 f. Dissertação (Mestrado) – Universidade de São Paulo, São Paulo, 1988. (Inédita).

NORTON, D. A. Dendrochronology in the Southern Hemisphere. In: COOK, E.; KAIRIUKIS, L. (Eds.). *Methods of dendrochronology*: applications in the environmental sciences. Dordrecht: Kluwer, 1990. p. 17-21.

OBRUCHEV, V. A. Osnovnye cherty kinetiki i plastiki neotektoniki. *Akad. Nauk. SSSR Izv. Serv. Geol.*, v. 5, p. 13-24, 1948.

OFF, J. Rhythmic linear sand bodies caused by tidal currents. *American Association of Petroleum Geologists Bulletin*, v. 47, p. 324-341, 1963.

OGG, J. Introduction to concepts and proposed standardization of the term Quaternary. *Episodes*, v. 27 n. 2, p. 125-126, 2004.

OLDFIELD, F. Man's impact on the environment: some recent perspectives. *Geography*, v. 68, p. 245-256, 1983.

OLIVEIRA, A. M. S. Depósitos tecnogênicos associados à erosão atual. In: CONGRESSO BRASILEIRO DE GEOLOGIA DE ENGENHARIA, 6., 1990, São Paulo. *Anais*... São Paulo: ABGE/ABMS, 1990. p. 411-416.

OLIVEIRA, P. E. de. *A palynological record of Late Quaternary vegetational and climatic change in Southeastern Brazil*. 242 p. Tese (Doutorado) – The Ohio State University, Columbus, USA, 1992.

OLIVEIRA, P. E. de; BARRETO, A. M. F.; SUGUIO, K. Late Pleistocene/Holocene climatic and vegetational history of the Brazilian caatinga: the fossil dunes of the Middle São Francisco River. *Palaeogeography, Palaeoclimatology, Palaeoecology*, v. 152, p. 319-337, 1999.

OMURA, A. História geológica da ilha de Kikai, Riukiu Central, Japão: sumário de datações de corais fósseis do calcário Ryukyu. *Memória da Sociedade Geológica do Japão*, v. 29, p. 253-268, 1988. (Em japonês.)

OOMKENS, E. Depositional sequence and sand distribution in a deltaic complex. *Geologie in Mijnbouw*, v. 46, p. 265-278, 1970.

OPDYKE, N. D.; GLASS, B.; HAYS, J. D.; FOSTER, J. H. Paleomagnetic study of Antarctic deep sea cores. *Science*, v. 154, p. 349-357, 1966.

OTA, Y.; NARUSE, Y. Terraços marinhos do Japão: variações do nível do mar na área do Pacífico e suas posições no contexto dos movimentos crustais. *Kagaku*, v. 47, p. 281-292, 1977. (Em japonês.)

OTA, Y.; MACHIDA, H.; HORI, N.; KONISHI, K.; OMURA, A. Recifes de coral soerguidos da Ilha Kikai (Ilha Ryukyu). Uma introdução ao estudo do nível do mar do Holoceno. *Revista Geográfica do Japão*, v. 51, p. 109-130, 1978. (Em japonês.)

OVERPECK, J. T.; PETERSON, L. C.; KIPP, N.; IMBRIE, J.; RIND, D. Climate change in Circum-North Atlantic region during the Last Glaciation. *Nature*, v. 338, p. 553-557, 1989.

PACHECO, A. *Análise das características técnicas e da legislação para uso e proteção das águas subterrâneas em meio urbano (Município de São Paulo)*. 1984. 174 f. Tese (Doutorado) – Instituto de Geociências, Universidade de São Paulo, São Paulo, 1984.

PADAN, J. W. Marine mining and the environment. In: HOOD, D. (Ed.). *Impingement of Man on the Oceans*. Nova York: John Wiley & Sons, 1971. p. 553-561.

PARIZZI, M. G. *A gênese e a dinâmica da Lagoa Santa, com base em estudos palinológicos, geomorfológicos e geológicos de sua bacia*. 1993. 103 f. Dissertação (Mestrado) – Instituto de Geociências, Universidade Federal de Minas Gerais, Belo Horizonte, 1993.

PASINI, G.; COLALONGO, M. L. The Pliocene-Pleistocene boundary stratotype at Vrica, Italy. In: VAN COUVERING, J. A. (Ed.). *The Pleistocene boundary and the beginning of the Quaternary*. World and Regional Geology 9. Cambridge: Cambridge University Press, 1997.

PASSERINI, P. The ascent of Anthropogene: a point of view on the man-made environment. *Environmental Geology and Water Science*, v. 6, p. 211-221, 1984.

PECK, D. L.; WILLIAMS, S. J. Sea-level rise and its implication in coastal planning and management. In: Fabri, P. (Ed.). *International Conference on Ocean Management in Global Change*. Amsterdam: Elsevier Applied Science, Elsevier Science Publ., 1992.

PEDRO, G. Essai sur la caractérisation géochimique des différents processus zonaux résultant de l'altération superficielles. *Comptes Rendus de l'Academic des Sciences de Paris*, 262D, p. 1828-1831, 1966.

PELOGGIA, A. U. G. *Delineação e aprofundamento temático da geologia do tecnógeno do Município de São Paulo*. 1997. 167 f. Tese (Doutorado) – Instituto de Geociências, Universidade de São Paulo, São Paulo, 1997.

PENCK, A.; BRÜCKNER, E. *Die Alpen Eiszeitalter*. Leipzig: Tauchnitz, 1909.

PENCK, W. *Morphological analysis of landforms*. Tradução e edição de H. CZECH; K.C. BOSWELL. Londres: Macmillan, 1953.

PEROTA, C.; CASSIANO-BOTELHO, W. Les "sambaquis" de Guará et des variations climatiques pendant l'Holocene. In: PROST, M. T.; CHARRON, C. (Eds.). *Evolution des littoraux de Guyane et de la Caraïbe Me ridionale pendant le Quaternaire*. Colloques et Seminaires, ORSTOM Editions, 1990. p. 379-395.

PESSENDA, L. C. R.; ARAVENA, R.; MELFI, A. J.; TELLES, E. C. C.; BOULET, R.; VALÊNCIA, E. P. E.; TOMAZELLO, M. The use of carbon isotopes (13C, 14C) in soil to evaluate vegetation changes during the Holocene in Central Brazil. *Radiocarbon*, v. 38, p. 191-201, 1996.

PETRI, S.; COIMBRA, A. M.; AMARAL, G.; OJEDA Y OJEDA, H.; FÚLFARO, V. J.; PONÇANO, W. L. Código Brasileiro de Nomenclatura Estratigráfica. *Revista Brasileira de Geociências*, v. 16, p. 372-415, 1986.

PHILLIPS, J. Paleozoic Series. In: LONG, G. (Ed.). *The Penny Cyclopoedia of the Society for the Diffusion of Useful Knowledge*. London: Charles Knight, v. 17, p. 153-154, 1840.

PILKEY, O. H.; MORTON, R. A.; KELLEY, J. T.; PENLAND, S. *Coastal land loss*. Washington: American Geophysical Union, 1989.

PILLANS, B. Proposal to redefine the Quaternary. In: Revision of the Geological Time Scale. *Quaternary Perspectives*, v. 14, p. 125, 2004.

PILÓ, L. B. *Morfologia cárstica e materiais constituintes: dinâmica e evolução da depressão poligonal Macacos-Baú, Carste de Lagoa Santa, MG*. 1998. 268 f. Tese (Doutorado) – Faculdade de Filosofia, Letras e Ciências Humanas, Universidade de São Paulo, São Paulo, 1998.

PINTO, A. D. P.; REGALI, M. S .P. Palinoestratigrafia dos sedimentos terciários da Bacia de Gandarela, Minas Gerais, Brasil. *Revista da Escola de Minas*, v. 44, p. 10-15, 1991.

PIRAZZOLI, P. A. Global sea-level changes and their measurement. *Global Planetary Change*, v. 8, p. 135-148, 1993.

PITMAN III, W. C. Relationship between eustasy and stratigraphic sequences of passive margins. *Geological Society of America Bulletin*, v. 89, p. 1389-1403, 1978.

POLYNOV, B. B. *Cycle of weathering* (tradução do russo de Alexander Muir). Londres: T. Murby & Co., 1937.

POMEROL, C. *The Cenozoic Era*: Tertiary and Quaternary. Tradução de D. W. Humphries; E. E. Humphries. Chichester: Ellis Horwood, 1982.

PONTE, F. C.; ASMUS, H. E. Geological framework of the Brazilian continental margin. *Geologische Rundschau*, v. 67, p. 201-235, 1978.

PONTE, F. C.; DAUZACKER, M. V.; PORTO, R. Origem e acumulação de petróleo nas bacias sedimentares brasileiras. In: CONGRESSO BRASILEIRO DE PETRÓLEO, 1., 1978, Rio de Janeiro. *Anais...* Rio de Janeiro: IBP, 1978.

POPP, J. H.; BIGARELLA, J. J. Formações cenozóicas do Noroeste do Paraná. *Anais da Academia Brasileira de Ciências*, v. 47 (supl.), p. 465-472, 1975.

POUPEAU, G.; SOUZA, J. H.; SOLIANI JR., E. L. Dating quartzose sands of the coastal province of Rio Grande do Sul, Brazil, by thermoluminescence. *Pesquisas*, v. 16, p. 250-268, 1984.

POUPEAU, G.; SOLIANI JR., E. L.; RIVERA, A.; LOSS, E. L.; VASCONCELLOS, M. B. A. Datação por termoluminescência de alguns depósitos arenosos costeiros, do Último Ciclo Climático, no nordeste do Rio Grande do Sul. *Pesquisas*, v. 21, p. 25-47, 1988.

PRANDINI, F.; GUIDICINI, G.; GREHS, S. A. A geologia ambiental ou de planejamento. In: CONGRESSO BRASILEIRO DE GEOLOGIA, 28., 1974, Porto Alegre. *Anais...* São Paulo: SBG, 1974. p. 273-290.

PRICE, W. Environment and formation of the chenier plain. *Quaternaria*, v. 2, p. 75-86, 1955.

QUEIROZ NETO, J. P.; JOURNAUX, A. (Orgs.). *Colóquio Interdisciplinar Franco-Brasileiro*: Estudo e cartografia de formações superficiais e suas aplicações em regiões tropicais. Departamento de Geografia da Faculdade de Filosofia, Letras e Ciências Humanas da Universidade de São Paulo, 1983.

QUEIROZ NETO, J. P.; JOURNAUX, A.; PELLÉRIN, J.; CARVALHO, A. Formações superficiais da região de Marília, SP. *Sedimentologia e Pedologia*, São Paulo, Faculdade de Filosofia, Letras e Ciências Humanas da Universidade de São Paulo, v. 31, p. 1-28, 1977.

RAJA GABAGLIA, F. A. As fronteiras do Brasil. *Jornal do Comércio*, Rio de Janeiro, p. 78, 1916.

RALPH, E. K.; HAN, M. C. Dating of pottery by thermoluminescence. *Nature*, v. 210, p. 245, 1966.

READING, H. G. *Sedimentary environments and facies*. Nova York: Elsevier, 1979.

RETALLACK ,G. J. Soils of the past – An introduction to paleopedology. Boston: Unwin Hyman, 1990.

RICCOMINI, C. *O Rift Continental do Sudeste do Brasil*. 1989. 256 f. Tese (Doutorado) – Instituto de Geociências, Universidade de São Paulo, São Paulo, 1989.

RICCOMINI, C.; TURCQ, B.; MARTIN, L.; MOREIRA, M. Z., LORSCHEITTER, M. L. The Colonia astrobleme, Brazil. *Revista IG-USP*, v. 12, p. 87-94, 1991.

RIO, D.; SPROVIERI, R.; CASTRADORI, D.; DI STEPHANO, E. The Gelasian Stage (Upper Pliocene): a new unit of the global standard chronostratigraphic scale. *Episodes*, v. 21, p. 82-87, 1998.

RODRIGUES, S. A. *Estudos sobre Callianassa*. 1966. 168 f. Tese (Doutorado) – Faculdade de Filosofia, Ciências e Letras, Universidade de São Paulo, 1966.

RODRIGUEZ, S. K. *Neotectônica e sedimentação quaternária na região de "Volta Grande" do Rio Xingu, Altamira, PA*. 1993. 106 f. Dissertação (Mestrado) – Instituto de Geociências, Universidade de São Paulo, São Paulo, 1993.

RODRIGUEZ, S. K. *Geologia urbana da Região Metropolitana de São Paulo*. 1998. 171 f. Tese (Doutorado) – Instituto de Geociências, Universidade de São Paulo, São Paulo, 1998.

ROHDE, G. M. Geologia ambiental: uma proposta. In: Curso de Capacitação em Educação Ambiental, 1992, São Leopoldo. *Anais...* São Leopoldo: COMITESINOS/UNISINOS 1992. p. 20-24.

ROHDE, G. M. *Epistemologia ambiental*: uma abordagem filosófica-científica sobre a efetuação humana alopoiética. Coleção Filosofia 37. Porto Alegre: EDIPUCRS, 1996.

SAADI, A. Um "rift" neocenozóico na região de São João del Rei, MG - borda sul do cráton do São Francisco. In: WORKSHOP SOBRE NEOTECTÔNICA E SEDIMENTAÇÃO CENOZÓICA CONTINENTAL NO SUDESTE BRASILEIRO, 1., 1990, Belo Horizonte. *Anais...* Belo Horizonte: Boletim SBG/MG, 1990. v. 11. p.63-79.

SAADI, A. *Ensaio sobre a morfotectônica de Minas Gerais*. 1991. 285 f. Tese (Professor Titular), Departamento de Geografia, IGC, Universidade Federal de Minas Gerais, Belo Horizonte, 1991.

SAADI, A. Neotectônica da Plataforma Brasileira: esboço e interpretação preliminares. *Geonomos*, v. 1, p. 1-150, 1993.

SAADI, A.; PEDROSA-SOARES, A. C. Um "gráben" cenozóico no médio Jequitinhonha, Minas Gerais. In: WORKSHOP SOBRE NEOTECTÔNICA E SEDIMENTAÇÃO CENOZÓICA CONTINENTAL NO SUDESTE BRASILEIRO, 1., 1990, Belo Horizonte. *Anais...* Belo Horizonte: Boletim SBG/MG, 1990. v. 11. p. 101-124.

SAADI, A.; BEZERRA, F. H. R.; COSTA, R. D.; IGREJA, H. L. S.; FRANZINELLI, E. 2005. Neotectônica da plataforma Brasileira. In: SOUZA, C.R. DE G.; SUGUIO, K.; OLIVEIRA, A. M. S.; OLIVEIRA, P. E. de. *Quaternário do Brasil*. Ribeirão Preto (SP): Holos, 2005. p. 211-234.

SAITO, T. O clima do Quaternário na região do Oceano Atlântico, baseado nos resultados do Projeto CLIMAP. *Kagaku*, v. 47, p. 592-601, 1977. (Em japonês.)

SALDARRIAGA, J. G.; WEST, D. C. Holocene fires in the Northern Amazon Basin. *Quaternary Research*, v. 26, p. 53-55, 1986.

SALGADO-LABOURIAU, M. L. Vegetation and climatic changes in the Merida Andes during the last 13,000 years. *Boletim do IG-USP*, Publicação Especial, v. 8, p. 159-170, 1991.

SALGADO-LABOURIAU, M. L. Late Quaternary paleoclimate in the savannas of South America. *Journal of Quaternary Science*, v. 12, p. 371-379, 1997.

SALLUN, A. E. M. *Depósitos cenozóicos da região entre Marília e Presidente Prudente (SP)*. 2003. 171 f. Dissertação (Mestrado) – Universidade de São Paulo, 2003. (Inédita).

SALLUN, A. E. M.; SUGUIO, K.; TATUMI, S. H.; YEE, M.; SANTOS, J.; BARRETO, A. M. F. Datação absoluta de depósitos quaternários brasileiros por luminescência. *Revista Brasileira de Geociências*, v. 37, n. 2, p. 401-412, 2007.

SALVADOR, E. D. *Análise neotectônica da região do vale do Rio Paraíba do Sul Compreendida entre Cruzeiro (SP) e Itatiaia (RJ)*. 1994. 129 f. Dissertação (Mestrado) – Instituto de Geociências, Universidade de São Paulo, São Paulo, 1994.

SALVADOR, E. D.; RICCOMINI, C. Neotectônica da região do Alto Estrutural de Queluz (SP-RJ, Brasil). *Revista Brasileira de Geociências*, v. 25, p. 151-164, 1995.

SANFORD, R. L.; SALDARRIAGA, J. G.; CLARK, K. E.; UHL, C.; HERRERA, R. Amazon rainforest fires. *Science*, v. 277, p. 358-366, 1985.

SANT'ANNA, L. G. *Mineralogia das argilas e evolução geológica da Bacia de Fonseca, Minas Gerais*. 1994. 151 f. Dissertação (Mestrado) – Instituto de Geociências, Universidade de São Paulo, São Paulo, 1994.

SANTOS, J. O. S. A parte setentrional do Cráton Amazônico (Escudo das Guianas) e a Bacia Amazônica. In: SCHOBBENHAUS, C. et al. (Coords.). *Geologia do Brasil* (Texto explicativo do Mapa Geológico do Brasil na escala 1:2.500.000), 1984. p. 57-92.

SANTOS, J. O. S.; NELSON, B. W.; GIOVANINNI, C. A. Dunas gigantes e campos de areia. *Ciência Hoje* (Paleoclimas da Amazônia), p. 22-25, 1993.

SAVAGE, D. E.; CURTIS, G. H. The Villafranchian stage – age and its radiometric dating. In: Bandy, O. L. (Ed.). Radiometric dating and paleontologic zonation. *Geological Society of America Special Paper*, v. 124, p. 207-231, 1970.

SBGeo - SOCIEDADE BRASILEIRA DE GEOLOGIA. *Documento final do II Simpósio Nacional sobre o Ensino de Geologia no Brasil*: currículo mínimo. Publicação do XXXII Congresso Brasileiro de Geologia, Salvador, 1983.

SCHAEFER, I. Die donaueiszeitlichen Ablagerungen an Lech und Wertach. *Geol. Bavarica*, v. 19, p.13-54, 1953.

SCHAEFFER-NOVELLI, Y.; CITRÓN-MOLERO, G.; ADAIME, R. R.; CAMARGO, T. M. Variability of mangrove ecosystems along the Brazilian coast. *Estuaries*, v. 13, p. 204-219, 1990.

SCHIFFER, M. B.; SULLIVAN, A. P.; KLINGER, T. C. The design of archeological survey. *World Archeology*, v. 10, p. 2-28, 1978.

SCHLEE, J.; FOLGER, D.; O'MARA, C. Bottom sediments of the N.E.U.S. Cape Cod to Cape Ann. USGC Open File Report and Misc. *Geol. Inv. Rep.*, n. 1, p.7-46, 1971.

SCHMIDT-THOMÉ, P. *Lehrbuch der allgemeinen Geologie*: Tektonik (v. 2). Stuttgart: Ferdinand-Enke, 1972.

SCHOBBENHAUS, C.; CAMPOS, D. A. A evolução da Plataforma Sul-América no Brasil e suas principais concentrações minerais. In: SCHOBBENHAUS, C. et al. (Coords.). *Geologia do Brasil* (Texto explicativo do Mapa Geológico do Brasil na escala 1: 2.500.000), p. 9-56, 1984.

SCHOBBENHAUS, C.; CAMPOS, D. A.; DERZE, G. R.; ASMUS, H. E. *Geologia do Brasil*. (Texto explicativo do Mapa Geológico do Brasil na escala 1:2.500.000). Departamento Nacional da Produçao Mineral (DNPM), 1984.

SCHUBERT, C.; CLAPPERTON, C. M. Quaternary glaciations in the northern Andes: Venezuela, Colombia and Equador. *Quaternary Science Reviews*, v. 9, p. 123-135, 1990.

SCHWARCZ, H. P.; BLACKWELL , B. Dating methods of Pleistocene deposits and their problems. II-Uranium series disequilibrium dating. In: RUTTER, N. W. (Ed.). *Dating methods of Pleistocene deposits and their problems*. Ontario: Geoscience Canada Reprint Series, 1985. v. 2. p. 9-18.

SCHWARTZ, M. L. The Bruun theory of sea-level rise as a cause of shore erosion. *Journal of Geology*, v. 75, p. 76-92, 1967.

SCOTT, A. J.; FISHER, W. L. *Delta systems and deltaic deposition*. Discussion notes. Austin: Department of Geological Sciences, Bureau of Economic Geology, University of Texas, 1969.

SEARS, M. (Ed.). *Progress in Oceanography* (v. 4). Oxford: Pergamon Press, 1967.

SEIGNEMARTIN, C. L. *Geologia de áreas urbanas*: o exemplo de Ribeiro Preto, SP. 1979. Tese (Doutorado) – Instituto de Geociências, Universidade de São Paulo, São Paulo, 1979.

SEITS, R. A.; KANNINEN, M. Tree-ring analysis of *Araucaria angustifolia* in southern Brazil: Preliminary results. *IAWA Bulletin* (Int. Assoc. of Wood Anatomists), v. 10, p. 170-174, 1989.

SELBY, M. J. *Hillslope materials and processes*. Oxford: Oxford University Press, 1993.

SELLEY, R. C. *An introduction to sedimentology.* Londres: Academic Press, 1976.

SERVANT, M.; FONTES, J. C. Les lacs quaternaires des hauts plateaux des Andes boliviennese. Premieres interpretations paléoclimatiques. *Cahier ORSTOM, Serie Geologie,* v. 10, p. 9-23, 1978.

SERVANT, M.; FOURNIER, M.; SOUBIÈS, F.; SUGUIO, K.; TURCQ, B. Secheresse holocene au Brésil (18-20° latitude sud). Implications paléometeorologiques. *Comptes Rendus de l'Academie des Sciences de Paris,* Serie II, Tome 309, p.153-156, 1989.

SERVANT, M.; MALEY, J.; TURCQ, B.; ABSY, M. L.; BRENAC, P., FOUNIER, M.; LEDRU, M. P. Tropical forest changes during the late Quaternary in African and Southamerican lowlands. *Global and Planetary Changes,* v. 2, p. 35-47, 1993.

SHACKLETON, N. J.; OPDYKE, N. D. Oxygen-isotope and paleomagnetic stratigraphy of equatorial Pacific core V28-239: oxygen-isotope temperature and ice volume on a 10^5 years and 10^6 years scales. *Quaternary Research,* v. 3, p. 39-55, 1973.

SHACKLETON, N. J.; OPDYKE, N. D. Oxygen isotope and paleomagnetic stratigraphy of equatorial Pacific core V28-239, Late Pliocene to Latest Pleistocene. In: CLINE, R. M.; HAYS, J. D. (Eds.). Investigation of late Quaternary paleo-ocenographaphy. *Mem. Geol. Soc. América,* v. 145, p. 449-464, 1976.

SHANLEY, K. W.; McCABE, P. J. Perspectives on the sequence stratigraphy of continental strata. *American Association of Petroleum Geologists Bulletin,* v. 78, p. 544-568, 1994.

SHEPARD, F. P. Thirty-five thousand years of sea level. In: CLEMENTS, T. (Ed.). *Essays in marine geology in honor of K. O. Emery.* Berkeley: University of California Press, 1963. p. 1-10.

SHEPARD, F. P.; CURRAY, J. R. Carbon-14 determination of sea level changes in stable areas. *Progress in Oceanography,* v. 4, p. 283-291, 1967.

SHEPARD, F. P.; SUESS, H. E. Rate of postglacial rise of sea level. *Science,* v. 123, p. 1082-1083, 1956.

SHORT, A. D. Three dimensional beach-ridge model. *Journal of Geology,* v. 87, p. 553-571, 1979.

SHORT, A. D.; HESP, P. A. Wave, beach and dune interactions in southern Australia. *Marine Geology,* v. 48, p. 105-140, 1982.

SHOTTON, F. W. The problems and contributions of methods of absolute dating with Pleistocene period. *Journal of Geological Society of London,* v. 122, p. 357-383, 1967.

SHOWERS, W. J.; BEVIS, M. Amazon cone isotopic stratigraphy. Evidence for source of the tropical freshwater spike. *Palaeogeography, Palaeoclimatology, Palaeoecology,* v. 64, p. 189-199, 1988.

SIFEDDINE, A.; BERTRAND, P.; FOURNIER, M.; MARTIN, L.; SERVANT, M.; SOUBIÈS, F.; SUGUIO, K., TURCQ, B. La sedimentation organique lacustre en milieu tropical humide (Carajás, Amazonie orientale, Brésil). Rélation avec les changements climatiques au cours de 60.000 dernières années. *Bulletin de la Societe Geologique de France,* v. 165, p. 613-621, 1994a.

SIFEDDINE, A.; FROHLICH, F.; FOURNIER, M.; MARTIN, L.; SERVANT, M.; SOUBIÈS, F., TURCQ, B.; SUGUIO, K.; VOLKMER-RIBEIRO, C. La sedimentation lacustre indicateur de changements des paleoenvironnements au cours de 30.000 dernières années (Carajás, Amazonie, Brésil). *Comptes Rendus de l'Academie des Sciences de Paris,* Serie II, Tome 318, p. 1645-1652, 1994b.

SILVA, A. B. *Análise morfoestrutural e sua aplicação no estudo do aqüífero cárstico de Jaíba, norte de Minas Gerais.* 1984. 192 f. Tese (Doutorado) – Universidade de São Paulo, São Paulo, 1984. (Inédita).

SILVEIRA, J. D. Morfologia do litoral. In: AZEVEDO, A. (Ed.). *Brasil:* a terra e o homem. São Paulo: Companhia Editora Nacional, 1964. p. 253-305.

SMALLEY, I. J. (Ed.). *Loess:* lithology and genesis. Pennsylvania: Dowden, Hutchinson & Ross, 1975.

SMITH, D. I.; ATKINSON, T. C. Process, landforms, and climate in limestone regions. In: DERBYSHIRE, E. (Ed.). *Geomorphology and climate.* Nova York: John Wiley & Sons, 1976. p. 367-409.

SOUBIÈS, F. Existence d'une phase sache en Amazoníe, bresilienne date par la presence de charbons dans les sols (6.000 - 3.000 ans BP). *Cahier ORSTOM, Serie Geologie*, v. 11, p. 133-148, 1980.

SOUBIÈS, F.; SUGUIO, K.; MARTIN, L.; LEPRUN, J. O.; SERVANT, M.; TURCQ, B.; FOURNIER, M.; DELAUNE, M.; SIFEDDINE, A. The Quaternary lacustrine deposits of the Serra dos Carajás (State of Pará, Brazil): ages and other preliminary results. *Boletim IG-USP*, Publicação Especial, v. 8, p. 223-243, 1991.

SOUZA FILHO, P. W. M. *Influência das variações do nível do mar na morfoestratigrafia da planície costeira Bragantina (NE do Pará) durante o Holoceno*. 1995. 123 f. Dissertação (Mestrado) – Centro de Geociências, Universidade Federal do Pará, Belém, 1995.

SOUZA FILHO, P. W. M.; EL-ROBRINI, M. A influência das variações do nível do mar na sedimentação da planície Bragantina durante o Holoceno, nordeste do Pará, Brasil. In: COSTA, M. L. da; ANGÉLICA, R. S. (Eds.). Contribuição à Geologia da Amazônia. SIMPÓSIO DE GEOLOGIA DA AMAZÔNIA, 5. *Anais*... Belém: FINEP-SBG, Núcleo Norte, 1997. p. 307-337.

SOUZA, C. R. G.; SUGUIO, K. Coastal erosion and beach morphodynamics along the State of São Paulo (SE Brazil). *Anais da Academia Brasileira de Ciências*, v. 68, p. 405-424, 1996.

SOUZA, C. R. G.; SUGUIO, K.; OLIVEIRA, A. M. S.; OLIVEIRA, P. E. de. *Quaternário do Brasil*. Ribeirão Preto (SP): Holos, 2005.

SOUZA, L. A. P. *A planície costeira de Cananéia-Iguape, litoral do Estado de São Paulo*: um exemplo de utilização de métodos geofísicos no estudo de áreas costeiras. 1995. 207 f. Dissertação (Mestrado) – Instituto Oceanográfico, Universidade de São Paulo, São Paulo, 1995.

STALL, W. J. Carbon isotopes in petroleum geochemistry. In: JAGER, E.; HUNZIKER, J. C. (Eds.). *Lectures in isotope geology*. Berlin: Springer-Verlag, 1977. p. 274-282.

STERNBERG, H. O. R. Vales tectônicos na planície amazônica? Revista *Brasileira de Geografia*, v. 12, p. 3-26, 1950.

STERNBERG, H. O. R. Sismicidade e morfologia na Amazônia Brasileira. *Anais da Academia Brasileira de Ciências*, v. 25, p. 443-453, 1953.

STEVAUX, J. C. *O Rio Paraná*: geomorfogênese, sedimentologia e evolução quaternária de seu curso superior. 1993. 242 f. Tese (Doutorado) – Universidade de São Paulo, São Paulo, 1993. (Inédita).

STEVAUX, J. C. Climatic events during the late Pleistocene and Holocene in the Upper Paraná River: correlation with Argentina and South-Central Brazil. *Quaternary International*, v. 72, p. 73-85, 2000.

STEVAUX, J. C.; SOUZA FILHO, E. E.; MEDEANIC, S.; YAMSKIKH, G. The Quaternary history of the Paraná river and its floodplain. In: THOMAS, S. M.; AGOSTINHO, A. A.; HAHN, N. S. (Eds.). *The Upper Paraná River and its Floodplain*: physical aspects, ecology and conservation. Leiden: Backhuys Publishers, 2004. p. 31-53.

STEWART, I. S.; HANCOCK, P. L. Neotectonics. In: HANCOCK, P. L. (Ed.). *Continental deformation*. Oxford: Pergamon, 1994. p. 370-409.

STOUT, J. D.; RAFTER, T. A.;TROUGHTON, J. H.. The possible significance of isotopic ratios in paleoecology. In: SUGGATE, R. P.; CRESWELL, M. M. (Eds.). *Quaternary studies*. Wellington: Royal Society of New Zealand, 1975. p. 279-286.

SUAREZ, J. M. Contribuição à geologia do extremo oeste do Estado de São Paulo (Parte 2). *Boletim Geográfico*, Rio de Janeiro, v. 34, p. 119-155, 1976.

SUAREZ, J. M. A localização das cidades no extremo oeste do Estado de São Paulo (Brasil) e seus probelmas. In: ENCUENTRO DE GEÓGRAFOS DE LA AMÉRICA LATINA, 3., 1982, Toluca. *Anais*... Toluca: Memória, 1991. v. 4, p. 323-336.

SUESS, E. *Das Antlitz der Erde*, II. Leipzig, 1888.

SUGIMURA, A. Os movimentos estruturais. In: K. HATTORI, K.; SHIBAZAKI, T. (Eds.). *O Quaternário*. Tóquio: Kyoritsu-Shuppan, 1971. p. 237-268. (Em japonês.)

SUGIMURA, A. *Estudando os movimentos da Terra*. Tóquio: Iwanami-Shoten, 1973. (Em japonês.)

SUGIMURA, A. Gelo, continente e oceano. *Kagaku*, v. 47, p. 749-755, 1977. (Em japonês.)

SUGIMURA, A.; NARUSE, Y. Changes in sea level, seismic upheavals, and coastal terraces in the southern Kanto region, Japan (I). *Japanese Journal of Geology and Geography*, v. 24, p.110-113, 1954.

SUGUIO, K. Contribuição à Geologia da Bacia de Taubaté, Vale do Paraíba, Estado de São Paulo. *Boletim da Faculdade de Filosofia, Ciências e Letras – USP*. Número Especial, 106 f., 1969.

SUGUIO, K. *Annotated bibliography (1960-1977) on Quaternary shorelines and sea-level changes in Brazil*. Contribution of the Instituto de Geociências, USP for the Holocene Sea-Level Changes Project (IGCP Project n. 61), 1977.

SUGUIO, K. Influence of the "Hypsithermal Age" and "Neoglaciation" climatic conditions on the brazilian coast. *Pesquisas em Geociências*, v. 28, p. 213-222, 2001.

SUGUIO, K. *Geologia Sedimentar*. São Paulo: E. Blücher, 2003a.

SUGUIO, K. Tópicos de geociências para o desenvolvimento sustentável: as regiões litorâneas. *Revista do Instituto de Geociências – USP, Série Didática*, v. 2, p. 1-40, 2003b.

SUGUIO, K. *Água*. Ribeirão Preto (SP): Holos, 2006.

SUGUIO, K.; COIMBRA, A. M. Estudo sedimentológico de "bandas onduladas" de solos da Formação Bauru na área balisada pelas cidades de Osvaldo Cruz, Rancharia e Tupã, Estado de São Paulo. *Boletim IG-USP*, v. 7, p. 27-38, 1976.

SUGUIO, K.; MARTIN, L. Brazilian coastline Quaternary formations - The states of São Paulo and Bahia littoral zone evolutive schemes. In: ALMEIDA, F. F. M. (Ed.). Continental margins of Atlantic type. *Anais da Academia Brasileira de Ciências*, v. 48 (supl.), p. 325-334, 1976a.

SUGUIO, K.; MARTIN, L. Presença de tubos fósseis de *Callianassa* nas formações quaternárias do litoral paulista e sua utilização na reconstrução paleoambiental. *Boletim IG-USP*, Série Científica, v. 7, p.17-26, 1976b.

SUGUIO, K.; MARTIN, L. Formações quaternárias marinhas do litoral paulista e sul fluminense (Quaternary marine formations of the State of São Paulo and southern Rio de Janeiro). In: INTERNATIONAL SYMPOSIUM ON COASTAL EVOLUTION IN THE QUATERNARY, 1978, São Paulo. *Anais*... São Paulo: Special Publication, 1978, n. 1, p. 1-55.

SUGUIO, K.; MARTIN, L. Geologia do Quaternário. In: FALCONI, F. F.; NIGRO JR., A. (Eds.). *Solos do litoral de São Paulo*. Mesa-redonda ARNS/ASSECOB, Cap. 3, p. 69-97, 1994.

SUGUIO, K.; MARTIN, L. The role neotectonics in the evolution of the Brazilian coast. *Geonomos*, v. 4, p. 45-53, 1996.

SUGUIO, K.; NOGUEIRA, A. C. R. Revisão crítica dos conhecimentos geológicos sobre a Formação (ou Grupo?) Barreiras do Neógeno e o seu possível significado como testemunho de alguns eventos geológicos mundiais. *Geociências*, São Paulo, v. 18, p. 461-479, 1999.

SUGUIO, K.; PETRI, S. Stratigraphy of the Iguape-Cananéia lagoonal region sedimentary deposits, São Paulo State, Brazil. Part I: Field observations and grain size analysis. *Boletim IG-USP*, v. 4, p.1-20, 1973.

SUGUIO, K.; SALLUN, A. E. M. Geologia do Quaternário e Geologia Ambiental. In: MANTESSO NETO, V.; BARTORELLI, A.; CARNEIRO, C. D. R.; BRITO NEVES, B. B. (Eds.). *Geologia do continente sul-americano*: evolução da obra de Fernando Flávio Marques de Almeida. São Paulo: Editora Beca, 2004. p. 461-469.

SUGUIO, K.; SOARES, E. A. A. Período Quaternário: "*Quo vadis*"? In: SBG, Congresso Brasileiro de Geologia, 42., 2004, Araxá (MG). *Anais*... Araxá, 2004. p. 753.

SUGUIO, K.; SUZUKI, U. *A evolução geológica da Terra e a fragilidade da vida*. São Paulo: Editora E. Blücher Ltda, 2003.

SUGUIO, K.; TAKAHASHI, L. I. Estudo dos aluviões antigos dos rios Pinheiros e Tietê, São Paulo, SP. *Anais da Academia Brasileira de Ciências*, v. 42, p. 555-570, 1970.

SUGUIO, K.; BARRETO, A. M. F.; BEZERRA, F. H. R. Formações Barra de Tabatinga e Touros: evidências de paleoníveis do mar pleistocênicos da costa norte-riograndense. *Pesquisas em Geociências*, v. 28, p. 5-12, 2001.

SUGUIO, K.; FORNERIS, L.; SCHAEFFER-NOVELLI, Y. (Eds.). Proceedings of the LOICZ (Land-Ocean Interactions in the Coastal Zone) Scientific Meeting. *Anais da Academia Brasileira de Ciências*, v. 68, p. 303-508, 1996.

SUGUIO, K.; MARTIN, L.; DOMINGUEZ, J. M. L. Evolução do "delta" do Rio Doce (ES) durante o Quaternário: influência das variações do nível do mar. In: SUGUIO, K.; MEIS, M. R. M.; TESSLER, M. G. (Eds.). SIMPÓSIO DO QUATERNÁRIO NO BRASIL, 4., 1982, Rio de Janeiro. *Anais...* Rio de Janeiro, 1982. p. 93-116.

SUGUIO, K.; MARTIN, L.; FLEXOR, J. M. Paleoshorelines and the sambaquis of Brazil. In: JOHNSON, L. L.; STRIGHT, M. (Eds.). *Paleoshorelines and Prehistory – An investigation of method*. Boca Raton: CRC Press, 1992. p. 83-99.

SUGUIO, K.; MARTIN, L.; FLEXOR, J. M. Os estudos sobre as flutuações dos climas do Quaternário tardio como subsídio para o desenvolvimento sustentável. In: SEMINÁRIO: CIÊNCIA E DESENVOLVIMENTO SUSTENTÁVEL, 1997, São Paulo. *Anais...* São Paulo: IEA-CEPA/USP, 1997. p. 97-98.

SUGUIO, K; SALLUN, A. E. M.; SOARES, E. A. A. Quaternary Period: "Quo Vadis". *Episodes*, s, v. 28, p. 197-200, 2005.

SUGUIO, K.; TURCQ, B.; MARTIN, L. Os estudos sobre as flutuações dos climas do Quaternário tardio como subsídio para o desenvolvimento sustentável. In: SEMINÁRIO: CIÊNCIA E DESENVOLVIMENTO SUSTENTÁVEL, 1997, São Paulo. *Anais...* São Paulo: IEA-CEPA/USP, 1997. p.15-17.

SUGUIO, K.; ABSY, M. L.; FLEXOR, J. M.; LEDRU, M. P.; MARTIN, L.; SIFEDDINE, A.; SOUBIÈS, F.; TURCQ, B.; YBERT, J. P. The evolution of the continental and coastal environments during the last climatic cycle in Brazil (120ky to present). *Boletim IG-USP*, Série Científica, v. 24, p. 27-41, 1993.

SUGUIO, K.; BARRETO, A. M. F.; BEZERRA, F. H. R.; OLIVEIRA, P. E. de. Síntese sobre prováveis níveis relativos do mar acima do atual no pleistoceno do Brasil. In: CONGRESSO DA ABEQUA, 10., 2005, Guarapari (ES). *Anais...* Guarapari: Resumos Expandidos, 2005. CD-ROM.

SUGUIO, K.; BARRETO, A. M. F.; BEZERRA, F. H. R.; TATUMI, S. H.; OLIVEIRA, P. E. de. Níveis marinhos pleistocênicos em Pernambuco e Paraíba. In: CONGRESSO BRASILEIRO DE GEOLOGIA, 42., 2004, Araxá (MG). *Anais...* Araxá: Boletim de Resumos, 2004. CD-ROM.

SUGUIO, K.; COIMBRA, A. M.; MARTINS, C.; BARCELOS, J. H.; GUARDADO, L. R.; RAMPAZZO L. Novos dados sedimentológicos dos aluviões antigos do Rio Pinheiros (São Paulo) e seus significados na interpretação do ambiente deposicional. In: CONGRESSO BRASILEIRO DE GEOLOGIA., 25., 1971, São Paulo. *Anais...* São Paulo: SBG, 1971. v. 2. p. 219-225.

SUGUIO, K.; DOMINGUEZ, J. M. L.; LESSA, G. C.; SOUZA, C. R. G.; TOMAZELLI, L. J.; VILLWOCK, J. A. (Eds.). Proceedings of the LOICZ (Land-Ocean Interactions in the Coastal Zone) SYMPOSIUM. *Anais da Academia Brasileira de Ciências*, v. 70, p. 159-374, 1998.

SUGUIO, K.; MARTIN, L.; BITTENCOURT, A. C. S. P.; DOMINGUEZ, J. M. L.; FLEXOR, J. M.; AZEVEDO, A. E. G. Flutuações do nível relativo do mar durante o Quaternário superior ao longo do litoral brasileiro e suas implicações na sedimentação costeira. *Revista Brasileira de Geociências*, v. 15, p. 273-286, 1985a.

SUGUIO, K.; MARTIN, L.; FLEXOR, J. M.; TESSLER, M. G.; EICHLER, B. B. Depositional mechanisms active during the late Quaternary at the Paraíba do Sul river mouth area, State of Rio de Janeiro, Brazil. *Quaternary of South America and Antarctic Peninsula*, v. 3, p. 175-185, 1985b.

SUGUIO, K.; MARTIN, L.; DOMINGUEZ, J. M. L.; BITTENCOURT, A. C. S. P.; FLEXOR, J. M. Quaternary emergent and submergent coasts: comparison of the Holocene sedimentation in Brazil and southeastern United States. *Anais da Academia Brasileira de Ciências*, v. 56, p. 163-167, 1984a.

SUGUIO, K.; MARTIN, L.; FLEXOR, J. M.; DOMINGUEZ, J. M. L. Evolução da planície costeira do Rio Doce (ES) durante o Quaternário: influência das flutuações do nível relativo do mar. In: SUGUIO, K.; MEIS, M. R. M.; TESSLER, M. G. (Eds.). SIMPÓSIO DO QUATERNÁRIO NO BRASIL, 4., Rio de Janeiro, 1982. *Atas*... Rio de Janeiro: CENPES-PETROBRAS, 1982. p. 93-116.

SUGUIO, K.; NOGUEIRA JR., J.; TANIGUCHI, H.; VASCONCELOS, M. L. O Quaternário do Rio Paraná em Pontal do Paranapanema: proposta de um modelo de sedimentação. In: CONGRESSO BRASILEIRO DE GEOLOGIA, 33., 1984, Rio de Janeiro. *Anais*... Rio de Janeiro, 1984b. v. 1, p. 10-18.

SUGUIO, K.; RODRIGUES, S. A.; TESSLER, M. G.; LAMBOOY, E. E. Tubos de *ophiomorphas* e outras feições de bioturbação na Formação Cananéia, Pleistoceno da planície costeira Cananéia-Iguape, SP. In: SIMPÓSIO REGIONAL DE GEOLOGIA, 3., 1984, Niterói, RJ. *Anais*... Niterói: Restingas: origem, estrutura, processos. (Lacerda, L. D. et al., Orgs.), 1984c. p. 111-122.

SUTCLIFFE, A. J. *On the track of Ice Age Mammals*. Londres: Henry Ling, 1986.

SWIFT, D. J. P. Coastal sedimentation. In: STANLEY, D. J.; SWIFT, D. J. P. (Eds.). *Marine sediments transport and environmental management*. Nova York: John Wiley & Sons, 1976.

TADA, F. Dois tipos de falhas ativas. *Tirihyoron*, v. 3, p. 980-983, 1927. (Em japonês.)

TAMURA, T. Desenvolvimento em áreas montanhosas e colinosas (I). *Engenharia Civil*, v. 19, p. 1-73, 1977. (Em japonês.)

TATUMI, S. H.; YEE, M.; CARNEIRO FILHO, A.; SCHWARTZ, D. Datação luminescente de paleodunas localizadas na Bacia do Rio Negro, Amazonas. In: CONGRESSO BRASILEIRO DE GEOLOGIA, 41., 2002, João Pessoa. *Anais*... João Pessoa: SBG, 2002. p. 370.

TER-STEPANIAN, G. Beginning of the Technogene. *Bulletin of the International Association of Engineering Geology*, v. 38, p. 133-142, 1988.

TESSLER, M. G.; MAHIQUES, M. M. (Orgs.). *Levantamento bibliográfico sobre a Geologia Marinha no Brasil (1841-1992)*. Programa de Geologia e Geofísica Marinha (PGGM), 1996.

TESTA, V.; BOSENCE, D. Carbonate-siliciclastic sedimentation on a high-energy ocean-facing tropical ramp, NE Brazil. In: WRIGHT, V.P.; BURCHETTE, T. P. (Eds.). Carbonate ramps. *London Geological Society*, Special Publication, v. 149, p. 55-71, 1998.

THOMAZ, S. M.; AGOSTINHO, A. A.; HAHN, N. S. (Eds.). *The Upper Paraná River and its Floodplain*: physical aspects, ecology and conservation. Leiden: Backhuys Publishers, 2004.

THOMPSON, L. G. Ice-core records with emphasis on the global record of the last 2000 years. In: BRADLEY, R. S. (Ed.).*Global changes of the past*. Boulder, (Co): UCAR/OIES Global Change Institute, 1989. p. 201-224.

THOMPSON, R. W. Tidal flat sedimentation on the Colorado river delta, northwestern Gulf of California. *Geological Society of America Memoir*, v. 107, p. 1-133, 1968.

THOMPSON, S. L.; BARRON, E. J. Comparison of Cretaceous and present earth albedos: implications for the cause of paleoclimates. *Journal of Geology*, v. 89, p. 143-167, 1981.

THORARINSSON, S. *Tephrokronologiska studier par Island*. Geographiska Annaler, 1944.

THORNBURY, W. D. Principles of Geomorphology. Nova York: Wiley Interscience, 1969.

TOMAZELLI, L. J.; VILLWOCK, J. A. O Cenozóico no Rio Grande do Sul: geologia da planície costeira. In: HOLZ, M.; DE ROS, L. F. (Eds.). *Geologia do Rio Grande do Sul*. Porto Alegre: CIGO/UFRGS, 2000. p. 375-406.

TRICART, J. Division morphoclimatique du Bresil Atlantique Central. *Révue de Geomorphologie Dynamique*, v. 9, p. 1-12, 1958.

TRICART, J. Divisão morfoclimática do Brasil Atlântico Central. *Boletim Paulista de Geografia*, v. 31, p. 3-44, 1959.

TRICART, J. Aperçus sur lê Quaternaire Amazonien. Recherches françaises sur le Quaternaire. *Bulletin AFEQ*, v. 50, p. 265-271, 1977.

TRICART, J. El Pantanal: um ejemplo del impacto geomorfológico sobre el ambiente. *Informaciones Geográficas*, v. 29, p. 81-97, 1982. (Chile).

TROUGHTON, J. H.; STOUT, J. D.; RAFTER, T. Longterm stability of plant communities. *Carnegie Institute of Wahington Yearbook*, v. 73, p. 838-845, 1974.

TRUCKENBRODT, W.; KOTSCHOUBEY, B.; SCHELLMANN, W. Composition and origin of the clay cover on North Brazilian laterites. *Geologische Rundschau*, v. 80, p. 591-610, 1991.

TURCQ, B.; PRESSINOTI, M. M. N.; MARTIN, L. Paleohydrology and paleoclimate of the past 33,000 years at the Tamanduá River, Central Brazil. *Quaternary Research*, v. 47, p. 284-294, 1997.

TURCQ, B.; SIFEDDINE, A.; MARTIN, L.; ABSY, M. L.; SOUBIÈS, F.; SUGUIO, K.; VOLKMER-RIBEIRO, C. Amazonia rainforest fires: a lacustrine record of 7,000 years. *Ambio*, v. 27, p. 139-142, 1998.

TURNER, A. K.; COFFMAN, D. M. Geology for planning: A review of environmental geology. *Quarterly of the Colorado School of Mines*, v. 68, p. 1-127, 1973.

UMEZAO, T. (Ed.). Reflexões sobre futurologia. *Energia*, v. 4, p. 8-10, 1967. (Em japonês.)

UNITED NATIONS. Department of Industrial, Economic and Social Affairs. *World population prospects*: estimates and projections as assessed in 1982. Population Studies. Nova York: United Nations, v. 86, 1985.

UREY, H. C. The thermodynamic properties of isotopics substances. *Journal of Chemical Society*, v. 1, p. 562-581, 1947.

UREY, H. C.; LOWENSTAM, H. A.; EPSTEIN, S.; McKINNEY, C. R. Measurements of paleotemperatures and temperatures of the Upper Cretaceous of England, Denmark and southern United States. *Geological Society of America Bulletin*, v. 52, p. 399-416, 1951.

VAIL, P. R.; MITCHUM JR., R. M. Seismic stratigraphy and global changes of sea-level. Part I: Overview. In: C. E. PAYTON (Ed.). Seismic Stratigraphy – applications to hydrocarbon exploration. *American Association of Petroleum Geologists Memoir*, v. 26, p. 51-52, 1977.

Valentin, H. Die Kusten der Erde. *Petermanns Geographische Mitteilungen*. Berlin: Erganzungsheft, Justus Perthes, Gotha, 1952.

VAN ANDEL, T. H. The Orinoco delta. *Journal of Sedimentary Petrology*, v. 37, p. 297-310, 1968.

VAN ANDEL, T. H.; LABOREL, J. Recent high sea-level stands near Recife, Brazil. *Science*, v. 145, p. 580-581, 1964.

VAN COUVERING, J. A. Preface: the new Pleistocene. In: VAN COUVERING, J. A. (Ed.). *The Pleistocene boundary and the beginning of the Quaternary*. Cambridge: Cambridge University Press, 1997. p. 11-17.

VAN DE PLASSCHE, O. (Ed.). *Sea-level research*: a manual for the collection and evaluation of data. Norwich: Geobooks, 1986.

VAN DER HAMMEN, T. The Pleistrocene changes of vegetation and climate in tropical South America. *Journal of Biogeography*, v. 1, p. 3-26, 1974.

VAN DER HAMMEN, T. Fluctuaciones holocenicas del nivel de inundaciones en la Cuenca del Bajo Magdalena-Cauca-San Jorge (Colombia). *Geologia Norandina*, v. 10, p. 10-180, 1986.

VAN DER HAMMEN, T.; ABSY, M. L. Amazonia during the last glacial. *Palaeogeography, Palaeoclimatology, Palaeoecology*, v. 109, p. 247-261, 1994.

VAN DER HAMMEN, T.; WIJMSTRA, T. A.; ZAGWIJN, W. H. The floral record of the Late Cenozoic of Europe. In: *Late glacial ages*. New Haven: Yale University Press, p. 391-424, 1971.

VAN DONK, J. An $\delta^{18}O$ record of the North Atlantic Ocean for the entire Pleistocene. *Geological Society of America Memoir*, v. 145, p. 147-164, 1976.

VAN EYSINGA, F. W. B. *Geological time table*. 3. ed. Amsterdam: Elsevier, 1975.

VAN WAGONER, J. C.; MITCHUM JUNIOR, R. M.; CAMPION, K. M.; RAHAMANIAN, V. D. Siliciclastic sequence stratigraphy in well logs, coresand onterops: concepts for high-resolution correlation of time and facies. *American Association of Petroleum Geologists. Methods in Exploration Series*, v. 7, 1988.

VANZOLINI, P. E. Paleoclimas e especiação em animais da América do Sul. In: Amazônia: tempos e espaços. *Revista Estudos Avançados*, São Paulo, v. 15, p. 41-65, 1992.

VERNET, J. L.; BAZILE, E.; EVIN, J. Coordination des analyses anthracologiques et des datations sur charbons de bois. *Bulletin de la Societe Prehistorique de France*, v. 76, p. 76-79, 1979.

VERNET, J. L.; WENGLER, L.; SOLARI, M. E.; CECCANTINI, G.; FOURNIER, M.; LEDRU, M. P.; SOUBIÈS, F. Feux, climats et vegetations au Brasil central durant l'Holocene: Les donnees d'un profil de sol a charbons de bois (Salitre, Minas Gerais). *Comptes Rendus de l'Academie des Sciences de Paris*, Serie II, Tome 319, p. 1391-1397, 1994.

VETTER, R. E.; BOTOSSO, P. C. Remarks on age and growth rate determination of Amazonian trees. *IAWA Bulletin* (Int. Assoc. of Wood Anatomists), v. 10, p. 133-145, 1989.

VICALVI, M. A.; PALMA, J. J. C. Bioestratigrafia e taxas de acumulação dos sedimentos quaternários do talude e sopé continental entre a foz do Rio Gurupi (MA) e Fortaleza (CE). *Boletim Técnico da Petrobras*, v. 23, p. 3-11, 1980.

VICTÓRIA, R. L.; FERNANDES, F.; MARTINELLI, L. A.; PICCOLO, M. C.; CAMARGO, P. B.; TRUMBORE, S. Past vegetation changes in the Brazilian pantanal arboreal-grassy savanna ecotone by using carbon isotopes in the soil organic matter. *Global Change Biology*, v. 1, p. 165-171, 1995.

VILLWOCK, J. A.; TOMAZELLI, L. J. Geologia Costeira do Rio Grande do Sul. *Notas Técnicas*, v. 8, p. 1-45, 1995.

VILLWOCK, J. A.; TOMAZELLI, L. J.; LOSS, E. L.; DEHNHARDT, E. A.; HORN FILHO, N. O.; BACHI, F. A.; DEHNHARDT, B. A. Geology of the Rio Grande do Sul coastal province. *Quaternary of South America and Antarctic Peninsula*, v. 4, p. 79-97, 1986.

VITA-FINZI, C. *Recent earth movements*: an introduction to neotectonics. Londres: Academic Press, 1986.

WAGHORN, J. G. *The geology of Rondonia, western Brazil, with special reference to the tin-bearing gravite complexes and placer deposits*. 1974. PhD Thesis, Faculty of Science of the University of London, Londres, 1974.

WAKAHAMA, G. *A ciência da geleira*. Tóquio: Nipponhoso Shuppankyokai, 1978. (Em japonês.)

WALCOTT, R. I. Past sea levels, eustasy and deformation of the Earth. *Quaternary Research*, v. 2, p. 1-14, 1972.

WALKER, R. G. Facies modeling and sequence stratigraphy. *Journal of Sedimentary Research*, v. 60, p. 777-786, 1990.

WATANABE, N. D. Determinação de idades de sítios arqueológicos com base nas pesquisas paleomagnéticas. *Daiyonkikenkyu*, v. 1, p. 92-100, 1958. (Em japonês.)

WATKINS, N. D. Review of the development of the geomagnetic polarity time scale and discussion of prospects for its finer definition. *Geological Society of America Bulletin*, v. 83, p. 551- 574, 1972.

WELLS, J. W. A survey of the distribution of coral genera of the Great Barrier Reef Region. *Reports of the Great Barrier Reef Committee*, v. 6, p. 21-29, 1955.

WERNICK, E. PASTORE, E. L.; PIRES-NETO, A. Cavernas em arenito. *Notícias Geomorfológicas*, v. 13, p. 55-67, 1973.

WHITE, W. B. Cave minerals and speleothems. In: FORD, T. D.; CULLINGFORD, C. H. D. (Eds.). *The science of speleology*. Londres: Academic Press, 1976. p. 267-327.

WHITE, W. B. Rate process: chemical kinetics and karst landform development. In: La FLEUR, R. G. (Ed.). *Groundwater as a geochemical agent*. Boston: Allan & Unwin, 1984. p. 227-248.

WILLIAMS, H. E. Notas geológicas e econômicas sobre o vale do Rio São Francisco. *Boletim do Serviço Geológico e Mineralógico*, v. 12, p. 56, 1925.

WINTLE, A. G.; HUNTLEY, D. J. Thermoluminescence dating of ocean sediments. *Canadian Journal of Earth Sciences*, v. 17, p. 348-360, 1980.

WIRRMANN, D.; MOURGUIART, P.; OLIVEIRA-ALMEIDA, L. F. Holocene sedimentology and ostracods distribution in Lake Titicaca – paleohydrological interpretations. *Quaternary of South South America and Antarctic Península*, v. 6, p. 89-127, 1988.

WORBES, M. Structural and other adaptations to long-term flooding by trees in Central Amazonia. *Amazoniana*, v. 9, p. 459-484, 1985.

WORBES, M. Growth rings, increment and age of trees in inundation forest, savannas and mountain forest in Neotropics. IAWA *Bulletin* (Int. Assoc. of Wood Anatomists), v. 10, p. 109-122, 1989.

WRIGHT, L. D. River deltas. In: DAVIS, R. A. (Ed.). *Coastal Sedimentary Environments*. Nova York: Springer-Verlag, 1978. p. 5-68.

WRIGHT, L. D.; COLEMAN, J. M.; ERICKSON, M. V. Analysis of major river systems and their deltas: morphologic and process comparison. Lousiana State Coastal Studies Institute. *Technical Report*, v. 156, p. 1-114, 1975.

WRIGHT, L. D.; CHAPPELL, J. M. A.; THOM, B. G.; BRADSHAW, M. P.; COWELL, P. Morphodynamics of reflective and dissipative beach and inshore systems: southern Australia. *Marine Geology*, v. 32, p. 105-140, 1979.

YAMAGUCHI, T. O caminho seguido pelo Homem segundo a Paleontologia Humana. *Kagaki*, v. 48, p. 194-199, 1978. (Em japonês.)

YASUKAWA, K. Medindo a magnetização dos sedimentos de fundo do Lago Biwa. *Kagaku*, v. 43, p. 102-109, 1973. (Em japonês.)

YASUKAWA, K. Mudanças do campo geomagnético registradas em sedimentos e as variações climáticas. In: Shiki, M. (Ed.). *Problemas relacionados às glaciações no Japão*. Tóquio: Kokonshoin, 1975. p. 159-l73. (Em japonês.)

YEE, M.; TATUMI, S. H.; SUGUIO, K.; BARRETO, A. M. F.; MOMOSE, E. F.; PAIVA, R. P.; MUNITA, C. S. Thermoluminescence (TL) dating of inactive dunes from the Rio Grande do Norte Coast, Brazil. In: SIMPÓSIO BRASILEIRO SOBRE PRAIAS ARENOSAS: MORFODINÂMICA, ECOLOGIA, USOS, RISCOS E GESTÃO, 2000, Itajaí (SC), *Anais*... Itajaí: Universidade do Vale do Itajaí, Expanded Abstracts, 2000. p. 143-144.

YOSHIKAWA, T. Variações de nível do mar e a evolução geomorfológica. In: Nishimura, Y. (Ed.). *Geografia Física* (II). Tóquio: Asakurashoten, 1969. p. 120-141. (Em japonês.)

YOSHIKAWA, T.; KAIZUKA, S.; OTA, Y. Terraços marinhos da costa NE da Baía de Tossa e os movimentos crustais. *Tirihyoron*, v. 37, p. 627-648, 1964. (Em japonês.)

YOSHIKAWA, T; SUGIMURA, A.; KAIZUKA, S.; OTA, Y.; SAKAGUCHI, T. *Nova teoria geomorfológica sobre o Japão*. Tóquio: Todai-Shuppan, 1973. (Em japonês.)

ZAGWIJN, W. H. Variations in climate as shown by pollen analysis, especially in the Lower Pleistocene of Europe. In: WRIGHT, A. E.; MOSELEY, F. (Eds.). *Ice ages*: ancient and modern. Liverpool: Seel House Press, 1975. p. 137-152.

ZEUNER, F. E. *Dating the past*. Methuen, 1958.

ZHANG, Z. Karst types of China. *Geological Journal*, v. 4, p. 541-570, 1980.

ZUQUETTE, L. V. *Análise crítica da cartografia geotécnica e proposta metodológica para as condições brasileiras*. 1987. 3v. 386 f. Tese (Doutorado) – Escola de Engenharia de São Carlos, Universidade de São Paulo, São Carlos, 1987.